A Brief History of Science and Technology

The Fourth Edition

科学技术发展简史

王士舫　董自励　编著

图书在版编目(CIP)数据

科学技术发展简史/王士舫,董自励编著. —4版. —北京:北京大学出版社,2015.6
ISBN 978-7-301-25465-3

Ⅰ. ①科… Ⅱ. ①王… ②董… Ⅲ. ①自然科学史—世界 Ⅳ. ①N091

中国版本图书馆CIP数据核字(2015)第026203号

书　　名 科学技术发展简史(第四版)
KEXUE JISHU FAZHAN JIANSHI
著作责任者 王士舫　董自励　编著
责任编辑 周丽锦　刘金海
标准书号 ISBN 978-7-301-25465-3
出版发行 北京大学出版社
地　　址 北京市海淀区成府路205号　100871
网　　址 http://www.pup.cn
电子信箱 ss@pup.pku.edu.cn
新浪微博 @北京大学出版社
电　　话 邮购部010-62752015　发行部010-62750672　编辑部010-62765016
印 刷 者 大厂回族自治县彩虹印刷有限公司
经 销 者 新华书店
965毫米×1300毫米　16开本　31印张　528千字
1997年9月第1版　2005年1月第2版
2010年8月第3版
2015年6月第4版　2022年1月第5次印刷(总第36次印刷)
定　　价 79.00元

第四版前言

本书自 1997 年问世以来，生命力一直旺盛，已出了三个版本，印刷了三十余次。第三版发行至今也已四个年头，得到读者高度评价，认为它既是一部关于人类认识与改造自然取得的成果的历史，也是一部关于科学思想演化以及科学巨匠光辉业绩的历史，读后使人对科技发展的历史及社会意义有很深的认识，很受读者欢迎。这个评价是对我们的肯定和厚爱，是我们接受出第四版的原动力。

随着时代的发展，科技成果总是源源不断地涌现，人们的认知能力也在不断提升，因此第三版的部分内容有必要再次更新、删减或补充，但是改版既不能失去“史”的本质特征，把所有成果兼收并蓄，又不能不考虑读者的经济承受力，所以在总字数基本不变的前提下，在内容上做了适度的增减，数据上尽量以新代旧，力求精益求精，让读者读后能有新的收获，读者满意是我们的最大心愿。

这次改版，总体结构框架不变，古代和近代部分基本不动，变动的主要在现代自然科学和现代高科技部分。具体变动如下：(一) 有的章节做了部分或全部删减：如第十六章横断科学，删掉了广义信息论、系统工程学；第十九章机器人与机器人学，删掉了机器人学等内容；第十五章环境问题与环境科学全部删除。删掉这些内容主要是因为相关理论尚处于发展之中，还不够成熟，或者相关论述已经较为丰富，无须详细介绍。(二) 有些章节或部分，或整章加以改变。部分改变的有：第十一章现代生物学中的生物工程和第十三章地球科学中的地球的圈层结构。(三) 新增加的内容主要有：增加了新的一章，即第二十一章 3D 打印技术；第十三章地球科学，增加了关于南极洲的内容；第十六章横断科学，增加了“新三论”的内容，即突变论、耗散结论论和协同论；第二十章激光技术，增加了激光照排的内容；第二十二章材料技术，增加了稀土金属的内容；第二十三章纳米技术，增加了纳米制版印刷技术的内容；第二十四章能源技术，增加了澜沧江水电开发和非常规能源可燃冰、页岩气的内容；等等。

当今世界科学技术的发展速度仿佛火箭飞行，我们在编写第四版的过程中，只能尽己所能地收集和整理视野所及的资料，在融入我们的理解和感悟后写入书中，力争做得更好。但是由于年龄、阅历等因素所限，不足之处在所难免，再次恳请专家、读者予以批评、指正。

作　者

2014 年 1 月初于北京

第三版前言

本书自2005年第二版发行至今又过了五个年头，至今总共印刷了二十余次，销量可观，并获得“第七届全国高校出版社优秀畅销书二等奖”。一些高等院校将本书作为教科书和某些专业报考研究生的必读书目，本书中的资料和论述还被不少论文作者所引用。本书受到众多读者的肯定和好评，作者受到很大鼓舞，在此向这些读者朋友表示深深的谢意。

人类探索和改造自然的欲望是无止境的。在六年多的时间里，随着科学技术的发展和人们认识与改造自然能力的提升，又涌现出不少科学上的新发现和技术上的新发明；不少高新科技图书相继问世；网络技术的发达为我们提供了收集和查寻资料的良好平台；我国航天事业又有了新的突破，“神舟六号”和“神舟七号”先后完成了我国多人多天的空间飞行和出舱行走试验，并取得了圆满成功。这一切都极大地鼓舞了我们的斗志，我们决心在有生之年再次把新收集的资料补充到书中，为读者铺设一条学习科学技术史知识的便捷通道。

随着时间的推移，科技工作者对本专业知识的认识也在不断深化，使得某些原有知识的概念更加明晰或日臻完善，比如纳米技术和空间技术的含义、环境问题及其分类、大气化学、生命科学、机器人等的内涵都有了较为明确的诠释。

由于人们探索未知自然的手段的增加及能力的提高，又有了众多的新发现，诸如：发现了亚原子的自发性破缺机制；银河系的形状并非盘状，而是碗状；考古发现中国瓷器的发源地在浙江北部；等等。

又由于人们改造世界的手段的增多和能力的增强，许多新技术接踵诞生，比如人们已能制造出各种各样的机器人来代替人的劳动、首条兆兆级中美海底电缆开通，等等。

上述几个方面的新成果均已补充到本书的相关部分之中。

本次再版改动较大。除古代篇和近代篇基本不变，个别处略有改动外，在现代自然科学篇中，增加了一章，即“生命科学”，并对“环境问题和环境科学”作了较大改动，重写部分约占三分之二；改动最大的是现代高科技篇，其中增加了一章“机器人与机器人学”，重新改写了能源技术和海洋技术，纳米技术也有部分改写。全书新增内容约10万字左右，加之删减字数，估计变动字数达第二版的三分之一左右。

由于本书距第一版出版已过去十余年，有些数据已发生变化，比如北京猿人生活的年代原来认为是距今50万年前，而今用新的高科技手段测定为距今77万年，类似的数据此次再版时尽可能用现在确认的数据取而代之。

这次再版得到北京大学出版社同人的热情鼓励和大力支持，这里深表谢意！

人无完人，金无足赤。我们的认知能力和学识水平是有限的，对书中涉及的各类知识的取舍及阐述定会有许多不足，再次恳请专家和读者予以批评指正，谢谢。

作　者

2010年5月于北京

再版前言

本书自第一版发行至今,得到了广大读者的认可,已经六次印刷,时间亦过去近八年之久。在这段时间内,世界各国科技成果倍增,作者早有将这些重大成果纳入本书的愿望,但是由于种种原因没能尽早实现。

今承蒙出版社建议,又受到航天英雄杨利伟驾驶"神舟五号"飞船胜利返航的鼓舞,决心完成本书的修订任务,并以此作为我们在有生之年对祖国科技发展所尽的微薄之力。

这次修订主要对第三、四篇,即现代自然科学的发展与新兴学科的建立和现代高科技部分进行补充和完善,补充一些自本书出版后自然科学上的重大发现和科技发展的重大或备受人们关注的成果。在第三篇第八章核物理和粒子物理部分,补充了寻找和制造反物质和"中微子丢失"之谜两大问题;在第九章现代天文学部分,补充了现代天文学的新发现和新假说;在第十章现代化学部分,补充了大气化学和环境化学;在第十一章现代生物学部分,补充了现代生物学研究的新进展;在第十二章补充了地球科学研究的新成果。在第四篇现代高科技部分补充了两章:信息技术和纳米技术;此外,在第二十章材料技术部分,补充了可降解的高分子材料;在第二十七章空间技术部分,补充了中国航天事业的发展历程及前景。另外,有些章节也补充了一些与之相关的内容,这里不一一列出。

乘此修订之际,笔者对全书做了文字性的润色,特此说明。

本书在修订过程中得到北京大学出版社及同人的大力协助,这里一并致以诚挚的谢意!

由于本书涉及面很广,资料搜集难免有遗漏,加之水平有限,这个版本仍难免有不足之处,敬请专家和读者批评指正。

作　者

2004 年 2 月

第一版前言

科学技术史是关于科学技术发展过程及其规律的科学。它以科学技术发展的史实为基础,按照历史进程进行分析和概括,向人们展示它的过去、现在和未来。科学技术史方面的书籍很多,各有所长,我们编著的这本《科学技术发展简史》则突出了科学技术发展中的主要部分,从史、论、传相结合的角度粗线条地概述了自原始社会至今,中外科学技术发展的主要成就,内容通俗易懂,并触及科学技术发展的前沿,展望了它的发展趋势,带有一定的知识性、趣味性和时代感,对普及科学技术史知识、扩大知识面、提高人们的科学文化素质、增强管理能力、陶冶情操、净化心灵及坚定马克思主义信仰都大有裨益,是党政干部、科技工作者、企业管理人员及大专院校学生学习科技史知识的理想读物。

本书是在我们对本校研究生多年讲授"科技发展简史"的基础上加以润色和扩充而成的。此次出版扩充了现代科技部分。本书的结构和基本框架是按古代、近代、现代、当代的顺序写成的。

本书出版承蒙北京大学出版社和有关同人的大力支持,这里一并表示诚挚的谢意!

编写科学技术史是一项难度很大的工作,由于作者的知识面和水平有限,因此在内容取舍和阐述上难免存在不尽如人意之处,衷心希望专家、读者予以批评指正。

作　者

1996年5月

目　　录

第三篇　现代自然科学的发展与新兴学科的建立

第四篇　现代高科技

绪论

科学技术，尤其是高科技是现代化的动力源、国家综合国力的重要标志、生产力发展的倍增器、社会进步的杠杆、人类生存与发展的根本力量，也是当今世界各国竞争的制高点。邓小平指出："中国必须在世界高科技领域占有一席之地。"① 在科学技术发展的大潮中，要不至于沉沦，必须自觉顺应这一潮流，增强自己的科技意识，提高科学技术素质。完成这一使命的途径当然很多，学习科学技术发展史则是一个行之有效、多快好省的途径。

无论是党政领导干部、工商企业管理人员，还是在校学习的文、理科大学生、研究生乃至中学教师，都需要了解科学技术发展的历史，掌握现代科学技术发展的状况及发展趋势，否则就会在当今现代化建设的进程中失去发言权，甚至被淘汰。但是，许多非专业工作者很难有很多精力和时间涉猎许多大部头的科技方面的著作，而这些又是提高自身素质所必需的。解决这一矛盾的一个有效办法就是学习科学技术发展史。这是因为科学技术发展史是一部浓缩的科学技术的百科全书，它不仅囊括上自天文、下至地理，从无机界到有机界、从微观到宇观、从自然科学到技术、从历史到现实各个领域中四五千年来的主要科技成果，具有信息量大的特点，而且融会主要的高新科技知识，触及自然科学发展的前沿和尖端技术，读后可以开阔视野，扩大知识面，弥补知识的不足，从而提高科学技术修养，增长才干。

现代科学技术发展的特点是：一方面学科分类越来越细，越来越专门化，新学科、新技术层出不穷；另一方面各个学科、各种技术又彼此联系，相互制约，相互影响，相互贯通，趋于综合和统一，任何一个大的科研课题都是一项系统工程，并非仅具有某一单一学科知识所能奏效。因此，科技工作者

① 《邓小平文选》第3卷，人民出版社1993年版，第279页。

要有所发现、有所创造、有所发明、有所作为，只局限于本部门、本专业的知识是远远不够的。主观和客观都要求科技工作者具有宽阔的视野、渊博的知识和跟踪科技发展的能力，否则在科学研究中难以做到触类旁通、选准主攻方向和突破口。同时，科学研究成果还得益于正确的研究方法。所有这些，一方面来源于工作中的经验和有针对性的学习，另一方面可以从学习科学技术发展史中取得。《科学技术发展简史》集科技知识之精华于一身，是一部读来省时、省力的好教材，它将把你带入科技知识的海洋。在这里，你不仅可以随心所欲地摘取你所需要的科技之果，丰富自己的知识营养，而且可以远眺科学技术发展的前景，捕捉新信息，掌握新资料，学到许多科学家治学的好思想和好方法，从而进一步开发智力，增强科研能力。

科学技术发展史既是人类认识与改造自然取得成果的历史，又是科学思想演化以及科学巨匠光辉业绩、高尚情操的传记史。本书涉及的许多卓有成就的科学家在给我们留下宝贵知识财富的同时，又树起了高尚人格的丰碑，令人肃然起敬。伸张正义、反对邪恶的勇士爱因斯坦（Albert Einstein，1879—1955）；身居异国他乡，仍对祖国怀有眷恋之情的玛丽·居里（Marie Sklodowska Curie，1867—1934）；不慕荣华富贵、甘愿为人类幸福献身的诺贝尔（Alfred Bernhard Nobel，1833—1896）、马可尼（Guglielmo Marconi，1874—1937）；功勋卓著却谦虚谨慎、尊敬同行和师长的牛顿（Isaac Newton，1643—1727）、达尔文（Charles Robert Darwin，1809—1882）、华莱士（Alfred Russel Wallace，1823—1913）、陈景润（1933—1996）……他们的高尚情操是净化人们心灵、陶冶人们情操的净化器和催化剂，是我们学习的榜样。

科学技术发展与辩证唯物主义世界观是互补的。19 世纪自然科学发展的最新成果为辩证唯物主义世界观的创立奠定了坚实的科学基础。恩格斯在认真学习和研究了当时最新的科技成果之后，在他的《反杜林论》和《自然辩证法》中不仅对科技成果作了精辟的阐述，而且清楚地认识到自然界本来就存在着辩证运动。他指出："新的自然观就其基本点来说已经完备：一切僵硬的东西溶解了，一切固定的东西消散了，一切被当作永恒存在的特殊的东西变成了转瞬即逝的东西，整个自然界被证明是在永恒的流动和循环中运动着。"① 同时，他对生物学和物理学作了两个辩证唯物主义的预言，指出，"生命是蛋白体的存在方式"②，"原子决不能被看作简单的东西或已知的

① 《马克思恩格斯选集》第 4 卷，人民出版社 1995 年版，第 270 页。
② 《马克思恩格斯选集》第 3 卷，人民出版社 1995 年版，第 422 页。

最小的实物粒子”[1]。20 世纪初，列宁又以物理学的新发现为武器，猛烈批判了俄国的马赫主义者波格丹诺夫等人的唯心主义，并做出了“电子和原子一样，也是不可穷尽的”[2]这一论断。这一论断虽然尚无科学证明，却开启了人们发散思维的另一扇大门。

从科学发展史角度看，自然科学家的头脑总是受哲学的支配。企图凌驾于哲学之上，摆脱它的支配是不可能的。最好的选择是受辩证唯物主义的支配。然而长期以来，在科技工作者中间总存在这样两个问题：一是认为世界观是否是辩证唯物主义的，对科学界并不重要，许多科学家不学辩证唯物主义，甚至世界观是唯心主义的，照样能出成果；二是认为自然科学家本身就是唯物主义者，他们的职业决定了他们在物质第一性、意识第二性这个大前提上与辩证唯物主义是一致的。这两种观点都企图证明科技工作者学不学辩证唯物主义关系不大，世界观如何与科研成果之间没有必然的因果联系。这是个值得自然科学家和哲学家深入探讨的问题。这里，我们不想从理论上或逻辑上加以论证，只想从科学史的角度说明我们应当成为自觉的辩证唯物主义者。

科学技术发展史表明，自觉地学习和掌握辩证唯物主义是科学技术发展对科技工作者的客观要求。随着科学的发展，唯物主义也在改变自己的形式。自从 19 世纪 40 年代辩证唯物主义创立以来，不少科学家自觉、不自觉地倾向于辩证唯物主义，有的开始自觉地学习辩证唯物主义，并用以指导自己的科学研究。优秀的化学家的卡尔·肖莱马（Carl Schorlemmer, 1834—1892）不仅是近代有机化学的奠基人和开拓者之一，而且是自觉地把辩证唯物主义世界观和方法论运用于自己业务中的卓有成就的科学家。他发现无机界与有机界之间没有不可逾越的鸿沟，这与唯物辩证法关于事物普遍联系的观点是完全吻合的，从而大力宣传唯物辩证法。从科学史中还可以发现，那些伟大的、在科学上发动变革的科学家，无一不具有深厚的哲学偏好及深刻的哲学见解，他们不是求助于个别的哲学结论，而是求助于哲学的探索精神。爱因斯坦、玻尔（Niels Henrik David Bohr, 1885—1962）都是如此。爱因斯坦酷爱哲学思考，14 岁时就阅读了艰涩难懂的康德哲学。他是从信奉实证主义转向辩证思维的先驱，只是由于他脱离了当时物理学发展的主流，孤军奋战，又与占统治地位的哲学哥本哈根学派有某些矛盾，因而他的

---

① 《马克思恩格斯选集》第 3 卷，人民出版社 1972 年版，第 568 页。
② 《列宁选集》第 3 卷，人民出版社 1972 年版，第 268 页。

哲学思想尽管和他的科学成就一样闪烁着光辉，却未能产生广泛的影响。真正把辩证思维引入实证主义思潮的是哲学哥本哈根学派的首领玻尔。玻尔是典型的信奉实证主义的科学家，但是在物理学发展日益清晰地揭示出自然界辩证性质的形势下，他被迫转向了辩证思维。促成玻尔的世界观倾向辩证思维的主要因素是量子力学实验及其理论的发展，特别是海森堡（Heisenberg Werner Karl，1901—1976）的测不准关系。物理学的这些新成果猛烈地冲击了形而上学的“非此即彼”的思维方法，使他认识到在微观领域粒子性和波动性、因果描述和时空描述、客观性和主观性之间既是相互排斥的，又是互相联系、互相补充和互相依赖的，或者说是“互补”的。“互补”概念既是运用辩证思维产生的结果，又是对辩证法的补充。如果说辩证法还不能顺利地被科学家所接受的话，那么玻尔凭借其科学家的地位和威望，却使辩证思维产生了深远影响。狄拉克（Paul A. M. Dirac，1902—1984）曾经指出，“互补”思想急剧地改变了物理学家的世界观，其改变程度大概是空前的。奥本海默（J. R. Oppenheimer，1904—1967）把“互补”概念称为“人类思维进入新阶段的开始”。玻尔的“互补”思想之所以产生了如此重大的影响，其原因就在于它向习惯于实证哲学思想的自然科学家头脑中吹进了一股清新的辩证思维之风，在实证主义哲学僵硬的外壳上冲破了一个缺口，使那些长期厌恶黑格尔哲学的自然科学家也不得不回到黑格尔哲学上来，这是不以人的意志为转移的趋势。日本理论物理学家汤川秀树（Hideki Yukawa，1907—1981）、坂田昌一（Sakata Shyoichi，1911—1970）都是自觉地倾向自然辩证法的科学家。特别是坂田昌一，他在中学时代就自觉地学习恩格斯的《自然辩证法》，在辩证思维方法指导下，提出了基本粒子结构的复合模型假说，并被实验证明基本上是正确的，曾受到毛泽东的赞扬。20 世纪 60 年代，我国理论物理工作者在毛泽东的《矛盾论》指导下，认为物质结构层次是无限可分的，从而提出了基本粒子的“层子模型”，实验已经或正在证实它的正确性。总之，时至今日，许多自然科学家已不再崇尚实证主义，也不再满足于朴素、自发的唯物主义，自然科学家自觉地转向辩证思维已是大势所趋。爱因斯坦深有感触地说，物理学的当前困难，迫使物理学家比其前辈更深入地去掌握哲学问题。他对自己的评价是：与其说我是物理学家，不如说我是哲学家。在他 70 岁生日时，一批学者为他出了一本文集，书名为《阿尔伯特·爱因斯坦：哲学家、科学家》。爱因斯坦所说的掌握哲学问题和自称为哲学家，从他的著作中可以看出，实际上是指辩证唯物主义和辩证唯物主义哲学家。

科学技术发展史还表明,自然科学家自发的唯物主义倾向不能贯彻到底。诚然,自然科学家从不怀疑他的研究对象、研究手段以及研究结果的客观存在,但这仅仅是朴素的、自发的观念,一旦遇到困境往往不能自拔,乃至误入唯心主义或形而上学的歧途。比如经典物理学的集大成者牛顿,可谓功绩显赫,然而他的后半生却成就平平,其主要原因在于他没有形成自觉的唯物主义世界观。他苦于解释不了天体运行的切线力的来源,于是就求助于上帝。他认为,除了神力之助而外,在自然界中没有别的力量能促成这种切向运动,从而得出上帝给予天体第一推力的唯心主义结论。于是,他在后半生便埋头于研究《约翰启示录》,企图用自然科学证明上帝的存在,他自己也变成一名虔诚的宗教徒。与达尔文同时发现进化论的英国生物学家华莱士,最初在进行动物考察时也是一个自发的唯物主义者,但他之所以不像达尔文那样声名远扬,除了他的谦虚而外,主要由于他后来在解释人的睡眠现象时成为招魂术和请神术的信奉者,因而降低了他在科学史上的地位。相对论最初的发现者荷兰物理学家洛伦兹(Hendrik Antoon Lorentz, 1853—1928)也是一位很有作为的科学家,但是他的唯物主义世界观不彻底,在物理学突飞猛进的发展中,因对一些新现象不能解释而惊慌失措、痛不欲生,甚至悔恨自己为什么不在做出这种发现(指洛伦兹变换)前五年就死去。德国著名物理学家普朗克(Max Planck, 1858—1947)创立了量子说,对物理学发展贡献很大,但也由于其辩证唯物主义世界观不彻底,因而在物理学进入微观领域之后,惶惶不可终日,甚至对自己的发现(能量不连续)表示怀疑。他痛苦地认为:自己生活在不平常的时代,而物理学又处于极严重的危机中,难得找到一种使人相信的原理,也难得找到使人不相信的无稽之谈。在他看来,随着物理学的发展,已无客观标准存在。俄国伟大的化学家门捷列夫(Dmitri Ivanovich Mendeleev, 1834—1907)虽然发现了元素性质随原子量的变化而变化,但是却否认元素之间的转化,否认电子和放射性元素的存在。

面对20世纪初物理学的新发现,某些科学家表现出迷惘、苦闷、惶惶不可终日,惊呼物理学发生了危机。列宁在他的《唯物主义和经验批判主义》一书的第五章中,站在辩证唯物主义高度,一针见血地指出:不是物理学发生了危机,而是物理学家头脑中那种陈旧的世界观和形而上学思维方式发生了危机。科学史一再证明,自发的唯物主义是经不起唯心主义和形而上学的进攻的。这就从反面证明了科技工作者自觉地学习和掌握辩证唯物主义世界观和方法论是多么重要。

第一篇
古代科学技术

古代,一般指从人类社会诞生直到公元 15 世纪。这一时期大致可分为上古、中古、下古三个历史阶段,它们分别对应于原始社会、奴隶社会和封建社会。本篇按三个历史阶段分四章加以叙述:第一章介绍原始社会的科学技术;第二、三章介绍古巴比伦(两河流域)、古埃及、古印度和古希腊奴隶社会的科学技术;第四章介绍古代中国的科学技术。

古代科学技术从总体上看有两大特点:一是科学从属于哲学,统一于自然哲学,自然科学后来才从自然哲学中分化出来;二是科学研究的方法主要是观察,是经验性和描述性的方法,具有很强的猜测性和思辨性。

第一章
人类的起源和科学技术的萌芽

科学技术发展的历史,就是人类认识和改造自然的历史,科学技术随着人类的产生而产生,随着人类的发展而发展。今天,人类已经从微观、宏观、宇观和胀观层次上认识到自然界的许多性质和规律。这些成果的取得经历了漫长的历史过程。科学技术是怎样沿着从无到有、从低级到高级的序列发展的?它最初是怎样形成的?这便追溯到人类诞生的往昔之日。

一 人类的起源

人类是生活在地球上的最高级的生物,人类的历史只是地球历史的两千分之一(约230万年),这是一般公认的人类起源年龄。

人类究竟起源于何方?它的历史究竟有多长?和其他物种一样,人类作为一个生物物种,也只能有一个祖先。这个祖先在哪里?对于这个问题,长期以来学术界存在不同的看法。生物学家达尔文认为,非洲是人类的摇篮,也有人认为人类的摇篮在欧洲。然而,随着非洲和亚洲两地更多的人类化石的发现,欧洲说逐渐退出了历史舞台。据目前所拥有的化石资料来看,人类的发祥地很可能在非洲,特别是东非地区。分子人类学家证明,人类与大猿类之间存在密切的血缘关系。依据遗传物质的变异度,可以推算出它们分化的大致时间跨度。据美国学者1961年用钾氩法测定,古猿人出现的时间距今约为250万—400万年,即地质年代的新生代的第四纪初。美国韦恩大学的莫里埃·古德门教授通过对人、猴的蛋白质的部分遗传因子所做的对比实验证明,人和黑猩猩、大猩猩在遗传物质方面的差别仅为1%。生物学家认为,在遗传物质方面生物彼此的差别越大,它们离开其共同祖先的时间就越早。由此得出结论:人类在大约500万年前开始以独立的形式发展。大约在距今170万—200万年左右,非洲“能人”甚至“匠人”开始走出非洲,进入亚洲和欧洲。一般认为,我国发现的古人类化石距今的时间分别为:云南元谋猿人为170万年,陕西蓝田猿人为80万年,北京周口店猿人约为77万年。中国科学家沈冠军与美国科学家达里·格兰杰采用一种名为铝铍(按铝26、铍10的比例)埋藏测年法的新技术手段,对取自北京猿人发现地周口店第一地点的石英砂和石英质石制品进行测量,获得这一测定结果。

人类是从古猿进化来的,劳动使猿变成了人。19世纪英国生物学家达尔文(C. R. Darwin, 1809—1882)和德国生物学家海克尔(Haeckel Ernst Heinrich Philipp August, 1834—1919)都持有“人猿同祖”观点。那么,是什么力量使猿变成了人?恩格斯在《劳动在从猿到人转变过程中的作用》一文中详细地论证了从猿到人的转变机制。他认为,从猿到人的转变关键是劳动,转折点是人类祖先手和脚的分工,手的发展是从在劳动中制造工具开始的。由于劳动促成了手脚分工及语言的产生,从而为认识、利用和改造自然,也为科学技术的萌芽创造了条件。

劳动是科学技术赖以产生的源泉。人类告别猿类后便形成了独立的社会群体。在长达二三百万年的历史长河中,人类99%的时间是在原始社会中度过的。在人类历史的初期,几乎没有什么像样的技术,也没有形成独立的自然科学学科。“随着手的发展、随着劳动而开始的人对自然的统治,随着每一新的进步又扩大了人的眼界。他们在自然对象中不断地发现新的、以往所不知道的属性。”① 从这个意义上说,科学技术萌芽于最初的劳动中。由于劳动,逐渐形成了一些简单的技术和自然科学的萌芽,为今天巍峨高耸的科学大厦奠定了最早的基石。

二　石器和弓箭

常言道,“人是使用工具的动物”。这话不甚全面。人不仅会使用工具,更重要的是会制造工具,这是人与动物的本质差别。动物只能利用现成的自然物去消极地适应自然,而人则能制造出自然界没有的工具以作用于自然、变革自然,从而获取自身所需要的生活资料。这说明人与自然的关系是

① 《马克思恩格斯选集》第4卷,人民出版社1995年版,第376页。

一种能动的关系,这种关系是在劳动中形成的。正是这种能动关系,使人类在劳动中创造了各种工具,并用这些工具作用于劳动对象,对劳动对象进行有效的加工。这种借助于一定的工具(包括物质的和精神的)对对象进行加工的方法,就是技术。

原始社会最好的技术工具是石器,石器是原始社会生产力的主要内容。使用石器进行生产的时代称为石器时代。石器时代又分为旧石器时代和新石器时代。旧石器时代的石器是利用石头的天然形状打制而成的,是单一的。新石器时代的石器是原始人根据改造自然的需要,按石头脉络打制成所需形状再经磨制而成,它既可是单一的,也可是复合的,如石斧 = 斧头 + 把柄。新旧石器时代交替的时间大约在一万年前。与旧石器时代相比,新石器时代是一个进步。据考古考证,最原始的石器出土地点分布很广,遍布亚、非、欧三大洲的广大区域。最早的出土石器是南非的库彼弗拉石器,距今约 260 万年。1927 年,人们在周口店猿人遗址旁发现了与旧石器混杂在一起的新石器,这是比旧石器更为精巧的工具,如小刀和矛尖等式样的石器。

旧石器时代末期,大约在 1.4 万年前,原始人又发明了较为复杂的工具——弓箭。这是原始社会很了不起的一种发明,它是原始人长期积累的生产经验和智力相结合的产物。弓箭的制造涉及力学原理。弹力可以说是原始人最初认识到的一种"隐藏的力"。恩格斯对弓箭的发明给予了高度的评价,他指出,"弓、弦、箭已经是很复杂的工具,发明这些工具需要有长期积累的经验和较发达的智力,因而也要同时熟悉其他许多发明"①。

三　火的利用和人工取火方法的发明

原始人在长期的劳动中逐渐认识到火的用途,并发明了取火的方法。据考证,人类约在五十万年前就学会了用火。在自然界中,由于火山爆发、雷击、自燃等原因会产生"天火"。原始人起初怕火,后来发现火有很多用处,于是便设法保留火种。考古证明,在我国云南元谋旧石器时代遗址中发现了许多炭屑,河南荥阳市织机洞遗址、山西芮城的西侯度遗址也有类似用火的遗迹。在北京周口店的北京猿人居住过的山洞里,灰烬堆积层最厚处

---

① 《马克思恩格斯选集》第 4 卷,人民出版社 1995 年版,第 19 页。

可达6米，表明北京猿人早在77万年前已长期、有效地利用火了。

天然火种往往不易保存，于是原始人便开始寻找人工取火的方法。他们在经验中发现摩擦生火、打制石器令其互相撞击生火等。我国古代传说的“钻木取火”也是取火的一种方法。一般认为，在旧石器时代晚期便有了人工取火的方法。火的用途十分广泛：火可以熟食，促进消化，提高健康水平；火可以照明，驱逐黑暗，吓退野兽；火可以取暖，抵御寒冷；火可以去湿；等等。火的使用和取火方法的发明，具有划时代的意义和世界性的解放作用。正如恩格斯所说：“就世界性的解放作用而言，摩擦生火还是超过了蒸汽机，因为摩擦生火第一次使人支配了一种自然力，从而最终把人同动物界分开。”①

四　农业和畜牧业的出现

原始人从采集到渔猎，都没有摆脱依赖天然食物而生活的历史。农业和畜牧业的出现则标志着原始人结束了这一历史，它表明人类可以在自然界中创造自己所需要的生活必需品。从依赖天然食物到自身创造食物是人类发展中的一大变革，人类从此开始了真正意义上的生产并逐渐终止了流浪生活而转入定居。据考证，农业和畜牧业的出现发生在从旧石器时代向新石器时代的过渡时期，即大约在一万年前。

（一）农业的出现

最早出现农业生产的地区是西亚。考古发现：约在一万年前，在当今土耳其境内的萨约吕已经有种植小麦的遗迹。在我国浙江余姚一石器时代遗址中出土了大量炭化的稻谷，时间约在六七千年前。

2004年，考古人员在余姚田螺山遗址地下一米多深处挖掘出6000多年前的多个块状和枝条状的树根及根须，出土时全部直立，这些根须有明显的人工栽培的特征。由中日专家综合研究组进行取样、检测和鉴定，确认这些树根和根须是山茶属树木，是人为种植的。这一发现表明，6000多年前田螺山村落的人们很可能已经开始人工栽培茶树。

农业生产的最初方式是刀耕火种。那时赖以生产的主要工具是石器和火。人们用石斧之类的工具砍倒树木，晒干后连同地面树叶和杂草一起放

① 《马克思恩格斯选集》第3卷，人民出版社1995年版，第456页。

火烧掉,然后用木棒、石锄等工具挖坑播种,成熟后再用石镰或蚌镰收割,然后再用石磨和石碾加工,这就是最初的刀耕火种的情景。

随着时间的推移,农业生产方式由刀耕火种农业发展为耕锄农业。在新石器时代后期,人们又学会制作和使用木耒、石耜、石犁等农具进行生产,人们把这种生产方式称为耕锄农业。与此同时,人们也懂得了用拦河截水的办法进行人工灌溉和有意识的人工施肥。

(二)畜牧业的出现

大约在一万年前,人类已经懂得饲养动物。早在弓箭出现之后,便产生了最早的生产部门——狩猎。由于生产工具的不断改进,人们可以捕获更多的飞禽走兽。除了满足食物需求外,尚有剩余,于是人们就把多余的、尚未宰杀的动物养起来,成为家畜。这一举动便促成了畜牧业的诞生。人们最初驯养的动物是猪、羊、牛、狗、鸡。据史料记载,我国黄河流域的磁山、斐南角、大地弯等地的原始人,在5400—6000年前就已定居,以种植粟类,饲养猪、狗、鸡等为生。农业生产和家畜饲养均以定居为前提。随着农业生产和定居生活的发展,动物饲养已由个别饲养发展到成批饲养,人们逐渐发现从事畜牧业比种植业更有利可图,于是畜牧业生产比重越来越大,乃至附近草场满足不了牲畜的需要,需远道放牧。这样,专门从事畜牧业的人们又开始了游牧生活,畜牧业从农业中分离出来,这是人类社会的第一次大分工。

农业和畜牧业生产不同于简单的采集和渔猎,它要求有较丰富的自然知识:要懂得动植物的生长规律,要学会育种,要有一些天文、气象、草场和土壤等方面的知识。这些知识就是人类对自然界的最初认识,也可以说是自然科学知识的萌芽。

五 制陶技术和手工业的出现

制陶技术与火的使用联系在一起。有了火,人们便开始熟食。起初,人们把食物放在木制容器内进行烧烤时,怕把木器烧坏,便在器具外面附上一层黏土。在加热过程中,黏土硬化脱落而成器皿。受其启发,人们联想到用火直接烧制陶器。制陶技术大约出现在8000—9000年前。现在看到的最早的陶器是我国河南、河北、江西和西亚等地出土的8000年前的陶器。到了新石器时代后期,逐渐形成一套比较完整、合理的工艺。制作方法是先对陶土进行认真淘洗,再加上不同的煅料,然后对陶坯进行加工。加工方法是利用陶轮(一个装有直立转轴的圆盘),把和好的陶土或粗坯放在陶轮中央,使陶轮转动,同时用手捏陶土或用工具使陶土成形并使其表面光洁,然后放进陶窑中烧,窑中温度接近1000℃。陶轮的发明是科技史上的一件大事,它是人类最早的加工机械,也是当今一切旋转切削机具的始祖。

新石器时代晚期,烧窑技术已达到相当高的水平,彩绘工艺亦随之发展起来。当时人们已能烧制厚度仅为1—2毫米的“蛋壳陶”,这种陶器古希腊和我国都有发现。我国还有一种颜色洁白的白陶,由高岭土烧制而成,是当今瓷器的前身。制陶业的发展促成了手工业的出现,而手工业的出现是人类社会的又一次大分工。

六 冶金技术的出现与原始社会的解体

人类最早认识的金属是黄金和铜。由于它们可以以纯度颇高的自然金和自然铜的形态出现,又都具有光泽和延展性,可以敲打成形,因而备受人们的青睐。冶金技术诞生于公元前8—前7世纪。

在古代,尽管黄金比铜更受人注目,但是由于它的硬度比铜低,又很稀少,所以人们还是更倾向于冶炼铜。一般认为,冶铜技术开始于公元前4000年的原始社会晚期。其冶炼方法是将孔雀石和木炭同放于陶器内燃烧。晚期的冶铜加进了锌和锡,制成青铜。铜比石块软,易成形,一般用于装饰、祭器和武器。我国掌握冶铜技术晚于西亚和欧洲。法国双塞夫勒省发现的一只直径为52厘米的青铜车轮,是公元前8世纪末制造的,是一只用于殡葬的马车轮子。

冶金技术的出现表明石器时代结束,金属时代兴起,意味着原始社会解体,奴隶社会诞生。原始社会的解体和奴隶社会的诞生是生产力发展的必然结果。

第二章
两河流域、古埃及和古印度的科学技术

大约在公元前3000年，两河流域（幼发拉底河和底格里斯河流域）、古埃及和古印度都相继进入了奴隶制社会，它们创造了灿烂的古代文明，在科学技术上取得了令人瞩目的成就，对后来的科学技术发展产生了不可忽视的影响。这些成就主要表现在农业、天文、数学、医学、建筑等方面。

一　农业生产和农业技术

农业生产是这些地区和国家古代文化的经济基础。农业生产与水利息息相关，这些地区和国家的农业之所以发展较快，是得益于流经境内的幼发拉底河与底格里斯河、尼罗河、印度河和恒河。因而，这一时期建立起来的奴隶制王国都十分注重合理利用和兴修水利。公元前30世纪中叶，在两河流域建立起来的阿卡德王国，展开了大规模的水利灌溉网的建设，这在该王国第六代国王汉谟拉比制定的《汉谟拉比法典》的条文中有充分的反映。他们用国家法律的形式保障水利设施的合理利用。汉谟拉比统治期间，有几个年头都以"水利之年"而称著。那时的政府还专门设立了管理水利的官吏。

在古埃及，自第一王朝起便把尼罗河水利系统置于中央政府管辖之下，官吏还负责对尼罗河水情、水位的变化做经常性的观测记录。传说第一王朝的第一任国王美尼斯的功绩之一就是建造了孟菲斯城外的大堤坝和水库。在古印度，公元前4世纪末孔雀王朝统一印度之后，政府便设有高级官吏管理全国的水利事业。

农业生产发展的另一重要标志是畜耕的发明和运用。在牲畜饲养过程中，人们发现用牲畜作动力进行耕种比人自身的力量大得多，于是牛、驴便用来牵犁耕地。随着冶铜技术的发展，铜犁头取代了石制品。畜耕是三个地区和国家普遍采用的耕作方式。

这些地区和国家的主要农作物是小麦、大麦、水稻、棉花、胡麻、豌豆、蔬菜和水果。蔬菜有萝卜、葱、蒜、黄瓜、莴苣等。水果有葡萄、枣椰、无花果、甜瓜等。牲畜主要有牛、羊、驴、马、猪、狗等。

二 天 文 学

随着农业生产的发展，人们逐渐意识到掌握季节变化的重要，而季节的变化又与天文现象相关，于是人们便开始了有意识地观察天象，最初的天文学就这样出现了。三个地区的人们在天文学方面都取得了一系列成果。两河流域的人们以月亮盈亏的周期来定“月”，这个周期为 29.5 日，因此他们把一个月定为 29 日或 30 日，大小相间；一年定为 12 个月，即 354 日。由于这个数值比实际数值小，所以每隔几年就要加上一个闰月。他们还把 7 天定为一周，又把一天分为 12 小时，每小时 60 分，每分 60 秒。除了一天分为 12 小时的做法不妥外，其他计时法全部被沿用至今。

在古埃及，由于尼罗河与人们的生活紧密联系在一起，该河三角洲地区的人们发现：每当天狼星与太阳同时在地平线上升起时，尼罗河汛期就要到来。这样，他们就把尼罗河开始泛滥这一天定为一年的开始，并规定一年为 12 个月，每月 30 日，年终再加 5 日，即一年为 365 日。

在古印度，人们很早就开始了天文历法研究。到吠陀时代（前 9—前 8 世纪间），人们已掌握了一些天文历法知识，如他们把一年定为 360 日，又分为 12 个月等。

在天文观测方面，这些地区和国家的人们也取得了不少成果。两河流域的泥板书中记载了令后人惊讶的观测数据。他们不仅能把行星和恒星区别开来，而且取得了行星运行的精确数据，如，土星的会合周期（行星与太阳和地球的相对位置循环一次所需时间）为 378.06 日（今天测值为 378.09 日），木星的会合周期为 398.96 日（今天测值为 398.88 日）等，误差仅在 1% 以下。古埃及人还绘制了星图。

三 数 学

数学的产生源于生产、交换和天文计算的需要。三个地区和国家很早就有了自己的数学。在两河流域,人们采用十进制和六十进制并用的记数法,并编制了乘法、倒数、平方、平方根、立方、立方根等数学表。其中,倒数表一直可以计算到60^{19}大的倒数。在代数方面,已经能解一元一次方程和一些简单的多元一次方程、一元二次方程以及特殊的一元三次方程和四次方程,而且答案相当准确。如在泥板书上记载:$(1+0.2)^x=2$,得出$x=3.8$。在几何方面,他们已经知道半圆的圆周角、正方形的对角线为边长的$\sqrt{2}$倍,还有了计算直角三角形、等腰三角形和梯形面积的正确公式。他们把圆周率定为$\pi=3$或3.125,把周角分为360°,1°为60′,1′为60″。

古埃及人留下来的数学成就不多,可能是因为他们用草纸写书,容易毁掉。现在只知道他们也采用十进制,会解一元二次方程。由于尼罗河每年都泛滥,水汛过后要重新丈量土地,从而促成了几何学的发展。他们已经知道了求三角形和梯形面积的方法以及求正方锥体体积的公式,并把圆周率定为$\pi=3.1605$。

在古印度,成书于公元前5—前4世纪的《准绳经》(讲述祭坛修筑之书)记载了一些几何学知识。他们已经知道了勾股定理,使用的圆周率为$\pi=3.09$。他们在天文计算中已开始使用三角学。成书于公元499年的《圣使集》有66条是有关数学的,包括算术运算、乘方、开方以及一些代数、几何学和三角学的规则。

四 医 学

古代两河流域保存下来的医学泥板书有800多块。《汉谟拉比法典》中也有不少条文涉及医学知识。他们的医疗立法是世界上最早的,如规定施行手术成功者给多少报酬,因医术不高而发生事故者又如何处罚等。他们用药物和按摩两种方法治病,所用植物类药有150多种,也用一些动物油脂制成的膏剂进行治疗,他们所治病症主要有胃病、黄疸、中风、眼病等。

古埃及的医学较为发达,他们留下的较完整的医学草纸书有六七部,其中埃伯斯草纸书（成书于第十八王朝，约前1584—前1320）是一部宽0.3米、长20.23米的医学巨著。该书记载了许多病症的医疗方法，包括内科、妇科、眼科，以及解剖、生理、病理等多方面的知识，所载药方有877个。古埃及人有制作木乃伊的传统，他们把尸体的内脏（除心脏外）全部取出，尸体用盐液、树脂等多种药物进行处理以防腐烂，尸体干后即成为木乃伊。他们在制作木乃伊的过程中积累了许多解剖和防腐知识。

医学在古印度是颇受重视的学科之一。成书于公元前1世纪左右的《阿柔吠陀》（“长寿知识”）是古印度最早的一部医学著作，载有内科、外科、儿科等许多疾病的治疗方法。《妙闻集》则记载了解剖学、生理、病理、内外科、妇科、儿科等方面的知识，各类病症达1120种，记载外科手术器材120种，在治疗白内障、疝气、膀胱结石、剖宫产等外科手术上已达到相当高的水平。

五　建筑技术

建筑技术是一种综合性技术，它是社会总体技术水平的反映。古代两河流域、埃及和印度都有许多至今令人叹为观止的建筑。现存的4000多年前在两河流域建成的一座神庙，相当宏伟，是一座阶梯塔式建筑，共7层，最高处达26米，底层面积达3800多平方米，是用烘烤过的泥砖建造的，现仅存一些残垣断壁。建成于公元前7世纪的巴比伦城是两河流域建筑技术的顶峰。该城有内外三道城墙，其上共有300多座塔楼，石墩桥立于幼发拉底河上，贯通全城的笔直大道用白色和玫瑰色石板铺成，北城门墙上用玻璃砖拼砌成美丽的图案。城内的马都克神庙也是一座塔台式建筑，高90.1米，是城内最大的建筑物。

古埃及人多用石料来建筑，比较坚固，保存下来的遗迹也比较多。其中最雄伟的建筑是金字塔，这是一些于公元前27—前16世纪为古埃及法老（国王）建造的坟墓。其中最著名的是公元前2680—前2560年建造的第四王朝法老胡夫和他儿子哈夫拉的金字塔。胡夫金字塔现高136.5米，底为正方形，每边长230米，全塔用230万块巨石砌成，每块重为2.5吨左右。这些石头经过认真琢磨，角度精确，砌缝虽未施泥灰，却仍很严密。在当时人们仍使用石器和青铜器而无铁器的情况下，如何能建造如此巨大、雄伟、令人惊叹的建筑，至今仍是一个谜。古埃及的另一类惊人建筑是神庙，其中位于尼罗河畔卡纳克的一座神庙,建于公元前14世纪,它的主殿矗立着134根巨大的圆形石柱,其中最大的共12根,每根直径为3.6米,高约21米,可以想见那是一座何等壮观的建筑!

古印度人是最早使用烧制过的砖建造房屋的人,烧砖的发明是建筑技术史上的一件大事。在印度河流域的考古发掘中发现,哈拉巴文化时期(公元前3000年)的建筑已采用砖木结构。哈拉巴和摩亨约达罗是那个时期最大的两座城市,后者保存比较完整,可以清楚地看到它分为卫城和下城两部分。卫城内建有许多公用建筑,如一座大浴室建筑面积1800平方米,一座大谷仓面积为1200平方米,一座类似会议厅的公共建筑面积为600平方米。下城为居民区,建有许多住宅,其中还有两三层的楼房,城内有平直相交的道路网和完整的给排水系统。早在三四千年前能建成这样的城市是世界上仅有的。

六　手工业及其技术

古代两河流域的手工业也相应发展起来,比较突出的有冶金、纺织、玻璃制造技术。公元前19世纪中期,巴比伦人已懂得在铜中加入锡或铅制成合金——青铜。青铜比纯铜硬度大,可用于制造斧、锯、刀、剑等工具和武器。而印度早在公元前3000年的哈拉巴文化时期,人们已广泛地使用青铜制斧、锯、凿、锄、鱼钩、剑、矛头、匕首、箭镞等工具和武器,说明其掌握冶炼青铜技术早巴比伦人一千多年。古埃及冶铜技术稍有逊色。

铁的冶炼比铜难度更大,它要求更高的温度。据考证,最早掌握冶铁技术的是居住在亚美尼亚山区的基兹温达人,他们在4000年前就炼出了海绵铁。[①] 两河流域和埃及于公元前7世纪前后、古印度于公元前9—前8世纪(吠陀时代)开始使用铁。据分析,他们的冶铁技术可能是由外地传入的。不过据史料记载,古印度人在公元前4世纪已能炼钢。至今仍矗立于印度的公元5世纪初(此时仍为奴隶社会)笈多王朝时期制造的一根大铁柱,高7.25米,重6.5吨,几乎没有锈蚀,可见当时冶铁技术之高超。

① 在低于熔化温度之下可以将铁矿石还原成海绵铁。这种铁未经熔化,仍保持矿石外形,由于还原失氧形成大量气孔、形似海绵而得名。这种铁含碳量低,杂质多。

距今3000多年前,两河流域和古埃及的玻璃制造业已具相当规模。古印度人是最早的棉花种植者,纺织技术也源于此。人们在哈拉巴文化时期遗址中发现了一些棉布残片,并有染色,说明他们早在公元前3000年就有了棉纺技术。到孔雀王朝(约前4世纪)时期,棉纺技术已达到相当水平,许多城市都以棉纺业发达而称著,产品可大宗外销。

第三章
古希腊、古罗马时代的科学技术

古希腊、古罗马时代是奴隶社会科学技术发展的高峰。古希腊从公元前8—前6世纪相继建立起一系列奴隶制城邦,随后奴隶制在古希腊有了长足的发展。古希腊人在吸收古埃及、古巴比伦的科学技术的基础上创造了灿烂的文明,使古希腊成为当时欧洲的文化中心和近代科学技术的主要发源地。公元前510年,古罗马建立起奴隶制国家,以后日渐强大,到大约公元前300年一跃成为地中海沿岸的强国,公元前100年又成为横跨欧、亚、非三大洲的大帝国。古希腊和古罗马的科学技术发展各有特色。古希腊人偏重于科学和理论,而古罗马人则倾向于实际与技术,这在他们的科学技术成果中得到了充分的体现。

一　古希腊、古罗马时代的科学成就

按照历史走向和科学发展特征,可以把这一时代划分为四个时期:爱奥尼亚时期、雅典时期、亚历山大时期和罗马时期。前两个时期科学发展主要在希腊本土展开,其主要形式或特点是自然哲学,即自然科学与哲学融为一体,这时的自然科学家同时又是哲学家。亚历山大时期科学发展的中心转向了亚历山大城,自然科学开始从自然哲学中分化出来,形成了独立的学科。罗马时期自然科学的发展无多大进展。

(一) 爱奥尼亚时期的自然哲学——自然科学与哲学融为一体

爱奥尼亚时期一般是指公元前6—前3世纪这段时间。爱奥尼亚位于小亚细亚西岸中部,是古希腊自然哲学的发源地。由于古希腊既没有不可抗拒的王朝统治,也没有僧侣神权的淫威,是一个开放社会,自由风尚比较浓厚，加上手工业者和商人都重视现实和科学，反对天命、追求真理，这就促成了自然哲学首先在这一地区兴起。爱奥尼亚时期按地名和人名分别出现了三个大的学派：米利都学派、毕达哥拉斯学派和德谟克利特学派（原子说学派）。

米利都学派的代表人物是泰勒斯、阿那克西曼德、阿那克西米尼和赫拉克利特。这个学派的特点是坚持用自然本身去说明自然，在自然现象的总体联系与发展中去认识自然，他们把世界的本原归结为某些具体的物质形态。被誉为"科学之父"的泰勒斯（Thales，约前624—前546）认为，水是万物的本原，水沉淀变成泥，泥干后成土，水稀薄化为气，气加热成火，万物都由水变化而来，最后又复归于水。在天文学上，他预测公元前585年5月28日将出现日全食，后被证实。在数学上，他发展了初等几何学，提出了直径平分圆周、两直线相交对顶角相等、半圆内接三角形为直角三角形、等腰三角形的两底角相等、相似三角形的对应边成比例、若两三角形的两角夹一边对应相等则两三角形全等等定理，并用几何学上影子与实物长度成比例关系的原理测量了金字塔的高度。阿那克西曼德（Anaximandros，约前610—前546）认为，万物的本原是"无限者"（后人不清楚"无限者"是什么，一般认为是指弥漫的、不固定的物质）。值得一提的是，他认为"地是在空中，没有什么东西支撑它"。"月亮并不是本身发光，而是反射太阳的光；太阳和大地是一样的，是一团绝对纯粹的火。"① 在两千多年前能有这一看法很不简单。阿那克西米尼（Anaximenes，约前585—前526）认为，世界的本原是"气"，气再稀薄一点就变成火，凝缩时先变成水，后变成土。赫拉克利特（Herakleitos，约前540—前480）生活在米利都城北部的爱非斯城，但他的学术路线基本与米利都学派相近，故也列入米利都派。赫拉克利特说："这个世界，对于一切存在物都是一样的，它不是任何神所创造的，它过去、现在、未来永远是一团永恒的活火，在一定的分寸上燃烧，在一定的分寸上熄灭。"② 由于古人不能正确认识燃烧现象，误认为火也是一种物质，所以才有赫拉克利特的世界本原归于火一说。他还认为，一切皆流，万物常新。赫拉克利特是古希腊时期最有辩证法思想的唯物主义者，被列宁誉为"辩证法的奠基人之一"。

毕达哥拉斯学派的主要代表人物是毕达哥拉斯。毕达哥拉斯（Pythago-

---

① 王太庆主编：《西方自然哲学原著选辑》（一），北京大学出版社1988年版，第11页。

② 北京大学哲学系外国哲学史教研室编译：《西方哲学原著选读》上卷，商务印书馆1981年版，第21页。

ras,约前580—前500)本来生活在爱奥尼亚对岸的撒摩斯岛,公元前530年皮洛士军队入侵爱奥尼亚地区,米利都和爱非斯两城遭到破坏,毕达哥拉斯逃往意大利的克罗顿城定居。传说他游历了两河流域和古埃及,研究过那里的学术。他和他的门徒组成了一个既有学术性质又有宗教、政治性质的团体。在对世界本原的看法上,毕达哥拉斯派走了一条与爱奥尼亚派不同的路,他们抛开了自然界多种多样的质,企图找一个既能超越于具体物质形态,又能反映它们共性的东西作为世界的本原,即去掉具体质,只抽出抽象量的"数"作为世界的本原。他们认为,数的本原就是万物的本原,万物的本原是一。从一产生二,产生各种数目;从数产生点、线、面、体,产生水、火、土、气四种元素。它们的相互转化创造出有生命的、精神的、球形的世界。所以,数不仅是万物的本原,而且是万物存在的性质和状态的描述。在数学上,毕达哥拉斯首先证明了勾股弦定理,为此还举行过一次盛大的"百牛宴"以示庆祝;他还提出了区分奇数、偶数和质数的方法;他的学生还发现了$\sqrt{2}$这个无理数。在天文学上,毕达哥拉斯派试图建立宇宙论,他们以数学观点来思考宇宙的结构形状。在他们看来:圆球形是最完美的立体几何形状,因此宇宙必定是球形的,宇宙以地球为中心,地球也是球形的;天体运动是和谐的,以匀速做圆周运动。毕达哥拉斯派关于天体运动的和谐性,对文艺复兴后的天文学家哥白尼和开普勒影响很大。

德谟克利特学派,也称原子论学派。原子论是古希腊自然哲学中极其重要的部分,其代表人物是留基伯和德谟克利特。最早提出原子论的是米利都派的留基伯(Leukippos,约前500—前440),关于他的生平和著作记载很少。而他的学生,阿布德拉的德谟克利特(Demokritus,约前460—前370)却是后人十分敬佩的人物。德谟克利特是古希腊杰出的唯物主义自然哲学家,他知识渊博,有古代的达·芬奇之称。据说他的著作有六十多种,马克思、恩格斯在《德意志意识形态》中曾称赞他是"经验的自然科学家和希腊人中第一个百科全书式的学者"①。留基伯的基本观点和德谟克利特是一致的。原子论的基本内容可以概括为以下几个方面:(1) 万物的本原是原子和虚空,原子和虚空都是存在,虚空不是虚无,原子在虚空中运动。(2) 原子具有如下特性:它是组成万物最小的、不可分割、不可改变的物质粒子;原子的数目是无限的,它既不能创生也不能消灭;原子之间在质上都是相同的,

① 《马克思恩格斯全集》第3卷,人民出版社1972年版,第146页。

它们只有大小、形状、次序、位置的不同。(3) 原子具有一种必然的运动，即原子在虚空中由于必然向四面八方相互碰撞，形成了旋涡运动，造成原子的结合和分离。它们的结合便生成万物，它们的分离便使万物消失，也就是说原子的必然运动引起了世界的变化，而原子的必然运动是原子自身所固有的属性，不是外力强加其上的。又由于原子有大小、形状、次序、位置上的差异，便组成了千差万别的事物。(4) 无限的宇宙中包含着无限的原子和无限的虚空，原子是绝对充满的，其中没有任何空隙；虚空是绝对的空，其中不包含任何物质。古代原子论是近代牛顿、道尔顿原子论的理论渊源，它对现代物质结构理论也具有深远影响。

（二）雅典时期的自然哲学——自然哲学向经验自然科学的转变

雅典时期的时间跨度大约从公元前480—前330年。它是古希腊科学发展的重要阶段。在这段时间内柏拉图(Plato，雅典人，前427—前347)学派的唯心主义理念论一度占统治地位，但这一时期科学发展的标志却不是理念论，而是亚里士多德的自然哲学。

亚里士多德(Aristotle，前384—前322)是古希腊伟大的思想家、百科全书式学者，是古代科学思想的主要代表，当过亚历山大大帝的老师。亚里士多德出师于柏拉图，在柏拉图学园学习了20年，直到柏拉图死后才离开。后来亚里士多德在雅典的吕克昂创立了自己的学园，这个学园的先生和学生习惯于在吕克昂花园里边散步边讨论问题，由此得名“逍遥派”。

亚里士多德生活的时代是古希腊由前期向后期转变的阶段，与此相应的是自然哲学开始向经验自然科学转变。亚里士多德在科学上是一个继往开来、承上启下的人物。他的著作体现了自然哲学与经验知识的早期结合，在他之前的思想家都力图用一个完整的世界体系从总体上来解释自然现象，作为这类思想家的亚里士多德是自然哲学的集大成者，是提出完整世界体系的最后一个人。在他之后的思想家开始抛弃提出完整体系的企图，大都转入研究具体问题。作为这类思想家，亚里士多德又是首先着眼于从经验活动来研究具体问题的人。

亚里士多德的研究兴趣十分广泛，知识渊博，著作很多。他研究过天文学、物理学、力学、化学、气象学、心理学、逻辑学、历史学、美学、伦理学等。主要著作有：《物理学》《论产生和消灭》《天论》《气象学》《动物的历史》《动物的结构》等。这些著作对后来两千多年来的科学发展产生了深远影响。同时，他的权威地位也使他的错误长期被人们当作真理，从而又阻碍了科学的发展。下面仅对他的天文学、生物学和运动学研究作一简单介绍。

在天文学上，亚里士多德的主要观点是：地球是球形的，地球是静止不动的，而且是宇宙的中心。关于地球是球形的，他用生活经验、运动学理论和气象学加以证明。他认为，在埃及和塞浦路斯岛附近能看到天体，在较北的地方就看不到；在航海中，远方的来船总是先看到桅杆，后看到船身，甚至可以看到水面是弯曲的。他写道："如果微粒同样地从各方面趋向于一个中心，那么微粒所构成的球应当具有十分匀称的形状。如果从各方面增加的是同量的微粒，则从地球的中心到它的表面的距离自然应是各处相等。这就是说，这个物体应该是球形的。"① 亚里士多德还认为，地球上各处的气候不同，是由于太阳照射到地球上的各个区域的角度不同造成的，而角度所以不同，是因为地球是球形的。他用简单的逻辑推理证明地球是宇宙的中心。他认为，既然地球上所有的重物都要落向地心，那么地球所在的位置必然是宇宙的中心，否则地球也会像其他重物一样向宇宙的中心运动了。他还认为，宇宙是有限的，宇宙只有一个世界，这个世界的中心就是地球，而既然地球是宇宙的中心，那么地球就是静止不动的。

此外，亚里士多德还对地球和天体的物质组成提出了自己的观点。他认为，地球的物质是由水、气、火、土四种元素组成的，其他天体则由第五种元素——"以太"构成。可见，"以太"这个概念是亚里士多德最早使用的。

在生物学上，亚里士多德主要研究动物学，被誉为"动物学之父"。他对540 种动物进行了科学分类，对 50 多种动物进行了活体解剖观察，研究过小鸡的胚胎发育过程，还提出鲟鱼是胎生的论点。此外，他还提出：生物体是由水、气、火、土四种元素组成的复杂的有机体；生命的本质是生命力；生物是自然发生的，即生物可以从无生物中迅速产生，高等生物可以从低等生物中迅速产生，就是说，生物的产生既不要经历漫长的过程，也不需要亲代的遗传。这些观点在今天看来，有的是根本错误的，有的不那么科学。

然而，亚里士多德在生物学上也提出过一些有价值的思想和观点。例如，他认为各种生物组成一个统一的阶梯，这个阶梯是渐进的、连续的，两级阶梯之间存在着中间过渡类型；他还看到了生活环境对生物体的作用：鸟类的羽毛所以比一般动物美丽，是因为它们常晒太阳；食物能影响动物的颜色。他描述了动物的生存斗争和进化现象：生活在同一类地区的同类动物，当食物缺乏时，就会发生生存斗争，弱肉强食；动物微小器官的改变，会引起

① 〔古希腊〕亚里士多德：《天论》第二卷第 14 章，转引自林德宏：《科学思想史》，江苏科学技术出版社 1985 年版，第 30 页。

全身性的生理重大变化。亚里士多德关于获得性遗传的思想是可取的。

在运动学上，亚里士多德提出了物体上升、下降运动的原因在于自然运动和非自然运动的观点。他认为，所谓自然运动，是物体趋向于自然位置的运动，任何物体都有各自的自然位置，在这个位置上时它是静止的，当离开这个位置时，由于有回到自身位置的本性，所以又回到原位。这里包含了最初的惯性思想。亚里士多德的所谓非自然运动，是指物体向非自然位置的运动，这种运动是不符合本性的，是由外力引起的，是受迫运动。此外，他还研究了自由落体运动的原因，认为自由落体在于自身有重量，而所以会有重量，是因为它们是由水和土组成的，重量不同下落速度亦不同，即重物体比轻物体先落地。这一点是不对的，后来被伽利略推翻。

亚里士多德在哲学、形式逻辑等方面也有一些正确见解，尤其是他提出的演绎推理的“三段论”沿用至今。

（三）亚历山大时期的自然科学——古希腊自然科学的繁荣

雅典被马其顿人攻克后，马其顿国王亚历山大大帝建都于埃及的亚历山大城，从此，古希腊文化中心开始由雅典转向亚历山大。该城人口超过一百万，是当时世界上最大的城市，市内有很大的图书馆和博物馆，学术研究条件优越，促成了自然科学的繁荣。

亚历山大时期是从公元前3世纪到公元2世纪中叶，前后大约五百年。这段时间是古希腊科学发展最富生命力的时期，又称为“希腊化科学时期”。它不仅是古希腊科学发展的重要阶段，而且在整个人类科学发展史上也占有极其重要的地位。这一时期的特点是自然科学摆脱了爱奥尼亚阶段的天才直觉和雅典时期的思辨道路，开始从自然哲学中分化出来，沿着一条以实践为基础的专门化方向发展起来，形成了古代的理论学科。其间产生了著名的欧几里得几何学、阿波罗尼的《圆锥曲线论》、阿基米德力学、喜帕卡斯和托勒密的天文学以及盖伦医学。

1. 欧几里得几何学和阿波罗尼的《圆锥曲线论》。欧几里得几何学是古代科学的最高成就。欧几里得(Euclid，约前330—前275)是雅典人，曾就学于柏拉图学园，后移居亚历山大城，是莫塞因学园的元老之一。他集以往泰勒斯、毕达哥拉斯等人创立的几何学之大成，加以系统化，运用逻辑推理和数学计算方法，演绎出许多定理，写成了13卷巨著《几何原本》。该书是数学知识系统化的标志，演绎推理的典范。书中权威性的初等几何理论沿用了两千多年。其原因在于：第一，有壮观的体系结构。全书共467个命题，涉及直边形和圆的基本性质、比例论及相似形、数论、不可度量的分类、立体几何和穷竭法五大部分。传说当时托勒密国王一世在学习该书时,对它庞大的体系结构感到吃惊,问欧几里得能否再简单一点。欧几里得回答说:"在几何中没有皇上所走的康庄大道,即使是国王,也应该从最初的一步一步学起。"第二,有严谨的逻辑结构。《几何原本》收集了当时已知的数学定理,并按照定理之间的内在逻辑关系由简单到复杂地进行编排,使每一定理都能被先前已经证明的定理证明。由此往上推,这个体系必须用一些不证自明的公理。第三,有坚实的实践基础。《几何原本》中的点、线、面、圆等基本概念都是人们在长期实践中接触到的各种具体事物的高度抽象,所用的公理、公设也几乎全是古人在实践中发现的各种规则,提出的几百个命题也都能在对自然界的观察和实践中得到证实。第四,所运用的演绎推理方法为后人树立了方法论样板。牛顿的《自然哲学的数学原理》就是仿照欧几里得《几何原本》的体裁和推理方法而写成的。《几何原本》于明代传入我国。明朝宰相徐光启(1562—1633)和意大利传教士利玛窦(1552—1610)合译了前6卷,清朝的李善兰(1811—1882)和维力亚力(生卒年不详)合译了后7卷。今天我们使用的点、线、面、平行线、钝角、三角形、切线、四边形等概念都是徐光启译出的。

出生于小亚细亚的阿波罗尼(Apollonius,约前262—前190)后来移居亚历山大城,他对圆锥曲线进行了系统研究,并取得了重大的理论成果。他第一个根据同一圆锥的不同截面,分别研究了抛物线、椭圆和双曲线。在《圆锥曲线论》中,他对这三种曲线的一般性质及共轭径、渐近线、焦点等作了详细论述;还根据三种圆锥曲线的不同性质,用"齐曲线""亏曲线""超曲线"分别给抛物线、椭圆和双曲线进行了命名;他还是第一个发现双曲线有两支的人。阿波罗尼是亚历山大阶段三大数学家之一(另两人是欧几里得和阿基米德)。美国应用数学家M. 克莱因(Morris Kline, 1908—1992)在他的《古今数学思想》一书中,对阿波罗尼的贡献做了高度评价。他说:"按成绩来说,它是这样一个巍然屹立的丰碑,以致后代学者至少从几何上几乎不能再对这个问题有新的发言权。这确实可以看成是古希腊几何的登峰造极之作。"①

2. 阿基米德力学。阿基米德(Archimedes,前287—前212)出生在西西里岛的叙拉古国,他被英国科学史家丹皮尔(W. C. Dampier, 1867—1952)誉为"古代世界第一位也是最伟大的近代型物理学家"②。阿基米德是科学史

① 〔美〕M. 克莱因:《古今数学思想》,江泽涵等译,上海科学技术出版社1979年版,第102页。

② 〔英〕W. C. 丹皮尔:《科学史及其与哲学和宗教的关系》上册,李珩译,商务印书馆1975年版,第86页。

上最早把观察、实验同数学方法融为一体的科学家，这种结合体现了"真正的时代精神"。他用实验方法发现了浮力原理和杠杆原理，并运用力学知识做出了许多发明创造。阿基米德在力学上的成就与他所生活的时代是分不开的。当时由于手工业迅速发展，兴建了许多新城市。大规模的建筑、航海和战争都需要求助于力学的帮助，从而推动了力学和数学的发展，阿基米德的成就就是在这一背景下产生的。他十分注重科学研究与实际的结合，通过观察、实验和数学方法，在静力学方面，发现了浮力原理。传说，叙拉古国经常打胜仗，国王为了感激神灵保佑，打制了一顶王冠献给神灵。王冠做好后，国王又怀疑掺了假，便让阿基米德鉴定。阿基米德凭借他丰富的经验和灵感，在洗澡时萌生了鉴定王冠的方法。他把称好重量的王冠及与之重量相同的纯金块和纯银块，分别装入盛满水的容器内，由排出水的多少测得它们的不同体积。结果发现：王冠体积大于纯金体积、小于纯银体积，从而断言王冠中掺了假。然后，他使用数学方法推出了"浮力原理"，即物体在液体中所受到的浮力，等于它所排开液体的重量。这一原理出现在他的《论浮体》中。

在静力学方面，他还发现了杠杆原理。人们在实践中早已有了杠杆知识。阿基米德的功绩不在于发明杠杆，而在于把大量杠杆知识给予系统分析和整理，从而概括出普遍适用的一般原理。阿基米德在研究了关于重心的问题之后，提出了两个公理（公设）：同重量的物体放在和支点距离相等的地方，则保持平衡；放在和支点距离不等的地方，则不平衡，离支点远的一端必定下坠。这两个公理中已经包含了杠杆原理。他从这一简单的公理出发，运用数学及实验方法得出：重量和作用力之比等于其两个力臂长度的反比（如图 3-1 所示）。

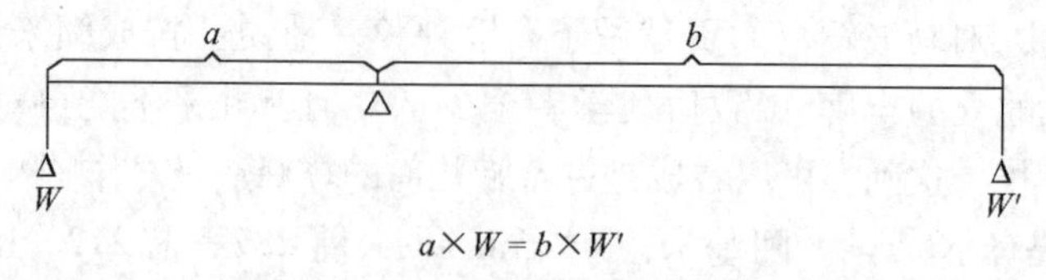

图 3-1　杠杆原理示意图

这一原理的发现使他十分自豪，他在叙拉古王宫中豪迈地说："给我一个支点和长棒，地球也可以撬动。"

阿基米德还运用他的力学知识搞出许多发明创造，如螺旋提水器（水泵）、滑车（可以用它使造好的新船顺利下水）等。在罗马人用 60 艘战船围攻叙拉古的战争年代,他挺身而出,用他发明的投石炮阻止敌人的进攻,用他发明的大型透镜使罗马人的战船起火,用他发明的起重机把罗马的战舰吊起、弄翻。这些军械在当时起了保家卫国的作用,令罗马人屯兵叙拉古外长达两年之久,攻而不克。

公元前212年,罗马人终于攻入叙拉古。当时罗马主将马尔凯斯深知阿基米德的才华,下令部下不许杀害他。但是,士兵没有接到此项命令。传说,当士兵闯入他家的时候,他正在沙土上画图,一个士兵让他离开,他傲慢地说:“别把我的图弄坏了。”士兵觉得人格上受到侮辱,拔出短剑便砍下了他的头。罗马统帅出于对阿基米德才华和人品的敬佩,为他修了一座颇为壮观的坟墓,墓碑上铭刻着球内切于圆柱的图形,这是阿基米德发现的一个重要的数学定理,即球的体积及表面积,都是其外切圆柱体体积和表面积的三分之二。

3. 喜帕卡斯和托勒密的天文学——地心说。亚历山大阶段的天文学也有长足的发展。究其原因主要有三:航海和贸易的需要;工艺技术的进步为天文观测提供了新手段;数学的发展为天文学理论化提供了保证。在这种背景下出现了喜帕卡斯和托勒密的天文学。

在古代,人们根据天文观察和天体测量,对宇宙结构形成了两种不同的见解:地心说和非地心说。非地心说主要有毕达哥拉斯派的菲洛劳斯(生卒年不详)的中心火团说(认为宇宙的中心是“火团”,一切天体都围绕中心火团作匀速圆周运动)和亚历山大时期的阿里斯塔克(Aristarchus,前310—前230)的太阳中心说(他明确提出太阳是宇宙的中心)。早期地心说的主要代表人物是雅典阶段的欧多克索斯(Eudoxus,前408—前355)和亚里士多德。后来为了解释天文观察中发现的行星逆行和停留现象,阿波罗尼(前260—前190)提出了“本轮·均轮”理论。这个假说描述了一个假想的圆圈,认为行星沿本轮绕本轮中心旋转,而本轮中心则沿均轮绕地球运转,这样便可解释行星视运动的“逆”和“留”等现象。古希腊人以圆形、球形、匀速、和谐为最美,阿波罗尼的假说恰好符合人们的心理。

首先发展地心说的是先后在罗得斯岛和亚历山大城从事天文工作几十年的喜帕卡斯(Hipparchus,约前190—前120)。他的主要贡献是:第一,抛弃了同心球观念,提出“偏心圆”概念。他认为,地球是宇宙的中心,各天体沿着自己的本轮作匀速圆周运动。这些本轮的中心又沿着各自的均轮以地球为中心作匀速圆周运动。其中,日和月在本轮上的运动方向与本轮中心的运动方向相反,但速度相同[如图3-2(a)];而行星在本轮上的运动方向与本轮中心的运动方向一致,但速度不同[如图3-2(b)]。为了解释视运动的不均匀性，又在“本轮·均轮”系统中加入了偏心圆概念，即地球不在均轮的圆心。第二，他首先发现了岁差（春分点西移现象），岁差数值为每年36″（100年差1°）。第三，他测得一回归年为365.2467日（今值为365.2422日）；一朔望月为29.5306日；月球半径与地球半径之比为1∶3（今测值为27∶100）；月、地距离和地球半径之比值为67.74（今为60.4）。喜帕卡斯是古希腊成就最大的天文学家，他的研究方法也很接近于现代的研究方法。

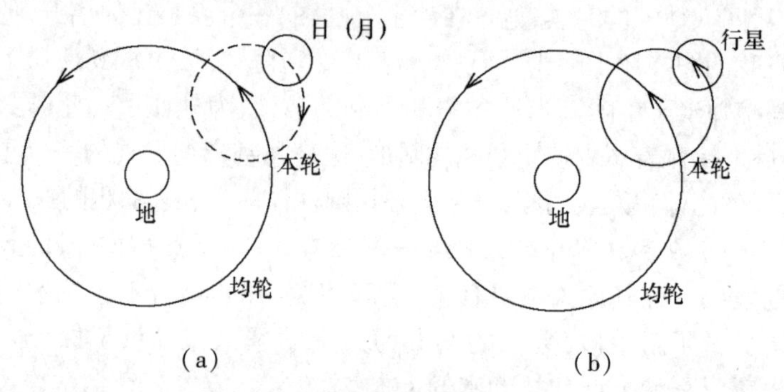

图3-2　喜帕卡斯的本轮地心说图

集古希腊地心说之大成，把它发展成一个完整宇宙理论的是亚历山大城的托勒密（Claudius Ptolemaeus，约90—168）。托勒密地心说是古代天文学发展的顶峰，他写下的长达13卷的巨著《天文集》被誉为古代天文学的百科全书。他的主要功绩在于：把古代的地心思想发展为系统的地心说，并用模型方法成功地解释了他的宇宙理论。托勒密地心说的主要内容是：第一，他采用了阿波罗尼的本轮·均轮理论及喜帕卡斯的偏心圆概念，对行星的复杂运动作了解释。他为了使喜帕卡斯的模型与他二十多年的观测和计算吻合得更好，又在喜帕卡斯模型上加上许多圆形轨道，构成一个共有八十个左右圆形轨道的复杂模型。第二，他通过观察和计算得出了当时所知道的水、金、火、木、土五大行星运动轨道的各项参数，并按照前人留下的运动越快的天体离地球越近的见解，排列了日、月、行星距地球的顺序，构成了一个完整的地心学说。第三，托勒密设想宇宙有“九重天”，它是九个运转着的同心（地球）的晶莹球壳：最低的一层天是月亮天；其次是水星天和金星天；太阳居第四重天上，它是宇宙的主宰、世界的灵魂；第五重天到第七重天依次为火星天、木星天和土星天；第八重天是恒星天，全部的恒星像宝石一样镶嵌在这重天上；恒星天之外是最高天，即“原动天”，它是神灵居住的天堂。地球则坐落在宇宙的中心，岿然不动（详见图3-3）。第四，在方法论上，他是天文学史上第一个成功地运用模型方法的天文学家。他同毕达哥拉斯一样,相信宇宙是简明而和谐的,天体运动是由统一规律支配的。他曾指出,解释现象时应采用一种能把各种事实统一起来的最简单的假说。也就是说,从观察资料出发,进行数学概括,提出抽象模型,构成明确的几何图像,然后对模型进行演绎,得出定量结果,再与新的观测相对照。这种研究方法与当时流行的思辨方法相比是一个飞跃。

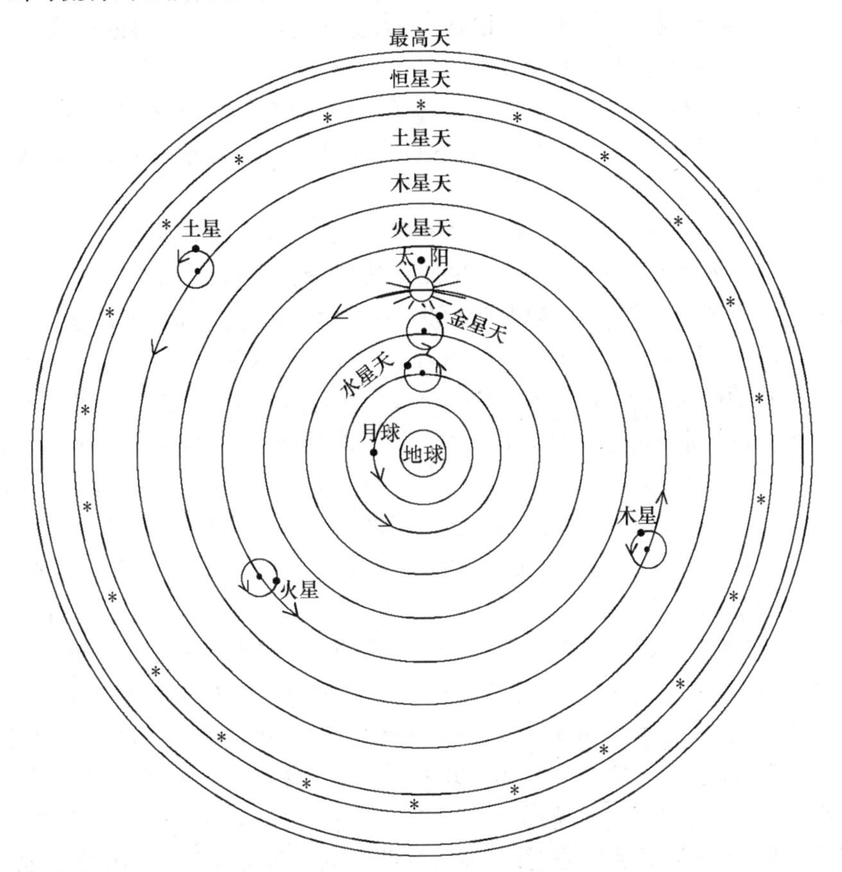

图 3-3　托勒密的九重天图

由于托勒密的地心说能对当时观测所及的天体运动,特别是行星运动做出十分精确的说明,能准确地预测行星的方位,因而在长达一千年左右的时间里被人们在航海、生产和生活实践中所采用,并成为天文立法的依据。直到文艺复兴前,他的学说都被看作是天文学的权威,神圣不可侵犯。

托勒密在光学、地学方面也有不少成就,这里就不介绍了。

4. 盖伦医学。由于历代统治者都意识到医疗事业与他们的寿命息息相关，为了延年益寿，他们大力资助医学研究，因而医学一直保持着很强的活力。当时的医学主要是临床经验的总结，理论方面则掺杂着许多思辨性的哲理，有的与巫术混为一体。

早在雅典阶段，希波克拉底（Hippocrates，约前460—前377）就被誉为"医学之父"，他的医学造诣可见一斑。他不仅具有极其丰富的临床经验，而且提出了"体液说"医学理论。他认为，人体内有红色血液、白色黏液、黄色胆汁和黑色胆汁四种体液，这四种体液失调便导致疾病发生；他还根据四种体液在人体内的混合比例不同，把人分为四种气质类型，即多血质、黏液质、胆汁质和忧郁质，不同气质的人有不同的性格特征。这种气质类型的划分和名称沿用至今。

古代医学到亚历山大阶段，已十分繁荣，特别是人体解剖促进了生理学和解剖学的发展。生于小亚细亚帕加马的盖伦（Claudius Galen，129—199）可谓这一时期医学界的最高权威，他集古代医学知识之大成，把医学知识系统化，建立了古代医学体系。盖伦当过为角斗士奴隶服务的医生，后来成为罗马皇帝的御医，实际上他是跨越亚历山大时期和罗马时期的人物。他的医学思想占统治地位达1500年之久。那个时期，其他国家到意大利的留学人员主要学习的就是盖伦医学。

他的著作据说有131部，被视为医学和生理学的金科玉律，现存的有83部。盖伦在医学和生理学方面的主要成就有：第一，他十分注重直接观察，反对只从书本上学习知识。他从事过解剖研究。因为当时的统治者不允许解剖人体，所以他的解剖对象是猕猴。他把解剖学同他发展了的毕达哥拉斯派的"三魂论"（三种灵魂靠三种灵气，即自然灵气、活力灵气和灵魂灵气的支持，这三种灵气分别存在于人的消化系统、呼吸系统和神经系统之中）结合起来，描绘了这样一种人体生理图像：人自食物中摄取的营养物质，首先进入肝脏变成深红色的静脉血，静脉血再靠"自然灵气"的推动经过右心室流向全身，然后又从原路返回心脏；静脉血的一部分穿过心室中膈渗透到左心室，并同来自肺部的活力灵气相通转变成鲜红的动脉血，动脉血受"活力灵气"的推动循着动脉流向全身，也从原路返回心脏；流经大脑的那部分动脉血中的"活力灵气"在大脑中转变成"灵魂灵气"，这种灵气经由神经系统通至全身，支配人体各部分的感觉和运动。尽管盖伦的"三灵气"说是无根据的臆测，含有许多谬误，但也算是对人体生理最早的完整看法。第二，他对神经生理学也作了比较深入的研究。他把神经分为运动神经、感觉神经和混合神经三大类。第三,他对药物学也有研究。在他的药物学书中记载有植物性药物 540 种、动物性药物 180 种、矿物性药物 100 种。

盖伦医学中虽有谬误,但也不乏很大的实用价值。盖伦医学中的错误(如"三灵气"说,特别是认为人体的构造和机能全是神灵按照自己的目的设计制造出来的,所以要了解人,必须首先了解神灵的意志)被宗教神学所利用,严重地压制了医学创见,阻碍了医学发展。

(四)罗马时期的自然科学——停滞不前

罗马时期大约从公元前 2 世纪中叶到公元 5 世纪。古希腊灿烂的文化到罗马时期开始衰落。英国哲学家罗素(Bertrand Russell, 1872—1970)曾把罗马士兵杀害阿基米德看作是罗马扼杀创造性思维的象征。在罗马帝国统治之下,亚历山大阶段的科学繁荣逐渐消失。只是在东罗马的拜占庭帝国还残留一些古希腊文明。注重实用、轻视理论思维是古罗马人的一个特点。他们在社会管理、工程建筑、军事技术,乃至政治法律方面成就突出,而在科学上却没有更多值得称道的东西。究其原因有三:第一,罗马帝国依靠农业和军事维持其统治,没有繁荣的商品市场来刺激科学发展;第二,罗马人从古希腊人那里吸取了许多现成而直接可用的科学成果;第三,基督教的产生,极大地阻碍了科学的发展。当然,古罗马的科学也不是毫无成就。

罗马时期值得提及的科学成就,一是儒略历法,一是普林尼的《博物志》。

1. 儒略历法。公元前 46 年,当时古罗马的独裁统治者儒略·恺撒(Julius Caesar,前 100—前 44)根据太阳的周期制定了"儒略历",结束了古罗马历法的混乱局面。

儒略历规定每年 365 天,每 4 年一闰。每年分 12 个月,单月为大月,为 31 天;双月为小月,为 30 天。这样一年就是 366 天。关于如何消除掉多出的这一天,有两种传说:其一是,因为 2 月份是古罗马的"行刑期",为使这个不吉利的月份快点过去,于是就从 2 月份中减去一天;其二是,古罗马的 2 月份是当时一年中最后一个月份,所以就在这最后一个月中减去一天。无论哪种说法,反正 2 月份都是 29 天,只有闰年时才为 30 天。

单月大、双月小的规定到恺撒的继承人奥古斯都(Augustus,前 63—14)继位后发生了变化。奥古斯都发现自己的生日在小月的 8 月份,而恺撒的生日在大月的 7 月份,觉得自己矮一头,不体面,于是便规定从 2 月份中拿出一天加在 8 月份上,并从 8 月份以后,把单月改为小月,双月改为大月,形成了今天的阳历月份天数参差不齐的现象。

儒略历的历年平均长度比回归年每年多出 0.0078 天,相当于 11 分 14

秒，每过400年就多出3天。为了消除多出的3天，1582年罗马教皇格里高利（Gregorian I，540—604）宣布改革历法，推行现今使用的公历。可见，古罗马人在历法上为人类做了一件好事。

2. 普林尼的《博物志》。古罗马人在理论方面没有什么更多的建树，但是出生于意大利的普林尼（Gaius Plinius Secundus，23—79）编著的《博物志》却值得一提。普林尼广征博引编辑出版的37卷的大部头巨著《博物志》，即《自然史》，汇集了古希腊、古罗马时代的各种知识：从宇宙到地球到人，从飞禽走兽到森林园艺，从科学研究到巫神活动，兼收并蓄，无所不包。这部著作基本上是已有经验知识的记述，理论上没有什么新鲜独到之处，它从一个侧面反映了古罗马人只注重应用而忽视理论思维的倾向。

总之，在古罗马时期，自然科学已难以再现亚历山大时期的那种繁荣景象，古罗马人走上了偏爱实际、重视实用技术的道路。

二　古希腊、古罗马时代的技术成就

（一）古希腊的手工业和造船业

古希腊人由于崇尚理性，所以在技术方面没留下令后人惊叹之举，但在冶金与加工制作及造船上是有一定成就的。

古希腊的冶金技术发展较快。大约在公元前4000年已开始使用铜器，公元前1900年左右开始使用青铜器，米诺王朝时期已开始掌握铸造技术。公元前16世纪左右有了铁器，到公元前9世纪，冶铁业已成为一个重要的手工业部门，这是古希腊城市繁荣的重要标志。城市大都是手工业的中心，以雅典最为著名。

除冶金技术外，制陶、制革、家具、榨油、酿酒、食品等手工业技术也得到了发展。工匠们的分工也很细，有铁匠、石匠、金匠、青铜匠、纺织工、制鞋工等。有些手工技术精湛、高超，如制陶业不仅能制造瓶、碟、罐、杯等不同用品，而且能制出黑、褐、白、红、橙、黄等多种色彩的陶器；制作金银饰物技艺精湛，纯度很高，银币的含银量达98%。

此外，还出现了一些技术发明，如克达希布斯曾制出压力泵、水力推动的手风琴和水钟；还发明了世界上第一台以蒸汽为动力的机械装置，可视为蒸汽机的鼻祖。

古希腊的造船业相当发达。这得益于它三面环海，水上交通方便，贸易往来兴旺。公元前5世纪,古希腊人就能制造商用大帆船和桨帆并用的250吨的战舰,有的战舰设有两三层桨座,可容纳较多划手。由这种战舰组成的古希腊舰队一度在地中海上称雄。

(二)古希腊、古罗马的建筑业

1. *古希腊的建筑*。古希腊的建筑技术集中表现在宫殿、庙宇、运动场上。著名的克诺索斯宫建于公元前20世纪,占地1.6万平方米,其中有二三层楼房,砖木结构,内装饰十分华丽。公元前5世纪建于山岩上的雅典城中心的帕特农神庙,由白色大理石砌成,阶座上层面积为30.89米×65米,四周矗立46根10.4米高的大圆柱,雄伟壮观,雕刻精致,是古希腊全盛时期的代表作。托勒密王朝首都亚历山大城为长5千米、宽1.6千米的长方形城,城中有宽90米的中央大道,它的港口处设有高120米、装有金属反射镜的巨大灯塔,反射镜的反射光60千米外的船只清晰可见。

2. *古罗马的建筑*。建筑是古罗马时期的主要技术成就。罗马强盛后,统治者动用了巨大的人力和物力建造各种建筑,其中有的出于实际需要,有的则为了满足奴隶主奢侈豪华的生活需求和炫耀其权力。有的建筑至今仍留有遗迹。其中,最著名的有罗马大斗兽场、万神庙、水道、公路和桥梁。

罗马大斗兽场是古罗马最大的建筑。它是供贵族驱使奴隶同猛兽搏斗或人与人搏斗娱乐之用的。它为椭圆形建筑,长径185米、短径156米,四周为看台,外墙高48.5米,有三层拱券支撑廊,可容纳5万—8万名观众,以石料砌筑。古罗马人称:角斗场若倒塌,罗马帝国就要灭亡。可见其坚固程度非同一般。

罗马万神庙(潘提翁庙)建于公元120—124年,为一座圆形建筑物,直径为43.5米,其上为半球形穹隆,顶高等于直径长,正面为气势宏伟、浮雕装饰十分精致的科林斯式门廊。这是古罗马人的杰作,至今尚存。

古罗马的引水道工程堪称建筑史上的丰碑,在以后的1500年中都是无与伦比的。公元前4—前2世纪,罗马共建水道9条,总长90多千米。公元1世纪,罗马城的居民已达100万人,9条水道仍感供水紧张。公元97年,在罗马水利督导弗朗提努领导下,又修了长为186千米的暗渠,横断面积为3—12平方米。这种渠道为连拱结构(低洼处采用多层连拱),以混凝土为材料,是相当先进的技术。罗马城附近至今仍保存拱长1372米、152拱、高12米的水道地段,这是古罗马建筑技术的见证。他们还采用了虹吸和筑坝蓄水技术。

在陆路建筑方面,古罗马人修筑了许多公路和桥梁,在罗马大帝国疆域上构成了四通八达的交通网。据说，主要公路全长 8 万千米，在意大利半岛就有 2 万千米。沿公路设有里程碑，不少至今尚存。与公路建设相配套的还有许多桥梁。据史料记载，在多瑙河上所架的大石桥，共有桥墩 20 座，其上砌有巨大圆孔。该桥今天已不存在，但在欧洲其他地方尚可见到古罗马人建造的石桥。

第四章 古代中国的科学技术

代表古代奴隶社会科学技术发展高峰的古希腊科学技术进入罗马时期基本中断。而在长达一千多年的欧洲封建时代,科学技术又基本处于停滞状态。与欧洲相比,中国封建时代的科学技术却独领风骚,因而这一时期科学技术发展的中心就自然地转移到东方的中国。正如英国科技史学家李约瑟(Joseph T. M. Needham, 1900—1995)[①]在《中国科学技术史》的序言中所说:"中国的这些发明和发现往往远远超过同时代的欧洲,特别在15世纪之前更是如此(关于这一点可以毫不费力地加以证明)。"古代中国科学技术体系的总体特征是计算方法先进,观察记录精确,与生产实践结合紧密,具有很强的实用性。

一 古代中国的科学成就

古代中国科学技术的特点是注重实践经验,因而在科学成果上也是实用型多、理论型少。

(一) 农学

我国是个古老的农业大国,早在新石器时代,即六七千年前我们的祖先已在黄河、长江流域种植麦、稻、粟、稷等农作物,三千年前殷代甲骨文中已有这些作物名称的记载。古人在总结农业生产经验的基础上,形成了376种

① 李约瑟(1900—1995),英国现代生物学家、汉学家和科技史专家,剑桥大学李约瑟研究所名誉所长,长期致力于中国科学技术史研究,撰有《中国科学技术史》巨著,为中国培养了一批优秀科技史学家。1994年被选为中科院首批外籍院士。他被誉为"20世纪的伟大学者""百科全书式的人物"。

农业专著，其中影响较大的有十多种。

据《汉书·艺文志》记载，战国时期的农业专著有《神农》《野老》《吕氏春秋》等。西汉以来主要有五大农书：《氾胜之书》《齐民要术》《陈旉农书》《王祯农书》《农政全书》。

1. 西汉时期的《氾胜之书》。氾胜之（生卒年不详）在汉成帝（前32—前7）时期任议郎，后迁为御史。他曾以轻车使者名义在汉中平原指导种麦，并获丰收。氾胜之由于其农学名著《氾胜之书》的流传而闻名于世。该书主要记载了我国黄河中下游，尤其是汉中平原的农业生产经验，如耕作、植物栽培经验等。《氾胜之书》已于宋代失传，现在所了解到的有关该书三千多字的内容，主要是从《齐民要术》的注释和引文中摘录出来的。仅此就足以反映出西汉时期的农业技术水平。

2. 北魏的《齐民要术》。《齐民要术》由公元6世纪北魏农学家贾思勰（生卒年不详）所著。贾思勰是山东益都人，曾任北魏高阳郡（今山东淄博一带）太守。《齐民要术》成书于公元533—544年间，是我国保存最早的一部农书。全书共10卷92篇，11万字。书中分别论述了蔬菜、果树、竹木等农作物栽培技术，家畜、家禽等饲养和疾病防治知识，农副产品加工、酿造等知识，是对当时农、林、牧、副、渔五个方面生产经验的系统总结，尤其是育种、树木嫁接等知识引起后人的极大关注。这本书是古代农业知识的百科全书，在世界农学史和生物学史上占有重要地位，今天仍是许多生物学家热衷研究的课题。

3. 南宋的《陈旉农书》。该书是南宋江苏人陈旉（1076—?）所著，成书于南宋初年（1149年）。该书是我国最早总结水田耕作经验的著作，全书1.25万字，共分三卷。上卷为农业经营与栽培总论，主要记载了我国南方水稻栽培经验，并提出地力常新观点（只要耕种得当，都可保持土质肥沃）。这一观点今天仍有学术价值和社会价值。中卷讲养牛。下卷讲蚕桑。全书文字不多，但内容丰富。

4. 元代的《王祯农书》。王祯（约1271—约1330）是元代木刻活字发明家兼农学家。《王祯农书》是一部元代大型农书。该书综合了北方旱田和南方水田两方面的生产经验，共11万字。全书分三大部分：第一部分为“农桑通诀”，主要阐述农桑起源及农、林、牧、副、渔五业的生产经验；第二部分为“百谷谱”，专论作物栽培；第三部分为“农器图谱”，是全书重点，占全书的4/5，其中绘制了306幅实物图片，对后人很有参考价值，特别是“授时指掌活法之图”是他的一大创造，即把星辰、季节、物候、农业生产程序融为一体，绘于一图之中,读来既方便、明确,又实用,是珍贵的科学文化遗产。

5. 明代的《农政全书》。《农政全书》是明代宰相徐光启(1562—1633)所著。徐光启是上海县法华汇人,万历32年中进士,崇祯五年任礼部尚书兼东阁大学士,次年任文渊阁大学士,70岁时任宰相,次年去世。他既从政,又从事科学研究,在数学、天文学、农学等很多方面都有很深的造诣。他于1609年写成的《农政全书》共60卷,50多万字,引用文献229种。该书共分农本、田制、农事、水利、农器、树艺、蚕桑、蚕桑广类、种植、牧养、制造、荒政12个门类。与以往农学著作只侧重于纯技术不同,《农政全书》侧重于农业生产管理措施,堪称一部农业生产管理的专著。

此外,我国种茶、养蚕都是世界上最早的。我国种茶始于何时尚无明确说法,但从8世纪中叶陆羽(733—804)所著《茶经》中可以看出,我国至少在1500年前就普遍种植了。传说养蚕始于黄帝时期(前5000年),公元前11世纪养蚕技术传到朝鲜,秦始皇时期传到日本,后来外国传教士把蚕种装在手杖中带到西方。

(二)医药学

中华民族自古以来在长期的医疗实践中形成了独具特色的中医、中药理论,它以内容丰富、功效神奇享誉中外,时至今日仍是一个挖不尽的宝藏。医学领域的主要成就如下:

1. 战国时期的《黄帝内经》(简称《内经》)。《内经》是一部驰名中外的中医学经典著作,它以黄帝与岐伯、雷公等医师谈话、问答的方式讨论医学问题,全书共18卷,分为《问素》(9卷)、《灵枢》(9卷)两部分。该书内容涉及生理、病理、医理、药理、针灸导引、按摩、人体解剖、养生、预防等各个方面。其中针灸是我国的独创。中医诊断法的望、闻、问、切四项原则沿用至今。《内经》是中医理论形成的标志,它早于盖伦医学四五百年,至今仍是中西医工作者学习和研究的经典文献。

2. 东汉张仲景的《伤寒杂病论》。张仲景(也叫张机,150—219)被尊为医圣。张仲景系南阳郡(今河南省南阳市)人。传说他少年时随同名医张伯祖学医,后官至长沙太守。据说《伤寒杂病论》成书的背景是他出任长沙太守时,伤寒病流行,张仲景根据临床医疗经验,在《内经》理论基础上写就此书,可以说该书是中医理论与临床经验相结合的产物。这里所说的"伤寒"并非专指"肠寒伤",而是泛指外感风寒所导致的种种疾病,乃至包括内、妇、儿、外多学科的杂病。他"勤求古训""博采众方",创立了"六经"分症和辨证施治"八纲"原则。"六经"是指:太阳、阳明、少明和太阴、少阴、厕阴。"八纲”是指虚实、寒热、表里、阴阳，治疗中要辨证考虑。他还提出了对吐、泻的治疗方法。据说，他尤其对小儿腹泻和肾炎的治疗有绝招。书中还记载了人工呼吸的具体应用。张仲景还最早使用了药物灌肠法，堪称我国治疗学方面的首创。

《内经》和公元3世纪王叔和（201—280）所著《脉经》在隋唐时期传到了日本，后又传到了阿拉伯。

3. *外科医生华佗*。华佗（约145—208），安徽亳县人，是汉末医学家，精通内、外、妇、儿、针灸等科，施针用药，简而有效。关于他医术高超的故事很多，因篇幅所限不能赘述。这里应当指出的是：第一，华佗尤其擅长外科。他在对患者施外科手术时首先施以他发明的“麻沸散”，效果很好。“麻沸散”的发明早于西方发明麻醉药1600年，可惜其药方已失传，但这种用麻醉行手术的思想却深深影响了后代医生。第二，华佗善于根据病人的面色、精神、动作、气味等判断疾病及其发展趋势。如，他把肝硬化腹水的病人定为“面黑、两肋下满”；“口张、汗出不流”为难治的大病。第三，华佗积极倡导体育锻炼，认为这是治病强身的手段。为此，他编了“五禽戏”，即模仿虎、鹿、熊、猿、鸟的动作而治病健身。“五禽戏”是：模仿虎的前肢扑动，鹿的伸转头颈，熊的伏倒站起，猿的脚尖跳跃，鸟的展翅飞翔。他的弟子吴普按照华佗的“五禽戏”每天坚持锻炼，则“九十余，耳聪目明，齿牙完坚”。

4. *免疫学的先驱和性激素的提取*。传说我国一千多年前发明的治疗天花的人痘接种法，于明朝隆庆（1567—1572）年间首先在安徽太平县一带广为流行。清康熙二十七年（1688）俄国派人来北京学习人痘接种法，此后这一方法又传入土耳其，18世纪初又传到英国，由于英国人对此掌握不好，易产生毒性，后来英国医师琴纳（Edward Jenner, 1749—1823）又发明了牛痘接种法。但是，如果没有中国人的人痘接种法，牛痘接种法还要走许多弯路，因此，人痘接种法的原理及方法，应当被视为现代免疫学的先驱。

此外，性激素的提取，我国也是领先于世界的。我国在宋代就懂得了从尿液中提取性激素，而欧洲人在1927年才掌握这一技术。

在药学方面，我国古代取得了令中外瞩目的成果。主要著作有如下几部：

1. *西汉的药物学专著《神农本草经》*。“本草”是我国传统医学中药物学著作的专称，我国古代记载各种药物的书籍统称为“本草”。《神农本草经》是我国药物学史上第一部较全面的药物学著作。早在秦汉之际的《山海经》中已记载了动物、植物、矿物药物142种；《五十二药方》中也记载了药物

242 种。《神农本草经》传说是秦汉之际神农(生卒年不详)所著,它是在吸取前人的研究成果基础上完成的更加系统、完善的一部药学著作。该书共收集药物 365 种,分上、中、下三品。上品药 120 种,为无毒性药物,对人体无害,为君;中品药 120 种,为小毒药物,需斟酌其宜,为臣;下品药 125 种,为剧毒,不可久服,为佐使。这里把君、臣、佐使与药性挂钩是不科学的。每一品又按照药物的自然属性分为玉石、草、木、兽、禽、虫、鱼、果、米谷、菜等,还分别提出了一些炮制[①]原则,为我国药物学的发展奠定了基础。此外,书中还有关于炼丹术的记载。书中记载的治疗妇科疾病(如专治通乳、阴蚀痛、崩漏、不孕、堕胎、闭经、白带、乳瘕、安胎、痛经等)的药物就有 60 多种。后人陶弘景在此基础上撰成《本草经集注》,苏政等人又加工成《新修本草》,这些书所载药物不仅数量增多,解释和说明也越加详细。据说《神农本草经》原本已散失,现存的《神农本草经》是明代卢复和,清代过孟起、孙星衍、顾观光和日本森立之等所作的辑佚本。

2. 明代李时珍的《本草纲目》。李时珍(1518—1593),字东壁,号频湖,是明代杰出的医药学家。他生于湖北蕲春县,其父原打算让他金榜题名,走光宗耀祖的为官之路,但几次应考失败,便一改初衷,走上了继父业从医的道路。他把毕生的精力和心血都献给了祖国的医药学事业。他先后阅读了 800 多种医药书籍,记下了几百万字的笔记,并走遍大江南北,采集药材,搜集传统治病验方。经过近 30 年的努力,终于在 1569 年完成了长达 190 万字、52 卷、享誉中外的医药学名著——《本草纲目》。他不仅亲自行医、采访、搜集资料,还对宋代留下的本草书中的药物进行考证、归类,整理出 1497 种药物;又吸收了他人本草书中的 39 种,还把自己搜集的资料、药方整理出来,形成了 374 种新药。这样,《本草纲目》共载药物 1892 种,附方 11096 个。他还绘制药物形态图 1000 多幅,并归纳为 60 类。书中还记载动物性状和药性 340 种,植物性状及药性 1195 种,所以《本草纲目》既是一部医药学巨著,又是一本生物分类学著作。《本草纲目》于明代万历十八年(1590)在南京开始刻版,1596 年,即李时珍逝世后第三年才出版。该书出版后,立即被译成英、法、德、俄等多种文字,流传于世界,成为医药史上的世界名著。达尔文把该书誉为"中国古代的百科全书"。

---

① 古时候制作中药药材的一种方法是把药材放在铁锅里翻炒或在火上烧烤,使之焦黄、爆裂,所以,人们把这种方法叫作"炮"。后来人们把药材加工过程统称为"炮制"。炮制的方法包括炒法、煅法、蒸法、煮法,等等。

（三）数学

我国古代在数学方面有许多有价值的成果。早在春秋时期就有了分数概念和九九表。《海岛算经》《五曹算经》《孙子算经》《夏侯阳算经》《张丘建算经》《五经算术》《缉古算经》《缀术》《周髀算经》《九章算术》号称我国古代十大数学名著。宋、元两代是我国数学发展的高峰。下面介绍几个影响最大的成就。

1. 战国时期的《周髀算经》。《周髀算经》成书于公元前1世纪。该书本来是天文历算著作，主要阐明“盖天说”和四分历法，但是在数学方面也有不凡的成就，主要有：勾股定理、分数运算和开平方法。三国时期的赵爽为该书作注，严格地证明了勾股定理。

2. 东汉时期的《九章算术》。《九章算术》是我国古代最重要的一部数学著作，它标志着我国古代数学体系的形成，对我国数学发展有着重要影响，其价值可以与欧几里得的《几何学》相媲美。据说该书很早就传到了朝鲜和日本，对这两个国家的数学发展有很大影响。作为古典名著，该书现在已被译成俄、德、日、法、英等多种文字发行。

《九章算术》是按照246个题目分为9章编写而成，故此而得名。第一章“方田”，主要讲如何计算田亩面积及关于分数的各种运算；第二章“粟米”，讲的是各种粮食之间交易的算法，主要讲关于比例的各种运算；第三章“衰分”，“衰”是指按比率，“分”是分配，讲的是按比例分配的问题；第四章“少广”，讲的是已知面积和体积，求一边之长的问题，并详细讲述了求平方根、立方根的方法；第五章“商功”，“商”是指估算，“功”是工程量，主要讲各种工程量的计算及立体形求体积的方法；第六章“均输”，主要讲按户口多少、路途远近进行较合理的摊派赋税和民工问题；第七章“盈不足”，讲盈亏类问题的算法；第八章“方程”，“方”是列算筹呈方形，“程”是计算多少，主要指把算筹摆成方形来求解一次方程组；第九章“勾股”，讲的是利用勾股定理进行计算的问题。这九章中的求平方根、立方根法，解多元一次方程组，负数概念，正负数加减运算法均在当时居世界领先地位。书中一元二次方程和联立一次方程的解法比欧洲早1500多年。

公元3世纪（三国时期）魏人刘徽（约225—295）于公元263年（魏陈留王景元四年）前后，曾为《九章算术》作了详注，他的《九章算术注》也成了我国古代最重要的数学著作之一。他对《九章算术》中的全部公式和定理都给出了证明，对一些重要概念也作了较严格的定义。例如，他用无穷分割法证明了方锥的体积公式；用圆内接正多边形面积无限接近圆面积的方法，算得

圆周率 $\pi=\frac{3927}{1250}=3.1416$。200 年后,南朝的祖冲之(429—500)继续求圆周率,得出 π 在 3.1415926—3.1415927 之间。这比欧洲求得同一值早一千多年。[①]

3. 南宋秦九韶的《数书九章》。南宋四川人秦九韶(1202—1261)做过官,在战乱年代他从事数学研究,并把成果于南宋淳祐七年(1247 年)献给朝廷。他的《数书九章》共 18 卷,按 81 个数学问题分为 9 大类、每类各 9 个问题的格式进行编排。其中的数学成果很多,应当列为首位的乃是他提出的高次方程的解法。他列出 26 个二次和三次以上方程的解法,最高为 10 次方程,这一解法比英国人霍纳(1786—1837)早 572 年(霍纳于 1819 年提出这一解法);他还研究了联立一次方程的解法;求得以三角形三边求三角形面积的公式:

$$S=\sqrt{\frac{1}{4}\left[a^2b^2-\left(\frac{a^2+b^2-c^2}{2}\right)^2\right]}$$

(a、b、c 为三角形三个边长)

除秦九韶之外,宋、元两朝另有三大数学家李冶(1192—1279)、杨辉(生卒年不详)、朱世杰(生卒年不详)在数学方面也都有重大成果。

(四)天文学

古代中国是世界上天文学发展最早的国家之一,在天文观测、星图、星表绘制、历法、天文仪器等方面的成就都独占鳌头。

1. 天文观测记录。我国是天文观测记录持续时间最长的国家,记录资料也最多。其中,日食记录 1000 多次;太阳黑子记录 100 多次(对太阳黑子的记载最初见于公元前 140 年的《淮南子》);哈雷彗星记录 29 次(最早记录彗星的是公元前 613 年的《春秋》一书,国外关于哈雷彗星的记载比我国晚 500 多年)。公元前 134 年,汉武帝时期,记下了第一颗超新星,到 1700 年为止,我国记录了超新星 90 多颗,其中 1054 年的记录尤为翔实可信,著名的蟹状星云就是这次超新星爆发留下的遗迹。这些超新星记录为现代天文学家对中子星的探讨提供了极为宝贵的资料,广为现代天文学界重视和赞扬。

2. 星图、星表的绘制。世界上最早的星表也出自我国,大约在公元前 360—前 350 年,战国时期的甘德(楚国人,生卒年不详)和石申(魏国人,生卒年不详)分别著有《天文星占》和《天文》,各载有数百颗恒星方位,其中

---

① 东汉张衡(78—139)是第一个用 $\sqrt{10}$ 来表示 π 值的人。

《天文》一书载有不同方位的恒星121颗。敦煌石窟中发现的约公元8世纪的星图是用圆筒投影法绘制的，载恒星1350颗。绘于1094—1096年间的苏颂（1020—1101，福建泉州人）星图载有恒星1464颗。现存于苏州市博物馆的苏州石刻星图刻于1247年，由黄裳[①]于1190年绘制，王致运依图刻于石上，载有恒星1434颗。世界上其他国家和地区保留下来的星图没有早于14世纪的。17世纪之前所有的星图也没有一幅记载超过1100颗恒星。长沙马王堆出土的帛书《五星占》绘制了自公元前246—前177年约70年间木星、土星、金星的位置及它们在一定会合周期内的动态表，其数据相当准确，如金星会合周期为584.4日，与今天的测值583.922日所差无几。

3. *历法*。历法是人类最古老的文化之一。我国古代天文观测的主要目的在于制定较好的历法。我国古代历法之早、之多也是世界之最，种类约有100多种。据历史记载，商周年间就有了春分、夏至、秋分和冬至，战国时期发展为二十四节气。公元前5世纪初（春秋末年）我国已开始使用“四分历”，即定一回归年为365.25日，与今天测得之值只差11分14.53秒，比古希腊早100多年。南北朝（420—589）时的祖冲之改进了观测技术，把一年定为365.2428日，这在当时是很精确的。南宋时期的“统天历”（1199年定）把一回归年定为365.2425日，与今天世界通用的阳历（1582年定）所用数据相同。元代郭守敬用自制的高四丈的巨大圭表，证实了365.2425日是最精确的数值。欧洲采用这一数值比我国晚400年。明代的邢云路把圭表加高到六丈，于1608年测得一回归年为365.242190日，与当今测得的365.242193日只差0.2592秒。我国古代对月亮的运行有精确观测，也反映在历法之中。明代崇祯之前，我国历法主要采用《大统历》，但该历有不够精确的地方，故崇祯年间在徐光启主持下又作了修正，修正后的历法命名为《崇祯历法》，共130卷。该历法一直沿用了300多年。

4. *天文观测仪*。精确的观测是以精密的仪器为前提的，我国古代天文仪的制作也达到了相当高的水平。东汉时期大科学家张衡（78—139）发明了世界上第一台自动天文仪——浑天仪，其精确程度很高，从而达到了自动地、近似正确地演示天象的目的。借助浑天仪，就可以知道任何一颗星的东升西落情况。他还制造了世界上第一台观测地震方位的仪器——地动仪和

---

① 黄裳（1146—1194），四川人，于1190年绘制了《天文图》《地理图》等8幅图。1247年，由王致远经手，将《天文图》《地理图》摹刻在苏州文庙的石碑上（今存苏州市博物馆）。黄裳的《天文图》是现今发现的最准确的古星图。此图为世界科学家们高度重视，已被译成英、法、德、日、俄等多国文字。

世界上第一台观测气象的仪器——候风仪。元代的郭守敬对浑天仪进行了一次大改造，制成了简仪，其设计和制造水平领先于世界300多年。此外，唐代河南南和县人一行(683—727，俗名张遂)，于716年被唐玄宗征召到长安担任顾问。为制定新历法，自公元721年起，他与梁令瓒共同制作了黄游仪和水运浑天仪两种新的天文仪器。前者用于测量天体位置，后者用于演示天象和报时。

5. 对宇宙的认识。在宇宙结构方面我国古代也进行了探索，曾提出"盖天说""浑天说""宣夜说"三种宇宙结构理论。"盖天说"产生于公元前1世纪，它认为"天圆如张盖，地方如棋局"，后又发展为"天似盖笠，地法覆槃"。"浑天说"产生于东汉时期，认为"浑天如鸡子，天体如弹丸，地如鸡中黄"。稍后的"宣夜说"认为"天无形质"，"高远无极"，日月星辰都悬于空中。难能可贵的是，我国战国时期的尸佼(前390—前330)曾有过地动思想，西汉时期的《春秋纬》中也写道，"地动则见于天象"。同一时期的《尚书纬》中还有"地有四游"的说法。这些说法都表明在我国古代已经萌发了地球在宇宙中运动的观念。

在宇宙有限无限的问题上，我国古代已有朴素的时间、空间无限性思想。战国时期的《尸子》中首先对时空下了定义，曰"四方上下曰宇，往古来今曰宙"，其中包含了关于时空无限性的初步认识。元代邓牧(1246—1306)在《伯牙琴・超然观记》中以通俗的比喻论证了天外有天，天地虽大，如同一虫、一粟、一果、一人，把有限与无限统一起来。

(五) 地学

地学也是我国古代成就较大的学科之一。这里所说的地学主要指地理、地图绘制和地质方面的成就。

1. 地理、地质专著。我国最早的地理、地质专著是春秋战国时代的《山海经・五藏山经》和稍晚的《禹贡》。前者除记载了我国一些山脉和河流外，还载有矿产七八十种，产地309处；后者记述了我国中部(九州)的土壤、矿产和动植物资源。成书于春秋战国至汉初年间的《管子》一书中的《地员》篇中记述了不同土壤和肥料对植物生长的影响，被认为是我国最早的植物地理方面的论述。《度地》篇则记述了河流的侵蚀作用及河曲的形成过程。

我国第一部以地名命名的疆域地理专著是东汉班固(32—92)所写的《汉书・地理志》。书中既讲自然地理又讲人文地理，以疆域政区为纲，依次叙述了103个郡及所辖1587个县的建置沿革和自然、经济、古迹、关塞、庙宇、水利、工矿等情况。

北魏郦道元（约470—527）于公元512—518年间写成的《水经注》把前人留下的《水经》一书中对我国河流水系的记载加以订正，把原来的137条河流增至1252条，字数由原来的一万字增至30多万。《水经注》是一部内容丰富的著名综合性地理巨著。

北宋钱塘（今杭州）人沈括（1031—1095）在他的科学巨著《梦溪笔谈》中提出了许多很有价值的地理见解。比如，他根据山西太行山石壁层中的螺蚌壳堆积层，推断该地为"昔日之海滨"；他在观察了陕北延川地区一种类似竹的化石后，断定该地区过去气候温湿；他还依据实地考察提出了水流侵蚀地形的见解。这些分别比欧洲人早400—700年。

明代地理学家、旅行家和文学家徐弘祖（1586—1641，号霞客）曾不辞艰辛，用30年时间走遍大半个中国，对地理现象进行了深入细致的考察，做了大量笔记。他去世后，后人根据他的笔记整理出版的60万字的《徐霞客游记》已成为地学名著。徐霞客不仅考察了著名的山川，还专门调查研究了我国西南、中南地区的石灰岩溶蚀地貌的分布及其发育规律，《徐霞客游记》记载的溶岩洞穴有357个，他亲自考察过306个（357个洞穴中有69个为非石灰岩洞穴）。他对石灰岩溶洞地貌成因的解释与今天的科学原理惊人的一致。书中对所到之处的地理、水文、地质、植物等现象都做了详细记载，这些记述比欧洲早200年。

2. 地图绘制。我国的地图绘制技术早在西汉时期就达到相当水平。长沙马王堆出土的三幅西汉初的地图，描绘了湖南中部至广东珠江口一带的地域，其中的山脉、河流、城市等与实际情况基本吻合，精度相当高，比例为1∶18000。

西晋地图学家裴秀（223—271）在总结前人经验基础上，提出了"制图六体"的基本原则，为我国古代地图学奠定了理论基础，并与京相璠合作绘制了《禹贡地域图》，这是见于记载的最早的地图集（已佚）。元代朱思本（1273—1333）经过10年的实地考察，绘制出全国地图——《舆地图》（1320），精度大为提高，为明清两代全国地图的范本。1561年，罗洪先（1504—1564）又对《舆地图》加以增补，改编成44幅的地图册《广舆图》。清康熙年间（1718）又组织人力大规模地测量，并在此基础上绘成《皇舆全览图》，这是当时世界上最好、最大的地图。这次测量中还有一个意外发现：纬度越高的地点，子午线每度越长。这为地球是扁椭球形提供了最早的实测证据。

此外，远在西方航海热出现之前的半个多世纪，我国明代航海家郑和

(1371—1433)[①]在1405—1433年间七下西洋(第七次下西洋的时间为1431年),到过30多个国家,行程十万多里,直至去世才结束地理考察和远洋探险活动。1405年,他受命于明成祖,率27800名海员分乘62艘船,从苏州出发经南洋诸国,到达非洲东海岸和红海。沿途记载了各国方位,海上暗礁、浅滩,绘制了《郑和航海图》,成为研究16世纪之前东西方交通历史的重要资料。

(六)物理学

我国古代尚未建立起以严密的科学实验和数学方法为基础的物理学,也未形成独立的物理学科,但是人们在实践中积累起来的许多物理知识还是值得称道的。

在力学方面,人们很早就懂得利用杠杆,春秋时期已经广泛使用等臂天平。对杠杆原理进行理论探讨始见于《墨经》[②]。它认为,杠杆的平衡不仅与杠杆两端重物有关,而且和两端与支点的距离有关。我国在春秋时期就萌发了惯性思想,春秋末年的《考工记》谈道:行进中的马车在马不使劲时还依然前进。这是关于惯性的最早描述。

声学方面的成果主要体现在乐器制作和乐律研究上。我国商代已有了成套的铜铙等乐器,表明那时已有了一些乐律知识。湖北随州出土的战国初年的整套(64件)编钟,校音准确,它们组成了齐备的可以旋宫转调的12个半音系统,能演奏相当复杂的乐曲。战国时期的《管子·地员》中记载了计算音程以定五音的"三分损益法",是古代乐律史上一大成就。明代朱载堉(1536—1614)于1584年出版的乐律专著《律吕精义》,记载了他创立的"新法密律",即以公比为$\sqrt[12]{2}$的等比数列来确定音律,与当今世界通用的12等程律相同,这不能不说是对乐律史的一大贡献。关于共振现象,古人也早有所知,战国时期的《庄子·徐无鬼》中记载了琴弦共振现象。唐代《刘宾客嘉话录》中还记载了一个有趣的共振故事:洛阳一个和尚的房中有一乐器磬会自鸣作响,该和尚因不得其解,惊吓成疾。他的朋友曹绍发现,磬鸣是因寺院钟声而产生的共振。曹将磬用锉刀锉了几处,共振遂消失。这说明我国很早就有了共振知识。至于声音的来源,东汉王充(27—97)在《论衡》中

---

① 郑和,本姓马,小名三保。回族,明代宦官,赐姓郑。中国明代航海家、外交家和武术家。1433年4月,郑和在印度西海岸古里去世,赐葬南京牛首山。

② 《墨经》是《墨子》的重要部分,约完成于公元前388年。《墨子》是我国战国时期墨家著作的总集,是墨翟(人称墨子)和他的弟子们写的。墨翟是鲁国人(约前468—前376),战国时代的思想家。

说，声音是由振动而生，传播方式与水波相似。

在磁学方面，我国古代的成就较大。关于磁石吸铁现象，春秋战国时期已见记载，而何时发现磁极性，尚不得而知，不过利用磁极性做成的指向器却有不少记载。东汉王充在《论衡》中所载的"司南勺"可能是最早的磁性指向器。它是一个磁石琢成的勺状物，底部圆滑，将其放在铜制的平盘上，勺柄即可指出南北方向。宋代的《武经总要》所载的"指南鱼"是最早的人工磁化物。它是用薄铁片顺地磁角剪裁而成，令其平漂水上，即可指向。稍后沈括在《梦溪笔谈》中记载了用磁石磨制而成的指南针，于宋代用于航海，后传到阿拉伯和欧洲。欧洲关于指南针的记载始见于1190年。沈括在亲自试验的基础上发现的地磁偏角比欧洲人的发现早400年。

在光学方面，不仅从商代起便制造了青铜镜，而且之后对光学原理也有初步研究。在《墨经》中有关光学的内容就有8条，对影子的生成、光与影的关系、光的直进性、平面凹面及凸面镜反射等都有描述。这虽然仅是定性研究，却被认为是世界光学史上最早的文献。元代的赵友钦（1279—1368）在其所著《革象新书》中记述了他所做的大型实验，再次证明光的直进性。古代人认为彩虹是个谜，唐代的孔颖达（574—648）则对此做出了正确解释。他说："若薄云漏日，日照雨滴则虹生。"

二　古代中国的技术成就

我国古代在冶金、制瓷、纺织、建筑、水利、火药、造纸与印刷等方面也取得了令世界瞩目的成就。

（一）冶金与采矿

我国的冶铜技术晚于西亚和欧洲一千多年，但是我国夏末商初就能进行青铜冶炼和铸造，到了商代已达到很高水平，其铸造方法为多范拼铸、内外合铸、镶嵌铸，有的冶炼作坊占地面积达12万平方米，很多精美器物著称于世。商代后期制造的后母戊大方鼎，重约833千克，高133厘米，长110厘米，宽79厘米，气魄雄伟，花纹美观，是目前发现的世界最大青铜器，也是艺术珍品。春秋战国时期青铜冶炼技术达到了高峰，冶炼青铜的关键是掌握好铜锡等金属的比例配方。关于这一技术，春秋末期的《考工记》中已有记载，其中记有"六齐"，即六种不同比例的铜锡合金，并说明了它们的用途，这是世界上最早的关于合金成分的研究成果。春秋末至秦汉期间的一些青铜兵器的表面，还铸有铬防锈层，至今光灿夺目。1965 年在湖北省江陵县楚墓中出土的战国时期越王勾践的两把寒光逼人的宝剑（上刻有“越王勾践自作用剑”八个大字）是这一时期冶铜技术的代表。

冶铁技术始于春秋末期。我们祖先冶铁也是从块炼法开始的，不过很快就发明和应用了熔炼法，比欧洲早两千多年。从唐朝起制造铁器已从铸制改为锻制，即对生铁进行钢化处理，以提高耐用度，宋代已普及这一方法。宋代炼铁采用竖炉（高 6 米，直径 1—2.5 米），筑炉材料因地而异，炼炉内型已接近现代高炉。清代已出现坩埚炼铁。在湖南长沙的出土文物中还发现一把春秋晚期的钢剑，说明早在春秋时期已掌握炼钢技术。到西汉后期发明了一种把生铁炼成钢的炼钢技术，这一技术在当时世界上处于领先地位，欧洲人直到 18 世纪才掌握这一技术。

有色金属的冶炼方法有许多是我们祖先的发明。有色金属冶炼比起冶铜、冶铁更加困难，如锌的冶炼需要在密封条件下进行，这一方法在明末宋应星（1587—1661）的《天工开物》中有详细记载。16 世纪后我国的锌远销欧洲，欧洲人是 1738 年才从我国学到炼锌技术的。

随着冶金业的发展，我国古代的采矿业也发展起来。湖北大冶发掘的一处春秋至汉期间的铜矿遗址表明，当时已能有效地运用竖井、斜井、斜巷等多种开拓方式，矿井的最深处达五十多米，井壁有牢固的木支护结构，并设有井下通风、排水和照明设施，废层则以分层填充方法处理，其技术与现代相差无几。据估计，自春秋至汉，人们在这里大约挖掘了几十万吨铜矿石，炼铜约十万吨。此外，还发现宋代时河南的煤矿、福建的银矿、黑龙江的金矿等遗址多处，而且都已形成规模。

（二）瓷、漆器制造

我国是世界上最早的瓷器生产国，自古至今享有盛名，外国人把制造瓷器技术看作是中国的重大独创技术，英文的 China（中国），即“瓷器”的意思，可见中国瓷器在世界人民心目中的地位。

瓷器是在陶器基础上发展起来的。早在六千多年前的新石器时代，我国已掌握了制陶技术，后来发展为“彩陶”。釉[①]药是制瓷技术的关键。到了商周时期，已出现了釉陶和青釉器皿，这可视为“原始瓷器”，这说明我国古代人民已经掌握了釉药技术。东汉时期已完成了陶器向瓷器的过渡，出现

① 釉是覆盖在陶瓷制品表面、类似玻璃的薄层，是用矿物原料（长石、石英、滑石、高岭土等）和化工原料按一定比例配合，经过研磨后制成釉浆，施于坯体表面，再经过一定温度煅烧而成。

了真正的瓷器。南北朝时期出现了白釉瓷器，隋代开始推广，到唐代已形成青、白两大瓷系。五代时期制造瓷器的技术已达到相当高的水平，当时有一种被称为“雨过天青”的精品，即青如天、明如镜、薄如纸、声如磬的瓷器制品，可见其制造技术之高超。

宋代是我国瓷器制造史上的重要发展阶段，在配料、制坯、釉药、施釉和焙烧各种工艺上水平都有提高，造窑技术也达到了完备程度。南宋时期，景德镇瓷器就盛名于天下。从唐代起我国瓷器制造技术通过“丝绸之路”传到国外，11 世纪传到波斯，后来又传到阿拉伯、土耳其和埃及。15 世纪传到意大利的威尼斯，欧洲从此才开始有了自制瓷器，直到 18 世纪才大批生产。

我国考古学家于 2008 年 4 月 25 日在浙江德清宣布，根据这里发掘的大规模原始瓷窑认定，以德清为中心的浙江北部地区是中国瓷器的源头。早在商周时期，这里就是中国瓷器的诞生地及中心产地，其工艺水平达到了中国瓷器生产史上的第一个高峰。据考古人员对比，这里出土的瓷器品种，几乎囊括了近年来考古人员在我国南方地区的春秋战国时期越国贵族墓中发现的各类原始青瓷礼器与乐器，证明这里就是鸿山越国贵族墓中青瓷的产地。此前我国考古界一直认为，成熟青瓷最早出现在东汉，现在证明，我国成熟青瓷的出现时间应该提前五六百年。

制造漆器也是我国古代的重大发明。1978 年在浙江余姚河姆渡遗址中出土一件木碗，外涂朱红涂料，经鉴定朱红涂料就是加了红色的漆，这说明我国在六七千年前已发明了在漆中添加颜色的工艺技术。到了四千年前的夏代，制造漆器的技术已发展到相当水平。当时人们把漆树汁液涂抹到容器上，使其产生一层发亮的膜，这就是最早的漆器。春秋时代我国已开始栽种漆树和桐树，在《诗经 · 国风》中已有记载。战国时期又设立专管漆树的官吏。韩非子（约前 280—前 233）《十过篇》中也有对漆器的记载。漆器技术在唐、元、明、清时代陆续发展。明初洪武年间（1368—1398）南京漆园、桐园所种漆树、桐树各千万棵；永乐年间（1403—1424）在北京果园又专门设立御用漆厂；天启五年（1625）由黄诚（生卒年不详）编著的《髹饰录》是介绍制漆技术的总结性专著。大漆①是中国的国宝。几千年来劳动人民积累了丰富的制漆经验，有关著作也不少，可惜失传的却很多，如五代朱遵（生卒年不详）撰写的《漆经》已失传。现在只能看到《髹饰录》。

---

① 大漆，又名天然漆、生漆、土漆、国漆，是中国的特产，故泛称中国漆。它是一种天然树脂涂料，是割开漆树树皮，从韧皮内流出的一种白色黏性乳液经加工而制成的涂料。

制漆技术很早就传到国外。汉代四川生产的漆器在朝鲜北部大量出土，十七八世纪法、德、意先后仿制中国漆器，并获得成功。

（三）造船、纺织

我国古代的造船技术水平也曾长期领先于世界。从文献记载和出土文物图画可知，早在战国时期我国已有了颇具规模的战船——楼船。大约东汉时期，我国人民发明了固定的船舵。北宋末期是我国造船和航海的一个重要转折时期，从福建泉州湾找到的一艘宋代海船残骸中发现：这艘长35米的船上设有13个水密隔舱，它的作用在于一旦部分船舱遭破坏，不至于造成沉船。这一技术比欧洲早六七百年。帆、舵配合使用技术，在明代已经掌握，这也是当时世界上独一无二的，有了这一技术即使在逆风情况下船只也能沿Z形船道前进。明代的造船技术已达古代造船技术的高峰。郑和下西洋所用的“宝船”长约150米，张帆9—12面，是当时世界上最大的船只。航行中不仅应用指南针定向，还用牵星术测定船舶方位。

我国古代的丝织技术也早已闻名于世。早在商代的丝织物上已有斜纹、花纹等复杂纹样，西汉初期的提花技术已达相当高的水平，这可从马王堆出土的绢、绮、罗、纱、縠、锦等织物中得到证明。织造提花织物的提花机是我国人民的一大创造，它需要用事先设计好的流程使经纬线交错变化织出预定图案，这种设计已成为今天流程控制的历史渊源。唐代的介质印花技术也是纺织技术的一大突出成就。据美国《国家地理》杂志1980年3月号报道，联邦德国在考古中发现了公元前500年中国丝绸衣物残片，说明我国的丝织物于公元前5世纪就远销国外，汉代之后形成了一条中外驰名的“丝绸之路”。在长达一千年左右的时间内，丝绸一直是我国的特产，直至公元五六世纪波斯派人来学习丝织技术后，才逐渐传入欧洲。

（四）火药与火器

火药与指南针、造纸术、印刷术统称为我国古代四大发明。火药，顾名思义当为起火之药。关于火药的初始知识是由炼丹术士发现和积累起来的。他们炼制火药的初衷是为了治病。火药的基本成分是硫黄、硝石和木炭，这是炼丹术士常用的三种物质。《神农本草经》记载：由于硫黄“能化金银铜铁”，被列为中品药，而硝石（古时又称消石）被列为上品药。在古代，唯有我国发现和使用硝石，后来传到阿拉伯和埃及，故他们把硝石称为“中国雪”，波斯称它为“中国盐”。火药在《本草纲目》中记为能“治疮癣，杀虫，辟湿气、瘟疫”。据一部炼丹术著作《诸家神品丹法》记载，唐代孙思邈（581—682，生于隋文帝开皇元年，死于唐高宗永淳元年，享年101岁）的“伏硫黄法”中详细介绍了火药的配方、制作方法及防爆措施。

火药制成后，首先被制成武器，广泛用于战争。宋代是火药及火药武器早期发展史上一个重要时期。据史料记载，公元970—1000年间就有人用它制成了火箭、火球、火蒺藜等火药武器。稍后的《武经总要》中记载了多种火药武器和不同用途的火药配方及制作方法。早期的火药武器大都以弹射或抛掷方法投出，然后燃烧爆炸以造成对敌方的毁伤。到了南宋时期，即1259年发明了管式火器——“突火枪”，此乃现代枪炮的发端，现存的这类武器有元代(1332)制造的铜火铳。明代之后火药武器有了更大发展，手榴弹、地雷、水雷、定时炸弹、子母炮等相继出现，并且出现了以火药爆炸产生的动力为推力的火箭，其类型有单级、两级和往复等多种类型。可见，我国是火箭技术的故乡。火药和火器是经过战争传到西方的。欧洲人13世纪从阿拉伯人那里知道了火药，14世纪中期学会制造火药的方法。

（五）造纸与印刷术

造纸与印刷术的发明是中华民族的伟大创举。早在用植物纤维造纸之前，我国古代人民用龟甲、兽骨作文字记载材料，这种刻在龟甲、兽骨上的文字称为甲骨文。春秋战国时期，又把文字刻在木片或竹片上，叫竹简、木简，后来又写在锦帛上。但是，这些书写材料或使用不便，或价格昂贵。为了适应社会发展的需要，人们又发明了植物纤维纸。我国公元前2—前1世纪又开始用大麻和苎麻纤维制纸，1933年新疆出土的西汉麻纸可以证明。麻纸粗糙，书写不便，东汉宦官蔡伦（约63—121）于公元105年改用树皮、破布、废麻为原料，经过一系列工序制成质地较好的纸张，被广泛使用。东汉末年，造纸业已成为一个独立的手工业部门。与此同时，造纸术传入朝鲜和越南，7世纪传入日本，8世纪传入阿拉伯，后传入欧洲。明代宋应星的《天工开物》对我国古代造纸术作了总结性叙述。从公元前2世纪至公元18世纪，我国的造纸术一直居于世界领先地位。

纸的广泛应用，使手书显得效率极低，这刺激了印刷术的进步。印刷术的发展可分为雕版印刷和活字印刷两个阶段。雕版印刷的起源时间不应迟于隋朝，至唐初，印刷品的刻工和印刷效果都已达到了一定水平。1906年在我国新疆出土的《妙法莲华经》，据学者考证其刊刻年代应在武周的初期至中期。[①] 清光绪二十五年(1899)在敦煌发现的长6尺、宽1尺的《金刚经》上明确刻有唐朝(868)制字样。这一文图并茂、相当精美的国宝于1907年被

① 参阅潘吉星：《从考古发现看印刷术的起源》，载《光明日报》1997年3月11日第5版。

帝国主义分子盗走，现存于英国大不列颠博物馆。公元 971 年宋代刻印的《大藏经》是雕版印刷史上最艰巨的工程，全书 1076 部，5048 卷，历时 12 年完工，雕版 13 万块。活字印刷是北宋庆历年间（1041—1048）平民出身的毕昇（970—1051）发明的。活字印刷术包括制造活字、排版、拆版等全套操作技术，均与近代铅字印刷相似，但毕昇发明的活字是用胶泥刻印，用火烧制而成。元代王祯于 1298 年发明了木活字及排版法，他用这一技术出版的《旌德县志》是世界上最早的关于活字印刷的著作，王祯的木活字印刷术在他的《王祯农书》中的"造木活字印书法"中作了详细记载。欧洲最早采用活字印刷的是德国人约翰内斯·古登堡（Johannes Gutenberg，约 1397—1468）。他于 1450 年制成了铅合金活字，比中国的活字晚了一两个世纪。

（六）建筑技术

我国古代建筑最令人赞叹的是万里长城。万里长城始建于 2200 年前的战国时期，是为防御北方游牧民族南侵而建。秦始皇时期为把燕、赵、魏、齐各诸侯国修筑的长城连接起来，曾动用 30 万劳力，历时 10 年完成。它西起甘肃嘉峪关，东止辽宁丹东鸭绿江畔的虎山，绵延两万多千米①，是世界闻名的宏伟建筑，在卫星拍摄的照片上也清晰可见。

我国的桥梁以"奇巧固护，甲于天下"著称。始建于隋开皇十五年至隋大业元年（595—605）的河北赵县石桥安济桥（赵州桥）以单孔横跨洨河之上，全长 50.82 米，宽 9.6 米，高 7.23 米，主孔跨径 37.02 米，距今 1300 多年，历经 8 次大洪水、1966 年邢台大地震等考验，依然完好无损，其奇特美观的雄姿不减。该桥早于同类桥 1200 年，拱肩有拱是该桥的独到之处，体现了很高的技术水平。卢沟桥是多拱长桥，建于 800 年前的金代，坐落于北京城西南的永定河上，全长 265 米，有 11 孔。该桥在多年的夏汛、冬凌冲击下均安然无恙。桥上 500 多个石狮，雕刻精致、千姿百态。遗憾的是，日本帝国主义的侵略炮火使它面带创伤，中国人民千秋万代也不会忘记这一国耻。北宋时（1059）建于福建泉州的万安桥，全长 834 米，地处洛阳江入海口，波涛汹涌，潮水涨落，施工十分困难，古人采用筏型基础②，又种蛎以固基，使其一直使用至今，可见技术之高超。万安桥在施工上创造了"筏型基础"和"激浪以涨舟，悬机以弦丝牵"的奠基法和桥板浮运法。这两种方法至今仍在

---

① 2013 年 6 月 5 日国家文物局正式公布，我国历代长城总长度为 21196.18 千米，分布在全国 15 个省、自治区和直辖市。现有遗址 43721 处。

② "筏型基础"是我国桥梁专家茅以升命名的专业术语。

运用。

河南登封嵩岳寺塔，建于北魏时期，即公元523年，经多次地震而无损，是我国现存最早而且保存完好的砖塔，其高35.5米，共15层。山西应县佛宫寺释伽塔是一座木塔，高67.3米，9层，建于辽代(1056)，为现存于世的最高的古代木结构建筑，也经多次地震而无损。

（七）水利工程

水利是农业和交通的命脉，这一点我国古代人民早有所识。为了促进农业和交通的发展，我国从春秋战国时期起，先后建了许多大型水利工程，其中著名的有：

公元前597年建于安徽寿县的芍陂是我国最早的大型蓄水灌溉工程，古人盛赞其“陂径百里，灌田万顷”。

公元前256年，秦朝太守李冰父子(生卒年不详)领导修建的位于四川成都平原的都江堰[①]，是世界驰名的水利工程。它是由鱼嘴、飞沙堰、宝瓶口三个部分组成的巨大系统水利枢纽工程，三个部分相互调节、相互制约，其设计及维修、管理制度都是水利史上的奇迹。它的兴建保证了天府之国的丰收，至今仍造福于成都人民。它经受了2008年5月12日汶川大地震的考验，震后仍安然无恙。

秦王政元年(前246)由郑国(生卒年不详)设计和领导修筑的郑国渠，西引泾水[②]，东注洛水，全长三百多里，流灌关中平原，使二百多万亩碱地变良田，从此“关中为沃野，无凶年”。

汉武帝时动用万人开挖的龙首渠[③]引洛水灌溉大荔平原一百多万亩良田，这项工程之奇处是要从地下穿过长七里的商颜山(今名铁镰山)，平均坡降度为万分之四，也是很了不起的工程。

自春秋战国时期开始修建的黄河千里大堤也是我国古代巨大的水利工

---

① 都江堰坐落于都江堰市城西，在成都平原西部的岷江上，是全世界迄今为止年代最久、唯一留存、以无坝引水为特征的宏大水利工程，是全国重点保护文物。在2000年联合国世界遗产委员会的大会上，都江堰被确定为世界文化遗产。都江堰不仅是举世闻名的中国古代水利工程，还是国家5A级旅游景区。

② 泾水位于陕西省关中平原中部，是黄河中游一大支流，现称泾河，发源于宁夏六盘山东麓泾源县境内。

③ 龙首渠是中国历史上第一条地下水渠，是一条引洛渠道，在开发洛河水利的历史上是首创工程。它是今洛惠渠的前身，建于西汉武帝年间，从今陕西澄城县状头村引洛水灌溉今陕西蒲城、大荔一带田地。渠道要经过商颜山，这里土质疏松，渠岸易于崩毁，不能采用一般的施工方法。劳动人民发明了“井渠法”，使龙首渠从地下穿过七里宽的商颜山。这在世界水利史上也是一个伟大的创举。

程。该大堤于秦始皇统治时期进行统一治理,明清两代利用“以水攻沙”理论使大堤工程得以完善,使堤防由防洪挡水工程变成了冲刷游沙工程。

开凿运河主要为了航运,兼顾灌溉。春秋战国时期,我国人民已在江淮地区开凿了一批运河,如邗沟、鸿沟等沟通黄河、淮河和长江水系的著名运河。秦始皇为了运军粮,在广西桂林兴安县境内开凿的灵渠,穿山越岭,长30余千米、宽约5米,把湘江、长江、漓江、珠江水系连接起来,设计合理,今天已成为游览胜地。动工于2400年前的南北大运河,到隋炀帝时代(605)又动用了200万民工,用6年时间开通,以洛阳为中心,东北通向北京通县,东南到达杭州,全长2700千米,高度差达40余米,翻山越岭,宽处约50米,窄处三四十米,沟通了海河、黄河、淮河、长江和钱塘江五大水系。元明两代都对大运河加以改造,把隋朝弧形大运河改为直线,缩短到1700多千米,变成今天的北起北京通县、南止浙江杭州的京杭大运河。在京沪铁路未修建之前,南北大运河是南北交通的主要干线。随着大运河的开凿,两岸兴建了德州、济南、淮安、扬州、镇江等城市。大运河至今不仅在交通、农灌方面发挥作用,还担负着南水北调任务。南北大运河以开凿最早、规模最大、里程最长闻名于世。

综上可见,我国古代在科学技术方面成就辉煌,有许多世界之最,值得我们自豪。

第二篇
近代科学技术

近代科学技术发展的中心已从东方转移到了欧洲。在长达一千多年的欧洲中世纪(5—15世纪中叶),自给自足的封闭式自然经济的束缚和宗教的残酷统治,窒息了科学技术的发展,在科学技术史上没留下什么值得赞叹的成果,因此欧洲的中世纪被称为"黑暗的中世纪"。真正有系统的实验科学是从近代才开始的。

所谓近代,大约从公元15世纪下半叶至19世纪末20世纪初,又可分为前后两个时期:前期约从公元15世纪下半叶至18世纪中叶;后期约从18世纪中叶至19世纪末20世纪初。前后两个时期的科学技术发展虽然各有不同特点,但从总体上看近代科学技术具有如下几个特点:第一,自然科学已经完全从自然哲学中分化出来,走上了独立发展的道路,形成了以物理学、天文学、化学、地学、生物学为主的严密、可靠的知识体系。第二,形成了用科学仪器进行科学实验的实验科学。第三,科学方法主要是精密实验、定量分析和归纳。第四,科学技术作为生产力对社会和经济发展起着巨大作用,并开始深入到人们的日常生活中。

第五章
近代前期自然科学的产生和第一次技术革命

近代前期科学技术发展的主要特点是:自然科学开始从宗教神学的禁锢中解放出来,并建立在实验基础之上,形成了以牛顿力学为中心的科学体系;完成了第一次技术革命;在方法论上形成了较为完整、系统的归纳法和演绎法;在自然观上形而上学唯物主义占有重要地位,产生了深远影响。

一　近代前期科学技术产生的历史背景

近代前期科学技术的产生与时代背景息息相关。近代前期是资本主义生产方式兴起、资产阶级革命、航海探险和文艺复兴的时代,这样的时代为人们提供了勇于开拓、积极进取的精神力量,近代科学技术就是在这样的时代背景下应运而生。

(一)资本主义生产方式的兴起

中世纪之后,科学以意想不到的神奇速度一下子发展起来,其首要原因应归功于资本主义的兴起。中世纪后期,即公元14世纪,资本主义生产方式首先在意大利的佛罗伦萨兴起,然后波及英、法等国。资本主义生产方式的最初形式是一些分散或集中的手工工场,它们是从家庭手工业发展起来的。15世纪意大利的手工业技术已有较高水平,在纺织业中已有了经过改良的纺车和织布机,毛纺业有了梳毛、洗毛、弹毛的分工,仅14世纪的佛罗伦萨就有毛纺工场(作坊)三千多个,毛纺工人三万多人,他们一无所有,受雇于资本家。造船业也比较发达,由于有了以水力为能源的动力锤可以锻造船锚,又有了起重机,已能制造大型坚固的帆船,促进了航海和对外贸易的发展。当时的威尼斯造船厂每年可造上千艘船只,并有了纵横于地中海的商业船队。

受意大利影响，西欧一些国家的资本主义生产方式也于15—16世纪逐渐形成，纺织、造纸、酿酒、玻璃制造、采矿、金属加工等手工业技术有较大进步。德国已有了以水力和马力为动力的抽水机，使深坑采矿成为可能，1525年德国采矿工人已达10万人。15世纪后半期，在德、法、意等国已出现了高10英尺以上、直径5英尺的大型熔铁炉和鼓风炉炼铁法。1546年，英国出现拥有两千多工人的纺织工场，资本主义工场手工业已成为城市经济的主要形式。

资本主义生产方式的兴起，一方面迫切需要先进的科学技术作依托，另一方面又为科学技术发展提供了研究课题、资料和必要的物质手段。近代科学技术就是在资产阶级创业过程中诞生和发展起来的。

（二）航海探险

随着资本主义的发展，需要充足的原料、资金、劳动力和市场。为此，新兴的资产阶级急需打开通往外界的通道，特别是开辟通往印度和中国的航道，以满足资本主义发展的需要，于是一些冒险家先后组织船队进行航海探险。最先组织大规模航海探险的国家是葡萄牙和西班牙。他们早就利用航海到非洲掠夺黑奴，寻找黄金和象牙。

1487年，葡萄牙人巴尔托洛梅乌·迪亚士（Bartolomeu Dias，1450—1500）为了开辟到达印度的航道，率队远征，从葡萄牙的里斯本出发，经非洲西海岸的佛德角群岛向南航行，到达非洲南端一个风暴多而大的地方，故把它命名为“风暴角”，返回后国王认为到达印度有望，便把“风暴角”改为沿用至今的“好望角”。

1492年8月，意大利人克里斯托弗·哥伦布（Christopher Columbus，1451—1506），在西班牙国王授予其海军大将头衔、未来的新发现大陆的总督头衔，该地1/10的财富归其所有的许诺下，率领由3只帆船（最大的100吨）、88名水手组成的船队，从西班牙出发，直奔大西洋，以寻找通往印度的航道。经过70天的艰苦航行，他们到达中美洲巴哈马群岛的华特林、古巴和海地等岛屿。哥伦布认为，巴哈马群岛就是印度的边远地区，并把当地的土著人称为印度人。这次航行本来企图掠夺象牙和香料，但此地并无大象和香料，所以便掠夺了大量黄金和财富。哥伦布从马可·波罗的《东方见闻》所描写的神话般的东方财富中，感到仿佛印度和中国到处是黄金。在这种黄金欲的驱使下，他在日记中不加掩饰地写道：“黄金是一个可以令人惊叹的东西，谁有了它，谁就能支配他所欲的一切。有了黄金，就是要把灵魂送到天堂也是可以做到的。”后经意大利商人阿美利哥·维斯普西（Amerigo

Vespucci, 1451—1512)两次重游此地的考证,证明这块新发现的大陆并不是印度,而是一块新大陆,故以阿美利哥的名字命名为阿美利加洲,此地的土著人也不是印度人,而是印第安人。

1497年,葡萄牙贵族瓦斯科·达·伽马(Vasco da Gama, 1460—1524)又率领由4只船、100名水手组成的船队沿着迪亚士的航线前进,绕过好望角,沿非洲东海岸,穿过马达加斯加海峡,在阿拉伯人的帮助下到达印度的卡利卡特,开辟了通往东方的新航道,并掠夺了大量的香料和象牙。

1517年,葡萄牙人费迪南德·麦哲伦(Ferdinand Magellan, 1480—1521)游说西班牙国王,要求按照哥伦布的条件资助他的探险,得准后,于1519年9月率领由5只船、265名水手组成的船队向太平洋进发,先穿过大西洋到达巴西,又沿南美东海岸南行,穿过南美南端的海峡(后命名为麦哲伦海峡)进入太平洋。在太平洋上航行三个多月,船队水尽粮绝,以吃木屑、老鼠,饮污水为生,船员因患坏血病死亡数很大,于1521年3月到达菲律宾群岛。麦哲伦本人因卷入土著部落纠纷而被杀,余部18人乘一只船,经印度,绕过好望角,沿非洲西海岸北上,于1522年9月7日返回西班牙,完成了第一次环球一周的航行。

航海探险直接或间接地推动了科学技术的发展。首先,它证明了大地是球形,又发现了新大陆,这就加深了人们对地球的认识;其次,它也推动了天文学、大地测量学、数学和力学的发展。航海必备的工具是精确的星图、星表和航海地图,而通过航海又为这些学科提供了丰富的资料;航海需要船和炮舰,这又推动了与这些制造技术相关的力学和数学的发展。航海探险开阔了欧洲人的眼界,使他们从狭小的欧洲走向广阔的亚、非、美,所见所闻丰富了他们的思想。航海探险向人们展示了一种开拓进取精神,激励人们为探索其他自然奥秘而努力。

(三) 文艺复兴

文艺复兴发生在公元14—16世纪,它是资产阶级在意识形态领域发动的一场反封建、反宗教的文化运动。新兴的资产阶级认识到:要使资本主义生产方式确立起来,必须争取政治上的统治权,为此资产阶级思想家们首先以笔和舌为武器展开了一场反封建、反宗教的意识形态斗争,为资产阶级登上政治舞台鸣锣开道。

文艺复兴首先在意大利出现,后来遍及欧洲各国。十字军东征之后,意大利商人在同拜占庭和阿拉伯商人的竞争中占了上风,使意大利成为东西方科学技术、贸易和文化交流的中心。在经济繁荣的同时,一批适应时代要求的知识分子，为继承和发扬古希腊人的科学文化，发动了文艺复兴运动，迅速形成了群芳争艳、万紫千红的局面。

文艺复兴的核心是提倡“以人为中心”，充分肯定人的价值，认为人是现实生活的创造者和享受者，赞扬人的智慧和才能；反对“以神为中心”、贬低人的作用的旧观念；批判了宗教宣扬的来世思想和禁欲主义；鼓吹人性、个性解放和个人自由。文艺复兴的基本内容可以概括为：提倡人权，反对神权；提倡人性，反对神性；歌颂世俗，蔑视天堂；推崇理性，反对神启。可见，文艺复兴具有明显的反封建、反宗教的倾向性，是一场思想解放运动。

文艺复兴的主要代表人物有但丁、薄伽丘、达·芬奇、塞万提斯、莎士比亚、哥白尼等人。

但丁·阿利格里（Dante Alighieri，1265—1321）为意大利人，是欧洲中世纪末期新时代初期最伟大的诗人。他出身于贵族家庭，青年时期曾参加过新兴市民阶级（资产阶级）反封建的政治运动，被选为佛罗伦萨行会执政长老。罗马教廷势力抬头后，于1302年被判处终身流放。他的代表作是《神曲》。这部诗著原本是由于思念他童年的女友碧亚特丽（24岁去世）而写的，后来由于被流放，他写的诗也就发展为政治诗。《神曲》共100首，长达14000行，由“地狱”“炼狱”“天堂”三篇组成，创作时间历时20年。《神曲》激烈地抨击了教会，把教会用于祈祷的房间形容成兽窟，法衣形容成面粉袋。但丁于56岁病死，尸体置入石棺，至今尚存。

乔万尼·薄伽丘（Giovanni Boccaccio，1313—1375），生于法国巴黎，是中世纪末意大利杰出的小说家，其父为意大利人，母亲是法国人。他出生后不久，母亲去世，父亲带他回到意大利。其代表作是《十日谈》，以佛罗伦萨瘟疫为背景，抒发了自己反封建、反宗教、争民主的情怀。《十日谈》被视为《神曲》的姐妹篇。

被誉为时代骄子的列奥纳多·达·芬奇（Leonardo da Vinci，1452—1519）出生在佛罗伦萨，是一名公证员的儿子，少年时就表现出异常的才智。他既是思想家、哲学家、艺术家，又是出色的科学家和工程师。作为思想家和哲学家，他反对封建暴政和侵略战争，反对天主教会的统治，把天主教会看作是“贩卖欺骗的店铺”；把经院哲学的论点称作诡辩；主张向大自然请教，重视经验和实验。作为大画家、艺术家，他创造了许多具有真实、生动、具体、健美特点的艺术形象，反映了资产阶级上升时期的时代精神，他的代表作是《最后的晚餐》和《蒙娜丽莎》。作为科学家和工程师，他对数学、解剖学、生物学、光学、力学、地学等多种学科均有研究；还设计过扑翼机（最原始的飞机)。总之,达·芬奇是那个时代多才多艺、知识渊博的巨人和全面发展的学者,被誉为时代骄子。但是,他的知识却被教会视为妖术,晚年到处漂泊,最后移居法国。

塞万提斯(Miguel de Cervantes Saavedra, 1547—1616)是出生在西班牙没落贵族家庭的小说家。22 岁到意大利给红衣主教当随从,有幸到过意大利许多名城,接触到许多名人、志士。1570 年入伍,在与土耳其之间的海战中失去左臂,成为独臂人。他的代表作是《堂·吉诃德》,共分两部,第一部写于 1605 年,第二部写于 1615 年。该书详细描绘了当时西班牙的社会生活,是欧洲历史上最早的优秀现实主义作品之一。

威廉·莎士比亚(William Shakespeare, 1564—1616)是英国剧作家,早年家境贫寒,在剧院当勤杂工,后来当演员和编剧。他的作品主要有:《罗密欧与朱丽叶》《威尼斯商人》《哈姆雷特》《奥赛罗》《李尔王》等,都以反封建、反邪恶为主题,提倡个性解放。

文艺复兴在为资产阶级争取政治统治权作舆论准备的同时,也为科学技术的发展起了鸣锣开道的作用。它冲破了宗教设下的种种禁锢,拉开了科学技术发展的序幕。这一时期也涌现出一批卓有建树的自然科学家和数学家,如数学家帕西奥里(Luca Pacioli, 1445—1509)著有《总论算术、几何、比例和比例性》,还有天文学家哥白尼等。

二　哥白尼太阳中心说向宗教神学的挑战

资本主义生产方式的兴起、航海和地理大发现以及文艺复兴运动虽然为科学技术的发展创造了有利条件,但是并没有铺平科学技术发展的道路,尤其是自然科学,为了生存和发展还必须同宗教神学的禁锢展开针锋相对的斗争,乃至献出生命。在这场斗争中,首当其冲的是哥白尼和他的太阳中心说。

(一) 哥白尼的生平及学说

哥白尼(Nicolaus Copernicus, 1473—1543)出生在波兰维什杜拉河畔托伦城的一个富商家庭(也有人认为他出生在波兰农村一个烤面包者的家庭),10 岁丧父,由舅父抚养成人。其舅父是一名主教,在他小的时候舅父经常给他看一些天文书籍,激发了他对天文学的兴趣。哥白尼 18 岁入首都克拉克夫的雅盖隆大学学习医学至毕业,但仍对天文学兴趣浓厚。1495 年留学于意大利，先后在帕多瓦大学、法拉腊大学学习法学、医学、神学，也研究天文学。1499 年被罗马大学聘为天文学教授。哥白尼在意大利生活了 10 年。

1506 年他回到了家乡，边任教士边从事天文学研究。他常常在自家阁楼上进行天文观测。此间，由于宗教势力的强大和人们顽固的地心说观念，他经常受到冷嘲热讽，但他对太阳中心说的信念不变。他用 6 年时间(1506—1512)写下了代表作——《天体运行论》，创立了近代天文学。成书后又用了 30 年的时间进行修改，书中所有 27 个例子，25 个是他自己观测所得。1543 年 5 月 24 日，哥白尼处于弥留之际，在纽伦堡出版了《天体运行论》。遗憾的是，他只摸了摸书的封面便与世长辞了。

《天体运行论》一书共分 6 卷：第一卷是宇观概论，是全书的精华，主要介绍了日心说的基本观点，论证了地球是太阳的一个行星，解释了春夏秋冬四季循环的原因等；第二卷是应用球面三角解释天体在地球上的视运动；第三卷是讲太阳运动的计算方法；第四卷是讲月亮运动；第五、六卷是讲行星的运动，推算星历表，预告星位。《天体运行论》的完成标志着系统的太阳中心说的形成。

太阳中心说的基本观点是：太阳是宇宙的中心，行星都围绕太阳运转；地球是运动的，是绕太阳运转的一颗普通行星，它本身也在绕轴自转；月亮是地球的卫星，绕地球一周为一个月，地球带着月亮绕太阳运行；行星在太阳系中的排序及绕太阳运行的周期，由近到远，分别是：水星为 80 天，金星为 9 个月，地球和月球为 1 年，火星为 2 年，木星为 12 年，土星为 30 年(当时尚未发现其他三颗行星)；处于这些行星中心的是太阳。

哥白尼太阳中心说的创立具有重大意义。第一，它大体描绘了太阳系的真实结构，正确地说明了一些天象。如人们看到的日月星辰东升西落是由于地球自转造成的；火星、木星等行星有时顺行、有时逆行是它们绕日运行的轨道和速度不同的综合表现。第二，它是在与达·芬奇、诺瓦拉等人对古代阿里斯塔克、毕达哥拉斯等人的太阳是宇宙中心的猜测进行探讨改进的基础上，通过亲自观测形成的。这就结束了长达一千多年的地心说与日心说的争论，把托勒密的地心说彻底推翻，把被颠倒了的天文事实又颠倒过来，从而使天文学建立在科学的基础之上。第三，它是自然科学向宗教神学的一次挑战，自然科学从此由宗教神学的禁锢中解放出来。按照宗教神学的观点，地球是宇宙的中心，地球上的人类是天之骄子，上帝创造万物都是为了满足人类的需要。比如，创造太阳是为了给人类以光和热；创造月亮是为了给人类的夜间照明;创造其他天体是为人类预告吉凶,在太阳、地球、月亮及其他天体之外,就是上帝居住的天堂。哥白尼的太阳中心说的创立,推翻了宗教神学的宇宙结构体系,否定了有所谓神灵居住的天堂。正因为如此,教会置哥白尼在书的序言中一再表白的关于该书是敬献给教皇的,并请求其庇护的陈词于不顾,甚至到1616年2月14日仍宣称该书是异端邪说,把《天体运行论》列为禁书,并对捍卫与发展哥白尼太阳中心说的思想家、科学家进行残酷迫害。

(二)布鲁诺和伽利略对哥白尼太阳中心说的捍卫和发展

1. *布鲁诺的捍卫和发展*。布鲁诺(Giordano Bruno, 1548—1600)是意大利的思想家。他出生在那不勒斯东北24千米的诺拉小镇的一个贫苦家庭,15岁入多米尼克僧团,成为一名修道士。他受文艺复兴的影响,广泛阅读了各种书籍,靠顽强的自学成为当时著名的学者。他是哥白尼太阳中心说的忠实捍卫者和发展者,在近代科学史上是同宗教神学斗争的勇士。他虽是教徒却离经叛道,服从真理,成为自然科学发展的卫士。

1575年,由于他坚决抨击教皇统治的黑暗和经院哲学的虚伪,冒犯了教皇,被定为异端分子,革除了教籍,次年被迫离开意大利,长期流落于瑞士、法国、英国等地。漂泊不定的生活没有改变他对哥白尼太阳中心说的信仰,他不时地写文章、作演讲,宣传日心说,使相信这一学说的人越来越多,因而屡遭逮捕。

1584年,他在英国出版了《论无限性、宇宙和诸世界》,宣传并发展了哥白尼的太阳中心说,提出了多太阳系和宇宙无限性思想。他认为:宇宙是无限大的,太阳并不是宇宙的中心,而是千万颗普通恒星之一,不仅太阳有行星,其他恒星也有行星,甚至也有可以居住的星球;宇宙有统一的法则,但无中心;宇宙是物质的。在哲学上,他认为最好的哲学是"最符合于自然的真理"。

1592年5月22日子夜,他回到了威尼斯。由于有人告密,于5月27日被引渡到罗马宗教裁判所,并被投入监狱,遭受酷刑和8年监禁。1600年2月,他被宗教裁判所处以死刑,烧死在罗马鲜花广场。临终时他说了两句话。第一句是当刽子手对他说,你的末日已经来临,还有什么要说的时,他回答道:"黑暗即将过去,黎明即将到来,真理终将战胜邪恶!"第二句是当火刑架下燃起熊熊烈火时,他昂起头对刽子手说:"你们对我宣读判词,比我听到判词还更感到畏惧!"

2. *伽利略的捍卫和发展*。伽利略·伽俐雷(Galileo Galilei, 1564—1642)

生于意大利比萨，是意大利著名的天文学家和力学家。伽利略从小聪明好学，心灵手巧。1609 年，他用自制的、可放大 30 倍的望远镜观察天空时发现：太阳有黑子；月亮有山谷；木星犹如一个小太阳系，有 4 颗卫星。他还证实了哥白尼所说的金星有盈亏。这些都直接或间接证明了哥白尼太阳中心说的正确性，打击了宗教所支持的旧宇宙观。1610—1613 年，他把这些观察资料公布于众，引起了学术界的轰动。1616 年 3 月，罗马教廷传讯并警告伽利略，不许支持哥白尼太阳中心说，只能把有关计算当成假设。伽利略表面应允，暗中仍在做观察、实验。1632 年，他出版了《关于托勒密和哥白尼两大世界体系的对话》（简称《对话》），书中分析了托勒密体系的不合理性，论证了哥白尼体系的合理性，支持哥白尼太阳中心说的立场跃然纸上。罗马教廷十分恼火，以欺骗教廷罪再次传讯，把年近七旬又在病中的伽利略押送罗马，审讯长达 50 小时。伽利略受到拷打并被判以终身监禁。在狱中他秘密写下了一生中最伟大的著作——《关于两种新科学的对话》，对力学基本原则作了总结。不久，他双目失明。1642 年 1 月 8 日，伽利略怀抱着这本在荷兰偷印出版的著作与世长辞。

罗马教廷可以给伽利略定罪，但是却抹杀不了他对天文学的贡献，就连教皇乌尔班八世也不得不说，只要木星的光芒在天空闪烁，地球上的人就永远不会忘记伽利略。时隔三百多年后，罗马教廷在世界舆论压力下，于 1979 年组成了由杨振宁、丁肇中等科学家参加的审理委员会，重新审查了伽利略一案。带有讽刺意味的是，罗马教廷承认了三百多年前对伽利略的审讯是不公正的、错误的，伽利略得到了平反昭雪。

三　血液循环的发现及其对宗教的冲击

与哥白尼太阳中心说同时向宗教神学发起冲击的还有三位生理学勇士，他们是维萨留斯、塞尔维特和哈维。

（一）维萨留斯对解剖学的新贡献

维萨留斯（又译维萨里，Andreas Vesalius，1514—1564）是比利时医生，出生于比利时一个医生世家，毕业于巴黎大学，后到意大利帕多瓦大学任教，主要讲授盖伦医学。盖伦是通过对狗和猴的解剖来阐述人体结构的。盖伦认为，人体心脏只有两个腔。达·芬奇通过对 70 具尸体的解剖已发现心脏有 4 个腔，对盖伦医学提出过异议。达·芬奇之后，帕多瓦大学的教授们明确反对盖伦的观点。维萨留斯不拘泥于盖伦医学,而是坚持亲自主刀解剖(过去,学者们从不主刀,主刀的任务都是由理发师承担,而且主要目的是证明盖伦医学的正确),并着眼于发现。他常常深夜跑出学校,去背绞刑架上的尸体回来解剖。通过解剖,他纠正了盖伦医学中的二百多处错误,并按系统叙述了人体结构;同时,他用事实批驳了宗教宣扬的在人体内存在"复活骨"以及男人的肋骨比女人少一根的说法。在解剖的基础上,维萨留斯于1543年出版了《人体的构造》一书,奠定了医学的基础。

由于维萨留斯的医学实践否定了宗教的一派胡言,因此遭到教会和世俗两方面的攻击和反对,被迫离开了帕多瓦大学,移居西班牙,成为西班牙王室的御医。1563年,旧势力设计暗害他,要定他死罪,由于西班牙国王的周旋,方改为让他去耶路撒冷朝拜,以赎"故意杀人"之罪。在朝拜途中,维萨留斯因重病而死(在希腊一个岛上),时年50岁。

(二)塞尔维特发现血液小循环

塞尔维特(Michael Servetus, 1511—1553)是西班牙医生,毕业于巴黎大学,是维萨留斯的同学。他通过对人体解剖生理学的研究,发现了血液小循环(心肺循环)。1553年,他出版了《基督教的复兴》一书,其中用六页左右的篇幅描述了血液小循环的情景。他批判了盖伦的"三灵气"说,认为人体如果说有灵气的话,也只有一种活力灵气,"它是由吸入的空气和从右心室流向左心室的精细血液在肺中混合而形成的。这种流动不像一般所认为的那样经过心脏的中膈,而是有一种专门的手段把精细血液从右心室驱入肺中的一条直通道……并从肺动脉注入肺静脉,在这里它同吸入的空气相混合,并在其膨胀时被左心室吸入,这时它就真成为灵气了"①。血液小循环,用今天的话来说,即血液从右心室经过肺动脉支管运送到肺,在肺组织内得到清洗净化,然后通过肺静脉流入左心房。由于塞尔维特也坚持人体解剖,违背了宗教不许解剖人体的禁令,又批判了权威,加之参与宗教纠纷,亵渎了《圣经》,因而遭到了新、旧两教的反对,新教说他是异端,旧教说他比新教还厉害。就这样,当他快要发现整个血液循环时,因异端罪被革除教籍,判处死刑。第一次执刑时塞尔维特逃跑了,只烧了一个象征性的稻草人。第二次他被宗教裁判所逮捕,于1553年10月27日送往火刑场,脖子上还带着渍有硫黄的花环,并挂有他的《基督教的复兴》一书。加尔文教在执行火刑

① 〔英〕亚·沃尔夫:《十六、十七世纪科学、技术和哲学史》,周昌忠等译,商务印书馆1985年版,第472页。

时先活活烤了他两个钟头，塞尔维特就这样为真理而献身了。

塞尔维特为真理而斗争的勇敢精神同布鲁诺一样被后人称颂。在审讯时他曾说，他相信他的言行是公正的，他不怕死，他知道他将为自己的学说、为真理而死，但这并不会减少他的勇气。塞尔维特的名字同布鲁诺、维萨留斯的名字一样，永远铭刻在人们的记忆里。

（三）哈维确立血液循环理论

哈维（William Harvey, 1578—1657）是英国生理学家，出生在英国法克斯顿一个较富裕的小绅士家庭，从小聪明好学，因学习成绩优异，免费进入剑桥大学学习医学，1597 年留学于意大利帕多瓦大学，24 岁回国，先是当一名开业医生，后成为英国国王詹姆斯一世和查理一世的御医，与查理一世私人关系很好。他政治上保守，英国资产阶级革命时期充当王子的监护人。

哈维的解剖实验得到了国王的支持，并向他提供方便条件。他解剖过 70 多种动物，并通过解剖动物，观察其心脏搏动。他发现：左心室的血量约为 2 英两；因心室间有瓣（这是他的老师法布里克发现的），故左心室收缩时血液只能排出而不能倒流；心脏每分钟大约跳动 72 次，1 小时心脏排出的血量为 $2 \times 72 \times 60 = 8640$ 英两，约 540 磅，相当于人体重量的 1.5 倍，这么多的血不可能在 1 小时之内由肝脏制造出来，也不可能这么快就在肢体末端被吸收掉。这么多的血液是从哪里来的呢？哈维意识到，唯一的可能是血液在全身沿着一条闭合路线作循环运动。这个循环路线就是从右心室输出的静脉血经过肺部变为动脉血，通过左心房进入左心室；从左心室搏出的动脉血沿动脉到达全身，再沿静脉回到心脏。他还预言：在动脉和静脉的末端必定有一种微小的通道（毛细血管）把二者联结起来，这就是血液大循环。

为了用实验检验这一血液循环思想，他用活体解剖法，剖开一条活蛇观察其血液在心脏和血管中的活动情况。根据血液循环思想：若扎住与心脏相连的静脉，血液便不能流回心脏，心脏就该变空变小；若扎住动脉，心脏就会因排不出血而胀大。实验证明，血液确实是作循环运动的。

1628 年，哈维出版《动物的心血运动及解剖学研究》，阐明了他的血液循环理论。由于哈维发现了血液大循环，并开创了活体解剖实验法，奠定了生理学发展的基础，使生理学成为一门科学，他被誉为“近代生理学之父”。为了表彰他的功绩，在他在世时就为他立了塑像，他还被选为英国皇家学院院长。当他逝世 200 周年时，由赫胥黎主持召开了纪念大会，并在他的家乡法克斯顿又立了一座铜像。1905 年，美国成立了哈维学会，以示纪念。

哈维独身一生，无子女，遗产全部献给皇家医学院。哈维尽管也批判和否定了盖伦的某些错误,也无视宗教设置的清规戒律及经院哲学的信条,但是并没有遇到维萨留斯和塞尔维特那样的麻烦,其主要原因是得到了国王的支持和庇护。

哈维去世后,意大利解剖学家马尔比基(Marcello Malpighi, 1628—1694)、荷兰科学家列文虎克(Anthony van Leeuwenhoek, 1632—1723)分别于1660年和1688年通过显微镜观察发现了毛细血管,证实了哈维的在动脉、静脉末端有毛细血管把二者相连的预言。至此,血液循环理论基本完善。

四　经典力学体系的形成

自然科学从宗教神学的禁锢中解放出来,首先发展并成熟起来、形成独立体系的是经典力学。究其原因主要是:第一,资本主义发展的需要。如开矿、建筑、机械制造、航海等需要静力学、动力学和流体力学。第二,受天文学发展的影响。托勒密的地心说和哥白尼的太阳中心说都说明行星绕一个中心运转,但是这些行星为什么既不掉下来,也不飞走,还不相撞,是什么力量的作用?这引起了科学家们的思考。第三,力学比较简单、直观,符合人们由简单到复杂的认识规律。

经典力学体系的形成是一批科学家共同努力的结果。这些科学家主要有伽利略、开普勒、惠更斯、胡克、哈雷等,牛顿是站在他们的肩膀上摘取万有引力定律发现者的桂冠及完成经典力学的综合工作的。

(一)伽利略对经典力学的贡献

意大利科学家伽利略是打开近代科学大门的大师,他不仅在天文学上有所成就,而且在物理学、数学、力学等学科均有贡献,然而他所以能被誉为科学巨匠则主要是基于他对力学,尤其是动力学方面的贡献,这一贡献为牛顿完成经典力学的综合工作奠定了基础。伽利略在动力学方面做出的富有创造性的工作,主要包括:

1. *发现了自由落体定律*。在伽利略时代,人们对物体下落的认识还停留在亚里士多德的重物体比轻物体下落得快的水平。伽利略认为,亚里士多德的观点是错误的,但要推翻这个错误结论必须进行证明。为此,伽利略从逻辑推理和实验两个方面开展了工作。

在逻辑证明方面,他作了如下推理:大前提是重物体比轻物体下落得快。假如把两个物体捆在一起，让它在与原来分别下落的相同条件下自由下落，那么，原来较轻的那个物体将会延缓较重物体的下落速度，因而这个复合体必然比原先较重的物体下落得慢，这就与亚里士多德的观点发生了矛盾，因为捆在一起的复合体的重量大于原先重物体的重量，应当比那个单独的重物体下落得快，所以亚里士多德的观点是错误的。

在实验证明方面，伽利略做了著名的斜面实验。在伽利略之前，荷兰工程师斯台文（Simon Stevin, 1548—1602）曾经做过一个反对亚里士多德观点的实验：他用两个铅球，其重量一个是另一个的 10 倍，把它们从 30 英尺的高度同时丢下，落在一块木板上，它们发出的声音听上去就像一个声音一样。这个定性实验已经说明亚里士多德的观点不对。伽利略并没有到比萨斜塔上做这样的实验。但是，为了进行定量观察，伽利略于 1609 年设计了斜面实验：用一块长约 6 米、宽 4 厘米、厚 25—30 厘米的木板造成一个斜面，上面刻有一条宽约 1 厘米、磨得十分光滑的槽（为了减少摩擦），让不同密度、不同重量的光滑小铜球分别沿斜面上的槽滚下，记下每一单位时间内小球滚过的距离。通过各种倾斜度的反复实验，伽利略发现：不论是大球或小球，轻球或重球，在同样的时间内都滚过同样的距离；而且从整个斜面滚下的时间，总是滚到斜面 1/4 处的时间的 2 倍。时间的比值为 1∶2 时，距离的比值为 1∶4，距离和坠落时间的平方成正比，或者说落体的速度随时间均匀地增加。用公式表示：$s=\frac{1}{2}gt^2$，g 为常数，这就是自由落体定律。这个定律告诉我们：在摩擦忽略不计的情况下，物体沿同一高度、不同倾斜度的斜面到达底端所需要的时间相同，它们的末速度相同；因此，从同一高度下落的不同物体必将同时落地，与它们的重量无关。这就证明了亚里士多德的重物体比轻物体先落地的观点是错误的。

2. 发现惯性运动。伽利略从实验中还发现：球滚下一个斜面后，可以滚上另一个斜面，如途中的摩擦力可以忽略不计的话，这个球可以滚到和出发点一样的高度，而与斜面的倾斜度无关；如把后一个斜面放到水平位置，这个球就以匀速在这个面上滚过去。通过这个实验，伽利略又发现了惯性运动，推翻了亚里士多德关于物体运动必须有力连续作用的观点。惯性运动的发现证明了物体不仅有保持其静止状态不变的特性，而且有保持其匀速直线运动不变的特性；物体维持其原来的运动状态，并不需要外力，外力是改变其原有运动状态的原因。这些推论实际上包括了牛顿第一、第二定律，但伽利略没有把这些内容概括为普遍规律，后来牛顿完成了这个任务。

3. *发展了抛物体运动轨迹理论*。在伽利略之前,不少科学家和工程师在实践中已经认识到抛物体是沿一条曲线轨迹运动的。意大利数学家和工程师达塔格里亚(Niccolò Fontana Tartaglia, 1500—1557)发现炮身的倾斜角为45°时射程最远,但这只是一种经验归纳,并没有给出数学上的严格证明。伽利略用几何方法证明,一个平抛运动可以分解为两种运动:一是水平方向的匀速直线运动,根据惯性原理,它使物体始终保持这一运动不变;另一个是在引力作用下,沿垂直方向的自由落体运动,这一运动使物体在这个方向上的速度按时间成正比地增加。这两种运动综合起来,便得出路程为抛物线状。他还论证了为什么在抛射仰角为45°时射程最远。

伽利略在动力学上的成就,集中反映在他的《关于力学和位置运动的两种新科学的对话与数学证明》(简称《关于两种新科学的对话》)一书中,这本书的出版标志着经典力学作为一门独立学科的诞生。伽利略创立的实验和数学相结合的科学研究方法也成为经典方法,对近代科学产生了深远影响。

(二)开普勒对天体之间作用力的研究及其影响

开普勒(Johannes Kepler, 1571—1630)是德国第一位伟大的新教徒数学家和天文学家。他家境贫寒,一生多灾多难,小时候体弱多病,得过天花和猩红热,疾病伤害了他的面部皮肤和视力。他当过小旅店的杂役,后经宫廷资助毕业于哥廷根大学。在大学期间,他很受天文学教授斯特林的赏识,毕业后从事数学和天文学研究工作。他很欣赏哥白尼太阳中心说的体系,认为它很符合数学的简明和谐原则,也相信上帝按照完美和谐的原则创造了世界。1596年,他出版了《宇宙的奥秘》一书,该书引起了丹麦天文学家第谷·布拉赫(Tycho Brahe, 1546—1601)的重视。1600年,第谷邀请开普勒到布拉格观察台工作,当他的助手。1601年,第谷在发现第250颗星后,溘然长逝,开普勒接替了第谷的工作,在天文学上继续做出重大贡献,有人说开普勒是第谷发现的第251颗星。1623年,开普勒因出版《哥白尼太阳中心说概论》受到迫害,书被焚,停发工资。1630年,他在贫困中死去。德国古典哲学家、辩证法大师黑格尔说,开普勒是被德国饿死的。

开普勒对天体之间作用力的研究成果主要表现在他发现的行星运行三定律上。1609年,他出版了《新天文学》,在该书中阐明了他发现的行星运行的第一、第二定律。第一定律即轨道定律。他发现,椭圆形轨道是行星绕太阳运行的真实轨道,太阳在椭圆的一个焦点上。第二定律,即面积定律。他通过计算发现,行星绕太阳旋转的线速度是不均匀的,行星的运动服从面积定律，即单位时间内行星的向径所扫过的面积相等。1619 年，他又在《宇宙的和谐》一书中，阐明了行星运行的第三定律，即周期定律。他发现，行星绕日运行周期的平方与它到太阳的平均距离的立方成正比。开普勒运用这一定律算出了当时已知的太阳系六大行星（水星、金星、地球、火星、木星、土星）的运行周期和与太阳的平均距离，赢得了“太空律师”的美名。

至于行星为什么会沿椭圆轨道绕日运行，开普勒曾从太阳和行星的磁力角度进行过探讨，但没能认识到重力就是行星保持这种运动的力。尽管如此，他却促成了科学家们热衷于引力的研究。

第谷从事天文观察三十多年，积累了大量的观察资料，但是并没有发现行星运行三定律，而开普勒却成功了，这里的原因主要是：第一，开普勒善于运用理论思维，具有丰富的想象力。开普勒不满足于资料的收集，而着眼于从中做出发现。他凭借丰富的想象力和理论思维，把观察资料与数学结合起来，建立起数学模型。第二，严谨治学，勇于创新。当他在研究火星运动的真实轨道时，发现第谷对火星运动的观察值与按照哥白尼学说推算出的值有 0.133°（约 8′）的差数。他相信第谷的观察无误，也相信自己的计算，那么问题出在哪里呢？他认为，问题就出在轨道可能不是正圆上，他用卵圆、偏心圆进行计算均不能消除 8′的误差，于是便大胆地改用椭圆进行计算，结果与观察值完全吻合。他还用行星、太阳都有磁极，可以相互作用来解释椭圆轨道的成因，即行星在太阳的一侧受到吸引，另一侧受到排斥，因而先是离太阳较近，后是离太阳较远，这样，它的轨道就由正圆变成椭圆。第三，具有坚忍不拔的毅力和吃苦耐劳的精神。开普勒家境清贫，社会地位不高，一生孤军奋战，身体又不好，还有眼疾，生活十分贫困。他能坚持几十年做大量的数学计算工作，最终做出重大发现，若没有顽强的毅力和吃苦耐劳的精神是不可想象的。

开普勒留下的问题，惠更斯、胡克等人接着进行了探索。

（三）万有引力定律的发现

一讲到万有引力定律，人们自然会想到牛顿在苹果树下看书，看到苹果从树上掉下来，从而发现了万有引力定律的故事。这只是一种传说，事实上问题并非那么简单。在牛顿之前，许多科学家为万有引力定律的发现作了大量的知识准备，起了铺路石的作用。

1. *惠更斯的工作*。惠更斯（Christian Huygens，1629—1695）是荷兰物理学家，出生在海牙，其父为外交官，他本人是英国皇家学会的外籍会员，独身一生，在科学上有很多成就，牛顿称他是尽善尽美的科学家。在天文学上，他发现了土星环和土卫6;在光学上,他是光的波动说的创始人之一;在力学上,他通过对自己发明的钟摆进行研究,发现物体保持圆周运动需要一种向心力,并得出了向心加速度公式:$a=\frac{v^2}{R}$。只要把这个公式与开普勒的行星运行第三定律联系起来,就有可能早于牛顿而率先找到打开通往万有引力定律大门的钥匙,但是惠更斯没有这样做。

向心加速度公式与开普勒行星运行第三定律($a=\frac{v^2}{R}$与$T^2\propto R^3$)的联系是:

$$a=\frac{v^2}{R},\text{而 } v=\frac{2\pi R}{T},\therefore\ a=\frac{4\pi^2 R}{T^2}$$

$$a_1:a_2=\frac{4\pi^2 R_1}{T_1^2}:\frac{4\pi^2 R_2}{T_2^2}=\frac{R_1 T_2^2}{R_2 T_1^2}$$

将开普勒第三定律$\frac{T_1^2}{T_2^2}=\frac{R_1^3}{R_2^3}$代入上式,

得
$$a_1:a_2=R_2^2:R_1^2$$

这个结果说明,向心加速度是由向心力引起的,因而它们都与距离的平方成反比。但这关键的一步工作,惠更斯没有做,从而失去了发现万有引力定律的机会。

2. 胡克的工作。胡克(Robert Hooke, 1635—1703)是英国物理学家和天文学家。他同天文学家哈雷(Edmund Halley, 1656—1742)、数学家雷恩(Christopher Wren, 1632—1723)都是英国皇家学会中引力委员会的成员,与牛顿一道开展引力问题的研究。胡克长期从事物理学和天文学研究,并自制仪器。他曾根据弹簧实验的结果,提出了胡克定律,还用自制的显微镜发现了细胞。

胡克是最接近于发现万有引力定律的科学家。1674年,胡克在《从观察角度证明地球周年运动的尝试》一文中,提出了关于天体引力问题的三个假设:任何天体都有一种朝向自身中心的引力;所有物体只要它们作一个方向的简单运动,都将保持其直线运动状态,直至受到其他有效力的作用方可改变其运动轨道,显然天体在不受外力作用时,其轨道不变;离引力中心越近,引力越大。后来,他又明确认识到力和距离的平方成反比,这个结果已接近发现万有引力定律,只是由于数学知识不够而丧失了发现的优先权。

3. 牛顿对万有引力定律的贡献。艾萨克·牛顿(Isaac Newton, 1643—

1727)出生在英国林肯郡艾尔斯索普村一个小农庄主家庭,是个遗腹子,在舅父(剑桥大学三一学院成员)资助下读书,18 岁免费进入剑桥大学学习,21 岁成为著名数学教授巴罗(Isaac Barrow, 1630—1677)的研究生,26 岁成为鲁卡斯讲座第二代教授,从事力学和光学研究工作,独身一生。

1665—1666 年,牛顿通过地球对月球的引力研究,已独立发现了天体间的引力与其距离平方成反比的关系,并认为,这一引力并非磁力,本质上就是地球的重力,地球把它对地面物体的吸引力伸展到月球上,从而使月球绕地球旋转。至于万有引力定律的发现,则是广泛地利用前人及其同辈人的成果进行推论,以及自己的努力而获得的。第一,牛顿根据开普勒行星运行第一定律和伽利略的惯性定律,认为行星若以椭圆轨道绕日运行,而不是匀速直线运动,就得连续不断地改变运动方向,因而必须有力连续作用其上。第二,牛顿用数学方法证明了开普勒第二定律,即如果面积、速度是常量,行星与太阳的连线(向径)在相等的时间内所扫过的面积相等的话,那么那个连续作用于行星的力,就是沿着向径方向的向心力,它与行星运动的惯性分量始终是垂直的。第三,牛顿根据开普勒第三定律,联系惠更斯的向心加速度公式,证明了向心力的大小与行星到太阳的距离的平方成反比。第四,牛顿又假定:这一引力的大小不仅与物体间的距离平方成反比,而且与两个物体的质量的乘积成正比,用公式表示:$F = G\dfrac{m_1m_2}{r^2}$,其中 m_1、m_2 分别为两物体的质量,r 为两物体间的距离,G 为引力常数。这就是万有引力定律。这个定律表明:任何两个天体间都存在着相互吸引的作用力,而且这一引力也存在于地面上任何两个物体之间,故称为万有引力。

牛顿发现万有引力定律的特殊功绩在于:第一,他把其他科学家以为只是局部天体之间的引力作用推广到宇宙中一切具有质量的物体之间;第二,从理论上精确计算出这种引力的大小;第三,证明了任何两个物体间的万有引力可以看作集中作用于物体的质点上;第四,从万有引力定律可以推出行星运动的三个定律。可见,把万有引力定律发现者的桂冠戴在牛顿头上是当之无愧的。

万有引力定律经过他人无数次的实践检验证明是完全正确的。

(四) 牛顿对经典力学的综合

1678—1684 年,牛顿完成了引力问题的论证。1687 年,他在哈雷的支持下,出版了《自然哲学的数学原理》(以下简称《原理》),第一次把地面力学和天体力学统一起来,建立起经典力学体系,完成了近代自然科学史上第一次大综合。

在该书中,他首先给力学的基本概念如质量、动量、惯性、力及向心力下了定义,说明了绝对时间和绝对空间的含义。接着,他对总结和创立的运动三定律和矢量合成原理作了陈述。

运动第一定律(又称惯性定律)。它是在伽利略发现的惯性运动基础上由牛顿扩展而成的。牛顿的表述是:任何物体将保持它的静止状态或匀速直线运动状态,直到外力作用迫使它改变这种状态为止。现在通常的表述是:任何物体在不受外力作用(或所受外力之和为零)时,将保持静止状态或匀速直线运动状态不变。也就是物体在不受外力作用时,“动者恒动,静者恒静”。这个定律告诉我们:力是改变物体运动状态的原因,或者说力是产生加速度的原因;当我们发现一个物体的运动偏离直线方向或它的速度大小不断改变时,就可以断定必然存在着一个未平衡的力的作用。在自然界中,物体不受任何力的作用的情况实际上是不存在的,只要它所受的作用力彼此平衡,物体就能保持惯性运动。

运动第二定律。牛顿对运动第二定律的原始表述是:“运动的变化与所施的力成正比,并沿力的作用方向发生。”牛顿还把物体的运动量规定为质量和速度的乘积,于是,经计算就可以得:$F = ma$,这是物理学中的常见公式(这个公式牛顿并没有使用,是后来的物理学家采用的)。它的物理意义在于:作用于一物体上的力的大小与物体的加速度成正比,力的方向与加速度的方向相同。这也是运动第二定律的通常表述形式。运动第二定律向我们揭示了质量的物理意义。由 $F = ma$ 得知 $m = \frac{F}{a}$,即物体的质量(m)是力(F)与加速度(a)的比例常数。这一常数越大,就意味着要有一个很大的力才能使其产生一定的加速度;反之,这一常数较小,就意味着只需较小的力就能产生一定的加速度。因此,比例常数 m 就是标志物体惯性大小的物理量。

运动第三定律。它的原始表述是:“每一个作用总是有一个相等的反作用和它相对抗;或者说,两物体彼此之间的相互作用永远相等,并且各自指向对方。”也就是说,当物体甲施于物体乙一个作用力时,物体乙同时施于甲一个反作用力,作用力与反作用力大小相等,方向相反,且作用在同一条直线上。运动第三定律告诉我们:自然界中没有孤立存在的力,力总是存在于两个相互作用的实体之间,不管这种力是通过接触(推、拉)还是不通过接触(如万有引力、磁力、核力),它总是成对、同时出现,且大小相等,方向相反。

然后，牛顿在《原理》的第一、二、三篇中将这些定律用于考察天体运行轨道和光的微粒在不同介质的界面受到的反射和折射以及一物体对另一物体的引力之和和潮汐等现象。最后，在《原理》中的《世界的体系》一文中，牛顿扼要地叙述了应用运动三定律和万有引力定律说明行星运动的定性的结果。

总之，牛顿在《自然哲学的数学原理》中把大至宇宙天体，小至光的微粒的运动等现象均用运动三定律和万有引力定律予以说明，把自然界中的一切力学现象都囊括在他的力学体系之中。

鉴于牛顿的功绩，他死后被安葬在威斯敏斯特大教堂内，与英国英雄葬在一起。他的雕像后边，还矗立着发现他的巴罗教授的雕像。

出于对牛顿绝对权威的崇拜，他的用力学解释自然现象的做法影响到后来几代人，形成了形而上学机械唯物主义自然观。

五　数学的发展

在文艺复兴运动强烈的冲击下，数学也有了重大进展。最重要的成就是解析几何学和微积分学的创立。

（一）解析几何学的创立

解析几何学的主要创立者是法国的笛卡儿（Rene Descartes, 1596—1650）和费尔马（Pierre de Fermat, 1601—1665）。解析几何学是运用代数的方法，借助坐标来研究几何对象的。费尔马在研究曲线轨迹问题时把代数用到几何中去，从此开创了在一个坐标系中用一系列数值表示一条曲线轨迹的方法。虽然他用的是斜坐标而不是直角坐标，既没有负数也没有纵轴，现在看来显然是很不完善的，但是在给人以启迪上，却起了重大作用。作为数学家和哲学家的笛卡儿于1637年出版的《更好地指导推理和寻求科学真理的方法论》一书和作为该书三篇附录之一的《几何学》，标志着解析几何学的诞生。它的诞生也绝非偶然，有其历史渊源。很早以前，古希腊学者阿波罗尼曾引用两条正交直线作为一种坐标，稍后的天文学家依巴谷①（约前190—前125）也运用经度和纬度标出天体上和地面上点的位置。1486年，英

① 依巴谷是古希腊最伟大的天文学家，他用经纬度编制出1025颗恒星的位置一览表。现在有以他的名字命名的人造卫星。

国数学家奥力森(Nicole Oresme,约1323—1382)出版《论形状的大小》,迈出了坐标系发展中的又一步。1591年,法国数学家韦达(François Viète,1540—1603)在代数中系统地使用了字母,这就为代数方法在几何中的应用准备了条件。1607年,瑞士数学家哥特拉底(Marino Ghetaldi, 1568—1626)发表的《阿波罗尼著作的现代阐释》,专门对几何问题的代数解法作了系统的研究。1631年,英国数学家哈里奥特(Thomas Harriot, 1560—1621)的《实用分析学》[1],更把韦达和哥特拉底的思想加以引申和系统化,这就为解析几何学的创立铺平了道路。笛卡儿为了寻找一种能把代数应用到几何中去的新方法整整思考了二十多年,最终获得成功。

由于有了解析几何学使代数和几何统一起来,就可以用代数方法来解决几何问题,也就是说,运用比较简单的代数运算就可解决几何问题。同时,解析几何的创立也为物理学研究提供了一个新的、很有效的数学工具。

恩格斯曾说过:"数学中的转折点是笛卡儿的变数。有了变数,运动进入了数学,有了变数,辩证法进入了数学。"[2]过去的数学只描述一些确定的和不变的量,现在可以描写变量了,这是个很大的进步。因此,解析几何学的创立在数学界引起了强烈的反响,不少数学家做了研究工作。y轴是由18世纪瑞典数学家克拉美(Harald Cramer, 1893—1985)引入的。1729年,瑞士的赫尔曼(Jakob Hermann,1678—1733)在牛顿、雅各·伯努利(Jacob Bernoulli, 1654—1705)工作的基础上给出了极坐标概念和直角坐标变换公式。从17世纪中叶开始,解析几何从平面扩展到空间。1715年,约翰·伯努利(Johann Bernoulli, 1667—1748)首先引进了现在通用的三个坐标平面。1748年,瑞士数学家欧拉(Leonhard Euler, 1707—1783)在《分析学引论》中给出了现代形式下的解析几何的系统叙述。

(二)微积分的创立

微积分几乎是同时由牛顿和莱布尼茨开创的。但是微积分的出现也绝不是偶然的,从古代的穷竭法到后来的解析几何的出现都为它的产生做了数学上的充分准备,而且迅速发展的物理学更加快了它的诞生。微积分学这门分支学科在数学的发展史上是十分重要的,可以说它是继欧几里得几何之后,全部数学中的一个最伟大的创造。

---

① 哈里奥特的巨作《实用分析学》,在他去世后10年才出版。他常被认为是英国代数学派的奠基人。

② 《马克思恩格斯全集》第20卷,人民出版社1971年版,第602页。

1. 微积分思想的历史渊源。微分和积分思想在古代就已经产生了。公元前3世纪希腊的阿基米德在研究解决抛物弓形的面积、球和球冠面积、螺线下的面积和旋转双曲线体的体积问题时，就隐含着近代积分学思想。作为微积分学基础的极限论，早在古代就已有比较清楚的论述。比如我国的《庄子·天下篇》中，就记有“一尺之棰，日取其半，万世不竭”。三国时代的刘徽在他的割圆术中提到：“割之弥细，所失弥少，割之又割，以至于不可割，则与圆周合体而无所失矣。”这些都是十分朴素的，也是很典型的极限概念。

到了17世纪，有许许多多的科学问题需要解决，归纳起来，可分为四种类型的问题：一是研究运动时的瞬时速度问题；二是求曲线的切线问题；三是求函数的最大值与最小值问题；四是求曲线的长度、曲线围成的面积、曲面围成的体积、物体的重心、一个体积相当大的物体作用于另一物体上的引力等。当时许多著名的数学家、物理学家、天文学家都为解决上述问题做了大量的和卓有成效的研究，如费尔马、笛卡儿、巴罗、开普勒等都为微积分的创立做出了贡献。

17世纪下半叶，在前人工作的基础上，英国的牛顿和德国数学家莱布尼茨（Gottfried Wilhelm Leibniz，1646—1716）分别独立完成了微积分学的创立工作。他们最大的功绩是把看起来不相关的两个问题——切线问题（这是微分学的中心问题）和求积问题（这是积分学的中心问题）联系起来，各自独立建立了微积分学体系。

2. 牛顿对创立微积分学的贡献。牛顿发现微积分，首先得助于他的老师巴罗“微分三角形”思想给他的影响；世界一流的法国数学家费尔马作切线的方法和英国数学家沃利斯（John Wallis，1616—1703）的《无穷算术》也给他很大启发。牛顿的微积分思想（流数术）最早出现在他于1665年5月21日写的一页文件中。这一理论主要体现在下述三部论著中：

他在1711年正式出版的《运用无穷多项方程的分析学》中，给出了求瞬时速度的普遍方法，阐明了求变化率和求面积是两个互逆问题，从而揭示了微分与积分的联系，即沿用至今的所谓微积分的基本定理。当然，他的论证还不够严密，正如他自己所说，“与其说是精确的证明，不如说是简短的说明”。他还用这一方法求得了许多曲线下的面积。

牛顿于1671年完成的《流数术和无穷级数》（该书在他病逝后的1736年正式出版），又对他的微积分理论做了更广泛而深入的说明，并在概念、计算技巧和应用上都做了很大改进。

另一著作是研究可积曲线的经典文献——《求曲边形的面积》。该文写成于 1676 年，发表于 1704 年。这篇论文的目的主要在于澄清一些遭到非议的基本概念，把求极限的思想方法作为微积分的基础在这里已初露端倪。

牛顿的上述三部论著是微积分发展的重要里程碑，也为近代数学甚至近代科学的产生与发展开辟了新纪元。

3. *莱布尼茨对创立微积分的贡献*。莱布尼茨是德国数学家。他才华横溢，却厚积而薄发。他把一切领域的知识作为自己追求的目标。他的研究涉及数学、哲学、法学、力学、光学、流体静力学、海洋学、生物学、地质学、机械学、逻辑学、语言学、历史学、神学等 41 个领域。他被誉为“17 世纪的亚里士多德”，其最突出的成就是创建了微积分学。他的微积分思想最早出现在他 1675 年的数学笔记中。

莱布尼茨研究了巴罗的《几何讲义》后，意识到微分与积分是互逆关系，并证明了求曲线的切线依赖于纵坐标与横坐标的差值（当这些差值变成无穷小时）的比，而求面积则依赖于在横坐标的无穷小区间上的纵坐标之和或无限窄矩形面积之和，并且这种求和与求差的运算是互逆的。

莱布尼茨的第一篇微分学论文《一种求极大极小和切线的新方法，它也适用于分式和无理量，以及这种新方法的奇妙类型的计算》①于 1684 年发表。这是历史上最早公开发表的关于微分学的论文。文中介绍了微分的定义，函数的和、差、积、商以及乘幂的微分法则，关于一阶微分形式不变性，关于二阶微分的概念，以及微分学对于研究极值、作切线、求曲率及拐点的应用。他关于积分学的第一篇论文发表于 1686 年。论文介绍了几种特殊积分法，它们是：变量替换法、分部积分法、在积分号下对参变量的积分法、利用部分分式求有理式的积分方法等。

莱布尼茨在创建微积分过程中，花了很多时间来选择精巧的符号，使它们不仅可以起到速记的作用，更重要的是能够精确、深刻地表达某种概念、方法和逻辑关系。现在微积分学中的一些基本符号，如 dx、dy、dy/dx、d^n、$\int$、log 等，都是他创造的，这些符号的建立为此后数学的发展带来极大的方便。莱布尼茨在创立微积分时，比牛顿更注意逻辑性和严密性。

莱布尼茨和牛顿研究微积分学的侧重点不同，采用的方法不同。莱布尼茨研究微积分侧重从几何学角度来考虑，牛顿则着重从运动学角度来考虑，但是达到了同一目的。

---

① 这是当时发表的论文的全名，后来被简化成《一种求极大极小的奇妙类型的计算》。

微积分学的创立，极大地推动了数学的发展。它的创立是数学史上的一件大事，也是人类历史上的一件大事。微积分学的创立，将数学带入一个新的时期——变量数学时期。

六　第一次技术革命

第一次技术革命发生在18世纪30年代到18世纪末，它以纺织机的改革为起点、蒸汽机的发明与使用为标志，而纺织机的改革和蒸汽机的发明与使用，又导致了第一次工业革命，或称产业革命。

（一）第一次技术革命的起点——纺织机的改革

1. 由飞梭的发明到纺织机改革。15世纪末至16世纪，在英国约克夏西部已形成了农村毛纺织工业区，出于竞争的需要，人们十分重视棉纺业的技术革新。1733年，兰开夏郡的制梭工人凯伊（John Kay, 1704—1764）发明了飞梭，使织布速度提高了一倍。18世纪60年代末飞梭被广泛应用，从而使纺纱落后于织布，打破了纺和织的平衡，于是人们又想到如何提高纺纱速度以满足织布需要。

“纱荒”推动人们去改善纺纱技术。1733年，约翰·怀亚特（John Wyatt, 1700—1760）制造了第一台不用人工纺纱的机器，但因为它需要其他动力机，一般小厂难以备置而没能推广应用。1764年，英国织布工人哈格里夫斯（James Hargreaves, 1720—1778）无意中踢翻了女儿珍妮的纺车，但竖起来的锭子在轮子带动下依然飞快转动着。他联想到，若把几个锭子同时竖起来，由一个轮子带动，其效率不是可以提高几倍吗？于是他发明了有8个竖锭的纺车，效率一下子提高了8倍。以后锭子又增至18个。为了纪念女儿的纺车给他的启示，由他改进的纺纱机便命名为“珍妮纺车”。这种机器结构简单，制作方便，不需要动力机，在小厂中广为应用。1770年，他申请了专利。1788年，英国纱厂中已有两万台这样的机器。

但是，珍妮纺纱机纺出的纱不够结实。为了解决这一问题，英国理发师理查·阿克莱特（Richard Arkwright，1732—1792）于1768年把怀亚特的抽纱机与扭转器结合起来，发明了水力纺纱机，用滚筒抽出、水力带动的办法，弥补了纱线不结实的缺陷。1769年，他们申请了专利。但是这种机器纺出的线虽然结实了，却没有珍妮机纺出的线均匀。

1779年，青年工人克隆普顿（Samuel Crompton, 1753—1827）把哈格里

夫斯机与阿克莱特机的长处进行综合,发明了新的纺纱机,纺出的线既结实又均匀。它装有400个纱锭(后增到900个),以水力为动力。由于这种机器是两种机器"杂交"的产物,故给它定名为"骡机"。它的诞生使纺纱效率大大提高,推动了英国纺织技术革命。"骡机"是现代工业中一个重大发明。

2. 纺纱机的改革促进织布机向机械化过渡。纺纱领域广泛应用机器的结果是解决了"纱荒",但是纺纱数量的增加又使织布与纺纱产生了新的不平衡:织布落后于纺纱。

早在1678年法国的德·热恩(生卒年不详)、1745年法国的沃堪逊(Jacques de Vaucanson, 1709—1782)就分别设计过以水力为动力的机械织布机,但是由于本身不够完善,加之所用动力不方便而没被广泛采用。

1785年,英国的卡特赖特(Edmund Cartwright, 1743—1823)发明了用蒸汽机带动的织布机,后经多年改进,于1792年制成了易于操作、能满足当时需要的织布机。

1804年,法国的杰夸德(Joseph Marie Jacquard, 1752—1834)发明了能织各种花彩的织机。

1803—1813年,英国的霍尔勒克斯(俄裔,生卒年不详)又把木制机改为铁制机,减少了磨损,获得了一系列专利。

从18世纪80年代起,织布机迅速推广使用,到19世纪20年代,英国和苏格兰已有14150台蒸汽织机,1829年增至55500台,1834年达到了10万台。

总之,纺织机的改革,使得在纺织业内部,机器基本上取代了手工操作,第一次技术革命首先在纺织行业展开。它意味着工厂时代的到来,使人类进入生产中真正的狂飙时期。

(二)第一次技术革命的标志——蒸汽机的发明与使用

第一次技术革命发展的第二阶段就是蒸汽技术在社会生产部门成为占主导地位的技术。蒸汽动力机的产生和制造也有个发展过程。

1. 发明蒸汽机的前奏——巴本、塞维利、纽可门的奠基工作。17世纪末,由于人们对大气压力有了初步认识,在此基础上,为了满足社会需要,一些科技人员便着手研制蒸汽机。1690年,法国物理学家德·巴本(Denis Papin, 1647—约1712)提出了让蒸汽机冷凝、利用大气压力做功的思想,并制作了实验器具。他认为:既然加热便可以使少量的水变成和空气一样的有弹性的水蒸气,并且水蒸气冷却后又可变为水,据此,我断言:用不多的费用便可制造出不用火药便能形成真空的机器。巴本还根据这一思想设计制造出实验蒸汽与大气压力循环做功的装置。这一装置因为没什么实用价值而没被采用，但是它向人们提供了一个启示：蒸汽能使圆筒中的活塞上下运动(巴本的实验装置如此)。这一原理后来被塞维利、纽可门所运用。

第一台实际用于抽水的蒸汽机是英国工程师托马斯·塞维利(Thomas Savery，约1650—1715)发明的"矿山之友"，被用于抽取矿井存水。1696年，他公开了这种蒸汽机，并于1698年取得了专利权。这种蒸汽机的基本结构是：有一个能充入蒸汽的容器，蒸汽充满后，关闭蒸汽入口，然后从容器的外部浇灌冷水使蒸汽冷凝，容器便形成真空，这时大气压力便将矿井积水压入容器，然后再向容器通入高压蒸汽，将容器中的水排除。塞维利的蒸汽机与巴本的装置的区别在于它将锅炉和抽水的容器分离开来，但做功用的蒸汽和冷凝蒸汽仍都在同一容器中产生，与巴本装置没有什么两样。另外，它加热与冷凝蒸汽要耗费大量热量(这台机器相当于1马力，1小时耗煤80千克)，经济效益很低，而且抽水高度不能超过30米。因而，这种机器开始时应用范围不广。

英国人托马斯·纽可门(Thomas Newcomen，1663—1729)于1705—1706年间发明了技术上比塞维利蒸汽机先进、实用价值更大的大气蒸汽机。这种蒸汽机的结构和作用原理是：在汽缸内有作直线往复运动的活塞，活塞杆的一端与一根不平衡的摇杆相连接，摇杆的另一端与抽水的唧筒相连，当锅炉产生的蒸汽进入汽缸，汽缸充满蒸汽后便关闭设在底部的阀门，然后在汽缸外部浇喷冷水，使汽缸内的蒸汽冷凝形成真空，此时外界的大气压力便将活塞压向汽缸的底端。回程则靠摇杆的不平衡重力的作用将活塞拉向上行，完成直线往复运动。

这种蒸汽机于1712年投入使用，它较"矿山之友"的功率有所提高，所以在发明后的四年内便被匈牙利、法国、比利时、德国、奥地利、英国广为应用。但是由于汽缸和冷凝器合而为一，汽缸总处于冷热交替状态，使大量的热不能做功，白白浪费；另外，当时制作汽缸的设备和工艺不够精良，活塞与汽缸之间的间隙很大，致使纽可门蒸汽机的效率仍很低，产生一马力需耗煤25千克。这就促使人们进一步思考如何加以改进。

2. 瓦特的双向通用蒸汽机。纽可门蒸汽机的运动是直线往复运动，只能用于抽水，热效率不高，功率不大。要想使蒸汽机成为通用的动力机，在技术上必须解决两个问题：一是提高它的热效率；二是将直线往复运动变为连续的圆周运动。解决这两大问题的是英国仪表制造工詹姆士·瓦特(James Watt，1736—1819)。

1763—1764 年,物理学教授安德逊(生卒年不详)请瓦特修理一台展览用的纽可门蒸汽机,在修理过程中瓦特发现热效率不高的原因在于汽缸不断处于冷热交替状态,使相当一部分热没有做功。他经过几个月的思考,于 1765 年 5 月找到了解决办法:使汽缸与冷凝器分离。他设计了在分离的冷凝器内产生冷凝作用的发动机,即当蒸汽机向上推动活塞时,阀门在确定的瞬间开启,从而使冷凝器与汽缸连通。

瓦特又用如下办法解决了直线往复运动如何变为连续旋转的圆周运动的问题:1769 年,他曾设想用两个单向的蒸汽机和两个曲柄交替地作用于一个轮子上,后来对这一想法做了改进,即让蒸汽轮流地从汽缸的顶部和底部进入,从而使一个双向的蒸汽机代替两个单向的蒸汽机。这样,剩下的问题就是如何将活塞杆的直线往复运动变为旋转的圆周运动,及如何在活塞杆做直线往复运动的前提下,连接活塞杆与曲柄杆头两个问题了。

关于前一问题,瓦特用自己发明的类似太阳与行星运行关系的“齿轮”解决了,这个装置可使直线往复运动变为连续旋转的圆周运动;关于后一个问题,他采用了“平行运动”装置,并取得了隔开活门的专利。1787 年,他又研制了自动控制速度装置,用以自动调节蒸汽量,控制蒸汽机运转的速度,也取得了专利。

通过一系列改进,1783 年制成了第一台双向蒸汽机,1784 年投入使用,热效率大大提高,耗煤量仅为纽可门机的三分之一。这种蒸汽机被普遍应用于各行各业,在第一次技术革命中产生了巨大影响,在将近一个世纪中掀起并主导了整个世界的产业革命,改变了欧洲资本主义的经济基础,实现了从手工业到机器工业的转变,创造了巨大的生产力,并造就了大工业资本家和产业雇佣工人这两大阶级。蒸汽机的发明和使用的时代被称为“蒸汽时代”。

第六章
近代后期的科学成就和第二次技术革命

第一次技术革命创造了巨大的生产力,使资本主义从工场手工业阶段进入机器生产的狂飙时期,显示了科学技术的威力。资产阶级认识到发展科学技术与资本主义命运息息相关,采取了许多保护、鼓励科技发展的措施;同时,也为科学的发展提供了物质手段。近代后期的自然科学就是在这种背景下取得了突飞猛进的发展,一些基础学科相继建立起理论体系,而科学理论的形成又引发了第二次技术革命,将人类历史由蒸汽时代推进到电气时代。如果说 18 世纪之前是技术走在科学之前的话,那么从 18 世纪下半叶起直至 19 世纪则是科学跃居技术之前,处于领先地位,使技术革命以科学发展为先导。近代后期科学技术的主要成就有如下几个方面。

一 天 文 学

近代后期在天文观测和天体理论方面都取得了一系列重大的新成果。

(一)天文观测新发现

天文观测新发现得益于望远镜的改进、天体照相术的发明和光谱学技术。

1729 年,英国业余天文学家霍尔(C. M. Hall,生卒年不详)制成了第一块消色差物镜,它是由不同种类的玻璃拼成的,其主要作用在于一块透镜产生的色差可以被另一块透镜所抵消,称为复合物镜。1817 年,德国的弗劳恩霍夫(Joseph von Fraunhofer, 1787—1826)制造出第一块直径为 9.5 英寸、焦距为 14 英尺的大孔径优质物镜,后来俄国多尔帕特天文台台长斯特鲁维(Friedrich Georg Wihelm von Struve, 1793—1864)借助于装上这种物镜的折射望远镜发现了2200多颗新双星。

与此同时,反射望远镜也有很大改进。1781年,英国天文学家赫歇尔利用自制的大型反射望远镜发现了天王星。1787年,他研制出第一架焦距为20英尺的巨型反射望远镜,两年后(1789)又研制出反射直径为48英寸、焦距为40英尺的巨型望远镜,并用它发现了一些行星的卫星。1846年,德国天文台台长加勒(J. G. Galle, 1812—1910)按照勒维烈(Urbain Jean Joseph Le Verrier, 1811—1877)计算的结果发现了海王星。

天体照相术的发明首先应归功于巴黎天文台台长阿拉戈(D. F. J. Arago, 1786—1853)。1839年,阿拉戈发明了银板照相法,随后照相术便被广泛应用于天文学研究之中。利用照相术不仅可以获得永久性的天文照片,而且可以拍摄到人眼及巨型望远镜都观察不到的暗弱天体。1840年,美国的德雷伯(J. W. Draper, 1837—1882)利用大型望远镜和照相术拍摄了第一张月球表面的照片;1845年,德国的费索(Fizeau,生卒年不详)拍摄了第一张太阳照片;1877年,米兰的斯基伯雷利(G. Schiaparelli,生卒年不详)公布了当时最精确的火星表面图片。

(二)赫歇尔的恒星天文学

英国天文学家赫歇尔(Frederick William Herschel, 1738—1822)因1781年发现天王星而一举成名,此后他结束了音乐家生涯,成为职业天文学家。赫歇尔利用统计方法研究了恒星的空间分布和运动。他发现银河系中心及附近的恒星数目明显多于其他区域,从而提出了第一个银河系结构模型:银河由大量恒星构成,其形状如扁平的圆盘,直径约7000光年,厚度为1300光年。后来证实,这个理论基本上是正确的(除了太阳在银河系中心是错误的以外)。

此外,他在巡天观测中还发现了1500多块星云,这些星云有的由恒星组成,有的由炽热气体组成,那些恒星星云是远在银河系边界之外的独立星云,由此将天文学研究范围扩展到河外星系。一百年后,这一见解得到证实。

1783年,赫歇尔发现了恒星的自行,并估测了太阳的运动,打破了太阳及恒星静止不动的陈旧观念。由于赫歇尔在恒星研究方面的成就,他被誉为"恒星天文学之父"。

(三)天体物理的兴起——对恒星化学物质元素组成的初探

19世纪中叶之前,人们对恒星的化学物质元素组成还一无所知。19世纪中叶,随着人们对恒星光谱的研究,人类对恒星的化学物质元素组成才有所了解。

对恒星化学组成的研究，始于英国的沃拉斯顿（W. H. Wollaston，1766—1828）的一个发现。1802 年，他发现太阳光谱中有七条暗线，当时他认为这是各种颜色的界限，而没加注意。1814 年，德国物理学家弗劳恩霍夫又一次发现了这些暗线，并发现它们是固定不变的，但因他早逝而未能对这一特异现象做出解释。

1859 年，德国物理学家基尔霍夫（G. R. Kirchhoff，1824—1887）根据他提出的基尔霍夫三定律对这些暗线做出了说明。基尔霍夫的三定律是：第一，白炽固体或高压白炽气体产生连续光谱，其范围从红光到紫光；第二，低压发光气体和蒸汽光谱是一些分离的明线，而且每种元素都具有独特的一组发射光谱线；第三，能够形成某一特定光谱的物体对这条谱线有强烈的吸收能力。这三条定律为天体物理奠定了理论基础。基尔霍夫根据这三条定律，把太阳光谱中的暗线解释为：它是由太阳大气对太阳发出的连续光谱相应波长光的吸收所造成的。在实验室内，可以在太阳光谱和火焰的连续光谱中人为地加强这种暗线。基尔霍夫把太阳光谱和实验室光谱进行比较后确认，在天体的化学元素组成中有许多地球上常见的化学元素。比如，太阳光谱的黄色波段处有一暗的双重谱线，它与地球上钠蒸汽发射的光谱中的双亮黄线位置相同，故可以证明太阳上必定存在钠。他用这种方法不断认证在太阳上存在其他与地球上相同的元素。1868 年，英国的洛克耶（J. N. Lockyer，1836—1920）在太阳光谱中发现一条黄线，它和地球上各种已知元素光谱均不符合，据此断定太阳中还有一种未知的元素存在，并把它定名为氦。1895 年，人们也在地球上发现了氦，其谱线与在太阳光谱中发现的黄线相同。这些成果激发了人们对天体物理的兴趣，到 19 世纪末，天体物理已成为天文学的一个重要分支。它的兴起扩大了天文学的研究范围，天文学开始把观察与理论分析统一起来。

（四）天体起源和演化假说

从 18 世纪下半叶开始，天文学已从对天体的现状研究扩展到对天体起源和演化的历史研究。在这方面首先取得重大成果的是康德、拉普拉斯以及洛克耶、赫茨普龙等。

1. 康德—拉普拉斯星云假说（太阳系起源假说）。关于天体的起源和演化，早在古代就有种种朴素的猜测和天才的直觉。如笛卡儿的太阳系起源于旋涡运动假说、布丰（Georges-Louis Leclerc de Buffon，1707—1788）的行星起源于彗星与太阳相撞假说等，但它们都是思辨的产物，缺乏科学论证，随着时间的推移也就销声匿迹了。

第一个提出具有科学价值的天体起源假说的是康德。康德(Immanuel Kant, 1724—1804)是德国哲学家兼自然科学家,德国古典哲学创始人,1745年毕业于科尼斯堡大学,当过家庭教师、讲师、教授和校长。他独身一生,前半生主要从事自然科学研究,后半生才搞哲学。康德博学多才,他教过的课程有数学、物理、力学、自然地理、矿物学、人类学、自然通史、逻辑学、哲学。

康德一生著作很多,其中最富有革命性、批判性、呈现明显唯物论和辩证法思想的是他于1755年发表的《宇宙发展史概论》。这部著作的初衷是奉献给当时的君主,企图通过君主的庇护发展科学事业,为他的祖国争光。在这部著作中,他提出了系统的关于太阳系起源的星云假说,其基本思想是:在太阳系形成之前,宇宙中存在着弥漫的原始星云,其中含有大气和固体微粒,这些原始物质具有引力和斥力。引力的作用导致小物质微粒向大物质微粒聚集;斥力的作用导致物质微粒的横向偏离和旋涡运动;引力和斥力的综合作用使原始星云逐渐形成盘状结构,中心部分凝聚成太阳,外围部分渐次分离,结合为绕太阳运行的行星,于是便形成了太阳系。

康德的星云假说第一次把太阳系视为一个不断演化和发展的过程,在僵化的自然观上打开了第一个缺口,沉重地打击了神创论和宇宙不变论。由于这些思想观点与唯心主义和形而上学相悖,所以尽管他匿名发表,仍被弃置一边,连出版商也因此而破产,直到41年后才重获新生。

1796年,法国天文学家、数学家拉普拉斯(Pierre-Simon Laplace, 1749—1827)出版了他的《宇宙论》,独立提出了与康德星云假说相似的假说。他的观点与康德相同,只是比康德的假说更细致,并定量化。他用牛顿力学详细论证了太阳系的演化过程。由于他在学术上的声誉,所以该书一出版立即引起了人们的重视,并令人想起41年前康德匿名发表的《宇宙发展史概论》。鉴于二人的思想观点相同,人们便把这种假说称为康德—拉普拉斯星云假说。此后,天体起源和演化问题便成为天文学研究的一个重要课题,产生了众多假说。假说虽然繁多,但康德—拉普拉斯星云假说的学术地位至今仍没动摇,即没有足够的证据把它推翻。

2. *洛克耶的恒星演化理论*。19世纪中叶,恒星光谱学的发展为天体演化学的研究提供了新手段,人们通过对光谱分析和恒星光度的测量,发现不同颜色的恒星有不同的光谱,并把恒星分为蓝白色、黄色、橙红色和深红色四类,认为这四类不同颜色的恒星与温度有密切关系。

1887年,英国的洛克耶根据恒星光谱的不同,提出了第一个恒星演化理论,认为恒星是不断变化的,不是一成不变的,把天体演化学由仅限于对太阳系的起源和演化的研究推进到对一般恒星的研究。洛克耶的理论成为现代恒星起源和演化学说的理论渊源。今天人们公认的恒星起源和演化分为四个阶段：引力收缩阶段——恒星的幼年期；主序星阶段——恒星的中年期；红巨星阶段——恒星的老年期；白矮星和中子星阶段——恒星的临终期。这种认识结果与洛克耶的恒星演化理论一脉相承。

二 地 质 学

工业革命以来，人们在地质勘探、采矿、运河开凿等生产活动中发现了许多生物化石，这些生物化石表明生物是从低级到高级、从简单到复杂发展的；同时人们也看到，在漫长的地质年代，地壳发生了多次变化。地壳变化及岩石的成因引起了人们的兴趣，形成了不同学派。学派间发生了激烈的争执，主要有水成论和火成论之争、灾变论和渐变论之争。

（一）水成论和火成论之争

1. 水成论。最早提出水成论见解的是英国医生伍德沃德（John Woodward, 1665—1728）。1695年，他在《地球自然史初探》中指出，地层的不同是洪水造成的。他认为：洪水消灭了地球上的大部分生物，它们的遗体被卷进了沉积过程，逐渐变成了化石。其中，金属、矿物、骨头化石等重物质沉积在最底下的地层中；在它之上的是白垩纪中较轻的海生动物化石；在最高地层的沙土或泥土中是人和高级动植物化石；而化石是《圣经》记载的摩西洪水的最可靠的历史见证。这种观点在18世纪广为流行。

后来，德国人魏纳（A. G. Wegener, 1750—1817）把水成论推到了登峰造极的地步。他认为，原始地球浸没在原始海洋之中，所有的岩层都是在海水中经过结晶化、化学沉淀和机械沉淀堆积而成的。由于魏纳是当时著名的矿物学权威，加之教会的支持，于是水成论一度统治了地质学领域。

2. 火成论。与水成论对立的是火成论。1740年，意大利威尼斯修道院院长莫罗（Anton Moro, 1687—1764）首先提出了火成论。他认为，摩西洪水在地质学上并不是重要事件，岩层是由一系列火山爆发产生的熔岩流造成的，每一次火山爆发都把那里的动植物埋葬在新形成的地层中，所以才有后来发现的化石。大多考察过火山的地质学家都倾向于火成论。

1763年，法国地质学家德马列斯特（N. Desmarest, 1725—1815）做了实地考察，他顺着玄武岩追索到火山口，证明玄武岩是岩浆岩，而不是水成岩。

1795年,英国地质学家詹姆斯·赫顿(James Hutton, 1726—1797)在他的《地球论》中发展了火成论。他认为,地质学上的诸现象是由各种力的作用而引起的,他尤其强调地球内热作用和地壳运动。这些思想具有革命性,为地质学发展奠定了基础,他本人也成为火成论的首领。

由于受到来自水成论和宗教两方面的反对,火成论处于受压地位,但是火成论并没有因此消沉,与水成论的斗争持续了半个世纪。一次,两派在英国爱丁堡附近山丘下讨论那里的地层结构时展开了一场大辩论,双方由互相指责、对骂,发展到拳打脚踢,演出了地质学史上一场著名的武斗闹剧。

水成论和火成论各强调一个方面,都不符合辩证法。事实上,地球上既有水成岩,又有火成岩(还有变质岩)。比较而言,火成论比水成论更加进步。

(二)灾变论和渐变论之争

地质学史上第二次大争论是以居维叶为代表的灾变论和以赖尔为代表的渐变论之争。

1. 灾变论。灾变论思想古已有之。亚里士多德认为,地球上曾发生过几次大的洪水,每两次大洪水之间,还有一次大火灾。瑞士博物学家波涅特(Charles Bonnet, 1720—1793)认为,世界上不断发生周期性大灾难,最后一次是摩西洪水。在大灾难中所有生物都被消灭,但胚种被保留下来。灾变过后,生物重新复活,并在生物阶梯上前进一步。他还预言:下一次灾变后,石头将有生命,植物将会走动,动物将有理性,在猴子和大象之间我们将会发现牛顿和莱布尼茨,人将变成天使。上述看法都是没有根据的臆说。

灾变论的代表人物和集大成者是法国地质学家、古生物学家和比较解剖学家居维叶(G. Cuvier, 1769—1832)。他是古生物学的创始人,造诣很深,提出过著名的"器官相关律"。他可以根据"器官相关律",凭借古动物的部分遗骸,确定该动物的整体结构,进行复原。他的学生为了验证他的学识和造诣,一天夜里装扮成一个头上长角、四肢有蹄、张着大口的怪兽爬到他的房间。居维叶瞧了一下,笑着说:原来你是一头有角、有蹄的哺乳动物,根据器官相关律,你是只会吃草的动物,我又何必怕你呢?说完,他便睡觉去了。他在研究巴黎盆地的不同地层结构时发现,地层越深,动物化石构造越简单,与现代生物差别越大。在解释这些现象时,他提出了系统的灾变论思想。他认为,地球表面经常发生突然的、大规模的变化,如海洋泛滥淹没大陆、海底突然升出海面、严重干旱等,这些灾变往往使大批生物毁灭。当这个地方的生物灭绝以后,其他地方的生物又迁移到这里,以后这个地方再次发生灾变，新迁移来的生物又被埋葬，如此循环往复，就形成了不同地层中不同类型的生物化石，而最近一次灾变就是《圣经》上说的摩西洪水。

居维叶的观点是有一定根据的，只是根据不够充分。但不能因此就说灾变论是完全错误的，至今还没有足够的事实能完全驳倒灾变论。据当今地质资料证明，地球上的生物集群性的灭绝不能不说与灾变有关。科学家们认为，统治地球一时的恐龙所以灭绝是由于6500万年前，在距地球1/10光年处一颗超新星爆发放出的铱造成的。据对意大利古比欧地区的岩石进行分析，金属铱的密度在恐龙消失的时间内骤然增加25倍，恐龙因适应不了这种环境而灭绝。也有人认为，恐龙灭绝是彗星撞击地球造成的。所以，对灾变论不能简单地否定。

关于"灾变论是反动的"这一说法，也要具体分析。居维叶本人是个迁徙论者，不是神创论者，他并没有从灾变论中引出上帝造物种的结论。是他的弟子们把灾变论推向了极端，认为地球灾变时是一下子席卷全球的，每次灾变过后地球上的生物全部灭绝，后来的生物是上帝重新创造出来的。他的一个学生甚至推算出地球上共发生过27次大灾变，上帝也就依次造了27次生物，但由于上帝记忆力不好，每次创造生物时都会忘记前几次造出的生物的模样，所以每次造出的生物都不一样，于是才有了今天不同种类的生物。总之，对居维叶本人应当进行历史的、公正的评价，不能由于其弟子们的过错把他的贡献一笔抹杀。

2. 渐变论。和灾变论相对立的是渐变论。渐变论的创始人是英国的业余科学家赫顿，他既是火成论者，又是渐变论者。作为一个农场主，为了发展农业，他到荷兰、比利时和法国进行过考察，结果形成了地质渐变论思想。他认为：河谷是河流冲刷而成的；河流冲下的泥沙经过沉积变成平原；平原硬化变成岩石；而地层的变化都是现在仍在起作用的自然力造成的。

渐变论的代表人物是英国著名地质学家赖尔（Charles Lyell，1797—1875）。赖尔曾在牛津大学学习法律，但对地质学和生物学很感兴趣。他继承和发展了赫顿的渐变论思想。赖尔一生中进行过多次旅行，考察过欧洲北部的斯堪的那维亚半岛、南部的西西里岛，对英格兰、巴黎盆地的沉积层、法国奥弗涅地区的火山岩分布等都有深入了解，对整个欧洲的地质状况都很熟悉。1827年，他在整理考察资料的基础上决心写一本《地质学原理——参照现在起作用的各种原因来解释地球表面过去发生的变化的尝试》。该书于1830—1833年间出了1—3卷，截止到他去世，共出了12版。该书是地质学领域的奠基著作，旨在阐明地球古老的历史。

《地质学原理》阐明了他的地质渐变论思想,其基本观点是:第一,地球是缓慢进化来的,地球的年龄不像《圣经》记载的那样,只有几千年,而是以数千万年计算的,地球有自己实在的历史;第二,地球表面的变化是风、雨、河流、火山爆发、地震等自然力缓慢地综合作用的结果;第三,地壳的上升、下降运动的根本原因在于地球内部物理、化学、电力、磁力作用的结果;第四,较古老岩石与较新岩石的结构差别是历史造成的;第五,明确提出"现在是认识过去的钥匙",创造了将今论古的历史比较法。

赖尔的地质渐变论具有重大意义。第一,它能说明水成论、火成论和灾变论无法说明的一些地质现象,把地质学推进到一个新高度;第二,它对古生物学、生物地质学、岩石学、矿床学及生物学等学科的发展产生了积极影响;第三,由于他坚持地壳的变化是自然力缓慢作用的结果,从而沉重打击了灾变论和神创论,把辩证法带进了地质学,打开了形而上学自然观的又一缺口,为辩证唯物主义自然观的创立提供了重要的科学依据。

赖尔的地质渐变思想并非尽善尽美,它有两个主要缺陷。第一,他只强调连续的渐变,忽视了间断的激变。他把地质学定义为研究自然界中有机物和无机物所发生的连续变化的科学,带有片面性。第二,他一面承认地球、地壳是进化的,一面又坚持物种不变的观点,前后相互矛盾。这个矛盾直至他的《地质学原理》出到第10版时才纠正过来,时年他已69岁。

三 物 理 学

19世纪,在物理学方面有两个统一的理论相继问世,一是能量守恒与转化定律,二是电磁理论。

(一)能量守恒与转化定律

能量守恒与转化定律被恩格斯誉为19世纪中叶自然科学的三大发现之一(另外两个发现是细胞学说和达尔文进化论)。它的发现是国际科学家共同努力的结果,他们从不同角度出发,最后殊途同归。

1. 发现能量守恒与转化定律的发端。早在1644年,法国数学家、天文学家、哲学家笛卡儿在《哲学原理》一书中,就提出了运动不灭原理。他就机械运动中碰撞的动量不变这一事实,提出了宇宙运动的总量是守恒的,但既没有自然科学的证明,也没有涉及物质运动形式的转化。

第一次技术革命后,随着蒸汽机的广泛使用,迫切要求提高热机的效率，从而促进了人们对热的本质、热与机械运动的联系及转化规律的研究，这项研究成为发现能量守恒与转化定律的发端。第一个对热的本质进行研究并对热机效率进行精密的物理、数学分析的是法国青年工程师卡诺（Sadi Carnot，1796—1832）。卡诺自1821年起就集中研究蒸汽机。他发现，瓦特蒸汽机的效率虽然比纽可门蒸汽机的效率高4倍，但热效率最多只有3%—4%。基于这一点，卡诺从理论上进行了研究。1824年，卡诺发表了《关于火的动力的考察》一书，提出了"卡诺循环"理论，明确了热效率的界限，奠定了热力学的理论基础，并认为热是一种物理运动形式，热和机械能（功）之间可以相互转化。遗憾的是，卡诺36岁时死于霍乱，他的遗物和书稿统统被烧掉。1878年，人们发现了他的一本残留23页的笔记，其中记载了这样的见解：热不过是动力，或者更确切地说，不过是改变了形式的运动。在自然界中，动力在量上是不变的；准确地说，它是不生不灭的。这一见解虽然没能及时发表，但它却是历史上关于能量守恒原理的最早表述之一。

2. 能量守恒与转化定律的发现。第一个以论文形式阐述能量守恒和转化思想的是德国青年医生迈尔（J. R. Mayer，1814—1878），他是根据两个观察事实和哲学思维方法推出能量守恒和转化思想的。第一，1840年，他作为医生随考察船从荷兰出发到南太平洋的爪哇岛进行考察。船到爪哇后，不少船员得了肺炎，他用放血方法为之治疗。在治疗过程中，他偶然发现患者的静脉血比在欧洲时鲜红、明亮。他对这一现象进行了思考，并用拉瓦锡的氧化燃烧理论进行解释。他认为这是由于热带气温高，人体维持正常体温所耗的氧较少，血液中存有许多尚未使用的氧，所以使血液变得鲜红。他由此得出结论：人体是一个热机关，体力和体温都来源于食物中所含的化学能，即燃料物质与氧化合产生热，热的一部分变为体温，其他部分转化为筋肉的机械功能。简言之，化学能可以转化为热能。第二，他听说暴风雨来临时，海水温度会升高，这使他认识到机械能可以转化成热能。回国之后，1842年，他发表了《论无机界的力》。在这篇论文中，他首先论述了能量守恒原理，第一次提出了热功当量概念。他通过实验证明，水的振动可以使温度升高，并算出热功当量值为1卡=365克·米。他还用能量守恒来解释潮汐涨落、流星发光等现象。他把论文投到德国物理学杂志，但该杂志以思辨性太强为理由拒绝刊登。后来，这篇论文在李比希（Justus von Liebig，1803—1873）主编的化学杂志上发表了。1845年，他又发表了《生物界的运动和物质新陈代谢的联系》，这篇文章论证了机械能、热能、化学能、电磁能、光能和辐射能的转化，并认为能量守恒是支配宇宙的普遍规律。但是，由于这只是从生物体的能量变化方面对“无不生有,有不变无”的哲学思想的展开,因而没能引起学术界的重视。

迈尔因能量守恒与转化定律发现的优先权遭到一些权威的嘲讽和打击,学术上没有地位,加之家庭不和,两个儿子不幸夭折,精神极端苦闷,1850 年跳楼自杀未遂,被送往精神病院。1862 年,英国物理学家丁泽尔(John Tyndall, 1820—1893)主持公道,为他争得了优先权,他的心境方有好转。

与迈尔的发现几乎同时,英国物理学家焦耳(J. Joule, 1818—1889)也取得了重大突破。焦耳是科学史上著名的实验物理学家。他在 1838—1878 年间,用了 40 年的时间进行实验,取得了如下成果:第一,1840 年,他通过研究电流的热效应,发现电流通过导线发出的热与电流强度的平方、导线的电阻、通电的时间成正比,即 $Q = 0.24I^2Rt$(Q—热量,I—电流强度,R—电阻,t—通电时间)。这一定律被称为焦耳定律。这一定律揭示了电与热之间的联系和转化。第二,1843 年,他在英国科学促进会上宣读了一篇名为《论磁电的热效应和热的机械值》的论文,其中对能量相互转化做出了重要解释。他提出,自然界的力量是不能毁灭的,哪里消灭了机械能,总能得到相应的热。这一观点引起了人们的重视。第三,1845—1850 年,他又用 5 年时间做了科学史上有名的搅拌实验,精确地测定了机械能转化为热的当量为 4.157 焦耳/卡,很接近于现在的 4.1840 焦耳/卡。第四,1849 年 6 月,他写了一篇总结性论文——《论热的机械当量》,送交英国皇家学会,公布了他测定的热功当量的精确值。至此,能量守恒与转化观点被广为接受。

1842 年,英国律师格罗夫(W. R. Grove, 1811—1896)在搜集整理当时物理学的各种成果的基础上,也得出了能量守恒与转化的结论。他在伦敦的一次演讲中指出,一切所谓物理力(能量),包括机械力、热、光、电、磁,甚至化学力,在一定条件下都可以相互转化,而不发生任何力的损耗。这个演讲稿于 1846 年以《物理力之间的相互关系》为题在伦敦出版,是从一般意义上论述能量守恒与转化原理的最早的著作之一。

1843 年,丹麦工程师柯尔丁(Ludwig A. Colding, 1815—1888)通过实验,得到了与迈尔、焦耳相同的结论。他把其结论写成实验报告寄往哥本哈根科学院,阐述了能量守恒与转化的思想,也参与了该发现的优先权之争。

1842 年,德国物理学家兼生理学家赫尔姆霍兹(Hermann von Helmholtz, 1821—1894)在研究腐败和发酵现象以及 1846 年研究筋肉活动中的新陈代谢时都发现了能量守恒与转化定律。1847 年,他又用永动机不可能存在来说明能量守恒定律。同年,他把自己的研究成果写成《论力的守恒》一文。

他指出，自然力不管怎样组合，也不可能得到无限的能量。一种自然力如果由另一种自然力产生，其力的当量不变。他还从 $V=\sqrt{2gh}$ 中推出 $mgh=\frac{1}{2}mv^2$ 这一机械能守恒公式，建议用$\frac{1}{2}mv^2$ 作为运动的量代替 mv。这是一个了不起的发现。但是，《论力的守恒》也像迈尔的论文一样被拒绝发表，赫尔姆霍兹对来自专家们的阻力感到惊讶。

1853 年，英国爵士开尔文（Lord Kelvin，1824—1907，原名威廉·汤姆逊）把能量守恒与转化的思想表述为：当一个系统的工作物质从某一给定的状态无论以何种方式过渡到另一给定状态时，该系统对外做功与传递热量的总和是守恒的，这一总和就用该系统的内能变化来衡量。用公式表示，可写成 $\Delta U=A+Q$（ΔU—系统内能的变化，A—系统对外所做的功，Q—这个过程中系统传递外界的热量）。这个公式体现了热功转化过程中的能量守恒与转化原理，是热力学第一定律的表达式。假如把热力学第一定律作广义的解释，即把 ΔU 理解为系统所包含的一切形式的能量（如热、电磁、化学等能量），A 不仅包括机械功，而且包括广义的功，那么热力学第一定律就可以被理解为普遍的能量守恒与转化定律。于是，能量守恒与转化定律就可以表述成：自然界中一切物质都具有能量，能量有各种不同的形式，它能从一种形式转化为另一种形式，由一个系统传递给另一个系统，而在转化和传递过程中总能量守恒。

第一次使用能量“转化”这个概念的是恩格斯。1885 年，他在《反杜林论》序言中指出，“如果说新发现的、伟大的运动基本规律十年前还仅仅被概括为能量守恒定律，仅仅被概括为运动不生不灭这种表述，就是说，仅仅从量的方面加以概括，那么，这种狭隘的、消极的表述日益被那种关于能的转化的积极的表述所代替，在这里过程的质的内容第一次获得了它应有的地位，对世界之外的造物主的最后记忆也消除了”①。他又指出，能的转化，向我们表明了一切首先在无机自然界中起作用的所谓力，即机械力及其补充，所谓能、热、放射（光或辐射热）、电、磁、化学能，都是普遍运动的各种表现形式。这些运动形式按照一定的度量关系由一种转变为另一种，因此，当一种形式的量消失时，就有另一种形式的一定的量代之出现。因此，自然界中的一切运动都可以归结为一种形式向另一种形式不断转化的过程。

总之，能量守恒与转化定律是国际性的发现，它具有重大的科学和哲学

① 《马克思恩格斯选集》第 3 卷，人民出版社 1995 年版，第 351—352 页。

意义。第一,能量守恒与转化定律的发现是牛顿力学体系建立以来物理学上的最大成就,它生动地证明了自然界各种物质运动形式不仅具有多样性,而且具有统一性;物质运动既不能无中生有,也不能消灭,只能在一定条件下相互转化,这就打破了过去人们把热、光、电、磁、化学等运动形式都看作是彼此孤立的形而上学的观念。第二,从哲学角度看,能量守恒与转化定律为事物的普遍联系的观点提供了强有力的科学依据。

(二)热力学第二定律和分子物理学

1. 热力学第二定律。对热机效率的研究使人们认识到机械运动与热运动的关系,从而把力学与热力学结合起来,发现了热力学第一、第二定律。热力学第一定律是能量守恒与转化定律在热力学上的表现,它表明:热是物质运动的一种形式;外界传递给一个物质系统的热量等于该系统所做的功和系统内能增量的总和,也就是说,想制造一种不消耗任何能量的永动机是不可能的。

1850 年,德国物理学家克劳修斯(R. J. E. Clausius, 1822—1888)在热力学第一定律的基础上重新研究了卡诺的工作,认为他揭示的一个热机必须工作于两个热源之间的结论具有原则性的意义,然后用不同的表达式总结出了热力学第二定律:热不可能独自地、不付任何代价地,或者说没有补偿地从冷物体传向较热的物体;在一个孤立的系统内,热总是从高温物体传到低温物体中去,而不是相反。1851 年,英国物理学家开尔文也独立地发现了热力学第二定律,他的表述方式是:功可以全部转化为热,但任何循环工作的热机都不可能从单一热源吸取热量使之全部变为有用功而不产生其他影响。他们二人的说法尽管不同,但都包含一个共同的真理,即热机在工作过程中不可能把从高温热源吸收的热量全部转化为有用功,总要把一部分热量传给低温热源,这就是理想热机的效率不可能达到 100% 的原因。热力学第二定律揭示了热运动的自然过程是不可逆的,除非由外界做功,方可使热量从低温物体传向高温物体(如制冷机)。

1865 年,克劳修斯把熵的概念引入热力学,用以说明热力学第二定律。熵表示某一状态可能出现的程度。假如物体的温度为 T,它的热量为 Q,则熵 $S=Q/T$。它说明,同样大小的能量,如果其温度较高,则熵较少,温度较低,则熵较大。由于热量总是从高温物体传向低温物体,因此,一个相对独立的系统总是要沿着熵增大的方向运动。热机的工作也是熵增加的过程,当熵达到最大或可用的热能最小时,热机就不再做功,整个系统的能量守恒,处于热平衡状态。熵的概念说明了热力学过程的不可逆性。

克劳修斯提出热力学第二定律，并与第一定律联系起来，这是他的贡献。但是，他却把只适用于一个封闭的孤立系统的热力学第二定律错误地推广到无限的宇宙，得出了宇宙热寂的结论。按照他的“宇宙热寂说”，整个宇宙中的运动都要转化为热，热又只能由高温状态变成低温状态，宇宙的熵趋于极大，最终将达到热平衡，不再发生任何变动，即进入“热死”状态。对此，恩格斯曾指出：“放射到宇宙空间中去的热一定有可能通过某种途径（指明这一途径，将是以后某个时候自然研究的课题）转变为另一种运动形式，在这种运动形式中，它能够重新集结和活动起来。”[①]克劳修斯的宇宙热寂说是错误的。

2. 统计物理的兴起。热力学定律揭示了热运动的一般规律，但是热运动的本质是什么尚不清楚。19 世纪中叶，许多科学家通过对气体分子运动的研究，从分子水平上认识到了热运动的本质，对热现象做了微观解释。

早在 1826 年，英国植物学家布朗（Robert Brown, 1773—1858）就发现了分子运动现象。他在用显微镜观察水中悬浮的藤黄花粉粒子时，发现它们不停地做无规则的运动。开始时他认为这是花粉粒子有生命活动能力引起的，后来才认识到无机性微粒在液体或在气体中都会产生这种运动（布朗运动）。这种运动是由液体或气体分子的不平衡撞击所致。布朗运动显示了物质分子处于永恒的热运动之中。

分子运动的奠基人是克劳修斯、麦克斯韦和波尔兹曼。1857 年，克劳修斯首先对热力学定律做了动力学解释。他认为：气体由大量的运动着的分子所组成，气体分子是弹性质点；气体分子在运动时相互碰撞，碰撞时沿各个方向运动的机会和分子数相等；分子的运动速度随气体温度的升高而加快，气体的热能就是气体分子运动的动能。克劳修斯依据这些观点，用气体的分子数、分子质量和分子速度导出了气体压力，并进一步对玻意尔定律、查理定律做出微观解释。

英国物理学家、数学家麦克斯韦（James Clerk Maxwell, 1831—1879）则用概率统计方法研究了分子运动，于 1859 年发现了气体处于热平衡时其分子数目按速度大小分布的定律。这一定律表明，气体在宏观上达到平衡状态时，虽然大量的个别分子的速度都不相同，并由于相互碰撞不断发生变化，但在某一范围内的分子数在分子总数中所占的百分比是一定的，而且这个比值取决于气体的种类和温度。

---

① 《马克思恩格斯选集》第 4 卷，人民出版社 1995 年版，第 278 页。

1868 年,奥地利物理学家、统计物理学的奠基人之一玻尔兹曼(L. Boltzman, 1844—1906)发展了麦克斯韦的分子运动类学说,把物理体系的熵和概率联系起来,阐明了热力学第二定律的统计性质,并引出能量均分理论(麦克斯韦—玻尔兹曼定律)。他首先指出,一切自发过程,总是从概率小的状态向概率大的状态变化,从有序向无序变化。1877 年,玻尔兹曼又提出用"熵"来度量一个系统中分子的无序程度,并给出熵(S)与无序度(W)(某一个客观状态对应的微观态数目)之间的关系为 $S = k \log W$。这就是著名的玻尔兹曼公式。其中,k 为玻尔兹曼常数。

分子运动论的研究标志着统计物理的兴起。

(三)电磁理论

电磁学是 18 世纪中叶创立的,系统的电磁理论的建立是 19 世纪下半叶的事情。从对电磁的最初认识到电磁理论的建立经历了一个多世纪。

1. *人们对电磁现象的早期认识*。远在古希腊时期,人们就认识到摩擦可以生电,泰勒斯把琥珀摩擦生电的事实记录下来,以后人们就用琥珀的同音字来指电子(electron)。到了 16 世纪,由于航海急需罗盘针,英国伊丽莎白女王令其侍医吉尔伯特(W. Gilbert, 1544—1603)研究磁石。吉尔伯特经过 18 年的研究,于 1600 年出版了《磁石》一书,提出:磁石的两极成对存在、不可分离,即切断的两段磁石仍然具有南北两极,同名磁极间相互排斥,异名磁极间相互吸引;磁石间的作用力与磁极间的距离成反比。此外,他还证实除琥珀之外,玻璃、火漆、硫黄、宝石等物经过摩擦也可生电。1650 年,德国的格里凯制成了一台手摇式摩擦起电机。

18 世纪中叶,人们对电的认识已由摩擦生电发展到对天电和生物电的认识。

1745 年,荷兰人马森布罗克(P. V. Musschenbroek, 1692—1761)、枯内渥斯和德国人克莱斯特(生卒年不详)各自独立地发明了最早的蓄电容器,由于它最早是在荷兰的莱顿发明的,故蓄电池称为莱顿瓶。次年,莱顿瓶传入美国,美国电学家富兰克林(Benjamin Franklin, 1706—1790)用莱顿瓶做了许多实验,发现:莱顿瓶球头上带阳电、瓶底带阴电;莱顿瓶的内外箔均带正负电。他还发现了尖端放电现象。1752 年夏,为了验证空中是否有电,他在费城一个雷雨交加的天气,冒着生命危险,把风筝放入高空,证明了天电与地电相同,并发表了《论闪电和电的相同》的论文。第二年,他又发明了避雷针。富兰克林不仅是科学家,而且是资产阶级民主主义者。他 36 岁时就说过:"我们在享受着他人的发明给我们带来的巨大益处,我们也必须乐于用自己的发明去为他人服务……在世界领受我的发明时，我并不怀私欲，我过去没有，以后也不想从我的任何发明中得到哪怕是些微小的利润”，“我把各种见解留在世上，使之受到验证。如果是对的，它们将在真理和实验中得到证实；如果是错的，那么，它最终也会被证明是错误的，从而被摒弃掉。”富兰克林的实验为电的应用奠定了基础，他的为人令人肃然起敬。法国数学家达兰贝尔（Jean le Rond d'Alembert，1717—1783）曾用“这个人从天上取闪电、从暴君手里夺玉”的话赞美他。这句话刻在了富兰克林的墓碑上。

1780—1791 年间，意大利解剖学教授伽伐尼（Luigi Galvani，1737—1798）通过大量解剖青蛙的实验发现：当他的手术刀碰到金属盘中的蛙腿时，蛙腿立刻痉挛。他立即意识到这可能是电的作用。为了验证这一想法，他又把蛙腿放在两块不同的金属板之间，使其肌肉和神经与金属板相连，形成一个闭合电路，结果发现肌肉与神经同样发生抽动。于是他断定，蛙腿也像电鲥一样会发出电来，他把这种电叫作生物电。伽伐尼认为这是生物本身固有的，是由于接触金属被激发出来的。这种解释是错误的。

2. 连续电流的获得。1799 年，意大利物理学家伏打（又称伏特，Alessandro Volta，1745—1827）对伽伐尼的发现进行了认真的实验分析，指出蛙腿起到了让两块金属之间产生电流的敏感验电器的作用，电是由于渗在溶液中的两种不同种类金属相接触而产生的，并认识到这种电效应比摩擦发电机产生的电效应要强。基于这种认识，1800 年，他用酸浸不同的金属板（银板和锌板）制成了世界上第一块电池——伏打电池，获得了连续电流，拉开了电力革命的序幕，电技术由此产生。

3. 静电力大小的测定。英国物理学家卡文迪许（Henry Cavendish，1731—1810）最早做了关于电的分布实验。1767 年，英国物理学家、化学家普列斯特利（J. Priestley，1733—1804）提出了静电力的大小与电荷多少成正比、与距离平方成反比的论断。

法国物理学家库仑（C. A. Coulomb，1736—1806）是在电测定技术方面做出突出贡献的科学家。他像德国物理学家格里凯（O. V. Guericke，1602—1686）一样，都是从技术出发进入科学理论领域的。库仑年轻时在巴黎任工兵校官，曾去法属西印度群岛领导过要塞建筑工作。1776 年回国后从事力学等研究工作，为发现库仑定律奠定了基础。1785 年后，他发表了四篇论文。在电的定量研究方面，他提出了“带同种电的两个小球之间的斥力与两球中心点距离的平方成反比”的重要理论。用数学公式表示：

$$f=\frac{1}{\varepsilon}\cdot\frac{q_1q_2}{r^2}$$

ε 为介电常数,其值因电荷间介质的不同而异

这种电荷相互作用的定律,叫作库仑定律。

4. 电磁相互联系和转化的发现。吉尔伯特虽然对磁石进行了研究,但是他断定电与磁本质上是两种孤立的现象,这一看法当时被普遍接受。到了19世纪,这种陈旧观念首先被丹麦哥本哈根大学教授奥斯特(H. C. Oersted, 1777—1851)打破。1820年,奥斯特在课堂做演示实验时发现:当一根通电导线放在磁针上方,且与磁针平行时,磁针发生了偏转,也就是说,有电流通过的导体周围会产生磁场,第一次揭示了电与磁的本质联系。

奥斯特的发现引起了法国物理学家安培(A. M. Ampere, 1775—1836)的注意,他仅在一周时间内便发现了电流与电流之间的相互作用,即平行载流导线若电流方向相同则相互吸引,方向相反则相互排斥。1823年,他进一步研究了电流间的相互作用,发现两段通电导线之间的作用力与它们的电流强度成正比,与它们之间的距离平方成反比,同时还确定了电流对磁针作用方向的右手定则。这样,电与磁之间的基本关系便确定下来。

发现电磁感应定律并把电与磁的关系转化为实际运用的是英国化学家和物理学家法拉第(M. Faraday, 1791—1867)。法拉第出身贫寒,其父是一位铁匠,他本人只读过两年小学,12岁当报童,13岁到书店当学徒,业余时间读了大量书籍,成为业余科学家。1831年,法拉第受奥斯特、安培研究成果的启发,为了获得廉价电流,做了许多实验。他认为,伏打电池产生的电流太昂贵,假如磁能生电,那么地球这个大磁场就会产生源源不断的电流。他开始以为静止的电能产生磁,磁也能产生电,但实验结果否定了这一想法。这种电与磁的“互生”现象必须在运动中才能发生,他通过实验证明了这一点:电可以转变为磁,磁可以转变为电;运动中的电产生磁,运动中的磁产生电。1831年11月24日,法拉第用铁粉做实验,证明磁线的存在,提出了“力线”概念,冲破了牛顿的“超距作用”观念。他还首次提出了“场”的概念,并把充满磁力线的空间称为磁场,认为磁力线就是通过场来传递的。

5. 电磁理论的建立。19世纪五六十年代,英国物理学家麦克斯韦(J. C. Maxwell, 1831—1879)补充和发展了法拉第等人的电磁感应理论,创立了系统的电磁学说。麦克斯韦出生在爱丁堡一个地主家庭,8岁丧母,由父亲抚养成人。其父是个律师,但酷爱科学技术,这对麦克斯韦后来的成就产生

了一定影响。麦克斯韦19岁入剑桥大学学习，因设计了著名的“色陀螺”而轰动科学界，获得了皇家学会奖章，24岁任大学教授，先后任剑桥实验物理系主任、卡文迪许实验室主任，是19世纪著名的科学家之一。

他十分敬佩法拉第的成就和思想，领悟到法拉第力线思想的重要意义，但他认为法拉第的理论只有定性分析，缺乏严格的数学形式，他立志要用数学语言加以总结和提高。1855年，他把力线概念规定为一个矢量微分方程，在几何图像基础上说明了磁力线和电力线的空间关系。从1858年起，他系统地考察了自库仑、奥斯特以来的电学成就，认为应当把电流的规律同电场、磁场的规律统一起来，为此引进了位移电流和涡旋场概念。1862年，他又论证了位移电流的存在。他指出：不仅传导电流可以产生磁场，空间电场的变化也可以产生磁场；反之，不仅变化的磁场在导体中感生出电流，在空间中也会产生电场，这种电场是涡旋电场，它不断改变强度，因此又可产生变化的磁场。这样，就有一连串变化的电场和磁场不断产生，一环套一环，交替出现，并向四面八方传播开来，这种运动形式就是电磁波。这一年，麦克斯韦引进了两组偏微分方程，把全部电磁学概括为一组方程式，并由这组方程式导出了电场和磁场的波动方程，推算出电磁波的传播速度恰好等于光速。麦克斯韦预言：光波就是电磁波。1865年，麦克斯韦完全抛弃了超距作用的观念，认为产生电磁现象的作用力是在空间媒质中和电磁物质上发挥作用的，并对电磁场概念做了如下规定：电磁场就是处于电磁状态的物体周围的空间，包括这些物体本身在内；场中可以只有某种物质，也可以抽成没有宏观物质的空间（真空）。

1888年，德国物理学家赫兹（H. R. Hertz，1857—1894）用莱顿瓶的间隙放电证实了电磁波的存在。赫兹还发现，电磁波的特征与光波的特征在许多方面是一致的，如电磁波像光波一样有反射、折射、偏振现象，在直接传播时其速度与光速是同一个数量级。

麦克斯韦的理论揭示了自然界的电、磁、光的统一性，实现了人类对自然界认识的又一次综合。1873年，麦克斯韦出版了他的巨著《电磁学通论》。这是一部系统总结电磁现象研究成果的经典著作，它标志电磁理论的确立，是物理学发展中的又一里程碑，可以同牛顿的《自然哲学的数学原理》、达尔文的《物种起源》相媲美。

麦克斯韦方程组的积分形式是：

（1）$\oint_s D\,ds = \sum q$，即通过任意封闭曲面的电通量等于此封闭曲面内自由电荷的代数和;(2) $\oint_s B\,\mathrm{d}s = 0$,即在任何磁场中通过任意封闭曲线的磁通量恒等于零;(3) $\oint_l H\,\mathrm{d}L = \int_s \left(j_c + \frac{\partial D}{\partial t}\right)\mathrm{d}s$,即在任何磁场中磁场强度沿任意闭合曲线的积分等于通过此闭合曲线所包围面积内的全电流;(4) $\oint_l E\,\mathrm{d}L = -\int_s \frac{\partial B}{\partial t}\mathrm{d}s$,即在任何电场中电场强度沿任意闭合曲线的积分等于通过此闭合曲线所包围面积的磁通量随时间变化率的负值。

四 化 学

与数学、物理、地质、天文等学科相比,化学是发展较晚的学科,其原因有二:一是受时代的局限。18 世纪中叶之前,人们对物质结构的认识尚未达到元素、原子层次。二是受错误的燃素说的禁锢。直到 18 世纪下半叶以后,化学才从燃素说的束缚中解放出来,走上正确的发展道路,取得了一系列惊人的成果。

(一) 氧化燃烧理论取代燃素说

1. 燃素说。17 世纪,随着冶金业的发展,需要对燃烧的本质做出解释。1669 年,德国医学教授、化学家柏策(贝歇尔,J. J. Becher, 1635—1682)首先提出了燃素说。他认为,物质所以能燃烧是由于物质中存在一种没有重量的可燃因素(灵气),燃烧过程就是这种灵气与物质的分离过程,物质燃烧后变成了没有可燃因素的灰。18 世纪初,柏策的学生、德国化学教授、普鲁士国王的御医施塔尔(G. E. Stahl, 1659—1734)发展了柏策的燃烧理论,把灵气正式命名为燃素。他认为:燃素遍布于天地之间,无处不有;物体所含燃素越多,燃烧越旺;化学变化就是吸收和释放燃素的过程。燃素说能解释一些化学现象,在当时对化学摆脱炼金术的陈旧观念起了积极的推动作用。正如恩格斯所说,化学借助于燃素说从炼金术中解放出来。正因为如此,燃素说一经提出,很快被大多数科学家所接受,并统治人们的思想长达一百多年。但是燃素说中存在着不可克服的矛盾:它解释不了金属燃烧释放出燃素后,为什么重量反而增加;燃烧物在燃烧过程中为什么离不开空气;燃素无法捕捉和收集,带有极大的神秘性;等等。

1774 年,瑞典人舍勒、英国人普列斯特都发现了元素氧,但由于他们都是燃素说的信奉者，因而没能对燃烧现象做出正确解释。恩格斯惋惜地说："这种本来可以推翻全部燃素说观点并使化学发生革命的元素，在他们手中没有能结出果实。"①

2. 拉瓦锡的氧化燃烧理论。拉瓦锡（A. L. Lavoisier, 1743—1794）是法国化学家、近代化学的奠基人。他生于巴黎，其父是律师。拉瓦锡青年时代学过法律，后改学化学。1768 年，他被选为法国科学院院士。

1774 年 10 月，英国化学家普列斯特（J. L. Proust, 1754—1826）到巴黎访问了拉瓦锡，并把自己当年 8 月 1 日从实验室中发现氧气的情况告诉他，拉瓦锡当即进行了验证性的金属煅烧实验。方法是：他把称好的锡、铅金属块分别放在密封的曲颈瓶内，然后称好曲颈瓶的总重量，再对其加热煅烧，之后再分别称曲颈瓶的总重量和金属块的重量，结果发现：曲颈瓶烧前、烧后的总重量相等，证明不存在煅烧时燃素通过曲颈瓶进入金属内或被曲颈瓶吸收的问题。但他发现，煅烧后的金属块的重量大于烧前的金属块重量，而且金属块增加的重量刚好等于打开瓶盖后整个曲颈瓶增加的重量。这说明瓶内空气中的助燃气体被金属吸收了，开瓶后增加的重量表明空气又重新进入瓶内，补上这一空缺。这使拉瓦锡对燃素说产生了怀疑。1777 年，他把自己的发现写成《燃烧概论》提交给巴黎科学院，把助燃气体正式定名为氧，从此结束了燃素说对化学界的统治，为建立氧化燃烧理论奠定了基础。

拉瓦锡在化学上的成就是巨大的，1782—1787 年，他发现了质量守恒定律，并给元素下了一个定义，即元素是"用任何手段都不可能分解的物质"。1789 年，他又出版了《化学纲要》一书，对已发现的 33 种元素进行了分类，并提出了全面否定燃素说的氧化燃烧理论。该书是近代化学的起点。

拉瓦锡在科学上是革命的，但在政治上是保守的。法国大革命时期，他站在旧政府一边，成为革命的对象，1794 年 11 月 8 日被判处极刑，推上了断头台。法国数学家拉格朗日（Joseph-Louis Lagrange, 1736—1813）对他的死颇有感触，他说："把拉瓦锡的头切断只要一瞬间，但要有与他同样的脑袋必须要等待 100 年。"

（二）原子—分子论的建立

1. 道尔顿的原子论。原子论最早产生于古希腊，后来英国化学家、物理学家玻意尔（Robert Boyle, 1627—1691）、牛顿都提出过原子论观点，但是近代原子论的真正奠基者是道尔顿。

---

① 《马克思恩格斯全集》第 24 卷，人民出版社 1972 年版，第 20—21 页。

道尔顿(John Dalton, 1766—1844)是英国化学家、英国织布工人的后代,家境十分贫寒,没受过正规教育,只读过两年小学就回家种田,全靠自学积累了渊博的知识,是自学成才的科学家。他从27岁开始观测气象,几十年如一日,直到临终前还在笔记本上记录“今日微雨”。他一生的观测总次数达两万余次。他的原子论思想就是在研究大气物理性质的过程中逐渐形成的。道尔顿晚年在总结他的成功经验时说:如果说我比别人获得较大成就的话,那主要是——不,那完全是——靠持续的勤奋学习和钻研。有的人之所以能够远远超越他人,其主要的原因与其说他是天才,还不如说是因为他能专心致志地坚持学习,有那种不达目的誓不罢休的顽强精神。

1808年,他在《化学哲学新体系》一书中提出了原子论,其基本要点是:第一,给原子下了一个定义,并阐明了它们的性质。他认为:元素的最终组成可称为简单的原子,原子是不可见的,既不能创造,又不能毁灭,也不可分割;它们在一切化学变化中保持其本性不变。第二,同一元素的原子,其形状、质量及各种性质相同;不同元素的原子,其形状、质量及各种性质则各不相同。每一种元素以其原子的质量为其最基本的特征。第三,不同元素的原子以简单数目的比例相结合便形成了化学中的化合现象,化合物的原子可称为复杂原子,复杂原子的质量为所含各种元素原子质量之总和。同一化合物的复杂原子,其形态、质量和性质也必然相同。

此外,道尔顿又把原子量概念引入原子论,把它视为化学元素最基本的特征和新原子论的核心。他还把氢的原子量定为1,在化学史上第一次列出了一些元素的原子量,初步测定了氧、氮、硫、磷、碳等元素的原子量,从而使原子有了一个能用数量表达的特征,并可以用实验方法检测出来。

道尔顿的原子论具有重大的理论意义,它从微观的物质结构角度揭示出宏观化学现象的本质,成功地解释了质量守恒、当量守恒、定量组成、倍比等经验定律,为物质结构理论的建立奠定了基础。在新原子论的指导下,化学有了惊人的快速发展。可以说,道尔顿开辟了近代化学发展的新时代,对此恩格斯给予了高度评价。他说:“在化学中,特别是由于道尔顿发现了原子量,现已达到的各种结果都具有了秩序和相对的可靠性,已经能够有系统地、差不多是有计划地向还没有被征服的领域进攻,就像计划周密地围攻一个堡垒一样。”① 恩格斯称赞他的发现是“能给整个科学创造一个中心并给

---

① 《马克思恩格斯全集》第20卷,人民出版社1971年版,第453页。

研究工作打下巩固基础的发现”[1]。可见，化学中的新时代是随着原子论开始的，“近代化学之父”不是拉瓦锡而是道尔顿。道尔顿的贡献是巨大的，但他的理论也有不足之处：关于“原子不可分割”是错的；“复杂原子”带有神秘性。

2. *阿伏伽德罗的分子假说*。阿伏伽德罗（Amedeo Avogadro，1776—1856）是意大利科学家。他提出分子假说有一个特定的背景：道尔顿的原子论有两大缺陷：一是把原子看作是不可分割的“宇宙之砖”；二是没能把原子和分子区分开来，造成了化学发展中长时间的混乱。这中间，法国化学家盖·吕萨克（Joseph Louis Gay-Lussac，1778—1850）根据道尔顿的原子论做出一些研究成果。事情的经过是：原子论问世不久，盖·吕萨克在研究各种气体在化学反应中的体积变化关系时，发现了气体反应体积关系定律，即“在相同温度和压力下，气体反应中各气体的体积互成简单整数比”。如，氢和氧化合成水时，体积比为 2∶1，碳和氧化合成一氧化碳时，体积比为 2∶1 等。为了解释这一定律，盖·吕萨克想到了道尔顿原子论中所说的“化学反应中各种原子以简单数目相化合”的观点，他认为，这很可能是由于化合时原子的整数比造成了体积的整数比。他由此推出：同温同压下的各种气体，在相同体积内将含有相同数目的原子。这本来是从道尔顿的原子论中推出的结论，却遭到道尔顿本人的反对。道尔顿认为：第一，不同物质的原子其大小是不同的，所以相同体积的不同气体不可能包含相同数目的原子；第二，若按照盖·吕萨克所说，相同体积中不同气体的原子数相同，就会引出有半个原子的荒谬结论，因为在由一体积氮与一体积氧化合而成的两体积的氧化氮中，每个氧化氮原子都只能是由半个原子的氧和半个原子的氮所组成，这与原子是不可分的观点相悖。盖·吕萨克气体反应定律的实验基础是可靠的，而道尔顿的反驳从原子论的观点看也是合理的，两位化学家展开了一场争执，这场争执由阿伏伽德罗予以平息。

1811 年，阿伏伽德罗发表论文《原子相对质量的测定方法及原子进入化合物时数目比例的确定》，首次引入分子概念，提出了分子假说，解决了存在半个原子的矛盾。阿伏伽德罗分子假说的基本点是：第一，原子是参与化学反应的最小质点，但它不能独立存在，只有在几个原子相互结合在一起、形成分子后才能相对稳定地独立存在。第二，分子是由原子组成的，单质分子由同种原子组成，化合物分子则由不同种类的原子组成。第三，他假定，氢分子

---

① 《马克思恩格斯全集》第 20 卷，人民出版社 1971 年版，第 454 页。

由两个氢原子组成，氧分子由两个氧原子组成，水分子则由两个氢原子和一个氧原子组成，所有的分子至少应由两个原子组成。这样，阿伏伽德罗找到了解决“半个原子”问题的关键，并把原子和分子区别开来。

在分子假说的基础上，他修正了盖·吕萨克的气体反应定律，即“在同温同压下相同体积的任何气体，都含有相同数目的分子”，把道尔顿的原子论和盖·吕萨克的气体反应定律统一起来，补充和发展了原子论。

阿伏伽德罗还依据原子—分子假说，测定了气体物质的原子量和分子量，并确定了化合物中各种原子的数目。如根据气体反应时的体积比确定氨分子的组成为 NH_3（道尔顿认为氨的组成是 NH），水分子的组成为 H_2O，这些都是正确的。

阿伏伽德罗具有创见性的分子假说，在当时并没有引起化学界和物理界的承认和重视，其原因是：第一，当时科学的发展还不足以对分子做出系统、明确的论证。第二，受到化学权威们的反对。不仅道尔顿否认分子存在，而且瑞典化学家贝采里乌斯（Jakob Berzelius，1779—1848）也支持原子论，并用新提出的电化学说反对分子论，认为在化合物中不同元素的质点带有相反的电性，它们的化合物是靠电力的吸引，只有带相反电荷的两种原子才能相互吸引而结合成“复杂原子”，而相同元素的原子带有相同的电性，是彼此排斥的，不可能结合成分子。这一学说当时在化学界占有统治地位，由于贝采里乌斯的权威，人们对他的电化学坚信不疑，阿伏伽德罗的分子假说自然被搁置一边。此外，盖·吕萨克也认为相同的原子不能结合成分子，也极力反对分子假说。这样，阿伏伽德罗的分子假说被冷落了五十年之久。这期间化学中没有统一的元素符号和化学式。

为了结束化学界的混乱局面，1860 年 9 月在德国卡尔斯鲁厄召开了首次国际化学会议，与会 140 余人。会上关于元素符号和化学式的争论十分激烈，没达成任何协议，结论是：科学上的问题，不能强迫，只好各行其是。但在散会前，意大利化学家康尼查罗（Stanislao Cannizzaro，1826—1910）散发了一本论证分子学说的小册子——《化学哲学课程大纲》。他指出，会议争论的问题，实际上早在五十年前已由阿伏伽德罗解决了，只要把原子和分子区分开来，混乱局面就会澄清。他的发言论据充分，条理清晰，方法严谨，对当时化学领域的矛盾一一加以分析，并提出了一种通过测定分子量求原子量的方法。康尼查罗虽然对原子—分子论没有什么新发现，但他对分子论的阐明统一了化学家们的思想，使原子—分子论得到了化学界的一致公认。由于康尼查罗的工作，阿伏伽德罗在化学界确立了应有的地位。

（三）有机化学的兴起

自古以来，人们就会制造和利用酒、醋、糖、纸、染料、药品等以碳氢化合物为母体的有机物，但是对有机物的性质、结构都一无所知。直到19世纪20年代之前，人们受生命力论的影响，一直认为有机物是生命力的产物，有机物只能从有机物中产生，与无机物有本质差别，二者之间有不可逾越的鸿沟，贝采里乌斯也没能摆脱这种观点。19世纪20年代之后，随着尿素的人工合成，有机化学开始兴起，并逐步形成了有机结构理论。

1. *尿素的人工合成*。1824年，德国青年化学家维勒（F. Wohler, 1800—1882）为了制取氰化铵，把氰酸和氨水混合起来，观察其反应，但无论用何种方法都得不到氰化铵。然而，混合物经蒸发后却得到一种结晶物——尿素。从无机物中何以能得到有机物？维勒对这个意外发现感到震惊，难以置信。为了慎重起见，维勒又用四年时间，分别从不同的途径反复实验，证明从无机物中确实可以合成动物机体的代谢物——尿素。1828年，他发表了《论尿素的人工制成》一文，公布了用无机物合成尿素的方法。这个反应式用现代化学式表示就是：

$$HCNO + NH_4OH \longrightarrow H_2O + NH_4CNO \xrightarrow{\triangle} CO(NH_2)_2 \ (\text{尿素})$$

尿素的人工合成具有重大意义：第一，它第一次证明了有机物与无机物之间没有不可逾越的鸿沟。正如维勒自己所说，“这是个特别值得注意的事实，因为它提供了一个从无机物中人工制成有机物并确实是所谓动物体中的实物的例证”，尿素“毫无疑问是有机化合物”。这一实验为辩证唯物主义普遍联系的观点提供了又一例证。第二，它开创了人工合成有机物的新纪元。维勒的工作大大激发了科学家们的兴趣，此后，人工合成有机物像雨后春笋般地发展起来。1845年，维勒的学生、德国化学家柯尔柏（H. Kolbe, 1818—1884）用木炭、硫酸、氯和水为原料第一次从单质无机物中合成有机物——醋酸。1854年，德国化学家贝特洛（M. Berthelat, 1827—1907）又相继合成了脂肪、乙炔、乙醇、甲烷、丙烯、戊烯、苯乙烯苯酚、萘等十几种有机物。1861年，俄国化学家布特列洛夫（A. M. Butlerov, 1828—1886）又合成了糖类物质。总之，人工合成有机物层出不穷。

2. *有机结构理论的确立*。有机化学实验推动了有机化学理论的发展，许多化学实验在有机结构理论研究中取得了积极成果，这些成果为有机结构理论的确立铺平了道路。这些成果主要有：

1812 年，贝采里乌斯提出了“复合基”理论。1832 年，维勒和德国化学家李比希在此基础上发展了“基团论”。他们认为有机物是由复杂基团组成的，基团是稳定不易变化的。“基团论”能解释一些有机化学反应，但是由于“基团论”是从贝采里乌斯的“电化二元论”①发展起来的，所以存在三个缺陷：第一，它没能回答为什么有机化学反应中会出现这些基团；第二，它没能回答基团的本质是什么；第三，基团说与基团中的原子可以被取代的事实相矛盾。

为了克服基团说的局限，1834 年，法国化学家杜马（J. B. A. Dumus，1800—1884）提出了“取代学说”，否定了贝采里乌斯的“电化二元论”。杜马较系统地研究了卤化反应，即用卤族元素（如氯等）取代碳氢化合物中的氢的反应，发现了正电性的氢被负电性的氯所取代，而反应后的产物性质无大改变。杜马的取代说是正确的。后来，他又在“取代学说”的基础上提出了“类型论”，认为决定分子基本性质的是分子的类型。

1843 年，法国化学家热拉尔（C. F. Gerhardt，1816—1856）提出了“同系列”概念：有机化合物存在着多个系列，每一系列都有自己的代数组成式，如烷烃系列是 C_nH_{2n+z}，正醇系列是 $C_nH_{2n+z}O$，正脂肪系列是 $C_nH_{2n}O_2$ 等；在同一系列中，两个化合物分子式之差为 CH_2 或 CH_2 的倍数；在同系列中，各化合物的化学性质相似。“同系列”概念是有机化学中一个极其重要的概念，它发展了杜马的“类型论”，为有机结构理论的确立铺平了道路。1848—1857 年间，经过德国化学家霍夫曼（A. W. von Hofmann，1818—1892）、英国化学家威廉逊（A. W. Williamson，1824—1904）等人的努力，建立起了系统的“类型论”，他们把当时已知的有机物分成水型$\left(\left.\begin{matrix}H\\H\end{matrix}\right\}O\right)$、氢型$\left(\left.\begin{matrix}H\\H\end{matrix}\right\}\right)$、氯化氢型$\left(\left.\begin{matrix}H\\Cl\end{matrix}\right\}\right)$、氨型$\left(\left.\begin{matrix}H\\H\\H\end{matrix}\right\}N\right)$、沼气型$\left(\left.\begin{matrix}H\\H\\H\\H\end{matrix}\right\}C\right)$五个基本类型。假如这五种母体化合物中的氢被其他基团所取代，则可得到各种醇、醚、酸类等有机化合物。

从二元论到取代论再到类型论反映了人们对有机化合物的认识步步深

---

① 贝采里乌斯认为，一切物质都具有共同的性质，即电性。把物质的化学性和电性都统一在同一的物质属性内，通过物质的电性变化来认识物质的化学变化的理论就是“电化二元论”。

入，但是这还仅仅停留在化学反应的现象方面，没有触及化学反应的内在根据，这就要求认识必须深入到有机结构领域，这方面的研究工作导致了有机结构理论的确立。对有机结构理论的确立做出突出贡献的化学家有英国的弗兰克兰、德国的凯库勒、俄国的布特列洛夫和德国的肖莱马。

探讨有机结构，首先要涉及原子价概念，这是确立有机结构理论的先决条件。1852 年，英国化学家弗兰克兰（E. Frankland, 1825—1899）在研究金属有机化合物时发现，每一种金属原子只能和完全确定数目的有机基团相化合。他把这个达到一定数目的能力叫作“饱和能力”（化合力）。实际上，弗兰克兰已初步提出了“原子价”概念，只是没用这个词。

1857 年，德国著名化学家凯库勒（F. A. Kekulé, 1829—1896）总结、归纳了各类化合物，并把“化合力”改为“原子数”，提出含义更加明确的“亲和力单位”，并提出不同元素的原子相化合时总是倾向于遵循亲和力单位数等价的原则，这是原子价概念形成过程中最重要的突破。他把氢的亲和力单位数（现在的原子价）定为 1，从而确定了碳原子价为 4；碳原子不仅能与其他种类的原子化合，而且各碳原子间也可以相互结合成碳链；碳原子在有机物中有固定的排布。凯库勒的工作奠定了原子价理论的基础。原子价学说揭示了各种元素化学性质的一个重要方面，阐明了各种元素相化合时在数量上所遵循的规律，为原子量的正确测定和化学元素周期律的发现提供了理论依据，为推动化学结构理论及有机化学的发展做出了重大贡献。

1861 年，俄国化学家布特列洛夫在原子价概念基础上提出了有机化学的结构理论，其基本内容如下：第一，把分子看作是有内在联系的统一体。分子中的原子以一定排列顺序相结合，其间存在亲和力的相互作用，在亲和力的相互作用下组成分子。第二，原子间的相互作用有两种类型：一种存在于直接联结的原子之间，它决定分子中原子团或结构单位的反应性能；另一种存在于不直接联结的原子之间，它决定属于同一类型的各个反应的特殊性。两种类型反映了各种官能团在化学反应中的共性和个性。第三，物质的化学性质取决于它的化学结构，既可以从化学性质推出它的化学结构，也可以从化学结构推出它的化学性质，从而可以预言尚未发现的新的化合物。第四，每个分子只能有一个一定的结构，不能有几个不同的结构；化学结构式只表示分子结构的方法，不表示化学反应的方法。在这个理论的基础上，他合成了叔丁醇、异丁烯及某些糖类化合物，还发现了异丁烯的化学反应。

至此，化学上的有机结构理论已基本确立，但是布特列洛夫假设碳原子的4个价是不相同的,因而有些现象无法解释。同时,一些化学家认为,具有通式的 C_nH_{2n+2} 的烃系分为两大异构系列,这也是布特列洛夫理论无能为力的。为了解决这些问题,从1864年起,德国化学家肖莱马(Carl Schorlemmer, 1834—1892)通过对脂肪烃的研究,认真考察了有机结构与性质的关系,证实了碳原子4个化合价的同一性,对同分异构现象做出了合理的解释,使有机结构理论定型化,他本人也成为近代有机化学的奠基人之一。

(四)化学元素周期律的发现

化学元素周期律的发现是19世纪化学发展中又一重大成就,它是对化学的又一次辩证综合,使化学成为一门系统的科学。

1. *化学元素周期律发现的背景及知识准备。*元素的新发现为元素周期律的发现提供了前提。19世纪50年代前,已发现了27种元素,平均每年发现一种,截至1869年,已发现69种元素。众多的元素令人眼花缭乱,给教学和科研带来许多不便,迫切需要找出其内在的规律。

同时,发现元素周期律的知识准备已经成熟。当时,原子价概念已确立,意大利科学家康尼查罗又提出了通过分子量求原子量的方法,使许多元素的原子量得到了精确的测定,为元素周期律的发现提供了可靠的数据。科学家们对当时已有的元素从不同角度进行了分类,据统计,大约有50种分类法,这些都为元素周期律的最终发现奠定了基础。其中有一定影响的科学家及其工作有:

1789年,法国化学家拉瓦锡把当时所确认的32种元素分为气体、非金属、金属、土质四大类,但这一分类法没能触及元素的内在联系。1829年,德国化学家德贝莱纳(J. W. Döbereiner, 1780—1849)提出了"三元素组"分类法。他发现,化学性质相同的元素往往是三个组成一组,中间那个元素的性质介于两个元素之间,它的原子量也差不多等于前后两个元素原子量的算术平均值。他把当时已发现的54种元素分成五组:锂钠钾、钙锶钡、氯溴碘、硫硒碲、锰铬铁,并以氧原子量为100作标准,测量了锂钠钾的原子量。虽然他的分类法不够准确,也不完全,但他能把元素性质和原子量统一起来考察,是一种有启发性的尝试。1850年,德国药物学家培顿科夫(Max Joseph von Pettonkofer, 1818—1901)修正了德贝莱纳的分类法。他认为,在相似的元素组中,各元素的原子量值之差是8,并认为各元素组中的元素不应当只限于3个。1862年,法国地质学家尚古多(Béguyer De Chancourtois, 1820—1886)提出了"螺旋图"分类法。他将62种元素按原子量大小标记在圆柱体的螺线上,可以清楚地看出某些性质相近的元素都出现在同一母线上。

1864 年，德国化学家迈耶尔（J. L. Meyer, 1830—1895）提出了“六元素表”，该表已具备周期表的轮廓。1869 年，他又发表了《原子体积周期性图解》，明确指出，元素性质是它们的原子量的函数。1865 年，英国化学家纽兰兹（J. Newlands, 1837—1898）提出了“八音律”。他把已知的元素按原子量增加的顺序排列起来，发现从任何一个元素算起，每到第八个元素就和第一个元素的性质相似，就好像音阶一样，到最高音又开始重复，故把这一规律称为“八音律”。第二年，他把这一发现在英国化学学会上做了报告，不料引起哄堂大笑，有的教授讽刺他：你如果按元素字母排列也许会得到更精彩的结果。纽兰兹一气之下，放弃了这一研究，转到制糖业上去了。化学家们的工作为门捷列夫发现元素周期律铺平了道路。

2. 门捷列夫发现元素周期律。门捷列夫（Dmitri Ivanovich Mendeleev, 1834—1907）是俄国化学家，出生于俄罗斯的托尔波斯克城，其父为中学校长。他中学毕业后靠公费在高等师范学校攻读数理学科，成绩优异，出类拔萃，1861 年在彼得堡获博士学位，1866 年任彼得堡大学教授。

门捷列夫继承了前人关于元素分类的成果，全面分析了元素的物理、化学性质与原子量的关系，整理出元素周期表，于 1869 年 2 月公开发表。同年 3 月，他委托朋友在俄罗斯化学学会上宣读了他的《元素属性和原子量的关系》一文，阐述了他的元素周期律的基本观点：第一，按元素原子量大小排列起来的元素表现出明显的周期性，所有元素都不是孤立的；第二，原子量大小决定元素的特征，元素性质与原子量有函数关系；第三，从排列顺序可以明显地发现，有的元素人们还未掌握，要留有空位，据此，可以预料一些未知元素的存在；第四，知道了某元素的同类元素的原子量以后，就可以判定或修正该元素的原子量。门捷列夫的观点是十分有价值的，但却没能得到他的老师齐宁的支持，老师反而说他不务正业。门捷列夫坚信自己工作的意义，并没有因老师的反对而动摇。

1871 年，门捷列夫又在《化学元素的周期性依赖关系》一文中修正了他的周期表，给元素周期律下了一个定义：元素的性质周期性地随着它们的原子量而改变；预告了“类铝”“类硼”“类硅”等元素的存在，并根据它们在周期表中的位置，预言了它们的性质；还大胆地修正了一些元素的原子量，并建议重新测定。

门捷列夫预言一些未知元素的存在，许多人难以置信，认为他在臆造一些不存在的元素。然而，事实是对怀疑论者最好的回答。1875 年，法国化学家德瓦布德朗（P. E. L. de Boisbaudran, 1838—1912）在分析比利牛斯山的闪锌矿时,发现了一种新元素,他把它命名为镓(Ga),并把这一发现及测得的比重(4.7)告诉了门捷列夫。门捷列夫在回信中指出,镓就是他所预言的"类铝",并指出镓的比重不是4.7,而是在5.9—6.0之间。德瓦布德朗又重新测量了镓的比重,是5.94而不是4.7。这件事轰动一时,自此门捷列夫的论文迅速地被翻译成英、法等文字,元素周期律也得到了国际公认。这以后,根据周期表又相继发现了一些未知元素。如1879年,瑞典化学家尼尔森(L. F. Nilson, 1840—1899)发现了"类硼",命名为钪(Sc),其性质与门捷列夫预言的几乎完全相同。1886年,德国化学家文克勒(C. A. Winkler, 1838—1904)发现了门捷列夫预言的"类硅",把它命名为锗(Ge)。这三种元素的发现,证实了门捷列夫的元素周期律和周期表是完全正确的。

1894年以后,又相继发现了惰性气体氩(Ar)、氦(He)、氖(Ne)、氪(Kr)、氙(Xe)等,元素周期表又增添了一族元素,使元素周期律更加完善。

元素周期律的发现具有重大意义。第一,元素周期律的发现是对化学的又一次辩证的综合,它把原来被认为互不相干、彼此孤立的各种元素统一起来,找到了它们之间的内在联系,从而使各种元素形成了有内在联系的有机的统一整体,为研究化学元素、化学变化过程奠定了理论基础。从此以后,人们可以有计划、有目的地去寻找未知元素。在1876—1900年间,人们根据元素周期律的指引又相继发现了20个新元素。第二,元素周期律生动地揭示了自然界事物的发展由量变到质变的过程,为辩证唯物主义自然观的创立提供了有力的自然科学例证。对此恩格斯评价说:"门捷列夫依靠——不自觉地——应用黑格尔的量转化为质的规律,完成了科学上的一个勋业,这一勋业,大胆地说,完全可以和勒维烈计算尚未见过的行星海王星的轨道方面的勋业相提并论。"[①] 总之,元素周期律的发现起了巨大推动作用,它奠定了现代无机化学的理论基础,是化学发展史上又一里程碑。它还有力地推动了物理学的光谱分析工作,为元素光谱学开辟了道路。

为了表彰门捷列夫和德国化学家迈耶尔对元素周期表所做的贡献,他们两人同时被英国皇家学会接收为会员。

① 《马克思恩格斯选集》第4卷,人民出版社1995年版,第316页。

五 生 物 学

19 世纪，生物学也取得了突飞猛进的发展，主要成果有细胞学说、达尔文进化论和孟德尔的遗传理论。

（一）细胞学说的建立

细胞在生物学中的地位相当于无机界的原子和分子，细胞学说则相当于化学中的原子—分子论。细胞学说是 19 世纪 30 年代建立起来的，但是细胞这一名词的由来及发现却始于十七八世纪。

17 世纪，英国科学家胡克首先提出细胞这一名称。当时他用自制的显微镜观察软木，发现有包围着小空隙的壁，他把这种小室称为细胞，一直沿用至今。紧接着意大利解剖学家马尔比基（Marcello Malpighi，1628—1694）和英国植物学家格鲁（N. Grew，1628—1712）也各自独立发现了植物细胞，前者把它称为“小囊”，后者把它称为“小胞”。

1759 年，德国的沃尔弗（C. F. Wolff，1733—1794）通过精确地观察证明成体动物的肢体和器官是在胚胎发育过程中从一片简单的组织发展起来的，而不是一个预先构造的机械的扩大，以后成论驳斥了先成论。他的理论说明自然界存在着一个真正的有机体的发育过程，即形体上的分化过程。但是，在形体分化的途径是由什么决定的问题上，沃尔弗的解释是错误的，他认为这是由于自然界充溢着生命力所造成的，这种解释为机体发育问题又蒙上了一层神秘的面纱。

1809 年，德国自然哲学家奥肯（Lorenz Oken，1779—1851）在他的《自然哲学纲要》一书中，沿着思维之路提出了细胞假说。他认为，一切生物都起源于一种简单的生活物质，这种物质是一种半固态、半液态的胶液，他称之为“原始黏液”；“原始黏液”是由海洋中的无机物转化而来的，以后又变成一种“纤毛虫样的小泡”，这些小泡以不同的方式结合起来，就形成了具有各种形态的高等动植物。所谓“原始黏液”和“小泡”相当于原生质和细胞。奥肯的假说带有思辨性和猜测性，缺乏实验依据，但这种推测是合理的。他的假说中包含了生物进化的思想，恩格斯称他是在德国应用进化论的第一人。

19 世纪 30 年代，随着消色差显微镜的问世，人们得以直接观察到有机细胞的详细结构情况，对细胞的构造有了比较清楚的了解。1832 年，英国植物学家布朗观察到植物细胞中都有细胞核。不久，捷克生理学家普金叶（J.

E. Purkyne, 1787—1869)等人又观察到了动物细胞核,普金叶还同法国动物学家杜雅丹(F. Dujardin, 1801—1860)等人观察到细胞中存在活的、有生命的质块。于是,人们对细胞的结构已初步清楚,即细胞是一个很小的、内部含有一个核的质块。

细胞学说建立于19世纪30年代末。这应归功于德国植物学家施莱登和动物学家施旺。1838年,施莱登(M. J. Schleiden, 1804—1881)在总结前人成果的基础上,写了《论植物的发生》一文,提出了植物构造学说。他认为,细胞是一切植物结构的基本单位和一切植物借以发展的根本实体,也就是说,一切植物都是由细胞发展而来的,植物发育的基本过程就是细胞不断形成的过程。1839年,施旺(T. Schwann, 1810—1882)把施莱登的观点推广到整个生物界,他在该年发表的《动植物结构和生长相似性的显微镜研究》一文中,用大量资料证明:动植物有机体的结构原则上是相同的,它们的一切组织都是由细胞发展而来的,细胞是一切生物的基本单位。这就打破了动植物的界限,把二者在细胞的基础上统一起来。施旺还首先提出了"细胞学说"这一名词。他们二人都认为,细胞学说不仅是关于有机体构造的学说,而且是有机体发育的学说。他们对细胞的形成也做过一些猜测和设想,但尚没有令人折服的论证。发育过程的机制是什么,细胞是怎么来的,这些问题到19世纪中叶才初步搞清。但他们的设想对后来的研究是一个推动。

19世纪50年代,德国医生雷马克(Robert Remak, 1815—1865)和瑞士的寇力克(Albert von Kölliker, 1817—1905)等人把细胞学说和胚胎学结合起来进行研究证明:卵子和精子原来都是简单的细胞,在发育过程中,细胞本身可以复制,这个复制过程称为细胞分裂;胚胎发育过程就是细胞分裂过程。1855年,德国病理学家微尔和(R. Virchow, 1821—1902)把细胞是由细胞分裂形成的概括为"细胞来自细胞"。

细胞学说的建立是整个生物进化的科学基础。它深刻地揭示了动植物之间不是彼此孤立的,而是有内在的统一性的。

(二) 进化论的创立

18世纪中叶以前,人们受形而上学世界观的束缚,普遍认为物种是不变的。18世纪中叶之后,随着地质地理学、比较解剖学、胚胎学的发展,生物是进化来的观念逐渐被人们接受。然而,从进化论思想的萌芽到进化论的确立却经历了一百多年的时间。

1. 生物进化思想的萌芽。1745年,法国科学家布丰和莫泊丢(Pierre Maupertuis, 1698—1759)等都著书立说,阐述生物进化的思想。1754年,法国百科全书派首领狄德罗（Denis Diderot，1713—1784）在他的《对自然的解释》一书中认为：一切生物皆出自于一种最初的原型，彼此都有亲缘关系；物种可以随着周围物质条件的变化而发生变异。1759年，俄籍德国生物学家沃尔弗在他的学位论文《论发育》一文中，用渐成论表述了进化论的思想。

第一个系统地提出进化论思想的是法国博物学家拉马克（Jean-Baptiste Lamarck，1744—1829）。1809年，他在《动物哲学》一书中第一次成功地描述了动物进化过程，创下了不可磨灭的历史功绩。拉马克进化论思想的基本点是：第一，生物是进化来的。他把昆虫和蠕虫两类无脊椎动物分成十个纲，按照它们的构造和组织上的阶梯，以直线次序排列起来；脊椎动物按鱼类、爬虫类、鸟类和哺乳类四个纲依次排列起来。这些排列显示了动物从单细胞有机体向人类过渡的进化次序。后来，他又把生物进化的直线系列改为系谱树，更加接近于实际。第二，生物进化有两种动力：一是生物有天生的向上发展的内在倾向（生物进化是内在力量逐渐发生作用的结果，这一点有神秘性，何谓内在力量，拉马克没说清楚）；二是环境对生物体的影响。第三，关于生物适应环境的演化机制，拉马克提出"用进废退"和"获得性遗传"两条重要原则。如长颈鹿原来生长在非洲干旱地区，那里的青草很少，只好吃树叶，低树的叶子吃光了，又吃高树的叶子，这就不得不用力拉长脖子，拉长的脖子又传给后代，便形成了今天的长颈鹿。拉马克学说虽然还缺乏足够的根据，也有不少错误，但是对进化论的最后创立有很大影响。

由于拉马克的学说触犯了宗教的观点，所以得不到国家任何物质和精神的援助，以致生活十分贫困，还受到拿破仑（Napoléon Bonaparte，1769—1821）的讽刺。晚年因长期在显微镜下工作，他双目失明，于1829年病逝于巴黎。

2. 达尔文进化论。以大量科学事实为依据，全面、系统地提出物种进化论的是英国生物学家达尔文。

达尔文（Charles Robert Darwin，1809—1882）出生在英国一个医生世家，家庭富裕，祖父是一位诗人、博物学家、哲学家，才华横溢，也有进化论思想。父亲是著名医生，聪明，具有敏锐的洞察力和同情心。外祖父是著名的陶瓷制造商，和蔼可亲，母亲同样和蔼可亲，富有同情心。达尔文继承了祖父才华横溢的基因和外祖父和蔼可亲的性格。达尔文8岁丧母，由父亲抚养成人，他在男孩中排行老二，还有一个姐姐。他是父亲最喜欢的一个孩子，被寄予厚望，父亲希望他继承祖业成为一名医生。1825年，达尔文进入爱丁堡大学学习医学。但由于他从小喜欢玩鱼、捉鸟，对植物变异也有兴趣，不喜欢医学，于是在 1828 年父亲又把他转到剑桥大学学习神学。在剑桥的时光是虚度的，他经常玩牌、旅游、收集甲虫等。幸运的是，他在这里结识了植物学教授汉斯罗（J. S. Henslow，1796—1861），后者的影响和赏识重新唤起了达尔文学习地质学和自然历史的愿望。1831 年大学毕业后，在汉斯罗教授的推荐下，达尔文自愿、自费，带着两本书——赖尔（Sir Charles Lyell, 1797—1875）的《地质学原理》和《圣经》，在英国皇家考察船“贝格尔号”上进行了长达五年的科学考察。“贝格尔号”远征船从英国到达南美的东海岸，穿过海峡又到达南美的西海岸，随后到达太平洋的加拉帕戈斯群岛，接着到达新西兰和澳大利亚，最后横渡印度洋，经非洲西海岸，于 1836 年 10 月回国。

在考察中有三件事对达尔文形成进化论思想产生了巨大影响。第一，在南美的地层中发现了一种古代巨大的哺乳类动物化石，它和现在较小的犰狳非常相似。第二，在南美大陆，一些近似的动物物种，由北至南，依次更替。第三，加拉帕戈斯群岛上的大多数生物都具有南美生物的性状，而群岛的各个岛屿上的物种彼此间又有轻微的差异。这些差异是怎样出现的？达尔文认为，只能用物种是逐渐变异的这一假说来解释。他坚信物种不是被上帝分别创造出来的，一个物种是由另一个物种传下来的，《圣经》被他抛在一边。

回国后，他一面总结、整理考察中收集到的资料，一面做动植物人工变异实验。经过二十多年的潜心研究，于 1859 年出版了他的《物种起源》（全名为《通过自然选择或生存斗争保存良种的物种起源》）。书中用大量而丰富的资料系统、全面地阐述了他的进化论思想，其基本点是：第一，生物是进化来的，既不是上帝创造的，也不是一成不变的。第二，变异是生物普遍存在的现象，变异的基本原因是生活条件的改变。第三，通过人工培育可以产生新种。第四，相似的生物起源于一个共同的祖先，一切生物的最终起源是单一的。第五，在自然界中，生物物种是通过自然选择而产生的；自然选择是通过生存斗争实现的；生存斗争的结果是“物竞天择、适者生存”，优胜劣汰是生物进化的基本规律。达尔文所指的生存斗争包括种内斗争、种间斗争和与自然环境的斗争。在这些斗争中进行自然选择，通过自然选择出现了物种的进化，因此，自然选择是达尔文进化论的核心。第六，达尔文还认为，生物不仅有变异，而且有遗传，这不仅保证种的繁衍，而且保证把有利的变异传给后代。有利的变异在世代的传递中逐渐积累，最终可以产生出新种。总之，达尔文对生物进化做了规律性解释。

《物种起源》是一部具有划时代意义的革命性著作，是生物学史上的一个里程碑。它的出版立即引起社会各界的重视。第一天,2500 册就销售一空,重印的 3000 册又在一天内售完,此后多次重印,畅销全世界。达尔文进化论的意义可概括为两点:第一,它彻底粉碎了神创论和形而上学物种不变论,第一次把生物学建立在科学的基础上。关于这一点,恩格斯和列宁都给予了高度评价。恩格斯在 1859 年 12 月 12 日致马克思的信中写道:“我现在正在读达尔文的著作,写得简直好极了。目的论过去有一个方面还没有被驳倒,而现在被驳倒了。此外,至今还从来没有过这样大规模的证明自然界的历史发展的尝试,而且还做得这样成功。”[①] 列宁在谈到达尔文的贡献时,也称赞他“推翻了那种把动植物物种看作彼此毫无联系的、偶然的、‘神造的’、不变的东西的观点,探明了物种的变异性和承续性,第一次把生物学放在完全科学的基础之上”[②]。第二,它为辩证唯物主义自然观的创立奠定了自然科学史的基础。它从生物学角度揭示了事物发展从低级到高级、由简单到复杂的过程,这种观点与唯物辩证法的联系与发展的观点相吻合。正如马克思所说,达尔文的物种进化论“为我们的观点提供了自然史的基础”[③]。

达尔文成功的原因很多,其中一点是,他具有敏锐的洞察力和持之以恒的精神,他往往在那些司空见惯、别人不注意的稍纵即逝的地方做出重大发现。比如,他发现家养的狗、兔、猪的耳朵是下垂的,并认为这是家养环境没有野外那种惊吓造成的。他认为对于科学,坚持者必可成功。这些对于从事科学研究的人都是值得学习的。

达尔文进化论的确立不是一帆风顺的。《物种起源》出版后曾引起一场风波,遭到了来自宗教和世俗的反对和攻击,连他的好朋友也对“人猿同祖”不理解,站到了反对派一边。当时反对派是多数,支持者是少数。主教曾纠集教会头目策划“打倒达尔文”,1860 年 6 月 30 日展开了一场短兵相接的“牛津大辩论”。地质学家赖尔、英国博物学家赫胥黎(T. H. Huxley, 1825—1895)站在达尔文一边,支持和鼓励达尔文。赫胥黎在给达尔文的信中说:“你的理论,我准备接受火刑(如果必要)也要支持。”达尔文在给赖尔的信中则表示:“这种围攻说明了这一理论是值得我们为它而战的,我保证一定尽我最大的力量。”这场辩论以达尔文胜利而告终。1863 年,赫胥黎又发表了《人类在自然界的位置》一书,明确论证了“人猿同祖”的观点,进一步支持了

---

① 《马克思恩格斯全集》第 29 卷,人民出版社 1972 年版,第 503 页。
② 《列宁选集》第 1 卷,人民出版社 1995 年版,第 10 页。
③ 《马克思恩格斯全集》第 30 卷,人民出版社 1974 年版,第 131 页。

达尔文。此后，达尔文进化论占据了生物学中的统治地位。1882 年 4 月 19 日达尔文逝世，终年 73 岁，他的墓与牛顿的墓遥相对应。

在介绍达尔文进化论时有两个问题要加以说明。一是反马克思主义者杜林(Karl Eugen Dühring, 1833—1921)攻击达尔文的进化论是受马尔萨斯(T. R. Malthus, 1766—1834)《人口论》的影响。达尔文的自然选择理论是受马尔萨斯《人口论》的启发而明确的，达尔文并不否认读过马尔萨斯的《人口论》，但是不戴马尔萨斯的眼镜，达尔文照样可以建立起进化论，因为建立进化论的条件已经成熟。正如达尔文在他的自传中所写："1838 年 10 月间，也就是我系统探索了 15 个月以后，我为了消遣，偶尔看到了马尔萨斯的《人口论》，而我由于长期不断观察动植物的习惯，对这种到处都在进行着的生存斗争，思想上早就容易接受，现在读了这本书，立即使我想起，在这种情况下，有利的变异往往易于保存，不利的变异则往往易于消灭。其结果就会形成新的物种。这样，我终于找到了一个能说明进化作用的学说了。"① 二是英国另一生物学家华莱士(A. R. Wallace, 1823—1913)与达尔文同时发现进化论的问题。华莱士在家排行第八，家境贫寒，没读过大学，中学毕业后当过测量员，到过不少地方，萌发了对大自然的热爱，买了不少植物学书籍，靠自学成才。1844 年，任中学教员时开始研究生物学，1848 年到巴西亚马孙河流域考察四年，1854 年又到马来群岛考察八年，有与达尔文类似的经历。1855 年，他写了一篇论文：《制约新物种出现的规律》，达尔文读后感到志同道合，"几乎同意每个字所包含的真理"。1858 年，华莱士又在《变种无限偏离原始类型的歧化倾向》一文中提出了自然选择、适者生存的规律，阐述了物种进化的原因，并于同年 6 月 18 日将论文寄给达尔文。达尔文阅后为之震惊，发现华莱士关于物种进化的观点与自己的想法不谋而合，论文的表达也非常清楚，而且走在自己前边。达尔文已秘密研究进化论达二十年之久，现在在优先权问题上产生了苦恼，便写信把这件事告诉了赖尔。经赖尔等人调解，又联名写信给林耐学会，最终达成协议：把华莱士的论文连同达尔文 1844 年写的手稿摘要于 1858 年 7 月 1 日在《林耐学会会报》上同时发表，华莱士的名字与达尔文并提。13 个月后，《物种起源》出版。华莱士十分谦虚，认为自己没有写出《物种起源》那样的大部头著作，自觉地把自己降为从属地位，并创造了"达尔文主义"一词，把生物进化论命名为"达尔文主义"，

① 《达尔文生平及其书信集》第 1 卷，叶笃庄等译，生活·读书·新知三联书店 1957 年版，第 68—69 页。

表达了对达尔文的敬佩。许多科学家被华莱士这一美德所感动,称他为“达尔文的骑士”。华莱士帮助达尔文宣讲和普及进化论观点,称自己是一个达尔文主义者。华莱士一生获得许多荣誉,1893 年被选入英国皇家学会,1910 年英国国王授予他一枚功勋勋章。

(三) 孟德尔和魏斯曼的遗传理论

在达尔文、华莱士研究物种起源时,特别是 19 世纪下半叶,另一些生物学家则侧重于研究物种的稳定性及同一物种的亲代性状在子代的表现,使遗传学取得较大进展。

1. 孟德尔的遗传定律。生物的子代为什么既有与亲代酷似,又有与亲代不尽相同的性状,这个问题很早就引起人们的注意。这是物种的连续性(稳定性)与不连续性(间断性)的统一,如果否认子代与亲代的相似性(连续性),就没有稳定的物种,也就无从讨论物种的进化;反之,如果只承认子代与亲代的相似,否认生物发展中的间断性,就没有物种的变异和进化。把二者统一起来考虑,既看到物种的连续性或稳定性,又看到物种的变异性或不连续性,并对子代与亲代关系进行实验研究的是奥地利生物学家孟德尔。

孟德尔(G. Mendel, 1822—1884)出生在捷克布尔诺(现奥地利的布龙)一个贫苦的农民家庭,年轻时因家境贫困无力上学,入修道院当了修道士。1851 年被修道院派往维也纳大学学习物理、数学和自然科学,1853 年返回修道院讲授自然科学。从 1854 年起,他用了 11 年时间在修道院的花园里做了二百多次豌豆杂交实验。1865 年,他在布龙博物学会上宣读了以《植物杂交实验》为题的论文,该文又于次年在布龙自然历史学会的学报上发表。论文总结了他的实验结果和发现。

他在实验中选择了植株的高和矮、豌豆颜色的黄和绿、豌豆表皮的圆滑与皱褶等成对性状为观察指标。当选择一对性状为指标时,他发现父本为高植株,母本为矮植株时,杂交后代中,子Ⅰ代都为高植株,子Ⅱ代(子Ⅰ代相互杂交)中高矮之比为 3∶1。当选择两对性状(豌豆颜色的黄、绿和表皮的圆、皱)为指标时,他发现当父本为黄、圆,母本为绿、皱时,在子Ⅰ代中全部为黄、圆,子Ⅱ代中性状分配为 9(黄圆)∶3(黄皱)∶3(绿圆)∶1(绿皱)。

孟德尔根据大量实验结果进行统计和研究,并分析其内部原因,提出了以下假设:遗传性状都是以成对因子为代表,性状有显性和隐性之分;当成对因子中显性、隐性同时存在时,则呈显性;只有当成对因子都为隐性时,才呈隐性。在豌豆杂交实验中的高、黄、圆都是显性,矮、绿、皱都是隐性。

根据这个假设,孟德尔提出了两条著名的遗传定律:第一,分离定律,即成对因子在遗传传递过程中可以相互分离;第二,独立分配定律,即两对性状在遗传传递时也可以分开,独立进行传递。

孟德尔的遗传定律对育种具有重要的实践意义。根据这些定律,既可以设法把某些符合需要的特性保留下来并聚集在一个品种内,又可以把具有有害倾向的特性淘汰掉。但是由于当时生物界的热点是研究和讨论物种的变异,加上孟德尔是个小人物,文章又发表在一个小地方的不甚出名的小杂志上,因而他的实验结果未能引起注意,被埋没了三十多年。1900 年,荷兰科学家德·弗里斯(Hugo Marie de Vries, 1848—1935)、德国科学家科伦斯(C. Correns, 1864—1933)、奥地利植物学家丘歇马克(E. Tschermak, 1871—1962)在研究遗传问题并准备发表成果时,为了慎重,查阅了大量资料。他们三人都发现了孟德尔的工作,因而他们在发表研究成果时,都把功劳和荣誉归于孟德尔,都认为自己的工作只是证实了孟德尔的遗传定律。这说明,孟德尔的遗传理论是现代遗传学的基础,是 20 世纪生物学发展的起点,对生物学的发展产生了巨大影响。

2. 魏斯曼的遗传学说。19 世纪末,遗传学研究的代表人物是德国动物学家、新达尔文主义者魏斯曼(August Weisnann, 1834—1914)。他通过对蝇类的进化、水蚤的生殖行为、切割鼠尾对遗传的影响等研究,于 1892 年提出了种质连续学说。其基本观点是:第一,生物体是由种质和体质组成的,遗传必须通过种质,与体质无关;获得性状是体质的变化,不能遗传,这就否定了拉马克的获得性遗传学说。第二,自然选择是进化的唯一机理,自然选择的对象是种质,这是新达尔文主义的主要内容。

魏斯曼第一次把种质(生殖细胞)与体质(体细胞,如神经细胞、肌肉细胞等)区别开来,强调种质起生殖和遗传作用,具有稳定性和连续性,可以世代相传,而体质只能自行繁殖,产生与自然相同的细胞,其功能是从事各种营养活动。这一理论对生物学发展起了一定的推动作用,但是他否定获得性遗传是值得商榷的。魏斯曼的代表作有《种质论》和《进化论演讲集》。

六 第二次技术革命

(一) 第二次技术革命的前奏

19 世纪下半叶,资本主义已由自由竞争发展到垄断,垄断阶段的大生产要求有强大而集中的能源。这时,最大蒸汽机虽然可达 1.7 万匹马力,但它有许多缺点:第一,蒸汽机必须附有一套庞大而笨重的传导装置,而机械传导动力的装置,由于摩擦,又使动力传导效率降低,传导距离有限;第二,蒸汽动力车间所需燃料的运输既麻烦又不经济;第三,使用机械传输系统传送能量不能实行流水作业。这就要求寻找一个既集中、灵活而又经济的能源分配方法。于是,一场电力代替蒸汽动力的技术革命便应运而生,称雄一时的蒸汽机时代即将过去。

电力革命与以蒸汽机为标志的第一次技术革命不同,它是在科学理论指导下进行的,也就是说,第二次技术革命是科学理论在先,技术在后。到19世纪二三十年代,科学技术的发展也具备了产生电气化的条件。前面讲到,18世纪以来,人们对电有了初步认识,特别是奥斯特发现的电流的磁效应和法拉第发现的电磁感应原理,为电动机和发电机的发明制造奠定了理论和实验的基础。1831年9月,法拉第发现电场和磁场的相互作用可以产生机械运动,并指出把机械能转化为电能的途径。以后,法拉第和亨利等人造出了电动机和发电机的雏形,成为第二次技术革命的发端。

(二)第二次技术革命的标志——电机的发明和电力的应用

第二次技术革命以电机的发明和电力的应用为标志,第二次技术革命的时代被称为“电气时代”。电气化技术的产生和发展首先是从发电机和电动机的制造开始的。奥斯特发现电流使磁针偏转效应,表明电能可以转化为机械能。法拉第的电磁感应定律,又证明机械能可以转化为电能,这是制造发电机和电动机的基本原理。

1. *发电机和电动机的产生及发展。*1831年,法国巴黎的皮克西(Hippolyte Pixii, 1808—1835)根据法拉第的发现率先制造出了世界上第一台手摇永磁式发电机(最初设计是:线圈固定,有马蹄形的旋转磁铁),翌年又进行了改进,即令磁铁固定,线圈旋转。这种发电机是实验性的,主要是为了展览。1834年,英国伦敦仪器制造商克拉克(E. M. Clark,生卒年不详)制成第一台商用发电机。但是这种发电机发出的电是交流电,为了使交流电变成直流电,又配置了由安培设计的机械整流器。

永磁式发电机使用永久磁铁式天然磁铁作为磁场,但是由于受磁铁本身磁强的限制不可能提供强大的电力。为了克服这一缺点,许多科学家和工程技术人员进行了研究。1855年,丹麦工程师塞霍·约尔特(Seren Hjorth,1801—1870)首先获得了使用电磁铁激磁的专利权,但这种电磁铁还不是自激式,即开始时尚需靠外加电源为之激磁,因而没能付诸应用。1863年,著名电机制造家王尔德(Henry Wilde, 1833—1919)制成了带有磁电激磁机的发电机,用于电镀工业。

1866 年年底,“近代德国科学技术之父”西门子(E. W. von Siemens, 1816—1892)等人发展并展示了自激式发电机的原理。惠斯通也展出了按自激式原理制成的发电机。大约与此同时,美国的大发明家摩西·法默(Moses Farmer,1820—1893)、匈牙利物理学家恩奥斯·捷狄克(Ányos Jedlik,1800—1895)等人都进行了自激式发电机实验。其中,影响最大的当属德国的西门子于 1866 年制成的自激式直流发电机。他用电磁铁取代了永久磁铁,并用发电机发出的电作为自身电磁铁的电源,因而称为自激式发电机。这种发电机靠电磁铁中的剩磁启动,可以把机械能高效率地转化为强大的电流。这种把电转化为磁和磁转化为电相结合的发明具有划时代意义,它使电力和发电机成为被广泛应用的能源和动力。

此后,发电机又在西门子发电机的基础上进一步改进和完善。1870 年,比利时的格拉姆(Z. T. Gramme, 1826—1901)制成了具有环状电枢(转子)的直流发电机。1872 年,德国西门子公司的阿尔特涅克(F. von Hemer Alteneck, 1845—1904)发明了鼓状电枢(转子),使发电机的效率大为提高。1876 年,俄国科学家亚布洛契诃夫(П. Н. Яблочков, 1847—1896)在皮克西兄弟等发明的基础上,最先提出了制造多相发电机的设想。这项工作到俄国电工学家多里沃-多布罗沃利斯基(Dolivo-Dobrovolskii, 1861—1919)研究三相系统时才得以完成。19 世纪 70 年代,直流发电机实际上已具备现代电机的各种元件和基本结构。1882 年,美国大发明家爱迪生(Thomas Alva Edison, 1847—1931)在纽约制成了当时世界上容量最大的一部发电机,并建立了世界上第一座直流发电厂,安装了 6 台发电机,每台可点燃 1500 个 15 瓦的灯泡,开辟了第一个民用照明系统。

西门子、爱迪生都是融科学家、工程师和商人于一身的人物。德国和美国由于培养出这类人才,科学技术进步很快。

在制造发电机的同时,科技工作者已开始了电动机的设计和制造。电动机的基本原理是运用电流交变所产生的旋转磁场切割转子的导体,感应出电流,转子电流和旋转磁场相互作用而产生的电磁力矩就使电动机转动起来。1834 年,俄国人雅科比(Якоби, 1801—1874)发明了一台回转运动的直流电动机。1836 年,这种电动机用于带动木工旋床,1840 年又用于带动报纸印刷机。但是,这种电动机的使用还受到电源供应不足的限制,直到发电技术日臻完善,电动机的设计制造技术才随之完善起来。

2. 电灯的发明与应用。从 19 世纪 40 年代起,人们就进行了白炽灯的研究，但进展缓慢。技术上主要有两大困难：一是灯丝材料的选择与加工技术未过关，电照明要求灯丝材料既要发亮又不熔化，难度很大；二是抽真空技术未过关，灯泡内存有空气就会影响灯泡寿命。科技工作者进行了多方研究，逐步取得进展，最终掌握了理想的电照明技术。

1847 年，斯提特（Staite，生卒年不详）提出用高熔点的铂铱合金作灯丝材料，但由于抽真空技术不过关，灯泡内存有空气，灯丝寿命很短。1879 年 2 月 3 日，英国人约瑟夫·斯万（Joseph Swan，1828—1914）开始了用碳化材料作灯丝的实验，发明了白炽灯。但这种灯丝的寿命也太短，没有实用价值。1865 年，发明了抽真空的汞泵，灯泡的真空问题解决了。这样，斯万又于 1878 年制成了第一个令人满意的用碳丝作灯丝的灯泡。1879 年 10 月 21 日，爱迪生经过反复实验后发明了用碳化棉丝作灯丝材料的耐用电灯。1880 年，斯万获得了制造高真空灯泡的专利，1883 年又获得了改进制作灯丝材料的专利，与爱迪生展开了竞争。为了不至于两败俱伤，他们二人于 1883 年共同开设了爱迪生—斯万联合电灯有限公司。这样，早期发电站发出的电力主要用于照明而不是作工业动力。继爱迪生和斯万之后，人们还在寻找新的难熔灯丝材料。1898 年，威尔斯巴赫（Auer von Welsbach，1858—1929）提出用熔点为 2700℃的锇作灯丝材料。19 世纪末 20 世纪初，人们又改用熔点为 2996℃的钽作灯丝材料。大约在 1911 年才普遍采用钨作灯丝材料，一直沿用至今。1913 年，兰米尔（又译朗缪尔，Langmuir Irving，1881—1957）又在灯泡内充入惰性气体，使灯泡寿命进一步延长。

3. 远距离输电的实现。电力的广泛应用和大型电站的建设，需要电的远距离传输，而远距离传输又要采用高压输电，因为低电压直流电在线路上传输时能量损耗很大，很难保证终端用户电压的稳定，这就引起了对远距离供电的研究。

最先成功地研究高压输电的是法国电气工程师德普勒（M. M. Deprez，1843—1918）。1882 年，他用一台容量为 3 匹马力的直流发电机发出的电，在慕尼黑国际展览会做了电压为 1500 伏和 2000 伏、距离为 57 千米的输电表演，传输了大约 1500 瓦的电能。电力传输的成功是电力取代蒸汽力的一个重大突破。恩格斯在评价其意义时指出："这一发现使工业彻底摆脱几乎所有的地方条件的限制，并且使极遥远的水力的利用成为可能，如果在最初它只是对城市有利，那么到最后它将成为消除城乡对立的最强有力的杠杆。”①

远距离输电的技术难题是电压的升降问题,要把低电压直流电变为高电压直流电,或者把高电压直流电变为低电压直流电,都很困难。德普勒所传输的电是直流电,而当时又不可能直接从直流发电机获得极高电压,这就促成了交流发电机和变压器的研制。

在实现交流高压输电方面迈出第一步的是意大利物理学家和电气工程师格·费拉里斯(G. Ferraris, 1847—1897),他根据两相交流电能产生旋转磁场的原理,于1885—1888年提出了用两相交流电进行远距离输电的思想。对费拉里斯的思想进行阐明并付诸实践的是塞尔维亚著名电气工程师特斯拉(N. Tesla, 1856—1943),他认为两相电流是最合实际的,并进行了两相电流和发电机设计。1896年,美国在尼亚加拉建造的水电站,就是两相电流水电站,但是两相电流后来没能得到广泛推广。

为了更合理地解决远距离输电问题,俄国工程师多里沃-多布罗沃利斯基提出了三相交流电输电问题。在此基础上,他研制出了三相电流的发电机。1891年,他展示了用三相交流电传输电能达170千米的技术,并展示了他的三相交流发电机。这次展示是世界上第一次用三相交流电进行远距离输电。三相交流发电机的原理至今无重大改变。多里沃-多布罗沃尔斯基的发明标志着电气技术新时代的开始,它不仅解决了远距离输电问题,而且使电能在工业领域得到了广泛的应用。

1883年,高兰德(L. Gaulard, 1850—1888)和吉布斯(J. D. Gibbs,生卒年不详)根据法拉第电磁理论发明了第一台有实用价值的变压器,为高压交流输电创造了条件。1896年,美国尼亚加拉水电站把发电机发出的5000伏电压的电用变压器升到11000伏,并送到40千米以外的距离。19世纪90年代开始的远距离输电的电压不断提高:90年代中期,平均电压为10千伏;19世纪末,美国的远距离输电电压就上升到50—60千伏;1902年为80千伏,1907年为110千伏,1912年达到140千伏。

高压输电技术不仅广泛用于照明,而且带动了电冶、电解、电化工、电运输等工业的发展。

4. 无线电技术的发明。电磁理论引出的另一项重大电技术发明是无线电波的发射和接收,它开创了“弱电”利用的新领域。在赫兹证实电磁波存在之后,1890年和1894年,法国的布冉利(Edouard Branly, 1844—1940)和

① 《马克思恩格斯选集》第4卷,人民出版社1995年版,第654页。

英国的洛奇（O. Lodge，1851—1940）制成和改进了无线电波接收器。1894—1896年间，意大利的马可尼（G. Marconi，1874—1937）和俄国的波波夫（Попов，1859—1906）分别成功地进行了无线电的传播和接收实验。1895年5月9日，波波夫当众表演了他发明的无线电接收机，后来苏联政府把这一天命名为“无线电发明日”。1896年6月2日，马可尼获得英国政府颁发的专利。马可尼还在1901年成功地完成了英国和加拿大之间的无线电通信，肯定了用电波进行通讯联络的威力。因为他第一个让无线电波越过海峡飞过大西洋，所以获得了发明无线电的优先权。1902年，美国电气工程师肯涅利（Arthur Edwin Kennelly，1861—1939）和英国的亥维塞德（Oliver Heaviside，1850—1925）分别发现了电离层，证实了无线电波长距离传递的可能性。此后，无线电技术广泛应用，人们开始进入电气时代。

电气时代所创造的社会生产力，是蒸汽时代望尘莫及的。如美国1860年工业生产仅居世界第4位，产值仅为资本主义世界的10%，由于广泛使用电力，1890年产值增加了9倍，超过大英帝国，居世界第一。总之，电力的应用从根本上改变了整个社会生产和生活的面貌，加速了资本的集中和垄断，带动了一系列新技术部门的出现。直到现在，电力工业发展状况和电力的应用程度仍是判断一个国家的经济是否发达的重要标志之一。

第三篇 现代自然科学的发展与新兴学科的建立

现代自然科学是从19 世纪末 20 世纪初开始的。19 世纪末自然科学开始了革命性发展;20 世纪虽然经历了两次世界大战和世界性经济危机的干扰,但是自然科学研究仍然成果辉煌,不仅物理学、化学、天文学、地质学等学科取得了重大突破,而且出现了生命科学、横断科学、环境科学等新学科。自然科学的新成果大大促进了高新技术的发展。第二次世界大战后出现的电子计算机技术、能源技术、激光技术、纳米技术、航天技术等,都是在自然科学理论的指导下产生的,而这些高新技术又直接影响着社会经济、军事、医疗卫生、文化艺术、教育等部门,使人类的物质生活和精神生活乃至人际关系发生了深刻变化;反之,高新技术的发展又促进自然科学向深度和广度进军。这一切使人们认识到,现代自然科学成果在一定意义上已成为关系到社会发展、国家兴衰、人民安康的一种决定性力量。因此,世界各国都十分重视自然科学的发展,都把发展自然科学放在重要的位置。

现代自然科学的总体特点是:科学向整体化发展,一系列交叉性、边缘性、综合性新兴学科不断涌现,科学越来越成为一个有机统一整体;科学数学化已成为科学发展的一种趋势。

本篇将介绍现代自然科学发展及新学科建立的概况。

第七章
物理学革命

19 世纪物理学的发展是科学史上的辉煌篇章，不少科学家被这一胜利所陶醉，认为科学大厦即将竣工，剩下的工作只是测准一些物理常数，或把一些定律进行应用。他们的根据是：人们主要研究的两种作用力——引力和电磁力，都已得到完满的说明，关于热现象已有热力学定律予以说明，科学发展已经十分完善。英国物理学家开尔文(W. T. Kelvin, 1824—1907)认为，物理学已晴空万里，只剩下以太漂移和黑体辐射"两朵乌云"。然而，事实并非如此。19 世纪物理学的成就还仅限于宏观、低速领域的研究，对于微观、宇观领域或者没有触及，或者尚挖掘不深。19 世纪末 20 世纪初以来，人们在深入探索物性的过程中又取得了一系列革命性成果，拉开现代科学革命序幕的是物理学。

一　物理学革命的发端——X 射线、元素放射性和电子的发现

(一) X 射线的发现

X 射线的发现起源于对阴极射线的研究。电磁学建立之后，人们对气体放电现象进行了深入研究。当时，人们首先想到的是在实验室条件下如何模拟大自然中的雷电现象。起初，人们把玻璃管中的气体加上高压电进行观察，果然得到了放电现象。1854 年，德国玻璃工盖斯勒(H. Geissler, 1814—1879)发明了以他的名字命名的真空管，为研究真空放电和发光现象提供了物质手段。1859 年，德国物理学家吕克(J. Plücker, 1801—1868)用"盖斯勒真空管"进行真空放电实验时发现，当高压电荷通过放电管时，阴极

一端出现放电现象，而对着阴极管壁的地方会发出绿色的辉光，从而成功地实现了人工放电。1869 年，德国物理学家希托夫(J. W. Hittorf, 1824—1914)证明，放在阴极与玻璃壁之间的障碍物，可以在玻璃壁上投射阴影。1876 年，德国物理学家戈尔茨坦(Eugen Goldstein, 1850—1931)对"绿色辉光"作了解释，认为这是由阴极上产生的某种射线引起的，并首次把这种射线称为"阴极射线"。关于"阴极射线"的本质，当时德国一些科学家认为，它是一种光波。而英国物理学家克鲁克斯(W. Crookes, 1832—1919)等人则认为，阴极射线可能是某种微粒流。

1879 年，克鲁克斯自制了一种比盖斯勒真空管真空度更高的"克鲁克斯管"，再次进行放电实验。由于这种真空管真空度高，放电时没有辉光。克鲁克斯发现，从阴极射出的一种射线碰到玻璃管壁或硫化锌等物质时，会发出荧光，特别是发现了阴极射线在磁场中会发生偏转，从而断定阴极射线是某种粒子流。

关于阴极射线本质的争论，持续了二十年之久，结果导致了几项轰动世界的重大发现，首先是 X 射线的发现。

1895 年，德国维尔茨堡大学物理学教授伦琴(W. C. Röntgen, 1845—1923)也选用克鲁克斯管重新进行阴极射线实验，目的是准确观察阴极射线的荧光作用。伦琴用黑纸将实验用的放电管严密地包裹起来，以免放电管受到外界环境干扰。准备就绪后，他接通了放电管的高压电源，在黑暗中，他发现一米以外的实验屏上闪烁着绿色的微光。开始，他以为是放电管没包好，又仔细检查了包裹情况，当他再一次接通电源时，绿色闪光又出现了，这使伦琴大为震惊。他反复实验，把涂有亚铂氰化钡的实验屏挪到两米以外，仍可清晰见到闪光，伦琴断定它是一种新的射线。实验结果证明：它不但能激发荧光物质发光，而且能通过密封的黑色纸使照相底片感光，甚至可以显示出衣袋里的钱币和手掌的骨骼，穿透力极强；并且它不在磁场中偏转，说明不是阴极射线。当时伦琴并不知道这是什么射线，故命名为"X 射线"，通称"爱克斯光"，现在人们把 X 射线也称作"伦琴射线"。

X 射线的发现轰动了全世界，反响快得惊人，大家都被 X 射线的魔力吸引住了。人手骨骼阴影的照片，仿佛使人看到自己的骷髅，人们感到既惊恐，又十分好奇。德国皇帝威廉二世看了伦琴的表演之后，立即授予他二级普鲁士王室勋章。伦琴的发现引起了连锁反应，许多科学家纷纷调整研究方向，抢购克鲁克斯管和阴极射线发生器。

X 射线的发现是科学史上又一偶然发现，然而偶然的背后隐藏着必然，它是阴极射线研究的一个必然结果，如果伦琴不发现，别人也迟早会发现。其实早在伦琴之前克鲁克斯就发现放在他的阴极射线管附近的照相底片感光了，当时他认为这是产品质量不好，并退了货，没想到它是X射线造成的。1890年，哥兹比德和鲁宁在费城演示阴极射线实验时，也发现照相底片变黑了。前者还在无意中拍了一张X射线照片，但被他扔到废相片堆里了。据说，俄国物理学家卡门斯基1885年就拍了X射线片，但没有进一步研究。

关于X射线发现的优先权之争伤害了伦琴和勒纳德(Philipp Lenard，1862—1947)的感情，后者说是他先发现的，只是由于别的原因没能进行满意的研究。伦琴谦虚、诚实，决心用事实说话。发现X射线后，他又连续做了三周的实验，证实确实无误，有把握证明它是一种新射线，才于1895年12月28日以《一种新的射线·初步报告》为题发表了论文，公布了产生X射线的方法、X射线的穿透功能及其照片。

X射线具有很强的实用价值和科学意义。第一，它被迅速用于外科诊断，X射线发现后的第四天，美国人就用它透视脚部弹片的位置。伦琴因此获得了名誉医学博士学位。后来，X射线又被应用于冶金学，成为研究晶体物质结构的一种手段。第二，X射线被誉为“领路鸟”，它的发现导致了元素放射性和电子的发现。1901年，伦琴获得了第一个诺贝尔物理学奖。

伦琴的成功一是由于他对物理现象废寝忘食、孜孜不倦的钻研，二是由于德国沃兹大学康特(Kantor，生卒年不详)教授的悉心教育和帮助，对此他念念不忘，并教育他的学生要珍惜友谊和帮助，留下了“人生不可无友”的警句。1923年2月10日，伦琴死于癌症，死前，他把诺贝尔奖奖金全部留给了维尔茨堡大学，以促进科学发展。伦琴的发现至今仍造福于人类。

现在已经清楚，X射线可用高速电子流轰击由重金属制成的靶而获得，它的本质是波长为0.01埃(1埃$=10^{-8}$厘米)到10埃的电磁波。

(二)元素放射性的发现

发现X射线后，人们对X射线源发生了兴趣，对这一问题的研究又导致了元素放射性和放射性元素的发现，也就是说，元素放射性的发现源于人们对X射线源的探究。

1896年，法国物理学家贝克勒尔(Henri Becquerel，1852—1908)在研究X射线及荧光物质的性质时，发现了原子自发蜕变的放射性现象。因为某些物质在阳光照射下也会发出荧光，贝克勒尔很想弄清这些荧光与X射线间的关系。他父亲是研究荧光物质的，收集了许多荧光物质，贝克勒尔从一大堆荧光物质中，选取了铀盐(硫酸钾铀)作实验材料。开始时，他依照常规做法，先把铀盐放在阳光下晒，让其发生荧光，然后再把它放在用黑纸包严的照相底片上，让底片感光。起初，他认为底片感光是荧光伴随X射线而产生的结果。有一天，他在重复做这项实验时，刚好阴天，无法使铀盐曝晒而引发荧光，他就把它连同用黑纸包好的照相底片一起放入抽屉。过了几天，当他试图从抽屉里取出铀盐和底片再次做实验时，却意外地发现底片已经感光，冲洗后发现上边印有铀盐包的印记。这说明，照相底片感光与铀盐是否经过阳光曝晒而发荧光无关。于是，他进一步推断：照相底片感光必定是铀盐连续发出的一种类似X射线的神秘射线穿透黑纸所致。贝克勒尔进一步研究发现：不仅所有含铀的荧光物质，而且所有的铀化合物，不论它是不是荧光物质，也都能自动放出这种射线，而放出这种射线的物质就是铀。这样，贝克勒尔首先发现了铀的天然放射性，人们把这种天然放射线叫作“贝克勒尔射线”。这位来自物理世家的科学家，由于受到放射线的伤害，献出了宝贵的生命，仅56岁便离开了人间。

贝克勒尔的发现，引起了许多物理学家的兴趣。法国物理学家皮埃尔·居里（P. Curie, 1859—1906）和玛丽·居里（M. Curie, 1867—1934）在贝克勒尔影响下，很快投入到铀的放射性研究中。居里夫人用静电计对铀所发出的射线的电离性质进行了精确测量，发现铀的辐射强度正比于化合物中铀的含量，与化合物中其他元素无关，表明放射性仅仅是铀元素的一种性质。1898年，她发现钍元素也具有放射性。

后来，他们在反复实验中发现：沥青铀矿石的放射性强度大得惊人，比已知的铀、钍的放射性强许多倍，于是他们大胆地假定，在沥青铀矿石中还存在着放射性比铀大得多的元素。他们经过异常艰苦而繁重的实验，先发现了比铀强400倍的新元素钋（为纪念她的祖国波兰而命名），接着又发现了放射性比铀强200万倍的镭。这个消息再次轰动了世界，但也有人表示怀疑。为了证实镭的存在，他们在十分简陋和艰苦的条件下，用“分步结晶法”经过四年的努力，于1902年从几吨的铀矿石中提炼出0.1克浓缩的镭化合物——氯化镭，并首次测得镭的原子量为225（现在已知为226），从而证实了镭的存在。这一发现打消了化学家和物理学家们的疑问。

为表彰贝克勒尔和居里夫妇在发现元素放射性方面的贡献，1903年，瑞典政府向他们三人颁发了该年度的诺贝尔物理学奖。

元素放射性的发现具有重大的科学和哲学意义。第一，它打破了道尔顿提出的原子不可再分的陈旧观念，证明原子不是组成单质的最小单位，它还可以再分（放出射线）。它说明物理学家的思维方式应当向辩证唯物主义复归,意味着“现代物理学是在临产中”①。射线放出时产生的热能使物理学家一时困惑不解,误认为它违背了能量守恒定律,故昂利·彭加勒(Henri Poincaré, 1854—1912)惊呼:这是“物理学的危机”。实际上,并非物理学出现了危机,而是物理学家头脑中的形而上学的一成不变的观念发生了危机,是“正在生产辩证唯物主义”②。第二,它预示人类将获取一种新的能源——原子能。元素在放出射线的同时产生大量的热能,即用很少的物质,可以获得很高的能量,展示了能源应用的美好前景。如1903年,居里和拉波尔德(A. Laborde,生卒年不详)发现,镭的化合物不断发热,每克镭每小时发热量为100卡(后查明为135卡),它的热发出率不受温度影响,似乎是个永不枯竭的能源。同年,卢瑟福发现,镭的质量经过1590年将减少一半。

元素放射性的发现又向科学家们提出了新的课题:一是天然射线的本质是什么?二是元素放出射线后又变成了什么?第一个问题涉及射线的组成,第二个问题是元素放出射线后的结果。

关于第一个问题,1899年新西兰籍英国物理学家卢瑟福(E. Rutherford, 1871—1937)等人通过把铀放在强磁铁环境中,令铀射线偏转时发现:天然射线是由两种带电的射线组成的,一种是带正电的射线,一种是带负电的射线,卢瑟福把前者命名为α射线,把后者命名为β射线。后来证明,α射线就是氦核,β射线是负电子流。1900年,法国化学家维拉德(P. U. Villard, 1860—1934)又发现:天然射线中还包括一种不带电的射线,命名为γ射线。1914年,卢瑟福等人证明,γ射线与X射线相似,也是一种电磁波,只是波长比X射线短得多,γ射线也就是光子流。这样就证明,天然射线就是由α、β、γ三种射线组成的。三种射线的穿透能力都很强。其中,γ射线的穿透能力最强,不仅能穿透一厘米厚的铅板,而且同时还能照相,并使验电器放电;α射线的穿透能力最弱,仅能穿透低于1/50毫米厚的铝片。

关于第二个问题,经研究发现,原来的放射性元素放出射线后,便蜕变成其他元素,其蜕变服从位移定律,一般变成原子量较小的、稳定的元素。而使元素原子量变小,起作用的是α、β两种射线,γ射线是电磁辐射,它不影响元素的质量和电荷,因而不影响元素在周期表中的位置。如:

$$\underset{(镭)}{{}^{88}\mathrm{Ra}_{226}} \xrightarrow{\alpha\text{放射}} \underset{(氦)}{{}^{2}\mathrm{He}_{4}} + \underset{(氡)}{{}^{86}\mathrm{Rn}_{222}}$$

① 《列宁选集》第2卷,人民出版社1995年版,第216页。
② 同上。

新元素氡的质量比镭少4，电荷少2，变成了稳定的元素，在周期表中前移两个位置。又如：

$$^{83}RaE_{210} \xrightarrow{\beta\text{放射}} {}^{84}Po_{210} + {}^{0}e_{-1}$$

（镭）　　（钋）

新元素钋的质量数和原来的元素镭E相同，而电荷数则比镭E增加1，在周期表中后移一个位置。

科学事实表明：原子、元素都是可分的。

（三）电子的发现

电子的发现也是研究阴极射线的一个结果。它得益于对阴极射线本质的研究。关于阴极射线的本质曾经有两种不同的观点。第一种观点是以德国物理学家赫兹（Heinrich Rudolph Hertz，1857—1894）、维拉德（Paul Ulrich Villard，1860—1934）为首的以太波派。1892年，他们在放电管的壁上开了个薄铝窗，发现阴极射线像阳光一样穿过铝窗，射入空气中，故认为阴极射线是一种以太波。第二种观点是以克鲁克斯和法国物理学家、化学家佩兰（Jean Baptiste Perrin，1870—1942）为代表的微粒说派。克鲁克斯曾用磁铁使阴极射线偏转，预示它是一种粒子流。1895年，佩兰发现，当磁极倒转时，射线就向反向偏转，说明它带有电荷，后来又证明它是从阴极发出的带负电的微粒流。至于微粒是什么，仍有待确定。

1897年，英国物理学家汤姆逊（J. J. Thomson，1856—1940）重新设计了克鲁克斯管，令阴极射线在电场和磁场中均发生偏转，证实了阴极射线是带电的微粒子流，并测得了微粒子的速度与它的荷质比 e/m 之间的关系；e/m 与电极材料无关，说明这种粒子是各种物质的共同组成；1898年，又测得了这种粒子的荷质比 e/m 为氢离子的2000倍。但究竟是这种粒子的电荷很大，还是质量很小呢？后来，汤姆逊和美国物理学家米利肯（R. A. Milliken，1868—1953）等人做了精密的测定和计算，算出这种粒子的电荷 $e = 1.6021 \times 10^{-19}$ 库仑 $= 4.803 \times 10^{-10}$ 绝对静电单位。从汤姆逊所测得的荷质比值 e/m 的数值，可以算出这种粒子的质量 $m = 9.11 \times 10^{-28}$ 克，约为氢原子质量的1/1830。这表明，这种粒子不再是一种假设，而是一种实实在在的物质粒子，它是原子的组成部分。［这种粒子就采用了1891年英国物理学家斯通尼（G. J. Stoney，1826—1911）的命名，被称为“电子”。］为此，汤姆逊获得了1906年诺贝尔物理学奖。

电子的发现及其性质研究，打开了原子世界的大门，开创了物理学的新时代,为量子力学的创立奠定了理论基础,成为通向这一王国的序曲;同时,这也揭示了电的本质,消除了电带来的神秘感。

二　量子理论的创立及其早期发展

(一)"紫外灾难"和普朗克量子论的诞生

20 世纪物理学界的另一革命性创举是量子理论的诞生,它是由黑体辐射研究引起的。所谓黑体是指一种能完全吸收外来电磁辐射而毫无反射和透射的理想物体,是用来研究热辐射的。真正的黑体是不存在的,一般用不透任何辐射、开有一个小孔的器壁围成的空腔来代替黑体,故黑体辐射也称空腔辐射。黑体辐射的特点是:各种波长(颜色)的辐射能量的分布形式只取决于黑体的温度,同黑体的物质成分无关。这是德国物理学家基尔霍夫(G. R. Kirchhoff, 1824—1887)于 1859 年通过实验发现的。

1893 年,德国物理学家维恩(W. Wien, 1864—1928)发现黑体的温度(绝对温度)同所发射能量最大的波长成反比。这一发现被称为维恩位移定律,它是由麦克斯韦电磁理论推出来的。1896 年,维恩又通过半理论半经验的办法,找到了一个用来描述能量分布曲线的辐射定律(也叫维恩公式),这个定律在短波部分与实验相符,但在长波部分却偏离很大(见图 7-1)。

1900 年 6 月,英国物理学家瑞利(L. Rayleigh, 1842—1919)根据统计力学和电磁理论,推出另一辐射定律。1905 年 6 月,英国物理学家金斯(J. H. Jeans, 1877—1946)修正了瑞利定律,以后这一定律就通称为瑞利—金斯定律。不过,据美国物理学家派斯(A. Pais, 1918—2000)考证,爱因斯坦在金斯前三个月(1905 年 3 月)就提出了这一定律的正确形式,故这一定律应称为瑞利—爱因斯坦—金斯定律。这一定律是从古典理论推出来的,它在长波部分渐近于实验曲线,但在短波部分却相差甚远,即理论数值趋于无穷大,实验数据却趋于零。也就是说,随着波长的缩短,辐射强度将趋于无穷大(见图 7-1)。这种现象被荷兰物理学家埃伦菲斯特(P. Ehrenfest, 1880—1933)称为"紫外灾难",这场"灾难"是古典物理学无法克服的。

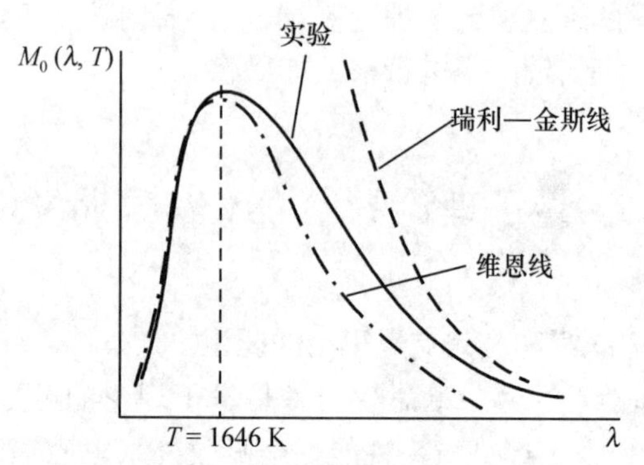

图 7-1　维恩、瑞利—金斯定律与实验曲线比较示意图

"紫外灾难"引起了物理学理论领域的一场革命，在这场革命中迈出第一步的是老成持重但缺乏革命气质的德国物理学家、量子论的奠基人麦克斯·普朗克（Max Planck，1858—1947）。普朗克早期从事热力学研究，1894年开始把注意力转向了黑体辐射问题。1899 年，他从热力学导出了维恩的辐射定律，并相信这一定律是正确的。但是，在年底他从德国物理学家鲁本斯（H. Rubens，1865—1922）等人于 1899 年 9 月发表的实验报告中得知，维恩定律同实验有偏离。于是，他试图修正他的理论。1900 年 10 月 7 日下午，鲁本斯夫妇拜访普朗克时告诉他，瑞利于当年 6 月提出的辐射定律在长波部分同实验结果一致。普朗克受到启发，立即尝试用内插法去寻找新的辐射定律，使它既在长波部分渐近于瑞利定律，又在短波部分渐近于维恩定律。当晚，他把 1899 年的公式加以修改，得到了满足上述要求的辐射定律（普朗克定律），并于 10 月 19 日在德国物理学会上以《维恩辐射定律的改进》为题报告了这一结果。鲁本斯当晚进行实验检验，证明普朗克公式与实验结果完全符合。普朗克的辐射定律公式为：

$$\rho(v) = \frac{8\pi hr^3}{c} \cdot \frac{1}{e^{hr/kT} - 1}, \quad 其中\begin{cases} k\ 为波尔兹曼常数 \\ r\ 为频率 \\ c\ 为常数 \\ h\ 为普朗克常数 \end{cases}$$

但是，普朗克的辐射公式是根据实验数据凑出来的半经验公式，理论上尚找不出合理的解释。它为什么在长波部分像瑞利公式，在短波部分像维恩公式，当时还是个谜。为了寻找公式的理论根据，普朗克又紧张地工作了两个月，终于发现，要对这个公式做出合理的解释，唯一可能的出路是做一个大胆的假设，即物体在发射辐射和吸收辐射时，能量不是连续变化的，而是以一定数值的整数倍跳跃式地变化的，也就是说，在辐射的发射或吸收过程中，能量不是无限可分的，而是有一个最小的单元。这个不可分的能量单元，普朗克称之为“能量”或“量子”，它的数值是 $h\nu$（ν 为辐射频率；h 为“作用量子”，是一个普适常数，后来人们称之为“普朗克常数”，$h = 6.626 \times 10^{-34}$ 焦耳·秒）。1900 年 12 月 14 日，普朗克向德国物理学会宣读了题为《关于正常光谱的能量分布定律的理论》一文，报告了他的大胆假设，这就是量子论的诞生。

量子假说提出能量进出（变化）是不连续（分立）的，这与经典物理学的传统观念相悖，它不仅是对古典物理理论的离经叛道，而且为常识所不容。17 世纪时，德国哲学家、数学家莱布尼茨就曾说过“自然界无跳跃”。对这一权威说法，人们不曾有任何怀疑，而现在普朗克却敢于冒天下之大不韪，提出能量变化是不连续的，人们当然难以接受，就连普朗克本人也认为这完全是一种孤注一掷的行为。由于当时几乎所有的英、法物理学家都拒绝承认这一假设，普朗克本人也惴惴不安，几度想退回到经典物理学立场。1911 年，他在《论量子发射的解说》一文中，把辐射吸收过程的不连续性取消了。1914 年，他又在《量子解说的另一种表述法》一文中，把辐射发射过程的不连续性也取消了。然而，科学的发展却由不得他倒退。1905 年爱因斯坦应用量子论提出了光量子论，1907 年又用它解决了固体比热随温度而改变的问题。1912 年，丹麦物理学家玻尔（N. H. D. Bohr, 1885—1962）把量子论用于研究原子结构，从而使量子论得到世界物理学家的公认。“能量子假说”是对经典物理学的重大突破，它引起了物理学理论的根本变革，导致了光量子论、玻尔原子结构模型、物质波的发现及量子力学的创立。

（二）爱因斯坦的光量子论

第一个对量子概念加以发展并起巨大推动作用的是爱因斯坦（A. Einstein, 1879—1955）。他从普朗克的量子论中得到启发，认为能量的不连续性不仅表现在辐射的发射和吸收过程中，即使在空间传播过程中辐射也不是连续的，也是由不可分割的一个个能量子组成的。也就是说，光在传播过程中，能量不连续地分布于空间，它是由分立的能量子组成的。他把这些能量子称为“光量子”，也称为“光子”。光子的能量与它对应的光频率之间有同样的关系，即

$$E = h\nu$$

这些观点出现在他的《关于光的产生和转化的一个推测性观点》中。

关于光的本质问题，18 世纪的物理学家们曾展开一场激烈的争论。一派是以牛顿为代表的光的微粒说，另一派是以惠更斯为代表的光的波动说，争论的结果是微粒说获胜。到了 19 世纪，在大量事实的支持下，光的波动说又被重新提了出来，并占据统治地位。而爱因斯坦提出的光量子论，似乎又使光的微粒说复活了。但是，爱因斯坦并没有因此而排斥光的波动说，而是认为光的微粒说和波动说各从一个侧面说明了光的本质特性。1909 年，爱因斯坦明确提出，光不仅具有粒子性，而且具有波动性：对于统计的平均现象，光表现为波动性；对于瞬时的涨落现象，光表现为粒子性。这在人类历史上是第一次明确揭示了微观客体的本质特征——波动性和粒子性的对立统一，即“波粒二象性”，从而使人们对光的本质有了全面的了解。

在论文的最后，作为光量子论的一个推论，爱因斯坦讨论了光电效应问题。光电效应是赫兹在证实麦克斯韦电磁理论的实验中首先发现的。1887 年，他无意中观察到，当接收电磁波的装置受到紫外线照射时，容易出现电火花。电子发现后，人们把这一现象解释为，这是由于紫外线把空气中的电子驱逐出来的结果。1902 年，赫兹的助手，后来成为希特勒的狂热信徒的德国实验物理学家勒纳德（P. E. A. von Lenard，1862—1947）用各种频率的光照射钠汞合金时发现，只有频率高于一定下限的光才能驱逐出电子，而被驱逐出的电子速度只同光的频率有关，同光的强度无关。通俗点说，所谓光电效应，就是指当以一定频率范围的光照射金属表面时便会发射出电子来。对这一现象的解释，光的波动说无能为力。爱因斯坦用光量子论对其进行了轻而易举的、完美的说明，用十分简洁的语言彻底解决了这个问题。他认为，光电效应本质上是光子与电子交换能量的表现，即频率为 ν 的光是由能量为 $h\nu$ 的一群微粒所组成的，当它撞击到金属表面时，金属中的电子可以获得它的全部能量，也就是说，光子与电子交换能量时，电子得到了光子的能量。这一能量可分为两部分：一部分用以克服金属表面吸引力所做的功；另一部分则变为电子的动能。根据能量守恒与转化定律，应有如下关系：

$$\frac{1}{2}mV^2 = h\nu - w_0$$

$\frac{1}{2}mV^2$——电子最大的动能；

$h\nu$——光子的能量；w_0——逸出功

很显然，电子要具有动能，光子的能量 $h\nu$ 必须大于 w_0，而对于一定的金属材料而言，w_0 是个定值，这就要求入射光的频率必须大于某一确定的频率

ν_0(临界频率),当 $h\nu$ 小于 w_0 时,光的强度再大,电子也不可能逸出金属表面,即无电火花发生。

光量子论提出后,几乎受到所有老一辈物理学家的反对,直到 1913 年,普朗克还感到对光量子论难以忍受,玻尔直到 1924 年还拒绝光量子论。光量子论后来经过美国两位实验物理学家 R. A. 米利肯(1868—1953)和康普顿(A. H. Compton, 1892—1962)的工作才得以确认。米利肯用了 10 年的时间检验爱因斯坦的光电效应公式,结果在 1915 年不得不断言它的无歧义的实验证实。康普顿于 1922 年发现康普顿效应(X 射线被自由电子散射时波长增大)时,仍然不相信光量子论,后经多方探索,终于认识到这一效应只能用光量子论来解释。这样,康普顿效应便成为光量子论的判决性实验,也被公认为光量子存在的确凿证据。1925 年,经德国和美国两组物理学家分别进行实验,一致肯定了光量子论,这时关于光的本质的争论才宣告结束,爱因斯坦也因提出光量子论和成功地解释了光电效应而获得诺贝尔物理学奖。

(三)玻尔的原子结构理论

丹麦物理学家玻尔是推广、应用与发展量子论的又一科学家。玻尔出生在哥本哈根一个颇有声望的知识分子家庭,祖父是语言学家,父亲是哥本哈根大学生物学教授。玻尔 18 岁进入哥本哈根大学物理系学习。1911 年入英国剑桥大学和曼彻斯特大学深造,在这里结识了他的良师益友卢瑟福,在他的鼓励和帮助下完成了原子结构理论。玻尔没有过人的天赋,但从小养成一种力求完美的顽强进取精神。他始终一贯地坚持量子论这块阵地,成为这场革命中的风云人物和这场革命的主力——哥本哈根学派的领导人。

玻尔的主要成就是创立了原子结构理论。X 射线、放射性和电子的发现,揭示了一个基本事实:原子是可分的。但是,原子的内部结构却是一个谜。为了揭开这个谜,当时许多物理学家相继提出了各种模型,其中比较有价值的是卢瑟福的原子结构模型。1911 年,他在前人各种模型的基础上进行推测:要使 α 粒子出现大的散射角,原子的正电荷必定集中在半径为 10^{-13} 厘米的范围内,而原子的半径却有 10^{-8} 厘米,这说明原子内部大部分是空虚的。据此,他推出了 α 粒子散射的公式。他指出,在 α 粒子散射模型中,考虑到金属箔有一定厚度,一个 α 粒子穿过金属箔会被许多金属原子散射,当有 n_0 个 α 粒子入射时,微分散射截面应为 $\mathrm{d}n = Ntn_0\mathrm{d}\sigma$,它代表在散射角 θ 方向单位立体角内金属箔散射的 α 粒子数,这就是卢瑟福散射公式。

其中，N 是金属箔单位体积内的原子数，t 为金属箔的厚度，dn 是散射角 θ 到 $\theta - d\theta$ 的立体角 $d\Omega$ 内的被散射的 α 粒子数。这一模型为德国物理学家盖革（H. W. Geiger，1882—1945）和英国物理学家马斯登（E. Marsden，1889—1970）通过一系列 α 粒子对金属箔的散射实验所证实，并得到公认。

卢瑟福模型提出后，玻尔立即认识到它的重大意义。他指出，这个模型可以把原子的化学性质和放射性截然分开：原子的化学性质取决于外围电子，而放射性则取决于原子核本身。他在卢瑟福那里待了四个月，这是他一生中具有决定意义的四个月，他的原子结构理论就是在这期间孕育而成的。

玻尔发现，卢瑟福的原子模型既没有说明电子怎样绕核运动，也不能解释原子的稳定性和原子的线状光谱。为了解决卢瑟福模型的困难，玻尔大胆地把卢瑟福模型和普朗克的量子论结合起来，把原来只用于能量的量子概念推广到角动量，创立了量子化轨道原子结构理论，为以后各种物理量的量子化打开了大门。

1913 年，玻尔发表了三篇题为《原子和分子的结构》的长达 71 页的论文，其中提出了三条假设：(1) 电子只能在一些特定的圆形轨道上绕原子核运行，在这些轨道上，电子的角动量是 $h/2\pi$ 的整数倍，不同轨道的电子能量不同。(2) 电子在特定轨道上运行时，既不发射能量，也不吸收能量，是稳定的（玻尔称它为“定态”）。(3) 当电子从高能量（E_1）的轨道（定态）“跃迁”（也是玻尔的用语）到较低能量（E_2）的轨道时，就要发出辐射，辐射的频率满足下列关系式：$h\nu = E_1 - E_2$；反之，如果电子从低能量（E_2）的轨道“跃迁”到高能量（E_1）的轨道时，就是辐射的吸收过程，应满足下列关系式：$h\nu = E_2 - E_1$。把辐射频率（ν）用统一的公式表示即为

$$h\nu = |E_1 - E_2| \text{或} \nu = \frac{|E_1 - E_2|}{h}$$

玻尔不仅用“定态”“跃迁”等概念成功地解释了原子的稳定性，而且用自己的理论对简单的氢原子结构做了详细的计算，所得结果与光谱分析所得的实验数据完全吻合，使长期以来一直无法解释的经验公式得到了统一的理论解释。这一惊人成就，立即得到了科学家们的赞赏。玻尔理论进一步扩大了量子论的影响，被爱因斯坦誉为“最伟大的发现之一”，由于玻尔的贡献，他获得了 1922 年的诺贝尔物理学奖。

玻尔理论也有它的局限性。总的来说，他还没有完全抛弃经典物理的立场，表现为：第一，他仍然把微观粒子当作古典力学的质点；仍然采用轨道

概念,并用古典理论来计算轨道半径。第二,他的理论还不能很好地解释比氢原子更复杂的原子谱线。对这些局限的克服,导致了量子力学的诞生。

玻尔不仅在学术上有重大成就,而且具有高尚的情操,在荣誉面前,他始终谦虚、谨慎、宽厚,尊重年轻人的首创精神。他自 1920 年起任哥本哈根物理研究所所长,长达四十年之久。在他的声望的感召下,曾有三十多个国家的近千名科学家云集在哥本哈根工作,哥本哈根变成了“原子物理学的首都”,在他的指导和帮助下,有七人获得诺贝尔奖。

玻尔还是一名和平战士。第二次世界大战中,他拒绝与德国法西斯合作,被迫逃往国外,致力于国际合作和原子能和平利用事业,1957 年获第一届原子能和平奖。1962 年,玻尔 77 岁时溘然长逝。

(四) 德布罗意的物质波理论

路易 · 德布罗意(Louis Victor de Broglie, 1892—1987)是法国物理学家,出身于贵族,有“亲王”头衔。他是学习历史的,大学毕业后转学物理。他的哥哥莫里斯 · 德布罗意(Maurice de Broglie, 1875—1960)是研究 X 射线的著名物理学家,他们两人对 X 射线的波粒二象性进行过多次探讨。德布罗意研究物质波是受爱因斯坦光量子论的启发。

1923 年 9 月 10 日到 10 月 8 日,德布罗意连续发表三篇短文,阐述了他的物质波思想。第一,他认为,爱因斯坦的光量子论公式 $E=h\nu$,不仅适用于光子,也适用于电子,也就是说,电子不仅具有粒子性,也具有波动性,它的波长 $\lambda=h/p$(这里,h 为普朗克常数;p 为电子的动量,等于 mv)。第二,他预言,电子束穿过小孔时,会像光一样显现出衍射现象。第三,他还进一步指出,关于自由粒子的新的动力学和旧的动力学之间的关系,完全同波动光学和几何光学之间的关系一样。

1924 年,他在向巴黎大学提交的博士论文《关于量子理论的研究》中,总结了他以前的几篇论文,并加以缜密的论证。这篇论文 1924 年夏经学位评审人朗之万(P. Langevin, 1872—1946)转交给爱因斯坦,爱因斯坦表示十分感兴趣,并在 1924 年 12 月写的一篇论文中引用了德布罗意的物质波理论。同年 12 月 16 日,爱因斯坦在给洛伦兹的信中又赞扬了德布罗意的发现。

德布罗意预言的电子波具有衍射现象,1927 年由美国的戴维逊(C. J. Davisson, 1881—1958)及其合作者和英国物理学家 J. J. 汤姆逊的儿子 G. P. 汤姆逊(George Paget Thomson, 1892—1975)所证实。这说明电子和光子一样，不仅具有粒子性，而且具有波动性。后来很多实验都证实，不仅电子，而且质子、原子、分子都具有波动性。由此可见，波粒二象性是所有微观客体的最本质特征。

德布罗意的物质波概念是新的波动力学的直接来源。德布罗意由于这一发现获得了1929年诺贝尔物理学奖。1987年3月19日，量子力学创始人中的最后一位在世者与世长辞，终年95岁。

（五）量子力学的创立

量子力学的创立是沿着两条路线完成的：一条是玻尔—海森堡路线，另一条是爱因斯坦—德布罗意—薛定谔路线。两条路线殊途同归，结论相同。

1. *海森堡的矩阵力学和测不准关系。*德国物理学家海森堡（W. K. Heisenberg, 1901—1976）早年就读于慕尼黑大学和哥廷根大学，1923年获博士学位后，于1924—1927年在哥本哈根物理研究所深造，在玻尔的领导下从事量子论的研究工作，在德布罗意之后创立了矩阵力学，提出了测不准关系。1932年，海森堡因提出原子核是由质子和中子组成的理论而获得诺贝尔物理学奖，晚年致力于统一场论的研究。

海森堡的矩阵力学是克服玻尔原子结构模型的局限而产生的直接结果。海森堡在考察了玻尔的原子结构理论后，认为玻尔的轨道假说是一个不可观察的假说，实验依据不足。理由是：第一，如果电子确实有轨道的话，应当在原子的定态特性和辐射特性中表现出来，但是任何实验都不能说明电子按一定轨道运行。第二，在观察中，人们只知道原子所发出的光的频率和强度这两个观察量。于是，他大胆地抛弃了轨道概念，在可观察到的原子发出的光的频率和强度这些光学量的基础上，以代数为工具，提出了一套数学（矩阵）解方案，后经哥廷根大学物理学家玻恩（Max Born, 1882—1970）和他的学生约尔丹（P. Jordan, 1902—1980）用数学矩阵方法把其思想发展成系统的理论，即矩阵力学。海森堡创立矩阵力学时年方24岁。由于海森堡的数学解方案难懂，加之爱因斯坦的反对（认为理论没有必要一定建立在可观察量的基础上），所以矩阵力学一直没有受到科学家的青睐。

1927年，海森堡又提出了测不准关系，这是对量子力学的又一贡献。海森堡认为：科学研究工作由宏观领域进入微观领域时，会遇到测量仪器是宏观的，而研究对象是微观的矛盾；宏观仪器必然对微观粒子产生干扰，这种干扰又干扰了我们的认识，人们只能用反映宏观世界的经典概念来描述宏观仪器所观测到的结果，但这种经典概念在描述微观客体时又必须加以限制。也就是说，在经典理论中观察对于过程的进行是无关紧要的，用宏观的仪器观测宏观物体时，不会改变宏观物体的本来面貌，事实与测量本身无关，我们可以严格地确定这些事实间的因果联系，数学公式所描述的也是客观事实本身。而在微观世界中，对于质量极小的粒子来说，每次观察都意味着对它们行为的重大干涉；宏观仪器对微观粒子的干扰不可忽视，也无法控制，测量的结果同粒子的原来状态不完全相同，事实同测量本身直接相关，因而因果律就不再适用了，这时数学公式所描述的不再是宏观事件本身，而是某些事件出现的概率。这种情况类似于盲人想知道雪花的形状和构造，但雪花一碰到他的手指或舌尖就融化了。

简言之，在古典理论中，运动物体的位置和动量可以同时用实验准确测出；而在微观系统中，却不能用实验手段同时准确地测出微观粒子的位置和动量。根据数学推导，海森堡给出了一个测不准关系式。就一维坐标和动量而言，这个关系式为 $\Delta x \cdot \Delta p \geqslant h$（$h$ 为普朗克常数），Δx 与 Δp 不能同时等于零，对一个量的精确测量必须以对另一个量的牺牲为前提。当 $\Delta x \cdot \Delta p = 0$，即 h 可以忽略不计时，说明位置和动量可以同时测准，此时古典理论是适用的；当 $\Delta x \cdot \Delta p \geqslant h$，即 h 是不可忽视的量时，说明必须考虑对象的波粒二象性。所以，测不准关系是微观客体波粒二象性的必然结果。这说明微观客体不能服从机械的因果决定论，只能服从于统计因果决定论。

但是爱因斯坦一直反对统计因果论，这构成了玻尔派与爱因斯坦长期争论的焦点。爱因斯坦在 1944 年 9 月 7 日给玻尔的信中还坚持自己的观点。正因为如此，测不准关系在很长时间内没能被学术界公认。

测不准关系是表明微观粒子基本性质的一个重要原理，目前测不准关系已被认为是微观粒子的客观特性，绝不仅仅是测量手段问题了。

2. *薛定谔的波动力学*。薛定谔（E. Schrödinger，1887—1961）是奥地利物理学家。其父是企业家，母亲是教授的女儿，研究过化学。薛定谔是独生子，其父是他的朋友、老师和不倦的谈话伙伴。薛定谔早年就读于维也纳大学，他兴趣广泛，多才多艺，喜欢诗歌、戏剧，特别倾心于数学和物理，是一位能说四种语言、出过诗集的科学家。

在爱因斯坦光量子论的启发下，薛定谔明白了组成气体的分子在统计上的行为与光量子是一样的，同时也接受了德布罗意的物质波思想，但他并不满足于德布罗意的工作，他把物质波理论推广到非自由态粒子，从而找到了一个普遍适用的公式。1926 年 1 月至 6 月，他先后发表了四篇论文，完成了波动力学的创立工作。波动力学的核心是波动方程，又称薛定谔方程（或称薛定谔的振幅方程），其数学表达式是：

$$\left(\frac{\partial^2}{\partial x^2}+\frac{\partial^2}{\partial y^2}+\frac{\partial^2}{\partial z^2}\right)\psi+\frac{8\pi^2 m}{h^2}(W-V)\psi=0$$

式中，m 为粒子的质量，W 为粒子的总能量，

V 为粒子位于空间点(x,y,z)时的位能，ψ 为波函数。

薛定谔方程的重要性不仅在于能够解释电子绕射问题，而且从对于 ψ 函数所加的条件上，即可自然地得出前面所讲的粒子所具有的能量、动量等量子化条件，而不需要像玻尔理论那样把量子化条件人为地加上。简言之，它深刻地揭示了微观客体的运动规律，向人们提供了系统的、定量的处理原子结构问题的理论，是原子物理中应用最广的公式。

波动力学和矩阵力学本质上是一样的，人们把它们统称为量子力学，但由于海森堡的矩阵力学没有薛定谔的波动力学好懂，因此在物理学领域都推崇和广泛应用波动力学，较少用矩阵力学。

矩阵力学和波动力学本来是等价的，但海森堡和薛定谔却互不服气，开始时都无法容忍对方。后来，薛定谔冷静下来，研究了海森堡的矩阵力学，认为二者是等价的，只是薛定谔的方程更好懂些，所以被选入教科书。

3. 狄拉克的相对性波动力学。由于海森堡和薛定谔的量子力学没有考虑相对论效应，所以英国物理学家狄拉克（P. A. M. Dirac，1902—1984）认为，应当寻找一个符合爱因斯坦狭义相对论要求的、更为普遍的量子力学数学关系。1927 年，他发表了题为《量子代数学》的论文，提出了符合狭义相对论要求的电子论，开创了相对性波动力学的研究。狄拉克得出结论认为电子具有自旋和磁矩，并预言了反粒子的存在。1932 年，美国物理学家安德森（Carl David Anderson，1905—1991）发现了正电子，不仅证实了狄拉克的电子波动方程，而且说明基本粒子不基本，扩大了粒子的研究范围。狄拉克的工作使量子力学成为完整的理论体系。

综上所述，量子力学从普朗克开始，经过爱因斯坦、玻尔、德布罗意、海森堡、薛定谔、狄拉克等众多科学家的共同努力，于 20 世纪 30 年代形成一种完整的理论体系，成为适用于自然界一切微观领域的普遍适用理论，它从根本上改变了经典物理观念，为物理学的发展开辟了广阔的前景。

三 相对论的创立

相对论物理学的创立是物理学革命性发展的又一重要标志,在这次物理学革命中,爱因斯坦是革命的先锋和主将。

(一)“以太漂移”实验和相对论的先驱

相对论的创立在一定意义上说既是爱因斯坦长期思考人若跟着光线跑会产生什么情景的结果,又是研究“以太漂移”的直接产物。

“以太”(aether)一词原出于希腊,意思为“高空”。1664 年笛卡儿首先把它用于科学,后来胡克、惠更斯等人都假设“以太”存在,并用以解释光学现象。到了 19 世纪,科学家们把它当作光、电、磁现象的传播媒介而使之上升为物理学家研究的中心课题,其代表人物就是英国物理学家开尔文。这个学派认为,“以太”是一种有弹性、可压缩的无引力、静止的固体。牛顿、麦克斯韦都借助于“以太”来完成他们的理论体系。牛顿认为,任何机械运动都是相对于一个参照系而进行的,而弥漫于宇宙空间可以被看作静止的“以太”就是一个理想的参照系。麦克斯韦认为:“以太”无所不在,它弥漫于整个宇宙空间,它的特点是只能在本身位置上做微小的机械振动,可以把它视为静止的;光和电磁波就是靠“以太”为介质进行传播的,这种传播与声波靠空气作媒介而传播的情形相似。在他看来,太阳光所以能传到地球上,就是由于在太阳与地球之间充满了“以太”。

人们对“以太”是否真的存在发生过疑问。既然“以太”是弹性的固体,那么,行星沉浸在“以太”中进行运动就总会受到阻滞作用,但是天文观测却从来没有察觉出天体受这种阻滞的影响。还可进一步推论:既然静止的“以太”充满了宇宙空间,那么,处于“以太”海洋中的地球要以 30 千米/秒的速度绕太阳运行,势必受到“以太”的阻力,地球上的人就会感到有 30 千米/秒的“以太风”迎面吹来。然而,这种现象并没有发生。

为了寻找“以太”存在的确凿证据,1876—1887 年,美国实验物理学家迈克耳逊(Albert Abraham Michelson, 1852—1931)在美国化学家、物理学家莫雷(E. W. Morley, 1838—1923)的协助下,做了搜索“以太风”的实验。其实,麦克斯韦本人在 1879 年就亲自做过这种实验。他推想:如果地球对于静止的“以太”运动着,那么,沿地球运动方向发出一个光信号,到一定距离又返回来,它在整个路程上往返所花的时间,要稍大于同样的信号沿垂直于地球运动方向到相等距离往返所需要的时间。1887年，迈克耳逊和莫雷根据麦克斯韦的实验原理又重复做了实验，其精确度高达40亿分之一，观察了五天，丝毫没有“以太漂移”迹象，始终观察不到这种时间差，不论地球的运动方向同光的传播方向一致或垂直，测得的光速都相同，说明地球与假想的“以太”之间不存在相对运动，没有找到“以太风”。由于迈克耳逊的出色工作，他获得了1907年的诺贝尔奖。

迈克耳逊—莫雷实验的“负结果”或“零结果”，动摇了麦克斯韦方程组的基础，使经典物理遇到的困难更加突出，物理学家们感到很丧气：假如放弃“以太说”，难以解释电磁波的传播；假如承认“以太说”，又找不到证据。在进退两难、骑虎难下的情况下，科学家们采取了不同的态度：一派仍维护“以太说”，但要找一个办法能使其自圆其说、两全其美；另一派则抛开“以太说”，另辟蹊径。但两派工作的结果实际上趋于一致。

坚持保留“以太”说的有爱尔兰物理学家斐兹杰惹（G. E. Fitzgerald，1851—1901）和荷兰物理学家洛伦兹（H. A. Lorentz，1853—1928）。斐兹杰惹为了解释迈克耳逊—莫雷的实验结果找到了一个折中的办法：他在假定“以太”存在的前提下，提出了物体相对于“以太”运动时长度缩短的假说，即物体在运动方向上长度缩短，缩短的程度取决于物体运动速度对光速比率$\left(\sqrt{1-\frac{v^2}{c^2}}\right)$的平方。这种解释刚好抵消了光沿不同方向往返的时间差，因而无法侦察出“以太漂移”的迹象。洛伦兹则在保持“以太”绝对静止（取消其力学性质）的前提下，把它当作最优参照系，独立地提出了在“以太”中运动的物体会在运动方向上缩短的假说。由于他的观点同斐兹杰惹的观点一致，故该现象被称为斐兹杰惹—洛伦兹收缩。为了挽救“以太假说”，洛伦兹还导出了从“以太”参考系的时空坐标变换到运动参考系的时间坐标的变换关系，从而保证了麦克斯韦方程组在所谓惯性系中具有相同的形式，用数学关系可以写成：

$$\begin{cases} x' = \dfrac{x - vt}{\sqrt{1 - v^2/c^2}} \\ y' = y \\ z' = z \\ t' = \dfrac{t - vx/c^2}{\sqrt{1 - v^2/c^2}} \end{cases}$$

c 为光速，v 为两个惯性系之间的相对速度后人把这个新的变换关系称为洛伦兹变换。斐兹杰惹和洛伦兹都已走到了相对论的门口,只是由于没能摆脱经典物理的束缚,而没能创立相对论。

主张抛弃"以太说"的科学家有彭加勒和爱因斯坦。彭加勒(H. Poincaré, 1854—1921)是很有远见的科学家,在物理学一系列的新发现面前,他感到古典物理学正面临危机,不过这种危机说明物理学改革的时机已经成熟,他从洛伦兹变换中看出了深远的物理意义。1904 年 9 月,他在美国圣路易学术讨论会上提交的一份报告中提出了一系列新观点,并预言必将产生一种全新的动力学。他认为,这个全新的动力学应当包括下述内容:惯性随运动速度的增加而增加;光速将成为一个不可逾越的界限;在新的力学中应当包括旧力学。彭加勒是最接近于发现相对论的科学家,但也由于没能从牛顿的绝对时空观中解放出来,而没有根本性的突破。

(二) 狭义相对论(新时空观)的创立

爱因斯坦以伟大的革新精神,紧紧抓住同时性问题,提出了物理学发展中具有革命意义的相对论时空观,揭开了物理学新的一页。

1879 年 3 月 14 日,爱因斯坦生于德国乌尔姆城一个犹太人家庭。少年时他读了许多科普读物,对自然科学产生了浓厚兴趣,这对他走上献身科学的道路起了重要作用。1895 年春,中学毕业的前一年,他因家庭经济困难被迫中断了学业,秋天进入瑞士苏黎世高等工业学校学习物理,1900 年毕业。但是由于他具有独立思考、"离经叛道"的性格,不受人喜爱,毕业时没找到工作。这段时间,他经常思考一个问题:如果一个人跟着光线跑,并企图抓住它,会发生什么现象?这个问题他足足思考了十年,也做过许多无结果的尝试,最后他得出结论:时间是值得怀疑的!他向牛顿的绝对时空观提出了挑战。1901 年,爱因斯坦加入了瑞士国籍,并在伯尔尼的瑞士专利局找到了一个雇员职务。在工作期间,他仍然思考他的物理问题。

1905 年 6 月,他发表了长达 30 页的论文——《论运动物体的电动力学》,提出了狭义相对论思想,时年 26 岁。1909 年,他开始在大学任教。1911 年,他被普朗克称赞为"20 世纪的哥白尼",并被推荐到布拉格大学任教授。1912 年,爱因斯坦回到母校苏黎世大学任理论物理学教授。1913 年,他被选为普鲁士皇家科学院正式院士,次年被邀请回德国工作。1915 年,他又发展了狭义相对论思想,创立了广义相对论。1921 年,他获得诺贝尔物理学奖。1933 年,希特勒上台后,由于他坚决反对军国主义和法西斯主义,信奉和平主义、民主主义和社会主义,成为纳粹首批捕杀的对象。当时他正在国外讲学,才幸免于难。同年 10 月他迁居美国,任普林斯顿高等学术研究院教授，1940 年加入美国籍。1955 年 4 月，爱因斯坦病逝于普林斯顿。他的遗嘱是：后事不发讣告，不建坟墓，不立纪念碑，免除花卉布置和音乐典礼，把骨灰撒在不为人知的地方。火葬仪式上，他的遗嘱执行人宣读了德国诗人歌德为他的亡友席勒写的一首诗，以表对他的评价和怀念。这首诗是：

我们都获益匪浅，
全世界都感谢他的教诲；
那属于他个人的东西，
早已传遍广大人群，
他像行将陨灭的彗星，光华四射，
把无限的光芒同他的光芒永相结合。

也有人把爱因斯坦誉为"20 世纪的牛顿"，但是他并不以此炫耀自己，而是认为没有牛顿的经典力学，就不会有他的相对论。

狭义相对论（新的时空观）是建立在两个基本假设的基础之上的。第一个假设是相对性原理，即物体运动状态的改变与选择任何一个参照系无关；第二个假设是光速不变原理，即对任何一个参照系而言，光速都是相同的。

在两个基本假设的前提下，他以所谓"同时性"问题作为突破口进行研究。他发现：如果两个事件在惯性系 S 中，是在同一时间、不同地点发生，那么在相对于 S 以匀速 v 运动的惯性系 S' 中测量，它们就不是同时发生的，也就是说，同时性并不是绝对的，而是相对的。他从两个基本假设及同时性的相对性出发，很自然地得到了与洛伦兹变换相同的、不同惯性系中时空坐标之间的变换关系，由此得出如下新的结论：

第一，一个物体相对于观察者是静止的时候，它的长度测量值最大；如果相对于观察者以速度 v 运动时，那么沿相对运动方向上，它的长度要缩短，速度越快，缩短幅度越大，即运动着的尺子要缩短，其长度收缩公式为：

$$L = L_0 \cdot \sqrt{1 - \frac{v^2}{c^2}}$$

这就是科幻读物所描述的当自行车运动速度非常大时，在观察者看来，车上的人会变成一条线的道理。

第二，时钟对于观察者静止时，走得快，如果它相对于观察者以速度 v 运动时，那么它就变慢了，即运动着的时钟要变慢，公式为：

$$t=\frac{t_0}{\sqrt{1-\frac{v^2}{c^2}}}$$

这就是人们常说的一对孪生年轻兄弟,一个乘高速飞行器上天,一个留在地面,16 年后,当天上的人回到地面时仍然风华正茂,而地面上的人却已白发苍苍的道理。

第一、第二两点揭示的是相对论时空的基本属性,这种属性与物体的内部结构无关。它说明宇宙没有标准钟和标准尺,时间、空间都与运动状态有关,随着物质运动速度的变化而改变。

第三,在任何惯性系中,物体的运动速度都不能超过光速。这个结论是从因子$\sqrt{1-\frac{v^2}{c^2}}$中得到的。如果 $v>c$,括号内为负数,因子变成了虚数,所以光速是物质运动的极限速度。

第四,如果物体的运动速度比光速小很多(当 $v\ll c$),根据质量增加公式 $m=\frac{m_0}{\sqrt{1-\frac{v^2}{c^2}}}$,当 $v/c\to 0$ 时,则因子$\sqrt{1-\frac{v^2}{c^2}}\to 1$。这时 $m=m_0$,相对论就变成了牛顿力学,这正证实了彭加勒的设想,即牛顿力学作为一个特例包含于新力学之中,物体质量随速度的变化而变化。可见,相对论力学比牛顿力学更具有普遍意义。

第五,关于质能关系式。1905 年 9 月,爱因斯坦在完成相对论三个月之后,又在另一篇论文中提出:物体的质量是它所含能量的量度,即物质质量 m 与能量 E 之间有如下关系式:

$$E=mc^2$$

此处,c 为光速。也就是说,当质量发生 Δm 的变化时,必然伴有 ΔE 的能量变化;当有 ΔE 变化时,必然有 Δm 变化。它说明,利用很少的物质就能产生巨大的能量。这一公式奠定了原子能的理论基础。

狭义相对论的意义十分重大。第一,它从根本上抛弃了经典力学中牛顿的绝对时空观。牛顿把时空与物质运动割裂开来,认为空间"是与外界任何事物无关"的"绝对的空间",时间是"与任何其他外界事物无关"的"匀速地""流逝着"的绝对的时间。在爱因斯坦看来,时间、空间不仅与物质不可分割，而且随物质运动状态而改变，为辩证唯物主义关于时间、空间是物质的存在方式的原理提供了坚实的证明。第二，它否定了“以太”的存在，没有把“以太”当作参考系。第三，它揭示了时间、空间的不可分割性，证明时空之间存在着内在的、本质的联系，即它把通常情况下的三维空间扩展到四维，加进了时间 t，形成了一个由 x、y、z、t 组成的四维空间连续区，也就是说，一切事物（或现象）都将同时由空间坐标 x、y、z 和时间坐标 t 来确定。

（三）广义相对论的创立

爱因斯坦并不满足于狭义相对论的成果，认为它只限于两个做相对匀速运动的惯性系，并没考虑非惯性系的情况。同时，他还认为，狭义相对论创立的条件已经成熟，他不创立，别人也会创立，因而创立狭义相对论并不是他一生中最大的成果，他的最高使命是探索自然界的统一性。恩格斯已从哲学角度论证过这种统一性，但是从自然科学角度上，虽然狭义相对论论证了时空的统一性，但是它还不够广泛，即没置于引力场中进行考察。为此，他又把狭义相对论的思想扩展到非惯性系，经过十年的逻辑思维和必要的实验，于 1915 年 11 月建立起广义相对论，这表现在他于 1916 年发表的总结性论文——《广义相对论的基础》之中。

广义相对论实质上是在考虑到非惯性系的情况下而建立的一种引力理论。它的建立前提有两个：第一，等效性原理，即物体的惯性质量与引力质量相等，用公式可表示成

$$m_{\text{惯}} \cdot a = m_{\text{引}} \cdot g$$

它表明物体抵抗加速度的值与抵抗引力作用的值完全相等。第二，广义协变性原理，即狭义相对论的相对性原理（物体运动状态的改变与选择任何一个参照系无关）在引力场中也是适用的。

在上述前提下，为了解释物体在引力场中的变化，他抛开了欧几里得几何的平面空间概念，选用了黎曼（G. F. B. Rieman，1826—1866）几何作为基本框架。爱因斯坦认为，在引力场的区域，空间的性质不再服从欧几里得几何，而是遵循非欧几何（描述非平直空间性质的几何），由此得出结论：第一，现实的物质空间不是平直的欧几里得空间，而是弯曲的黎曼空间（三角形三个内角之和大于 180°、曲率为正的空间）。第二，它的弯曲度取决于物质在空间的分布情况。物质密度大的地方，引力场的强度也大，空间弯曲得也厉害，即空间曲率取决于引力场强度，时间也要相应地变慢。可见，广义相对论所揭示的时空与物质的关系比狭义相对论更为深刻。就是说，时空的性

质不仅取决于物质的运动情况,而且也取决于物质本身的分布状态。广义相对论的意义在于:它从新的高度否定了牛顿的脱离物质的绝对时空观,再次证明时空与物质的不可分割性。

广义相对论之深奥,令许多科学家难以理解,迈克耳逊曾亲口对爱因斯坦说,想不到他的实验竟会引出相对论这个“怪物”。有人感叹道:爱因斯坦的广义相对论是何等美丽的理论,可是实验却少得令人羞愧。甚至有人认为,广义相对论是理论物理学家的天堂、实验物理学家的地狱,意思是无法证明。要使人相信这一理论,必须拿出强有力的证据。爱因斯坦在创立广义相对论时已考虑到这一点。为了证明广义相对论的思想,他根据这一理论做出了三个可以验证的推论。

第一,水星轨道近日点的进动。1859 年,法国天文学家勒维烈(Urbain Le Verrier, 1811—1877)发现水星轨道近日点进动,根据牛顿力学理论计算,在考虑到所有可能的摄动影响后,其观测值与理论值相比仍有每世纪快 38 秒的差异。1882 年美国天文学家纽康(Simon Newcomb, 1835—1909)重新测定后,确认这个值为每世纪快 43 秒(今天测值为 42.6 秒)。当时勒维烈从发现海王星的经验出发,认为这是由一颗尚未发现的“火神星”的影响所致,但是人们在观察中一直没能找到这颗所谓的“火神星”。这样,43 秒的误差就成了不解之谜,也是牛顿理论的一大漏洞。广义相对论建立之后,爱因斯坦把它解释为这是行星在太阳引力场(弯曲空间)中沿测地线的运动造成的,根据广义相对论的推算,水星近日点的进动每 100 年就应当有 43 秒的剩余值,这与观测值相一致,证明广义相对论是正确的。

第二,光线在引力场中的偏转。1915 年,爱因斯坦由广义相对论的引力方程推算出,光线在经过太阳边缘时将发生 1.7 秒的弯曲,并希望能在日全食时进行观测。1915 年,广义相对论传到英国,英国天文学家爱丁顿(A. S. Eddington, 1882—1944)对此产生了极大兴趣。他认为,广义相对论是一场对物理学、天文学和哲学都有深远影响的思想革命,决定利用 1919 年 5 月 29 日日全食进行观察。1919 年,第一次世界大战刚刚结束,他就率领观测队到西非几内亚湾的普林西比岛,对这次日全食进行了观测(拍照)。观测结果是:光线经过太阳边缘时要发生 1.61 ±0.30 秒的偏转。与此同时,英国皇家学会又派另一支队伍前往巴西的索布腊尔进行观测,其结果是有 1.98 ±0.12 秒的偏转。这个数值与爱因斯坦的推算值很接近,证实了爱因斯坦的预言。这两个结果一公布,立即轰动世界,英国皇家学会会长 J. J. 汤姆逊把广义相对论称为人类思想史中最伟大的成就之一,认为它不是发现一个外国的岛屿，而是发现整个科学思想的大陆。英国物理学家狄拉克更进一步认为，爱因斯坦的引力理论大概是人类已经做出的最伟大的科学发现。

第三，光谱线的引力红移。爱因斯坦认为，从大质量的星球射到我们这里的光线其谱线向光谱红端位移，其理论预测值为 5.9×10^{-5}。因为在强引力场中，时钟要变慢，所以对以太阳为中心的引力场来说，太阳光从太阳表面传到地球，其光谱线的谱率应有红移现象（频率变低，波长变长）。1925年，美国天文学家亚当斯（W. S. Adams，1876—1956）在观测天狼星伴星时，发现它所发出的光的谱线的相对频移为 6.6×10^{-5}，同爱因斯坦的预言基本一致。20 世纪五六十年代，科学家们进行了地面上的引力频移实验，结果与理论推算值吻合得很好。1965 年，美国科学家庞德（R. V. Pound，1919—　）在提高实验精确度的情况下，发现理论数值同实验数值在百分之一的准确度内是一致的。这样，爱因斯坦广义相对论三个可以验证的推论全部被证实，说明这一理论是正确的。

1966—1967 年间，夏皮罗（I. I. Shapiro，1929—　）利用雷达，从美国向水星（或金星）发射雷达波，然后返回。结果表明：雷达波在经过太阳边缘时，由于受引力的影响，路径发生了弯曲，返回的时间比不受引力影响延长了 200 微秒，说明引力偏转问题不用日全食也能证明是正确的。

爱因斯坦根据广义相对论还预言了引力波的存在。20 世纪 60 年代之后，各国物理学家纷纷设计实验进行探测，但因精度不够而未果。1974 年，美国射电天文学家泰勒（J. H. Taylor，1941—　）等三人，通过对射电脉冲星双星 PSR1913 + 16 进行四年的观测，1978 年从其脉冲周期变化中算出了引力波的存在（因为脉冲星双星轨道周期缩短，说明能量减少，即以引力波形式放出）。这样，广义相对论又得到一个验证。

与此同时，由于天体物理和宇宙学的发展，广义相对论日益引人瞩目，它已不再是一个“怪物”，而是一个伟大的理论。它进一步否定了牛顿的绝对时空观，再一次证明时空的相对性、可变性，即时空不仅随物质运动状态的改变而改变，而且与物质分布的密度，即引力场强度密切相关，为时空是物质存在方式的辩证唯物主义原理提供了有力的证明。

第八章
核物理和粒子物理

人们对物质结构的认识是逐步加深的。19 世纪末,X 射线、元素放射性和电子的发现,使人们认识到原子不是物质结构的最小单位,它还有内部结构。原子的有核模型提出后,人们对物质结构的认识又进入一个新的层次——原子核层次。20 世纪 30 年代以来,中子、正电子、π 介子等粒子的相继发现,又使人们认识到"基本粒子"也不基本,它们还有更深的层次。

人们对原子核和基本粒子的研究,便形成了核物理学和粒子物理学。

一　原子核物理的产生和发展

(一) 原子核人工蜕变的实现

人们对原子核的认识也是从实验开始的。人们从自然界中的重元素铀、镭等放射性元素中得到启发:原子核是有结构的,但是要打开非天然放射性元素的原子核,必须有足够能量的"炮弹",并需要借助于加速器等手段。

第一个成功实现原子核人工蜕变的是卢瑟福。1899 年,卢瑟福把铀放在强磁场中,发现 α 射线和 β 射线后,使他联想到,既然重元素能发生自发衰变,那么轻元素在极强的外力作用下,也应当发生衰变。1919 年,他和助手用镭放射出的 α 粒子做"炮弹"去轰击氮(N)14 的原子核,结果氮 14 被击中后,转变成了周期表中下一位元素氧 17,同时放出一个质子。这个实验过程可以写成:

$$\underset{\text{氦}}{{}^{4}He_{2}} + \underset{\text{氮}}{{}^{14}N_{7}} \longrightarrow \underset{\text{氧}}{{}^{17}O_{8}} + {}^{1}H_{1}$$

这个实验首先实现了一种元素到另一种元素的人工转变。

1924年,卢瑟福又用多种材料进行实验,证明十几种轻元素都可以像氮原子那样,在α粒子轰击下发生衰变,并放出质子来。这说明质子可能是原子核的组成部分。原子呈现电中性,说明原子核中的质子数应当与原子中的电子数相等。从元素周期表中的原子序数可知,原子中若有 Z 个电子,那么原子核中也必有 Z 个质子,既然原子核是由质子组成的,那么各元素原子核的质量应当等于 Z 个质子的质量总和。然而实验表明,除了氢原子外,原子核的质子数并不等于原子的质量数,原子核中的质子数只是其质量数的一半或更小一些。这一矛盾越靠近元素周期表后半部分越突出。为了解决这个矛盾,有人从β衰变中得到启示,认为原子核中不仅存在质子,而且存在电子,而电子的质量与质子的质量相比,小得可以忽略不计,但是电子的电量与质子的电量却是相同的,它们带有相反的电荷,因而可以中和掉与电子数相同的那部分质子,彼此呈现出中性。也就是说,原子核中的质子数多于原子序数的那一部分,实际上是存在的,只是由于电子的中和不显电性而已。这样就可以解决元素周期表中原子序数与原子量不一致的矛盾。例如,可以认为氦核中有4个质子和2个电子,这2个电子中和了2个质子,所以氦的原子序数是2,质量是4,而不是2。同理,对铀-238原子核来说,可以认为它有238个质子和146个电子,这146个电子中和掉146个质子,所以铀-238的原子序数是92,质量是238,而不是92。

但是,理论和实验都证明原子核内不存在电子。如果原子核内果真存在电子,它的能量应当比实际观察到的放出β射线的电子的功能大得多,这说明身为β射线的电子不存在于原子核之中。可见,原子核由电子和质子组成的观点不能成立。然而,原子核只是由质子组成的这一猜想仍然不能解释为什么原子序数与原子量不一致。为什么在周期表中的同一位置还有同位素存在?人们带着这个问题进一步探索。

(二) 中子的发现及原子核组成的确认

人们很快发现,原子核只是由质子组成的说法是不对的。基于原子核的质量大体是质子质量的整数倍的事实,1920年,卢瑟福曾预言:原子核内可能存在质量与质子相同的中性粒子。

1930年,德国物理学家玻特(Walther Bothe 1891—1957)和贝克尔(H. Becker,生卒年不详)利用天然放射性元素钋发出的α射线,去轰击铍(Be)、锂(Li)、硼(B)等轻元素的原子核,发现它们在蜕变时伴有贯穿能力很强的辐射。1932年1月,居里夫人的女儿伊雷娜·居里(Irène Joliot-Curie, 1897—1956)和她的丈夫约里奥·居里(Frédéric Joliot-Curie, 1900—1958)也做了类似的实验,同样发现了这种不带电的粒子流,当时他们误认为这种中性粒子是光子。

1932 年 2 月,卢瑟福的学生查德维克(J. Chadwick, 1891—1974)接受了卢瑟福的原子核内可能存在中性粒子的思想,并对玻特、贝克尔及小居里夫妇的发现进行了理论分析,认为这种中性射线与光子不同,光子没有静止质量,而这种中性射线却有静止质量,它的运动速度也比光速小得多,从而断定这种中性粒子就是人们一直企图寻找的中子,并发表论文,公布了中子的发现。中子的发现被誉为继元素放射性现象的发现之后的又一重大发现,它对核物理的发展有着巨大而深远的影响。它使许多疑难问题迎刃而解,被称为打开原子核大门的钥匙。

查德维克之后,其他人的实验进一步证明,这种中性粒子可以从各种不同的元素中打出来,这意味着中子是原子核的共同组成部分。在中子被发现的同一年,海森堡和苏联的伊凡宁柯(D. Ivanenko, 1904—1994)分别独立地提出了原子核是由质子和中子组成的原子核模型,即一个电荷为 Z、质量数为 A 的原子核,应含有 Z 个质子和 $A-Z$ 个中子。按照这一模型,假如一种元素的原子有 Z 个质子,$A-Z$ 个中子,那么这种元素的原子序数 = 质子数 Z,而质量则等于质子数 + 中子数。这样,不但核电荷与质量数的矛盾得以澄清,而且对同位素的结构也有了明晰的解释,即同种元素的同位素含有相同的质子,而中子数却不相同,化学性质相同而质量相异。

(三)重核裂变及其应用

中子发现后,人们自然地想到:是否可以用中子取代 α 粒子作"炮弹"来轰击重核,因为中子不带电,不受原子核正电荷对它的排斥力,易于进入原子核内部。为此,人们制造了产生中子的中子源,用它产生的中子去轰击重核,实现了重核裂变。重核裂变是具有划时代意义的重大发现。重核裂变的发现和实现是科学家们接力式工作的结果。

1. *人工放射性元素的发现*。1934 年,约里奥·居里夫妇用 α 粒子轰击铝(Al),发现铝靶不仅能产生质子和少量中子,而且在当 α 射线源撤走后,仍可测到半衰期为 3 分钟的 β 放射。云室照相证明,新产生的物质是天然磷(P)31 的一种同位素磷 30(铝的原子序数是 13,原子量为 27,即原子核内有 13 个质子和 14 个中子,它与 α 粒子结合后变成了原子序数为 15 的磷的同位素)。磷 30 极不稳定,在自然界中是不存在的,它可以继续放射出 β 粒子,最后变成稳定的硅(Si)。紧接着他们公布了用 α 粒子轰击轻元素铝、镁(Mg)、硼(B)等后所产生的人工放射性元素。

2. 费米等开辟了人工制造放射性元素的有效途径。人工放射性元素的发现激起了物理学家们的兴趣。1934 年，意大利物理学家费米（Enrica Fermi, 1901—1954）选用中子代替 α 粒子作“炮弹”，他认为中子不带电，不受静电斥力影响，易于被原子核俘获，这样也许不仅能使稳定的轻元素变成放射性元素，而且有可能使稳定的重元素也变为放射性元素。他和助手们在短短的几个月内，从原子序数最低的氢开始，轰击了 63 种元素，得到了 37 种放射性同位素，开辟了人工制造放射性同位素的更为有效的途径。在实验中，他们还发现，如果先让中子通过水或石蜡，中子的速度减慢，反而能特别有效地激发核反应。这是因为，中子速度越慢，它停滞在原子核附近的时间就越长，被俘获的机会就越多。费米发现的用慢中子进行核反应的方法，对后来的研究工作及核能的利用起了重大作用。

在用慢中子轰击原子核的反应中，被轰击的原子核俘获一个中子，其质量数便增加一个单位，成为该元素的一个同位素。一般来说，新核由于有一个过剩中子而不稳定，它通过 γ 放射释放出得到的部分能量，通过 β 衰变又放出一个电子，从而使过剩的中子变为质子，结果新核比原先高了一个原子序数，成为周期表中的下一位元素。这个过程对所有重核而言似乎是一个规律。在这一思想指导下，费米又用中子去轰击当时元素周期表中最末一位的第 92 号元素铀，试图检验一下能否生成原子序数为 93 的新元素。结果果然中子被吸收，生成物中放出了 β 粒子，使原子序数提高了一位。这说明他希望得到的 93 号元素已经得到。但是费米对化学分析不很熟悉，反应后的生成物是什么，他无法知道，就把它称为“铀 x”，制造超铀元素由此开始。费米因在用中子轰击原子核方面的工作而获得了 1938 年的诺贝尔物理学奖。

费米对用中子轰击铀是否真的能产生 93 号元素，曾经有过疑虑，但没有深入研究。当时，德国化学家诺达克（Walter Karl Friedrich Noddack, 1893—1960）就提出过异议。她认为铀核吸收中子后可能已分裂成较轻且不稳定的新核。这个思想很重要，费米等人没有预见到这一点，这个猜想也没能引起人们的注意，致使重核裂变的发现推迟了几年。

3. 重核裂变的发现。首先发现原子核裂变的是哈恩。1938 年年底，德国物理学家哈恩（Otto Hahn, 1879—1968）和斯特拉斯曼（Fritz Strassman, 1902—1980）也做了用中子轰击铀的实验，在分析轰击后的产物时，意外地得到了放射性元素钡（Ba）。起初他们断定它是镭的同位素，但无论怎样努力也没有分离出镭。哈恩也曾用镧（La）作载体加入被轰击的铀中，发现镧也能带出一些放射性，他们又误认为是锕（Ac）。但是，虽然经过严密的实验,仍没分离出钢来,哈恩把这一实验结果及疑难告诉了曾与他一起工作过的奥地利女物理学家迈特纳(Lise Meitner, 1878—1968)。迈特纳仔细地思考了铀蜕变时出现钡的奇怪现象,大胆地提出一个设想:铀的稳定性很小,铀核在俘获一个中子后会分裂成大致相等的两个原子核。她把这一想法告诉了当时正在哥本哈根大学研究所避难的外甥弗立希(Otto Robert Frisch, 1904—1979)。迈特纳和弗立希都希望用实验证实这一推断。不久,弗立希就用电离室法观测到分裂后核的电离脉冲远远大于 α 粒子的脉冲,初步证实了这种反应不是衰变放出的 α 粒子,而是核分裂为两部分,这种分裂过程与生物学上的细胞分裂相似,证实了迈特纳的推断是正确的。1939 年 1 月,迈特纳在英国《自然》杂志上发表了论文,指出哈恩所说的镭是不能从钡中分离出来的,因为钡中根本就没有镭,铀被中子击中后形成的是放射性元素钡,这种钡不稳定,会放出 β 粒子而衰变成镧。她把这种变化称为裂变。迈特纳还把反应前后的物质从原子量上加以比较,发现反应后的质量比反应前减少了。根据爱因斯坦的质能关系式,她预言裂变发生时将要放出 200 兆电子伏的能量,这种能量主要表现为两核分裂飞行的动能。

迈特纳和弗立希立即把这一想法通知了正在美国的玻尔,玻尔建议他们做一个实验,用以测定铀核分裂成两半时所释放出的能量,弗利希又从实验中证实了这一点。1939 年 1 月 6 日,玻尔在美国的一次物理学家会议上,把原子裂变的消息告诉了与会者,令大家兴奋万分。数周内,科学家们一再证实铀核裂变是真实的存在,而且证明铀核裂变时原子所释放出的能量比当时已知的任何一种反应所释放的能量都要大。

4. 核裂变的链式反应及其应用。1939 年初费米到美国定居,从玻尔处得知关于迈特纳和弗立希发现了核裂变的消息,他终于明白了几年前自己所发现的 93 号元素实际上是核裂变的产物,他因错过了这次重大发现而后悔莫及。接着,他立刻在哥伦比亚大学着手做他几年前做过的实验,该大学的几位教授也加入了这项实验,证实了迈特纳等获得的结果。与此同时,法国的约里奥·居里等也证实了这一结果。他们进一步想到,假如铀核在裂变中不仅分为大致相等的两半,而且放出两个以上的中子,这些中子又能引起其他的铀核裂变,发展下去就可能自发地进行铀核裂变的链式反应。他们以极度兴奋的心情投入实验、测量和计算。在迈特纳的论文发表后不到两个月,约里奥·居里、费米和美籍匈牙利人西拉德(Leo Szilard, 1898—1964)等分别独立地证实了这种链式反应不仅可能,而且其速度快得惊人。当铀核俘获一个中子发生裂变时,大约可掷出两个中子,同时约放出 200 兆电子伏的能量；这两个中子又引发二次裂变反应，放出 4 个中子，400 兆电子伏能量；继而产生 8 个中子，产生 800 兆电子伏的能量；如此下去，反应愈演愈烈，释放的能量越来越大。然而，两次裂变的时间间隔却只有 50 万亿分之一秒。就是说，在短时间内放出的能量大得惊人，1 克铀裂变产生的能量相当于燃烧 3 吨煤或 200 升油所放出的能量，其爆炸力相当于 20 吨 TNT 炸药。

玻尔根据他的原子核复合模型理论认为：并不是任何自然界的铀矿中的铀均能发生裂变，只有含有奇数个中子的核才容易发生裂变；因此，只有铀-235 才能发生裂变，铀-238 虽俘获大部分中子，但不发生裂变；在天然铀矿中，铀-235 的含量仅占 0.7%，其他均为铀-234 和铀-238。

核链式反应的发现具有重大的科学和实际意义，人们首先想到的是核能的利用。

在上述原理的基础上，1941 年 12 月，以费米为首的一批美国科学家建造了第一座原子反应堆，宣告人们利用原子能的时代从此开始。

要使链式反应继续下去，必须满足三个条件：第一，要制备减速剂，使中子源发出的快中子变为慢中子。因为铀-235 的分裂主要是慢中子引起的，但分裂时所发出的再生中子是快中子，一部分快中子要飞出铀块范围之外，另一部分将被铀-238 截获，不发生裂变，所以要维持链式反应必须减慢中子的速度。减速剂可用重水或石墨。第二，要有浓缩铀-235，并找出它能维持链式反应的临界体积。体积太小时，个别铀-235 核分裂时所产生的再生中子，大部分将在没有和铀核碰撞之前就飞出铀块之外，链式反应就要中断。据计算，铀-235 的临界质量为 15 千克，若用纯钚（Pu）239 则需 5 千克。第三，要控制反应裂变率，以保证每一次核裂变只有一个中子引起下一次裂变，这样，反应便能自动维持并可以和平利用反应时释放的能量。费米等人建造的反应堆是一层石墨一层铀，共 57 层，直径 8 米，高 6 米，呈扁球形，上面有许多小洞，里面插入镉（Cd）棒，镉棒的深入尺寸可控制裂变率。

核裂变的链式反应也使科学家同时预见到制造原子武器的危险。当时德国的核裂变也已实验成功，他们非常担心德国首先制造出原子弹，而美国的政界、军界却反应迟钝。于是，美籍犹太血统的物理学家西拉德等科学家于 1939 年 8 月一起找到了爱因斯坦，要求借助他的威望上书美国总统罗斯福（Franklin D. Roosevelt，1882—1945），提醒政府要切实注意德国的动向和已出现的危险，建议尽一切力量要赶在德国纳粹分子之前造出原子弹，以消灭法西斯。上书信于 10 月 11 日转到罗斯福手中，他立即下令成立铀矿顾问委员会，并拨了研究经费。1941 年 12 月 6 日，在日本偷袭珍珠港的前一天罗斯福批准了制造原子弹的庞大工程计划,为保密而取名“曼哈顿计划”。设计和试制原子弹的负责人是加利福尼亚大学物理学教授奥本海默(J. R. Oppenheimer, 1904—1967)。他们除了提取纯铀-235外,又采用钚(Pu^{239})作为裂变材料。经费米计算,一次核爆炸只需100磅钚就够了,原先却需100吨天然铀。到1945年,美国已有足够多的提纯铀和钚。1945年7月16日5时30分,一颗叫“三位一体”的钚弹在新墨西哥州的荒野试爆成功,其爆炸力相当于2万吨TNT炸药。1945年8月6日,美国将一颗名为“小男孩”的重5吨的铀弹投向了日本广岛。另一颗叫“胖子”的钚弹在同年8月11日摧毁了日本的长崎市。它们的巨大杀伤力震惊了世界,给日本帝国主义以沉重的打击。哈恩想到他的发现被用以制造超级杀伤武器而久久不能平静。苏联从1940年起也在全力以赴研究这一项目,1949年9月22日爆炸了第一颗原子弹。1952年,英国和法国都爆炸了试验性原子弹。我国也于1964年10月16日成功地爆炸了第一颗原子弹。美国垄断原子弹的时代已经过去。

(四)轻核聚变及其应用

原子核裂变虽然能产生巨大能量,但是地球上能裂变的元素储量相对其他元素而言并不丰富,因此核裂变产生的能量并不是最理想的能源。从20世纪30年代起,人们逐渐认识到轻核聚变产生的能量才是具有远大前途的能源。人们对轻核聚变的认识始于对太阳的研究,太阳能够源源不断地发出强大的光和热,人们猜想这可能来自于某种核反应。1929年,美国天文学家罗素(H. N. Russell, 1877—1957)断定太阳总体积中60%(实际是80%)是氢,所以太阳能很可能是氢核聚变产生的。1938年,流亡于美国的德国科学家贝特(H. A. Bethe, 1906—2005)和德国物理学家魏扎克(C. F. von Weizsäcker, 1912—2007)分别证明靠氢核聚变成氦核,释放出的能量可以使太阳维持现状几十亿年。

所谓轻核聚变是指,当很轻的原子核在极高的温度下非常接近时会聚合在一起,形成新的原子核,并释放出大量能量。由于这是在极高的温度下进行的,故也称热核反应。例如,氢的同位素氘核和氚核聚合时生成氦核,放出一个中子和一定能量。

氘可以直接从海水中提取,来源方便,价格便宜,一升海水中含有0.03克氘,它的能量相当于300升石油,而海水取之不尽,用之不竭。地球上的海水约有10^{21}千克,即应有10^{17}千克氘,所含聚变能可供人类使用几百亿年,并且聚变后的产物,没有强烈放射性,没有严重的污染和放射物质泄漏的危险，因此氘是理想的核聚变原料。氚不是天然存在的放射性元素，需人工制备，价格昂贵。氘的聚变温度为4亿度；氚的聚变温度只有几百万度，由于氚的聚变温度低，一般用作“热核点火剂”（现在人们试图用激光“点火”）；氘—氚混合核燃料的聚变点火温度为5000多万度，比氘的聚变温度低得多，但即使这个温度，也很难达到。1942年，匈牙利流亡到美国的物理学家、氢弹之父特勒（E. Teller，1908—2003）曾设想：利用原子弹爆炸时产生的高温来引发氢核的聚变，可以制成比原子弹威力大1000倍的超级炸弹，即氢弹。这一设想引起人们的恐惧，担心会由此使地球变成一个燃烧的星球，奥本海默等强烈反对，使制造氢弹的设想被搁置下来。直到1950年1月，美国总统杜鲁门（Harry S. Truman，1884—1972）要加强核讹诈政策，才下令制造氢弹。1952年10月31日，美国在马绍尔群岛的一个珊瑚岛上爆炸了第一颗氢弹，它的燃料是液态氘和氚，爆炸力为300万吨TNT，把海底炸出一个深50米、直径2000米的巨坑。1953年8月12日，苏联也成功地爆炸了氢弹，它的燃料是锂^6（$_3Li^6$）和氘的固体化合物氘化锂。我国于1967年6月17日成功地爆炸了第一颗氢弹。

一般说来，氘—氚混合燃料在几百万度的温度下就成了自由电子和赤裸原子核的混合物，总体上呈中性，叫作“等离子体”。“等离子体”在上亿度的高温下能克服静电斥力而发生聚变反应，产生巨大能量，成为新的能源。但是要实现“热核点火”，首先要获得上亿度的高温，目前的问题是找到装盛高温等离子体的容器材料。可以想象，这么高的温度将使器壁熔化，等离子体自身也会冷却下来。为了既保持等离子体的温度又不使器壁熔化，必须把二者隔开。对此，科学家们想了许多办法。制出的比较有名的装置有“磁瓶”装置和苏联的“TOKAMAK”（“托卡马克”）装置。后者现在被普遍采用，用以控制核聚变。我国设在合肥董铺岛上的中国科学院等离子研究所已安装了这一装置，并进行运转。一旦受控核聚变实现，将从根本上解决能源问题。核聚变专家推测，商用性聚变堆将于2040年建成。我国核聚变专家们又取得了可喜的成果：中国科学院等离子研究所的HT-7超导托卡马克实验获得了稳定可重复的准态等离子体，其放电时间长达10.71秒。这一成果标志着我国磁约束核聚变研究的综合实力和技术水平已达到国际先进水平。

二 基本粒子的发现及其理论探索

19 世纪末之前，人们一直认为原子是组成物质的最小单位，原子不能再分。随着电子和元素放射性的发现，人们认识到原子还有更深的层次，还可再分。质子和中子的发现，使人们又知道了原子核的组成。截至 1930 年，人们认识的粒子只有电子、质子、中子和光子，尚未发现其他粒子，故把这四种粒子称为“基本粒子”，意思是不能再分了。随着实验水平的提高，人们很快发现基本粒子不基本，而是层出不穷，到 20 世纪 90 年代，已发现三百种以上的粒子。研究它们的性质及运动转化规律，便成为现代物理学的一个重大课题。从 20 世纪 40 年代起，基本粒子物理学已发展成为一门独立的学科，又称高能物理。

（一）基本粒子大家族成员的发现

除电子(e^-)、质子(p)、中子(n)和光子(γ)外，其他三百多种粒子的发现大体经历了三个阶段。

第一阶段是正电子(e^+)、反质子($\bar{p}$)、反中子($\bar{n}$)、反西格玛负超子($\bar{\Sigma}^-$)、中微子(ν)和介子(π)的发现。这些粒子的发现，都是理论上先预言，而后被实验证实的。1931 年 9 月，狄拉克根据负能态“空穴”理论提出，应该有一个质量与电子相同的未知粒子——“反电子”存在。1932 年 8 月，美国物理学家安德孙(C. D. Anderson, 1905—1991)在利用云室拍摄宇宙线照片时，发现了这种反电子，因为它的电荷与电子相反，故命名为正电子。正电子的发现是大量基本粒子发现的开始，它显示了物质的一种基本特性——对称性。1955 年，美籍意大利物理学家塞格雷(E. G. Segrè, 1905—1989)和他从前的学生、美国物理学家钱伯林(O. Chamberlain, 1920—2006)利用高能加速器发现了反质子和反中子。1959 年，我国物理学家王淦昌(1907—1998)等人发现了反西格玛负超子。这些都为狄拉克的反物质存在的预言提供了有力的证据。20 世纪 90 年代以来，科学家们正在向创造“反物质”世界发起挑战，试图用人工方法制成反粒子。下一步的工作是把反粒子结合成反物质。

理论上预言的第二个新粒子是中微子，它是基于 β 衰变理论提出的。人们发现，在 β 衰变过程中，衰变前后的能量不等，似乎不遵守能量守恒定律。对此，奥地利物理学家泡利(W. Pauli, 1900—1958)于 1930 年提出一个假说。他认为，在 β 衰变过程中，有一部分能量被一种用一般仪器测不到的、不知名的新粒子带走了，这种粒子的质量极小，不带电荷，但具有和电子相同的自旋。这种解释能够满足动量和能量守恒的要求。这种粒子被费米命名为“中微子”。1932 年，海森堡在中子被发现后，推测 β 衰变就是原子核内一个中子放出一个电子变为质子的过程。1933 年，费米根据泡利和海森堡的假说，提出了 β 衰变理论，认为 β 衰变就是中子转变为质子、电子和中微子的过程。同样，质子也能转变为中子、正电子和中微子，即 $n \to p + e^- + \nu$，$p \to n + e^+ + \nu$（这里的 ν 实际上是反 ν，即 $\bar{\nu}$）。中微子与物质的作用极弱，一般探测不到，直到 1956 年，美国物理学家莱因斯（F. Reines, 1918—1998）和小柯恩（C. L. Cowan, Jr. 1919—1974）才在原子反应堆，即铀的裂变过程中探测到。他们由于这一贡献而荣获 1995 年诺贝尔物理学奖。1962 年又发现了另一种中微子 ν_μ，以前发现的中微子称为 ν_e。1968 年，人们又探测到来自太阳的中微子，从而丰富了中微子的家族。

理论上预言的第三个基本粒子是介子，它是由日本物理学家汤川秀树于 1934 年 11 月提出介子场理论时的一个预言。人们知道，原子核一般很稳定，这表明质子和中子结合得很紧。是什么力量把它们结合在一起的呢？汤川认为这种结合力就是核力。那么又是什么东西传递这种核力的呢？他把核力场同电磁场进行类比。因为电磁作用的媒介粒子是光子，即电磁相互作用是由于它们之间交换光子引起的，汤川由此推断，传递核力的媒介粒子是介于电子和质子之间、质量大约是电子质量 200 倍的介子，它可以带正电或负电，也可以是中性的。1947 年，英国物理学家鲍威尔（C. F. Powell, 1903—1969）等人利用照相乳胶技术在宇宙射线中找到了这种介子，称其为 π 介子。

第二阶段是奇异粒子的发现。20 世纪 50 年代前后，人们相继发现了许多新粒子，可分为两组。一组是比质子、中子重的兰姆达超子（Λ）、西格玛超子（Σ^+，Σ^0，Σ^-）以及克西超子（Ξ^-，Ξ^0）；另一组是比 π 介子重的 K 介子及其反粒子。这些粒子都有一种奇特的性质——产生得快（10^{-23} 秒），衰变得慢（10^{-10} 秒）。这表明它们在产生过程中起作用的是类似核力的强相互作用，而在衰变过程中则受支配于 β 衰变时出现的那种弱相互作用，两者相差 10^{13} 倍。这种现象令人费解，故称其为奇异粒子。

第三阶段是共振态粒子的发现。20 世纪 50 年代后，人们用回旋加速器研究基本粒子。1951 年，费米等人用回旋加速器产生的 π 介子去轰击质子时发现，随着 π 介子动能的变化，碰撞截面出现类似共振现象的峰值，这表明质子吸收了 π 介子形成了暂时的“共振态”。共振态粒子除了寿命极短（10^{-24}—10^{-23} 秒）、速度接近光速外，其他性质与已知的粒子类似。这么短的寿命很难直接测出，人们把这种共振态粒子称为第三代粒子。现已发现的共振态粒子达三百多种，它们成为基本粒子的主要组成部分。

（二）基本粒子性质研究

1. 关于四种作用力的统一问题。基本粒子的“生生死死”，表明它们之间存在着不同的相互作用。所谓相互作用，通俗点说就是“力”。自然界中的力有四种：引力、电磁力、强力和弱力。这几种力都对基本粒子的产生和运动行为发生影响，但是由于基本粒子的质量极小，因而引力可以忽略不计。电磁力是既在宏观世界又在微观世界起作用的力，属于长程力，凡是带有电荷或磁矩的基本粒子，都有吸收或放出光子的电磁力。强力是汤川秀树在研究核子的结合力时率先提出的，后来发现许多基本粒子都参与这种相互作用。它是一种短程力，其作用范围为 10^{-15} 米，而它的强度却很大，相当于电磁力的 100 倍。弱力最初是由费米在 β 衰变理论中提出来的，是使中子放出电子和中微子后转变成质子的那种作用。它是一种更短的短程力，作用范围只有 10^{-17} 米，强度很弱，只有强相互作用的 10^{13} 分之一，它不能把任何粒子束缚成一个稳定系统。这四种作用力之间的强度比是强：电：弱：引 $=1:10^{-2}:10^{-14}:10^{-40}$。传递四种相互作用的媒介，依次是 π 介子、光子（γ）、中间矢量玻色子（共三种，即 W^+、W^-、Z^0），这三种媒介已分别于 1983 年 1 月和 4 月得到实验证实。从理论上推论，对应于引力相互作用的媒介，应当有“引力子”。

科学家们对这四种作用之间的共同起源、共同本质也进行了探讨。早在 20 世纪初，爱因斯坦就致力于在理论上统一电磁场与引力场的工作，但无结果。1958 年，海森堡又试图把强、弱、电磁三种作用力统一起来，提出了规范场论，但也无结果。1967 年，美国科学家温伯格（S. Weinberg, 1933—　）、1968 年巴基斯坦科学家萨拉姆（A. Salam, 1926—1996）分别提出了弱、电磁相互作用统一的理论，称为“W-S 模型”。在这个模型中，有四种作用量子，即 W^+、W^-、Z^0（电中性）和 ν（电中性），说明这两种相互作用是统一的，揭示了它们之间的内在联系，并得到了实验的支持，为把四种力统一起来指明了光辉前景。

2. 关于宇称不守恒的发现。“宇称”是反映空间对称性的一个物理量，是从空间左右对称概念推广而来的。镜像对称是多种对称关系中的一种，假如物体运动的规律和它在镜子中的像的运动规律一样，便称这些规律具有空间对称性。长期以来人们认为，微观粒子体系的运动规律也具有左右对称性，即微观粒子体系在发生某种变化过程（如核反应、基本粒子的产生和衰变）前的总宇称等于变化后的总宇称（或为+1，或为-1），也就是说，粒子体系和它的"镜像粒子"体系的运动都遵循同样的变化规律，这被称为宇称守恒定律。实验表明，在强相互作用下，能量、动量、电荷、重子数和奇异数都守恒，所以人们对这一定律确认无疑。但是，1953年，英国物理学家达里茨（生卒年不详）却发现一种反常现象：τ介子和θ介子的质量、寿命、电荷、自旋等均相同，但衰变方式不同；τ介子衰变成3个π介子，θ介子衰变成2个π介子；τ的总宇称为-1，θ的总宇称为+1，二者的宇称相反。τ、θ究竟是一种粒子还是两种粒子呢？这便是所谓的"τ-θ之谜"。1956年，美籍华裔物理学家李政道（1926— ）和杨振宁（1922— ）首先从理论上指出τ、θ是一种粒子，至少在弱相互作用领域其宇称不守恒，即τ、θ是一种粒子，只是不对称而已。这个假说是否正确，需要实验检验。1957年，美籍华裔实验物理学家吴健雄（1912—1997）小组用钴^{60}（Co^{60}）做实验，把钴冷却到0.01K，令钴核的热运动停止，排除常温下自旋方向杂乱无章现象，从而观察β衰变（放出电子）中空间不对称的情况。这一设计果然显示出同一种粒子上下不对称的情况，确认τ、θ是同一种粒子，即K^0介子。李—杨的假说得到了证实，从此宇称不守恒作为一条定律被承认。李政道和杨振宁由此获得了1957年的诺贝尔物理学奖。

3. 关于亚原子物理中自发性对称破缺机制的发现。现代粒子物理学的研究集中在亚原子粒子上。所谓亚原子粒子，就是结构比原子要小的粒子，其中包括电子、质子和中子（质子和中子又由夸克组成），以及由放射和散射造成的光子、中微子、渺子①和其他奇特的粒子。这些粒子除具有宇称不守恒等特性外，还有一个自发性对称破缺机制。

所谓自发性对称破缺机制是指一个物理系统的拉格朗日量（概括整个系统动力状态的函数）具有某种对称性，而基态（系统的最低能价）却不具有该对称性。已知理论认为，宇宙是在"大爆炸"中诞生的。随后，在"爆炸"中产生的夸克、电子等粒子和与它们同等数量和质量，但电荷相反的反粒子便构成了物质。实验证明，粒子和反粒子一旦相撞，便在释放出光子之后"同归于尽"。由此可见，假如两者始终并存，那么宇宙的物质将消失殆尽，然而实际情况并非如此。现在的宇宙中只有粒子"幸存"，却没有发现反粒子，那么反粒子哪去了？科学家认为，反粒子的"幸存"率所以不如粒子的"幸存"

---

① 渺子（Muon），符号为μ。渺子是在宇宙中的π介子衰变时产生的，它在生成22微秒后便会衰变成一粒电子、反电子、中微子和渺子中微子。

率高,是因为除了电荷相反外,还存在其他微小差别。这种差异,被称为“对称破缺”。“对称破缺”的机制是什么?这是亚原子物理的一大谜团。

为了解开这个谜团,粒子物理学家们做了不懈的努力。美籍科学家南部阳一郎(1921—)发现了亚原子物理的对称性自发破缺机制,为亚原子物理的“标准理论”奠定了基础。日本物理学家小林诚(1944—)和利川敏英(1940—)1972 年发表论文,解释了对称破缺的起源。根据他们的理论,只要存在 6 种以上的夸克,对称破缺就会发生。当他们发表这篇论文时,科学家们还只发现了三种夸克(关于夸克的内容请参见下文),即上夸克 u、下夸克 d 和奇异夸克 s。当时他们预言应当还有三种夸克存在,这三种夸克分别于 1974 年、1977 年和 1995 年被发现,它们分别是粲夸克 c、美夸克 b 和顶夸克 t。他们的预言被一一证实。

但是南部等三人的理论,到目前为止仍无法解释一种同类型的对称破缺,这种同类型对称破缺,是在 140 亿年前宇宙“大爆炸”时的宇宙起源的幕后力量。假如宇宙“大爆炸”产生了相同的物质和反物质,它们应当相互抵消,但是这并没有发生,而是每 100 亿个反物质粒子中就有一个额外的物质粒子发生了微小的偏离。这种对称破缺可能是宇宙得以“幸存”的原因。这究竟是怎样发生的仍需进一步探索。

(三)强子内部结构的探索——盖尔曼模型的建立及发展

强子是指直接参与强相互作用的粒子,它们在已发现的基本粒子中占 95%,常见的强子是质子和中子。物理学家们从原子和原子核都有内部结构这一事实中联想到强子也可能有内部结构,也就是说,强子可能是由更深层次的粒子组成的。20 世纪五六十年代,人们通过实验已经取得了强子有内部结构的间接证据。

1956 年,美国斯坦福大学的波福斯等人用高能电子轰击质子时,发现电子被散射,表明质子的电荷不是集中在一个点上,而是分布在十万亿分之一厘米的范围内;实验还测出中子的磁矩也有一定范围,这说明质子和中子都不是没有内部结构的点粒子。20 世纪 60 年代末 70 年代初,在高能电子和高能中微子与质子的深度非弹性散射实验中,又显示出质子内部有很硬的、半径很小的散射中心,其自旋角动量为 $h/2$,称为“部分子”。所有这些都说明强子内部有更基本的东西。这个基本的东西是什么?科学家们做了不少假定性的说明。

1955 年,日本名古屋大学物理学教授坂田昌一(1911—1970)提出了参与强相互作用粒子的复合模型。这个模型认为,所有强子都由三种基本粒子，即质子(p)、中子(n)、Λ 超子和它们的反粒子($\bar{p}$、$\bar{n}$、$\bar{\Lambda}$)组成。这个模型在解释介子的性质以及介子和重子的一些弱作用衰变方面获得了成功，并预言了中性介子 π^0 的存在，后来发现的 η 介子与 π^0 介子符合得很好，一组介子共振态的性质也与坂田预言的相似。但是他把 p、n、Λ 看作比重子、介子更基本的粒子，在系统地解释重子的性质方面遇到了困难；同时他也预言了一些不存在的粒子。所以，这个模型是不完善的，但是它却突破了基本粒子不可分的陈旧观念，对推动粒子物理的发展起了积极作用。

1964 年，美国物理学家盖尔曼(Murray Gell-Mann, 1929—)根据自旋为 $h/2$ 的重子排列图形的对称性，认为 p、n、Λ 不应当比其他重子更基本，修正了坂田的模型，用 u、d、s 三种夸克取代 p、n、Λ，认为所有的强子都是由 u、d、s 及它们的反粒子($\bar{u}$、$\bar{d}$、$\bar{s}$)组成的。夸克的自旋为 $h/2$，分别带有 $\frac{2}{3}e$、$-\frac{1}{3}e$、$-\frac{1}{3}e$ 的分数电荷，s 带有奇异量子数。这个模型能解释介子和重子的性质，并预言了 $\bar{\Omega}$(反欧米伽)超子的存在，后被证实。盖尔曼因此获得了 1969 年的诺贝尔物理学奖。

1965—1966 年，我国物理学家根据对称性的产生和破坏等理论及实验分析，认为强子内部有更深的层次，即强子是由更基本的粒子组成的，钱三强(1913—1992)把它命名为“层子”。这个模型能很好地解释强子的弱相互作用和电磁相互作用，也能解释强子的其他一些实验事实；它与夸克模型一样，得到了国际物理学界的公认。为了表彰他对粒子物理的贡献，1998 年 10 月 16 日，一颗小行星被命名为“钱三强星”。

盖尔曼模型在 20 世纪 70 年代后又有发展。1970 年，美国科学家格拉肖(S. Glashow, 1932—)又提出存在第 4 种夸克的设想，把它命名为粲夸克(c, $\bar{c}$)，带有粲数 c，质量比质子质量大。1974 年，美籍华裔物理学家丁肇中(1936—)等人在美国布鲁海文实验室发现了 J 粒子，与此同时美国物理学家希特(B. Richter, 1931—)也发现了同一粒子，命名为 ψ，合并命名为 J/ψ 粒子。它是共振态粒子，质量是质子质量的 3.3 倍，寿命比一般衰变介子长 1000 倍，是一种新的介子。对于 J/ψ 的最好解释是：它是由粲夸克(c)及其反粒子($\bar{c}$)组成的，因为粲夸克的质量大，它分裂的能量也大，故寿命也长。后来相继发现了由 1 个粲夸克及其反夸克组成的介子 D^+、D^-、D^0、F^+、F^-、$\bar{D}^*$、$\bar{F}^*$ 以及重子 Ae^+，证实了粲夸克的存在。1977 年，费米实验室的莱德曼(L. M. Lederman, 1922—)又发现了一种新的重介子 E(希腊文的大写字母，小写字母为 ε，读音“宇普西隆”），其质量比质子质量大 10 倍，于是人们又猜想，E 是由被称为美夸克的第 5 种夸克 b 和反夸克 b^- 组成的。接着人们在寻找轻子和夸克的共同特性时，又发现它们之间存在一一对应关系，由此推测与轻子对应的应当有第 6 种夸克，即顶夸克 t 的存在。各种夸克带有不同的量子数，为了形象起见，人们把 u、d、s、c、b、t 称为“味夸克”。为了解释实验事实，又把“味夸克”分为红、黄、蓝三种颜色。“味”和“色”都是不同量子状态的形象表示。这样，盖尔曼模型就发展为强子是由 6 味夸克和 6 个反夸克（上夸克 u、$\bar{u}$；下夸克 d、$\bar{d}$；奇异夸克 s、$\bar{s}$；粲夸克 c、$\bar{c}$；美夸克 b、$\bar{b}$；顶夸克 t、$\bar{t}$）组成的标准模型。但是，人们在寻找顶夸克的迹象时苦苦经历了 20 多年。1994 年 4 月，费米实验室发现了顶夸克。顶夸克是标准模型理论中 12 个亚原子（夸克）粒子之一，这些粒子有 11 种已被发现，但是顶夸克在长达 20 年间没有被科学家们捕捉到，它的发现是物理学史上的一次重大突破。

夸克存在的证据已确凿无疑，下一步的工作是寻找自由夸克。由于夸克以束缚态存在，因此，必须用无穷大的能量去轰击粒子才能得到。人们认为，随着加速器能量数量级的增大，击出自由夸克不是不可能的，那时“夸克禁闭”将成为历史。

夸克是否还可再分，它是否还有更深的内部结构，这正是科学家们进一步研究的课题，工作正在进行之中。人们对微观世界的认识是无止境的。

三　寻找和制造反物质

反物质曾经是科幻的主要内容之一，目前它正在逐步变为现实。物理学家早已确认，物质是由分子组成的，分子是由原子组成的，原子是由带负电的电子和带正电的原子核组成的，而由带正电的电子和带负电的原子核组成的原子就是反原子，由反原子组成的物质就是反物质。正电子被发现之后，就有科学家提出：所有粒子都有其反粒子，如果说粒子组成了物质世界，那么反粒子就组成反物质世界；正物质和反物质相遇会爆炸成光辐射。

关于宇宙诞生的“大爆炸”学说认为，我们现在的宇宙是从约 140 亿年前一个极小的点爆炸而来的，在那个点之外“没有时间、没有空间、没有能量、没有物质”，是一次偶然事件使那个点发生了爆炸，产生了大量的正能量和负能量，而总能量仍为零。物理学理论又告诉我们，能量与物质可以相互转化，因而大量的能量转化成正物质和反物质。由此可见，140 亿年前宇宙诞生时产生了大体相等的物质和反物质。那么这些反物质到哪里去了呢？对此，科学家们有两种解释：一种解释认为，在宇宙的某些地方存在着由反物质组成的星系；第二种解释认为，宇宙诞生时产生的物质比反物质多了一点，物质与反物质相互湮灭后，剩下的物质就构成了现在的宇宙。

为了进一步探索反物质之谜，科学家在实践中采取了两种途径：

第一，在自然界中寻找反物质，研究反物质的自然状态。1997 年，美国天文学家利用先进的伽马射线探测卫星，发现在银河系上方 3500 光年处有一个不断喷射反物质的反物质源。这个反物质源喷射出的反物质在宇宙中形成了一个高达 2940 光年的“喷泉”。这是宇宙反物质研究领域的一个重大突破。1998 年，美国“发现”号航天飞机携带阿尔法磁谱仪发射升空。（该仪器的核心部分是中国科学家制造的，它是当代最先进的物理传感仪。）发射阿尔法磁谱仪的目的是到太空寻找反物质，虽然现在还没能找到反物质，但是它已采集存贮了大量数据，有可能为探索反物质带来突破。

第二，在实验室中制造反物质，从更多角度研究反物质。在自然界中寻找反物质的难度很大，也很难研究它的性质。1995 年，欧洲核子研究中心的科学家们利用加速器，将速度极高的负质子流射向氙（Xe）原子核，在世界上制成了第一批反物质——反氢原子。1996 年，美国费米国立加速器实验室又成功制造了 7 个反氢原子。

目前，在实验室内制造正电子、负质子等反基本粒子已经轻而易举，但是把正电子与负质子组成反原子却十分困难。这是因为这项工作十分复杂，需要有强大的研究工具。现在这样的工具已经诞生。欧洲核子研究中心宣布，用于制造反物质的反质子减速器已经投入使用。这个减速器是一个圆形混凝土盒，周长 180 米，耗资 1150 万美元。它利用磁场将高能反质子减速成速度约为光速 1/10 的反质子。科学家们利用减速器产生的反质子进行实验，用磁场对反质子进行约束，或将反质子与正电子结合成反氢原子。

在世界各地 9 个研究所 30 名科学家的通力合作下，欧洲核子研究中心于 2002 年 9 月 18 日宣布，已成功制造出 5 万个低能量状态的反氢原子，这是人类首次在受控条件下大批量制造反物质。

研究反物质有何用途？科学史显示，任何一项重大科研成果问世时都很难估计它的应用前景。不过有一点是肯定的，即基于物质与反物质相遇会释放出所有能量，能量释放率远高于氢弹爆炸，因而携带反物质进行星际旅行，可以减少携带的燃料重量。

四 “太阳中微子丢失”之谜

中微子研究是目前粒子物理研究领域最热门的课题之一。中微子是一种非常小的基本粒子，几乎不与任何物质发生作用，可以自由地穿过地球。科学研究发现，太阳核聚变会产生大量的中微子。美国科学家戴维斯(R. Davis, 1914—2006)领导的太阳中微子实验，用30年时间探测到2000个来自太阳的中微子，但是与理论计算值相比，其流量还不足一半，这就是“太阳中微子丢失”之谜。日本科学家小柴昌俊(Masatoshi Koshiba, 1926—)领导研究的中微子探测器，证实了戴维斯的实验结果，并探测到一个遥远超新星爆发过程中释放出的中微子。他们两人因此获得2002年的诺贝尔物理学奖。但是，中微子为什么丢失？目前说法不一。

为了进一步寻找中微子消失的证据，科学家们在位于日本西北部神冈的一个1000米深的矿井中建造了一个体积庞大的中微子探测器。这个探测器的直径为20米，高25米，里面盛有1000吨的液体闪烁体、600吨矿物油和3000吨水，四周分布有2000个20英寸的光电倍增管。当中微子穿过闪烁体时会发光，因此光电倍增管会捕捉到中微子的存在。从2002年2月开始，由日、美、中三国近百位科学家组成的实验组在这里“蹲守”，对100千米范围内的来自日本和韩国的20多个核电站反应堆所产生的中微子进行探测，历经145天，共发现了54个中微子，约为预期值的60%，这意味着核反应堆所产生的电子反中微子约有40%消失。这一探测结果表明，反应堆产生的电子反中微子发生了振荡，变成了另一种中微子，因而没被探测到。这是国际上第一次在人工中微子源中发现中微子消失现象，而且其特性与太阳中微子丢失相同，从而最终确认“太阳中微子丢失”是因为太阳中微子发生了振荡所致，这就排除了对太阳和大气中微子丢失的所有其他解释。

对“中微子丢失”之谜的研究，具有重大的科学价值。第一，这次发现将对宇宙学的发展产生重要影响。科学家认为，中微子很可能与被认为是构成宇宙的主要物质——暗物质有关。中微子在宇宙中穿行是不会拐弯的，若捕捉到中微子，就能找到它的起点，也许在它身上就隐藏着宇宙的秘密。第二，地质中微子的发现，对研究地球本身也十分重要。人们至今对地下20千米处是什么并不了解。也许有朝一日科学家能利用中微子直穿地球，把中微子作为一根探针去对其进行探测，清楚地“看到”地心的奥妙。

第九章
现代天文学

天文学是研究宇宙空间的位置、分布、结构、化学组成、演化规律及整个宇宙起源和演化的科学。关于什么是天文学,目前尚无明确的定义,不过按其研究方法而论,天文学包括天体测量学、天体力学和天体物理学三大分支学科。天体测量学是天文学中最早发展起来的一个分支学科,其主要任务是研究、测定天体的位置和运动,建立基本参考坐标系和确定地面上的坐标;天体力学也是在天文学中较早形成的,是以数学为主要手段、运用力学规律研究天体运动和形状的分支学科;天体物理学是运用物理学理论、方法和技术研究天体形态、结构、化学组成、物理状态和演化规律的分支学科。现代天文学与天体物理学紧密联系在一起。19 世纪中叶以后,随着照相技术、光度测量方法和光谱分析方法在天文学中的应用,天文学家考察天体的物理状态和内部演化过程成为可能,可以说,天体物理学不仅标志着现代天文学的发展,而且成为现代天文学的"主干"学科。

20 世纪之前,人类观测天体的设备都是光学望远镜。20 世纪之后,随着射电望远镜[①]的出现,开创了用射电波研究天体的新纪元。用射电波研究天体,始于 1932 年,该年美国电信工程师央斯基(K. Jansky, 1905—1950)首先发现了来自银河系中的无线电波,拉开了用射电波研究天体的序幕。第二次世界大战中,英国军用雷达接收到来自太阳的强烈无线电辐射,从此在光学天窗之外,又打开了射电天窗。20 世纪 60 年代,随着航天技术的发展,人们已经能冲出大气层去观测宇宙的紫外线、红外线、X 射线和 γ 射线等,天文学进入了全波天文学的崭新时期,标志着射电天文学已经形成。

---

① 射电望远镜是用于观测和研究天体射电波的天文观测装置,可以测量天体射电的程度、频谱及偏振等量。

目前，与射电望远镜相关的、用电磁波观察天体的装置有射电天文卫星、伦琴X射线天文卫星、IRAS红外天文卫星、ASCA天文卫星、极远紫外探索天文卫星、哈勃望远镜等。这些装置表明，人类终于将望远镜架到了太空，使天文考察范围达到了150亿光年的深度，可追溯到150亿光年以前的宇宙事件。现代天文学已发展成为全电磁波段的科学，为研究宇宙及天体的来龙去脉提供了强有力的支持。本章着重介绍现代天体演化理论、现代宇宙学及现代天文学的一些新发现或新假说。

一　现代天体演化理论

（一）对太阳能源和太阳发生发展的认识

现代天文学要解决的一个重大课题是天体是怎样形成、发展和灭亡的。宇宙中存在数以亿计的天体，要一一研究它们的兴衰历史是很难的，因此只能首先研究离我们最近的一颗恒星——太阳。太阳是地球上所有生物赖以生存的条件之一。太阳的质量是地球质量的33万倍，达到1.98×10^{27}吨，占太阳系质量的99.8%。

太阳是一个炽热的天体，它源源不断地向人们提供光和热。它的能源是哪里来的，早已成为人们关注的问题。爱因斯坦的质能关系式（$E=mc^2$）为揭开这个谜提供了线索。1938年，美籍德国人贝特和德国人冯·魏扎克分别提出了太阳能产生的现代理论。他们认为：第一，恒星内核在高温（1000万度以上）、高密（每立方厘米几百吨）和高压（几千个大气压）的条件下，轻原子核会聚合成较重的原子核，同时放出巨大能量。太阳内部的聚变反应就是4个氢原子核（质子）合成一个氦核的过程。在这一反应过程中，每个氢核的质量有0.7%转化为能量，这种能量比化学反应过程释放的能量大100万倍，这就是地球上光和热的来源；简而言之，太阳的能源来自于太阳内部氢的核聚变反应。第二，在太阳的组成成分中，氢占71%，氦占27%，其他元素占2%。第三，太阳的表面温度为6000度，太阳大气外层的日冕含有温度高达100万—200万度的电子气体。

太阳的形成和发展过程，也是千百年来人们热衷的课题，也只有到了现代才有重大突破。天体物理学家认为，50亿年前，太阳的前身是银河系的一团尘埃（气体云），由于引力的作用而收缩，在9亿年的漫长时间内逐渐聚集成发光的“星前天体”，随即形成了太阳系的雏形。

“星前天体”继续收缩，其中心部分温度越来越高，当温度达到700万度以上时，便发生核聚变反应（氢聚变为氦），同时放出大量能量，这时由于太阳内部的辐射压和气体压抵挡住了进一步的引力收缩，使太阳进入平衡期；太阳内部所含的氢可以使它“燃烧”100亿年，而太阳现在的年龄是50亿年，正处于中年期，也就是说，太阳像现在这个样子还可维持50亿年。

氢“燃烧”的末期，太阳的核心部分只剩下“燃烧”（聚变）的产物氦，只有外壳仍以氢为主；由氦构成的内核，由于引力作用，愈缩愈密，而由氢构成的外壳则在继续燃烧中膨胀，使太阳变成一个表面温度较低、体积很大（比原来扩大250倍）的红巨星，大到连地球轨道都包括进去。

红巨星的氦核继续收缩，当中心温度达到1亿度时，便开始“氦燃烧”（氦聚变成碳）的过程。过程末期，由碳构成的核心不再收缩，外壳很快膨胀成与中心脱离的行星状星云，而中心体不具备引起碳“燃烧”的条件，因而继续收缩，形成一个密度很大、亮度很低的白矮星，太阳的一生就此结束。

这里附带说一下，人们一直公认太阳有九大行星，即水星、金星、地球、火星、土星、木星、天王星、海王星和冥王星。然而最新结论认定，冥王星不是太阳的行星。天文学家认为，若构成行星必须具备三个条件：(1) 必须是该区域最大的天体；(2) 必须有足够大的质量，能依靠自身的重力，通过流体静力学平衡，使自身形状达到近似球形；(3) 天体内部不能发生核聚变反应。冥王星不具备这些条件，故不应被视为太阳的行星。2006年8月24日在布拉格举行的国际天文联合会（IAU）上，经424位天文学家投票，冥王星被踢出九大行星行列，太阳的行星因此只有八颗。国际天文联合会新出台的行星定义认为，只有在其引力领地内具有统治力的天体才有资格成为行星，冥王星没有这种能力，这样冥王星就被降为“矮行星”。所谓“矮行星”，是指同样具有足够质量、呈圆球状，但不能清除其轨道附近其他天体的天体。

（二）对恒星演化的总体认识

太阳是恒星中的一个特例，其他恒星的演化过程与太阳的演化过程大体相同，只是由于它们的质量大小不同，演化的最终结果有所区别。现代天体物理学认为，一般恒星的演化都要经历引力收缩—平衡期—红巨星—白矮星（或中子星，或黑洞）四个阶段。

恒星的末期，依据质量大小不同，将形成三种天体：白矮星、中子星和黑洞。它们各由何种质量的恒星演变而来呢？在天文学上一般以太阳的质量为标准进行判断。如果恒星质量小于1.44个太阳质量，就变成白矮星；质量在1.44—2个太阳质量，就变成中子星；如果超过两个太阳质量，就变成黑洞。

最早被发现的白矮星是天狼星的伴星，它是美国科学家克拉克（A. G. Clark, 1832—1897）于1862年发现的。白矮星的体积很小，密度很大，光亮度只有普通恒星平均亮度的千分之一至万分之一，肉眼很难看到。它的密度之大，直到20世纪量子力学建立后才得到解释。目前已发现的白矮星有1000颗以上。

中子星的存在是苏联物理学家朗道（Lev D. Landau, 1908—1968）从理论上提出的一个预言。他认为，当物质被压缩到原子核密度时，90%以上的电子和质子会结合成中子，由这种物质组成的恒星是可能存在的。1934年，美国天文学家巴德（Walter Baade, 1893—1960）和茨维基（F. Zwicky, 1898—1974）提出中子星是由超新星爆发而产生的假说。1939年，美国物理学家奥本海默用广义相对论研究中子星的结构，算出中子星的直径只有几十千米，密度则比白矮星大1亿倍以上。这一假说当时难以令人信服，被搁置了30年。1969年，英国物理学家休伊斯（Antony Hewish, 1924— ）和学生贝尔在研究行星闪烁现象时，无意中观察到来自天空的射电脉冲信号，他们把这一新发现的射电源称为“脉冲星”。不久，“脉冲星”就被确认为是快速自转、有强磁场的中子星，目前人们已发现的中子星在330颗以上。我国在中子星的研究方面已达到国际先进水平。我国天文学家和物理学家指出：中子星是一种物质密度大得惊人的恒星，假如从中子星上取下一粒花生米大小的物质，其重量竟达几亿吨；中子星上的磁场比地球上实验室内可以达到的最强磁场强几百万倍；中子星上的引力场比地球上的引力场要强千亿倍。

据英国《新科学家》杂志报道，中子星是宇宙中除黑洞之外密度最大的天体，其每立方厘米的质量达1亿吨。美国科学家进行的最新模拟研究显示，中子星不仅密度极大，而且其外壳还非常坚硬，硬度是钢铁的100亿倍。中子星的能量辐射是太阳的100万倍。按照目前世界上的用电情况，它一秒钟之内辐射的总能量若全部转化为电能，够人类用上几十亿年。

黑洞是广义相对论所预言的又一种特殊的天体。1939年，奥本海默等人根据广义相对论推断：一个大质量天体，当它向外的辐射压力抵挡不住向内的引力时，要发生塌缩；当塌缩到某一临界大小时，便形成一个封闭的世界，称为“视界”。“视界”之外的物质和辐射（包括光子）可以进入“视界”之内，但“视界”之内的物质和辐射却不能跑到“视界”之外。也就是说，一切物质和辐射到它那里，都有来无回，统统被吃掉，人们把这种天体称为“黑洞”。由于黑洞的探测十分困难，所以这个预言也被搁起来，直到中子星被发现后，人们才想到它可能存在，并进行了探测。目前认为，最有可能是黑洞的天体是天鹅星座的x-1、天琴座β和御夫座的ε等。x-1的质量是太阳质量的5.5倍。关于黑洞是否真的存在，也有不同意见。1974年，英国物理学家霍金(S. W. Hawking，1942—2018)证明，黑洞可能不黑，也会发生辐射，甚至出现剧烈的爆发。俄新社1994年10月16日报道说，俄国一科学家认为，黑洞理论没有任何根据，是虚构的。但是半个月后，即1994年11月1日的香港《快报》又报道了英国科学家首次准确测定了一个黑洞的质量为2400亿亿亿(24×10^{27})吨，是太阳质量的12倍。总之，关于黑洞存在与否、黑洞的性质等，有待于科学家们进一步探索和发现。

二　现代宇宙学

现代宇宙学是从整体上研究宇宙结构和演化的一个天文学的分支，它以现今观测所及的大天区上的大尺度特征为研究课题；也就是说，现代宇宙学是研究大尺度上的时空性质、物理分布及运动规律的学科。

(一) 宇宙结构及其特征探讨

宇宙的结构是什么样的？它是静止的还是运动的？对此，科学家提出了几种宇宙模型予以说明。

1. *爱因斯坦的有限无边静态宇宙模型*。现代宇宙学的研究是从爱因斯坦开始的。广义相对论创立之后，他就试图用这一理论考察宇宙结构问题。1917年，他在《广义相对论的宇宙考察》一文中，提出了有限无边静态宇宙模型，后来被称为“爱因斯坦宇宙”。所谓有限无边是指宇宙无内外，宇宙是唯一的，没有“宇宙之外”的问题。所谓静态是指宇宙在小范围内是运动的，但从大范围上看是静止的。爱因斯坦假设：宇宙间物质的分布大体上是均匀的，宇宙大尺度上的特征是不应当随时间变化的。因为当时尚未发现河外星系的普遍退行现象，所以他提出的模型实质上是一个有物质无运动的静态宇宙模型，这是可以理解的。为了得到静态解，他在模型中引进了“宇宙项”和宇宙常数概念。“宇宙项”相当于一种斥力，被称为“宇宙斥力”，这种斥力只有当物体之间的距离很大时，才变得比引力更大。若“宇宙斥力”与引力相互抵消，便得到一个平衡的宇宙。为了求得宇宙常数的大小，天体物理学家进行了10年的努力，最后认定宇宙常数等于零。为什么是零？半个多世纪以来科学家们都无法解释。爱因斯坦本人也为引进“宇宙项”失去发现宇宙膨胀的机会而懊悔,认为引进“宇宙项”是他“一生中最大的失策”,而提出宇宙常数是他“一生中一个严重的错误”。对宇宙常数等于零的破译,我国新疆大学教师查朝征(1932—)取得了重大突破。他证明在由共形对称性高能到低能破缺时,宇宙常数必然等于零。这一论证,在世界上尚属首次,他的成果得到了世界物理学界的公认,他也因此而被破格晋升为教授。

2. 德西特、弗里德曼、勒梅特的宇宙膨胀模型。1917 年,荷兰天文学家德西特(Willem de Sitter, 1872—1934)也根据广义相对论提出了一个宇宙模型。这个模型认为,宇宙在不断膨胀着,但它的物质平均密度等于零。因此,这是一个有运动而无物质的空虚的宇宙,后来被称为“德西特宇宙”。

1922 年,苏联数学家弗里德曼(A. A. Friedmann, 1888—1925)重新讨论了爱因斯坦的引力方程在宇宙结构上的应用。他认为,无须引进“宇宙项”,从而在没有宇宙项的情况下,去求解引力方程,得到了一个均匀的、各向同性的动态宇宙模型。也就是说,弗里德曼得到的爱因斯坦方程解是一个不稳定的解。这个解有三种情况:如果空间几何特征遵循欧几里得几何,就得到一个不断膨胀的宇宙;如果空间特征遵循黎曼几何,就得到一个脉动的,即膨胀和收缩互相交替的封闭宇宙;如果空间特性遵循罗巴切夫斯基(Nikolas Ivanovich Lobachevsky, 1792—1856)几何,就得到一个膨胀的敞开的宇宙。据美国科学家卡夫曼(W. J. Kaufmann,生卒年不详)1979 年所著《黑洞与弯曲时空》一书对弗里德曼宇宙模型的解释,我们把上述情况归纳成表 9-1:

表 9-1 弗里德曼宇宙模型释义表

几何种类	空间几何形状	空间曲率	空间平均密度(ρ)	减速参数(q_0)	宇宙类型	宇宙最终前途
欧氏	平坦	0	=临界ρ	$q_0=\frac{1}{2}$	平坦	勉强膨胀
罗氏	双曲	负	<临界ρ	$q_0=0-\frac{1}{2}$	开放	永远膨胀
黎氏	球形	正	>临界ρ	$q_0>\frac{1}{2}$	封闭	坍　缩

关于弗里德曼模型所依据的两个重要参数的说明:第一,关于宇宙膨胀速率,通常用哈勃常数 H_0 表示。据美国海耳天文台的桑德奇(Allan Rex Sandage, 1926—2010)等人测定,$H_0=17$ 千米/秒/百万光年,由此推出,距我们 1 亿光年远的星系,就应该以 1700 千米/秒的速度远离我们而去(逃

逸）。第二，关于宇宙减慢速率（减速参数），通常用 q_0 表示。假如 $q_0=0$，表明绝无物质和引力，宇宙将永远膨胀，慢不下来；假如 $q_0=\frac{1}{2}$，表明那里的物质刚好能确保星团间相互逃逸；假如 $q_0>\frac{1}{2}$，表明膨胀将停止，发生坍缩。“我们的宇宙”（总星系）当今属于哪种情况，年龄有多大呢？据1978年海耳天文台桑德奇等人测量减速参数得知，“我们的宇宙”的减速参数 $q_0=1.6$，说明我们正居住在一个曲率为正的、封闭的宇宙之中。“我们的宇宙”年龄为120亿年，经过推算，再过600亿年膨胀会停止，接着坍缩（变成黑洞）。1300亿年后，它将发生爆炸，开始新的宇宙过程。[①] 据路透社华盛顿1994年10月26日消息，根据哈勃望远镜发回的准确测得的宇宙以300万英里[②]/小时的速度膨胀的数据测算，宇宙的年龄比想象的要年轻。科学家猜测宇宙的年龄在80亿—120亿年之间。

1927年，比利时天文学家勒梅特（G. Lemaître，1894—1966）进一步研究了弗里德曼模型，提出了大尺度空间随时间膨胀的概念，建立了勒梅特宇宙膨胀模型。

怎样证明宇宙在膨胀？红移现象的发现及哈勃定律是对宇宙膨胀假说的最好支持。20世纪初美国科学家斯里弗（V. M. Slipher，1875—1969）在对旋涡星云的光谱进行研究时，发现了恒星的谱线向红端移动。1929年，美国天文学家哈勃（E. P. Hubble，1889—1953）进一步研究和分析了斯里弗的观察结果，发现河外星系作普遍的退行运动，星系离我们的距离越远，红移越大，退行的速度也越大，其退行速度和距离成正比，用公式可以表示成 $V=H_0r$，后人称它为哈勃定律（式中，V 为天体退行速度；r 为距离；H_0 为哈勃常数，表示膨胀的速率）。哈勃定律的发现，被认为是广义相对论预言的成功。它第一次揭示出大尺度的天体体系所表现出来的物理特征。

（二）宇宙起源和演化的大爆炸理论

关于宇宙起源问题，20世纪30年代以后，科学家们相继提出了不少假说，其中大爆炸假说最受推崇。

1932年，勒梅特从宇宙膨胀理论出发，根据元素放射性推出了宇宙起源于“原始原子”的假说。勒梅特认为，宇宙物质最初都聚集在一个“原始原

① 〔美〕W. J. 卡夫曼：《黑洞与弯曲时空》，何妙福译，科学出版社1987年版，第147、150页。
② 1英里=1.609千米。

子”(“宇宙蛋”)里,“原始原子”由于剧烈的放射性衰变而发生爆炸,爆炸后的“碎片”迅速散开,形成一种气体云,这是一个快速膨胀过程;其间由于密度很大,引力大于斥力,“碎片”散开的速度减慢,气体云互相碰撞又形成星云,这时处于减速膨胀过程;在星云阶段,又由于引力大于斥力,星云又形成了星云团,这又是一个快速膨胀过程。这样,用一个“原始原子”就创造出一个宇宙来。勒梅特的假说是大爆炸理论的开始。

1948 年,美国物理学家伽莫夫(G. Gamov, 1904—1968)等人受奥本海默的核爆炸研究工作的启发,把核物理知识与宇宙膨胀理论结合起来,提出宇宙起源于一个温度极高(约 150 亿度)、密度极大(约水的 10^{14} 倍)、由中子组成的“原始火球”的假说,发展了勒梅特的大爆炸理论,并说明了化学元素的起源。伽莫夫认为,“原始火球”充满了辐射和基本粒子,由于球内的基本粒子的相互作用发生核聚变反应,引起了爆炸,并向外膨胀;此后辐射温度和物质密度急速下降,热核反应停止,其间产生了各种元素,这些元素的演变便形成了今天宇宙中的各种物质。这个过程的大体细节是:“原始火球”在爆炸前,即在所谓“原始的宇宙汤”中,中子和质子分别占 14% 与 86%,它们处于热平衡状态。“原始火球”爆炸开始时,温度极高,约几十亿度,这时仍没有任何元素,只有质子、中子、电子、中微子、光子等基本粒子;当温度降到 10 亿度时,质子与中子发生聚变反应,生成氢的同位素氘($_1H^2$)和氚($_1H^3$)以及氦($_2H^4e$)、锂($_3Li^6$)等元素;当温度降到 100 万度时,元素的生成停止(聚变反应停止),出现了等离子体(没有发生反应的少量中子变成了质子和电子);数万年后,即当温度降到几千度时,辐射降到次要地位,宇宙中充满了由电子和等离子体复合成的气体;当温度继续降到绝对温度 170 度时,气体生成气体云块,这些气体云块在引力和斥力作用下便形成了星系、星系团和恒星;由于星系、星系团、恒星的空间平均密度≤临界密度,于是便开始膨胀。总之,宇宙从诞生到发展,经历了一个从热到冷的过程。这个假说,由于在元素形成问题上遇到了很大困难,因而被搁置了将近 20 年。

由大爆炸理论(未证实前仍是假说)人们自然联想到:“原始火球”或“原始原子”的物质是哪里来的?根据质量、动量守恒及能量守恒和转化定律判断,它一定是由某种物质转化而来的。又根据狄拉克的反物质理论分析,它可能来自反物质世界。狄拉克理论认为,反物质只存在于真空条件下,在非真空条件下,正、反物质一旦相遇,便发生“湮灭”,并放出巨大能量。现在已经取得“湮灭”、放能的间接证据。1987 年,科学家从卫星上测到距我们 16 亿光年处的麦哲伦星系有一星球(类星体)爆发,发出的 γ 辐射能量是太阳能量的1000亿倍,这么大的能量有可能是反物质在“湮灭”中释放出来的。如果这一假说得到证实,那么,“原始火球”的能量和物质就有了来源。

大爆炸理论被冷落了一段时间之后,随着氦的丰度的测量和3K微波辐射的发现,又热了起来。经测量,宇宙中存在的氦占1/4到1/3。这么多的氦是从哪里来的？如果用氢的聚变来解释的话,那么,恒星的年龄最多只有一百多亿年,依靠氢的聚变远远不足以形成这么多的氦,所以无法解释。目前只有认定它是宇宙大爆炸时的残留物质。因为根据大爆炸理论,在宇宙的早期,存在着产生氦的时代,而且产生的效率是很高的。

根据氦的丰度和宇宙膨胀速度,可以计算出宇宙早期的温度,并由此推出宇宙现在的辐射温度。1953年,伽莫夫、阿尔浮(R. A. Alpher, 1921—2007)和赫尔曼(R. Herman, 1914—1997)曾预言宇宙背景辐射温度为5K(K为绝对温度)。如果能测得这个温度,那么,大爆炸理论就可以被证实。

1964年5月,美国贝尔实验室的两位科学家彭齐斯(A. A. Penzias, 1933—)和威尔逊(R. W. Wilson, 1936—)利用20世纪60年代初为了改进与通信卫星的联系所建立的一套新型无线接收系统进行测量时,意外地发现了一种原因不明的“噪音”干扰。经反复测量,发现这是一种消除不掉的噪声辐射,其温度相当于3.5K,而且各向同性,不受季节变化的影响。显然,它不是来自任何特定的辐射源。那么,它是什么原因造成的？两位科学家无法解释。消息传到普林斯顿大学,该大学以迪克(R. H. Dicke, 1916—1997)为首的一个研究组恰巧正在研究“原始火球”的遗迹,即测量宇宙背景辐射。1965年初,彭齐斯和威尔逊与迪克小组进行了互访,最后共同确认这个相当于3.5K的宇宙背景辐射就是“原始火球”的残余辐射。这是对大爆炸理论的强有力支持,从此,大爆炸理论又获得了新生。1992年4月23日,劳伦兹伯克利国家实验室的斯摩脱(G. F. Smoot)宣布,美国国家航空航天局“宇宙背景探测器”(COBE)测到了大爆炸产生宇宙后30万年时,就已存在的团块状结构的残余,也就是发现了100亿—150亿年前大爆炸后的“宇宙化石”。这一发现的公布又为大爆炸理论提供了新的重要证据。

大爆炸理论只是现代宇宙学中的一种理论。此外还有霍依尔(F. Hoyle, 1915—2001)、邦迪(H. Bondi, 1919—2005)和哥尔特(T. Gold, 1920—2004)于1946年提出的稳恒态宇宙学,与大爆炸宇宙学观点相反。

三　现代天文学的新发现和新假说

20 世纪天文学的新发现层出不穷，硕果累累，传媒经常报道一些新的发现。比如，1996 年 4 月 30 日美国天文学会于圣迭戈会议上宣布：美国 1995 年 12 月发射的一颗观测 X 射线的卫星发现了一颗以每秒 1130 次的极快振动速度喷发 X 射线流的坍塌的星体。这颗脉冲星体是一颗高热值的中子星。它是一颗密度极高的恒星的核，在几十亿年前发生了爆炸，其碎片又被极巨大的引力吸引回来，它的核粒子熔化为中子团。构成这颗中子星的物质非常紧密地挤压在一起，犹如 50 万颗地球被挤压到相当于圣迭戈（美国的圣地亚哥城）这么小的范围内。这是我们迄今所知的宇宙中最极端状态的物质。科学家们认为，这只是许多惊人发现的开端。这一发现也许能最终揭示人类尚未观测到的宇宙的秘密。

进入 21 世纪，天文学上的新发现更是捷报频传，新的假说也偶有出现。

（一）发现隐秘能量

天文学家们在观察迄今所观测到的最远的超新星爆发时发现了隐秘能量（一种奇异的排斥力）正存在于宇宙空间的每一个隐秘之处和缝隙中。这种作用力和引力相反。这一发现令天体物理学家颇感困惑。

隐秘能量的发现填补了过去一个世纪以来宇宙论所留下的漏洞。这个观点认为，宇宙不仅在扩张（这是埃德温・哈伯在 20 世纪 20 年代得出的结论），而且其扩张还在加速之中。隐秘能量的发现，连同近年来天文学家的许多发现，都支持着宇宙加速扩张的观点，也就是说，隐秘能量的存在是宇宙加速扩张的重要因素。

又据报道，美国《科学》杂志 2003 年 12 月 18 日公布的该刊评出的该年十大科技突破中的第一名是“证实宇宙主要由神秘的暗物质①和暗能量②组成”。早在 1998 年，科学家们曾发现宇宙在加速膨胀。这一现象被认为可用暗能量加以解释。暗能量产生与引力相反的排斥力，宇宙中仅有 4% 是普通物质，其余 23% 和 73% 分别是暗物质和暗能量。这一报道与上述发现隐

---

① 暗物质是一种不发光、不反射光、没有被发现的物质。和普通物质一样，其引力是自吸引的。

② 暗能量也不发光、不反射光，也没有被发现。和暗物质相反，其引力是自相排斥的，是具排斥力的能量，宇宙膨胀就是暗能量所致。

秘能量的观点相吻合。

（二）发现最遥远和最近的星系

据报道，日本国立天文台和东北大学联合小组的科学家利用设在美国夏威夷的“昴宿星团”大型望远镜，发现了迄今已知最遥远，也是最古老的星系，它距离地球129亿光年，比以前发现的最遥远的星系还要远300万光年。这一发现是根据光线红移程度的多普勒效应推算出来的。距离地球最遥远星系的纪录不断被刷新，2004年2月，美国宣布发现了距地球130亿光年的星系。2004年9月，美国三个天文小组利用哈勃望远镜观测到距地球132亿光年的最远星系。

由法、意、英、澳四国天文学家组成的一个国际研究小组发现了一个迄今距银河系最近的星系。这个星系位于大犬星座方向上，被命名为“大犬矮星系”。它距太阳系约2.5万光年，距银河系中心约4.2万光年。“大犬矮星系”的质量相当于10亿个太阳的质量，而银河系的质量则约为太阳质量（2×10^{27}吨）的1万亿倍，银河系的厚度达1.2万光年，银河系“倚仗”自己的“大块头”而慢慢吞噬着“大犬矮星系”中的星体，而且吞噬还在继续。

“大犬矮星系”本身的亮度并不高，而且被银河系中的尘埃和星云遮蔽着，不易观测到。那么科学家们又是怎样发现它的呢？这是因为在“大犬矮星系”中有大量名为“M巨星”的恒星，它是一种体积大、形成期早的红色冷星，在红外线波段比较明亮。这些巨星与其他星体形成了带状星系，其位置与银河系相当接近。通过观测这些“M巨星”的光线，便可确定这一新发现的“大犬矮星系”的形状和位置。

通过计算机模拟，天文学家还发现“大犬矮星系”中的一些星体由于被银河系吸引，已经落入接近太阳系的位置。迄今为止，“大犬矮星系”已经向银河系“奉献”了约为其本身质量百分之一的星体。不过，银河系要将“大犬矮星系”完全吞噬可能尚需十亿年。目前一些残余的“大犬矮星系”的星体已在银河系周围形成了一道环。

距银河系最近的“大犬矮星系”的发现，科学价值很大。澳大利亚悉尼大学的杰兰特·刘易斯（Geraint Lewis，1969—　）博士认为，此次发现表明，银河系并非已经进入中年，而是还处于形成之中。

（三）发现最古老的恒星和行星

2002年，德国汉堡的天文学家们称，在银河系中发现了迄今为止最古老的恒星，它已有140亿年的历史，也是迄今为止发现的第一颗基本上不含任何金属元素的恒星。这颗恒星被编号为HE0107-5240。它的罕见之处在于：

它与其他历史稍短的恒星不同，即基本上没有任何金属元素，完全是由宇宙大爆炸时产生的几种简单元素组成的。由于它形成的历史久远，又不含金属元素，从而可以追溯到宇宙形成的初期。笔者认为，这一发现似乎可以作为大爆炸理论的一个佐证，但能否这样认定，仍有待专家做出评判。

2003 年 11 月，美国国家航空航天局的哈勃望远镜发现了银河系内人类已知的最古老的行星。这颗大型气态行星是在 130 亿年前形成的。它围绕一颗氦白矮星和毫秒脉动星 B1620-26 旋转。由于该气态行星缺乏形成所需的重力元素，因此科学家认为，它可能在宇宙早期就已存在。

（四）黑洞探索的新成果

黑洞是一种密度极高的天体，过去称为暗物质。“黑洞”的名称是由美国物理学家约翰·惠勒（John Archibald Wheeler, 1911—2008）于 1967 年提出来的。近几年来科学家在对黑洞的探索中不断报道出新成果：科学家不仅发现了黑洞的许多新的怪“脾气”，而且发现了中等大小的黑洞。

1. *发现了黑洞许多新的怪“脾气”*。英国科学家对由巨大黑洞和小型黑洞发出的 X 射线辐射进行比较研究后发现，尽管黑洞的大小不同，质量也相差甚远，但是它们在吸收周围气体、同时放出 X 射线的过程中却有着相同的波动规律。这一发现可以帮助天文学家对黑洞的 X 射线“曲调”进行分析，并推算黑洞的质量等特性。

黑洞的另一个怪“脾气”是：它也会“挑肥拣瘦”，并非所有物质到它那儿都有来无回。剑桥大学的天文学家发现，如果“喂”给黑洞的物质过多过快，它也可能会“因噎废食”，也就是说，引力强大无比的黑洞，可能并不具有假设的能吞噬一切的“胃口”。科学家通过模拟实验发现，物质环在落入黑洞的过程中，先被黑洞吞下的部分还会不断地被吐出来，最终只有很小一部分物质环真正进入黑洞。

科学家曾借助于功能强大的超级电子计算机模拟两个大小不一的黑洞的剧烈碰撞过程。结果发现，两个黑洞相撞后会形成新的黑洞，同时释放出极大的能量。比如，质量分别为太阳质量 15 倍和 10 倍的两个黑洞相撞时，释放的能量比太阳过去 50 亿年产生的能量总和还要多出数千倍。

上述两个黑洞相遇的过程是计算机模拟出来的，那么现实的宇宙中是否有这种现象呢？科学家认为，美国和意大利的科学卫星探测到的极强的一次伽马射线爆发有可能是两个黑洞相撞后的结果。据观测，这次爆发发生在距地球几十亿光年的宇宙深处，其亮度比以前发现的最强烈爆发还亮 10 倍，释放出的能量是惊人的。据推算，在数十秒之内释放出的能量可能相当于10000个太阳在50亿年内释放出的能量总和。这么庞大的能量用现有理论已无法解释，而用两个黑洞相撞的结果来解释则较为合理。

2. 银河系中心地带附近存在中等大小的黑洞。科学家们已经发现了巨大的和较小的黑洞，但尚未发现中等大小的黑洞，而2003年夏，美国天文学家经过观测后推测，银河系的中心地带附近可能有一个质量为数千倍于太阳的中等大小的黑洞。这个黑洞正拖着一些年轻的恒星朝银河系中心的巨型黑洞运动。这一发现有助于解释巨型黑洞为何迅速变得非常"肥胖"。

中等黑洞究竟是怎么形成的，目前还是个谜。不过，哈佛—史密斯天体物理中心的研究人员认为，它的成因有三种可能：一是球型星团中的恒星直接碰撞和融合；二是早期宇宙中极大型恒星的瓦解；三是小型黑洞的融合。这三种可能都有一定的说服力，也都有局限性。

上述种种发现都肯定了黑洞的真实存在。

（五）首次发现宇宙间的暗星系

北京时间2003年10月22日21时，美国天文学家发现了宇宙第一个暗星系，它是由气态氢和宇宙微粒组成的黑色云团。该星系与地球的距离为200万光年。美国加利福尼亚大学的三位天文学家乔治亚·西蒙、季蒙特·罗宾逊、列奥-布里茨对代号为HVC 127-41-330的黑色氢气云团进行了全面观察和研究，其结果显示：这一新发现的氢气云团以令人难以想象的高速进行着特有的自转运动。如此高速的自转可能将其甩得支离破碎。研究人员还强调说，极有可能，此黑色云团至少含有80%以上的暗物质。一旦上述假设得以证实，那么天文学界长期以来有关暗物质的疑虑将得以彻底澄清。

（六）宇宙年龄为141亿岁

美国国际天体物理学研究小组的科学家们自1999年起，在将近四年时间内，在新墨西哥州的美国国家天文台借助"宇宙扫描仪"（SOSS天文望远镜）收集了距地球20亿光年之外的共约20多万个宇宙研究对象的详细资料。2003年2月，美国国家航空航天局曾将他们的研究结果向全世界公布：宇宙年龄为137亿岁。后来，该小组按比例放大他们精心设计的三维星空图，又获得了大量有关宇宙空间的资料，并依据这些资料得出：宇宙的确切年龄应该是141亿岁，比2003年2月公布的宇宙年龄向前推进了4亿年。

（七）最新宇宙模型——宇宙有限，形如足球

美国《新科学家》杂志报道了美国数学家杰弗里·威克斯（Jeffrey Weeks）根据美国国家航空航天局2001年发射升空的WMAP宇宙微波背景辐射探测器获得的资料推断，宇宙其实是有限的，相对来说其实并不大，大约只有 70 亿光年的宽度，形状为由五边形组成的 12 面体，犹如足球。文章说，人们之所以感觉宇宙是无限的，是因为宇宙就像一个镜子迷宫，光线传过来又传过去，让人们发生错觉，误以为宇宙在无限伸展。

被称作 WMAP 的探测器是用于探查宇宙大爆炸遗留下来的热量痕迹——弥漫于整个宇宙的微波背景辐射的，此种“余热”的温度约在绝对零度以上 3 度。虽然宇宙微波背景辐射弥漫于整个宇宙，但是并非到处均匀，而是有一些波动，如同大海总是波浪起伏一样，形成一圈圈微波背景辐射“涟漪”。探测这些“涟漪”的大小和强度，可以推定宇宙早期的情况，也可以推定现今的宇宙有多大。

由此可以得出推论：如果宇宙是无限的，那么就会有各种大小的宇宙微波背景辐射“涟漪”。而 WMAP 只观察到了较小规模的微波背景辐射“涟漪”，这和无限宇宙理论推测的几乎一致，但是大尺度范围的“涟漪”却没能观察到。在大尺度上，微波背景辐射“涟漪”似乎被“抹平”了。这就意味着：宇宙可能是有限的。其道理就像在澡盆里掀不起巨浪一样，在一个有限的宇宙中也不会有无边的“涟漪”。宇宙究竟是有限还是无限尚需要进一步证明。

(八) 织女星系可能存在类地行星

英国天文学家于 2003 年宣称，织女星系拥有的行星系统比以往发现的任何行星系统更接近于我们的太阳系。他们认为，年轻的织女星有一颗巨型气态行星，它的大小和海王星相近，其运行轨道和母星的距离也大致等于海王星轨道到太阳的距离。这意味着，在巨型气态行星的轨道内侧，有足够的空间容纳和地球类似的由岩石、铁等物质组成的行星。

英国粒子物理和天文学研究委员会的天文学家借助于一架高灵敏度的次毫米波照相机收集到了观测资料。安装在夏威夷麦克斯韦望远镜上的这架照相机显示，一个由温度相当低的尘埃组成的圆盘状物体在围绕织女星的轨道上旋转，这些尘埃的温度只有零下 180℃。科学家推测，至少有一颗估计超过 5600 万岁的巨型气态行星在那条远距离轨道上运行。

用现有的观测技术，天文学家还不能直接观测到类地行星，只能根据已发现的巨大气态行星来推测它们的存在。同时，即使能够证实织女星系中确实有类地行星，暂时也还无法断定上面就存在生命。织女星距地球约 25 光年，直径约是太阳直径的 3.2 倍。它是一颗燃烧氢的矮星，亮度约是太阳的 54 倍，在这样的极端环境中生命可能无法存在。

不过，科学家们对能找到类地行星仍充满信心。2003 年 5 月，日本科学家通过计算机模拟行星的形式进行推测：宇宙中一半以上的行星是类地行星的可能性很大。他们认为，随着观测精确度的不断提高，一定能找到更多的类地行星。

（九）银河系的形状及其新发现

1. *银河系的形状发生了改变——变成碗状*。此前，银河系的形状被公认为呈圆盘状。然而，美国加利福尼亚大学伯克利分校无线电天文台台长利奥·布利茨与他的同学观测发现，圆盘状的银河系已经发生了弯曲，凹陷成碗状，并已绘出银河系的"变形"图。导致这一惊人现象出现的是邻近的大小麦哲伦星云，当它们运行穿过银河系时，引起银河系中暗物质激荡，导致银河系变形。一些天文学家也表示赞同这种分析。

2. *银河系只有两条旋臂*。2008 年，美国科学家断言，银河系只有两个旋臂，分别是半人马座旋臂和英仙座旋臂，而不是有四个对称排列的旋臂。对此论断目前仍有争议。问题在于：这些旋臂是否存在？究竟有几个？它们是连续的还是分散的？这些问题仍需天文学家继续探索并做出回答。

但是也有科学家通过实验对上述论断提出了佐证。在假定银河系旋臂存在的前提下，英国《新科学家》杂志刊登文章称，最新一项计算机模拟实验显示：太阳系可能被银河系旋臂抛至离它的诞生地数千光年的区域。这项实验将有助于解释为什么靠近太阳系的恒星具有多种化学成分。

3. *发现了恒星河*。美国加州大学的科学家 2008 年 5 月 16 日宣布，他们在远离地球 76000 光年处发现一条较窄的恒星河流。加拿大多伦多大学的科学家于 2008 年 9 月 15 日对外公布称，他们利用安放在夏威夷毛纳基峰的"北双子座"（Gemini North）望远镜，直接拍摄到太阳系外行星的照片。它的意义在于"直接"二字，因为此前所发现的近 300 颗所谓"太阳系外行星"都是科学家通过间接手段探测到的，比如通过太阳系行星引力拉动在其恒星中诱导产生的"颤动"。

4. *银河系可居住区发现了可构成生命的糖分子——羟乙醛*。《天体物理学杂志通讯》2008 年 12 月 2 日以《银河系可居住区发现糖分子》为题报道说，科学家们在我们的太阳系里一个潜在的可居住区，发现了与生命起源有关的糖分子。这种被称作羟乙醛（Glycoladehyde）的分子是在距离地球大约 26000 光年的一个形成恒星的庞大区域发现的，这个区域位于银河系的外层空间。这一发现说明，糖分子可能在整个宇宙中非常普遍，这对寻找地外生命的科学家来说，无疑是一个好消息。

以前在银河系中心也发现有羟乙醛，然而人们认为，这个区域的环境太恶劣，根本不会有适合生命存在的行星。羟乙醛是构成生命的关键性成分，它有助于形成核糖核酸(RNA),而核糖核酸被认为是与地球上生命起源有关的重要分子。羟乙醛是一种单糖,是碳水化合物的基本单位,它可以跟化学物质丙烯醛发生反应,形成核糖核酸的基本成分——核糖。

(十) 太阳并非完美的球体,其表面像香瓜皮

2008年10月,美国科学家对太阳的圆度进行了精确度空前的测量,结果显示,太阳并不是一个完美的球体。在活动较为剧烈的年份,太阳外部会形成一层薄薄的"香瓜皮",这在很大程度上增加了其外观的扁率,此时它的赤道半径略大于它的极半径;太阳表面存在粗糙的结构,即明亮的脊排列成网状,就像香瓜皮一样,这个脊被称为"香瓜脊",它在本质上是磁场。这项成果是由美国加州大学伯克利分校的休·哈德逊(Hugh Hudson)率领的科研小组获得的,发表在2008年10月2日出版的美国《科学快讯》上。

当今,现代天文学发展已进入一个崭新阶段。从观测手段上看,已从传统的光学观测扩展到了从射电、红外、紫外到X射线和γ射线的全部电磁波段,导致了一大批新天体和新天象的发现,比如,类星体、活动星系、脉冲星、微波背景辐射、星际分子、X射线双星、γ射线源等,天文研究空前繁荣和活跃。射电方面的甚长基线干涉阵和空间甚长基线干涉仪、红外方面的空间外望远镜设施、X射线方面的高级X射线天文设施等不久都将问世。γ射线天文台已经投入工作。可以预料,这些天文仪器的投入使用将给天文学注入新的生命力,使人们对宇宙的认识提高到一个新水平,天文学正处在大飞跃的前夜。

值得特别提及的是,世界上最大的粒子加速器——大型强子对撞机于2009年11月开始实施质子束流加速实验,在2010年3月30日13时06分(北京时间19时06分)实现了两束总能量达到7万亿电子伏特的质子束"迎头相撞"。该项实验旨在模拟宇宙大爆炸后的最初状态,进而破解宇宙诞生之谜。

第十章
现代化学

20 世纪以来,化学在理论和实践两个方面都取得了重大成就,它已深入到人类社会的各个领域,在人类生活中起着越来越重要的作用,人们的衣食住行处处都与化学相关。现代化学的发展与其他学科相互渗透、相互影响,形成了许多边缘学科,如化学物理学、生物化学、分子生物学、地球化学等。化学和物理学的相互交融更加明显,有的物理学家同时又是化学家,在一定意义上二者的界限已经难以区分,这是现代化学的一大特点。现代化学在对元素周期律的解释、无机化学和分析化学、化学键理论、晶体结构以及大气化学和环境化学等研究方面都取得了一系列重大成就。

一　元素周期律的科学阐述及发展

(一) 元素周期律的科学阐述

门捷列夫提出元素周期律之后,自然会有人想到,这些原本彼此互不相干的元素,它们的性质为什么会随原子量的增加而呈周期性的变化?其内在联系和根据是什么?包括门捷列夫本人在内,许多科学家都进行了研究。1911 年,卢瑟福在提出原子的核模型时曾设想原子内部有一个极小的核,它集中了原子的几乎全部质量,并且带有 Z 个阳电荷,带有 Z 个阴电荷的电子围绕原子核转,而 Z 值又恰好是一定元素在周期表中的序数。同年,英国物理学家巴克拉(C. G. Barkla, 1877—1944)在实验中发现,当 X 射线被金属散射时,散射后的 X 射线的穿透能力随金属的不同而不同,说明每种元素都有自己的标识 X 射线。1913 年,年仅 26 岁的英国物理学家莫斯莱(Henry Gwyn Jeffreys Moseley, 1887—1915)又进一步发现:各种元素的标识 X 射线的波长恰好与元素周期表的次序一致,他把这个次序命名为原子序数。他接着提出一个重要推论:元素的原子序数在数值上正好等于核电荷数。

原子序数的提出,使元素周期表建立在更加科学的基础之上。它表明,决定元素在周期表中排列顺序的是原子核所带的电荷数(原子核的电荷数=它的原子序数)。这样,元素周期律又有了新的含义,即元素性质是其原子序数的周期函数,也就是说,决定元素化学性质的是原子序数,而不是原子量。根据对原子序数的测定就能更准确地判断元素在周期表中的位置,从而预测那些尚未发现的元素。1916 年,德国化学家柯塞尔(W. Kössel, 1888—1956)首先以原子序数代替原子量制作出新的元素周期表。

(二) 元素周期表的发展

新元素的发现扩充了元素周期表。1869 年,门捷列夫公布的元素周期表中只有 66 个元素,到 1894 年由于门捷列夫预言的元素先后被发现,加之提纯手段的进步,已发现 75 种元素。1894 年,继英国化学家拉姆塞发现惰性气体氩(Ar)之后,又相继分离出惰性气体氦(He)、氖(Ne)、氪(Kr)、氙(Xe)、氡(Rn)。随后又发现了锕(Ae)和镤(Pa)。1905 和 1906 年,又分别发现了稀土元素中最后两个没有放射性的元素镥(Lu)和铕(Eu)。1923 和 1925 年,根据元素的标识 X 射线,又分别发现了 72 号元素铪(Hf)和 75 号元素铼(Re)。到 20 世纪 30 年代,已发现周期表中 1—92 号元素中的 88 个,剩下的原子序数为 43、61、85、87 的四种不稳定的元素,经过 20 年的努力,分别于 1937 年、1945 年、1940 年和 1939 年用人工方法制备出来,它们是锝(Tc)(43 号)、钷(Pm)(61 号)、砹(At)(85 号)和钫(Fr)(87 号)。这样,1—92 号元素全部被发现。

至此,人们还想到:92 号(铀)之后的元素是否存在?也就是说,是否还存在超铀元素?科学家们又继续寻找。1940 年,人们用中子轰击铀得到了 93 号元素镎(Np),同年麦克米伦(E. M. McMillan, 1907—1991)和美国化学家西伯格(G. T. Seaborg, 1912—1999)用加速的氘核轰击铀时产生了镎,镎经过 β 衰变得到了 94 号元素钚(Pu),这两种新元素后来在沥青铀矿中找到了。1944—1961 年间,西伯格和美国科学家乔索(A. Ghiorso, 1915—2010)等人又合成了 9 种超铀元素,使周期表中的元素达到 103 位,在化学史上谱写了光辉的一页。

随后,人们又掌握了用质子、氘核、氦核、碳核、氧核、氖核去轰击各种重原子的技术,从而研制出多种超铀元素的同位素。1960—1974 年间,先后合成了原子序数为 104、105、106、107 的新元素。这些新元素随原子序数的增加，其稳定性随之降低。97 号前的超铀元素的同位素寿命最长的其半衰期可达千年以上；而 103 号以后的元素，半衰期最长的为 180 秒，最短的为 2 微秒（107 号元素）。这些超铀元素的人工合成，不仅扩大了元素的队伍，也为认识原子核的复杂结构提供了丰富的资料。

还有没有比 107 号元素的原子序数更高的元素？元素周期表是否到头了？随着放射性研究和核物理的发展，科学家们认为有可能存在原子序数更大的超重元素，并提出了超重核稳定岛假说。果然，由于化学家的努力，当今被正式命名的元素已达 110 个。这之后还有没有原子序数更高的元素，这将有待科学实践的验证。

二　现代无机化学和分析化学

20 世纪以来，无机化学和分析化学是发展最为迅速的化学分支学科。

（一）现代无机化学

现代无机化学是以现代化学、物理理论为依据，采用先进的实验技术，把无机物的性质和反应同结构联系起来的学科。它的研究对象极为广泛，除了碳的衍生物——有机化合物之外，周期表中所有的元素及其化合物都是它的研究对象。

20 世纪 60 年代以来，无机化学的研究方向，一是新型化合物的合成及应用，二是新的边缘学科的开拓和发展。新型化合物的意义在于：一是它们的新结构、新成键方式可以为无机化学的理论研究提供重要的资料；二是可以作为有机制备的新试剂、中间产物和化工生产中的催化剂及医疗、解毒、杀菌等有效药剂。新开辟的无机化学领域，即新的边缘学科，主要有配位超分子化学、簇合物化学、生物无机化学、有机金属化学、无机固体化学。下面简单介绍一下生物无机化学、有机金属化学和无机固体化学。

生物无机化学是无机化学和生物学的交叉，是把无机化学的原理应用于解决生物化学问题的学科。现已发现，在很多生物过程（如氮的固定、光合作用、氧的输送和贮存、能量转换）中金属起着核心作用。对这类反应过程中金属的状态、金属与生物质结合而产生的结构以及金属是如何发生作用的等问题的研究和解决，不仅可以加深对生命现象的理解，而且对生产技术的发展也有重要作用。生物无机化学是无机化学的一个活跃领域。

有机金属化学，是研究金属有机化合物的科学，它主要研究金属有机化合物的合成及其性质等。有机金属化学是无机化学、晶体学、材料学等和有机化学的交叉学科，是不对称有机合成学的基础，是当今有机化学的热点之一。

在高科技时代，无机固体化学的地位和作用显得十分重要。空间、激光、能源、电子计算机等技术均需要具有耐高温、耐腐蚀、耐老化、高强度、高韧性的结构材料，以及具有光、电、声、磁、热、力等性质和功能的材料。这些材料多为无机物质，无机固体化学就是研究这类物质的制备过程的学科。无机化合物的合成需要高温、高压、高电场等特殊条件。如，生产金刚石只有满足温度为1727℃，气压为7万个标准大气压的条件，并以Ni(镍)为催化剂，才能使石墨转化为金刚石。1957年，美国通用电气公司就是在这种条件下生产出人造金刚石的。到20世纪70年代末，人造金刚石的产量已达6吨。如果在温度3000℃、7万个标准大气压下还可生产比金刚石还硬的硼氮聚合物。又如，生产碳纤维的温度需1200℃，只有这个温度才能使碳氧化合物分解，并生长成直径小于0.2毫米、长可达25厘米、抗张强度比同样粗细的钢丝高几倍的碳纤维。20世纪70年代，人们用气相生长法实现了上述生产。再如，电子计算机技术所需要的半导体材料超纯硅，纯度为99.9999999999%。20世纪50年代以来所合成的一系列Nb_3M金属间化合物具有很好的超导性能。80年代以来发展起来的光导材料、航天技术需要的新型陶瓷材料以及热、气、湿等敏感元件等，都是无机固体化学的研究成果。

总之，无机化学正处于迅速前进之中，有人称现在正处于“无机化学的复兴”时期。

（二）现代分析化学

在生产和生活中，人们都懂得必须对原材料及产品进行质量分析，以便了解它的物质组成和结构。现代分析化学就是用化学、物理、电子、数学和生物学等科学原理和方法，对物质的无机和有机组成、结构及微区、薄区、价态等进行分析的学科。

分析化学作为深入认识事物的一种手段，实际上早在一个多世纪之前就产生了。早期的分析化学一般用于定性分析。1829年，德国化学家罗塞(H. Rose, 1795—1864)第一次提出系统的定性分析后，定量分析也很快发展起来。在定量分析中最先发展起来的是重量分析，后来又发展为容量分析，由于它的分析领域大，因而逐渐成为定量分析的主要手段。20世纪40年代又创造了应用氨羧络合剂的络合滴定法。它常常不需要分离就可以迅速滴定，到20世纪60年代，元素周期表中有66个元素都可以用这种方法直接或间接测定。二次世界大战后，工业生产和科学技术的发展，向分析化学提出了一系列新课题，从而促使新的化学分析方法的产生。如在核反应堆中，材料的有害杂质不能超过$10^{-4}\%$—$10^{-6}\%$；喷气技术用的耐高温材料对纯金属的要求是：有害杂质的含量要在10^{-4}以下；半导体材料的纯度要求更高。为了能保证这些课题对化学分析的要求，相继出现了吸收光度法、发射光谱法、荧光法、极谱法、质谱法、放射化分析法等。此后，根据石油化工、生物化学、医药化学等的需要，出现了萃取、蒸馏、离子交换、色层、沉淀等分析技术。

总之，20世纪以来，随着物理学、化学、电子学、数学、生物学的发展，分析水平得以提高，分析化学的面貌焕然一新。但是要全面、准确地介绍它的全貌不是一件容易的事，我们只能对它形成的历史作简单的回顾，并对它的特点作如下的说明。

当今分析化学的特点主要有：第一，分析手段仪器化。当今日益增多的分析仪器进一步取代了经典的化学分析。仪器分析以快速、高灵敏为特征。如用荧光法测金属铝(Al)、镁(Mg)、锶(Sr)，灵敏度均达到10^{-7}—10^{-9}克；电子光谱法的绝对灵敏度则达10^{-8}克。目前，各种仪器方法联用又成为一个新趋势，如气相色谱与质谱仪或光谱分析联用，可以快速剖析混合物的组成和结构。第二，分析过程的自动化。分析仪器本身就具有快速、简便的优点，现在又把电子计算机引入分析化学，与其他仪器配合，使分析效率和效果更佳。第三，分析内容增加。分析方法和分析仪器的巨大变化，使分析的内容也在增加。过去，分析的主要内容是物质成分，现今的分析内容已远远超越了单纯的物质成分，而深入到物质的内部结构。第四，分析化学与其他学科相互促进。如环境科学要求有环境分析，于是产生了环保分析，促进了痕量和遥测分析的发展；反之，环保分析的日臻完善，可以有效地监测和控制环境污染。可见，迅速发展的分析化学，对人类认识和改造自然将发挥更大作用。

三 化学键理论的建立和发展

自19世纪60年代，阿伏伽德罗提出分子概念后，分子式的统一问题解决了，但是原子间是通过什么作用结合成分子的、分子中化学结合力的实质是什么，仍没解决。这些问题直到19世纪末电子发现后，随着原子结构理论的建立，才从在原子价概念与原子结构理论相结合的基础上建立起来的原子价电子理论中取得了满意的答案。

（一）原子价的电子理论

原子价的电子理论的建立主要经历了如下过程：

1. 阿贝格原子价8数规则。1904年，波兰化学家阿贝格（R. Abegg，1869—1910）根据元素周期律和实验经验，提出了原子价的8数规则。他认为每一种元素都有一个正常价（化学反应中所表现的价），此外还有一个符号相反的反常价，这两个价的绝对值之和通常是8。如周期表中第2族的正常价为+2，反常价为-6；第6族的正常价为-2，反常价为+6。不久，特鲁德（Trude）又把原子价与电子概念结合起来。他指出，正价数表示一个原子给出的电子数，负价数则是一个原子可以接受的电子数。1913年，莫斯莱提出的原子序数理论，已经把一个原子的电子数确定下来；同年，玻尔在他的原子结构模型中又指出，原子最外层轨道的电子数相当于该元素在周期表中的族数。上述思想为原子价的电子理论的建立奠定了基础。

2. 柯塞尔的电价键理论。1916年，德国化学家柯塞尔和美国化学家路易斯（G. N. Lewis，1875—1946）都认识到价键是由原子的外围电子结构所决定的。柯塞尔明确指出，由于原子有失去或夺得电子而形成稳定离子的趋势，因而在这些稳定离子中，一部分因失去电子而显正电性，另一部分则因夺得电子而显负电性。如钾（K）原子的电子壳层上的电子从里到外分别为2、8、8、1，它失去一个电子变成稳定的钾正离子；氯（Cl）电子的排列为2、8、7，它可以获得一个电子形成稳定的氯负离子。这些正负离子间又因存在库仑力、静电引力而相互结合。这种存在于正负离子间的价键称为离子键或电价键。离子键理论能满意地解释离子型化合物，但在说明非离子型化合物（如氧分子、甲烷分子等）时则无能为力，于是又出现了共价键理论。

3. 路易斯和朗缪尔的共价键理论。共价键理论是路易斯和朗缪尔提出的。1916年，美国化学家路易斯针对离子键理论对解释非离子型化合物无能为力的情况指出，可能存在两种类型的化合物：一种是极性键化合物，另一种是非极性键化合物。1919年，朗缪尔（I. Langmuir，1881—1957，1932年获诺贝尔化学奖）发展了这一理论。这种理论认为，两个或多个原子可以相互共有一对或多对电子，从而形成稳定的分子。氢分子、氯分子、甲烷分子等都存在共享的电子对。朗缪尔把这种共享电子对的价键称为共价键。共价键理论对于解释一些非极性分子化合物是令人满意的，也使人们早已应用的表示价键的短线有了确切的含义。但是,共价键理论也遇到了困难:一是该理论把电子看成是静止的,这种假说与事实不符;二是有些化合物,特别是有机化合物原子结合的共价键具有一定的方向性问题,该理论无法解释,这些困难只有量子化学才能予以解决。

（二）量子化学与现代化学键理论

1. *海特勒和伦敦对现代化学键理论的贡献*。量子力学建立后,人们很快运用它的原理来研究分子结构,从而形成一门新的学科——量子化学。量子化学的一个主要研究方向是化学键理论。量子化学一开始就以化学键为中心开展工作。

1927 年,德国理论物理学家海特勒(W. Heitler, 1904—1981)和伦敦(F. London, 1900—1954)合作,用薛定谔方程对氢分子进行研究,建立起新的化学键概念。他们对氢分子中两个氢原子间的化学键做了近似计算,并研究了两个氢原子相互接近的过程,从而弄清了两个氢原子所以能结合成一个稳定的氢分子,是由于两个氢原子足够近时,如果两个电子的自旋方向相反,就会形成两个原子所共有的一个“电子桥”,正是这座“桥”把两个氢原子核拉到一起,形成一个稳定状态,即形成稳定的氢分子。通过薛定谔方程计算得知,破坏氢原子的化学键所需要的能量与实验值几乎完全一致,表明这种方法是正确的。海特勒和伦敦的工作为价键理论的形成做了十分有益的贡献。

2. *现代化学键理论*。20 世纪以来,人们在研究原子是怎样结合成稳定分子的问题上,先后建立了价键理论、分子轨道理论和配位场理论。价键理论是经美国量子化学家鲍林(L. C. Pauling, 1901—1994,1954 年获诺贝尔化学奖,1980 年获诺贝尔和平奖)和德国物理学家斯莱特(J. C. Slater, 1900—1976)把海特勒和伦敦处理氢分子的成果加以推广、发展而形成的。价键理论认为:原子在未化合前存在未成对的电子,这些未成对的电子,如果自旋是反平行的,可以两两结合成电子对,此时原子轨道重叠交盖,便形成一个共价键;一个电子与另一个电子配对后就不再与第三个电子配对;原子轨道重叠越多,所形成的共价键就越稳。这一理论与原有的价键概念相吻合,因而在化学键理论中占据主导地位。价键理论解决了基态分子成键的饱和性和方向性问题,但是却解释不了甲烷中碳原子事实上是 4 价的问题。为了解决这个困难,又导致了分子轨道理论的产生。

分子轨道理论的最初形式是“杂化轨道”理论。它是 1931 年鲍林和斯莱特为了解决上述困难,进一步考虑多原子分子的特点时提出来的。他们根据电子具有波动性指出,波可以叠加,因而在碳原子成键时,电子所用的轨道不完全是原来的纯粹单一的轨道,而是两个轨道叠加而成的“杂化轨道”。在甲烷中,碳原子最外层是由4个杂化轨道组成的,它们的形状、方向不同,角度分布的极大值恰好指向四面体的4个顶点。这个理论很好地解释了甲烷四面体结构以及乙烯等其他分子的构型。

20世纪30年代以后,又有人提出分子轨道理论。这是一个从分子的整体出发,着重研究分子中某一个电子的运动规律,用单电子波函数来描述化学键本质的理论。这个理论认为,能量相近的原子轨道,可以组合成分子轨道,在组合过程中轨道数目不变,但轨道能量改变。能量低于原子轨道的分子轨道为成键轨道,高者为反键轨道,相等者为非键轨道;分子中的电子在一定的分子轨道上运动,在不违背每一个分子轨道只容纳两个自旋反平行电子的原则下,分子中的电子将先占据能量最低的分子轨道,而且尽可能占不同的轨道,并自旋平行。分子轨道理论解决了价键理论遇到的某些困难,能更好地反映实际情况。分子轨道理论在20世纪五六十年代发展很快,美国化学家伍德瓦德(R. B. Woodward, 1917—1979)、波兰出生的美国化学家霍夫曼(R. Hoffmann, 1937—)及日本化学家福井谦一(Fukui Kenichi, 1918—1998)由于在该理论上取得了重大突破,1981年获诺贝尔化学奖。1952年,福井谦一研究认为,分子轨道中填有电子的能量最高轨道和不填充电子的能量最低轨道,在分子的化学反应中最为重要,他把这两个轨道称为“前线轨道”,这就是“前线轨道”理论。1965年,伍德瓦德和霍夫曼又提出了分子轨道对称性守恒原理,这一原理在解释和预示一系列化学反应方向时是一个有效的工具,尤其对立体定向反应具有指导意义。这些理论都是对量子化学的重大发展。尤其是20世纪50年代以来,随着电子计算机在化学上的应用,定量计算原子数高达几十个的分子的结构,只需几分钟就可完成,而且结果与实验数据吻合得很好。

配位场理论也是20世纪50年代提出来的。当人们研究络合物(也称配位化合物,或错合物)的性质时,发现价键理论和分子轨道理论都得不到准确的结果。于是,1953年,英国化学家欧格尔(L. E. Orgel, 1927—2007)将静电场理论与分子轨道理论结合起来,提出了一个新的化学键理论,即配位场理论。该理论利用能级分裂图,可以合理解释一些过渡性元素络合物的结构和性能的关系。20世纪80年代,我国著名化学家唐敖庆(1915—2008)教授等,将这一理论单位化、标准化,使它成为广泛应用的量子化学理论。

化学键理论的研究深刻地揭示了化学键的本质,并导致对化学物质的组成、结构及性能关系的全面了解。可以说，它开辟了化学发展的新纪元。

四 晶体结构的测定及胰岛素的人工合成

1912 年，德国科学家劳厄(Max von Laue, 1879—1960,1915 年获诺贝尔物理学奖)和布拉格父子(W. H. Bragg, 1862—1942; W. L. Bragg, 1890—1971)创立了 X 射线衍射法，开辟了晶体研究的新纪元。20 世纪 20 年代，人们通过对一系列无机盐、金属硅酸盐等晶体结构的测定，认识到金属结构的形式反映了圆球密堆积的原理及金属原子间作用力的特征。此外，运用 X 射线结构分析对有机结构的研究也取得不少成果。比如，对金刚石和石墨晶体的测定，不仅证明碳原子的 4 个价键确实呈四面体，而且还第一次了解了碳—碳(C—C)键的长度为 1.54 埃(Å)，碳═碳(C═C)键长度为 1.34 埃(Å)，苯环的碳—碳间距离均相等，都为 1.39 埃。这些都为阐明化学键的本质提供了可靠的实验数据。20 世纪 30 年代以后，随着测定结构的方法和仪器的发展，结构化学发展很快。到了四五十年代，关于有代表性的无机物和有机物晶体结构的资料已有充分的积累。由于电子计算机和各种精密仪器的应用，测定单晶体的效率成百倍地提高。对有机物结构的测定尤其令人瞩目。

1955 年，英国化学家桑格(Frederick Sanger, 1918—2013,1958 年、1980 年两次获诺贝尔化学奖)测定了最简单的蛋白质——牛胰岛素的结构，认识到了蛋白质中氨基酸的结合顺序，开创了人工合成牛胰岛素的新时代。我国从事人工合成牛胰岛素的工作是从 1959 年开始的。经过上海、北京的科学家们通力合作，于 1965 年 9 月首次合成结晶牛胰岛素，经晶体测定及生物活力试验，证明它与天然牛胰岛素的特征一样，还在北京展览馆向社会展出。1971 年，我国又完成了分辨率为 2.5 埃和 1.8 埃的胰岛素晶体结构的测定工作，这为研究胰岛素分子的结构和功能提供了有利条件。我国是世界上第一个完成人工合成牛胰岛素并测定了它的结构和性质的国家，说明我国在晶体研究领域居世界领先地位，这是值得我们骄傲的。牛胰岛素的人工合成及对它的结构和性质的测定，在人类认识生命本质的历程中写下了光辉的一页。人类在探索生命怎样从无机界向有机界转化的过程中，第一次有突破性进展的是人工合成尿素，而胰岛素的人工合成，是人类在这一认识长河中的又一次突破，它说明一般有机物和生物高分子之间也没有不可逾越的鸿沟。如果说19世纪人工合成尿素开创了人工合成有机物的新时代的话,那么,人工合成胰岛素则开创了人工合成蛋白质的新时代。

当前,在结构化学与合成化学、理论化学及固体物理相结合的基础上,又建立了分子工程学这一新学科。它的主要任务是进行"分子设计",也就是通过理论计算,根据人们的实际需要,"设计"出新分子、新材料、新品种。现在已有展示新型塑料、化纤、橡胶品的"高分子设计",寻找新药物的"药物设计",满足新型催化剂要求的"催化剂设计"以及"合金设计"等。这些"设计"展示了化学合成的诱人前景。可以预测,在不久的将来,化学将达到分子工程水平,人类可以设计出具有指定结构和性能的化合物,这将为造福人类做出巨大贡献。

五 大气化学和环境化学

进入21世纪,化学研究的方向已拓宽到宇观、微观和生命领域。当今科学研究的三大课题,即宇宙的构成、物质结构和生命的本质特征,无不与化学密切相关,而社会经济的发展和人类生存环境的改善更要求化学为之做出贡献。

为适应科学研究和人类社会发展的需要,化学领域相应产生了分子工程学、生物无机化学、生物化学、天然有机合成化学、材料化学、量子化学、稀土化学、有机氟化学、生物地球化学、大气化学和环境化学等新的分支学科和门类。其中,尤其引人注目的是大气化学和环境化学,因为它们与人类的生产和生活息息相关。

(一) 大气化学

什么是大气化学?大气化学是研究大气组成和大气化学过程的大气科学的分支学科,它涉及大气成分的性质、变化的源和汇、化学循环,以及发生在大气中、大气同陆地或海洋之间的化学过程。大气化学的研究对象包括大气微量气体、气溶胶、大气放射性物质和降水化学等。研究的空间范围涉及对流层和平流层,即约50千米高度以下的整个大气层。研究的地区范围包括全球、大区域和局部地区。

近几十年来,大气化学在生态系统微量气体排放、气溶胶、全球碳循环、地面臭氧(O_3)等方面的研究中取得了一系列成果。但是由于它涉及的范围广、空间尺度大,研究有一定难度,因此更多的成果还有待科学家们的努力。

当前大气化学研究的切入点是：地球与大气间的温室气体交换；大气气溶胶和大气氧化特性等。

1. 关于地球与大气间的温室气体交换。要正确预测未来气候的变化，首先要准确地了解发生在陆地生物圈、海洋和大气间的温室气体的交换通量及其控制因子。然而，至今对温室气体二氧化碳（CO_2）的源和汇的平衡问题仍未解决；对另一个更重要的温室气体甲烷（CH_4）的全球总排放量尚不能完全确定；对稻田甲烷的产生、输送和排放过程及规律，农田一氧化二氮（N_2O）、氧化氮（NO）的排放量的认识尚不十分清楚。这些，都有待进一步研究。

2. 关于气溶胶。气溶胶对云的影响相当复杂，气溶胶的气候环境效应非常大。目前关于气溶胶对气候影响的估计尚难以确定。此外，对亚洲沙尘的物理、化学、光学特性及其起沙和长距离输送等过程也有待进一步研究。

3. 关于大气氧化特性。大气氧化特性的变化是大气化学研究的一个重要方面。伴随人类活动的增加，化学污染物的排放量呈逐年增加的趋势，其中氮氧化物（NO_x）、非甲烷烃（NMHC）、一氧化碳（CO）等臭氧（O_3）前体物已经在很大程度上改变了对流层大气臭氧的浓度和分布状况，并对大气的OH、HO_2 和 RO_2 等自由基浓度产生重要影响。因此，研究大气自由基和对流层 O_3 及其前体物的人为源等相关问题就成为目前大气化学研究的重要课题。

（二）环境化学

环境化学是20世纪70年代形成的学科。它是从化学角度出发，探讨由于人类活动引起的环境质量变化规律及保护和治理环境的方法原理。就其主要内容而言，它除了研究污染物的检测方法和原理（这属于环境分析化学范围）及探讨环境污染和治理技术中的化学、化工原理和化学过程等问题外，还需要进一步在原子和分子水平上用物理、化学等方法研究环境中化学污染的发生起源、迁移分布、互相反应、转化机制、状态结构变化、污染效应和最终归宿。简单地说，环境化学是一门研究化学物质在环境介质，即空气、水分、土壤、生物中的存在、化学特性、行为和效应等的化学原理及方法的科学。21世纪环境化学面临的研究课题是：颗粒物问题；消毒副产物及其污染与饮水健康问题；改善生态系统风险评价方法问题；开发异常敏感的灵敏污染物监测方法和先进的环境监测工具问题等。进入21世纪，与上述研究课题相呼应，又形成了环境污染化学、环境工程化学和环境分析化学三个分支学科。

1. 环境污染化学。环境污染化学的研究内容包括污染物在环境中的来源、扩散、分布、循环、形态、反应、归宿等各个环节；包括大气环境、水环境、土壤环境、生态污染等方面的化学问题。

2. 环境工程化学。环境工程化学主要研究污染控制、污染修复、污染治理、清洁生产和工业生态等化学问题。环境工程化学是在研究污染物质对环境的影响和治理中的化学机理和控制技术的化学问题中形成的。

3. 环境分析化学。环境分析化学研究的主要内容是对环境进行无机分析和有机分析，是开展环境科学研究和环境保护的基础。21 世纪，环境分析化学的主攻课题是：污染物总量控制监测技术的系统化和实用化，即研究废水、废气在线连续自动监测技术，在线监测仪器的实用化和监测信息实时传输系统等问题，以及预测预警监测技术，即对城市空气、重点流域水质、生态与海洋预警监测等问题；环境中有毒有害物质监测，重点研究持久性有机物、内分泌干扰物、痕量及超痕量污染物问题；遥控遥感技术的应用，即研究典型生态区域、海洋近岸海域面临污染的控制问题；全球性污染研究，主要对温室气体、酸沉降、臭氧消耗物质、化学品转移等进行分析研究。这些课题都是人们十分关心并热切期待解决的。对此，随着时间的推移，科学技术工作者定会交出令人满意的答卷。

第十一章 现代生物学

生物学这一名称是法国博物学家拉马克于1802 年首先使用的,它的发展大体经历了三个阶段。第一个阶段是 19 世纪 30 年代之前,这段时间基本上属于观察描述阶段;第二阶段大约从 19 世纪中叶至 20 世纪 30 年代,这段时间主要是观察实验阶段。20 世纪 30 年代之后,特别是 50 年代以来,随着化学和物理学的新成就被应用于生物学之后,对生命现象的研究日益深入到分子水平,生物学由此进入了现代生物学阶段。

现代生物学是现代自然科学领域里一门崭新的学科,它是一个拥有众多分支学科的庞大的知识体系。现代生物学的核心是现代分子生物学。现代生物学对生命现象和生命本质的探索已从中观角度转入微观和宏观两个层面。在微观层面,它的研究是沿着从生物有机体—器官系统—器官—组织—细胞—细胞器—有机大分子的线路进行的。在宏观层面,它的研究是沿着生物有机体—种群—群落—生态系统—生物圈的线路进行的。无论是微观层面还是宏观层面的研究,都必须同时考虑到生物体与环境的统一性(整体化)。从现代生物学的进展情况看,重点是在微观方面,即在分子水平上探索生命现象及其本质。

人们对生命本质的认识是围绕遗传问题展开的。所谓“种瓜得瓜,种豆得豆”,从生物学角度看就是遗传问题,这是千百年来人们一直在努力探索的问题。长期以来,人们一直在思考:生物的遗传是由什么决定的?它有没有规律性?这一问题在 19 世纪 60 年代之后有了眉目,它经历了从遗传因子假说—染色体的发现—基因理论的建立—DNA 双螺旋结构的发现—遗传密码的破译等艰苦的探索过程。这些成果的获得导致了生物工程的崛起。

一 基因理论的建立

(一) 基因理论的先导——孟德尔的遗传因子假说

孟德尔为了解释遗传定律,提出了因子假说。他把在植物的生殖细胞中含有代表植物性状的成分叫作因子,这些因子一半来自父本,一半来自母本。如果来自父本和来自母本的两个因子相同,叫作同质结合,同质结合产生的是纯种;如来自父本和母本的两个因子不同,叫作异质结合,异质结合产生的是杂种,与纯种有着不同的遗传内容。通过大量实验分析,孟德尔发现,无论是同质结合还是异质结合,在形成花粉(精细胞)或胚珠(卵细胞)时,代表一对性状的两个因子彼此分离,分别分配到两个生殖细胞中去,而每一个生殖细胞(不论是精细胞还是卵细胞)中只含有一个因子。当精卵结合后,受精卵又具有两个因子,恢复了原来的因子数,但孟德尔并没说明遗传因子是什么以及它在哪里。寻找遗传因子的工作,从20世纪初开始有了进展,人们把它同19世纪下半叶发现的染色体结合起来,然后步步逼近。

(二) 染色体的发现

染色体的发现是研究细胞构造和分裂的一个结果。1879年,德国生物学家弗莱明(W. Flemming, 1843—1905)发现:细胞核中有一种丝状物极易被碱性苯胺染料着色,这种被着色的丝被称为染色丝,它在细胞分裂时有奇妙的行为。1882年,他叙述了细胞有丝分裂的过程,指出:染色丝在细胞开始分裂时变短、变粗,形成染色体;每一条染色体能准确地进行自我复制,变成两条相同的姐妹染色体。这些染色单体先是成对排列在细胞"赤道板"上,然后彼此分开,被细胞两极的中心粒伸出的纺锤丝所牵动而向两端移动;随后细胞质也分成两部分。这样,细胞中的染色体就均等地分配在两个新形成的细胞中。由于染色体的自我复制和均等分配,分裂后的子细胞中含有的染色体在数目、形状、大小及所含物质上都与母细胞相等或一致。细胞的这种分裂过程被称为有丝分裂。染色体被发现后有人认为它就是遗传物质。

1887年,比利时胚胎学家贝纳登(E. Van Beneden, 1845—1910)和德国植物学家施特劳斯伯格(Eduard Strasburger, 1844—1912)等人又相继发现:一个母细胞经连续两次分裂,形成4个子细胞,但分裂过程中染色体却只复制一次,因而4个子细胞只含有原有细胞一半数目的染色体。他们把这种分裂方式叫作减数分裂。就是说，受精卵发育而成的子代个体在染色体上的数目与亲代相等。这是以有性方式繁殖的动植物的生殖细胞在成熟时所采取的一种分裂方式。这一成果证实了弗莱明的发现。

染色体的发现使人想起了孟德尔的遗传因子。1904 年，美国生物学家萨顿（W. Sutton，1877—1916）根据染色体同遗传因子一样都是成对的且分别来自父本与母本这一事实，猜想遗传因子可能存在于染色体之中。但是这一推测遇到一个矛盾，即生物的遗传性状及代表这些性状的因子数目远远多于该生物细胞内的染色体数目，二者没有一一对应关系。所以萨顿又提出一条染色体上可能有若干遗传基因，但这需要证明。

（三）摩尔根的基因理论

美国生物学家摩尔根（T. H. Morgan，1866—1945）出身于名门望族，从小热爱自然，大学时学习生物，1904 年在哥伦比亚大学动物系工作时就从事果蝇遗传实验。1908 年，他和他的学生们通过雌性红眼果蝇与雄性白眼果蝇杂交实验，形成了基因理论。其主要内容是：第一，他们得到了与孟德尔豌豆杂交实验相似的结果，即子二代红眼果蝇与白眼果蝇的数目比为 3∶1，红眼果蝇虽有雌雄两性，但白眼果蝇一定是雄性，亲代白眼果蝇只把它的眼睛颜色特征遗传给孙男，说明果蝇眼睛颜色的遗传与它的性别有关。他们把决定性状遗传的因子叫作基因[这一名词是 1909 年丹麦生物学家、遗传学家约翰逊（Wilhelm Ludwig Johannsen，1857—1927）提出的，含义与孟德尔的因子相似]，并认为决定性状的基因与决定性别的基因必然连在一起，他们把它叫作基因连锁，证明了萨顿的一条染色体上存在多个基因的猜测。第二，他们还找到了生物遗传规律的细胞学基础，指出：生物的种种性状起源于生殖细胞中成对的基因，而基因是染色体上独立分立的遗传单位，呈直线排列，“它代表着一个有机化学实体”，这就为探索基因在哪里和它的本质是什么指明了方向。摩尔根因此获得了 1933 年的诺贝尔生理学或医学奖。

（四）一个基因一个酶学说

1940 年，美国生物学家比德尔（G. W. Beadle，1903—1989）和微生物学家泰特姆（E. L. Tatum，1909—1975）把新陈代谢过程中的生物催化剂——酶的缺乏或存在与基因联系起来，提出一个基因控制一个酶的学说。这个学说的提出源于英国皇家御医加罗德（A. Garrod，1858—1936）对黑尿酸病的研究。加罗德发现，黑尿酸病的病因是因为病人体内缺少黑尿酸酶，致使黑尿酸不能分解、排出，故得黑尿酸病。这一研究表明，基因突变影响酶的生成，从而影响正常的新陈代谢。正是受加罗德的启发，比德尔和泰特姆才提出上述学说。他们二人分享了1958年度的诺贝尔生理学或医学奖。一个基因一个酶学说的提出标志着生物学的研究工作开始进入分子水平。

二 遗传之谜的破译

摩尔根的基因"代表着一个有机化学的实体"的预言把人们的目光引向了更深的物质结构层次,为人类最终揭开遗传之谜起了先导作用。

(一) 对核酸和蛋白质的认识

19世纪60年代,人们已经认识到,细胞核中的一种特殊的含磷化合物是核酸蛋白质,它是由核酸和蛋白质组成的。核酸是由糖类(核糖或脱氧核糖)、含氮碱基(嘌呤、嘧啶)及磷酸组成的。核酸根据所含糖类的不同可分为脱氧核糖核酸(DNA)和核糖核酸(RNA)。DNA的糖是脱氧核糖,其含氮碱基是腺嘌呤(A)、鸟嘌呤(G)、胞嘧啶(C)、胸腺嘧啶(T);RNA的糖是核糖,其含氮碱基是腺嘌呤、鸟嘌呤、胞嘧啶和尿嘧啶(U)。因为这两种核酸分别含有4种碱基,每一种碱基与一个糖和一个磷酸结合时能生成一种核苷酸,所以一个核酸大分子中就包含4种核苷酸。一个DNA分子一般是由几百个或几千个核苷酸组成的多核苷酸链。简言之,核酸是由核苷酸组成的。核酸是细胞核和染色体的主要成分。蛋白质是由成百上千个氨基酸单体组成的生物大分子,排列方式也有很多种。20世纪初,德国化学家费舍尔(E. Fischer, 1852—1919)提出了蛋白质的肽键结构理论。他认为,在蛋白质大分子中,氨基酸之间是由钛链 $-\overset{\overset{\displaystyle O}{\|}}{C}-\underset{\underset{\displaystyle H}{|}}{N}-$ (其中,O—氧,C—碳,N—氮,H—氢)相连接的。后来发现,当肽链缠绕时,由于氢链的作用而呈α螺旋形。20世纪以来,人们相继发现组成蛋白质的氨基酸单体有20多种。由于蛋白质在细胞核和染色体中也有重要作用,加之它的结构比核酸更为复杂,因而人们曾认为蛋白质是遗传的物质基础,是它载有复杂的遗传信息。关于核酸和蛋白质的生物功能是什么,长期以来没有答案。

(二) 遗传信息载体DNA的确认

为了确认遗传载体究竟是核酸还是蛋白质,生物学家们用肺炎双球菌进行了判决性实验。由于肺炎是一种流行性传染病,对人体危害很大,从20

世纪20年代起，细菌学家们就花费很大气力研究它的病原细菌——肺炎双球菌。研究发现，肺炎双球菌有两种类型：一种是有一层外膜包着的两个球，这是正常型；另一种是突变体，既没有膜也没有传染性。1925年，美国细菌学家艾弗里（O. T. Avery, 1877—1955）发现，能致病的只是肺炎双球菌的外膜。1928年，英国微生物学家格里菲斯（F. Griffith, 1881—1941）证明，在正常的肺炎双球菌中含有一个"转化因子"，它能使无膜、无传染性的突变体转变为有膜、有传染性的正常型。1944年，艾弗里等人通过研究这种"转化因子"的化学成分，最后证明：正常型肺炎双球菌中的DNA使突变体转变成正常型，这说明，在细胞核中，只有DNA能控制生物的遗传性，蛋白质则不起这种转化作用。1950年，生物学家又用放射性示踪元素跟踪噬菌体的感染过程，再一次证明DNA是遗传信息的载体。这样，遗传的物质基础（遗传信息载体）是脱氧核糖核酸（DNA）而不是蛋白质，就被证据确凿地认定下来。

（三）DNA双螺旋结构的发现

既然DNA是遗传物质，是基因的化学构成，那么，它的结构是怎样的？它有何功能？这便是生物学家们继续研究的课题。

对DNA结构进行研究，首开先河的是量子力学的创始人之一薛定谔。1945年，第二次世界大战结束前夕，他在英国出版了一本生物学的小册子《生命是什么?》，副标题是"活细胞的物理观"。他认为，基因是一种非周期性的晶体，它不是像一般晶体那样是单晶胞的周期性重复，而是一种复杂、结合巧妙的生物大分子，其中含有由巨大数量的排列组合而构成的遗传密码。这本书激发了人们用物理学的思想和方法去探索生命物质及其运动的兴趣，被誉为"唤起生物学革命的小册子"。

首先获得DNA结构突破性进展的是英国皇家学院的维尔金斯（M. Wilkins, 1916—2004）和女科学家富兰克林（R. Franklin, 1920—1958）。1951年，维尔金斯第一次获得了DNA晶体结构的X射线衍射图，证明DNA呈螺旋形结构，并初步算出了螺旋的直径和螺距。同年，富兰克林经过实验推断，DNA除A型外，还有B型，并获得了DNA X射线衍射B型图。B型也呈螺旋形，有多股链。

1951年秋，美国生物学家沃森（J. Watson, 1928—　）来到英国剑桥大学学习用X射线方法分析蛋白质的晶体结构，并结识了英国物理学家克里克（F. H. C. Crick, 1916—2004）。克里克在二次大战后对生物学发生兴趣，便改行从事生物学研究。当沃森和克里克得知维尔金斯和富兰克林有关DNA晶体结构的X射线衍射分析数据以及从他人那里得知的DNA中4种碱基含量的新数据后,经过反复努力,于1953年提出了DNA双螺旋结构的分子模型。这个模型认为,DNA有两股链,它们像旋转楼梯一样围绕一个中心轴盘旋,双螺旋结构内侧的碱基通过氢键而互相配对,即腺嘌呤与胸嘧啶配对(A-T),鸟嘌呤与胞嘧啶配对(G-C),使两条DNA长链之间存在"互补"关系。螺旋直径为20埃,沿主轴延伸方向每34埃完成1个螺距,每螺距含有一叠10个核苷酸。1953年4月,他们在英国《自然》杂志上发表了一千多字的短文,公布了他们的模型。DNA双螺旋结构的发现,被誉为20世纪以来生物学上最伟大的发现,它标志着分子生物学的诞生,并为后来关于基因分离、复制、转录、翻译的中心法则的提出以及遗传密码的破译铺平了道路。他们二人也因此而获得了1962年度的诺贝尔生理学或医学奖。

(四)遗传密码的破译

关于遗传密码的破译问题,欧美学术界进行过热烈讨论。这个问题随着沃森、克里克DNA双螺旋结构模型的提出及伽莫夫的工作得以圆满地解决。

最早提出遗传密码设想的是薛定谔,他在《生命是什么?》一书中就指出,染色体是一种微小而复杂的有机分子,它以遗传密码的形式决定生物的遗传性状及未来的发育模式。这一设想使伽莫夫把物理学和DNA双螺旋结构模型结合起来,开展了对遗传密码的研究,并第一个提出了遗传密码的具体设想。

美籍俄国科学家伽莫夫看到沃森、克里克的DNA双螺旋结构模型后,于1954年2月在英国《自然》杂志上公开了他的遗传密码具体设想。伽莫夫把DNA双螺旋结构中由于氢链生成而形成的空穴用氨基酸填上,就像钥匙插入锁孔一样,每一个空穴的4个角是4个碱基,也就是说,4种碱基的这种排列组合就是遗传密码。1955年和1956年,伽莫夫又发表文章,以数学的排列组合进行计算,确认2个碱基组成的密码($4^2=16$)太少,4个碱基组成的密码($4^4=256$)又太多,只有三联密码($4^3=64$)比较合适。他还进一步推论出一种氨基酸可能有一个以上的密码。

遗传密码学说提出后,生物学家们便着手进行破译工作。第一个用实验方法对遗传密码给以确切解释的是美国科学家尼伦贝格(M. W. Nirenberg, 1927—2010)。1961年,他和德国生物学家马太(H. Matthaei,生卒年不详)在美国国家卫生研究院的实验室内,发现了苯丙氨酸的密码是RNA上的尿嘧啶(U)。其发现过程大致是:他们在用大肠杆菌的元细胞提取液研究蛋白质的生物合成问题时,发现当向这个提取液中加进核酸时,蛋白质便合成了。当用由单一的尿嘧啶组成的核酸长链加进该提取液中，由单一苯丙氨酸组成的蛋白质产生了。这一结果表明，测定全部遗传密码是完全可能的。但是，这需要一种多核苷酸磷化酶。西班牙裔美籍科学家奥柯阿（S. Ochoa, 1905—1993）帮助尼伦贝格找到了这种酶，从此便能测定各种氨基酸的遗传密码了，到1963年已测出20种。1969年，64种遗传密码全部被测出。在克里克的提议下，编出了遗传密码表（见表11-1）。

表11-1　遗传密码表

第一个核苷酸	第二个核苷酸				第三个核苷酸
	U	C	A	G	
U	苯丙氨酸	丝氨酸	酪氨酸	半胱氨酸	U
	苯丙氨酸	丝氨酸	酪氨酸	半胱氨酸	C
	亮氨酸	丝氨酸	终止号	终止号	A
	亮氨酸	丝氨酸	终止号	色氨酸	G
C	亮氨酸	脯氨酸	组氨酸	精氨酸	U
	亮氨酸	脯氨酸	组氨酸	精氨酸	C
	亮氨酸	脯氨酸	谷氨酰胺	精氨酸	A
	亮氨酸	脯氨酸	谷氨酰胺	精氨酸	G
A	异亮氨酸	苏氨酸	天门冬酰胺	丝氨酸	U
	异亮氨酸	苏氨酸	天门冬酰胺	丝氨酸	C
	异亮氨酸	苏氨酸	赖氨酸	精氨酸	A
	甲硫氨酸	苏氨酸	赖氨酸	精氨酸	G
G	缬氨酸	丙氨酸	天门冬酰胺	甘氨酸	U
	缬氨酸	丙氨酸	天门冬酰胺	甘氨酸	C
	缬氨酸	丙氨酸	谷氨酸	甘氨酸	A
	缬氨酸	丙氨酸	谷氨酸	甘氨酸	G

其中，顶端的U、C、A、G分别代表4种碱基的符号。左边的字母代表第一个核苷酸的碱基，顶端的4个字母代表第二个核苷酸的碱基，右边的字母代表第三个核苷酸的碱基。生物学家们认为，这个遗传密码表可以和元素周期表相比拟。

遗传密码的破译，使过去只能在活细胞中进行的蛋白质合成，现在完全可以在试管内重现。1958年以来，人工合成的核苷酸层出不穷，它有力地破除了生命遗传问题上的神秘主义，展示了生物界（从人类到病毒）最基本的统一性，即蛋白质生物合成的遗传密码完全一致，在追溯生命的起源上又前进了一步。

(五) 中心法则

中心法则是克里克于1958年在《论蛋白质的合成》一文中提出来的,旨在说明DNA的自我复制和制造蛋白质的过程。换句话说,中心法则是指遗传信息的自我复制和指导蛋白质生物合成所遵循的一般原则。这个法则认为,DNA分子一方面自我复制产生DNA分子,另一方面把遗传信息转录给RNA, RNA再把遗传信息翻译成蛋白质,这个方向是不可逆的。

关于DNA分子的复制机理,1961年法国科学家雅可布(Francois Jacob, 1920—2013)和莫诺(Jacqus Monod, 1910—1976)提出:DNA首先把遗传信息转录给信使核糖核酸mRNA,当mRNA通过细胞中大量存在的核糖体时,完成了蛋白质的翻译过程。但是,氨基酸又是怎样按次序地装配成蛋白质的呢?为了说明这个机理,1958年克里克曾提出过受体概念,在这个受体上有遗传密码的反密码子,它可以和mRNA上的三联密码互补。(DNA分子中的4种碱基是以3个碱基为一组编排密码的,这种组合称为碱基三联体或密码子。)这个受体又是什么?后来经过青年生物化学工作者的努力,终于发现,它就是转移核糖核酸分子tRNA,而每一种氨基酸都有一个相当的tRNA,在tRNA分子上都有一个和遗传密码相当的反密码子;他们还发现了一组能激活氨基酸的激酶,它能使氨基酸和tRNA结合,氨基酸一经和tRNA结合,在tRNA上的反密码子的作用下,就产生识别mRNA上遗传密码的能力,于是氨基酸就能按mRNA上遗传密码排列的顺序去合成相应的蛋白质。总之,在蛋白质的合成过程中,是以DNA分子上碱基的线性排列为模板,指挥着氨基酸的装配顺序的。简言之,中心法则就是指遗传信息是按照DNA—RNA—蛋白质的方向传递的。

中心法则在70年代又有新的发展。1970年,美国分子生物学家特明(Howard M. Temin, 1934—1994)和巴尔蒂摩(David Baltimore, 1938—)在研究癌症时,各自独立地发现了反转录酶,它能使RNA病毒逆转方向,产生DNA抄本。这一发现不仅打破了中心法则的不可逆原则,也为病毒可以改变宿主细胞的遗传性提出了科学依据。这一发现再一次在分子生物学界引起了轰动。

三 分子生物学的分支学科及生物改造工程的崛起

分子生物学的建立对整个生物学产生了深远影响。以分子遗传学为核心，又出现了分子分类学、分子神经生物学等新学科，同时导致生物改造工程的崛起。

（一）分子分类学——在分子水平上对生物进行分类

分子生物学建立之前，生物的分类主要依据它们的外部形态、解剖比较等确定种属关系。这种分类方法有两个缺点：一是没有量的标准，二是对简单的微生物难以奏效。分子生物学建立之后，人们可以对不同种属中生物的蛋白质或核酸的化学结构进行比较，通过测定它们细胞色素 C 中所含氨基酸的序列进行分类。科学家们先后对 100 种生物（包括动物、植物、真菌、细菌等）进行了这种测定，结果发现，它们的亲缘关系越近，氨基酸序列的差别就越小。用这种方法所得的生物进化序列与经典进化论所得的进化序列基本吻合。这种分类法被称为分子分类法，它不仅为生物分类提供了一个定量标准，而且弄清了从最简单的无核的原核生物到有核的真核生物的进化序列。分子分类学是生物分类史上的一大进步。

（二）分子神经生物学——实现记忆转移

分子神经生物学是在分子水平上研究高等动物和人的学习、记忆的物质基础的学科。生物学家们通过研究发现，在动物的学习和记忆过程中，左脑中的 RNA 的含量和某些蛋白质的组成发生了明显的变化；一些影响生物体蛋白质合成的药物又会明显地影响动物的学习和记忆能力。这使科学家们认识到，经过训练并获得一定记忆能力的动物脑中可以形成“记忆分子”，这种分子是一种多肽，若用生物技术取出这些“记忆分子”，把它注入未经训练的同种动物的脑中，有可能实现记忆的转移。

此外，分子神经生物学还研究了先天性痴呆病人的代谢过程及人体的衰老过程，发现这些过程都与某种生物大分子的活动障碍有关。例如，如果缺少某种酶就会使代谢过程中的某种产物不能分解，它的浓度过高就会对大脑造成损害，从而形成痴呆；如果某些酶的活性降低，使 DNA 复制中的错误不能纠正，人体便会衰老。掌握这些过程的机理就可以从分子角度设法治疗痴呆、延缓衰老过程。

（三）生物改造工程的崛起

生物改造工程是综合运用生物学、化学及工程学的方法直接或间接地为生产实践服务的生物学技术的总称。生物改造工程也被称为生物工程技术，它是 20 世纪 70 年代初开始兴起的一门新兴的综合性应用学科。一般认为，生物改造工程是以生物学（特别是它的分支学科：微生物学、遗传学、生物化学和细胞学）的理论和技术为基础，结合化工、机械、电子计算机等现代工程技术，充分运用分子生物学的最新成果，自觉地操纵遗传物质，定向地改造生物或其功能，在短期内创造出具有超远缘性状的新物种，再通过合适的生物反应器，对这类“工程菌”或称“工程细胞株”进行大规模的培养，以生产出大量有用的代谢产物[①]或发挥它们独特生理功能的一门新兴技术。

生物改造工程包括五大工程，即遗传工程（基因工程）、细胞工程、微生物工程（发酵工程）、酶工程（生化工程）和生物反应器工程。

1. *基因工程*。基因工程又称遗传工程，是指在基因层次上，按照人类的需要进行设计，创造出具有某种新性状的，并能稳定地遗传给后代的生物新品系。由于基因工程采用了与工程设计十分类似的方法，因而它既具有理学特点，又具有工程学特点。

基因工程的序幕是美国生物学家、斯坦福大学教授科恩（Stanley Norman Cohen，1935—　）于1973年率先拉开的。当时科恩做了基因重组实验，他把两种质粒上不同的抗药基因“裁剪”下来，“拼接”在同一个质粒上，再把这个质粒植入大肠杆菌，结果发现，大肠杆菌不仅具有抵抗两种药物的能力，而且其后代亦具有双重抗菌性。科恩的基因实验开了基因工程的先河。

所谓基因重组就是DNA重组。DNA重组技术是基因工程的核心技术。这种组合就是利用供体生物的遗传物质或人工合成的基因，经过体外切割后与适当的载体连接起来，形成重组的DNA分子，然后将重组的DNA分子导入到受体细胞或受体生物构建的转基因生物中，这种生物就可以按照人类事先设计的蓝图表现出另一种生物的某些性状。

基因工程技术诞生的时间虽然不长，但是已获得了许多具有实际应用价值的成果，它将在工业、农业、医药等领域发挥越来越重要的作用。例如，自1977年起欧美生物学家在实验室内相继把胰岛素、生长激素、干扰素的基因成功地植入大肠杆菌，使大肠杆菌成了加工这些激素的工厂。1979年德国人利用基因重组技术培育出兼有马铃薯和西红柿性状的新品种。把豆科植物的根瘤菌中的固氮基因植入不含固氮作用的大肠杆菌中去，可利用固氮的大肠杆菌的作用，不再施以氮肥。今天的转基因产品不胜枚举。

2. *细胞工程*。关于细胞工程的定义和范围，目前尚无统一的说法。一般认为，细胞工程是根据细胞生物学和分子生物学原理和方法，按照人们的设计蓝图，采用细胞培养技术，在细胞层面上进行遗传操作的一种技术。细胞工程大体包括染色体操作、细胞拆合、基因转移和细胞融合工程。

---

① 代谢产物（专有名称），是指新陈代谢中的中间代谢产物和最终代谢产物。

细胞培养技术是细胞工程的基础技术。所谓细胞培养技术就是把生物有机体的某一部分组织取出一小块进行培养，使其生长、分裂的技术。细胞培养，又叫组织培养。通过细胞工程可以生产有用的生物产品或培养有价值的植株，并可以产生新的物种或品系。

3. *发酵工程*。发酵工程，又称为微生物工程，是指采用现代生物工程技术手段，利用微生物的某些特定功能，为人类生产出有用的产品，或直接把微生物应用于工业生产过程的一种技术。

发酵，是微生物特有的作用。这一现象早在几千年前已被人类认识，并被用来酿酒、制作面包等食品。20 世纪 20 年代以来主要用于酒精发酵、甘油发酵和丙醇发酵。20 世纪 40 年代中期，随着美国抗生素工业的兴起，大规模生产青霉素，以及日本的谷氨酸盐（味精）的发酵成功，大大推动了发酵工业的发展。

20 世纪 70 年代之后，随着基因重组、细胞融合等生物工程技术的飞速发展，发酵工业进入了现代发酵工程阶段。这一时期，发酵工程主要用于生产酒精类的饮料、醋酸和面包；此外，用于生产胰岛素、干扰素、激素、抗生素和疫苗等医疗保健药品；同时，也用于生产天然杀虫剂、细菌肥料和微生物除草剂等农业生产资料。发酵工程在化学工业上主要用于生产氨基酸、香料、生物等分子、酶、维生素和单细胞蛋白等。

4. *酶工程*。酶工程又称生化工程，是指利用酶、细胞器等所具有的特异催化功能，借助于生物反应装置，通过一定的工艺手段生产出人类所需要的产品的技术。这种技术是酶学理论与化工技术相结合而形成的一种新技术。酶工程分为如何生产酶和如何应用酶两个部分。

酶的生产大致经历了四个发展阶段：第一阶段是从动物内脏提取酶。第二阶段，随着酶工程的进展，人们利用培养的大量微生物来获取酶。第三阶段，在基因工程诞生后，通过基因重组改造产生酶的微生物来获取酶。第四阶段，是人工合成新酶的阶段。人工合成酶也叫人工酶，是近年来的一个热门课题。

酶在使用中也存在一些特点：一是成本高，实际应用只能使用一次。二是遇到高温、强酸、强碱时会失去活性。不过这些问题可以通过酶的固定化加以解决。

5. *生物反应器工程*。生物反应器是使生物反应得以实现的装置，包括微生物反应器、光生物反应器、膜生物反应器和新发展起来的“活体生物反应器”等。

生物反应器工程是研究生物反应器本身的特性，如其结构和操作方式、操作条件与细胞形态、生长及其产物形成的关系。其目的是与生物反应工程（是由生物反应动力学与化学反应相结合的交叉学科，以生物反应动力学为基础）相结合，共同寻找各种生物反应的最佳生物反应器和选择最佳操作条件。

四　现代生物学研究的新进展

随着分子生物学的诞生，人们已经揭示了许多生命现象的本质和规律，弄清了蛋白质和核酸的结合与功能、酶的催化作用、遗传变异的分子基础等，然而生命现象是极其复杂的，有关生物学的基础理论及其实际应用，仍有许多课题要深入研究和探索。除生物工程有待深入发展外，组织工程、转基因食品等研究也成为热门话题。

今后生物学的重要组成部分——生物工程技术的研究领域将向农业生物技术、环境生物技术、海洋生物技术、生物制造技术等领域拓宽。研究的热点将集中在基因组学、生物信息学、基因克隆、基因重组与表达生物芯片等方面。

（一）生物工程技术前景广阔

生物工程技术在制药业具有十分广阔的前景。生物工程可以通过人工设计的方法对生物进行改造式创造，从而生产出新的药物品种。比如，能生产出抑制和干扰病毒“为非作歹”、抑制细胞癌变、疗效甚佳的新药——干扰素。干扰素原本是人体细胞在受到病毒入侵后产生和释放的一种蛋白质，但是却极难从人体中提取。据说，从 45 万人的血液中，才能提取 0.4 克，成本之高不言而喻。而今，科学家可以利用生物工程的方法将人的干扰素基因移植到特定的细菌中，让细菌为人类生产干扰素，这不仅降低了成本，也提高了产量。目前，世界各国都把生物工程技术广泛应用于医疗、化学、食品、环保、石油、采矿等领域，硕果累累，成就越来越大。

（二）组织工程学已形成

组织工程学是由细胞生物学、分子生物学、生物材料学、移植免疫学、临床医学等学科和技术相互交叉、相互融合、相互渗透而形成的新学科。组织工程学，也有人把它称为“再生医学”，其寓意是指：利用生物活性物质，通过体外培养或构建的方法，再造或修复器官、组织的技术。

组织工程学这一概念是美国国家科学基金委员会于1987年正式提出的,这一技术的基本原理和方法是:将体外培养的组织细胞经过扩增后,吸附于生物相容性好、可降解的生物材料中,使其先形成细胞(生物材料复合物),然后再将这种复合物植入人体组织或器官的病损部位。种植的"种子"细胞,在生物材料支架逐步降解吸收的过程中不断增殖、分化,并分泌基质,从而形成新的、具有原来结构和功能的组织或器官,以达到修复创伤或重新修复功能的目的。目前,已经能用这种技术再造骨、软骨、皮肤、肾、肝、消化道及角膜、肌肉、乳房等组织器官。组织工程学的形成给众多组织缺损和器官衰竭病人的治疗带来了曙光。

组织工程学的形成和发展是现代生物学发展的又一个里程碑,它标志着医学将走出器官移植的范畴,步入人造组织或器官的时代。目前不少组织、器官的再生已获得成功,但是由于"种子"细胞的来源问题难以解决,因而未过渡到临床阶段。不过,胚胎干细胞有望为组织工程技术的实验提供足够的细胞来源。不久的将来,医生可以从患者身上的任何部位取下一些细胞,通过核移植技术,把这些细胞的细胞核在显微镜下注射到去核的人卵细胞中,让这个杂合卵细胞在体外发育成胚囊,再从胚囊中分离出所谓"人胚胎干细胞",令其扩增,并在体外诱导它们分化成胰岛细胞、心肌细胞等,然后再将这些细胞移植到发病部位,达到修复病人的受损组织或器官的目的。这种移植细胞由于与病人的基因完全相同,不会产生通常器官移植中的免疫排斥反应,被修复的组织或器官将恪尽职守地履行自己的职责,从而让患者免受疾病的折磨。组织工程学的形成找到了器官移植的新出路,它的意义是现实而深远的。

(三)转基因食品成为热门的新话题

所谓转基因食品,是指利用生物技术将某些生物的基因转移到其他物种中去,从而改造生物的遗传物质,使其在性质、消费品质等方面向人类所需求的目标转变。以转基因生物为直接食品或以这种生物为原料加工出来的食品都被称作转基因食品,故转基因食品又被称作工程食品。

转基因食品,在欧美等国家已进入人们的日常生活。有资料表明,在欧洲,玉米钻心虫每年要毁坏4000万吨玉米,占世界玉米总产量的7%,但是如果把抗钻心虫的基因分离出来,植入玉米中去,就可以培养出抗钻心虫害的玉米,这种玉米就是转基因食品。目前科学家又开发出一种转基因大米,这种大米含有β-胡萝卜素,食用后可生成维生素A,能防止人体缺铁。

和任何一种新生事物出现时一样,人们对转基因食品的争论也很激烈。

担心的问题主要有两个:一是转基因动植物的基因是否会漂流到野生生物物种中去,从而影响生态平衡;二是转基因植物中的抗虫剂等基因是否有害于人畜健康。所以,利用转基因食品必须经过严格的测试,并制定相应的管理法规,对转基因技术和转基因食品要进行安全评估和监控,以使转基因产品得以合理利用,确保人畜健康。

(四) 发现水稻高产的两种关键基因

现代生物学的核心——分子生物学已发展到对生物大分子在DNA上的复制、损伤修补、基因重组、转录、翻译、多肽折叠、基因表达调控、信号传导、细胞周期调控等主要分子中所具有的功能及其彼此间相互作用的研究;从原先对少数基因功能的研究扩展到对整个基因组内多基因表达的调控研究;从单一或少数蛋白质分子结构与功能研究拓展到对整个细胞内蛋白质表达与功能研究。生物学家们在这些研究中有了诸多发现。我国上海生命科学研究院植物生理生态研究所的科学家们,在对水稻基因的研究中,发现了对水稻籽粒的灌浆、株型驯化起关键作用的两种基因。第一个基因(GIFI)对水稻籽粒灌浆起重要作用。我国科学家在世界上首次证明:一个驯化的作物基因通过适当的基因表达调控,仍然可以改良作物的经济性状,为水稻高分子设计育种提供了一种新的选择。第二个基因(PROGT)是控制水稻株型驯化的关键基因。这一发现为作物的人工驯化提供了重要的分子证据,也为作物株型发育的分子遗传调控机理研究和高产株型分子育种提供了有价值的新线索。2008年10月8日新华社报道了这项成果,并称这两项研究成果已在线发表在国际权威科学期刊《自然》上。

展望现代生物学的发展,令人兴奋不已。专家预测在今后二十年内现代生物学将在下列问题的研究上取得重要进展或突破:(1)有关遗传信息的储存、复制与表达的主要执行者——染色体的结构与功能可能在不同的结构层次上得到阐明。(2)有关细胞骨架(包括核骨架和染色体骨架)的研究将取得全方位进展。(3)有关细胞生物学与分子生物学及遗传学的结合,将在细胞分化机理研究方面有重大突破,为发育生物学的快速发展奠定基础。(4)有关细胞衰老与细胞程序化死亡的机理将在更深层次上予以阐明。(5)以细胞分子生物学为骨干学科与其他学科的结合、人工装配生命体的理想都有望逐步实现。

总之,现代生物学的发展前景十分乐观,它的研究成果不仅关系到人们的健康,而且关系到国计民生、子孙后代的生存与发展,因而备受当今世界各国关注,是人们热衷于投入和研究的新领域。

第十二章
生命科学

生命科学是从生物学的发展中分化出来的，它与生物学，特别是现代生物学交织在一起，是难解难分的两个学科。从第十一章中可以看到，现代生物学已从以往基本上静态的、形态的描述与分析阶段发展到以动态的实验为基础的定量分析阶段。生物学家们为表达生物学这一阶段的时代特征，便把它独立出来，冠以生命科学的称谓。

生命科学是目前国际上发展最迅速、最热门的学科之一，美国的科研队伍中约有 50% 的科学家在从事生命科学研究，国家对生命科学研究的投入也非常多。

然而生命科学对一般人来说却比较陌生，似乎有些神秘莫测之感。为了揭开生命科学的神秘面纱，本章将从生命和生命科学的含义及特征、生命科学的研究对象、生命科学与生物学的异同、生命科学的发展历史、目前生命科学取得的重大成果等方面进行初步阐述。

一　生命的含义、基本特征及对其起源的探索

（一）生命的含义和基本特征

什么是生命？说白了，生命其实就是生与死的结合。关于生命科学的含义可以从生物学和哲学两个不同角度去理解。从生物学角度讲，生命是由核酸和蛋白质组成的，具有自我更新、繁殖后代，以及对外界产生反应能力的多分子体系。从哲学角度讲，生命是一种高级的、特殊的物质运动形式，即蛋白体的运动方式，不是什么神秘的“生命力”，无须赋予它什么神秘的活力之类的定义，那些支配无生命世界的物理的、化学的定律同样适用于

生命世界。

生命的基本特征(或基本功能)是能自我调节、自我复制和具有选择性反应,这三点是它与无生命物质的本质区别。生命运动本质上是一个能不断地自我更新、不断与外界进行物质和能量交换的开放系统。

(二) 对生命起源的探索——生命源于宇宙中普遍存在的、能孕育生命物质的化学反应

时至今日,生物学尽管取得了许多重大成果,然而关于生命在何时、何地、怎样起源的,却仍然是个谜,对它的探索仍是当今生命科学的重大课题。

关于生命起源问题自古至今有多种臆测和假说。比较著名的有神创说、自然发生说、化学起源说、宇生说等。

神创说认为,一切生物都是上帝有目的地创造出来的,诸如老鼠被创造出来是为了给猫吃等。随着科学的发展,这一学说不攻自破。

自然发生说认为,生物是由非生物产生的,如"腐出虫"说。这一假说在19世纪曾流行一时,1860年法国微生物学家巴斯德(Louis Pasteur,1822—1895)通过令人信服的实验否定了这一假说。巴斯德把肉汁分别装入曲颈瓶和直颈瓶中,通过加热对瓶及肉汁进行消毒杀菌。曲颈瓶内由于没有空气,四年后肉汁仍没有腐败;直颈瓶中的肉汁很快就变坏了。但是,两种瓶中都没有生物生成。腐而生虫假说被否定。

化学起源说是被广大学者普遍接受的一种假说。它认为,地球上的生命是在地球生成后,随着温度逐渐下降,在漫长的时间内,由非生命物质在温度适当的条件下,经过极其复杂的化学过程,一步一步演变而成的。模拟实验表明,这个过程大体可分为三个阶段:第一阶段是从无机小分子物质生成有机小分子物质阶段;第二阶段是从有机小分子物质生成生物大分子物质阶段,这一阶段是在原始海洋中发生的;第三阶段是生物大分子物质组成多分子体系阶段。如苏联学者奥巴林(A. I. Oparin,1894—1980)提出的团聚体假说就认为,原始海洋环境是生命起源过程中最复杂,也是最有决定意义的阶段。然而到目前为止,尚无人在实验室内验证这一过程。

宇生说认为,地球上最初的生命或构成生命的有机物来自于宇宙间其他星球或星际尘埃。但是宇宙生命又是怎样起源的?目前尚无法解释。

总之,以上各种臆测或假说,都不能对生命起源做出令人满意的解释。

不过科学家仍然做出了大胆的推测:生命的起源和演化应当与宇宙的起源和演化密切相关。有证据证明,宇宙中有生命诞生是普遍现象。美国宇航局艾姆斯研究中心的一个外星生物研究小组利用美国国家航空航天局斯皮策太空望远镜进行观测发现，在我们居住的银河系内到处都有一种复杂有机物“多环芳烃”（PAHS）存在的证据。因为对大多数构成生命的化学物质而言，有含氮的有机分子参与是必需的条件，这一发现无疑是令人兴奋的。该小组还利用欧洲宇航局太空红外天文观测卫星得到的观测数据，在艾姆斯研究中心的实验室内，将已观测到的“多环芳烃”，利用红外光谱化学鉴定技术对其分子结构和化学组成进行全面分析后，找到了氮元素存在的证据。

上述观测和实验表明，在生命化学反应中起重要作用的有机化学物质，普遍存在于地球之外的浩瀚宇宙之中。也就是说，在宇宙深处存在生命物质，或者说，在宇宙深处有孕育生命物质的化学反应，是宇宙中的一种普遍现象。

斯皮策太空望远镜的观测还显示，在宇宙中那些即将死亡的恒星天体周围，在环绕它们的那些众多的星际物质中，都蕴藏着大量的含氮“多环芳烃”分子。这说明，在浩瀚的宇宙中，即使天体在行将死亡的时候，也孕育着新生命开始的胚种。

笔者认为，美国国家航空航天局艾姆斯研究中心的科学家们的工作，在某种意义上可以说是对生命起源的宇生说的一个佐证。

二　生命科学的含义、研究对象及其与生物学的异同

（一）生命科学的含义、显著特点及其研究领域

1. 生命科学的含义。生命科学是研究生命现象和生命活动的本质、特征及发生、发展规律，以及各种生物之间、生物与环境之间的相互关系，系统地阐述与生命特征有关的重大课题的科学。或者说，生命科学研究的是如何控制生命活动、能动地改造生物，从而造福于人类。它是与人类生存、人民健康、经济建设和社会发展有着密切关系的、备受国内外关注的基础自然科学。

2. 生命科学的显著特点。现代生命科学的显著特点是在分子水平上去研究生命，从而把人们对生物的认识和了解，从宏观深入到微观。遗传物质DNA 双螺旋结构的发现，“中心法则”的确定和遗传密码的破译，开辟了生命科学的新纪元。

3. 生命科学的探究领域。生命科学在分子、细胞、个体和群体四个层面

上研究生命现象。在生命科学的研究过程中,采用了多学科的理论知识和手段。

在分子层面,生命科学运用化学生物学理论和思维方法去研究生命现象,也就是以分子为基础去研究和了解生物大分子之间、化学小分子与生物大分子之间的互相作用,以及这种作用对生命体系的调节、控制机制。20 世纪 70 年代已经用这种方法研究过生命体系中的一些化学反应(如细胞过程等)。到了 90 年代,随着人类基因组计划框架图谱的完成,已经了解到人类有 3.5 万个基因的相互作用控制了生命过程,既然如此,那么就一定有至少 3.5 万个可控制这些基因的化学小分子,这就在分子水平上揭示出生命运动的规律和机制。在分子水平上研究生命是生命科学领域的一次重大的革命性变革,它推动了与生命科学相关的诸多领域的发展。

在细胞层面,生命科学是通过它的另两个分支——组织学和解剖学对生物个体的组织和器官进行研究的,其研究的主要工具是显微镜。所谓组织就是在动物或人体内那些由相同或相似的细胞集合在一起,以执行特定功能的细胞群。动物或人体内的组织分为四种,即上皮组织、结缔组织、肌肉组织和神经组织。所谓器官则是由不同类型的组织联合而成的、具有一定形态特征和一定生理功能的结构。这些结构虽然是由不同组织组成的,但是它们并非是机械的组合,而是相互联系、相互依存的,都是有机体不可分割的一部分。组织学和解剖学各有不同的研究对象和研究领域。组织学是研究各种组织的形成、构造和功能的,而解剖学则是通过解剖手段来研究各个器官的结构和功能的。生命科学正是通过这两个学科完成对生命科学个体层面的认识的。

生命科学在完成对个体层面的研究后必然进入对由组织和器官组成的系统的研究,即对生命的群体层面的研究。在这个层面,生命科学进入了一个全新的模式——大科学研究阶段。大科学研究阶段的一个突出特例就是人类基因组计划。这个计划的实施不仅可以揭示人类基因组的全部 DNA 序列,而且会引发整个生命科学向新的方向发展。其中关于"从基因组到生命"计划的研究,所选择的对象是微生物。美国能源部认为,对微生物的研究不仅能揭示生命的奥秘,还有助于找到解决能源安全、环境清洁和气候变化问题的新途径。这种研究具有相当的复杂性,研究的思路是大尺度和高通量化。"从基因组到生命"的计划,是在三个层次展开的:首先研究的是蛋白质群体以及进行各种生命活动的蛋白质复合物,然后在此基础上分析基因调控网络和代谢途径,进而研究由各种微生物组成的复杂的微生物群体。

这就是所谓生命科学在群体层面的研究的基本内容。

（二）生命科学与生物学的异同

生命科学和生物学都是研究生命现象的，都以有生命的物质为对象，但是有生命的物质不一定都被称作生物。比如，细胞、组织就不能被称为生物，这就构成了两门学科的区别。

生命科学和生物学的区别主要有以下两点：

第一，它们研究的范围或对象不同。生物学的研究对象是一般的生物。所谓一般的生物主要是指由多种元素构成的一个集合体。这里所说的多种元素主要是指在自然条件下通过化学反应生成的、具有生存能力和繁殖能力的有生命物体，以及由它们通过繁殖所产生的有生命的后代。而生命科学的研究对象则是生命活动的本质特征和发生发展规律，以及各种生物之间、生物与环境之间的相互关系，它的突出特点是在分子、细胞、个体和群体四个层面研究生命。比如，生命物质的化学本质是什么？物种是怎样形成的？智力是从何而来的？也就是说，生命科学的研究对象不是着眼于生物个体或群体的种类、结构、功能、行为、发育、起源和进化等较小的课题，而是着眼于那些虽有生命现象，但更加本质、更加前沿、更加令人迷惑不解的重大课题。从这个意义上说，生命科学的研究对象的外延更大、深度更深。

第二，它们的研究方法不同。生物学的研究方法一般以观察、实验为主；而生命科学的研究方法虽然也以观察、实验为主，但是与物理学、化学，乃至数学、计算机科学、信息科学等学科的联系更加紧密，所用的知识、研究手段许多都来自于这些学科，没有这些学科的支持，生命科学的研究工作就难以进行，在某种意义上说，没有这些学科的支持就没有现在的生命科学。

三　生命科学的分支学科及研究的主要课题

在生命科学的发展过程中，新的分支学科不断涌现。比如，化学家在分子层面上用化学的思维和方法去研究生命现象和生命过程，创造了新技术和新理论，从而形成了生命科学领域的一个新兴学科——化学生物学。此外，生命科学在其发展过程中又分化出分子生物学、遗传学、细胞生物学、发育生物学和免疫学等一级学科。此外还有一些次级的、更细的分支学科，如基因化学、生物信息学、蛋白质学、脑科学等。在这些学科中，集中了生命科学最基础和最前沿的研究课题。这些课题主要包括：(1) 生物物质的化学本质是什么？这些化学物质在生物体内是如何相互作用、相互转化,并表现出生命特征的？(2) 生物大分子的组成和结构是怎样的？(3) 细胞是怎样工作的？形形色色的细胞是怎样完成其多种多样的功能的？(4) 基因作为遗传物质是怎样起作用的？(5) 细胞复制的机制是什么？一个受精细胞在它发育成由许多不同类型的细胞构成的、高度分化的多细胞生物的奇异过程中,是怎样使用其遗传信息的？多种类型的细胞又是怎样结合起来,形成组织和器官的？(6) 物种是怎样形成的？什么原因引起物种的进化？人类是怎样形成的？人类现在是否还在进化？在一定的生态小环境中,物种之间的关系是怎样的？是什么因素决定着某一生态环境中每一物种的数量？(7) 动物行为的生理学基础是什么？(8) 记忆是怎样形成的？记忆存贮在什么地方？哪些因素影响学习和记忆？(9) 智力由何而来？除地球外,宇宙空间是否还有其他智慧生物？(10) 生命是如何起源的？

总之,生命科学研究的课题范围极其广泛,小到微观世界,大到宇宙,几乎囊括了当今生物界所有的未解之谜。

对这些课题的研究工作不仅依赖于物理、化学、数学、信息、系统论、控制论等学科和理论提供的知识,而且依赖于多学科提供的研究手段。如光学或电子显微镜、蛋白质电泳仪、超速离心机、X 射线仪、核磁共振分光计、正电子发射断层扫描仪等仪器设备。

我们深信,在众多学科理论及研究手段的支持下,上述生命科学的研究课题一定会被逐个攻破。

四 当今生命科学已取得的重大成果

生命科学发展到今天,已取得了许多重大的突破性成果,主要有:动物克隆和胚胎干细胞研究、脑科学研究、亲子鉴定、基因检测和完成人类基因组的测序工作等。

(一) 动物克隆和胚胎干细胞研究获得成功

克隆一词是“clone”或“cloning”的音译,原意是无性繁殖,是指生物体通过体细胞进行繁殖以及由无性繁殖形成的基因型完全相同的后代个体组成的种群,即由同一祖先细胞分裂繁殖而形成的细胞群体或生物群体。在该细胞群体中,每个细胞的基因都是相同的。动物克隆就是通过无性繁殖方式,由动物体细胞产生的遗传性状相同的动物个体。“克隆”也可理解为复制、拷贝，也就是从原型中产生出同样的复制品，它的外表及遗传基因与原型完全相同，只是行为、思想不同。经世界各国科学家的不断实验，已经成功获得绵羊、山羊、牛、猪、鼠、鹿等多种克隆动物。

1. 克隆羊多利（也有译为“多列”）的诞生。克隆羊多利是首例克隆成功的动物。它是英国爱丁堡罗斯林的科研人员于1997年利用无性繁殖技术培育成的。他们的培育过程是：首先把从白脸绵羊的乳腺细胞中取出的细胞核，转移到去核的卵细胞中，然后把这个重构卵再移置到另一只黑脸绵羊的输卵管内。几天后，把这个发育好的早期胚胎，再转授到一只黑脸绵羊的子宫内。这个胚胎细胞在黑脸绵羊的子宫内不断分裂、分化。几个月后，一只白色绵羊（多利）就降生了。

克隆羊多利的降生，立即轰动了整个世界。因为，自古以来，高等动物都是通过精子与卵子的结合繁殖后代的，无性繁殖只发生在低等生物中，而克隆羊（多利）却不是通过精子与卵子的结合而生的，而是通过白色绵羊体细胞核的移植而生的。多利的诞生意味着人们不仅可以通过克隆手段为人类培育出优良的动物品种，而且标志着生命科学实现了一次历史性的突破，为我们进一步揭示生命的奥秘以及深化人类的自我认识展现了全新的视野，其意义是巨大的。

2. 干细胞研究。克隆羊多利的诞生，引发了科学家们对干细胞研究的热潮。干细胞是生物体的生长发育过程中起“主干”作用的、高度未分化的细胞，它具有自我更新、高度增殖、多向分化的潜能。干细胞分为全能干细胞、多能干细胞和专能干细胞三大类。

全能干细胞之所以“全能”，是因为它可以分化成人体的全部（二百多种）细胞类型，进而构建成心、肝、肾、肺等多种组织和器官，最终发育成一个完整的个体。人类受精卵就是一个最初的全能干细胞，它可以分裂成许多全能干细胞，这些干细胞被称为胚胎干细胞。

全能干细胞在进一步分裂、分化中又形成各种多能干细胞，骨髓造血干细胞、神经干细胞等都属于多能干细胞系列。多能干细胞具有分化为多种细胞组织的潜能，但是却失去了发育成完整个体的能力。

多能干细胞进一步分裂和分化，又形成了专能干细胞，如上皮组织基底层的细胞、肌肉中的成肌细胞都是专能干细胞。

关于开展人的胚胎干细胞研究引发了一场伦理问题大争论。因为人的胚胎干细胞是从着床前的胚胎（怀孕3—5天内）细胞团中分离得到的、在体外进行培养的、高度未分化的细胞，它具有发育成一个个体的潜力，因而有人担心,这项研究会导致医生刻意去收集这种细胞用于为他人治病;更有人担心,会有人利用这种技术去克隆人,从而产生说不清、道不明的伦理问题,因而有的国家绝对禁止人的胚胎干细胞研究。相反的观点则认为,胚胎干细胞研究给基础医学和临床医学所带来的潜在益处将是令人震撼的,它大大超出了在伦理方面的负面影响。

我国的克隆技术已位居世界先进行列。早在1963年,我国科学家童第周[①]就通过把一只雄性鲤鱼的遗传物质注入雌性鲤鱼的卵中,从而克隆出一只雌性鲤鱼,比克隆羊多利早了33年。2009年2月2日,山东省细胞工程技术研究中心宣布,由李建远教授率领的研究团队,成功克隆出5枚符合国际公认技术鉴定标准的人类囊胚。这标志着我国已经掌握了世界尖端胚胎克隆技术。这一成果在宣布之前,已于2009年1月27日在国际权威学术期刊 *CLONING AND STEM CELLS* 杂志网络版发表。

这个研究中心从事克隆技术研究的目的是治病救人,造福于人类,不是为了制造克隆人。克隆胚胎的成功,使治疗性克隆研究向前迈进了一大步。在不久的将来,当前那些无法治疗的疑难疾病都可以通过克隆胚胎提取到与病人的遗传基因完全相同的全能型胚胎干细胞,并用它衍生出来的全新的功能细胞、组织或器官取代病变的细胞、组织或器官,从而避免了发生免疫排异反应,从根本上解决了组织、器官移植中的配型困难和供体不足等瓶颈问题。

2010年1月,以一头基因高度纯合的近交系猪作为供体培育的克隆猪,在云南农业大学顺利出生。这是世界上首只近交系克隆猪,它的培育成功对于建立疾病动物模型、开展异种器官移植研究意义重大。

近交系猪克隆成功,意味着它可以被标准复制,能为异种器官移植提供大量的供体材料,特别是给人类提供供体器官。如果某人的手残废了,这些猪可以帮助这个人长出一条新手臂,让其灵活如初。此外,心脏、肝脏、肺脏、皮肤、骨骼等都可以用这种办法移植。因为猪的基因和人类相似,猪的心脏和人类心脏的大小也相近,现在唯一要解决的是排异反应问题。假如某个心脏病人换了一颗猪的心脏,而这颗猪心脏只肯为猪的身体工作,不肯为此人的身体工作,便是十分悲惨的事。

---

① 童第周(1902—1979)是我国著名生物学家,开创了异种核移植的先河,被誉为"克隆先驱"。他先后任中科院海洋生物研究所所长、动物研究所所长、海洋研究所所长,并于1977年任中科院副院长。

为了消除排异反应，研究团队正试图与国内外从事转基因和基因敲除[①]研究的科学家合作，开展近交系转基因和基因敲除研究，找到这个猪的"卫兵基因"并将其敲掉，让这个供给器官丧失识别能力，进而尽职尽责地为新的身体工作。这对于人类而言，是多么美妙的事情。基因敲除一旦成功，近交系猪的量化生产就成为可能。从此，人类异体器官移植，就找到了完美的"合作伙伴"，这项工作仍在继续。

2013 年 5 月 17 日中央电视台在新闻中报道：美国科学家克隆人类胚胎干细胞首次成功。这项成果是美国俄勒冈健康大学的一个研究小组于 2013 年 5 月 15 日在美国科学期刊《细胞》的网络版上宣布的。他们通过"体细胞克隆技术"，向卵细胞内植入他人皮肤细胞的细胞核，首次成功制作了能够分化成各种组织的胚胎干细胞。这项研究成果具有里程碑意义。它不仅有助于阿兹海默氏症等多种疾病的个性化治疗，而且助推了克隆婴儿的制造前景。有了这项技术，也许在不远的将来，某些失去孩子的家庭就能通过克隆手段重新"找回"自己的孩子。

（二）脑科学研究有了新进展

大脑及其神经系统是宇宙中最神奇、最复杂的系统，是人类有待攻克的一个终极科学堡垒，对大脑的研究已成为当今科学研究领域的一个制高点。对大脑的研究催生了脑科学。什么是脑科学？从狭义上讲，脑科学就是神经科学，是为了了解神经系统内的分子水平、细胞水平、细胞间的变化过程以及这些过程在中枢功能控制系统内的整合作用而进行的研究。从广义上讲，脑科学就是研究脑的结构和功能的科学。

脑科学研究始于 20 世纪。20 世纪初建立起来的神经元学说奠定了神经科学发展的结构基础；50 年代建立的关于神经元兴奋过程的离子通道理论奠定了神经科学发展的生理学基础；70 年代完成的脑功能成像技术，能在正常条件下显示脑内各种活性物质的代谢变化过程，为研究人的心理及智能活动提供了技术手段。20 世纪 90 年代，脑科学得到世界各国政府和社会的高度重视。美国把 20 世纪 90 年代称作"脑的 10 年"，并在 1997 年正式启动"人类脑计划"项目。美国国立健康研究院在同年投入与神经科学直接相关的研究经费高达 18 亿美元，是人类基因组计划的 10 倍多。

---

① 基因敲除（gene knockout）是指一种遗传工程基因修饰技术。该技术针对某个感兴趣的遗传基因，通过一定的基因改造过程，令特定的基因功能丧失，并研究可能对相关生命现象造成的影响，进而推测该基因的生物学功能。此技术荣获了 2007 年诺贝尔生理学或医学奖。

进入21世纪，脑科学研究成为生命科学的重要前沿。日本甚至提出“21世纪是脑科学的世纪”，对“脑科学时代”计划的总投入为2万亿日元（约合160亿美元）。巨额投入的目的有二：一是揭开人脑这一世界上最复杂系统的活动奥秘，进而对一些与人脑有关的疾病进行诊断和治疗，提高人类的健康水平；二是推动药物产业、生物技术产业及人工智能、自动控制和机器人等应用学科的发展。

目前脑科学研究的前沿课题主要有：第一，通过分子、细胞和整体三个层面对脑功能及其相关疾病进行综合研究；第二，在脑的发育过程中探索脑的结构原理。

由于脑本身是一个复杂的开放系统，因而对脑的研究必然是多层次、多学科性质的研究。当前脑科学研究的主要手段是综合运用分子生物学、神经生物学、神经系统成像、计算神经生物学①、数学和物理等理论和方法。

脑科学研究对治疗阿尔茨海默症、帕金森氏病、精神病、中风、疯牛病等具有重要意义。脑科学研究表明，通常认为阿尔茨海默症是由于脑功能的正常“老化”所致，而脑科学（神经遗传学和分子生物学）研究却揭示了阿尔茨海默症的分子基础。研究认为，阿尔茨海默症的发病机制与四个基因有关，四个基因中的三个中有一个出现问题，不仅会造成发病，而且会使发病年龄提前。1997年，美国科学家发现了一个造成帕金森氏病的基因，目前正在深入研究中。精神病的发病基因也有望被发现。脑科学研究对常见的中风机制又有了新发现，即在中风导致的脑细胞死亡过程中钙离子和谷氨酸受体起了一定作用。疯牛病也是一种神经性疾病，它破坏了中脑和骨髓，使脑组织产生了许多海绵状穿孔，其发病是由一种朊病毒②所致，是它引起了动物或人的可转移性神经退化疾病。疯牛病目前尚无法医治，研究工作正在进行中。总之，通过脑科学研究可以认识大脑各种复杂功能现象背后的规律，为治疗与脑相关的疾病、提高人类健康水平指明了方向。

我国脑科学研究工作也急起直追。2001年10月，我国加入到世界“人类脑计划”研究行列，成为该计划的第20个成员国，并在针刺医学、汉语认知和特殊感知觉的神经信息学研究领域深入地开展了工作。

---

① 计算神经生物学，是关于神经系统功能研究的一个新的交叉学科。它吸收了数学、物理学等基础理论，以及信息科学等相关领域的研究理论和方法来研究神经科学所关心的大脑工作原理。

② 朊病毒是美国生化科学家斯坦利·普鲁辛纳发现的一种新病毒，1997年他获得诺贝尔生理学或医学奖。

（三）亲子鉴定技术日益成熟

亲子鉴定技术已日臻成熟,并被广泛使用。所谓亲子鉴定就是通过对标志物的检验与分析来判断父母与子女是否是亲生关系的一种技术。早在20世纪,科学家已经发现DNA是人体遗传的基本载体,人类的染色体是由DNA构成的,人体的每个细胞都有23对(46条)染色体(生殖细胞除外),这23对染色体中有22对常染色体和1对性染色体。人体细胞的23对染色体,为什么不包括生殖细胞?因为生殖细胞的染色体不是成对的,即每个生殖细胞中只有23条单条的染色体,不是23对染色体。人体卵细胞在受精后才相互配对,构成23对(46条)孩子的染色体,如此循环往复,使生命得以延续。如果孩子的基因与父或母中的一方有不同,或与双方都不同,说明这个孩子不是这对夫妻的后代,即不是他们的亲生。所以DNA鉴定又叫亲子鉴定。这项技术的使用为解除子代与亲代是否是亲生关系的疑惑或为法官断案与判决提供了科学依据。

怎样进行亲子鉴定?有哪些方法?亲子鉴定的方法有血型测试、白细胞的抗原测试和染色体多态性鉴定,现在一般都采用染色体多态性(DNA)鉴定。这种鉴定方法就是从被鉴定人身上取其血液、毛发、唾液、口腔细胞或精液进行对比。因为每个人的染色体都是23对,同一染色体在同一位置上的一对基因称为等位基因,它们一般是一个来自父亲,另一个来自母亲,如果检测到某个DNA位点上的等位基因一个与母亲相同,另一个就应当与父亲相同,否则这个被检测的孩子就不是这对夫妻的亲子。

（四）基因检测技术为提高人类健康水平开辟了新领域

1. *基因及其多态性*。基因是DNA分子上的一个功能片段,是遗传信息的基本单位,是一切生物物种的最基本的因子,是生命的操纵者和调控者。哪里有生命,哪里就有基因,一切生命的存在和衰老都是由基因决定的。人的长相、身高、体重、肤色、性格等都与基因密切相关,基因不仅决定人的生老病死,也决定了人是否健康、靓丽和长寿。

现代医学研究表明,人类疾病的发生都与基因有关。如同血液分不同血型一样,人体的正常基因也分为不同的类型,也就是说,基因具有多态性(亦称遗传多态性或基因多态性)。从本质上讲,基因多态性的产生源于基因水平的变异,这种变异一般发生在基因序列中不编码蛋白的区域和没有重要调节功能的区域。对一个个体而言,基因多态性碱基顺序终生不变,并按照孟德尔规律世代相传。

人类基因多态性既来源于基因组中重复序列拷贝(复制)数的不同,也来源于单拷贝(复制)序列的变异以及双等位基因的转换(或替换)。基因的多态性,按照被关注和研究的先后可分为三大类,即DNA片段长度多态性、DNA重复序列多态性和单核苷酸多态性。对基因多态性的研究,为临床医学、遗传病学和预防医学的研究和发展开拓了新领域。

2. 基因检测技术及其意义。所谓基因检测技术就是通过人体的血液、其他体液或细胞,对DNA进行检测的技术。这种技术的具体操作过程大体是:取被检测者脱落的口腔黏膜细胞或其他的组织细胞,在扩增其基因信息后,再通过特定设备对被检测者细胞中的DNA分子信息作检测,并分析其含有各种基因的情况,从而预知被检测者患病的风险,并告知其改善生活环境和生活习惯,避免或延缓疾病的发生。基因检测的准确度很高,比如,对遗传的易感基因型,其检测的准确率达99.9999%。

目前,基因检测技术已经介入人们的疾病防治和保健。基因检测的目的是寻找疾病易感基因,从而为治疗某些疾病提供一种治疗方法。众所周知,基因来自于父母,几乎一生不变。但是由于基因缺陷,有人天生就容易患上某种疾病,即体内某种基因型的存在,会增加患某种疾病的风险,这种导致疾病发生的基因叫作疾病易感基因。知道了人体内有哪些疾病易感基因,就可以推断出他(们)容易患上哪种疾病。而要知道自己(或家人)有哪些疾病易感基因,就要进行基因检测。

那么,基因检测与医学上的疾病诊断有何不同呢?基因检测的结果只能告诉你有患上某种疾病的风险,并不等于说你已经患上了某种疾病。也就是说,基因检测只能告知你有患某种疾病的风险度,而风险度有多大,则是个不定数,不像医学上对疾病的诊断那样,给出一个明确的诊断和治疗方案。

基因检测的意义就在于:它可以向人们提供个性化的健康指导、个性化的用药指导和个性化的体检指导,其意义的实质在于"指导"。有了这些"指导"就可以使人们在疾病发生前进行有针对性的预防,而不是盲目的保健;同时,还可以使人们通过调整膳食营养、改变生活方式、增加体检频度、接受早期诊治等多种手段,有效地规避疾病发生的环境因素。

(五)人类基因组计划已基本完成

1. 什么是基因组。所谓基因组就是一个物种中所有基因的整体组成。所谓人类基因组是指人体所有基因的总和,DNA是人类基因的物质基础,而

DNA 又是由 4 种碱基构成的，这 4 种碱基被称作 A、T、C、G。整个人类基因组共有 30 亿个碱基对。要揭开生命的奥秘，就要从整体上研究基因的存在、基因的结构、基因的功能，以及基因之间的相互关系。

人类基因组又称人类基因体，它的英文名是 Human Genome。人类只有一个基因组，大约有 2 万—3 万个基因。人类基因组含有遗传信息和遗传物质。

2. 人类基因组计划的提出。人类基因组计划的英文全称是 Human Genome Project，简称 HGP，它是 1985 年由美国科学家率先提出的，由美国、英国、法国、德国、日本和中国六国科学家共同参与，于 1990 年正式启动，耗资 30 亿美元。我国科学家于 1999 年加入这一研究计划，承担了 1%（3 号染色体上的 3000 万个碱基对）的测序任务。人类基因组计划旨在对由 30 多亿个碱基对（遗传密码）构成的人类基因组进行精确测序，从而发现人类基因，并搞清其在染色体上的位置，破译人类的全部遗传信息，最终弄清每个基因制造的蛋白质及作用情况，从而使人类第一次在分子水平上全面地认识自我。

人类基因组的测序工作是异常精细、烦琐和艰难的，测序过程仿佛人们以步行方式，画出从北京到上海的线路图，并标明沿途的每一座山峰与山谷。工作虽然进行得很慢，但是却非常精确。人类基因组计划与曼哈顿原子弹计划、阿波罗登月计划并列为三大科学计划。

3. 人类基因组计划的主要任务（或研究内容）是把人体内所有基因的密码全部解开，同时绘制出人类基因的图谱。要绘制的图谱有四种，即遗传图谱、物理图谱、序列图谱和基因图谱。其中遗传图谱又称连锁图谱，它的绘制为基因识别和完成基因定位创造了条件。物理图谱是指有关构成基因组的全部基因的排列和间距信息，是 DNA 测序的第一步。序列图谱是在识别基因组所包含的蛋白质编码序列的基础上绘制的结合有关基因序列、位置及表达模式等信息的图谱。基因图谱是用以表示基因在一个 DNA 分子上的相对位置、连锁关系或物理组成（序列）的图示。

此外，人类基因组计划的研究内容还包括测序技术、人类基因组序列变异、功能基因组技术、比较基因组学、生物信息学、计算生物学以及社会法律、伦理研究、教育培训等。

2000 年 6 月 26 日，六国科学家共同宣布，人类基因组草图的绘制工作已完成 92%。剩下的 8% 的工作有待继续完成。人类基因组计划的主要任务完成之后，于 2002 年又完成了对水稻、疟原虫、蚊子和老鼠的全部 DNA 序列的测定。在人类基因组计划研究中还有某些发现,比如,男性基因突变的数量是女性的两倍,大部分人类遗传病是在Y染色体进行的,这说明男性在人类遗传中可能起着更重要的作用。人类基因组计划仍有一段较长的路要走。

4. 人类基因组计划的意义。人类基因组计划所取得的成果具有重大的科学价值和现实意义。

第一,对人类基因组的破译和解读将引起医学革命。人类基因组计划的主要作用首先体现在与人类生命息息相关的医学领域,它使人类感知生命的程度提高到分子水平,从而开辟了基因诊断和基因治疗的新领域。又如,从人类基因组计划中得知,对于单基因病可采用"定位克隆"和"定位候选克隆"的新思路治疗,从而导致了对亨廷顿舞蹈病、遗传性结肠癌和乳腺癌等一大批单基因遗传病的发现,为这些疾病的基因诊断和基因治疗奠定了基础。科学家预言:人类基因组计划完成后,在10—20年内医学将进入黄金时代。

第二,人类基因组研究极大地促进了生命科学的发展。人类基因组计划的实施,弄清了基因结构与功能的关系,细胞发育、生长、分化的分子机理以及疾病发生的机理。人类基因组的研究将使人们发现许多新的人类基因和蛋白质。人类基因组作图和测序的成功,将确定出大量新基因及其编码蛋白质,为生命科学增添新的内容。这些成果极大地丰富和发展了生命科学。

第三,人类基因组研究特别有利于破译生物进化机制的密码。生物进化史,从分子角度讲,都刻写在由各个基因组构成的"天书"上,如果我们知道了人类和其他生物基因的全部序列,就可以追溯到人类多数基因的起源。比如,诞生于13亿年前的草履虫是人类的亲戚;人类是由距今300万—400万年前的一种猴子进化来的;第一次"走出非洲"的人类当属距今200万年的古猿;人类的"亚当、夏娃"也来自于非洲。总之,人类基因组计划的完成让人们从基因排序角度清晰地了解了从草履虫—猴子—古猿—人的进化过程。

第四,人类基因组研究具有重大的技术经济价值。它将使医药、保健模式发生革命性变革。科学家不仅可以根据疾病的基因有针对性地制造出治疗这些疾病的基因药物,而且会使现有的医疗模式发生改变,即医生可以根据各人不同的基因序列特征进行有效的指导,并对病人的缺陷基因进行纠偏和补救，使其最大限度地防病于未然。同时，人类的保健模式也将从“生了病再治疗”的消极理念转变为以“预测”为主的积极理念。

第五，人类基因组的研究成果将给传统农业和食品制造业带来崭新的变化。比如，可以运用最新的生物工程技术对牛奶、肉类或其他农产品进行改良，这种改良将会成为两个行业的主流。

以上列举的几个方面是人类基因组计划对人类产生的积极影响。任何事物都有两面性，人类基因组计划的实施也会带来一些负面影响，比如，进行种族选择、发展灭绝性生物武器、进行基因专利战和基因资源掠夺战、泄露个人隐私等。我们相信只要人类采取相应的防范措施，这些问题是会得到解决的。

人类基因组计划在顺利完成对 DNA 的测序和绘制四种图谱之后，已开始进入由结构基因组学向功能基因组学的过渡（或转化）阶段。在功能基因组学的研究中可能涉及的核心问题有：基因组的表达及其调控，基因组的多样性、模式等。可以预测，在完成第一个人类基因组的测序后，必将出现对各人种、群体进行大规模的再测序和细化基因组分型的热潮。总之，对人类基因组的研究工作会逐步深入地开展下去。

（六）人类首次合成人造活细胞

2010 年 5 月 22 日，中央电视台、《科技日报》等多家媒体都报道了美国研究人员首次合成活细胞——单细胞生物（活细菌）。人造活细胞又称人造生命、人造细菌、“人造儿”、辛西娅（Synthia）。人造活细胞是在美国基因遗传学顶尖科学家克雷格·文特尔（Craig Venter，1946—　）的主持下，由 20 多名科学家历时 15 年、耗资 4000 多万美元创造出来的。

1. *人造活细胞的研究步骤*。人造活细胞的研究工作分“三步走”，整个过程是从四瓶化学物质开始的。第一步，首先制造出丝状支原体细菌的 4 个 DNA 碱基 AGCT，合成 108 万个 DNA 片段。第二步，将这些片段“组装”成完整的基因组。第三步，将人造基因组注入另一种被剔除了遗传物质的近亲细胞山羊支原体中，并激活该细胞，最终得到一个新的、完全被人造基因控制的人造活细胞 Synthia。

2. *人造活细胞的意义*。（1）人造活细胞的研制成功具有里程碑意义。由于它是第一个由人工合成基因组控制的细胞，从而向人造生物迈出了关键的一步，意味着人造生命时代的到来。将来有一天，新的细菌、动物或植物等生命体将被电脑设计，最后被人类制造出来。它将成为“人与自然关系的一个转折点”,从此,生物物种不再仅仅是有性繁衍,电脑也可成为新物种的父母。活细胞技术的开发,表明可以创造出携带特定遗传信息的生命体。如,制造出能产生清洁能源的细菌和能吸油的细菌。(2)从生命科学角度讲,这一技术大大丰富了这个学科的内容,展示了它的光辉前景。

3. 对“人造细胞”的异议。有人否定它的深远意义,认为:无论如何人类都不可能充当造物主;更有人担心此项研究会被用来合成大量生物武器,造成恐怖威胁;“人造细胞”一旦出错,会制造出无法控制的奇怪生物;等等。历史经验表明,在每种新生事物诞生的初期都会出现这样那样的争议,这是正常的。时至今日,大多数学者认为,人造活细胞的积极意义远远大于人们担心的负面效应。

五　生命科学发展的历史及趋势

(一)生命科学发展的历史

生命科学发展的历史可以追溯到四百多年前,学术界认为,现代生命科学体系始建于16世纪,它牢固地植根于人们对生命现象的观察实验之中。随着以生命为对象的生物学各个分支学科的建立,逐步形成了一个庞大的生命科学体系。笔者认为,这是在广义上理解生命科学的诞生。从这个意义上说,现代生命科学是从形态学的创立开始的。

1543年,比利时医生维萨留斯,在解剖人体的基础上,出版了他的名著《人体的结构》一书。这本书既标志着解剖学的建立,又直接推动了以血液循环研究为先导的生命科学的分支学科——生理学的形成。1628年,英国医生哈维出版了他的《心血循环论》,标志着生理学的建立。解剖学和生理学的建立,为人们对生命现象展开全面研究奠定了基础。

18世纪之后,随着自然科学的蓬勃发展,生命科学也进入了它发展的光辉时期。以细胞学、进化论和遗传学为代表的生命科学的重要分支学科相继建立,构成了现代生命科学的基石。

19世纪30年代细胞学的建立和19世纪50年代达尔文进化论的提出使人们彻底抛弃了上帝创世说,科学地揭示了生物进化的规律,在生命科学的发展史上写下了浓重的一笔。

19世纪前后建立起来的遗传学是生命科学发展中的一门重要的分支学科。前面提到的解剖学和细胞学的建立，促进了人们对生命发育现象的研究，在此基础上建立起的实验胚胎学，又开始了对各种生物形态的组织和细胞的研究，从而使人们绘制出有史以来最精美的生物学图谱。而德国动物学家魏斯曼（August Weismann，1834—1914）创立的关于生物发育的种质学催生了遗传学。此后，科学家们把遗传学同染色体结构以及生物进化现象联系起来思考，弄清了人们一直深感困惑的遗传物质在哪里的问题，把它定位在染色体上。这一科学定位，促成了DNA双螺旋结构和中心法则的发现，为分子生物学的建立奠定了牢固的理论基础。

分子生物学的创立是生命科学进入20世纪后最伟大的成就。它是遗传学的建立和DNA双螺旋结构的发现所导致的直接结果。其中，遗传学的研究揭示了生物遗传载体分子的存在，而DNA双螺旋结构的发现又直接导致了对生物DNA—RNA—蛋白质的中心法则的揭示。这一系列成果使人们认清了生命运作的基础框架和生物世代更替的联系方式。此后，以基因组成、基因表达和遗传控制为核心的分子生物学的思想和研究方法迅速深入到生命科学的各个领域，极大地推动了生命科学的发展。可以说，真正意义上的生命科学应当从基因研究算起。

（二）生命科学的发展趋势

有人认为，21世纪是生命科学的世纪。当今，生命科学已经是一个多学科的融合体，是多种技术支持的产物。生命科学所取得的一系列重大成果，将对人类乃至世界的发展与变革产生深远影响。

1. 生命科学的发展使一些相关学科的界限逐渐融合。当今的生命科学是一座多学科共同打造的大厦，它与众多学科密不可分。

第一，它与它的分支学科——分子生物学、细胞生物学、遗传学密不可分。分子生物学在微观层次上对生物大分子的结构和功能取得研究成果后，特别是在对基因的研究取得突破后，又深入到分子水平对细胞的活动、发育、遗传和进化进行探索，形成了从基因—蛋白质—细胞—发育—进化的基础生物学研究的一条主线。而细胞生物学、遗传学等又从分子、细胞到整体层次上对生命现象进行研究，彼此之间谁也离不开谁。

第二，生命科学的发展与数学、物理学、信息学、系统论等学科相互交叉、相互渗透。比如，那些看起来与生命科学毫不相干的系统理论和非线性科学，实际上也是生命科学不可或缺的学科，它们使生命科学获得了从分析到综合的思维和方法，或者说获得了分析与综合相结合的整合思想。

第三，生命科学的发展离不开众多新技术、新方法所提供的研究手段的支持。这些新技术、新方法主要有生物芯片技术、蛋白质组合方法、质谱和波谱方法、单分子技术、生物信息技术等。这些技术和方法在基础生物学，特别是在功能基因组和蛋白质研究中发挥着越来越重要的作用。

第四，生命科学与生物化学、分子生物学密不可分。生物化学和分子生物学的研究对象都是那些参与生命过程的生物大分子的结构和功能，只不过分子生物学是在分子水平上研究生物大分子的结构和功能，而生物化学则从化学角度去研究蛋白质等生物大分子所具有的生物功能的结构基础以及生物大分子之间相互识别的结构。比如，关于核酸，特别是非编码RNA 的基因和功能，酶的催化和调节机制，膜蛋白和膜脂的相互作用，糖蛋白和糖复合物的结构和功能等。可见，生物化学离开生物大分子就失去了“生物”的意义，而分子生物学离开生物化学，就难以弄清生物大分子结构和功能的化学机理，这两个学科都是生命科学的研究和发展不可或缺的。

2. 生命科学一改人们固有的医药观念。长期以来，医学的任务就是防病治病，防病治病的场合又都是医院或医疗机构，而生命科学将引导人们从书斋和医院的殿堂里走出来。生命科学告诉人们，从现在开始，医学的任务将主要是维护和增进人们的健康，提高人们的生活质量，医务人员要走出医院、走向社会、走进人群，而不像从前那样“守株待兔”、坐等病人。过去医学所面对的是单个病人，而现在的医学将面对整个人群；过去，医生是在医院上班，而现在则要求医生进入社区，与那里的百姓一起生活，指导他们的保健和医疗，指导他们如何正确地生活。欧洲和北美已有半数医生离开医院，进入社区。

生命科学开辟了医药发展的新途径。现在人们所用的药物一般都是化学合成的，而在不久的将来，药品将不再仅仅是化合物，蛋白质可以是药、基因可以是药、细胞可以是药，甚至某些组织或器官也可以是药。与此相关的药审首先审查的不再是药理、毒性、临床等情况，而是伦理问题。这是因为，基因要变成药物，或者组织和器官要变成药物，首先存在一个允许或不允许的问题，只有得到允许，它们方可充当药物的角色。此外，很多基因疾病也可以通过改善生活条件和环境状况来防治。

（三）生命科学研究的远期目标——完成“基因组到生命”的计划

生命科学家在完成“人类基因组计划”92%的任务后，没有停止探索的脚步，他们除继续完成“人类基因组计划”8%的未竟任务外，将把基因研究推进到生命的每一个层面。比如，基因对人种的作用、对人的个性和行为的影响等。这项计划已经开始，由美国能源部负责。我们期待研究成果早日展现在人们面前。

第十三章 地球科学

地球科学是行星科学的一个专门的分支，是与人类生存、发展息息相关的一门学科。对地球的认识同认识世界各民族的起源、历史、文化乃至整个世界文明发展紧密地联系在一起。地球科学是关于地球系统（包括大气圈、水圈、岩石圈和日地空间）的形成、变化及其相互作用的基础学科，是包括地理学（含土壤学和遥感）、地质学、地球物理、地球化学、大气科学、海洋科学、空间物理学及地球系统科学、地球信息科学等学科的新的交叉学科。

地球科学的时空研究范围很广，纵横几万千米，上下数千年，几乎辐射到各个学科。对地球科学的研究通常从物理、地理、地质、化学、气象、生物等多学科入手。

地球科学具体的研究对象是：探讨地球形成时间、方式、过程以及物质构成；研究地球的结构，即地球的圈层状况，如大气圈、水圈、岩石圈、地壳、地幔、地核、山脉、盆地、大陆、海洋的分布和演化规律及其相互关系；研究地球物质，即地球上的各种元素——矿物、岩石、矿床、地层的分布及其迁移和富集规律；研究各种地质事件，如地震、火山爆发、海啸、地质沉降等，同时还要根据各种研究参数预报或预防将要发生的地质事件。

地球科学是人类在长期对地球进行全面观察和探索中所获得的关于地球知识的系统化、理论化的知识体系。由于地球历史久远（46 亿年）、空间广袤（半径约 6400 千米），因而对它进行全面认识难度较大，相对其他学科而言，是发展比较慢的学科。在 19 世纪之前，人们是用“地理学”研究地球的。20 世纪以来，物理学、化学、数学以及空间技术、海洋探测技术、电子计算机技术、遥控遥感技术的发展，为人类全面认识地球提供了各种科学手段，使地球科学有了飞速发展，尤其在地球圈层结构、大陆构造理论以及地球的早期历史等方面取得了突破性进展。

一 地球的圈层结构及其物理、化学性质

（一）地球的圈层结构

地球是太阳系从内到外的第三颗行星。地球的形状是一个南极略凹、北极略凸、长半轴为6378.245千米、短半轴为6356.863千米、半轴平均6371.118千米的梨状体。地球可分为外部圈层和内部圈层。外部圈层包括水圈、生物圈和大气圈，内部圈层包括岩石圈（地壳）、地幔和地核。

1. 地球的外部圈层。（1）水圈。地球表面绝大部分是水，水覆盖了地球表面的71%，陆地仅占29%。水圈中96.5%为海水，3.5%为淡水。（2）生物圈。生物圈的空间尺度大约在海平面上下10千米的范围，处于大气圈的下层、全部水圈和岩石圈的上层。（3）大气圈。大气圈的空间尺度大约在地球表面以上20—800多千米的范围。大气圈是由78%的氮气、21%的氧气和1%的氩气混合微量二氧化碳及水蒸气组成的。大气层是地球表面和太阳之间的缓冲地带。大气层的大气构成并不稳定，它受生物圈的影响，空气密度随高度增加而减少。大气圈由低到高包括对流层、平流层、中间层、热层和散逸层。在对流层与平流层之间夹着臭氧层，在中间层和热层之间夹着电离层。各层情况如下：

对流层。对流层在大气圈的最底层，紧靠地球表面，其厚度大约为10—20千米。对流层受地球影响较大，云雾、雨雪、冰霜现象都发生在这一层。对流层的温度随高度的增加而降低，大约每升高1000米，温度便下降5℃—6℃。动植物及人类大都生存在这一层内。对流层的空气对流很明显，故称为对流层。

平流层。平流层在对流层之上，大约距地球表面20—50千米。平流层的空气比较稳定，层内的水汽和尘埃很少，温度在-55℃左右，基本不变，故又称为同温层。

中间层。中间层在平流层上面，距地球表面50—85千米，这里空气稀薄，其突出特点是气温随高度增加而迅速降低，空气的垂直对流强烈。

暖层（也称热层）。暖层在中间层之上，距地球表面100—800千米，其突出特点是：当太阳照射时，太阳光中的紫外线被该层的氧原子大量吸收，因而温度迅速升高，故称为暖层。

散逸层。散逸层在暖层之上，距地球表面800千米以上，由带电粒子所

组成。

大气圈除上述基本层之外还有两个特殊层,即臭氧层和电离层。臭氧层距地球表面20—30千米,在对流层和平流层之间。该层的特点是:由于受太阳紫外线的光合作用,氧分子变成了臭氧。电离层距地球表面80千米以上,它是由于高空中的气体被太阳紫外线照射,变成带电荷的正离子、负离子以及部分自由电子。电离层对电磁波的影响很大,人们可以利用电磁短波能被电离层反射回地面的特点,实现远距离通信。

对大气层的认识是20世纪初的事情。人们生活在对流层里,然而直到19世纪末,人类从未跑出这个圈层,因而认为大气是不分层的。直到19世纪末20世纪初,法国气象学家德波特(L. T. de Bort,1855—1913)发现大气分层现象后,人们才开始从不同角度对它进行研究。德波特本人于1902年把大气分成对流层和平流层。第二次世界大战后,由于火箭探空技术的发展,人们按大气温度和密度把它分为"中层""热层"和"外层"三个层次;按它的物理、化学组成成分又可分为臭氧层、氦层、质子层;还可按其电磁性质分为电离层、磁层等。

关于地球大气层与外太空的边界过去一直不甚明确,说法不一。现在有了明确界定。美国国家航空航天局2009年4月10日宣布,科学家利用加拿大卡尔加里大学研发的一个新仪器——"超热离子成像仪"跟踪地球大气里相对平静的风和太空中更加猛烈的带电粒子流,发现了地球大气层和外太空之间的边界位置是从地面到其上73英里的地方,即在离地面117.46千米的地方。就是说,73英里之外的空间已不属于地球圈层结构范围了。这就使人们对地球的圈层结构有了更加明确的认识。这个结果是"Joule-Ⅱ"火箭于2007年1月19日把该仪器带入太空后精确测定的,这一成果发表在2009年4月7日的《地球物理研究》杂志上。

2. *地球的内部结构*。对地球内部结构的认识是十分困难的,人们不能对它进行直接观察,即使当今世界最先进的钻探机也只能钻到地下11千米的深度,这仅是地球半径的六百分之一。现在所知道的地球内部分为地壳、地幔和地核三个圈层是借助于地震波进行判断的。1855年,意大利的帕尔米里(L. Palmieri, 1807—1896)设计了第一台地震仪,19世纪末英国的米尔恩(J. Milne, 1850—1913)证实地震是一种能通过地球内部介质传播的震波,此后人们纷纷建立地震观测台以监测地震。地震观测台的建立为人们认识地震波的特性创造了条件。接着,人们又用地震波的传播特性来分析地球的内部结构。因为不同的地震波在介质中的传播情况不同,根据不同的地震波在地下不同深度的反射、折射及强度的变化情况，可以判断界面的存在和位置。

地震波有两种基本形式：纵波（P 波）和横波（S 波）。纵波在固体、液体、气体中均可传播，速度也较快；横波只能在固体中传播，速度比纵波慢。1909 年，奥地利地震学家莫霍洛维奇（A. Mohorovicic, 1857—1936）在研究某地地震记录时发现：P 波过后有一明显的波群（$\bar{P}$），后经证实，这个界面是全球性的，是地壳和地幔的分界面，于是人们把这一界面叫作莫霍面。这个界面的深度各地不一，最浅处为 5 千米，最深处为 75 千米。从莫霍面往下，地震波速度继续增大，但在 2898 千米深处，纵波速度骤然减弱，横波速度突然消失，说明此处又出现一个分界面，这就是地幔与地核的分界面。由于美籍德裔地球物理学家古登伯格（B. Gutenberg, 1889—1960）最早（1914 年）确定并计算出这一界面的深度，因而人们把这一界面称为古登伯格面。这样，人们就把地球内部区分为地壳、地幔、地核三个圈层。三个圈层的厚度和性质各不相同。

地壳。地壳是指地表到莫霍面的岩石圈①的部分，它的厚度因地而异，大陆上较厚，最厚处是我国青藏高原，厚达 65 千米。海洋中的地壳较薄，一般为 5—8 千米，整个地壳的平均厚度为 35 千米。大陆地壳的表层还有一层风化壳，其上的薄土是人类的衣食之源。在地壳岩石圈以下有一个软流圈，它位于地表以下 70—1000 千米，温度为 1300℃ 左右，接近于岩石的熔点，所以形成了超铁镁物质的可塑体，在压力的长期作用下，以黏性状态缓慢流动，故称为软流层，岩石板块就是在软流层上漂移的。

地幔。地幔是指莫霍面以下、古登面以上，深度为 35—2900 千米的圈层，主要化学成分是镁铁硅酸盐，质量是地球质量的 68%，体积占地球总体积的 83%。地幔又可分为上、下两层：上层叫上地幔，深度为 35—1000 千米，主要由橄榄岩质的超基性岩石组成，温度为 400℃—3000℃，物质状态呈固相结晶质，有较强的塑性；下层叫下地幔，深度为 1000—2900 千米，温度为 1850℃—4400℃，物质状态呈非晶固态。上地幔到下地幔的密度由 3.31 克/立方厘米增加到 5.62 克/立方厘米。

地核。地核位于地球的中心部分，在 2900 千米以下，它以古登伯格面与地幔分界，厚度为 3473 千米，占地球总体积的 16%、总质量的 31.5%，温度为 2860℃—6000℃。地核可分为外核和内核两部分。处在地壳以下 2900—

① 岩石圈以长石为主，长石是一系列不含碱金属或碱土金属的铝硅酸盐矿物的总称。

4900 千米的部分叫外核,根据地震波推知,可能是液态;4900—5120 千米深处是一个过渡带;由 5100 千米到地心为内核,可能为固态。地核主要由铁、镍组成,外层密度为 9.5 克/厘米^3,至中心增加到 13 克/厘米^3。

(二)地球的物理、化学性质

1. 对地球物理性质的研究所取得的成果。20 世纪以来,科学家们借助于物理学理论和方法对地球的物理性质(如几种场)进行了研究,并取得了一定的成果。

在重力场方面,人们已经能区分出正常重力场和异常重力场。可以根据异常重力场深入研究地球的形状、地壳及上地幔的结构,确定大地水准面高度;还可根据重力场的变化,研究地球内部物质的迁移及地壳的运动。

在地电场方面,人们发现地电场分为大地电场和自然电场两部分。大地电场是由电离层 E 层,即高约 100 千米中的电流体系的感应所产生的电场,其强度随时间、地点而异,有一定的变化周期;自然电场主要由各种岩石的接触电位差、金属矿物的氧化还原电势、地下水及河流流动产生的过滤电势等组成,其分布范围较小,但在矿区或山坡丘陵地带表现较为明显,因此可以根据它去寻找矿藏和预报地震。

在地磁场方面,20 世纪 50 年代以来,由于航海、通讯、地震预报及矿藏开发等的需要,逐渐建立起古地磁学。这个学说认为,天然岩石和矿物在自然过程中都获得不同程度的磁性,称为天然剩余磁化强度。岩石在形成时获得的磁性称为原生剩余磁性,由于它的磁轴与当时的磁场方向一致,因而可以用它确定古代地磁场的方向和强度。根据这一理论,人们发现,在不同的地质年代,古地磁极的位置不同,在不停地移动,甚至倒转。早在 20 世纪 30 年代,日本的松山范基(生卒年不详)就发现了大陆上古地磁倒转的现象,后经证实这是一种普遍现象。1954 年,核磁共振磁力仪问世后,可以测定海底的微弱古地磁。50 年代后期,通过对海上地磁的大规模测量,发现了大洋中脊两边的海洋地壳的古地磁有多次反向,形成地磁条带。1964 年,第一个磁场反向时间表问世。1968 年,美国哥伦比亚大学的海茨勒(J. R. Heitzler, 1925—)又编出了 7600 万年间的 171 次磁场反向时间表,成为人们确定岩石年龄和进行地层对比的重要依据,也为海底扩张说提供了证据。

地热场是指地球表面及内部的热的分布状况。地表热主要来自太阳对地面的热辐射,深度可达地表以下 3 米。地球内部的热主要由地幔上部的放射性物质蜕变和地下物质受压后释放出的热量决定。地热场的研究对地球的演化史、地震的成因、火山活动、能源开发、医疗等均有实际意义。

2. *对地球化学性质的研究所取得的成果。*人们在用物理手段研究地球的同时，还用化学理论和方法对地球各圈层的化学组成及其有关规律进行了研究，取得了可喜的成果。首先对地壳中的平均化学成分进行探索的是美国化学家克拉克（F. W. Clarke，1847—1931）等。他们通过近半个世纪的研究，终于发现：地壳中的化学元素主要是氧、硅、铝、铁、钙、钠、钾、镁、氢等9种元素，约占元素总量的98.13%；而铜、金等含量甚微，铜只占0.01%，金只占$5 \times 10^{-7}\%$；其他稀有金属含量更是微乎其微。他们同时发现，不同种类的岩石中各种元素也很不相同，并有某些规律性变化。挪威学者戈尔德施密特（W. M. Victor Goldschmidt，1888—1947）曾根据这些元素的性质及在地圈内的分配关系，把它们分为亲石元素（主要集中在岩石圈）、亲铜元素（主要集中在硫化物—氧化物过渡圈）、亲铁元素（主要集中在地球的核心）、亲气元素（主要集中在大气圈）。由于地壳物质的不断运动及岩石、土壤、有机质等的分解，各种元素也会从一种形式转变成另一种形式，并会在空间上发生位移，这被称为“元素迁移”。现已发现元素迁移有三种类型：硅酸盐熔体迁移、水及水溶液迁移、气体迁移，统称为物理、化学迁移；生物或生物地球化学迁移；机械迁移。造成这些迁移的原因有内因也有外因：内因主要是化合价、电离势、电子亲和能等；外因主要是温度、压力、组分密度、介质的酸碱度、氧化还原电位等。

人们对地球圈层结构及对地球各种物理、化学性质的认识将随着科学的发展不断深入。人们关心的另一个地球问题是大陆和海洋的演变，就是说，大陆和海洋是历来如此，还是发生过变迁？这便涉及大陆构造问题。

二　大陆构造理论

关于大陆构造理论的假说有多个，其中最有科学价值的当推大陆漂移说、海底扩张说和板块构造理论。

（一）大陆漂移说

1. *大陆漂移说的渊源——从大陆固定论到漂移论。*19世纪后半叶之前，人们一直认为，现在的陆地和海洋从来就是如此，千古不变，这就是大陆固定论和海洋永存论的基本思想。19世纪下半叶，随着地质、地理资料的积累，这种观点发生了动摇。

人们早就发现：被大洋相隔的大陆上的生物有着亲缘关系。对这一现象当时人们用“陆桥”加以解释,即认为两块大陆之间曾经存在着狭长的“陆桥”,生物通过这座桥互相迁移和传布,后来这座桥沉没了,两块大陆被大洋隔开,而其上的生物仍有亲缘关系。然而后来相继发现的另一些事实推翻了这一假说。例如,胡安·费尔南斯群岛的植物与临近的智利植物并没有亲缘关系,反而和被海相隔很远的火地岛、南极洲、新西兰及太平洋诸岛的植物有亲缘关系。又如,澳大利亚的有袋类动物和临近的其他群岛的不一样,反而和远隔重洋的南美动物有亲缘关系,如此等等。在事实面前人们想到,这可能是两块大陆原来相距很近,甚至是连在一起,后来漂移开来造成的,陆桥说也就销声匿迹了。

大陆漂移思想自古有之。古希腊的泰勒斯(Thales,前624—前547)曾设想大地是浮在水上的圆盘,古代中国也有“地若浮舟”的说法。1868年,天主教神甫普斯顿认为,在大洪水之前,欧、美、非三大洲是连在一起的,并猜想挪亚方舟是沿着不太宽的大西洋航行的。1756年,德国神学家撒尔根据大陆相对的两岸轮廓的相似性,提出它们是在大洪水之后分裂的设想。1858年,意大利的斯奈德也曾根据一些地质资料,推断非洲与美洲大陆过去是连在一起的。1889年,杜顿(C. E. Dutton,生卒年不详)创立了地壳均衡论,认为大陆是处于平衡状态的浮体,当受到外力作用时,可以作垂直和水平两个方向的运动,这对大陆漂移论是一个巨大的鼓舞。19世纪末,奥地利的休斯(E. Suss, 1831—1914)明确指出,南半球各大陆可以拼合成一个巨大的大陆——岗瓦纳古陆,并认为欧亚大陆对岗瓦纳古陆存在着水平运动。1908年,美国地质学家泰勒(F. B. Taylor, 1860—1938)根据喜马拉雅山、阿尔卑斯山等第三纪山脉大多呈弧形向南弯曲的现象,提出地球旋转时产生的离心力导致大陆向南滑动的观点。在众多的大陆漂移论者中,人们最推崇的是魏格纳(A. Wegener, 1880—1930),称他为大陆漂移说的创始人。

2. 魏格纳的大陆漂移说。德国地球物理学家魏格纳,还是一位地质学家和探险家。他生于柏林,后来在海德堡大学和因斯布鲁大学学习。他一生喜爱探险,具有不畏艰险、勇往直前的精神。为了观察高空气象,1906年他同他的兄弟乘气球连续飞行52小时,创造了世界纪录。他的大陆漂移思想是这样萌发的:1912—1913年,他在格陵兰考察时,曾亲眼看到一座座巍峨的冰山在缓慢地移动;这之前,即1910年,魏格纳因病卧床,偶然从墙上的世界地图中发现南大西洋两岸的相关性,感到南美东海岸与非洲西海岸一凸一凹互相对应,似乎可以拼合到一起;1911年,他又从一些文件的记载中看到一些有关古生物分布情况的比较及南美和非洲之间有过陆地相连的论述，于是萌发了大陆漂移思想，并开始深入研究。

1915 年，他的《海陆的起源》一书出版，提出古生代石炭纪（约 3 亿年前）以前，各大陆是连在一起的，在中生代末期开始分裂，逐渐漂移到现在的位置等观点。魏格纳大陆漂移假说的提出不仅仅是依据南美和非洲大陆能拼在一起的思想，而且有生物学和古生物学、地质学、古气候学等领域的事实依据。在生物学和古生物学方面，他指出，大西洋两岸的许多生物有亲缘关系。比如，有一种蚯蚓，不仅西欧有，美国东部也有；庭院蜗牛在欧洲和北美都有发现；肺鱼和鸵鸟在南美、非洲、澳大利亚都有；此外，中龙化石也分别在巴西和南非的地层中发现；舌羊齿植物化石广泛分布在印度及南半球各大陆的晚古生代地层中，说明过去确实存在过南方古大陆。在地质学方面，他认为，大西洋两岸的岩石、地层与皱褶构造也能吻合。比如，南非开普敦山脉与南美的布宜诺斯艾利斯山脉相接，其地质构造、岩层分布和年龄都相同；加拿大的阿巴拉契亚山脉同英国的加里东山脉也有许多相似之处。在古气候学方面，他认为，在 2.5 亿—3.5 亿年前，今天的赤道地区曾经出现过冰川，今天的两极地区曾是炎热的沙漠。

魏格纳认为，上述种种事实只能用大陆漂移来解释。他还对大陆漂移的机制进行了探讨。他认为，促使大陆漂移的动力来自两个方面：一是由于地球自转而产生的自两极推向赤道的力；二是由于太阳和月亮的吸引造成的自东向西的推动力。魏格纳的大陆漂移说，在 20 世纪初曾风行一时，但是经一些学者的计算，这两种力都远远不足以推动大陆漂移，因此又受到大陆固定论的攻击，批评文章接踵而来。有人说他的假说“定量不够，定性不当”，是“大诗人的梦”。到 20 世纪 30 年代，这一假说逐渐被冷落。为了寻找大陆漂移的直接证据，1929 年和 1930 年魏格纳先后两次去格陵兰探险，冒着零下 65℃的严寒，跋涉 100 英里，于 1930 年 11 月 1 日，在他 50 岁生日那天遇难，为科学献出了自己的生命。

大陆漂移说经历了二三十年的“冬眠”，于 20 世纪 50 年代随着古地磁学的研究又复活了。古地磁学的研究结果表明，许多岩石都具有相当稳定的磁性，这是在岩石形成时由于地磁场的作用而获得的，其磁化方向与岩石形成时的磁场方向是一致的。地球的纬度自古至今发生了很大变化，甚至地球的磁极也在不断迁移，北美和欧洲的磁极迁移曲线在形状上相同，只是前者位于后者的西面而已。如果把北美与欧洲两块大陆移动靠拢，那么这两条曲线就合二为一，大西洋也就不存在了。古地磁学强有力地证明欧美两大陆原来确实是相连的，这是对大陆漂移说有力的证据支持。

1957 年,英国的布莱克特(P. Blackett, 1897—1974)通过对英国和印度等古地磁部分的测量发现,在地质期中地磁极存在着漂移,还发现不同大陆所记录的漂移轨迹不重合,存在规律性的偏差。例如,英国两亿年来向北移动了很大距离;印度的孟买目前处于北纬 19°,但在侏罗纪(约两亿年前)却在南半球 48°处,向北漂移了 7000 千米。这是大陆漂移的有力证明,于是大陆漂移说又重新成为人们谈论的话题。根据大陆漂移说,1965 年,英国的布拉德用电子计算机进行大陆的拼合(按大陆坡某一深度线来拼接),结果平均误差不超过 1 度,叫人不得不对大陆漂移说刮目相看。

按照魏格纳的大陆是在海底上漂移的观点,人们必然要问:海底的情况又是怎样的?大陆是怎样在海底漂移的?魏格纳对漂移机制的解释尚不能令人满意,而且仅从陆地上寻找大陆漂移的原因是不全面的,这就要求人们能从海洋中寻找新的证据,于是海底扩张说应运而生。

(二)海底扩张说

1. *海洋地质的重大发现*。对海洋地质,尤其是深海地质的研究更加困难,它要借助于更加复杂的技术手段。1872—1876 年,英国“挑战者号”调查船进行的环球航行是对海洋进行系统的综合性调查研究的开端。这次调查航行 11 万千米,收集了海洋物理、海洋化学、海洋生物、海底地貌和沉积物等方面的大量资料,并编成了 50 卷的调查报告,为人类认识海洋地质开辟了一条探索性的道路。

20 世纪以来,由于军事、渔业及石油等矿产开发的需要,加大了对海洋研究的力度。1925—1927 年,德国的“流星号”调查船在大西洋海域,1946 年,美国 8 艘船只在太平洋海域的调查都获得了许多重要的海洋地质资料,被海水深深覆盖着的海底越来越清晰地展现在人们的眼前。海底分为大陆架、大陆坡、陆隆、大洋盆底四个部分。在这些调查、探测中获得的最突出成果是海底全球性山系(现称大洋中脊)、海底热流量及海底磁带的发现。

早在德国“流星号”船调查时已发现海底并非像人们过去想象的那样,是什么平坦的盆地,而是像陆地一样也有一系列山脉。20 世纪 50 年代随着海洋探测技术的运用,终于发现:各大洋都有洋脊纵贯其中。大西洋底有高约三千米、长达数百千米的巨大山脉,它把大西洋分为东西两部分,这被称为大西洋中脊;太平洋东侧有洋隆;印度洋有倒丫字形山脉,它的西南分支与大西洋中脊相连,东南分支与太平洋洋隆相连。这样,三大洋洋底的山脉都是相连的,形成一个全球性的全长 65000 千米的山系,比陆地上的任何山系都大。海底山脉与大陆山脉不同,它没有褶皱,全部由火山岩组成(有的像挤出的牙膏，有的像蛋白）。洋脊堆积物离中脊越远越古老，越近越年轻，最老的也不超过2亿年，而且中脊两侧堆积物的年龄对称。洋脊的中央有数十千米宽的裂谷，洋脊顶部的地热流值最高，大洋中的地震点多沿大洋中脊排列；也就是说，洋脊是重要的地震带，地震主要发生在裂谷带上。

人们早在十七八世纪已经发现地下温度随深度而增加的现象，但是海底的温度怎样、热流量多大，却迟迟不得而知。对这个问题的认识也是20世纪50年代以后的事情。经探测得知，海底的温度和热流量比预想的要大得多，如在大西洋裂谷所测得的热流量，相当于几百万年烧了300米厚的煤层所放出的热量。这么多的热来自哪里？地质学家们知道，大陆地下热来自花岗岩中放射性元素的裂变，但大洋下地壳的花岗岩是缺乏的，显然不能用花岗岩中放射性元素的裂变进行解释，于是科学家认为，大洋中脊的热源可能来自上地幔。

前面已经提到，关于古地磁的研究始于20世纪30年代，那时已经发现，在地质年代中地磁场曾经多次反向，即南北磁极曾多次转换。50年代以后，地质学家又用新的手段对洋底的古地磁情况进行了探测，发现沿大洋中脊的两侧，古地磁的强弱倒转呈有规律的对称分布。经研究断定：这是由于大洋中脊不断喷出岩浆，这些岩浆在向两侧流出及冷却过程中，因受到当时地磁场的作用而磁化，磁化的方向亦随地磁场的转向而转向；岩浆不断喷出，海底地壳被挤向两侧，便形成了两侧对称的古地磁分布。

2. *海底扩张说*。海洋地质的重大发现既说明海底是年轻的，又说明海底处于扩张之中。1960—1962年，美国普林斯顿大学地质系的赫斯（H. H. Hess, 1906—1969）和迪茨（Robert S. Dietz, 1914—1995）根据上述发现，分别提出了海底扩张说。他们认为，海底以大洋中脊为中轴，不断地向两侧扩张。具体地说，地幔中有一个圆环形的对流体，驱使地幔的炽热物质从洋脊的裂谷中涌出，冷却后形成新的海底，并以每年约几厘米的速度推动原来的海底向两侧扩张，当扩张到海沟时，又重新下沉，钻入地幔之中，被地幔所吸收。由于海底的扩张像传送带一样连续运转，海底不断更新，大陆同海底一起在地幔对流体上漂移。海底每两亿年便可更新一次。

几年后，海底扩张说便得到了一系列有力证据的支持。海底钻探工作表明，最古老的沉积物的年龄不超过1.6亿年，海底地壳的年龄随它同洋脊距离的增加而增加，其扩张速度为2厘米/年。从理论上对海底扩张说进行有力支持的是英国剑桥大学的瓦因（F. J. Vine, 1939—　）等人1963年提出的海底磁异常条带假说（海底磁异常条带是海底扩张和磁极倒转联合作用的结果)和 1964 年美国地质学家考古斯(A. Cox,生卒年不详)把古地磁倒转与同位素测年法相结合完成的地磁倒转年表。1965 年,加拿大人威尔逊(J. T. Wilson, 1908—1993)对大洋火山岛进行考察时发现,除个别岛屿外,所有大洋岛屿的年龄都小于 1.5 亿年,并且离洋脊越远越古老。这样,到 20 世纪 60 年代末,不仅海底扩张说取得了有力的证据,而且彻底击败了固定论。

(三) 板块构造理论

1968—1969 年,美国普林斯顿大学的摩尔根(W. J. Morgan, 1935—)、地质研究所的法国人勒·比雄(X. L. Pichon, 1937—)和英国剑桥大学的麦肯齐(D. P. McKenzie,生卒年不详)在综合海洋地质三大发现的基础上,建立起一种新的地壳运动模型——板块构造理论,从而发展了大陆漂移说和海底扩张说,这一理论被称为"新全球构造理论"。

他们把岩石圈被各种断裂分割成的块段称为板块。勒·比雄把整个地球岩石圈划分为六大板块,即欧亚、非洲、澳洲、南极、美洲及太平洋板块。他们认为:板块是漂浮在软流层上的刚块体;板块在洋中脊处增生,在海沟处消减;板块运动的动力源泉是地幔的热对流。软流层以每年几厘米的速度作对流循环运动,其上的板块便因此作水平方向的漂移,运动方向与转换断层平行;板块的边界处是构造运动最活跃的地方(岩浆自大洋中脊裂谷中涌出,冷凝成地壳的一部分,同时把板块推向两侧,海洋板块与大陆块交界处或沉入大陆板块之下,或对大陆板块产生强大的挤压,其交界处便成为地质构造最活跃的地区);板块的边界按其应力可分为三种情况:两侧板块相对运动(挤压),形成海沟或年轻的造山带;两侧板块相背离去(张引),形成裂谷;两侧板块相互滑过(剪切),留下剪切状痕迹。

板块构造理论的提出是地球科学史上的一次重大变革,它开创了人类对地球史认识的新阶段,对大地构造学、地质学以及整个地球科学产生了深刻影响,也改变着人们的旧地球观。第一,它描绘了大陆有分有合、大洋有生有灭的图景。第二,它为研究山脉及高原的成因、矿带分布、古气候及生物演化等,展示了美好前景。

当然,板块构造理论也有它的不足之处。如对板块运动的驱动力问题、地幔对流的证据问题、秘鲁海沟沉积物基本未经变动问题等,这一理论还不能予以很好的说明,仍有待于地球科学家们进一步去探索。

(四) 李四光的地质力学

李四光(1889—1971)是我国地质学家、地质力学的创立者,新中国首任地质部部长。他用力学的观点研究地壳运动的现象,探索地壳运动与矿产分布的规律，把各种构造迹象看作是地应力活动的结果，建立了“构造体系”这一地质力学的基本概念，创立了地质力学。地质力学是大地构造学中的一个重要学派，它和大陆漂移说、海底扩张说、板块构造说一样，在人类认识地球的历史长河中，做出了自己的贡献。

李四光于1913年赴英国学习地质学，当时正值魏格纳大陆漂移说震惊世界的时候，李四光很快接受了大陆漂移的思想。1919年回国后，他从事华北主要成煤地层——石炭二叠纪及其标准化石䗴科的研究。1921年，他发现这个地层在南北方有很大不同，华北以陆相沉积为主，华南以海相沉积为主。他认为这是由于海水进退在南北有差异引起的。他在翻阅大量国外文献时，发现许多学者注意到这一现象，而且魏格纳也曾运用海水进退规律来论证大陆漂移说，这就坚定了他的看法。后来他又经过反复研究、比较，认为海水进退现象是由于地球自转速度在漫长的地质年代不断发生变化的结果。当自转变快时离心力增大，海水便由两极流向赤道，于是高纬度地区发生海退，低纬度地区发生海进；当自转变慢时离心力减少，则使过程相反。接着他又进一步推想，这种使地球水平运动的水，也应当适用于固体的地壳构造现象。1926年，他在《地球表面形象变迁的主因》一文中系统地阐述了这一观点，并在后来写的《大陆漂移》一文中明确表达了地壳水平运动的实现途径。李四光的工作是对在20世纪三四十年代一度被冷落、抛弃的大陆漂移说的一个有力支持，可以说他捍卫了大陆漂移说。1926年以后，他又把研究重点转到区域性构造现象的探索上。他于三四十年代进入模型实验阶段，从事岩石在自然界的力学性质和应力场的分析。1945年，他发表了《地质力学的基础和方法》，标志着地质力学已成为一门独立的学科。

中华人民共和国成立后，李四光的才华得到进一步发挥。他分析了我国东部地质构造的特点，认为新华夏构造体系的三个沉降带具有广泛的找油前景。大庆、胜利、大港等油田的发现证实了李四光理论的正确性。

三 南 极 洲

我们通常所说的南极，实际上是指南极洲，而不是南极的极点。南极洲对大多数人来说既耳熟又陌生，到目前为止是地球七大洲中唯一没有被污染的净土，本书有必要向广大读者做一介绍。

（一）南极洲概况

南极洲位于地球最南端,其土地面积几乎都在南极圈内,四周濒临太平洋、印度洋和大西洋,是世界上纬度最高、跨度最大的一个洲。南极洲距南美洲最近,中间只隔970千米的德雷克海峡,距澳大利亚约3500千米,距非洲约4000千米,距北京约12000千米。南极洲的总面积约1400万平方千米,约占世界陆地总面积的9.4%,在世界七大洲中居第五位。南极洲的大陆面积为1239万平方千米,陆缘冰面积为158万平方千米,岛屿面积为7.6万平方千米。南极大陆无定居居民,仅有一些来自其他大陆的科考人员和捕鲸队。

南极大陆是人类最后到达的大陆。南极大陆的发现大约经历了近二百年的历史。1738—1739年,法国人布丰在航海时首先发现了南极洲附近的一个岛屿,将其命名为布丰岛。1772—1775年,英国人库克到达了南极洲附近的南设得兰群岛。1820—1821年,美国人帕尔默、俄国人别林斯高晋和拉扎列夫、英国人布兰斯菲尔德先后发现了南极大陆。1838—1842年,英国人罗斯、法国人迪尔维尔、美国人威尔克斯先后考察了南极大陆。1911年12月,挪威阿蒙森探险队首次到达南极洲的极点。1929年,美国人理查德·伯德成功飞越南极洲,此后美国人在南极洲建立了“小亚美利加基地”。由于到达国当时都提出领土要求,因而1959年12月,由12个国家(阿根廷、澳大利亚、比利时、智利、法国、日本、新西兰、挪威、苏联、英国、美国、南非)共同签署了《南极条约》。《条约》规定:南极只能用于和平目的,要保证在南极地区进行科学考察的自由,并促进科学考察中的国际合作;禁止在南极地区从事一切具有军事性质的活动及核爆炸和处理放射废物;冻结了对南极的领土要求。目前已有50个国家(其中28个为协商国,有表决权;22个为非协商国,无表决权)加入了《南极条约》。我国为协商国,有表决权。

（二）南极的自然环境

1. *南极洲的海岸线及周边岛屿*。南极大陆海岸线长约24700千米,其边缘海有属于太平洋的别林斯高晋海、罗斯海、阿蒙森海;属于大西洋的有威德尔海。主要岛屿有:奥克兰群岛、布丰岛、南设德兰群岛、阿德蒙德岛、亚历山大岛、彼得一世岛、南乔治亚岛、爱德华王子群岛、南桑威奇群岛等。

2. 南极洲的地貌。名为“横贯南极山脉”[①]的山脉把南极洲分为东南极洲和西南极洲两部分。东南极洲的面积1018万平方千米，为一古老的地盾[②]和准平原。西南极洲面积229万平方千米，为一褶皱带，由山地、高原和盐地组成。东西两部分之间有一沉陷地带（从罗斯海一直延伸到威德尔海）。南极洲大陆平均海拔2350米，是地球上最高的洲，最高点是玛丽·伯德地的文森山，海拔5140米。南极洲的大陆几乎全部（98%）被冰雪覆盖，冰层平均厚度为2000—2500米，最厚处达4800米以上。冰层的淡水储量占世界总淡水储量的90%，假如全部融化将使地球的海平面平均升高60米，那时我国东部经济区将被淹没在一片汪洋之中。大陆周边的海洋上有许多高大的冰障和冰山。全洲仅有2%的土地无长年冰雪覆盖，被称为南极冰原的“绿洲”，是动植物的主要生息地。“绿洲”上有高峰、悬崖、湖泊和火山。南极大陆共有两座活火山，一座是“欺骗岛”（岛名）上的“欺骗岛火山”（火山名），另一座是罗斯岛上的埃里伯斯火山。

3. 南极洲的气候特点。南极洲的气候特点用一句话可概括为：严寒、烈风和干燥。全洲年平均气温为-25℃，内陆高原平均气温为-56℃左右，其极端最低气温曾达-89.2℃，为世界上最冷的陆地。南极洲的风之所以被称为“烈风”，是因为每年8级以上的大风日就有300天，全洲平均风速为17—18米/秒，沿海地面风速达45米/秒，曾测得的最大风速为82米/秒和100米/秒，其风力相当于12级台风的3倍，狂风时的风速可达300千米/时，甚至能把人掀翻，然后推着人在冰面上滑行。可见，南极洲是世界上风力最强、风量最大的地区，因此有“世界风库”之称。南极洲的绝大部分地区年降水量不足250毫米，仅在大陆边缘地区可达500毫米左右。全年平均降水量为55毫米，大陆内部年降水量仅30毫米左右，极点附近几乎无降水，空气十分干燥，故南极洲又有“白色沙漠”之称。

4. 南极洲的季节。南极洲没有四季之分，一年之中只分寒、暖两季。寒季是4月—10月，暖季是11月—3月。在极点附近，寒季为连续黑夜，这时在南极圈附近常出现光彩夺目的极光；暖季则相反，连续白昼，太阳总是倾斜照射。

南极洲有两个“极”，一是“南磁极”，另一个是“难达之极”。南磁极就

---

① “横贯南极山脉”，是东南极洲和西南极洲之间高达4000米以上的山脉，是南极洲大陆三个主要山脉之一。它从维多利亚地延伸到威德尔海，总长3500千米，是地球上最长的山脉之一，平均海拔4000米。

② “地盾”是构造地貌术语，是大陆地壳上相对稳定的区域，具有平坦但凸出的地表形态。

是地球磁极的南极，经测量，南磁极 1985 年时位于约东经 139°24′，南纬 65°36′。而“难达之极”约位于以南纬 80°和东经 55°—60°为中心的高地。由于这里地势高峻，成为南极洲大陆冰川外流的一大分冰线，是人类难以接近或到达的地区，故被称为“难达之极”。

（三）南极洲的自然资源

南极洲有丰富的矿产资源和淡水，动植物较少。

1. *矿产资源*。南极洲的矿物有 220 种，主要有煤、石油、天然气、铂、铀、铁、锰、铜、镍、钴、铬、铅、锡、锌、金、铝、锑、石墨、银、金刚石等，主要分布在东南极洲、南极半岛和沿海岛屿。

煤。煤主要分布在维多利亚地冰盖之下，其储量约 5000 亿吨，居世界第一位。

铁。铁主要分布在东南极大陆的查尔斯王子山脉南部，那里有一条长 120—1800 千米、宽 5—10 千米、厚 400 米的矿石带，含铁量达 32%—58%，是极具开采价值的富铁矿，可供全世界开发利用 200 年。

石油、天然气。石油储量为 500 亿—1000 亿桶，天然气储量为 30000 亿—50000 亿立方米。石油和天然气主要分布在西部大陆架。金银、石墨主要分布在南极大陆的南部。铅、锑、钼、锌等主要分布在乔治五世海岸。锰、铜分布在南极半岛的中部。沿海的阿斯普兰岛有镍、钴、铬等矿藏。桑威奇岛和埃里伯斯火山储有硫黄。

从南极大陆有丰富的煤田可以推断，该大陆曾一度位于温暖的纬度地带，后经长途漂移最终到达现在的位置。

2. *生物资源*。由于气候寒冷，南极洲的植物稀少，几乎是一片不毛之地，只有一些苔藓、藻类、地衣和几种显花植物。动物主要生活在海水中和陆地边缘，常见的主要有海豹、海狮和海豚等兽类。大陆周围的海洋有成群的鲸类。南极附近海岸中有丰富的小磷虾，估计可达 10.5 亿吨，是鲸类等海洋动物的主要食物来源。鸟类主要有企鹅、信天翁、海鸥、海燕等。企鹅是南极的“土著居民”。南极洲的企鹅有 7 种，总数约 1.2 亿只，占世界总数的 81%，南极洲不愧为“企鹅王国”。

3. *水资源*。南极洲是一个巨大的天然“冷库”，是世界上淡水的重要储藏地。南极洲的冰量占世界总冰量的 90% 以上。

（四）南极洲的新发现及其不解不谜

1. *新鱼种——眼斑雪冰鱼*。据 2013 年 4 月 6 日新加坡《联合早报》报道，科学家在南极洲深度 1 千米的冰冻海水里发现了一种全身流动着透明血液的鱼——眼斑雪冰鱼。这种鱼能像其他鱼一样生活，与其他鱼类的显著区别是：它体内的血液是绝对透明的，体表没有鳞片。这种鱼的血液之所以透明，是因为没有血红蛋白，这在脊椎动物中是很独特的。

2. 南极首现“冰震”。据《香港文汇报》2008 年 6 月 10 日报道，美国华盛顿大学教授威恩斯在 2001—2003 年，多次监测到南极洲震波信号，最终确认其震源是宽约 100 千米、厚约 800 米的冰流，它在每次移动时所发生的震波波及整个南极洲，在澳大利亚都能监测到。“冰震”的威力如同地震，到目前为止，尚未检测到南极洲有通常意义上的地震。

3. 发现热水湖。热水湖这一理念是 1960 年日本科学家鸟居铁也根据资料分析出来的。1970 年，美国航天卫星在大西洋南部的南极沿海的威德尔海上空拍摄到的照片证实了鸟居的分析。照片显示，该湖面有一层清澈明亮的淡水，经测量，淡水下面的温度高达 27.6℃，比表面冰块的平均温度高 47℃。考察表明，该湖湖底既没有活火山，也没有热泉，而且湖底沉淀物的温度比湖底水层温度要低。可以断定，热源不是来自于地下，但究竟来源于何处，仍是个谜。

4. 发现迄今最深、最大的淡水湖。1960 年，苏联地理学家安德里·卡波查乘飞机前往南极洲的俄罗斯科考站——沃斯托克（意为东方）站时，发现该站周围的地表是一片巨大而平坦的地区。凭专业知识和经验，他认为，此地下面一定有一个大湖，但是当时并没有引起人们的重视。1966 年，苏联和英国科研人员动用了机载雷达、透水雷达、激光高度计和重量测量仪等多种仪器进行探测，依据所得数据进行综合分析后断定，沃斯托克站附近确实有一个地下大湖，其面积大小相当于北美洲的安大略湖。之后，俄罗斯对此地进行了长达 15 年以上的艰苦钻探，克服了重重技术困难和极寒（-89.2℃）的恶劣环境，终于在 2012 年 2 月 9 日钻透了厚达 3769.3 米的冰层，触到了湖面，提取了 30 升—40 升湖水（提取过程中已结成冰），样本保存在特别的无菌容器内，由普京总统封存。俄罗斯成为首个接触到冰盖之下淡水湖泊的国家。俄罗斯北极和南极研究所在同一天宣布了这项成果，美国、英国、中国等国的各大媒体都相继报道了这一发现。俄罗斯还准备用机器人继续探索。

据论证，该湖已埋于冰雪之下长达 2500 万年。它的被发现，打开了人们了解地球的另一扇窗户，所获样本为我们了解地球气候的历史、发现未知生命形式提供了重要的科学依据。专家称，它的意义堪比人类登月。

由于该湖就在俄罗斯沃斯托克南极科考站附近，故将其命名为“沃斯托克湖”(Lake Vostok,意译为“东方湖”)。它的具体位置在南纬77°,东经105°,海拔3500米,湖的面积为15690平方千米,湖水体积为5400立方千米,湖水皆为淡水,深度约1000米,水是流动的。它之所以没有结成冰,是因为湖面上覆盖着极厚的冰壳,冰壳像一条毯子一样,保护着地热,使之不会散发。

“东方湖”是迄今为止在南极洲发现的150个冰下湖中最大、最深的一个,也是与世隔绝的一个,是目前地球上最大的超纯净水系,它的储量可供像伦敦这样的城市使用5000年。

然而“东方湖”的湖水温度为-3℃,湖面却保持液态,而非固态冰面,其原因至今仍是个谜。

5. 臭氧空洞之谜。臭氧空洞从理论上讲是由于人类活动排放二氧化碳等气体破坏了大气中的臭氧层所致,而南极洲无人定居,为何臭氧层破坏如此严重?这个谜团有待科学家去探索、去解读。

四 地球科学研究的新成果

20世纪下半叶以来,特别是进入21世纪,地球科学工作者在地球圈层结构、大气异常等方面的研究中,又取得了许多重大成果或有了新的发现。

(一)地磁场起因的发动机理论

1996年,科学家发现了地球固体内核的自转速度比地壳和地幔部分快,即每年在赤道方向多旋转1.1度。这一重大发现推动了地球科学上的千古难题——地磁场起因问题的研究。科学家们进一步研究得知,地球的外壳成分主要是铁元素,液态铁在内核表面凝固时将放出热能,热能又驱动液态外壳,形成快速对流,使其成为地球形成地磁的“发动机”机制的基础。科学家们对地球发动机模型的数值模拟显示,这种机制完全可以产生并维持今天所观测到的地磁场。这说明,地磁场起因的发动机理论是可信的。

(二)地球南北极无地震

在人类历史上,迄今为止还没有关于南北极发生地震的任何记录。关于这个问题的原因,美国地质学家作了三十多年的观察研究,最终认为,这是由于南北极的巨大冰层造成的。研究表明,南极大陆和北极格陵兰岛的冰雪覆盖面积分别为90%和80%,冰层平均厚度达2300米以上,这是美国国家航空航天局2011年8月的观测结果。如此厚的冰层压力使其底部几乎处于“熔点”状态。冰层不仅厚度大，而且面积广、重量重，这在垂直方向上便会产生强烈的压缩，对冰层形成巨大的压力。这种压力与地质构造的挤压力达到平衡，不会发生倾斜和弯曲，从而分散和减弱了地壳的变形。由于这个缘故，南极大陆和北极格陵兰岛从未发生过地震。当然，今天的研究结果并不能统领明天的变化。随着人类活动的加剧以及地球环境的被污染和破坏，南北极的自然条件也会发生某种变化，那时的南北极是否会发生地震，有待于让未来的事实说话。

（三）厄尔尼诺和拉尼娜现象

1. *厄尔尼诺现象*。很早以前人们就发现，有些年份赤道太平洋的水温异常的高。记录这种现象的历史可以追溯到1541年。历史记载，这一现象每隔几年便出现一次。到了20世纪60年代，科学家已经发现这一现象［被称为厄尔尼诺（El Nino）］与太平洋上的大气活动以及一些地区的气候异常有密切关系。这一大规模的海洋和大气相互作用的状况，引起了地球科学家们的高度关注，尤其成为气象学界研究气候异常的切入点。我国地处太平洋西岸，厄尔尼诺对我国气候的影响不可忽视。目前，我国对这一问题也日渐重视。

厄尔尼诺现象是指南美赤道附近，约北纬4°至南纬6°、西经150°至90°之间，即秘鲁海岸和赤道东太平洋洋面，幅度数千千米的海水表面温度和海平面高度异常而引起的全球性气候变化。厄尔尼诺发生时，平时局限在西太平洋（澳大利亚附近）的暖水水体向东扩张，使东太平洋的表水温度上升3℃—4℃，在此区域内通常向西流动的洋流变得缓慢或停止，甚至调头东流。由于这种温水大多在圣诞节前后抵达秘鲁海域，所以被称为厄尔尼诺（厄尔尼诺在西班牙语中是“圣婴”的意思）。

经科学家观测分析表明，厄尔尼诺的成因在于：太平洋上的“暖池”区域有一个裂缝，由于地幔与海水直接接触，热量对流非常显著。地幔的热气源源不断地从裂缝中散发出来，造成该区域的海水温度上升。也就是说，厄尔尼诺现象是太平洋赤道带大范围内的地幔、海洋和大气相互作用失去平衡的结果。厄尔尼诺发生时，对全球气候的影响很大，它通常将一个地区一贯的气候特征打乱，使本该多雨的季节却出现了严重干旱，本该低温的季节却出现了异常高温。

厄尔尼诺现象有相对固定的周期，约每2—7年出现一次，大强度的厄尔尼诺约每15—60年出现一次。全球性的危害面较广的厄尔尼诺现象发生在1982—1983年和1997—1998年。厄尔尼诺活动强的年份，各地灾害性天气范围广、强度大,对农业生产和生态环境影响极大。例如,1997—1998 年的厄尔尼诺,造成印尼滴雨不落,致使苏门答腊和加里曼丹的森林大火连烧了几个月。与此同时,太平洋的净水温度上升了 3.75℃,酿成了美国和南美诸国的大暴雨和非洲的洪水,受灾国家达 60 多个。我国在 1998 年发生的长江大洪水,据说也与此次厄尔尼诺有关。

研究厄尔尼诺现象的目的,是预防或减少气候异常对人类造成的损失。进入 21 世纪,经科学家们的努力,目前已经能预报厄尔尼诺的产生,并准备从改造环境、保护生态平衡的角度来研究如何干预厄尔尼诺的发生。

2. 拉尼娜现象。拉尼娜(La Niña)指的是厄尔尼诺现象的反相,即赤道太平洋海水温度较常年偏低。拉尼娜的活动区本来就是海洋寒流流动区。与往年相比,拉尼娜期间,海水温度只是偏低一些,而不是冷暖性质的对立。一般说来,拉尼娜的破坏力没有厄尔尼诺大,故对其研究的力度也没有对厄尔尼诺的大。拉尼娜一般发生在厄尔尼诺之后,但也并非每次都如此。

(四)"温室效应"与全球气候变暖

研究表明,由于全球人口的增加和经济的迅速发展,煤炭燃料的消耗很大,加之森林、草场等植被被破坏等原因,使大气中的 CO_2、N_2O、CH_4、CFC 等气体含量激增,而这些气体的性质又比较稳定,它们在大气中的寿命大多在 10—100 年以上。它们的存在就像"温室"一样,只允许阳光射入,而室内产生的热量却散不出去,甚至再反射到地面。人们把这种现象称作"温室效应"。

有资料表明,近百年来全球气温上升了约 0.7℃,北半球上升得更高,约为 0.78℃。又有资料显示,2012 年全球平均气温约为 14.6℃,比 1880 年升高了约 0.8℃。

由于"温室效应"使径向温度梯度减少、大气环流强度减弱、从海洋输送到陆地的水汽减少、降水量减少、干旱带向高纬度移动,导致地球两极冰雪融化速度加快。北极冰层正在日渐"消瘦";南极最大的冰山(代号为 B15),在不久前一次暴风中一分为二。而两极冰雪融化速度加快,必然导致海平面上升,海平面上升又将导致太平洋上的一些小岛没入水下,还将引起海水入侵,地面积水,给气候和生态环境带来不利影响。

鉴于"温室效应"给人类生存和社会发展造成的严重威胁,甚至是灾难性后果,人们必须采取强有力的措施控制温室气体(主要是 CO_2)的排放,保护全球气候。为此,在联合国的主持下,1992 年 6 月在巴西里约热内卢召开了联合国环境与发展大会,会上签署了《气候变化框架公约》。1997 年,又在日本京都召开了京都会议，制定了各类国家降低温室气体排放的指标，要求发达国家2010年温室气体排放量总体比1990年减少5.2%。其中，欧盟减少8%，日本减少6%，美国减少7%。公约的核心是节约能源，提高能源利用效率，以控制和减少CO_2的排放。公约虽然对发展中国家未作限定，但是仍有包括我国在内的153个国家和地区在该公约上签了字。

（五）发现臭氧空洞

臭氧是地球上大气中的微量气体，其浓度只有0.4%，其中90%存在于10—50千米的高层大气中。假如把整个大气层中的臭氧压缩到地面气压状态，那它只有3毫米厚。臭氧层集中在离地面大约25—50千米处，是一个自然过滤器，它能吸收来自太阳的紫外线，是地球的一道天然屏障，保护着地球上的生物不被紫外线伤害。关于臭氧层形成的机制、作用、被破坏情况及严重危害，详见本书第十五章的相关内容。

（六）酸雨的标准、成因及地域分布

酸雨是指pH值小于5.65的降水。pH值是一种表示水溶液酸碱性的水质指标，是用来度量物质中氢离子的活性的。当pH值大于7时水呈碱性；等于7时水呈中性；小于7时水呈酸性。1982年6月，在国际环境会议上第一次统一认识，将pH值小于5.65的雨定为酸雨。正常的雨水呈微酸性，pH值为5.6—5.7；纯水的pH值为7。酸雨的成因主要有二：一是许多国家和地区以煤为能源，而煤在燃烧过程中产生的SO_2与大气中的水蒸气发生作用后生成酸，酸随雨落下即成硫酸型酸雨；二是摩托车和汽车用户大增，而摩托车和汽车以汽油为燃料，它们在行驶中排放出大量的NO_2，NO_2上升到空中与水蒸气融合后便形成硝酸型酸雨。

世界上酸雨的分布区主要有三个：一是以德、法、英为中心的北欧酸雨区；二是以美国和加拿大为中心的北美酸雨区。这两个酸雨区的总面积大约为一千多万平方千米。三是覆盖我国川、贵、粤、桂、湘、鄂、赣、浙、苏及青岛等省市部分地区、面积达二百多万平方千米的酸雨区。我国酸雨区的总面积虽然小于欧美两个地区的面积，但是其面积扩大之快、降水酸化率之高却为世界所罕见。

为此，人类应当设法减少酸雨的发生，从而远离酸雨的伤害。最主要的办法是利用清洁能源（如太阳能、风能、电能），以减少SO_2和NO_2的排放。

（七）当年恐龙之所以独霸地球，得益于早期进化时的氧气稀薄

在古老的地质年代，恐龙为何能独霸地球，一直是一个不解之谜。时至今日，这个谜底已被揭开。美国媒体于2003年10月30日报道，地理学家有一重要发现:大约在 2.75 亿—1.75 亿年前,地球上的氧气含量仅相当于现在海拔 4267 米处的含氧量。这个结论让古生物学家对恐龙在如此稀薄的氧气环境中为何能适应并称霸地球进行了重新研究。

《中国时报》2003 年 11 月 4 日在《恐龙何以独霸地球》一文中称,恐龙当年之所以能称霸地球得益于早期进化时氧气稀薄。华盛顿大学古生物学家彼德·华德指出,在那段时间内,地球上曾经发生过两次强烈的火山运动,造成大批动物灭绝。一次是在二叠纪和三叠纪之交。那次火山运动造成了空气中的氧气极其稀薄,并引发全球性温室效应,使 90% 的动物由于无法适应这一恶劣环境而灭绝。另一次是在三叠纪与白垩纪之交。这次火山运动使自然条件再次变得非常恶劣,当时 50% 的动物死于这场劫难。两次火山运动使地球上空气中的氧气含量仅剩下原来的 11% 。

氧气如此稀薄,为什么其他动物不能适应,而恐龙却能生存下来呢? 彼德·华德认为,这是因为,那时恐龙刚刚出世,它一来到地球上就遇到了这种环境,这就使其在进化中锻炼了完善的呼吸系统,这个系统不仅非常适应缺氧的环境,而且“工作”效率特别高,因而恐龙家族生存了下来。

那么恐龙的呼吸系统有何特殊呢? 彼德·华德将恐龙的骨骼化石和其他许多动物的骨骼化石进行对比后发现:鸟类的骨骼与恐龙最为相近,它们的骨头上都有些小孔;这两种动物的呼吸系统也极其相似,即它们的肺都与体内一些壁很薄的空囊相连,从而使呼吸效率大大提高。

恐龙统治地球长达数亿年,直至 6500 万年前由于小行星或流星撞击地球后才突然灭绝,这是许多古生物学家的共识。总之,恐龙称霸地球与死亡均与当时的地球环境息息相关。

(八) 发现了 3.75 亿年前会行走的鱼

2008 年 10 月,科学家在《自然》杂志上展示了一种 3.75 亿年前非常特别的鱼,其独特的头部特征为脊椎动物在陆地上生活铺平了道路。

这种名为 Tiktaalik roseae 的鱼也被称作“会走的鱼”,其头骨是 2004 年在加拿大北极地区发现的,它被认为是鱼演化为两栖动物的重要过渡型动物,而两栖动物是最早登上陆地的脊椎动物。科学家称,Tiktaalik roseae 的头部显示了较原始鱼类的变化,这些变化有助于适应陆地上新的进食和呼吸环境。

研究者认为,这种鱼是包括两栖类动物、爬行动物、哺乳动物乃至人类在内的所有陆地脊椎动物的始祖。为什么这么说呢? 这是因为,除了它锋利的牙齿和扁平的头外,科学家们在研究它的头部及脑壳的重要特征时还发现，它的舌颌骨较小，这种骨头与脑壳、上颚、鳃结构以及水下进食和呼吸的动作协调有关。进化论表明，随着陆地动物的进化，它们原来的舌颌最后会演变成镫骨，也就是中耳内的小骨头。

同时，这种鱼既有同期更为原始的鱼类的一些特征，也有最早生活在陆地上的四足两栖动物的一些特征：它的鳍有向腿演变的明显腕关节和肘关节，这可能是用于在干燥的陆地上行走。这种会行走的鱼不仅再一次证明生物是由低级到高级进化而来的，同时也说明地球有其自身演变的历史、不同年代的生物总与它生存的地质年代相适应。

五　21 世纪地球科学的发展战略

地球科学在过去的一个多世纪中，曾经为研究生命的起源、人类的生存与发展做出过重要贡献，特别是为寻找人类所需的足够的矿产、水源和能源提供了良好的服务，有人把这一领域的地球科学称为矿产型地球科学。现代地球科学除了向社会提供上述服务外，还为环境、社会、灾害、生态建设提供指导性服务，有人又把提供这类服务的地球科学称为环境型地球科学和社会型地球科学。21 世纪的地球科学旨在在环境型地球科学、资源型地球科学、社会型地球科学和生态型地球科学等方面展开攻关。

第一，环境型地球科学将围绕人口、经济、资源与环境的协调发展展开综合性研究。

这一战略思想是随着国际地圈—生物圈计划（IGBP）、国际减灾十年计划（IDDR）以及全球环境变化中的人类因素计划（HDP）等重大计划的提出与实施提出来的。其主攻方向是：环境地球化学、环境沉积学、旅游地理、环境遥感与环境水文学、环境保护等。

第二，资源型地球科学的研究重点将投向资源与生态环境之间的关系。这里所说的资源，主要包括大气资源、土地资源、生物资源、环境资源、光热资源等。资源地球科学的任务就是为研究这些资源的开发利用提供服务。

第三，社会型地球科学将为解决由人为因素造成的社会负效应提供科学的背景框架和理论依据。

人口问题是可持续发展的首要问题，而贫困问题是可持续发展的重大问题之一。人类为了生存和发展正改变着水圈、生物圈和大气圈的成分，打破了维持生命的生物体系和土质系统的平衡，造成了无法估量的社会负效应,比如,空气污染、环境恶化、地面沉降、洪涝灾害等,最终给人类的生存与发展带来疾病、瘟疫乃至战争等严重威胁。

解决这些问题,社会地球科学责无旁贷。社会地球科学将从生态经济学、城市地质学入手,展开有针对性的研究。

第四,生态型地球科学将对自然灾害进行系统研究,为灾害的预测和减灾提供理论支持。

人类为了追求最大的经济利润,不顾及地球表层的生态紊乱和环境危机,造成自然灾害频发。因此,生态地球科学必须对灾害进行全面而系统的研究,其中包括对造成灾害的地质背景、过程和机理的研究,对灾害的规律、防治、预测和减灾的研究,等等。

这些研究将促成地球科学向灾害性地球科学、火山地质学和地震地质学等方向发展,使人类的抗灾、防灾能力大大提升。

第十四章
现代数学发展概况

在近代,数学处在飞速发展中,取得了辉煌的成就。现代数学在此基础上以更加迅速的速度向深度和广度发展。现代数学的发展有两大趋势,也可以说是两大特点:一是更加理论化,所研究的对象更加抽象;二是数学与其他自然科学、技术以及经济学等社会科学领域的关系更加密切,几乎触及或深入到各行各业,甚至成为它们的不可分割的组成部分。

回顾20世纪数学的发展,就要追溯到19世纪末和20世纪初数学领域的两个事件:一是英国哲学家、数学家罗素在1901年发现的集合论的"悖论"(所有不属于其自身的集合的集合,是属于该集合,还是不属于该集合,都导致矛盾)令数学家们震惊,由此产生了关于数学基础论的危机,其后几十年的激烈争论,至今尚未终止。其实,所谓"数学危机"如同"物理学危机"一样,不是学科本身的危机,而是人们尤其是数学家们认识上的危机。虽然有"数学危机",但数学的发展不仅没受影响,反而加快了速度,应用范围更广,效果也更明显。二是在1900年召开的第二届国际数学家大会上,德国数学家希尔伯特(D. Hilbert, 1862—1943)提出著名的23个数学问题,涉及面广,每个问题都很有难度,许多数学家为解决这些问题做了不懈的努力,对20世纪前50年数学的发展起了承上启下的衔接和推动作用。20世纪,科学与技术飞速发展,给数学提出许多新课题,推动了数学的发展,形成许多新的数学分支。本章介绍新发展的几个重要的数学分支。

一　概率论与数理统计

概率论是研究大量随机现象统计规律性的数学分支。它起源于17世纪中叶,是从一些较小的、零散的、孤立的课题入手进行研究的,于20世纪20年代之后形成了有自己体系的独立学科。1933年,苏联数学家柯尔莫哥洛夫(Andrey Nikolaevich Kolmogorov, 1903—1987)在集合论基础上建立了概率的公理化系统,使概率论有了严谨和完备的理论体系。第二次世界大战后,概率论成为研究范围宽广的学科,与不少学科如物理学、生物学、心理学、统计学、运筹学、经济学等都发生联系,并且起着重要的推动作用。

概率论最基本的概念是概率,它是随机事件发生可能性大小的度量。20世纪的主要发展是产生了随机过程论,包括马尔科夫[①]过程和平稳随机过程。

数理统计也是研究随机现象的统计规律性,它是以概率论的理论为基础发展起来的一个数学分支。数理统计研究怎样用有效的方法收集和使用带随机影响的数据,从中得出这些数据与所来自的总体有关的统计性质,从而对总体做出估计和判断。数理统计不同于纯数学,不能单纯从公式的数学论证中去正确理解它,而必须对其基本概念和问题提法的实际背景、方法的思想、结果的解释、使用统计方法应注意的种种问题等,作深入的思考。

用统计方法解决问题包括两大步骤:一是获取数据,即样本。怎样抽取样本才合理有效,这就是抽样技术要解决的问题。二是分析这些样本以得出适当的结论,这就是数理统计学上的统计推断。根据问题的要求不同,统计推断的具体形式也是多种多样的。基本的形式有两种,即统计估计(分点估计与区间估计)和假设检验。统计方法都具有从部分推断整体的性质,因而由统计方法得出的结论(统计推断)可能有错误或误差。由此可以知道,数据如何获取和数据多少是很重要的,这些就是数理统计学中的抽样技术所研究的内容。统计推断的内容非常丰富,包括回归分析、方差分析等,还有在理论上和应用上都十分活跃的多元统计分析等。数理统计的应用范围十分广泛,几乎各学科、人类活动的各领域中都有它的足迹。如人口与工业调查、天气预报、产品检验、质量管理、质量控制等均需要运用数理统计的理论和方法。所以可以毫不夸张地说,数理统计学是现代数学中与实际联系最紧密、应用最广泛、成效最显著的分支之一。

---

① 马尔科夫(A. A. Markov,1856—1922),苏联著名数学家。

二 运 筹 学

运筹学是运用数学方法谋求自然及社会中有关人和物运行最优安排的一门学科，它是在20世纪40年代发展起来的一门新兴学科，起源于二战期间军事上的需要。当时军事装备和新武器虽然有了飞速的发展，可是对武器的配备和运用却远远跟不上形势发展的需要，最突出的是反潜战和雷达系统的运用等问题。因此，英、美等国组织了包括数学家、物理学家和军官在内的一批学者进行研究，主要是运用数学手段来表达和研究有关运用、筹划和管理等问题，研究出科学的管理方法，以达到人、物、财的合理利用，最大限度地减少在时间、人力、资金、武器等方面的浪费。学者们很快研究出一些成果，归结为数学问题的是：在满足给定的要求和限制的情况下，按某一衡量指标寻求最优方案，并在实际运用中取得很好的效果。运筹学的目的是为管理人员在作决策时提供科学依据，因此，它是实现管理现代化的有力工具，并且在生产管理、工程技术、军事作战、科学实验、财政经济以及社会科学中都得到了极为广泛的应用。

运筹学中有不少分支，主要有规划论、排队论、决策论、对策论、存贮论、模型论、优选法等。下面就几个分支简述一下。

（一）规划论

规划论亦称数学规划，它是运用数学模型来研究系统管理，以取得最优化方案的理论，主要包括线性、非线性和动态规划等，常用的是线性规划。

（二）排队论

排队论亦称随机服务理论、随机服务系统，是研究拥挤现象的一门学科。它是运筹学的重要分支，也是应用概率论的一个分支。它研究各种排队系统的统计规律性，从而解决排队系统的最优化问题。它所研究的问题有很强的实际背景，其理论结果有着广泛的用途。

（三）对策论

对策论亦称博弈论，是用数学方法来研究对抗性局势的抽象模型和寻求最优对抗策略。1928年，美籍匈牙利数学家约翰·冯·诺伊曼（John von Neumann，1903—1957）证明了著名的极小极大定理，为对策论奠定了基础，第二次世界大战中这种方法很快在各方面得到应用，各种新的对策模型也陆续推出，应用也更广泛。

（四）决策论

决策论是研究决策方面最佳方案的学问。决策是在人们的生活和工作中普遍存在的一种活动，是为解决当前或未来可能发生的问题选择最佳方案的一种过程。决策贯穿于管理活动的全过程，管理就是决策。管理工作实质上是一种决策工作。决策是管理过程的核心。

三　泛函分析

泛函分析主要是研究无穷维向量空间上的函数、算子和极限的理论。它是一个较新的数学分支，萌芽于 19 世纪末。由于巴拿赫（S. Banach, 1892—1945）、哈恩（H. Hahn, 1879—1934）、海莱（E. Helly, 1884—1943）等人的工作，在 20 世纪 30 年代，形成了著名的巴拿赫空间理论，表明泛函分析已基本成熟。到 20 世纪 50 年代，它已发展成内容丰富、方法系统、体系完整、应用广泛的重要数学学科。

泛函分析在发展中受到了数学物理方程和量子力学的推动，后来又整理、概括了经典分析和函数论的许多成果。由于它把具体的分析问题抽象到一种更加纯粹的代数、拓扑结构的形式中进行研究，因此逐步形成了种种综合运用代数、几何（包括拓扑）手段处理、分析问题的新方法。正因为这种纯粹形式的代数、拓扑结构是根植于肥沃的经典分析和数学物理土壤之中的，所以，由此发展起来的基本概念、定理和方法也就显得更为深刻。

四　突变理论

本部分内容详见第十五章的相关论述。

五　数理逻辑

数理逻辑亦称符号逻辑，它是数学和逻辑学之间的边缘学科，是用数学的方法研究推理的规律，是研究正确思维规律的学科。19 世纪中叶，英国数学家布尔（G. Boole, 1815—1864）创立的布尔代数，奠定了数理逻辑的理论基础，以后经许多科学家的工作，陆续建立了公理集合论、证明论、谓词演算的完全性、形式算术系的不完全性和能行性等理论。数理逻辑就其研究对象来讲是一门逻辑学，但是由于采用数学方法进行研究，又成为一门数学学科。数理逻辑扩大了形式逻辑的研究和应用范围，成为数学中一个十分活跃的分支，不仅给数学研究提供了新方法，促进了数学的发展，而且还应用于开关线路、自动控制系统、人工智能、计算机科学、系统工程等，越来越显示出不可忽视的作用，有着广阔的发展前景。

六 模糊数学

模糊数学是20世纪60年代兴起的一个数学分支。它是研究模糊现象和事物的数量关系的学科。在自然界和社会生活中广泛、大量地存在着一些界限不清或模糊的现象、事物和概念，对此原先精确和随机的数学就无能为力了。1965年，美国加利福尼亚大学教授、计算机和控制论专家查德（L. A. Zadeh, 1921—2017）首次引人注目地提出了模糊集合的概念，并给出了模糊概念的定量表示法。模糊数学是把复杂系统中所呈现的大量模糊现象作为自己的研究对象，从而拓宽了数学的研究和应用范围。应该看到，人类的认识从模糊发展到精确，从心中无数到心中有数，这是一个飞跃；而现在为了分析和处理模糊现象，又突破了精确数学的框架，产生了模糊数学。从模糊—精确—模糊的认识过程，并不是倒退，而是螺旋式上升，它标志着人类认识世界的能力又提高到了一个新的高度。模糊数学可以对复杂的模糊系统进行定量的描述、分析和处理，它弥补了精确数学、统计数学的不足之处。这三种数学可以相互补充，更加完整和准确地描述、刻画自然世界和社会中的数量关系。

模糊数学的研究首先是对模糊集合进行的，接着建立了“隶属度”的概念，提出了表现定理、模糊测度、模糊积分以及解模糊关系的方程的方法等，为描述模糊现象找到了一套理论和方法。接着，模糊逻辑、模糊语言、模糊代数、模糊拓扑、模糊模式识别、模糊聚类分析、模糊自动控制、模糊概率、模糊分类、模糊决策、模糊综合评判等都相继出现，从中可以看出它应用的广泛性。

七 非标准分析

非标准分析出现在20世纪60年代,是由美国数理逻辑学家鲁滨逊(A. Robinson, 1881—1974)创立的。

通常的数学分析,又称为标准分析,主要部分是微积分学。标准分析是指19世纪法国大数学家柯西(Augustin Louis Cauchy, 1789—1857)、德国数学家外尔斯特拉斯(K. T. W. Weierstrass, 1815—1897)等人用极限方法所建立的微积分理论。

1960年,鲁滨逊提出了非标准分析的基本概念和方法。他用数理逻辑的方法及无限小量的方法刻画微积分问题,不仅表明状态,也表示过程。在非标准分析中,变量不仅可以取实数值,而且可以推广于无限小量和无限大量,从而为微积分的理论基础提供了一种新的背景。

在非标准分析里,除实数之外,还引进了新的无限小量和无限大量,统称为超实数集合。从"宏观"上看,超实数集合的数轴与实数集合的数轴一样;但从"微观"上看并不相同,在超实数轴上的每一点内,有许多非标准实数。这些非标准实数彼此相差无限小量,形成了一个有内部结构的点,称为"单子",每个"单子"只有一个标准实数。从标准实数来看,点与点是连续的;从超实数轴来看,点与点是连续与间断的对立统一。由此可以看出,超实数集合大大扩展了实数集合,那么在非标准分析的空间模型中不仅包含无穷多个无限遥远的星系,也包含了有限空间的无穷多个基本粒子。它比起实数域所反映的空间模型更符合现代天文学和粒子物理学的实际。这是因为非标准分析为我们开辟了一个新世界——"点"的世界。任何一个"点",都是一个"世界";而任何一个"世界",都是一个"点"。有了这个认识,上面所讲的就容易理解了。

非标准分析建立后,发展较快,出现了许多研究成果。目前,非标准分析开始用于许多方面,如函数空间、概率论、流体力学、量子力学和理论物理等。非标准分析中的新方法、新概念,对数学的发展定会产生一定影响。

第十五章
横断科学——“老三论”“新三论”

“老三论”是指信息论、控制论、系统论。“新三论”是指突变论、耗散结构论、协同论。

20世纪以来，随着自然科学的研究对象向广度和深度发展，呈现出两种趋势：一方面，学科分工越来越细，形成了许多分支学科；另一方面，学科之间相互渗透、相互交叉，综合化、整体化趋势日益明显，形成了若干横断科学。信息论、控制论和系统论以及突变论、耗散结构论和协同论就是突出的代表。

一 信息论

（一）信息的含义及本质特征

在当今的“信息社会”，人们对信息这个名词并不陌生，但是对信息的内涵、特征，信息概念的形成以及狭义和广义信息论的了解尚少。对这些问题的了解和研究不仅是学者，也是领导者和决策者不可缺少的素质要求。

1. 什么是信息？在日常用语中，信息通常是指消息、指令、情报、密码、数据、知识等。信息作为一个科学概念，最早出现在通信领域。美国应用数学家申农（C. E. Shannon，1916—2001）在他1948年发表的《通信的数学理论》一文中，把信息看作是不确定性的减少或消除。他认为，从通信角度看，信息就是通信的内容，通信的作用就是消除通信者的某种不确定性。1950年，维纳（N. Wiener，1894—1964）指出，“信息这个名称的内容就是我们对外界进行调节并使我们的调节为外界所了解时而与外界交换来的东西，是系统的组织程度、有序程度”[1]。在他看来,信息是控制系统进行调节活动的,是与外界相互作用、相互交换的内容。英国科学家艾什比(W. R. Ashby,1903—1972)认为,信息是作为事物的联系、变化、差异的表现。[2] 美国《韦伯字典》把信息解释为用于通信的事实,在观察中得到的数据、新闻和知识。也就是说,信息是由数据、信号等构成的消息中所载的内容。

可见,关于信息的科学定义,目前还没有统一的、公认的说法。不过,根据上述各种观点,我们可以说,信息就是消息中所载的内容,是关于事物运动的状态和规律的表征。或者说,信息是关于事物运动的知识。

2. 信息的本质特征。尽管信息的科学定义尚不统一,但是我们可以从它的一些本质特征上加深对它的理解。信息的主要特征有:

第一,信息具有知识的秉性。信息既不是物质本身,也不是能量,而是向观察者(接收者)提供有关事物运动状态的知识。它可以脱离它的源物质而被复制、传递、存贮和加工,可以被信息的观察者所感知、记录、处理和利用。人们可以借助于从信息中所获得的知识,消除认识上的不确定性,由不知转化为知,由知之不多转化为知之较多。信息不等于知识,但它包含着知识。比如,原子弹爆炸时实验人员不能身临其境,但可以借助于仪器发出的信息对其进行分析、研究,从而获得对它的规律性的认识。

第二,信息不是静止的,而是不断运动变化的。信息所以具有这种特征,是由于客观事物本身是不断运动变化的,这种运动变化的结果使信息源源不断地产生和流动。孤立静止的客观事物是不会产生什么信息的。

第三,信息存在于尚未确定的事物之中,只有尚未确定的事物才会有信息。也就是说,一个事物或一条消息出现的可能性越小,内容越不确定,它所含有的信息就越多。所谓尚未确定的事物,是说运动着的事物存在着种种可能出现的状态,而出现什么状态是人们预先不知道或不完全知道的。在这种情况下,事物一旦从不确定变为确定,人们就会获得很多信息。反之,一个事物已经确定,它就不会向人们提供什么信息了。

第四,信息是物质系统有序性的表现。一切物质系统都有一定的结构,不同的结构提供的信息不同,只要物质和运动在空间结构和时间顺序上有分布不均匀的情况,就会有信息产生。任何事物都在空间上具有一定的结构形式,在时间上有变化发展的有序形式,信息则是一个系统的组织程度和

---

① 〔美〕N. 维纳:《人有人的用处——控制论和社会》,陈步译,商务印书馆 1978 年版,第 9、12 页。
② 〔英〕W. R. 艾什比:《控制论导论》,张理京译,科学出版社 1965 年版,第 152 页。

有序度的标志。比如，单词的信息与字母的排列顺序有关，计算机的技术信息与给定的指令程序有关，一支军队的战斗力信息与它的布阵格局和时间运用有关等。

3. 信息概念的形成。人类对信息的利用几乎伴随人类的出现就开始了。人类最早、最原始的传递信息的方式是两个人之间的谈话、手势、表情等，以后有了文字和书籍，人们便可以把前人的成果通过这些信息载体接受下来。为了通信的需要，人类不仅创造了文字，而且逐步建立和健全了通信组织和制度。我国古代设立驿站，采用车马传递信息。几千年前出现的烽火台是古代边疆用烟火报警的工具。当敌人入侵时，边防战士便燃起烽烟相告。18 世纪，法国出现了托架式信号机，人们把这种信号机设在山顶上或者高地上，每隔一段距离架设一架，组成接力系统，把文字信息从一个信号机传到另一个信号机。1832 年，莫尔斯（Samuel Morse, 1791—1872）发明了高效率的“点—划”电报码，提高了信息传递效率。

19 世纪下半叶，随着电力的广泛应用，信息传递的历史又进入了一个新时期。1844 年，美国科学家、画家莫尔斯和机械师艾尔弗雷德·维尔（Alfred Vail, 1807—1859），发出了第一封电报，传递速度接近光速，开创了人类高速传递信息的新纪元；1875 年，苏格兰出生的美国英裔发明家、企业家贝尔（Alexander Graham Bell, 1847—1922）发明了第一部磁石电话机；1877 年，美国发明家爱迪生发明了留声机；1898 年，丹麦发明家波尔森（Valdemar Poulsen, 1869—1942）发明了磁带录音机……

到了 20 世纪中期，由于通信技术的发展，人们开始广泛采用电话、电视、无线电通信、电子计算机等信息传输手段，信息量大幅度增加。据统计，当时全世界每年出版的书籍达 50 多万种，科技杂志 10 多万种，公开发表的文献 500 多万篇，这才促使人们去研究信息，形成了信息概念。现代科学技术成果的应用，尤其是电子计算机的广泛应用，使人类有了开发信息的新工具，逐渐深入地认识了信息的本质和特征，懂得了信息是除可再生资源和非再生资源之外的第三种资源，从此开始了有意识的开发信息资源的新时代。

（二）申农的狭义信息论

1. 信息论的含义和发端。信息论是运用概率论与数理统计的方法研究信息的基本性质、度量方法以及信息的获得、传输、存贮、处理和交换的一般规律的应用数学学科。信息论发端于通信工程。1924 年，美国的奈奎斯特（H. Nyquist, 1889—1976）和德国的屈普夫米勒（K. Küpfmüller，生卒年不详）几乎同时独立发现：要以一定的速率传递电报信号，就要求有一定的频带宽度,这说明消息的传递速度与设备条件有关;并认为,要深入研究通信问题,必须对消息中所带的信息进行定量处理。1928 年,美国物理学家哈特利(R. V. Hartley, 1888—1970)在他发表的《信息传输》一文中,首次提出了消息是代码、符号,信息是包含在消息中的抽象量,可以用消息出现概率的对数来度量其中所包含的信息的观点。哈特利认为,消息和信息不同,消息是信息的载体,消息包含有多少信息应当用消息出现的概率的对数来计算。他的理论被视为信息论的发端。

2. 申农狭义信息论的诞生。申农是美国数学家、狭义信息论的创始人。申农于 20 世纪 40 年代开始致力于通信理论研究。在第二次世界大战期间,由于通信的迫切需要,促使人们对通信的一些基本问题进行深入研究,许多科学家取得了可喜的研究成果。维纳在他的《控制论》和《平稳时间序列的外推、内插和平滑化》两部著作中,从自动控制角度研究了信号被噪声干扰的信号处理问题,建立了“滤波器理论”,对信息概念做了解释,并提出了测量信息量的公式。另一位美国统计学家费希尔(I. Fisher, 1867—1947)从经典统计理论角度研究了信息理论,提出了单位信息量概念。

1948 年、1949 年申农分别发表了《通信的数学理论》和《在噪声中的通信》两篇论文,提出了度量信息的数学公式,从量的方面描述了信息的传输和提取等问题,宣告了狭义信息论的诞生。

3. 狭义信息论的内容。第一,申农认为通信就是信息传输,也就是把消息由发信者传送给收信者的过程。要实现这个过程必须建立一个通信系统模型,即通信系统一般是由信源、信道和信宿三部分组成。信源(发信者)通过发信机编码把信号发送出去,在收信处则用接收机译码,把信号变为消息,再交给信宿(收信者)。传递信息的媒介叫作信道(如无线电波传播的空间就是无线电通信的信道),信道中往往混有各种噪音。申农把这三部分统一起来,全面、系统地描述和研究信息传输问题,即从信源—信道—信宿的整体联系中寻找问题的答案。通信系统的模型如下:

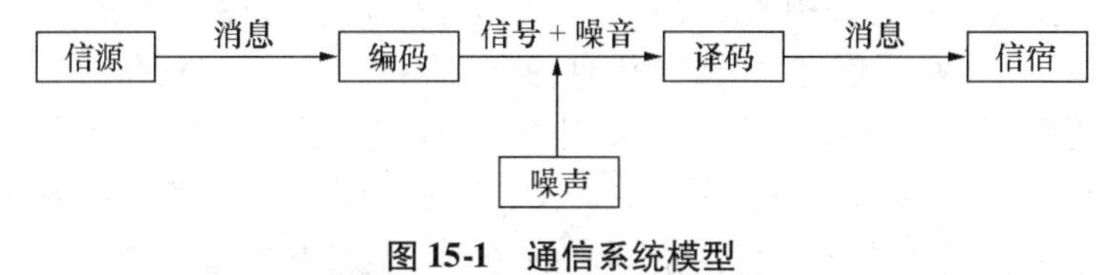

图 15-1 通信系统模型

第二,申农认为,通信的基本任务就是精确地或近似地在接收端重现发送端的信息，也就是说，它只是单纯复制消息，不需要对消息的语义作任何处理和判断，因为通信的语义问题与工程方面的问题是无关的。因而在描述和度量时不必去追究信息的语义内容，只考虑其形式就可以了。

第三，申农一改机械决定论的观点，大胆采用统计学观点和手段，得出了度量概率信息的数学公式，创立了统计通信理论，即申农狭义信息论。从信息的特征中可以知道，通信的作用就是提供信息，以消除通信者在知识上的不稳定性，而不稳定性又与多种结果的可能性相联系。在数学上，事物出现可能性的大小是用概率来表示的，基于这一点申农证明：

某状态 $x_i(i=1,2,\cdots,n)$ 的不确定性的数量或所含的信息量为

$$h(x_i) = -\log_2 p(x_i) \quad (i = 1,2,\cdots,n)$$

若 $p(x_i)=1$，则 $h(x_i)=0$；

若 $p(x_i)=0$，则 $h(x_i)=\infty$

它的含义在于：某一状态的发生越是出人意料之外，它的信息量就越大，那么作为整个系统各个状态所含有的平均信息量则表示成：

$$H(x) = \sum_{i=1}^{n} p(x_i)h(x_i) = -\sum_{i=1}^{n} p(x_i)\log_2 p(x_i)$$

这就是著名的申农信息量公式。从式中可以看出，申农的信息概念只与概率有关，因此也称概率信息。

与申农合写《通信的数学理论》的美国工程师韦弗（W. Weaver, 1894—1978）认为，申农的工作主要属于怎样准确地传递信息，他成功地解决了通信中的信息传输效率、可靠性和编码等问题，为通信的理论研究作了划时代的贡献，同时也为人们深入研究语义学问题和有效性问题奠定了前提和基础。

4. *申农信息论的局限*。1949 年，韦弗提出信息理论的研究应分为三个层次：技术问题或称语法问题；语义学问题；有效性问题或称语用问题。申农的侧重点是第一层次问题，就是说申农只关心信息论的符号（像研究数学运算规则那样只关心符号与符号之间的统计关系），从这个意义上说，申农的信息论只是研究信息论中的语法或技术问题，这就不能不带有如下一些局限：

第一，他回避了信息的语义（信息的含义）和语用（信息的价值）问题，这两个问题实际上是很重要的。比如，用机器翻译文字时，不仅仅要让它懂得词汇和语法，还必须让它懂得某种语义，否则翻译出的东西可能是胡言乱语，因此，有人称申农的信息论是通信的理论不无道理。这一理论一旦超出通信工程的范围，在那些必须考虑语义和语用因素的场合，就无能为力了。

第二，申农的信息论也无法解释客观世界中那些界限不那么分明的模

糊现象。这是因为,申农的信息论是建立在概率论基础上的,而概率论研究的则是是非界限分明的机理过程,但是现实生活中界限不分明的现象比比皆是,诸如“年轻”“胖瘦”“高矮”“轻重”“大小”“多少”“冷热”“咸淡”“大概”“几乎”等,尤其是它对生物学、心理学、经济学、图像识别等领域也无能为力。1965 年,美国控制论专家、数学家查德发表了《模糊集合》,1968 年,又发表了《通信:模糊算法》,用模糊数学进行信息处理,弥补了申农信息论的不足。

狭义信息论由于受到本身不完善的限制,因而在迅速向不同学科领域渗透的过程中也不能不受一定影响。为了适应科学技术发展的需要,一门新兴的学科——广义信息论(或叫信息科学)应运而生。

(三)广义信息论(信息科学)的诞生

1. 广义信息论(信息科学)的含义及研究内容。关于广义信息论(信息科学)的含义说法不一,北京大学冯国瑞教授认为“信息科学是以信息为基础的研究对象,以信息的运动规律和应用方法为主要研究内容,以现代科学方法论作为主要研究方法,以扩展人的信息功能(特别是其中的智力功能)作为主要研究目标的一门新兴的、横断性的学科”①。作为一门横断学科,它一方面与电子学、数学、物理学、生物学、计算机技术相互联系、相互渗透、相互交叉,另一方面又与狭义信息论、控制论和系统论相互交叉,是在高层次上进行综合的学科。

关于信息科学的内容也众说纷纭。我国著名信息学家、北京邮电大学钟义信(1940—)教授认为,信息科学的内容应当包括五个方面:探讨信息的本质并创立信息的基本概念;建立信息的数值度量方法;研究信息处理的一般规律,包括信息的提取、识别、交换、传递、存贮、检索、处理、再生、表示、施效(控制)等过程的原理和方法;开发信息利用的途径和方法(主要是如何利用信息来描述和优化系统的原理和方法);寻求通过加工信息生成和发展智能的动态机制与具体途径。简言之,信息科学的研究范围是:探讨信息的本质;研究信息的度量;阐明信息的运动规律;揭示利用信息进行控制的原理和方法;寻找利用信息实现最佳组织的原理和方法。这五个方面可以归结为对信息的认识和利用两个方面,在这个意义上可以把信息科学概括地定义为:信息科学就是认识和利用信息的科学。

2. 广义信息论(信息科学)的形成及发展。信息科学(广义信息论)不

① 冯国瑞:《信息科学与认识论》,北京大学出版社 1994 年版,第 13 页。

仅包括了狭义信息论和一般信息论的主要内容，还研究有关信息的广阔领域，如计算机科学、人工智能、神经生理学、生理心理学、社会学、经济学等领域的信息问题，可见，它是在现代科学技术纵横交错的发展中形成的。

信息科学是20世纪70年代提出来的，目前仍处于发展阶段。

二　控　制　论

人们对“控制”这个词并不陌生，“控制”问题在现实生活中比比皆是：人们对工具的掌握和使用是控制；对火车、汽车、轮船、飞机的驾驶是控制；对机器的操作是控制；用道德和法律约束人们的行为亦是控制，等等。但是，人们对“控制”的确切含义并不理解，最原始的控制思想带有“使用”的意义，真正具有现代意义的控制可以追溯到我国古代的指南针和近代发明的许多机器中的稳速装置，其中的控制已带有反馈的思想。

（一）现代控制论的诞生

现代控制论的奠基人是美国数学家诺伯特·维纳。他于1894年出生在美国密苏里州的哥伦比亚，11岁上大学，14岁获学士学位，18岁获博士学位。他先是研究哲学，后转为研究数学，曾在哈佛、麻省理工学院等著名高等学府任哲学和数学教授。他在数学上主要从事调和分析研究，对电路设计中的数学问题也有相当的研究。1931年，他被选为美国数学学会会长。

“控制论”这个概念，古代思想家和近代科学家都曾使用过。古希腊哲学家柏拉图曾经把航海掌舵的技能和管理国家的艺术称为控制论。1843年，法国科学家安培在《科学哲学概论》一书中，明确地把管理社会和治理国家的学问称为控制论。现代控制论的英文名称为“Cybernetics”，就是维纳从古希腊文“κυβνητηζ”（舵手）一词引申而来的。

现代控制论产生的直接原因是第二次世界大战期间研制火炮自动控制系统的需要。当时德国飞机占据了空中优势，美英两国为了对德机实施有效打击，都在大力改进防空火炮系统。当时德国飞机的速度已接近于火炮炮弹速度，飞机速度越快，人工操纵火炮的反应越跟不上，命中率越低，用直接瞄准的方法实施打击已难奏效，因而必须采用自动控制装置进行提前瞄准，即能预测飞机的方向、速度及位置。维纳两次受命参加火炮自动瞄准系统的研究工作。维纳用统计观点处理这个问题，给出了从时间序列的过去数据推知未来或预测未来的方法，建立了在最小均方差准则下，将时间序列外推,进行预测的维纳滤波理论。维纳还指出,控制就是通信,要进行控制必须了解对象的状态,下达命令,知道命令的执行情况,因而和控制对象间必然存在通信关系,而控制和通信过程的关键性要求就是信息。这样,维纳就把控制和通信统一起来处理问题。用统计的观点来处理控制和通信问题在自然科学思想上是对以牛顿力学为核心的传统的机械决定论的一个巨大冲击。在机械决定论看来,客观世界不存在偶然性,一切都依据必然的规律运动着,然而现实的客观世界中却存在着大量的偶然性问题,这是机械决定论无法解决的。比如,预测问题就难以用牛顿力学的方法来处理。可见,申农、维纳等人开创的信息论、控制论给了偶然性问题一席之地,使它也成为科学研究的重要对象。

要使火力自动装置正常工作,必须找出一种能模拟炮手行为的机械方法,以减少偶然因素的影响,这个方法就是负反馈[①]。负反馈的作用在于:它把系统(或装置)输出的状态或行为的信息送回到输入端,产生控制作用,以减小系统状态和规定状态的偏差。负反馈原理不是一个新概念,早在随动系统(伺服机构)中就采用了负反馈原理。维纳对它作了进一步研究,并讨论了负反馈系统稳定的条件,从而大大提高了“反馈”概念的地位。

维纳在对火炮自动装置的研究中已初步形成了控制论思想,但是他的思路并没有停留在自动装置上。他还猜测,反馈也是神经系统的重要特征,于是他和他的老朋友、生理学家罗森伯吕特(A. Rosenblueth, 1900—1970)共同进行了研究。经罗森伯吕特实验证实,反馈确实是神经系统的重要特点。1943 年,维纳、罗森伯吕特和毕格罗三人合写了《行为、目的和目的论》一文,从反馈角度研究目的性行为,找出了神经系统和自动机之间的一致性。该文是关于控制论的第一篇论文,首次用反馈概念来说明目的性行为的过程和实质,从而突破了生命与非生命的界限。他们对神经反馈的看法引起了学术界的重视。同年,神经生理学家皮茨(W. Pitts)和数理逻辑学家麦卡洛克(W. S. McCulloch,生卒年不详)应用反馈机制构造了一个神经网络模型。第一代电子计算机的设计者美国人艾肯(H. H. Aiken, 1900—1973)等人认为,反馈思想也与计算机有关,希望共同进行讨论。1943 年年底,维纳主持了在普林斯顿召开的讨论会,与会者有生物学家、数学家、电子工程师、计算机专家等,他们从各自的角度对信息问题进行了热烈讨论。1946 年,学术界

---

① 反馈又称回馈,是控制论的基本概念,指将系统的输出返回到输入端并以某种方式改变输入,进而影响系统功能的过程。反馈可分为负反馈和正反馈。

又在纽约举办了反馈问题讨论班，参加人员中不仅有心理学家、解剖学家、人类学家，而且有经济学家。经过几次集体讨论，他们在通信和控制、信息和反馈问题上形成了共同的术语，预示着一门新的横断学科的诞生。1948年，维纳在总结科学家们的共识的基础上，出版了《控制论》一书，把控制论定义为“关于机器和生物的通讯和控制的科学”，宣告了控制论的诞生。

（二）控制论的基本理论和研究方法

1. 控制论的基本理论。从控制论的形成过程中可以看到，控制论就是研究各种系统（包括机器、生物和社会）共同存在的控制规律的科学。也就是说，在各种系统中，反馈都对系统的稳定起着至关重要的作用，反馈机制还可以使自动机表现出和生物类似的目的性行为，甚至表现出学习能力。反馈是控制论的核心，因而有人认为，控制论就是关于反馈的科学。

维纳在《控制论》中明确提出了关于控制论的两个基本概念，即信息和反馈。它们揭示了机器、生物和人所遵从的共同规律——信息变换和反馈控制。这一规律为机器模拟人和动物的行为或功能提供了理论依据。关于信息的概念前面已经介绍了，这里着重介绍一下反馈。

反馈是指控制系统把输入的信息输送出去，又把输出信息作用的结果返送到原输入端，并对信息的再输出产生影响，起到控制作用，以达到预期目的。这就是控制论所揭示的控制的反馈机制。人工制造的各种装置具有反馈机制，生物在长期进化中也形成了自己独特的反馈机制，如冬季到来，蛇、青蛙等冬眠，鸟儿南飞，树木停止发芽等。管理也是一种反馈机制。

反馈又可分为正反馈和负反馈。凡是回输信息与原输信息起相同作用，使总输出增大的（通俗地说，就是对小的变化进行放大），叫正反馈。也就是说，如果目标值与输出值的差值 u 愈变愈大，或是不稳定（经过一系列输入之后，系统的输出值与目标值的偏差愈来愈大），离目标愈来愈远，u 值总的趋势是单调上升的，或是发散的，就是正反馈。由于正反馈越来越偏离目标值，甚至失去控制，似乎只起消极、破坏的作用，其实不然。在某些系统中，恰恰需要正反馈作用。例如，在原子弹引爆装置中所需的核裂变链式反应就是一种正反馈过程。当用慢中子撞击铀-235时，所放出的能量越来越大，中子越来越多。又如，为了消灭某种农作物害虫，往往需要大量繁殖它的天敌作为消灭该害虫的手段，这也是正反馈过程。在社会生活中，正反馈原理表现在教育和生产的相互促进上：生产的发展促进教育事业的发展，而教育事业的发展又将进一步促进生产的发展。正反馈原理也可表现在生产中的投入与产出上。反之，回输信息与原输入信息起相反作用，使总输出减少，也就是说，如果 u 值总的趋势是收敛的，是单调下降而趋近于零的，就是负反馈。通俗点说，负反馈的特点就是检出偏差，纠正偏差，以达到目标。

负反馈是控制的机制，它在使系统达到稳定工作状态方面具有重要意义。以负反馈为基础的控制原理在任何自动控制系统中都存在。例如，航行中的船只必须不断地排除一切干扰，缩小“目标差”，以到达目的地。我国准确地向指定海域发射导弹，美国阿波罗登月车准确登上月球，杂技演员自如地在钢丝上行走，都是负反馈起了很大作用。通常所说的“吃一堑，长一智”“失败是成功之母”，是负反馈调整人们认识作用的通俗说明。可见，负反馈是控制得以实现的重要保证。总之，反馈过程就是通过原因和结果不断地相互作用，以完成一个共同的功能目的的过程，这是控制论的核心思想。

根据控制论的基本原理，可以给出一般控制论模型。控制系统实质上是一个反馈控制系统。它通常由检测、信息处理、控制执行和效果检验机构组成。反馈控制的基本过程是：被控输出，经效果检测机构回授到输入端，在输入端与标准量或输出要求值比较，得到误差信号；误差信号再经信息处理机构，输出控制信号或指令，对输出量施以控制（见图 15-2）。

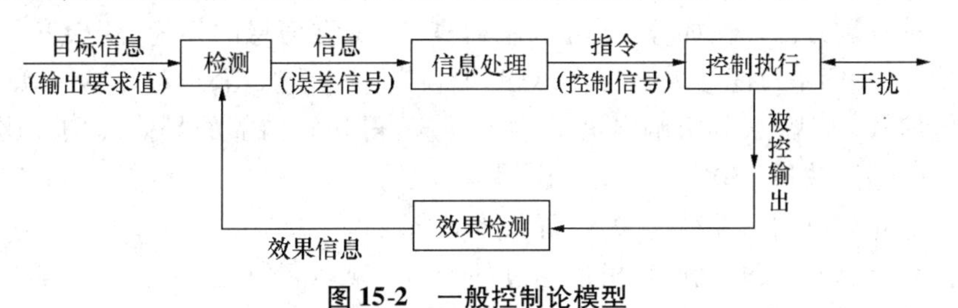

图 15-2　一般控制论模型

2. *控制论的研究方法*。控制论的研究方法主要是功能模拟法和黑箱法。一谈到模拟，人们就会想到鲁班发明锯的传说。类似鲁班模拟树叶小齿而造出锯条的例子，在古代是很多的。如对鱼刺的模拟造出骨针、竹针、金属针，对天然尖状木棒的模拟造出梭镖等，都是人类对自然物的一种最简单的模拟。随着近代实验科学的产生和发展，模拟技术进入一个新的发展阶段。为了建造大型工程（如大电站、大水库、飞机、火箭等）必须首先建造模型，然后再外推到原型中去。采用模型方法必须满足三个条件：相似性（模型与原型之间具有相似关系）、代表性（模型在具体研究过程中要能代替原型）和外推性（通过对模型的研究，能够得到关于原型的信息）。

模拟方法是控制论中的主要方法之一，但又不同于一般的模拟方法。控制论的模拟方法是功能模拟。所谓功能是指系统对外界环境作用（输入）

做出一定反应(输出)的功能。功能模拟的研究重点是系统的功能,而不追究系统的其他方面特征。也就是说,它不深究“这是什么东西”,而是研究“它能做什么”,或者说,它所模拟的不是系统的外形和结构,而是它特定的运动过程。功能模拟的客观依据是机器、动物和人类社会之间都存在着功能和行为的相似性,没有这个前提就谈不上功能模拟。例如,用计算机模拟人脑的思维活动就是典型的功能模拟,它只要求计算机能取代人脑的部分劳动,而不要求它在形态和生理结构上与人相同。

黑箱方法也是控制论重要的研究方法。黑箱(Black Box)的概念是1956年英国生物学家艾什比在他的《控制论导论》中提出来的。他在这部著作中对黑箱方法作了比较系统的阐述。所谓黑箱,形象地说,就好像一个不能打开的箱子一样,里面的一切对我们来说都是未知的。艾什比认为,黑箱是不能打开来研究其内部结构的系统。所谓黑箱方法,是指当一个系统内部结构不清楚,或根本无法弄清时,借助于系统的输入来看系统的输出,而无须考虑系统内部结构状态的一种方法。换句话说,就是不打开黑箱,仅利用外部观测、实验,通过信息的输出,来研究系统的功能,探索其内部结构和机理的一种科学方法。比如,要研究人脑对视觉、听觉信息的传递、变换和处理的功能,我们不可能把大脑打开,只能把它当作一个黑箱,通过输入图像、声或电信号,来观察、分析脑电波的输出反应,得知它内部的具体结构。比较企业的经济效益,基本上也是采用黑箱方法,它只考虑企业的投入和产出,并不追究企业的内部结构、特点等。平时所说的“知人知面不知心”这句话,也是一个黑箱,要知其心就可以通过“听其言,观其行”(输出的信息)加以了解。总之,黑箱方法不涉及系统复杂的内部结构等细节,只是从总体行为上去描述和把握系统、预测系统的行为。

掌握控制论的黑箱方法,对实际工作大有益处。中医看病,主要通过“望、闻、问、切”等外部观察进行诊断,开出处方,无须去手术、化验、透视、拍照等。对复杂的经济系统和社会系统的研究,如果用传统的分析方法,要花费大量人力物力,甚至超出人力所及。但是采用“黑箱”式的输入—输出模型,只需要观察研究一定数量的输入、输出变量,就可以对其进行定量研究,使“黑箱”变成“白箱”。

(三)控制论的发展

20世纪40年代末50年代初,根据控制论基本原理,出现了不少用反馈机制研究学习问题的机器。比如,申农设计了一种能自动掌握走迷宫捷径的电老鼠;控制论的创始人之一、英国生物学家艾什比制造了稳态机,它的行为类似于活性组织,能在外界条件发生变化时,进行自我调节,以适应其变化。

20 世纪 50 年代控制论的发展,主要体现在生物控制论和工程控制论两个分支学科上。1954 年,艾什比建立起“生物控制论”,标志着控制论的发展已进入第二阶段。生物控制论是用控制论的观点和方法,从信息和反馈的角度去研究生物机体内各种生理调节系统,尤其是神经系统的控制机理的学科。它是 20 世纪 50 年代逐渐发展起来的控制论的重要分支。维纳认为,生物控制论的目的主要在于建立能反映人体和动物功能的模型与理论,而且这种模型与理论中的逻辑原理和有机体本身起作用的逻辑原理是相同的。它也试图建立和生物系统有同样物理与生物化学成分的模型。生物控制论是少数能称得上边缘学科的学科之一。无论对生物学还是医学来说,生物控制论都给了它们一种新的、普遍适用的、能充分发挥数学威力的语言。维纳强调在生物控制中建立功能模型,强调数学语言在生物控制中的作用。究竟怎样定义生物控制论?现在一般认为,生物控制论是研究生物系统中的信息传递、变换、处理过程和调节控制规律的科学。一般说来,生物控制系统都是十分复杂的,对它的研究,除了需要应用先进的电子技术和计算机技术外,还必须用控制论的研究方法,紧扣信息过程进行分析,变静态为动态,这样才能把握它的运动规律,揭示其深刻的本质。

20 世纪 50 年代建立起来的另一支学科是工程控制论。它是在控制论的基本概念和方法与伯德(H. W. Bode, 1905—1982)的反馈放大器理论、尼奎斯特的伺服机器理论相结合的基础上建立起来的。一生追求爱国、奉献和创新的我国著名科学家钱学森(1911—2009)是工程控制论的创始人,他于 1954 年写的《工程控制论》一书是该学科的奠基性著作。工程控制论与自动化技术紧密相关,在自动化系统的设计中具有重要作用。工程控制论主要用于处理单输入、单输出的线性自动调节系统,它采用建立在传递函数或频率特性上的动态系统分析和综合方法。20 世纪四五十年代的控制论被称为“经典控制论”。

到了 20 世纪 60 年代,控制论进入现代控制论时期。这一时期,由于导弹、航天技术的需要,控制论逐步向多输入、多输出的多变量系统发展,使用的方法是状态空间方法和微分方程,并以计算机为技术手段。

从 20 世纪 70 年代到现在,是控制论发展的第三个时期。这一时期被称为大系统理论时期。所谓大系统是指规模庞大、结构复杂的系统。大系统的变量、参数是很多的,系统的目标也是多样的,所以大系统更是多度量、多输入、多输出的系统。生物系统、社会系统就属于这样的大系统。大系统控制论是研究各种大系统共同控制的理论，它通过模型化方法，对大系统的控制和信息进行定性、定量以及静态、动态分析，估计大系统现在的运行状态，预测其未来的发展趋势，并对系统的有关性能进行评价。大系统理论的出现，使控制论扩展到社会、经济和思维领域。1975 年和 1978 年举行了第三、四届国际控制论与系统论会议，主要议题就是经济控制论和社会控制论，也出现了不少关于“社会控制论”的文章。

三 系 统 论

系统论和信息论、控制论一样，也是 20 世纪 40 年代发展起来的横断学科。它一经出现便不断地向各个领域渗透，逐渐改变着人类知识大厦的结构框架，同时也改变着人们的思维方法，受到科学界和哲学界的普遍重视。系统方法已成为当今社会各行各业都在采用的方法。

（一）系统

1. *系统思想的历史渊源*。系统思想由来已久，但是对系统的内涵、特征及其方法论意义的研究则始于 20 世纪 40 年代。古代人对世界的整体认识就是一种朴素的系统思想。我国古代的阴阳、五行说包含了系统思想的萌芽。战国时期秦人李冰主持修建的都江堰水利工程就是系统思想指导下的杰作。古希腊原子论的代表人物德谟克利特（Demokritos，约前 460—前 370）的著作《世界大系统》是关于世界是一个大系统的最早的理论。亚里士多德提出的“整体大于部分之和”的思想，成为系统论的基本原则。近代前期，随着形而上学的孤立、静止、片面观点的形成，古代朴素的系统思想被瓦解。近代后期，特别是 19 世纪，一系列重大科学发现，为现代系统理论的建立奠定了自然科学基础。此后，人们已经能够根据自然科学所提供的事实“以近乎系统的形式描绘出一幅自然界联系的清晰图画”[①]。20 世纪以来，自然科学在分化的同时，又出现了整体化趋势。这种趋势要求人们把各门学科统一起来，进行系统的综合研究，逐渐形成并日益完善了现代系统观。

2. *系统的定义*。最初给系统下了一个完备定义的是奥地利出生的美国生物学家贝塔朗菲（L. von Bertalanffy，1901—1972）。他说：“系统的定义可

---

① 《马克思恩格斯选集》第 4 卷，人民出版社 1995 年版，第 246 页。

以确定为处于一定的相互关系中并与环境发生关系的各组成部分(要素)的总体。”[①] 在贝塔朗菲对系统定义的基础上,现在一般认为,系统是指由相互联系、相互作用的若干要素按一定方式组成,并与周围环境相互联系、相互作用的统一整体。系统无处不在,万物皆成系统,小至基本粒子,大至宇宙,从微观到宇宙,从无机界到有机界,从自然到社会,任何一种现实事物都是一个系统。

3. 系统的特征。系统具有整体性、结构性、层次性和开放性等特征。系统的整体性揭示了系统整体与其组成要素之间的关系。它包含两层意思:其一,系统的整体性能只存在于各个组成要素的相互联系、相互作用之中,各个孤立要素性能的总和不等于整体性能,这就是亚里士多德所说的“整体不等于各个孤立部分的总和”的寓意所在。例如,水的性质和功能绝对不等于氢和氧的性质和功能的机械性总和。系统的整体性能之所以不等于各个要素性质和功能的简单加和,原因在于系统的各要素彼此相互联系、相互作用。由于这种联系和作用造成了彼此活动的相互牵制、属性的筛选以及某些功能的协同,其中有的要素的某些功能被放大,有些被缩小,有些已消失,有些又出现新的功能。其二,处于某个系统中的要素,其性能要受到该系统整体的影响和制约。正如德国唯心主义哲学家黑格尔所说:“割下来的手就失去了它的独立的存在,就不像原来长在身体上时那样,它的灵活性、运动、形状、颜色等都改变了,而且它就腐烂起来了,丧失它的整个存在了。只有作为有机体的一部分,手才获得它的地位。”[②] 系统的整体性特征要求人们树立全面的观念,正确处理全局与局部的关系。

系统的结构性揭示的是系统中各要素之间的关系。所谓结构就是系统中各要素相互联系、相互作用的方式,包括各要素间一定的比例、秩序及结合形式等。系统的性能不仅取决于构成系统的各个要素,而且取决于要素之间的结构。系统的结构改变了,系统的性能也会随之发生相应的变化。比如,金刚石和石墨都是由碳组成的,但是由于二者结合的间距和键能不同,性质和功能亦不同。金刚石的碳原子间的距离为1.54埃,键能为83千克/摩尔,因而质地非常坚硬;而石墨的碳原子间距离为3.35埃,键能很弱,因而质地很软,易碎。系统的结构性告诉我们,在各项工作中要注意系统结

---

① 〔奥〕路·冯·贝塔朗菲:《普通系统论的历史和现状》,王兴成译,载《国外社会科学》1978年第2期。

② 〔德〕黑格尔:《美学》第1卷,朱光潜译,商务印书馆1979年版,第156页。

构的优化，使系统各要素都处于最佳的工作状态。

系统的层次性揭示的是系统的不同层次之间的关系。凡是系统都分层次。所谓层次，就是系统中整体和部分在依次隶属关系中所形成的等级、地位关系。系统是由子系统构成的。如分子是由原子构成的，原子是由原子核和电子构成的，原子核是由质子和中子构成的等。社会这个大系统又可分为经济、文化、政治等各个子系统，它们又可再分为下一层次，依此类推，每个层次又自成系统。整个自然界和社会都是由无数层次构成的无限系列。研究系统的层次的目的在于发现不同层次的共同规律及各层次的特殊规律，正确处理母系统与子系统、上级与下级的关系。

系统的开放性是指系统与周围环境的相互联系和相互作用。宇宙间任何一个系统要能生存和发展下去，都必须与周围环境进行物质、能量和信息的交换与传递。系统正是凭借这一点才能维持和更新自身的结构，不断实现自身的有序发展。一旦系统的开放性受到破坏，与外界的物质、能量和信息的交换及传递受阻，系统自身的存在和发展就会受到干扰，并导致其混乱无序乃至解体。比如，一个生命有机体，每日每时都在与外界进行物质、能量和信息的交换，从而使机体得以正常的新陈代谢。这种交换一停止，生命就会停止。浩瀚的宇宙也是一个开放系统。其中有的恒星由于内部热核反应停止、能量向外释放殆尽而自我毁灭。而在另一个地方由于吸收了这些物质和能量，又将形成另一颗新的恒星。如此循环往复以至无穷，从而保持了整个宇宙的存在和发展。一个国家、一座城市如果与外界隔绝，同样会使发展受到限制。系统的开放性可以说是我国改革开放基本国策的一个理论依据。

4. *系统方法*。研究系统的含义及其特征的目的在于掌握系统方法。系统方法就是根据客观事物的系统特性去认识和改造事物的方法。运用这种方法就是要求把系统的各个要素综合起来，进行全面考虑和统筹，以求得系统整体功能的最优化，而不是个别地、局部地、孤立地考察。也就是说，要从整体出发，始终着眼于整体与要素、整体与结构、整体与层次、整体与环境的相互联系、相互作用，综合地处理问题。

运用系统方法研究客观事物的大体步骤是：制定系统所要达到的总目标；拟订为达到总目标的实施方案；对各种方案进行模型模拟；从模拟中选出最佳方案；依据最佳方案确定系统的结构组成及其相互关系。

系统方法具有整体性、定量性和综合性三大特点。整体性是系统方法的基本出发点，它从整体出发考察局部，即把局部放在整体中去研究，见树先见林,既见树又见林。定量性就是利用数学方法建立起联立微分方程组来描述系统的动态特性及其变化过程。综合性是指用系统方法综合运用各个领域的科技成果(包括方法论成果)来促进自身发展。

(二)系统工程的含义及其应用

1. 系统工程的含义。钱学森认为,系统工程是组织管理系统的规划、研究、计划、制造、试验和实用的方法,是一种对所有系统都具有普遍意义的科学方法。美国有的学者认为:由于每个系统都是由许多具有不同的特殊功能的要素组成的,这些要素之间又相互联系;每一个系统都是一个完整的整体;每个整体都有一定的数量目标。因此,系统工程就是按照各个目标进行权衡,全面求得最优解的方法,并使各组成部分能最大限度地相互适应。这两种看法都是从方法论意义上来定义系统工程的。日本工业标准(JIS)则认为,系统工程是为了更好地达到系统目标而对系统的构成要素、组织机构、信息流动和控制机构等进行分析与设计的技术,而技术在本质上是为特定目的而采用的手段、方式和方法。因此,这种看法也同前面两种看法是一致的。无论怎样定义,都包括如下几个方面的内容:系统工程是新型的组织管理技术;它的研究对象是一个复杂的系统;系统工程的作用在于组织、协调系统内部各要素的活动,使其各自为实现整体目标发挥应有的作用;系统工程的目标是使系统整体目标达到最优化。综上所述,我们可以给系统工程下这样的定义:系统工程就是从对系统的认识出发,设计和实现一个整体,以求达到我们所希望得到的结果。

2. 系统工程应用的范例。20 世纪 40 年代,美国贝尔电话公司在研制自动电话时,一开始就意识到:在建立电话网时,不能把它看作是一堆互不相关的独立元件,而应当把它看作是一个系统,即一个以为用户服务为目的的统一整体。基于这个思想,他们在设计巨大工程项目时,便形成了一套独特的方法,即按时间顺序把工作分为规划、研究、发展、工程应用及通用工程等五个阶段,并首先使用了“系统工程”这一概念。20 世纪四五十年代,这一方法在发展美国微波通信网络时,收到了良好效果。第二次世界大战期间,为解决作战和后勤决策的最优化问题,产生了运筹学,大大提高了战斗力和作战效率。其中最著名的是美国空军建立的兰德公司(简称 RAND)。它是一个由各方面专家组成的,专门为美国政府,尤其是军事部门出谋划策、为武器研制提供规划和方案的智囊机构。他们倡导系统分析方法,以运用大量数学分析为手段,通过系统的途径,考察决策者面临的全部问题,提出解决问题的目标和方案,供决策者选择。

（三）一般系统论的形成与发展

系统论是以系统为研究和应用对象的一门科学。它有广义、狭义之分。广义系统论包括系统论、信息论、控制论、耗散结构论、协同学、运筹学、模糊数学、物元分析、系统工程学、计算机科学等一大批学科。狭义系统论，也称一般系统论。

一般系统论（或称普通系统论）是由贝塔朗菲（Ludwig von Bertalanffy，1901—1972）创立的一门逻辑和数学领域的科学，其目的在于确立适用于一切系统的一般原则。

贝塔朗菲的系统论思想是与生物学中的机体概念相关的。也就是说，他的系统论思想来自于“机体论”。早在20世纪20年代末30年代初，他在《现代发展理论》（1928年）和《理论生物学》（1932年）中已表达了他的机体论思想。他主张把有机体当作一个系统来考察，认为生物学的主要任务就是发现生物系统中起作用的规律。他不仅强调生物的整体性、动态结构、能动性和组织等级，而且把生物系统看作一个开放的、与周围环境发生联系的大系统。这说明他已有了初步的系统论思想，但当时并没有引起人们的重视。1937年，他在美国芝加哥大学由莫里斯（C. Morris）主持的哲学研讨会上首次明确提出了一般系统论原理。此后，他为宣传和发展系统论做了不懈的努力。1945年，他在《德国哲学周刊》第18期上发表了题为《关于一般系统论》的论文。这篇论文被公认为是一般系统论建立的标志。但是由于当时处于战时，载有该文的杂志刚印好就被毁于战火，因而论文几乎不为人所知。贝塔朗菲没有气馁，1947年，他在维也纳大学讲课时又介绍了他的一般系统论，并于1948年出版了《生命问题》一书，它标志着一般系统论终于问世。该书概述了一般系统论的内容，主要有：第一，不论系统的种类、组成部分的性质及关系等有何不同，都存在着适用于一般化系统或子系统的模式，而一般系统论就是要建立这种一般原则；一般系统论是逻辑和数学的领域，它的任务是确立总的适用于“系统”的一般原则。第二，系统论和机体论有极为相似的基本原则，即整体性原则、相互联系原则、有序性原则和动态性原则。第三，强调系统的开放性，即系统要与周围环境进行物质和能量的交换。第四，把生物和生命现象的有序性和目的性同系统的结构稳定性联系起来。

受信息论和控制论发展的鼓舞，1954年，贝塔朗菲和保尔丁（K. E. Boulding，1910—1993）、拉波波特（A. Rapoport）、杰勒德（R. W. Gerald，1900—1974）等一起创办了“一般系统论学会”（后改名为“一般系统研究会”），并在美国各主要城市设立了地方团体,出版了《一般系统论》年鉴。60 年代末,由于系统工程学的发展,一般系统论日益受到重视。1968 年贝塔朗菲出版了《一般系统论:基础、发展和应用》一书,全面总结了他四十年来的工作,进一步阐述了他的系统论思想。该书是一般系统论的主要著作。

贝塔朗菲建立一般系统论是用经验—直觉的逻辑方法以及一系列概念和范畴来研究自然系统、人造系统、社会系统和符号系统的一般规律的。他考虑问题的思想基础是反对活力论和机械论,具体表现在三点上:第一,反对简单相加的观点。他观察到有机体的性质和功能不等于各个器官的性质和功能的相加,人的各个器官的性质和功能加起来也不能解释人的思维、机体的自我调节等整体属性,从而提出应当把事物看作有机整体,认为系统不等于各个部分之和。第二,反对机械论观点,即认为有机整体的各个部分的关系不是机械关系,不能用外力的机械作用来解释;生命现象是自组织活动,这种活动是动态的,通过不断地与外界交换物质和能量来保持生命的延续。比如,天热时人体可以通过出汗来调节体温,这并非任何外力的作用。他提出了动态观点,反对形而上学的机械论观点。第三,反对被动反应观点。他认为,生物活动不是由于受环境刺激而做出的简单反应,生物机体对环境的干扰具有调节能力;有机体的组织等级、层次不同,组织性也不同。比如,动物的组织等级与植物不同,因而它们适应自然的能力也不同。可见,生物活动是具有自调功能的活动,并非是对环境刺激做出的简单反应。贝塔朗菲的一般系统论正是在这种思想基础上形成的。

一般系统论在创立的时候,基本上还停留在对概念的阐述上,定量研究的结果很少,这正是它的影响没有信息论和控制论大的一个原因。正因为如此,1972 年贝塔朗菲又在《一般系统论的历史和现状》中,对一般系统论重新加以定义,认为一般系统论是一种新的科学规范,应当包括:第一,关于“系统”的科学和数学系统论,即用精确的数学语言描述各种系统;第二,系统技术,包括系统工程,即研究系统思想和系统方法在科学技术和社会各种系统中的实际应用;第三,系统哲学。这个新定义无论在内涵还是外延上都扩大了,但是总的来说,一般系统论还不够成熟,尚需进一步发展。这些发展主要体现在突变论、耗散结构论和协同论上。

四 突 变 论

（一）突变论的学科性质和研究对象

突变论是法国数学家R. 托姆(R. Thow, 1923—2002)于1972年创立的。突变论是研究自然界和人类社会某些突变现象的一门数学学科。它运用拓扑学、奇点理论、分岔理论和结构稳定性等数学工具,来研究自然界和人类社会一些事物的性质、结构突然变化的规律,给出拓扑模型,从而使研究对象得以被形象和精确地描述。

突变论是一门新兴学科,在研究范围上锁定在对客观世界的非连续变化观察上(也就是研究客观世界的非连续变化现象),它是通过事物结构的稳定性来揭示事物质变规律的学问。人们都知道,一个普通系统的质变有两种方法:一种是由渐变引起质变,另一种是突变引起质变。渐变引起质变的过程比较好控制,而突变引起的质变不好控制。在自然界、社会和人类思维中,并非所有状态都是可控的。突变论认为,只有那些在控制因素尚未到达临界值之前的状态才是可控的。控制因素一旦达到临界值,那么控制则变为随机的,甚至变成无法控制的突变过程。由突变方式引起事物质变的自然时效①要高,控制者要求得这种时效,其关键在于树立突变观念和掌握突变思维。

突变论的研究重点是在拓扑学、奇点理论和稳定性理论的基础上,通过描述系统在临界点的状态来研究自然界的多种形态、结构和社会经济活动的非连续性突然变化现象,并与耗散结构论、协同论、系统论联系起来,对系统论的产生起推动作用。

（二）突变理论的意义

由于突变理论是通过探讨客观世界不同层次上各类系统普遍存在的突变式质变过程来揭示系统突变式的质变方式和说明突变在系统自组织演化过程中的普遍意义,这就突破了牛顿单质点的简单思维,揭示出物质世界客观存在的复杂性。同时,突变理论也蕴含着深刻的哲学思想,揭示了事物内

① 时效性是指同一事物在不同时间性质上具有很大的差异。自然时效是一种古老的时效方法,如把构件置于室外露天环境中,依靠自然力量,经过几个月至几年的风吹、日晒、雨淋和季节温度变化,构件的尺寸精度便获得稳定性。

部因素与外部因素、渐变与突变的辩证关系以及确定性与随机性的内在联系，是对质量互变规律的深化和发展。

（三）突变论的形成历史

突变论最初是由荷兰植物学家和遗传学家德·弗里斯于1901年提出来的。他认为，生物进化起因于骤变，这种“突变论”观点引起了许多人对达尔文的渐变式进化论的怀疑。但是后来的研究发现，他依据月见草骤变得出生物进化起因于骤变的结论并不是生物进化的普遍规律，月见草骤变是由于罕见的染色体畸变导致的。

20世纪60年代末，法国数学家R.托姆为了解释胚胎学中的成胚过程重新提出了突变论。1967年，托姆在他的《形态发生动力学》一文中，阐述了突变论的基本思想。1969年，他又发表了《生物学中的拓扑模型》，为突变理论的创立奠定了基础。1972年他出版了专著——《结构稳定与形态发生》，系统地阐述了突变论，宣告突变论诞生。托姆本人也因此获得了国际数学界的最高奖——菲尔兹奖章。

20世纪70年代之后，E. C. 塞曼（生卒年不详）等人提出了著名的突变效应，进一步发展了突变论，并把它应用到物理学、医学、经济学和社会学等方面，产生了巨大影响。

突变论的创立被誉为“牛顿和莱布尼茨发明微积分三百年以来数学界最大的革命”。如此高的评价，源于自然界许多事物中的连续性的、渐变的、平滑的运动变化过程，都可以用微积分的方法给予圆满的解决。例如，地球绕太阳有规律地、周而复始地、连续不断地旋转，若人们想极其精确地预测它未来的运动状态，可以通过经典微积分来描述。然而在自然界和社会现象中，还有许多突变和飞跃的过程，例如，水的突然沸腾、冰的突然融化、火山的突然爆发、人的情绪波动、市场的变化、企业的倒闭、经济危机，等等，这些变化都是不连续的，把行为空间变成了不可微的，这样，微积分就无法解决了。而微积分之所以不能对它们进行描述，其主要困难在于缺少恰当的数学工具来提供描述它们的数学模型。这就促成数学家去进一步研究突变（飞跃）的过程，寻求解决不连续性现象的数学理论。这项工作的突出贡献者就是托姆。他用严密的逻辑和数学推导证明，在超过四个控制因素的条件下，存在着七种不连续过程的突变类型，即折转型、尖角型、燕尾型、蝴蝶型、双面脐点型、椭圆脐点型、抛点脐点型。这些突变类型对解决复杂的突变事件或现象是十分有用的。

（四）突变理念的应用

突变理论在自然科学中的应用十分广泛。在物理学中，可用它来研究相变、分叉、混沌与突变的关系，从而提出动态系统非线性力学系统的突变模型，解释了物理过程可重复性是结构稳定性的表现这一问题。在化学中，可用蝴蝶突变来描述氢氧化合物的水溶液，用尖角突变来描述水的气、液、固三态变化等。在生态学中，可用它来研究生物种群的消长与生灭过程，提出根治蝗虫的模型和方法。在工程技术中，可用它来研究弹性结构的稳定性及桥梁过载导致毁坏的实际过程，并为其提出最佳设计。突变论的应用价值随着时间的推移，会与日俱增。

五　耗散结构论

一般系统论是从生物学角度出发，运用类比同构的方法建立起来的。它抓住了系统的开发性特点，把生命现象的有序性和目的性同系统的结构联系起来，注意到了有序性、目的性和系统稳定性的关系。但是它既没有说明形成这种稳定性的具体机制，也没有对有序性、目的性做出令人满意的解释，而填补这一不足、对这些问题予以科学解释的是普里高津、哈肯等科学家。

普里高津（Ilya Prigogine, 1917—2003）是比利时物理学家、化学家、自由大学教授，任索尔维国际理论和化学研究所所长，兼任美国得克萨斯大学统计力学研究中心主任。在他那里云集了比利时、中国、德国、英国、美国、日本、希腊、罗马尼亚、伊朗等十多个国家的上百名科学工作者，集中研究非平衡统计物理和热力学方面的问题，取得了显著成绩。普里高津于 1969 年在理论物理学与生物学国际会议上发表了题为《结构、耗散和生命》的论文，首次提出了耗散结构概念。耗散结构理论是研究一个系统从混沌无序向有序转化的机理、条件和规律的科学。早在 19 世纪 50 年代，自然科学上的两大成果——热力学第二定律和达尔文进化论已经涉及耗散结构理论所要研究的问题。热力学第二定律指出，对事物来说，其能量趋于退化、结构趋于解离、万物趋于灭亡是一个不可逆的过程，即是一个从有序向无序的发展过程。而达尔文进化论却揭示出生物进化总是从简单到复杂、从低级到高级、从有序程度低的组织到有序程度高的组织进化，即生物世界是从无序向有序发展。可见，物理学和生物学所揭示的事物演化过程是两种相反的过程。

但是当时对这两个相反过程的机理、条件和规律并没有人去研究,直到20世纪60年代末,从普里高津提出耗散结构理论时起才有了转机。

普里高津的耗散结构理论是在非平衡热力学和非平衡统计物理学发展过程中出现的一种新的科学理论。它从热力学第二定律出发,讨论了一个系统从混沌无序向有序转化的机理、条件和规律,回答了开放系统如何从无序走向有序的问题,解决了退化与进化的矛盾。由于这一理论令人信服,因而被誉为20世纪70年代化学领域中最辉煌的成就之一,普里高津也因此荣获了1977年度的诺贝尔化学奖。

普里高津认为,宏观有序结构的形成和保持,必须满足下列条件:第一,系统必须是开放的,即必须不断地同外界进行物质和能量的交换;第二,系统必须远离平衡态,离平衡态近了不行;第三,系统必须以不稳定状态为前提,通过涨落波动使系统跃迁到新的稳定有序状态,也就是说,系统内部必须存在某些非线性动力学的作用。他把这种开放的、远离平衡的系统,在与外界交换物质和能量的过程中,通过能量的耗散和内部非线性动力学机制形成和保持的宏观时空有序结构,称为“耗散结构”。

由于普里高津的工作,系统从混沌、无序走向规则、有序的问题,就不再是令人难以捉摸的事了。可以说,耗散结构理论是“非平衡有序之源”。耗散结构论,从客观实际出发,以有力的论述、简洁的数学表达,进入了自然科学和社会科学领域,为把握系统的稳定和有序发展提供了理论和方法论上的指导。

六 协 同 论

协同论是系统论发展的又一重要标志。协同论又称协同学或协和学,协和学一词来源于希腊文,意思是关于协同作用的科学。协同论的创立者是德国斯图加特大学物理学家哈肯(W. Haken, 1928—　)。1971年,他提出了“协同”的概念,1976年出版了《协同学导论》《高等协同论》等著作,标志着协同论问世。

协同论的创立源于现代物理学和非平衡统计物理学,是一门研究完全不同的学科中存在的共同本质特征的横断学科。它通过分类、类比的方法来描述各种系统和运动现象从无序向有序转变的共同规律。在一定条件下,由于子系统间的相互作用和协作,系统会形成具有一定功能的自组织结构，在宏观上产生时间结构、空间结构，或使时空结构达到新的有序状态，这就是非平衡系统中的自组织现象，所以协同论又可被称为非平衡系统的自组织理论。它认为，各种系统虽然千差万别，如原子、恒星、生物、社会、团体和个人等，它们的性质完全不同，但它们从无序向有序、从不稳定向稳定转变的机制却是类似的，甚至是相同的，都遵循共同的规律，即协同导致有序。有序和无序是用于描述系统整体结构特征的量。

协同论比耗散结构理论的研究范围更宽。它不仅研究非平衡相变，也研究平衡相变，把耗散结构理论从远离平衡态的开放系统推广到平衡态的封闭系统；不仅研究系统从无序到有序的演化规律，也研究系统从有序到混沌、无序的演化规律，从而把无序和有序辩证地统一起来。可见，协同论的普适性更强，它横向研究不同学科的共同规律的做法，使人更容易从一个领域进入另一个领域，把一个学科的成果推广到另一个学科。当今，协同论被广泛用于经济、城市规划、铁路客运、双光子激光及二极管的二次击穿等问题，已取得初步成效。

信息论、控制论、系统论、突变论、耗散结构论、协同论，似乎是六种不同的理论，实际上它们是相通的，都是研究系统的信息、控制等问题的横断科学。其中许多基本概念、基本思想、基本原理都是一致的，都具有方法论意义。现在流行“老三论”和“新三论”的说法，把信息论、控制论、系统论称为“老三论”（英文缩写为 SCI），把突变论、耗散结构论、协同论称为“新三论”（英文缩写为 DSC）。“新三论”是“老三论”的发展，它们都是系统科学的成员。

第四篇 现代高科技

高科技是一种人才密集、知识密集、技术密集、资金密集、风险密集、产业密集,竞争性和渗透性强,对人类社会发展和进步具有重大影响的前沿科学技术。高科技的“高”是相对于常规技术和传统技术而言的,是历史的、动态的,不是一成不变的,今天的高科技将成为明天的常规技术和传统技术。有人估计,今天人们所利用的技术和知识,五六十年后将只剩下1%,99%将过时。

高科技不是一个单项技术,而是融汇最前沿的科学技术和工程的新技术群。这个技术群的各种成分相互影响、相互补充、相互促进,谁也离不开谁,共同构成一个庞大系统。

现代高新技具有前沿性、高效性、渗透性、拓展性、风险性、战略性、群体性等特点,是现代化建设的动力源,国家综合国力的重要标志,第一生产力的基本内容,社会进步的直接杠杆,军事领域迅速崛起的“战神”。现代高科技已经成为关系社会发展、国家兴衰、人民安康的一种决定力量,它不仅使生产力以几何级数增长,使人类生活方式发生根本性变异,而且导致世界各国战略格局的重组。当今时代,谁占领高科技阵地,谁就有发言权,谁就能立于不败之地。我们若想以强国的姿态立于世界民族之林,就必须在世界高科技领域占有一席之地,因此,我们中华儿女必须把学习高科技、发展高科技作为自己的神圣职责,为实现强国梦贡献自己的力量。

第十六章
电子计算机技术

电子计算机是20世纪最辉煌的技术成果之一,具有划时代意义。由于它具有存贮数据、记忆、逻辑推理、判断等功能,以及运算速度快、计算精度高等特点,被广泛应用于国民经济、国防、科研直至日常生活等各个领域。电子计算机实际上是物化了人的部分智力的机器。它代替了人的部分脑力劳动,扩展了人脑的功能,故又被称为"电脑"。

一 电子计算机的产生

(一) 计算机的早期历史

电子计算机起源于计算器的发展。计算器的产生又出于人类社会生产、生活和交换活动的需要。社会越发展,需要计算的问题就越复杂,于是辅助人们计算的工具就应运而生。我国春秋战国时期发明的"算筹"(用竹子或其他材料制成的小条,按一定规则排列,代表不同的数,来帮助人们记忆和运筹),是最早的运算工具。在"算筹"的基础上,唐朝末年民间又出现了"算盘",这是一种采用十进制的先进的计算工具。由于算盘灵巧轻便而广为流传,它是世界公认的计算工具史上的一大发明。1633 年,英国人威廉·欧特勒德(William Oughtred, 1575—1660)发明的计算尺也是比较早的计算工具,但它还不是机械式计算机。

1. 机械式计算机的出现和发展。1623 年,德国数学家什卡尔特(W. Schickard, 1592—1635)提出了制造机械计算机的设想,但没有变为现实。第一台真正的机械式计算机是 1642 年法国数学家和哲学家巴斯卡(B. Pascal, 1623—1662)发明的。巴斯卡的父亲是一名会计,他为了减轻父亲的繁重计算量,从小立志要制造一台计算机。这台机器实际上是一台 8 位加法器。这台计算机当时就远近闻名,巴斯卡在《沉思录》中写道:“这种算术器所进行的工作,比动物的行为更接近人类的思维。”也就是说,他已经有了用机器去模拟人的思维的思想,这对后来计算机的发展产生了一定影响。

巴斯卡的计算机启发了许多人,其中包括德国著名数学家莱布尼茨。莱布尼茨对计算机发展的重要贡献有二:一是他于 1667—1669 年制成了可以进行加、减、乘、除四则运算的计算机。这种机器与巴斯卡的计算机不同,它不需要连续地加减运算,只要在瞬间就能完成数字很大的乘除运算。据说他曾把这台机器的复制品送给康熙皇帝。他的第二个贡献是提出了系统的二进制算术运算法则。不过他并不认为二进制是他的发明,而是认为最早的二进制出自于中国古代易经中记载的八卦。

真正能投入市场、发挥实用功能的计算机出现在 19 世纪初。1821 年,法国人卡里斯·哈依尔·托马斯(Charles Xavier Thomas de Colmar, 1785—1870)设计制造的“四则运算机”投入批量生产,这是最早成批生产的计算机(年产量 100 台)。后来瑞典人威尔多特·陶菲·奥德纳(Willgodt Theophil Odhner, 1845—1905)花了 15 年时间对原有的计算机进行改进,于 1874 年设计出新型计算机,一直沿用到 20 世纪 20 年代。

上述机械计算机虽然运算速度提高了,使用也比较方便,但仍属于一种辅助手段,其运算步骤、程序仍需操纵者来决定。人们自然地想到能否让它摆脱人的操作,进行自动运算,于是机械计算机又向自动化的目标发展。

首先开辟计算机自动化方向的是英国数学家查理斯·巴贝奇(C. Babbage, 1792—1871),他在现代电子计算机诞生一百多年前,就提出了近乎完整的程序自动控制的设计方案。巴贝奇在英国剑桥大学读书时就发现,人们耗费不少心血编制的航海表中有许多人为的错误,这种错误必然影响航海中定位的准确性。为了把人们从简单但却烦琐、易错的计算中解脱出来,巴贝奇于 1822 年用多项式数值表的数值差分规律制造了一台可以运转的差分机模型(“差分机 1 号”)。这种计算机不仅能每次完成一个算术运算,还能安排自动完成一系列算术运算,这就是计算机程序设计的萌芽。1834—1835 年间,他又根据法国发明家雅卡尔(J. M. Jacquard, 1752—1834)发明的织布用的提花机原理,设计出了“分析机”。它是借助于雅卡尔发明的卡片系统,对他的计算机下达命令,让它计算任一复杂公式。这种计算机的基本原理同现代通用数字计算机相同。巴贝奇还有许多出色的设计思想,比如,他设想了一种现在叫作“条件转移”的指令,即在用分析机解题时,可以根据某个被计算结果的正负号,从可能继续运算的两条路线中选择一条做下去,这是今天电子计算机工作的基本原理之一。又如,为了控制卡片的重复使用次数,他不断改进卡片记数装置,这也是现代电子计算机所具有的重要特点。巴贝奇不断更新的设计构思在当时的条件下不但无法加工制作,而且那时对这种机器也没有迫切需要。尽管他不断地更新设计,几乎耗尽了自己的财产,最终还是没能如愿以偿。巴贝奇死后,他的全部设计被封入了历史博物馆,致使后人在研制电子计算机时不得不重走他的老路。

此后的七十多年中,大型数字计算机的研制没有进展。后来由于人口普查的需要,美国工程师霍勒里斯(H. Hollerith, 1860—1929)于1888年发明了统计机,即卡片程序控制计算机。1890年,这台机器用于人口普查工作,成效显著。它的原理成为以后深入研究穿孔卡式计算机的基础。值得提及的是,19世纪中叶,布尔代数的提出为现代电子计算机的诞生奠定了数学基础。1854年,英国数学家布尔在《思维规律研究》中,成功地把形式逻辑归结为一种代数演算,即今天所说的布尔代数。它是制造数字计算机不可缺少的数学工具。总之,机械式计算机的许多基本原理和基本思想都为现代电子计算机的诞生奠定了思想基础。

2. 继电器式计算机的诞生。19世纪末20世纪初电工技术的发展,促成了机械式计算机向继电器式计算机的转变,即出现了用继电器代替齿轮的继电器式计算机。在这方面第一个进行尝试的是德国工程师克兰德·朱斯(K. Zuse, 1910—1995)。他在德国空军研究中心的资助下,于1941年制成了全部采用继电器的Z-3计算机,这是世界上第一台通过程序控制的计算机。由于当时正处于战时,这种机器没能产生应有的影响。1944年,曾在美国哈佛大学读博士的艾肯在写关于空间电荷传导理论的博士论文时,为了解决求非线性常微分方程的近似解很费时间的问题,与美国国际商业机器公司(IBM)的四位工程师合作,研制成一台通用的自动程序控制计算机MARK-1。这台机器不仅解决了大量运算问题,而且编制了很多数学用表,影响很大。但它只是部分采用继电器,设计也不如Z-3计算机好,因而1945—1947年间在艾肯领导下又制造了全部使用继电器的计算机MARK-2。与此同时,美国贝尔电话公司的斯蒂比茨(G. R. Stibitz,生卒年不详)小组1940年也研制成功了继电器式计算机——Model-1,1946年又制成通用机Model-5,这是现在多处理机系统的雏形。继电器式计算机的历史很短暂,它刚问世不久就被电子计算机所取代。原因在于:一是它的运算速度慢;二是20世纪30年代电子技术已进入成熟阶段,已具备了制造电子计算机的能力。但是，继电器式计算机为研制早期的电子计算机积累了重要经验，起了开路作用。

（二）电子计算机的诞生

20世纪30年代，研制电子计算机的条件已经具备：一是有了早期计算机提供的技术基础；二是电子技术已经发展起来；三是军事上有迫切需要。电子计算机的诞生已成为历史的必然，军事上的迫切需要则是电子计算机诞生的直接导因。第二次世界大战期间，随着火箭技术、原子能技术等高科技的迅猛发展，急需解决的复杂问题越来越多，有些问题要求短时间内进行几万甚至几百万次运算，计算的精确度要求也愈来愈高。不仅人力难以满足这些需求，就是继电器式计算机也难以胜任。这就要求用电子计算机取代继电器式计算机。制造电子计算机的关键是用电子真空元件代替电器元件。这时，三极热电子真空管已经出现，用它来控制电流开闭的速度比继电器要快一万倍，意味着使用电子管可以大大地提高计算机的速度，于是一些目光敏锐的科学家纷纷投入到电子计算机的研制中去。

研制电子计算机的最初尝试者是保加利亚血统的美籍物理学家阿塔纳索夫（J. V. Atanasoff, 1903—1995）。他从1937年起便考虑把电子技术引入计算机的问题。他打算试制一台能解包含30个未知数的线性代数方程组的电子计算机。这台机器需要300多个电子管，但由于经费不足，于1941年只制成了计算机的一个部件。1939年，德国的施赖尔（Schreyer，生卒年不详）也计划制造一台有1500个电子管、每秒可运算10000次的通用电子计算机，但也因得不到经费支持而夭折。

第一台电子计算机的主要设计和制造者是美国的莫希利（J. W. Mauchly, 1907—1980）。尽管阿塔纳索夫认为莫希利的设计思想是从他那里来的，但是军事需要仍是促成这一设计和制造的重要原因。第二次世界大战期间，莫希利在宾夕法尼亚大学莫尔学院电工系工作，该系同美国陆军设在附近的阿伯丁弹道研究实验室共同承担了每天向海、陆军提供六张火力表的任务。这项任务不仅紧迫，而且困难：每张表要计算几百条弹道，而一个熟练的计算员借用台式计算机算一条飞行时间为60秒的弹道也要花20小时，用大型的微分分析仪也需要15分钟。为了能提高计算效率，该实验室一直在改进微分分析仪，并聘用了200名计算员。就这样，一张火力表也需要算两三个月，而且结果还不能令人满意。为了进一步提高计算速度和精度，1942年8月，莫希利在题为《高速电子管计算装置的使用》的报告中，提出了设计、制造电子计算机的方案。这台机器被命名为“电子数值积分计算机”，简称 ENIAC。方案于 1943 年 4 月被批准,同年开始试制,1945 年年底竣工。这是人类历史上第一台电子计算机。该机实际耗资 48 万美元,占地 170 平方米,重 30 吨,每秒运算次数为 5000 次,比当时最好的继电器式计算机快 1000 倍。ENIAC 采用了电子元件和电子线路实现逻辑运算,这在计算机技术史上是一次最重大的突破,对计算机的后来发展起了十分重要的作用。但是 ENIAC 也有缺陷:一是它的存储容量太小,最多只能存 20 个字长的 10 位的十进制数。二是它的程序是"外插型"的,使用时很不方便。为了进行几分钟的运算,往往需要做几小时的准备工作。虽然当时解决这两个问题的技术条件已经具备,但尚未形成对电子计算机最合理结构的全面分析和论证。这个问题由美籍匈牙利人冯·诺伊曼解决了。

冯·诺伊曼(John von Neumann, 1903—1957)是著名数学家,当他得知 ENIAC 的研制消息后异常激动,因为他参加过第一颗原子弹的研制工作,深知原子核裂变过程中的大量计算问题,若没有计算机的帮助是不可能完成的。1945 年年初,冯·诺伊曼在总结 ENIAC 的优缺点基础上,提出了完整的存贮程序通用电子计算机("离散变量自动电子计算机")EDVAC 的逻辑设计方案,1946 年又进一步完善了这一方案。这个方案中最重要的思想是关于程序内存的思想,即程序设计者可以事先按一定要求编好程序,把它和数据一起存储在存储器内,从而使全部运算自动化。另一重要思想是把二进制系统地运用到计算机上。这个方案是目前一切电子计算机的基础,其影响是巨大的。但是,由于竞争发明权问题,设计小组发生了分裂,致使 EDVAC 于 1952 年才制造出来。正当组员们闹分裂时,英国剑桥大学数学系实验室却根据冯·诺伊曼的设计思想抢先一步,于 1949 年制成了第一台程序内存计算机。说到这里顺便提一下:原来人们曾认为 ENIAC 是世界上第一台数字电子计算机,事实上英国早于它好几年已研制成功这种机器,名为 Colossus 机,只因第二次世界大战期间英国政府的保密工作而不为人知。Colossus 机是一台专门为破译密码而使用的电子计算机。

"程序内存"思想的最早提出人是英国数学家图灵(A. M. Turing, 1912—1954)。冯·诺伊曼不止一次说过,图灵是现代计算机基本设计思想的创始人。1936 年,图灵发表了《关于理想计算机》一文,提出了理想计算机的数学理论。当时他写这篇论文的目的不是研制具体的计算机,而是解决纯数学问题(如何判断一些函数是否是可计算的),但是图灵从数学上证明:通用的理想计算机是应该存在的。图灵的这种机器实际上是现代数字计算机的数学模型,因此人们把它称作"图灵机"。在"图灵机"里,指令和运算数据都存放在同样的纸带上，这正是“程序内存”计算机的根本特征。图灵清楚地证明了通用数字计算机是可以制造出来的。

二　电子计算机的基本结构和工作原理

电子计算机一般都由运算器、存储器、控制器、输入装置和输出装置五部分组成。此外，还有通信控制台和电源。运算器、存储器和控制器是计算机的主机部分，输入、输出装置及外存储器等则是它的外部设备。

（一）运算器

运算器是电子计算机的主要部件，由加法器、寄存器等组成，是快速进行各种基本运算的装置。计算机的基本运算包括算术运算和逻辑运算两种。算术运算就是按照算术规则（如加、减、乘、除等）进行的运算。逻辑运算一般泛指非算术性（如逻辑加、逻辑乘、比较、移位等）的运算。加法器是运算器的核心部件。寄存器的作用是暂存参与运算的数据或保存运算的结果。移位操作是通过寄存器来实现的。运算器的工作主要取决于加法器，而加法器的工作方式又有并行运算、串行运算和并行、串行相结合的运算。并行运算是指各位数可以同时进行的运算；串行运算是指从低位数到高位数，按顺序进行的运算。这两种运算都有进位问题，就运算速度而言，并行运算比串行快。

运算器是计算机的关键部分，其性能的好坏，对计算机关系极大。通常表示运算器性能的主要技术指标是计算机的字长和运算速度。字长就是指计算机中一个数能有多少位，位数越多，计算的精度就越高。一般计算机的字长在 12—64 位之间。运算器的运算速度是指计算机进行加、减、乘、除等运算的快慢程度，通常用作加法或作乘法的时间来表示。计算机的运算速度不仅取决于运算器的运算速度，更主要地取决于存储器的存取速度。

（二）存储器

存储器是用以存放原始数据、处理这些数据所需的程序以及中间结果的装置。存储器实际上是一个记忆装置。现代科学技术的发展，越来越要求存储器有更大的存储容量。容量越大，计算机解决问题的本领也越强。存储器的存储容量大小和存取速度是计算机功能强弱的重要性能标志。

存储器分为两种：内存储器和外存储器。内存储器直接与运算控制设备相联系，常用的数据和程序一般都存储在内存储器中。它的容量不大，但存取速度快。外存储器一般放在主机外面,它的存储容量大,但存取速度慢。二者的相互补充可以较好地解决存储容量和存取速度的矛盾。

存储器按其功能又可分为只读存储器和随机存取存储器。只读存储器只存放固定不变的程序和数据;随机存取存储器,用于存取随时要进行运算的数据、随时要使用的程序及其他信息。

(三) 控制器

控制器是用以实现计算机各个部分的联系和使计算过程自动进行的装置。它是计算机的神经中枢。其作用在于:第一,它控制输入设备及有关部件,把计算程序及原始数据输入到存储器中;第二,它控制运算器的内存储器及其他有关部件,依靠事先安排好的指令,逐步地、自动地、连续地进行计算,直至获得全部结果并输出为止。

当计算机开始自动计算时,控制器的基本任务就是取指令、分析指令和执行指令。为了完成这三项任务,控制器必须由指令计数器、指令寄存器、操作码译码器、节拍脉冲发生器、操作控制部件等组成。指令计数器也叫指令地址计数器。它的作用是:第一,指出当前要执行的指令应当从存储器的哪个地址去取;第二,自动形成下一条指令的地址。指令寄存器是用来寄存准备执行的那条指令的。操作码译码器是将指令的操作码译成相应的控制电位,从而控制相应的操作控制线路。节拍脉冲发生器是用以给操作控制部件定拍子的,使控制部件按照它的节拍,依据一定的时间顺序,发出这一操作所要求的一系列控制信号。操作控制部件则综合了操作码译码器输出的指令电位和节拍脉冲发生器输出的节拍控制电位、脉冲,按一定顺序发出一系列控制信号来完成指令所确定的操作。

(四) 输入与输出装置

输入装置是用来输入原始数据和处理这些数据所使用的计算程序的设备,它的作用是用机器所懂得的语言,把信息输入到机器内部。输入装置还包括电传打字机、盒式磁带或盒式磁盘、数—模转换机等。总之,输入装置的作用是把数据或指令变成电脉冲送入计算机里。

输出装置与输入装置恰恰相反,它的作用是把计算机的电脉冲变成人们能识别的形式输送出来,是输出计算结果的设备。常用的设备有打印机、阴极射线管显示器等。此外,还有缩微胶片输出系统、图形输出系统等。

计算机的基本结构可以用图 16-1 简单表示。

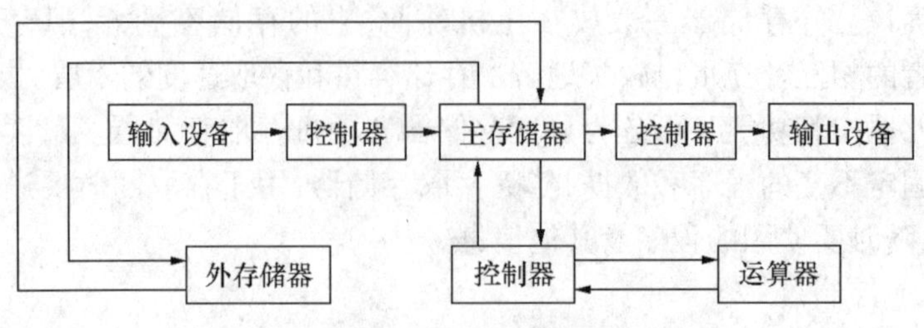

图 16-1 计算机各功能部件的相互关系

三 电子计算机的演变历史及发展方向

自第一台电子计算机问世以来，发展非常迅速，其台数大约每 8—10 年（或更短）便增加 10 倍，可靠性提高 10 倍，成本降低 10 倍。人们根据计算机所使用的电子器件，把它的演变大致划分为五代。

（一）第一代电子计算机——电子管时代（1946—1956）

第一代电子计算机采用的电子元件基本上都是电子管。机器的结构从最初的外插型逐渐变成程序内存型。机器的运行速度一般是每秒几千到几万次，最快的达五六万次。和后来的计算机相比，它有运行速度不高、可靠性差、体积大、价格高、维修复杂等缺点。当时，这种庞然大物只用于军事或国家直接管理的航天、原子能工业等部门，总体说来还处于实验室实验阶段。第一台通用自动电子计算机 UNIVAC-1 于 1951 年 6 月在美国批量生产并投入商用。这是唯一采用汞延迟线作为主存储器的机器，它的主存容量为 1000 字，存取时间为 500 微秒。1953 年，美国 IBM 公司又研制出 IBM-701，这种机器采用静电管作主存，磁鼓作外存，三年中交付使用 18 台，初步打开了计算机市场。20 世纪 50 年代，全世界拥有的以电子管为元件的计算机约 5000 台左右。

（二）第二代电子计算机——晶体管时代（1956—1962）

1948 年 6 月，贝尔实验室发明了晶体管。由于晶体管具有功耗小、工作电压低、体积小、重量轻等特点，可以增强机器的可靠性并提高运行速度，因而这一时期计算机的逻辑元件和逻辑线路均采用分立的晶体管元件。1959 年，菲尔克公司研制的第一台大型通用晶体管电子计算机问世，标志着电子计算机已进入第二代。由于采用晶体管逻辑元件和快速磁芯存储器，机器的运算速度从每秒几千次提高到几十万次，主存储器容量从几千字提高到10万字。人们把第二代电子计算机的研制成功称为计算机史上的第二次革命。1958年4月，IBM公司决定批量生产晶体管计算机，次年就生产出第一批IBM-1403机。1964年，已经能制造运算速度每秒二三百万次的晶体管计算机。由于这种计算机造价低，因而开始在工、农、商业广为使用。

（三）第三代电子计算机——集成电路时代（1962—1970）

第三代电子计算机的突出特点是：在元件上采用集成电路；在结构上是系列兼容，采用微程序设计；其运算速度和内存容量比第二代均提高了一个数量级，即分别为每秒千万次和几百KB（1KB＝1024字节）。1964年4月7日，IBM公司宣布研制成功360系列计算机，它标志着电子计算机进入了第三代，从此电子计算机得到了更为广泛的应用。同时，由于采用集成电路，使计算机具备了体积小、重量轻、成本低、运算速度快等优点，向小型化方向发展。1965年，美国就生产了一千多台小型机，到1970年已增至一万多台，品种达一百多个。世界上最大的小型机生产厂家是美国的DEC（数字计算机设备公司）；在小型机中，1965年研制的PDP-8型是第三代小型机中最著名的。

（四）第四代电子计算机——大规模集成电路时代（1970—　）

第三、四代计算机之间没有明显标志，一般认为使用大规模集成电路作为计算机的逻辑元件和存储器是第四代机的标志。1972年，IBM公司批量生产的IBM-370系列机，其主存储器采用了大规模集成电路，但逻辑元件仍是小规模集成电路。1973年交付美国航天局使用的ILLIAC-IV机，才全面采用了大规模集成电路。这一时代，建立在大规模集成电路基础上的微型机和巨型机并行发展起来。以巨型机ILLIAC-IV为例：它的整个系统包括由64台处理机构成的处理机阵列和一台管理整个系统的B-6700计算机。它的计算速度为每秒1.5亿次。CRAY-1达每秒2.5亿次。这台巨型机的体积并不大，只占地7平方米。20世纪70年代以来，日、英、法、苏联等国都投入相当的力量研制巨型机。微型计算机就是将微处理器（MPU）浓缩在一块芯片上的微型机，它的出现与发展，掀起了电子计算机大普及的浪潮。微处理器两三年就换一代，是任何技术也不能比拟的。

（五）第五代电子计算机——智能电子计算机

第五代电子计算机又称智能计算机，是一种有知识、会学习、能推理的计算机，它不仅具有理解自然语言、声音、文字和图像的能力，并且具有说话的能力，使人机能够用自然语言直接对话。它还可以利用已有的和不断学习到的知识,进行思维、联想、推理,并得出结论,能解决复杂问题,或者说它还具有汇集、记忆、检索有关知识的能力。智能计算机突破了传统的冯·诺伊曼的概念,舍弃了二进制结构,把许多处理机并联起来,并行处理信息,使运算速度大大提高。它的智能化人机接口使人们不必编写程序,只需发出命令或提出要求,电脑就会完成推理和判断,并且给出解释。

研制智能电子计算机难度极大,难就难在计算机处理人的自然语言问题上,也就是它如何理解人的语言,如何说出人的语言(绝对不是录音)。

(六) 光子计算机

在研究第五代电子计算机的同时,人们已瞄准了另一个新的目标——光子计算机。光子计算机是一种由光脉冲,即光信号进行数字运算、逻辑操作、信息存储和处理的新型计算机。其开关是砷化镓光学开关。光子计算机主要由光学运算器、光学存储器和光学控制器组成。它们之间和它们的内部靠光互联进行通信。光子计算机与电子计算机相比,具有高度并行处理、运算速度快、互联密度高等特点,无时钟扭曲、信息塞车等现象。光子计算机的运算速度理论上可达每秒1000亿次,信息存储达10^{18}位。光子计算机包含激光器、光子反射镜、透镜滤波器等元件和设备。

1984年6月,IBM制造出世界上第一台光子计算机。1990年,美国电话电报公司的贝尔实验室研制成功由激光器、透镜和棱镜组成的演示性光子计算机。此后,欧洲共同体七十多位科学家合作,研制成功全光数字计算机。这种计算机以光子取代电子,以光互联取代导线互联,以光硬件取代电子硬件,以光运算取代电子运算,运算速度比当时普通电子计算机快1000倍。

(七) 量子计算机

量子计算机这一概念最初是由美国著名物理学家理查德·费曼(Richard Feynman, 1918—1988)提出来的。量子计算机是根据量子力学态叠加原理和量子相干原理设计出来的,是利用粒子所具有的量子特性进行信息处理的一种全新概念的计算机。它以处于量子状态的粒子(如原子)作为中央处理器和内存,能存储和处理量子力学变量的信息并进行量子计算。

量子计算机的最大优点是量子并行计算,处于量子状态的粒子能够利用"超态"①的上、下两个方向的自旋状态代替0、1以及中间的所有可能数

---

① 量子力学认为,粒子在不受外界干扰的情况下,其状态是不确定的,这种状态被称为"超态"。粒子的"超态"有上方向自旋和下方向自旋两种状态。

值。量子计算机具有强大的功能,由数百个串接原子组成的量子计算机可以同时进行几十亿次运算。例如,对一个 129 位数进行因子分解,如果用 1600 台超级电子计算机与互联网进行运算要花 8 个多月才能破译,而用一台量子计算机,几秒钟就解决了。

量子计算机可用于数据库检索,可以大大提高网上搜索速度;也可用于设置或破译密码,提高天气预报的准确性;还可以模拟化学反应,加快新药的研制进程等。在量子计算机面前无秘密可言,因而世界各国都投入大量人力物力进行研究。

目前,量子计算机理论已有突飞猛进的发展,但是量子计算机的实验方案仍处于初级阶段,实验物理学家正在寻找更有效的制备途径。美国 IBM 公司、斯坦福大学和卡尔加里大学的科学家们已联合研制出使用五个原子作为处理器和内存的量子计算机。尽管量子计算机的研究过程艰难曲折,但是人们坚信,量子计算机最终将取代传统模式的计算机。

(八) DNA 计算机

DNA 计算机是一种生物形式的计算机,是计算机的发展方向之一。DNA,即遗传物质脱氧核糖核酸。DNA 的研究和发展导致了 DNA 计算机的研制。DNA 分子是一条双螺旋长链,链上布满了核苷酸。DNA 通过这些核苷酸的不同排列,能表达出生物体各种细胞所拥有的大量基因物质。科学家受其启发,利用 DNA 能够编码信息的特点来研制 DNA 计算机。

DNA 计算机的工作原理是 1994 年美国加利福尼亚大学的伦纳德·阿德拉曼(Leonard Adleman, 1945—　)博士在《科学》杂志上发表的。其原理是:DNA 分子的密码相当于存储的数据,在酶的作用下,DNA 分子间迅速完成化学反应,从一种基因码变为另一种基因码,将反应前的基因码作为输入数据,反应后的基因码作为运算结果,就可以把计算机语言中的二进制数据翻译成 DNA 片段上的遗传密码。当制造生物计算机时,首先要挑选一些 DNA 片段代表不同的变量,以片段之间的接合和断开代表“是”与“非”的逻辑判断,再利用生物技术分离出具有特定判断功能的片段,就可以制成新型逻辑判断计算机。

由于 DNA 计算机以核苷酸为内存,并具有超大规模并行结构,故它有如下优点:第一,它可以实现超大规模并行运算,具有惊人的运算速度。十几小时的运算,相当于所有计算机问世以来的总运算量。第二,具有惊人的存储量。1 立方米的 DNA 溶液可存储 1 万亿亿的二进制数据。第三,DNA 计算机的耗能量极小,只有一台普通电子计算机的 10 亿分之一。

1998 年 9 月，美国普林斯顿研究所的两位科学家在世界上第一次获得 DNA 计算机专利，预计在 10—15 年内可制造出与微电子芯片相融合的高级 DNA 计算机。目前，美国、日本、德国的科学家正在研制一种能在微电子芯片上生长神经网络的方法，研制具有生命力的智能神经网络，并用计算机来控制芯片上的神经元，进而控制动物神经元。DNA 计算机与人脑神经元相接，开拓人类的创造性智慧将变为现实。

当今 DNA 计算机的最大问题是很难检测其计算结果，这个问题一旦解决，DNA 计算机将在一二十年后问世。未来的 DNA 计算机极有可能集中应用于破译遗传密码基因编程、疑难病症防治和绘制飞行航线等方面。

（九）超级电子计算机

超级电子计算机（Super Computer）通常是由数百个甚至更多的处理器组成的、能计算普通 PC 机和服务器不能完成的大型复杂课题的计算机。它拥有普通电子计算机 1000 倍以上的速度和存储能力。假如把普通电子计算机的运算速度比作成人走路的速度，那么超级电子计算机的速度就相当于火箭飞行的速度。

超级电子计算机的主要特点是高速、大容量、配有许多外部及外围设备、具有强大的计算和处理数据的能力。目前超级电子计算机的运算速度大都可达每秒一兆次以上。早在 2002 年 11 月 14 日，美国克雷（CRAY）计算机公司就宣布，他们推出的“Cray X1”超级电子计算机的运算速度高达 52.4 万亿次，即达到每秒 60 兆浮点计算水平。

新一代超级电子计算机又有新的突破，它采用涡轮式设计，每个“刀片”就是一个服务器，“刀片”就像剃须刀的刀片一样，可根据应用需要随时增减，实现协同工作。单个柜的运算能力可达 460.8 千亿次/秒，理论上的协作式高性能计算机的浮点运算速度为 100 万亿次/秒。这种计算机通过先进的架构和设计，实现了存储和运算分开，确保用户数据、资料在软件系统更新或 CPU 升级时不受影响，保障了存储信息的安全，真正实现了保持长时、高效、可靠的运算，并易于升级和维护。

2012 年 6 月 18 日，国际超级电脑组织公布的 500 强排序名单中，美国的超级电子计算机“红杉”（Sequoia）重夺世界第一，其运算速度为 16324 万亿次/秒，其峰值运算速度高达 20132 万亿次/秒，再次使其他计算机望尘莫及。“红杉”将用于模拟核试验等方面，已被安装在美国能源部所属的劳伦斯利福摩尔国家实验室。在 500 强中排名前 10 位的超级电子计算机的运算速度均超过每秒千万亿次，其中美国占 3 个，中国和德国各占 2 个，日本、法国和意大利各占1个。中国的“天河一号”排名第五,中国的“曙光—星云”排名第十。截至2011年,中国在500强中已占据74个名额。2013年5月,由国防科技大学研制成功的首台5亿亿次(50 PFlops)超级电子计算机——“天河二号”再次名列世界第一。它的双精度浮点运算峰值速度达到每秒5.49亿亿次。经Linpack[①] 测试,其性能已达到每秒3.39亿亿次。它在体系结构、微异构计算阵列、高速互联网络、加速存储架构、并行编程模型与框架、系统容错设计与故障管理、综合化能耗控制技术以及高密度高精度结构工艺方面,突破了一系列核心关键技术。与2010年11月获得500强第一的“天河一号”相比,它的峰值计算速度和持续计算速度以及计算密度(单位面积上的计算能力)均提升了10倍以上,系统能效比(单位能耗的计算速度)是“天河一号”的3倍。

我国在超级电子计算机的拥有量和计算速度方面虽然已进入世界先进行列,但是却面临硬件性能强大,而应用匮乏的局面,其主要原因是应用成本高、软件开发滞后、设备利用率低等问题。

超级电子计算机可以模拟若干最复杂的自然现象,如用它进行天气预报,可预报10—100年之间的气候,也可用于模拟核爆炸和企业中的产品设计和测试。

(十)纳米计算机

纳米计算机就是把纳米技术运用于计算机所研制的一种新型计算机。“纳米”是一个计量单位,采用纳米技术生产出来的芯片,其成本十分低廉。这是因为它既不需要建设超净生产车间,也不需要昂贵的实验设备和庞大的生产队伍,只要在实验室内把设计好的分子合在一起,就可以造出芯片,这就大大降低了生产成本,生产过程也相对简单。目前纳米计算机正从MEMS(微电子机械系统)起步。MEMS系统,就是把传感器、电动机和各种处理器都放在一个芯片上,构成一个系统。纳米计算机具有下列特点:一是体积小,它的内存芯片的体积只有数百个原子大小,相当于人的头发丝直径的千分之一;二是不耗费任何能源;三是其性质比当今其他类型的计算机强大许多倍。目前美国惠普实验室的科研人员已开始应用纳米技术研制芯片,一旦获得成功,将为其他缩微计算机元件的研制和生产铺平道路,纳米计算机的诞生已为期不远。

---

① Linpack是系统的最大理论峰值性能,在高性能计算机领域迄今为止仍然是最出名和使用最广泛的基准测试程序之一,也是全球500强超级电子计算机的排名依据。

（十一）计算机病毒

计算机病毒(Computer Virus)是一组计算机指令或程序代码,是具有自我复制能力的计算机程序,具有繁殖性、破坏性、传染性、潜伏性、隐蔽性和可触发性等特点,它的目的是影响或破坏计算机的正常运行。有些病毒发作时会造成计算机死机,使机内大量数据、文件丢失,甚至使整个计算机网络瘫痪,造成巨大的经济损失和社会混乱。计算机病毒可以通过安装软件、电子邮件传播等方式进入计算机。计算机病毒的种类很多。最常见的是感染可执行文件的病毒,这种病毒破坏性较大;还有启动扇区病毒和宏病毒,这两种病毒的破坏性较小。计算机用户为防止计算机病毒入侵,应当备有常用的杀毒软件,加强防范意识。

计算机病毒是令人讨厌的坏东西,然而它也有用武之地,可以成为战争中的一种武器。如,20 世纪 90 年代的海湾战争中,美国中央情报局在破译了进入伊拉克国家电信网的密码后,把一种计算机病毒输入进去,破坏了伊拉克的军事情报系统。可见,计算机病毒在特定场合也可以大显神威。

四　我国电子计算机的发展概况

1956 年,我国在十二年科学规划中,已把发展电子计算机技术列为重点项目之一,同年便成立了计算机技术方面的研究单位。1958 年 10 月研制成第一台小型电子管计算机——103 机;1965 年又研制出运算速度为每秒 5 万次的晶体管电子计算机;1973 年以后进入研制集成电路计算机阶段,生产出系列产品,大、中、小型计算机兼而有之(如 DJS-100、DJS-200 等),其中 DJS-11 机的运算速度每秒已达 100 万次;1978 年又研制出运算速度为每秒 500 万次的大型计算机。我国的计算机技术已开始走国际主流机型兼容的发展道路。我国研制的“太极”超级小型计算机系列和“长城”系列微机,不仅在国内有广阔的销售市场,而且打入了国际市场。1983 年国防科技大学研制成功运算速度每秒达 1 亿次的巨型计算机——银河-I,使我国跻身能研制巨型计算机的国家行列。1992 年 11 月,银河-Ⅱ巨型计算机又研制成功,它的运算速度高达每秒 10 亿次以上,说明我国的计算机技术水平上了一个新台阶。

进入 21 世纪,我国在超级电子计算机的研制方面,不断出现新成果。我国曙光信息产业公司研制出我国第一台运算速度超过每秒 10 万亿次的超级计算机4000A,被誉为中国超级电子计算机历史上的一个里程碑。我国超百万亿次超级电子计算机曙光5000A于2008年9月16日在曙光天津产业基地正式下线。这标志着中国已成为继美国之后世界上第二个自主设计并制造百万亿次高性能计算机的国家。5000A是曙光系列产品之一,其系统峰值运算速度可达到每秒230万亿次浮点运算,Linpack测试的运算速度超过每秒160万亿次浮点运算,是目前国内速度最快的商用高性能计算机。曙光5000A(又称“魔方”)已于2009年6月12日正式在上海投入使用。2009年10月29日,第一台国产千万亿次超级电子计算机——“天河一号”在湖南省长沙亮相,它是由国防科学技术大学研制的。这一超级电子计算机以每秒1206万亿次的峰值速度和每秒563.1万亿次的Linpack实测性能,使中国成为继美国之后世界上第二个能够自主研制千万亿次超级电子计算机的国家。目前“天河二号”再一次名列世界第一。

我国科学家首次在实验中发现的量子反常霍尔效应有望使个人电脑更新换代。

1. 霍尔效应和反常霍尔效应。霍尔效应是美国科学家霍尔(A. H. Hall, 1855—1938)于1879年发现的一个物理效应,即在一个通有电流的导体中,如果施加一个垂直于电流方向的磁场,由于洛伦兹力的作用,电子运动轨迹将发生偏转,从而在垂直于电流和磁场方向的导体两端产生电势差。根据霍尔效应做成的霍尔器件,就是以磁场为工作媒体,把物体的运动参量转变为数字电压形式输出,使之具有传感和开关功能。霍尔器件已广泛应用于人类日常生活中的电子器件和现代汽车上,如各种传感器、速度表、显示表、检测器、点火系统、开关等。

1880年霍尔又发现了反常霍尔效应,即在磁性材料中,不另加外磁场,也可以获得霍尔效应。这个零磁场中的霍尔效应就是反常霍尔效应,它是由材料本身的自发磁化而产生的。

2. 量子霍尔效应和量子反常霍尔效应。量子霍尔效应是1980年德国物理学家克劳斯·冯·克利青(Klaus von Klitzing, 1943—)在研究极低温度和强磁场中的半导体时发现的,他为此获得了1985年度诺贝尔物理学奖。量子霍尔效应的产生需要非常强的磁场,而产生这种强磁场的装置不仅体积庞大,而且价格昂贵,因此至今没有广泛应用于个人电脑和便携式计算机领域。

中国科学家发现的量子反常霍尔效应则不需任何外加磁场,就可以利用无耗能的边缘态发展新一代低能耗晶体管和电子器件,从而解决了电脑发热和能量耗散问题，将在未来的电子器件中发挥特殊作用。这就克服了量子霍尔效应的不足，它将加速推进信息化技术的发展进程，使个人电脑有望更新换代。这项成果是由清华大学薛其坤院士领衔，由清华大学、中国科学院物理研究所和美国斯坦福大学的研究人员联合组成的团队在实验室中首次完成的，论文于 2013 年 3 月 15 日发表在美国《科学》杂志上。

第十七章
现代信息技术

信息技术的英文全称为 Information Technology，简称 IT。关于信息技术尚无统一的权威定义。一般认为，信息技术是指有关信息的搜集、识别、变换、存贮、传递、处理、检索、检测、分析和利用等的技术。从广义上讲，凡能扩展人的信息功能的技术，都可以称作信息技术。而由电子计算机技术、通信技术、微电子技术结合而成的信息技术则称作现代信息技术。本章所讲的信息技术主要是指现代信息技术。现代信息技术是以微电子技术为基础、以电子计算机技术为核心的技术，包括通信技术、传感技术、自动化技术、生物技术等诸多技术，是由许多单项技术组合起来的，是一种综合性的高新技术，它的基础技术包括信息获取、信息传输、信息处理、信息控制和信息利用等方面。

当今世界已进入信息时代，人类就生活和工作在信息的海洋里，经济发展、社会进步时刻都离不开信息，只有善于利用信息才能加速科学技术发展，促进经济繁荣和社会进步，改善人们的工作和生活条件。因此，各国都把发展和应用信息技术放在突出地位。我国也十分重视信息技术和信息产业的发展。本章着重介绍信息获取技术、信息传输技术的主体——通信技术、网络技术、“信息高速公路”以及我国信息化建设的情况。

一　信息获取技术

信息获取技术是指对各种信息的测量、存储、感知和采集的技术，特别是直接获取自然信息[①]的技术。

(一) 信息获取技术的含义及现代获取自然信息的技术手段

随着各种技术的发展,现代信息获取技术也有长足进步,其手段更加先进和完善。直接获取自然信息的技术手段呈现出多样化,主要有:信息测量(包括电与非电的测量);信息存储(包括诸如录音带、录像带、硬盘等电磁存储和诸如光碟、全息摄影等的光存储);信息感知(包括文字、图像、声音的识别);信息采集(包括自然信息、机器信息和社会信息)。

关于信息采集,这里主要介绍一下利用设备和仪器对自然信息的采集。现代采集自然信息的仪器、设备日新月异,许多先进的仪器和设备大量推出。主要有:各种探测仪器(如红外线探测仪、目标探测识别雷达、地震波探测仪、激光测距仪、激光测速仪等);图像重现的显示仪器或设备(如扁平阴极射线管、等离子体显示、液晶显示、全息摄影、B 超仪、核磁共振仪等);远距离遥感、遥测设备;各种新的传感器;等等。这些仪器和设备,扩大了信息采集的范围,强化了信息采集的效果,从而可以获取更多、更准确、更及时的信息。

(二) 几种主要传感器

在当今的信息社会里,如何真实、迅速地处理各种各样的信息至关重要。信息包括各种各样的物理量、化学量和生物量,如,力、速度、位移、温度、湿度、导电率、形变等。而这些物理量、化学量和生物量,绝大多数是非电量,只有把非电量"转换"成电信号,才能进行观察、记录和分析。而那种把现实的非电量"转换"成电信号的器件,就称为传感器。从广义上讲,凡作为客观世界与数字化世界之间的感应界面的器件,都属于传感器。在现实生活中,人们根据不同的需要研制出各种各样的传感器。为了便于了解,可作如下分类:按物理量可分为位移传感器、压力传感器、速度传感器、温度传感器、气敏传感器等;按工作原理可分为电阻式传感器、电感式传感器、电容式传感器、电势式传感器等;按能量转换原理可分为有源传感器和无源传感器。下面介绍几个主要类型的传感器,即用于检测二氧化碳气体浓度的光纤传感器、半导体传感器、声波板密度传感器、扭矩传感器、集成式微型智能传感器、微电子机械传感器。

---

① 自然信息是一切自然物发出的信息,包括来自无机界和生物界的信息,如我们观察到的宇宙间星球的运动变化,地球上的各种自然现象、风景等。自然信息一般以光、形、声、色、热等形式表现出来,人们探索宇宙之谜、自然之谜,其实都是探索自然信息的规律。

1. 二氧化碳气体浓度光纤传感器。检测二氧化碳气体浓度时通常采用气敏型传感器或光电气敏传感器。但前者为加热式探测,对信号检测会产生干扰,而后者的探测则在灵敏度和选择性上都存在有待改进和提高的问题。目前研制成功的光纤传感器则采用了光纤扰模的光纤气体浓度传感方法,它反映了光纤纤芯、包层、气体介质三者间的能量关系。这种传感器具有抗干扰性强、耐高温、耐腐蚀、灵敏度高和功耗小等优点,被广泛应用于工农业生产、环境保护及科研领域。

2. 半导体传感器。半导体传感器是利用半导体材料和器件的某些特性对外界信息(压力、温度、光、磁等)进行检测的器件。科技人员根据被检测信息的不同类型,研制出各种各样的半导体传感器,其中用半导体的硅研制的传感器,便于和集成电路结合,制成集成传感器。这种传感器已向微电子机械系统发展,并广泛用于医疗、工业、军事及科研等方面。

3. 声板波密度传感器。声板波密度传感器是由压电晶体基片构成的,该基片上下表面平行,下表面装有激发声板波的叉指和接收信号的叉指。在声板波密度传感器中,声波在晶体和待测液体的边界处发生反射。由于在边界处声场和相邻介质之间存在多种作用机制(如,电效应、质量负载效应和黏性传输效应等),因而当处于压电基片上表面的待测液体薄层特性发生微小变化时,便会引起声板波的反射特性发生变化,从而使声板波传播的相速度、群速度、群延时、插入损耗、相位等均发生变化。这样,通过精确测量这些变化,就能知道待测液体特性的变化。可见,声板波密度传感器可以用于检测液体的密度。

由于声板波密度传感器具有电极不接触液体、工艺容易实现、响应灵敏度高和精确度高等特点,被广泛用于现代生物医学工程领域,如对人的各种体液(血液、淋巴液等)密度进行精确测量,进而研究人体的生理和病理现象。

4. 扭矩传感器。扭矩传感器广泛应用于机械设备的动力驱动系统优化设计和智能控制领域。机械动力设备的扭矩变化,是运行状态的重要信息,用扭矩传感器测试扭矩是机械产品开发、质量检验、优化控制、工况监测和故障诊断必不可少的内容。

5. 集成式微型智能传感器。集成式微型智能传感器主要是利用集成电路制作技术和微机械加工技术,将传感器元件与电子线路(信号处理电路和控制电路)集成在同一芯片上,使该芯片具有信号提取、信息处理、双向通信、量程切换、步骤决策、自检验、自诊断、自校准、自补偿、自适应和自计算功能。其优点是具有逻辑判断和统计处理功能、自诊断和自校准功能、自适应和自调整功能、组态功能、记忆和存储功能以及数据通信功能。

6. *微电子机械传感器*。微电子机械传感器又称为微电子机械，是集机械加工与电子为一体、利用半导体集成电路工艺制作而成的微电子机械系统。它把传感器、电路和机械元件一起制作在硅基片上。1988 年，美国加利福尼亚大学伯克利分校用这种办法研制成功了直径仅为头发丝粗细的硅静电电动机，在直径为 4 英寸的硅片上同时可制作上万个硅静电电动机。1989 年，美国麻省理工学院已使硅静电电动机的转速达到 1500 转/分钟。在美国，用微细机械加工技术加工的硅压力传感器已形成了一个产业。

微电子机械传感器的发展目标是制作微电子机械系统及微机械人。利用微机械及其微细加工技术，使敏感元件向微型化、集成化、智能化发展是国际上重要的发展趋势。微机械系统将给医疗、工业、国防、科学研究等带来划时代的影响。微电子机械传感器的应用前景不可限量。

传感器的发展，大体经历了三代：第一代是结构型传感器，它利用结构参量变化来感受和转化信号；第二代是 20 世纪 70 年代发展起来的固体型传感器，由半导体、中介质、磁性材料等固体元件构成；第三代传感器是刚刚发展起来的智能型传感器，是微型计算机技术与检测技术相结合的产物，具有一定的人工智能。目前传感器的特点是：微型化、数字化、智能化、多功能化、系统化、网络化。

二　信息传输技术的主体——通信技术

信息传输技术，包括信息的发送、传输、交接、显示、记录等技术，特别是“人—机”信息交换技术，而这类技术的主体则是通信技术。

当今社会，信息的传输主要是靠通信（包括电报、电话、传真、卫星电话等）、广播、电视、邮件等技术手段来实现的。在信息传输技术中，更被看好的是现代通信技术。现代通信技术主要有激光通信、卫星通信、传真通信、超导通信、无线通信等。这些新的传输手段已被广泛应用，并且正在迅速地向网络化和智能化方向发展。关于激光通信、卫星通信、超导通信已在本书的有关章节中介绍过，本章不再重复。下面主要介绍无线移动通信和多媒体通信。

（一）无线移动通信

无线移动通信是在微电子技术和电信技术迅速发展的基础上诞生的。它的诞生，使原来的通信技术发生了巨大变革。无线移动通信能使移动体之间、移动体与固定体之间进行无线电信息的传输和交换，从而加快了信息交流。无线通信正向着在任何地点、用任何方式、与任何人通信的方向发展。移动通信还将包括数据、传真、图像等通信。

1. *无线移动通信的发展历程*。无线移动通信经历了几代发展过程。

第一代为模拟式语音移动通信系统（简称1G），它于20世纪80年代初投入使用，现已很难见到了。

第二代为数字语音移动通信系统（简称2G），它已成为20世纪90年代市场的主导产品，目前广泛使用的其演进到最高阶段速率能力为384Kbit/s[①]的GSM（全球移动通信系统）、CDMA（一种码分多址的无线通信技术）就属于2G。2G主要以提供语音业务为主，一般也仅提供100—200Kbit/s的速率，这只是区域或国家标准。

由于2G的局限性，使得一个具有世界性标准的未来公共陆地移动通信系统应运而生，这就是第三代移动通信系统。第三代移动通信系统的概念是1985年由国际电信联盟提出来的，1995年更名为国际移动通信IMT-2000。IMT-2000支持的网络被称为第三代移动通信系统（简称3G）。它的最大特点是使用共同的频段，实现全球无线漫游。不仅如此，它还能支持语音、分组数据和多媒体业务，大大提高了传输的灵活性和信道效率，特别是还能支持Internet（互联网）业务。

第四代移动通信称为宽带、无线固定接入、广带无线局域网、移动广带系统和互协作的广播网络。4G是能实现世界上任意地点、任意时间、任意人之间都可进行电视、电话的高清晰度的图像和声音的移动通信。简而言之，第四代移动通信比第三代移动通信更接近于个人通信；在技术上，第四代移动通信比第三代移动通信有更高的门槛；在应用上，第四代移动通信的终端不仅仅是手机，还可以用作定位和告警。

日本还表示将开发“五感通信”，即不仅在通信中可以传输视觉和听觉信息，还可以传输嗅觉、触觉和味觉信息，从而实现人与人之间更加自然、更富有实感的信息交流。

2. *无线寻呼通信*。在无线移动通信中，还有一种单向型的移动通信，即

① Kbit/s是数据传送率的单位，意思是每秒钟传送多少千字节。

无线寻呼通信，它只收不发（如 BP 机）。由于它具有快速、方便、价廉等特点，因而极易普及。它是无线移动电话的补充，对无线移动通信的发展起了很大作用。要使无线寻呼在未来竞争中立于不败之地，它必须朝着双向化、高速化、网络化和智能化几个方向发展。这里所说的"双向化"，不能单纯理解为两个方向均可以通信，而是在单向高速编码的基础上，向移动数据通信用户提供双向寻呼、个人信息、信息接入和信息摄取等服务的一种编码。由于双向寻呼实现了寻呼机与系统之间的双向联系，从而使用户与系统、用户与用户之间能够进行短信息交流。

3. 蓝牙技术。近十多年来，一种叫蓝牙（bluetooth）的技术正在兴起。这一技术是北欧爱立信公司在 1994 年研制成功的。它是一种低功率、短距离的无线电连接标准的代称，是一种短距离无线通信技术。该技术的关键是一个装有无线收发程序的体积不足 10 立方毫米的小芯片。它采用时分方式近代全双工通信，其有效距离为 10 米。由于采用了频率跳变、检纠错码等多种技术，因此具有抗干扰、抗信号衰减、传输性能稳定、随机噪音小和设备简单等优点。有了它，在有效范围内，不需任何连接线，笔记本电脑或移动电话就可以与所有支持"蓝牙"技术的设备进行高效率的数据联系，在瞬间组成一个网络系统，或与它们进行数据交换。因此，掌上电脑之间、掌上电脑与移动电话等其他电子设备之间，均可以资源共享，同步工作，大大提高了工作效率。比如，若将蓝牙系统嵌入电视机、微波炉、洗衣机、电冰箱、空调机等家用电器中，使之智能化，便具有网络信息终端的功能。

蓝牙技术的实质是建立通用的无线电空间接口及其控制软件的公开标准，使通信和计算机进一步结合，在有效距离、无电线电缆连接的情况下，就可以相互操作。可见，蓝牙技术是一种面向个人的通信技术。蓝牙技术必将与第三代移动通信系统技术相结合，形成更加快捷的传输速度。

（二）多媒体技术

20 世纪 80 年代以前，人类已经创造了电报、电话、传真、广播、电视以及电子计算机等传播文字、声音、图形、图像、数据等信息媒体（载体）的多种工具。但是这些用以传播的媒体是分散的、单向的、功能单一的，它们只是传播一种信息的媒体。为了克服上述媒体的局限，自 20 世纪 80 年代，便兴起了多媒体技术。

1. 多媒体技术的含义及主要功能。多媒体技术是一种电子信息处理技术，它能将文字、声音、图形、图像、数据和视频移动等不同的媒体信息有机地结合起来，构成一个统一的系统，以实现多种功能。多媒体技术又是一种涉及多个技术领域的综合技术,包括电子计算机、通信和音像三大技术,形成一个崭新的技术领域。

多媒体技术具有数字化多媒体信息、集成化处理和人—机交互三大功能。所谓数字化多媒体信息是指,它除了能处理文字、数据、图形、图像等信息外,还能将与时间相关的声音、视频、动画等媒体信息数字化;所谓集成化处理是指,它将多媒体信息有机地集中在一个应用中,使多媒体信息相互联系、相互配合;所谓人—机交互是指,用户与计算机之间具有对话的功能。

2. 多媒体技术的主要技术环节和组成。多媒体的主要技术环节包括多媒体信息的获取、压缩处理、信息存储、信息组织、信息检索、通信/传输等。

多媒体技术主要由硬件和软件两部分组成。硬件部分有:多媒体主机(MPC),它可以是个人计算机(PC)、超级微机或工作站;各种多媒体硬件设备;大容量的存储光盘。多媒体的软件部分包括音频/视频压缩/解压程序、压缩和解压处理、多媒体设备驱动软件、多媒体操作软件等。其中有浏览系统、写作系统、检索系统、文档存储系统。

为了适应和满足人们不断交流和共享大量信息的需要,多媒体技术已经向与网络技术相结合的方向发展。人们所熟知的因特网就是当今世界最大的信息共享服务系统,其提供的主要项目是电子邮件、电子公告板和网络新闻。

3. 多媒体技术的应用。多媒体技术已经广泛应用于各个领域,它直接而又深刻地影响着人们的工作方式、生活方式和生活质量。

人们可以通过网络,利用自己的多媒体设备给工作和生活带来极大的方便。如,在家就可以处理工作中的一些事宜;还可以查阅资料、咨询、看电影、点播录像、玩游戏、通电话、购物、订票、交费等;也可以对家中的各种电器进行控制。

机关、公司等单位则可以通过多媒体网络召开电视电话会议,使不同城市的人在电视机前开会如同在同一房间里开会一样,既方便、及时又节约。

多媒体技术也可用于远程摄像监控,如对高速公路的车辆进行检查和控制。多媒体技术用于远程医疗会诊,能做到对疑难病症准确、及时的确诊,并商讨诊疗方案;同时也可以对基层医务人员进行培训。

三 网络技术

“网络”一词人们并不陌生。网络技术的出现改变了几千年来的信息传递方式、人与人之间的沟通方式、社会组织管理方式，乃至政府的运作方式。

（一）网络技术的含义及作用

什么是网络技术？网络技术是在巨型计算机基础上形成的，它把分散在各地的电子计算机进行联网，组成电子计算机网络，从而可以充分发挥每台计算机资源的作用，达到资源共享，大大提高了资源的利用率。

当今，人们在因特网上不仅可以运行电子邮件，还运行着电子政府、网上教育、网上商务、网上银行、网上图书馆、网上书店、网上电视、网上娱乐、网上招聘、网上咨询、网上订票，等等。可见，网络技术给经济发展和社会生活带来了全新的运作方式，其影响和作用极其深远。

（二）网络技术的发展概况

1. *世界互联网发展概况*。1961 年，美国麻省理工学院的伦纳德·克兰罗克（Leonard Kleinrock，1934— ）博士发表了分组交换技术论文，该技术后来成为互联网的标准通信方式。

1969 年，美国国防部开始启动具有核打击性的计算机网络开发计划“ARPANET”，将美国西南部的四所大学（加利福尼亚大学洛杉矶分校、斯坦福大学研究院、加利福尼亚大学、犹他州大学）的四台主要计算机连接起来，以后又有一些大学和公司也加入此行列中。互联网就是在此时诞生的。

1971 年，英国剑桥 BNN 科技公司的工程师雷·汤姆林森（Ray Tomlinson，1941— ）开发了电子邮件，此后 ARPANET 技术开始在大学等研究机构普及。

1983 年，ARPANET 宣布将把过去的通信协议“NCP”（网络控制协议）向新协议“TCP/IP”（传输控制协议/互联网协议）过渡，使得美国国防部采用的 TCP/IP 体系结构能够让全世界普遍采用。TCP/IP 体系结构的开发者美国人鲍勃·卡贝（Bob Kahn，1938— ）和进一步完善者美国的温顿·瑟夫（Vinton Cerf，1943— ）等人，如今甚至被誉为“互联网之父”。

1988 年，美国伊利诺斯大学的学生史蒂夫·多那（Steve Dorner）开始开发电子邮件软件“Eudora”。

1991 年，欧洲粒子物理研究所（CERN）的英国科学家提姆·伯纳斯·李

(Tim Berners-Lee, 1955—)开发了万维网(World Wide Web),他还开发了极其简单的浏览器(浏览软件)。此后,互联网开始向社会大众普及,成为信息社会的基本特征之一,成为信息社会最重要、最基本的“信息流”的载体。

1993 年,伊利诺斯大学美国国家超级电子计算机应用中心的学生马克·安德里森(Marc Andreesen,生卒年不详)等人开发出了真正的浏览器“Mosaic”,该软件后来被作为 Netscape Navigator 推向市场。此后,互联网得以爆炸式普及。

美国等国家正在率先发起研究下一代互联网,下一代互联网将具有下面几个特点:(1) 更快:比现在的网络传输速度提高 1000—10000 倍。(2) 更多:下一代互联网将逐渐放弃 IPv4,启用 IPv6 地址协议。这样,原来有限的 IP 地址将变得无限丰富,多得可以给地球上每一颗沙粒都配备一个 IP 地址,这样任何家庭中的每一件东西都可以分配一个 IP,真正让数字生活变成现实。(3) 更安全:目前在计算机网络里存在着大量安全隐患,这是令人十分忧虑和不安的,而在下一代互联网中,安全隐患将得到有效控制,人们不会像现在这样束手无策。

网络的发展方向是光因特网。光因特网采用人际间超波分复用技术,它是由高性能波分复用(WDM)设备、高性能路由器及交换机组成的数据通信网。光因特网可以极大地扩展现有的网络带宽,最大限度地提高线路的利用率,对传送大量人际间业务是比较理想的选择。

2. *我国网络发展概况*。我国介入互联网是从 20 世纪 80 年代末开始的。1987 年 9 月 20 日,北京大学的钱天白教授(中国 Internet 之父,1945—1998)向德国发出了第一封电子邮件,开了利用互联网的先河,当时我国尚未加入互联网。1991 年,在中美高能物理会议上,美方发言人怀特·托基提出,应把中国纳入互联网的合作计划。1994 年我国正式获准加入国际互联网,并于同年 5 月完成全部中国联网工作。1995 年,张树新创立了第一家互联网服务供应商——瀛海威。从此,我国普通百姓开始进入互联网络。2000 年 4—7 月,我国三大门户网站——搜狐网、新浪网、网易网成功地在美国纳斯达克挂牌上市,说明我国网络业发展势头良好。

随着信息化的发展,计算机网、电信网和有线电视网的“三网”融合,在国际范围内已是大势所趋;网与网之间的竞争环境已经形成,这为我国的“三网”融合创造了条件。

我国电信、经贸委信息中心已经倡导政府上网、企业上网和家庭上网,从而逐步实现了政府信息化、企业信息化和社区信息化。20 世纪 90 年代以来，我国网络用户迅速增加：1994年仅为几千户，1996年为10万户，1997年为67万户，1998年为210万户，1999年为890万户，2000年为3000万户，2009年10月底为7.3亿户，2013年9月底已达8.2亿户。虽然用户不断增加，但是与发达国家相比仍有很大差距，应当说尚处于初级阶段。

为了缩小与发达国家的差距，我国从1999年开始研究和发展下一代互联网，那时正值我国863重大联合项目“中国高速信息示范网络”正式启动；1999年2月，CERNET（中国教育和科研计算机网）和CSTNET（中国科技网）加入APAN（亚太先进网），APAN-CN（亚太先进网中国组）工作组成立；1999年年底，国家自然科学基金委员会开始资助“中国高速互联试验研究网NSF-CNET”项目；从2000年开始，我国先后完成了CERNET与STAR TAP互联，CERNET与APAN互联，以及CERNET、CSTNET、NSFCNET（中国高速互联研究试验网）与Star Tap的正式联通工作；2002年3月，中日IPv6合作项目启动。

我们之所以要发展下一代互联网，主要原因是：现在的互联网存在先天不足，特别是有安全缺陷。这是由于网络的无政府状态造成的，目前我们对网络，实际上无法完全了解、完全控制，这就导致互联网呈现出缺乏公共管理的状况。要实现下一代互联网的应用，我们还需要平行演进，也就是在旧网继续发展的同时，让新网逐渐成长，实现两网的透明融合。

目前完成下一代互联网的关键技术是：DWDM（高密度波分复用）等光通信技术、核心路由器等高性能IP技术、IPv6等下一代互联网协议和体系结构技术等。

3. 网络安全新技术：网络隔离。面对新型网络攻击手段的出现和高安全度网络对安全的特殊需求，体现全新安全防护防范理念的网络安全技术——“网络隔离技术”应运而生。

网络隔离技术的目的是确保把有害的攻击隔离在可信网络之外和在保证可信网络内部信息不外泄的前提下，完成网间数据的安全交换。

网络隔离技术是在原有安全技术的基础上发展起来的。它弥补了原有安全技术的不足，突出了自己的优势。隔离技术经历了五代，即完全的隔离、硬件卡隔离、数据传播隔离、空气开关隔离、安全通道隔离。第五代隔离技术是不断的实践与理论相结合的产物。

网络隔离的关键在于系统对通信数据的控制，即通过不可路由的协议来完成网络间的数据交换。由于通信硬件设备工作在网络的最底层，并不能感知交换数据的机密性、完整性、可控性和抗抵赖[1]等安全要求，所以要通过访问控制、身份认证、加密签名等安全机制来实现，而这些机制都是通过软件来实现的。[网络由于其软、硬件不同，安全度（安全级别）也不同。]这样就能彻底阻断网络间的直接TCP/IP（网络通信协议）连接，从而保证网间数据交换的安全、可控，杜绝了操作系统和网络协议自身的漏洞带来的安全风险。

四 信息高速公路

信息高速公路（Information Super Highway）是现代国家信息基础设备的一个形象化比喻，就像20世纪50年代用"小月亮"来比喻人造地球卫星一样。

（一）信息高速公路的含义和特点

信息高速公路所描述的是现代国家信息基础设施，也就是以最新的数字化光纤传输、智能化计算机处理和多媒体终端服务技术装备的地区、国家或国际规模的多用户、大容量和高速度的交互式综合信息网系统。它是在综合高科技基础上建立起来的，其技术基础主要是光纤通信技术、交互式网络技术、多媒体技术和智能计算机技术。

信息高速公路的特点是：(1) 传输高通量化。传输高通量化主要靠网络光纤化来实现，它既可向"高速"发展，又可向"宽频"发展。(2) 网络普及化。所谓网络普及化，就是要形成全国乃至全球的大网络，所有用户均可进行交互式的双向交流。而交互式网络是"信息高速公路"的重要目标之一。(3) 服务综合化。所谓服务综合化，就是靠信号数字化技术和多媒体，先把音频、视频信号数字化，通过光缆传输，再经过多媒体处理提供综合服务。(4) 系统智能化。系统智能化是靠语音识别计算机、神经网络计算机和四维计算机等智能计算机及一系列超大型和超微型计算机进入网络操作的。

此外，信息高速公路（交互式综合信息网络系统）还可以与低轨道卫星通信网络相连，在海洋或没有"信息高速公路"的陆地实现先"上天"，再"入地"的"壮举"，从而使其遍布全球；同时，"信息高速公路"还可以和无线传

---

① 抗抵赖，信息技术中的专业术语。建立有效的责任制，防止用户否认其行为，这一点在电子商务中极其重要。

呼系统（蜂窝式移动通信网）相连，达到移动目的。这样，"信息高速公路"就形成了一个天空、陆地和海洋无处不通的大网络。

（二）信息高速公路的提出及前景

信息高速公路计划起源于美国总统克林顿1994年1月25日的《国情咨文》。《咨文》讲到，争取在2000年以前把全国的公共设施联系在一起。其中期计划是到21世纪初使大部分美国家庭入网，实现多媒体普及化；其最高目标是用15—20年的时间建成"一个前所未有的全国，最终是全世界的电子通信网络，四通八达，将每个人都连在一起，并提供能想象出的通信服务"。美国提出信息高速公路计划后，在世界上，尤其在日本和西欧引起了强烈反响。

信息高速公路问题和其他重大国际问题一样，反映了当今世界多极格局的发展，各极之间既互相排斥又互相吸引，既互相冲突又互相合作，既互相渗透又互相抵制，既互相依赖又互相斗争。

基于上述原因，加之世界上众多贫穷国家的经济困难，要想像美国那样建成世界性的电子通信网络是相当艰难的。世界电信和网络发展的极度不平衡使美国的远期设想很难实现。

同时，信息高速公路建设也会带来国家主权、知识产权和个人隐私受侵犯以及失业增多等一系列问题。这些问题的解决需要世界各国进行协调，不能只从本国利益出发，更不能只由少数几个国家进行操纵。

五　我国信息化建设概况

我国对信息技术和产业的研究与发展极为重视。大力推进信息化是党中央顺应时代潮流和世界发展趋势所做出的重大决策。自20世纪90年代以来，党中央、国务院和有关部门制定出台了一系列鼓励、支持信息产业发展，指导和推进信息化建设的指导性、政策性文件，对信息化的指导思想、发展原则、主要目标、重点任务等都做了明确规定，投入了相当可观的人力、物力和财力，信息化已成为国家行为；也就是说，全社会各行各业都要广泛应用信息技术，加快信息化步伐。

在党中央和国务院的正确领导下，这些年来我国信息产业持续、快速、健康发展，已取得了十分显著的成果。10年来其产值一直保持了3倍于GDP的增长速度，综合实力实现了历史性跨越。据工业和信息化部发布的数据显示,截至 2009 年 6 月底,我国电话用户总数已超过 10 亿户(10.25123 亿),其中固定电话 3.3 亿户,移动电话达 6.95 亿户,均居世界第一。又据《科技日报》2008 年 10 月 11 日报道,2008 年 9 月 30 日,连接亚洲和美洲大陆的首个兆兆级(Tb/s)海底光缆通信系统——跨太平洋直达光缆系统(Trans-Pacific Express Cable Network,简称 TPE)按计划顺利投产。它标志着首个中美间兆兆级直达海底光缆开通。TPE 连接中国内地和台湾地区,以及韩国和美国。TPE 分别在上海、青岛、淡水[①]、韩国的巨济岛和美国俄勒冈州登陆,网络总线路长度约 26000 千米,该系统的初始容量为 5.12 Tb/s。该光缆能容纳 1920 万人同时通话,或者相当于同时传递 16 万路高清电视信号。

由于采用了当前最先进的多种通信技术,TPE 将是首条可为客户提供中美间 10G 波长直通的光缆系统,不必中转日本,实现了真正意义上的跨太平洋直达,网速将大大提升。

与此同时,我国的软件产业近几年来也得到快速发展,涌现出一大批较有竞争力的软件企业,尤其在中文信息处理、软件技术方面发展较快。以方舟、龙芯为代表的高性能 CPU(中央处理器,电脑的核心部件)芯片的开发成功,标志着我们已经掌握了一部分影响产业发展的重大核心技术。在"神舟五号"载人航天工程中,电子信息产品应用在其中 750 个小系统中,均做到了万无一失。

所有这些,都说明我国信息产业的发展基本上能够在网络建设、软硬件产品和服务方面为国家信息化建设提供技术保障。前几年正在实施的全国农村党员干部现代远程教育工程的所有终端接收设备,都是国内企业提供的,这一事实也说明了上述结论。以应用为纽带推进我国的信息化建设是我国发展信息产业的一项重要原则。

六 信息技术的发展趋势

我国工业和信息化部副部长杨学山 2013 年 4 月 15 日在"新一代信息技术产业发展高峰论坛"上的一段话,概括了当今信息技术发展的趋势。他指出:当前信息技术发展的总趋势是以互联网技术的发展和应用为中心,从典型的技术与驱动发展模式向技术驱动与应用驱动相结合的模式转变;信息

① 淡水位于我国台湾岛西北隅、淡水河口的北岸,是台湾地区现存最古老的地名。

技术体系正迈入智能化阶段，传感技术、大数据技术、显示和反应技术、软件和集成电路技术将成为主要发展方向。现代信息技术已达到前所未有的发展水平。其具体表现为：(1) 机器元器件之间的界限已变得模糊，从而极大地强化了信息设备的功能，并促使整机向轻、小、薄和低功耗方向发展。(2) 软件技术的快速发展使得越来越多的信息设备的功能可以通过软件来实现，而软件技术已从以计算机为中心转向以网络为中心，软件与集成电路设计的互相渗透，使芯片变成“固化的软件”。(3) 信息技术的应用将从目前人们更多关注网上学习的模式发展到利用信息技术培养高级思维能力，构建知识、情感、技能相结合的高智慧学习体系。

信息技术在快速发展的同时，也产生了一些负面影响，主要表现为：城市人口向乡村迁移，增加了农村环境压力，使残留的森林、荒野、稀有动植物受到很大威胁；城市人口就业压力加大；信息地域分配不公，城乡差距可能由此拉大；个人隐私权受到侵犯，信息安全问题较为突出；等等。这些负面问题一定要引起重视并予以解决，以利于信息技术的可持续发展。

第十八章
机器人

随着现代科学技术的迅速发展,在生产和生活领域,机器人可以代替人的部分劳动,使人享受更轻松愉快的生活,特别是在人类难以到达或有一定危险的领域,机器人可以完成人类难以完成的工作。在一定意义上说,机器人已经成为当今人们在生产、生活、科研乃至军事领域须臾不可离开的东西。机器人正在经历着一个从初级到高级的飞跃,它正沿着达尔文的进化论道路逐渐发展自己、完善自己、壮大自己。目前,它已经发展成具有人类外观特征、可以模拟人类行为与基本操作功能的类人型机器人。类人型机器人研究是一门综合性很强的科学和技术,它代表着一个国家的高科技发展水平。

一　机器人的含义和原则

(一) 机器人的含义

什么是机器人? 关于机器人的定义各国有不同的看法。欧美国家认为,机器人是由计算机控制的、通过编程序可以变更的、多功能的自动机械。日本人则认为,机器人就是任何高级的自动机械,这就把那种由人操纵的机械手包括进去了。目前,国际上对机器人的定义已经逐渐趋于一致。一般说来,人们都可以接受的说法是:机器人是靠自身动力和控制能力来实现各种功能的一种机器。联合国标准化组织采纳了美国机器人协会给机器人下的定义,即机器人是“一种可编程和多功能的,用来搬运材料、零件、工具的操作机;或是为了执行不同任务而具有可改变和可编程动作的专门系统”。

实际上,机器人就是自动执行工作任务的机器装置。它可以接受人类的指挥，也可以执行预先编排的程序，还可以根据以人工智能技术制定的原则纲领行动。机器人完成的是取代或协助人类工作的工作，例如制造业、建筑业、军事或其他领域的危险工作。目前，机器人在工业、医学、军事等领域均有重要用途。机器人是高级整合控制论、机械电子、计算机、材料和仿生学的产物。

（二）机器人的三原则

机器人的三原则（也叫三定律）是美籍犹太人艾萨克·阿西莫夫（Isaac Asimov，1920—1992）于1940年提出来的。艾萨克·阿西莫夫1920年1月2日生于莫斯科西南250千米的彼得罗维奇，1928年加入美国籍，是20世纪最顶尖的科幻小说家之一，曾获得代表科幻界最高荣誉的雨果奖和星云终身成就"大师奖"。

1941年，艾萨克·阿西莫夫第一次公开提出了机器人三原则：第一，机器人不得伤害人，也不得见人受到伤害而袖手旁观；第二，机器人应服从人的一切命令，但不得违反第一原则；第三，机器人应保护自身的安全，但不得违反第一、二原则。

二　机器人的结构和工作原理

（一）机器人的结构

并不是所有机器人的外形都像人。它们的形态虽不尽相同，但是却有着大体相同的结构。

1. 机器人的外形结构。机器人的外形结构主要由以下几个部分组成：（1）主板：它是机器人的大脑，由很多个电子元件组成，它们共同完成运算、存储与控制的功能。（2）液晶显示屏：这是机器人表达自己的独特方式。它可以显示英文、数字等字符，告诉你它遇到了什么、正在做什么或想干什么。别小看这些信息，它们在调试程序中是非常有用的。（3）上盖：保护主板的部分。（4）传感器：机器人有很多种传感器，相当于人的知觉。（5）底盘：用于支撑主板及其他零件。

2. 机器人的身体结构。机器人的身体主要由大脑、眼睛、嘴巴、耳朵、触觉和脚组成。其中：大脑——主板；眼睛——红外传感器；嘴巴、耳朵——麦克风；触觉——碰撞传感器；脚——机动轮。

如果想要机器人拥有嗅觉、手臂等，可以对机器人进行改装，增加相应的传感器,便可以很好地实现这些功能。

机器人刚买回来时大脑一片空白,它仅仅能行走、转弯。要让它按照人们的要求来做某些事情,必须通过编写相关的程序,把它下载到机器人的大脑中来,方可实现。

(二) 机器人的工作原理

机器人的组成部分与人类极为类似。人体包括五个主要组成部分:身体结构;肌肉系统(用来移动身体);感官系统(用来接收有关身体和周围环境的信息);能量源(用来给肌肉和感官提供能量);大脑系统(用来处理感官信息和指挥肌肉运动)。从最基本的层面来看,一个典型的机器人有一套可移动的身体结构、一部类似马达的装置、一套传感系统、一个电源和一个用来控制所有这些要素的计算机“大脑”,这些部分都与人体组成类似。从本质上讲,机器人是由人类制造的“动物”,它们是模仿人类和动物行为的机器。机器人是“能自动工作的机器”,它们有的功能比较简单,有的非常复杂,但都必须具备以下三大组成部分:(1) 身体。它是一种物理状态,是机器人的外形。机器人的外形究竟是什么样子,取决于人们想让它做什么样的工作,其功能设定决定了机器人的大小、形状、材质和特征等。(2) 大脑。这是控制机器人的程序或指令组。当机器人接收到传感器的信息后,能够遵循人们编写的程序指令,自动执行并完成一系列动作。控制程序主要取决于下面几个因素:传感器的类型和数量;传感器的安装位置;可能的外部激励;需要达到的活动效果。(3) 动作。这是机器人的活动。任何机器人都要在程序的指令下完成某项工作,而要完成某项工作又必定依靠其动作。有时它即使根本不动,也是它的一种动作表现。

三 机器人的等级和分类

(一) 机器人的等级

机器人按其“能力”大小,由低级到高级可分为以下三种类型:

1. *初级机器人*。初级机器人是机器人研制初级阶段的产物,它的结构比较简单。那时,研制者只能设计一些适用于相对简单和固定环境的、做简单而确定工作的机器,如洗衣机、挖煤机、打鱼机等。

2. *高级机器人*。高级机器人是简单机器人功能的集合。如果简单机器人的功能已经涉及人类所有领域的所有方面,制造者最终把这些功能都集中到一个机器人上,那么这个机器人的智慧就和人类没有什么差别了。

3. 高级智能机器人。所谓高级智能机器人,是指必须具有记忆、推理、学习等能力的机器人。高级智能机器人的“智能”是通过结构原理,设计出具体功能,再把具体功能组合在一起,形成复杂的功能。但这种“智能”并不是人的智能的含义,它只是认识和适应相关环境的设计的集合。

机器人可以有无数种设计方向:可以设计成模仿人的机器人,也可以设计成模仿动物的机器人,还可以设计成与人和动物没有共同之处的机器人。从机器人问世以来,已经有了(从最低端的,到高度“智慧”的)各式各样的机器人,它们不仅出现在地球上,而且走向了太空,乃至整个宇宙。

(二) 机器人的分类

自机器人诞生以来,其发展之快,数量之多,应用之广,影响之深,既令人惊叹又令人眼花缭乱。各国拥有机器人的数量不断增加。到 2002 年,世界上“真正”机器人的总量已达百万台,其中:日本最多,为 41 万台;其次是美国,有 12 万台;德国有 10.4 万台;意大利有 4.7 万台;西欧 8 个小国共有 5.4 万台。机器人的数量是动态的,其数目随时都会发生变化,故不再赘述。机器人的平均使用寿命为 12 年,最长为 15 年。

为了给数以万计的机器人勾勒出一个清晰的轮廓,必须对它们进行分类。然而,这也并非易事。目前,对机器人怎样进行分类,众说纷纭。归纳起来,基本上有以下几种分法:按机器人的结构形式分、按控制方式分、按信息输入方式分、按智能程度分、按用途分、按移动性分,等等。这些分法固然可行,但是它们都是从不同角度、不同侧面进行划分的,其中任何一种分法都不能囊括其他种类的分法,因此仍难以使人对众多机器人有个总体认识。为此,必须寻找一种涵盖面更广、更一目了然的分法。这就是我国机器人专家给出的分法。

我国机器人专家从应用的环境出发,把机器人分为两大类,即工业机器人和特种机器人。下面我们就按这种分类法把各种各样的机器人进行归类。

1. 工业机器人。工业机器人就是在特定环境中能自动完成规定动作的机器人。这类机器人包括以下几种类型:

(1) 操作型机器人。操作型机器人是能自动控制、可重复编程、多功能、有几个自由度,既可固定,也可运动,被用于相关环境的自动化系统中的机器人。(2) 程控型机器人。程控型机器人是按照预先要求的程序和条件,依次控制机器的机械动作的机器人。(3) 示教再现型机器人。示教再现型机器人是通过引导等方式,先教会机器人动作,输入工作程序,然后使其进行自动重复作业的机器人。(4) 数控型机器人。数控型机器人是通过数值、语言等对其进行示教,根据示教后的信息进行作业的机器人。(5) 感觉控制型机器人。感觉控制型机器人是利用传感器获取的信息来控制其动作的机器人。(6) 适应控制型机器人。这种机器人能根据环境的变化,来控制其自身的行动。(7) 学习控制型机器人。这种机器人能"体会"工作的经验,具有一定的学习功能,并将所"学"的经验用于工作中。

2. 特种机器人。特种机器人是除工业机器人之外的,用于非制造业、服务于人类的各种机器人。对于这种机器人,我国"国家中长期科学和技术发展规划纲要(2006—2020)"中是这样描述的:"智能服务机器人是在非结构环境下为人类提供必要服务的多种高技术集成的智能化装备。"所谓非结构化环境,是指无法事先布置好,而且可能发生变化的环境。

与在结构化环境下作业的工业机器人相比,特种机器人与环境的交互作用更加复杂,控制更加困难,要求的智能程度更高。

特种机器人主要有以下几种:

(1) 空间机器人。什么是空间机器人?从广义上讲,一切航天器都可称为空间机器人,如宇宙飞船、航天飞机、人造卫星、空间站等。从狭义上讲,它是指用于开发太空资源、从事空间建设和维修、协助空间生产和科学实验以及进行星际探索的带有一定智能的各种机械手、探测小车等设备。空间机器人从事的主要工作有:A. 空间建筑与装配。一些大型部件的安装(如安装无线电天线或太阳能电池、各个舱段的组装、各种搬运、各构件之间的连接与固定)、有毒或危险品的处理等都离不开空间机器人。在不久的将来,人造空间站的初期建造,一半以上的工作都将由空间机器人来完成。B. 卫星和其他航天器的维护与修理。航天器一旦发生故障,若丢弃它们,再发射新的航天器则很不经济,如果派航天员去修理的话,又会受到舱外环境中的强烈宇宙辐射,航天员根本无法去执行任务。在这种情况下,就可派机器人去回收卫星等航天器,或就"地"进行维护和修理。C. 空间生产和科学实验。这方面的操作多是重复性动作,可以让通用型、多功能的机器人去完成。

由于空间机器人是在微重力、高真空、超低温、强辐射、照明差的环境中工作,因而要求它必须具有体积小、重量轻、抗干扰性强、智能程度高、功能比较全、耗能尽量少、工作寿命尽可能长、可靠程度比较高的特点。这样的空间机器人在保证空间活动的安全性、提高生产效率和经济效益、扩大空间站的作用等方面,都将发挥巨大的作用。正因为如此,对空间机器人的研制已成为机器人研制领域的新热点。

(2) 水下机器人。水下机器人是指在水下作业的机器人,这种机器人具有足够的抗压能力和密封性,可实现有人或无人操作。根据控制机器人的脐带电缆的有无,又可把水下机器人分为缆控水下机器人和无缆水下机器人。

水下机器人,又称水下无人潜水器,是典型的军民两用器具,它不仅可用于海上资源的勘探和开发,而且在海战中也有不可替代的作用。当今,为争夺制海权,各国都在开发各种用途的水下机器人,如探雷机器人、扫雷机器人、侦察机器人等。

(3) 军用机器人。军用机器人是指为满足各种国防和军事需求而设计的机器人。它的活动范围可以是空中、地面、水面和水下。其中,空中军用机器人就是无人机。它可分为四类:主要型、特种行动型、小型和无人飞艇。空中军用机器人可用于进行侦察、攻击和电子干扰等。陆地军用机器人,包括作战机器人、机器人哨兵、排雷机器人和美国军用“大狗”机器人(被开发者称为地球上最先进的四足机器人)。

(4) 警用机器人。警用机器人就是警务所辖范围内使用的机器人,包括侦察机器人、排爆机器人、攻击机器人、消防机器人、安检机器人、危险作业机器人等。

(5) 医用机器人。医用机器人是指辅助或代替医生进行医疗诊治及护理的机器人。医用机器人有很多类型,如外科机器人、X 射线介入治疗机器人、康复与护理机器人、人工器官植入机器人、无损伤诊断与检测微小型机器人、网络手术机器人等。

(6) 服务机器人。这种机器人主要有:迎宾机器人、讲解机器人、烹饪机器人、清洁机器人、扫雪机器人、面部按摩机器人等。

(7) 农林渔业机器人。这种机器人现已开发出来的有:耕耘机器人、施肥机器人、除草机器人、喷药机器人、收割机器人、蔬菜水果采摘机器人、林木修剪机器人、果实分拣机器人、嫁接机器人、林木伐根机器人[①]等。

(8) 娱乐机器人。这种机器人是能让人们感到有趣、开心和好玩,并能提供文化服务的机器人。这种机器人包括机器人剧团、表情机器人、舞蹈机器人、掰手腕机器人、家庭娱乐机器人、智能玩具、画像机器人等。

(9) 特殊环境机器人。如管道机器人、采矿机器人、救灾机器人等。

---

① 林木伐根用途很广,但采掘相当困难。为了提高采掘伐根效率、减少对地表的破坏,研制了林木伐根机器人。

(10) 纳米机器人。纳米机器人是在纳米尺度上应用生物学原理所研制的可编程的分子机器人。它属于分子仿生学范畴。也就是说,它是以分子水平的生物学原理为设计原型,设计制造出可对纳米空间进行操作的"功能分子器件"。纳米机器人目前已经经历了三代:第一代纳米机器人是生物系统和机械系统的有机结合体。这种纳米机器人可注入人体血管内,进行健康检查和疾病治疗;还可用来进行人体器官的修复工作,如做整容手术,从基因中除去有害的 DNA,或把正常的 DNA 安装在基因中,使机体正常运行。第二代纳米机器人,是直接用原子或分子装配成具有特定功能的纳米尺度的分子装置。第三代纳米机器人,将包含纳米计算机,是一种可以实现人机对话的装置。这种纳米机器人一旦问世,将彻底改变人类的劳动和生活方式。

目前,国际上的机器人学者,从应用环境出发,也将机器人分为两大类,即制造环境下的工业机器人和非制造环境下的服务与仿人型机器人。这种分类法和我国的分类是一致的。可见,我们把机器人归为两大类是有双重依据的。

四 机器人发展的历史简述

机器人这一概念从被提出到今天的成熟,已经经历了九十多个年头。

1920 年,捷克斯洛伐克作家卡雷尔·恰佩克(捷克语:Karel Capek,1890—1938)在他的科幻小说《罗萨姆的机器人万能公司》中创造出"机器人"这个词。

1939 年,在美国纽约世博会上展出了西屋电气公司制造的家用机器人。它由电缆控制,可以行走,会说 77 个字,甚至可以抽烟,但真正干家务活还差得远。即使这样,它却让人们对家用机器人的憧憬变得更加具体。

1941 年,美国科幻小说家艾萨克·阿西莫夫提出的"机器人三定律",虽然只是在科幻小说里的创造,后来却成为学术界默认的研究原则。

1948 年,诺伯特·维纳在他出版的《控制论》中阐述了机器人中的通信和控制机能与人的神经、感觉机能的共同规律。

被公认的机器人时代开始于 1954 年。那一年,美国人乔治·沃尔德(George Wald, 1906—1997)制造出世界上第一台可编程的机器人,并申请了专利。这种机械手能按照不同程序从事不同的工作,具有通用性和灵活性。

1956 年，在达特茅斯会议上，计算机科学家、美国两院院士马文·明斯基（Marvin Lee Minsky，1927—2016）提出了他对智能机器的看法。他认为，智能机器“能够创建周围环境的抽象模型，如果遇到问题，能够从抽象模型中寻找解决方法”。这个定义影响到以后三十年智能机器人的研究方向。

1959 年，沃尔德与美国发明家约瑟夫·英格柏格（Joseph Frederick Engelberger，1925—2015）联手制造出第一台工业机器人。随后，世界上第一家机器人制造工厂成立，其产品出口到世界各国，掀起了许多国家机器人研究的热潮。沃尔德被称为“工业机器人之父”。

1962—1963 年，传感器的应用增强了机器人的可操作性。人们试着在机器人上安装各种各样的传感器，包括触觉传感器、压力传感器、视觉传感器等。

1965 年，美国约翰·霍普金斯大学应用物理实验室研制出 Beast 机器人。Beast 已经能通过声呐系统和光电管装置，根据环境校正自己的位置。60 年代中期，美国麻省理工学院、斯坦福大学和英国爱丁堡大学等，陆续成立了机器人实验室。美国兴起研究第二代传感器、“有感觉”的机器人，并向人工智能领域进发。

1968 年，美国斯坦福大学研究所公布了他们研发成功的机器人 Shakey。它带有视觉传感器，能根据人的指令发现并抓取积木，不过控制它的计算机有一个房间大。Shakey 可以算是世界上第一台智能机器人，它拉开了第三代机器人研发的序幕。

1969 年，日本早稻田大学加藤一郎实验室研发出世界上第一台双脚走路的机器人。加藤一郎（1922— ）教授长期致力于研究仿人机器人，被誉为“仿人机器人之父”。日本专家一向以研发仿人机器人和娱乐机器人的技术见长，后来更进一步催生出本田公司的 ASTMO 和索尼公司的 QRIO。

1973 年，机器人与小型计算机第一次携手合作，美国 Cincinnati Milacron 公司的机器人 T3 诞生。

1978 年，美国 Unimation 公司推出通用工业机器人 PUMA，这标志着工业机器人技术已经完全成熟。PUMA 至今仍然工作在工厂第一线。

1984 年，英格柏格再次推出机器人 Helpmate，这种机器人能在医院里为病人送饭、送药、送邮件。同年，他还预言：可以让机器人擦地板、做饭、帮助人洗手、检查安全。

1986 年，美国研制了第一台拟人型双足步行机器人 SD-2，它有八个自由度，能实现静态行走。

1997 年，日本本田公司率先研制出世界上第一台可以像人一样走路的步行机器人。这是机器人发展史上的一个里程碑。

1998 年，丹麦乐高公司推出机器人（Mind-Storms）套件，让机器人制造变得跟搭积木一样简单，可以任意拼装。由此，机器人开始走入个人世界，进入教育领域。

1999 年，日本索尼公司推出大型机器人爱宝（AIBO），当即销售一空。从此，娱乐机器人成为机器人进入普通家庭的途径之一。

2002 年，美国 iRobot 公司推出了吸尘器机器人 Roomba，它能避开障碍，自动设计行进路线，还能在电量不足时，自动驶向充电座。Roomba 是目前世界上销售量最大、最商业化的家用机器人。

2002 年，日本本田公司在东京展示了其最新研制的 Asimo 智能机器人。

2002 年 6 月，美国微软公司推出 Microsoft Robotics Studio，使机器人模块化、平台统一化的趋势越来越明显。美国人比尔·盖茨（1955—　）预言：家用机器人很快将席卷全球。

根据上述发展情况，可把机器人概括为三代：

第一代机器人。这是 20 世纪 70 年代的机器人，属于“示教再现型”机器人。它只具有记忆和存储能力，可按相应程序重复作业，但对周围环境基本上没有感知和反馈能力。

第二代机器人。20 世纪 80 年代，随着传感技术，包括视觉传感器、非视觉传感器（力觉、触觉、滑感、听感、接近觉等）以及信息处理技术的发展，出现了第二代机器人——有感觉机器人。它能够获得作业环境和作业对象的部分有关信息，进行一定的实时处理，引导机器进行作业，并在工业生产中得到广泛应用。

第三代机器人。第三代机器人是目前正在研究的“智能机器人”。它不仅具有比第二代机器人更加完善的环境感知能力，还具有逻辑思维、判断和决策能力，可根据作业要求与环境信息自主地进行工作。

五　国际上机器人研发的最新成果及我国机器人研发的状况

（一）国际上机器人研发的最新成果

国际上机器人研发的最新成果主要有：

1. 类人机器人。韩国产业资源部2006年5月4日在首尔教育文化会馆展出了本国研制的外观像人、面部表情丰富的类人机器人，身高160厘米，体重50千克，具备韩国年轻女孩的面部和体型特征，是一位合成的美女，被称为Ever-1。其表皮使用了硅酮材料，触感接近人的皮肤，可以活动上半身；其外表、动作及喜怒哀乐近似真人；它有400个单词的理解力，支持与人进行简单对话。

又据英国《每日电讯报》报道，目前日本科学家成功研制出一种造型逼真的机器人，其外形酷似5岁的日本小女孩。这款新型机器人被命名为"Repliee R-1"，其皮肤由具有柔韧性的硅材料制成，内部置有数十个传感器和发动机，能够像人一样移动，并能与环境进行交互反应。这款机器人是由日本大阪大学机器人技术系研究小组负责研制的。他们认为，这是世界上最逼真的机器人。该机器人可以完成日常性的工作任务，可用于帮助老年人和残疾人拿取物品等。

2. 微型机器人。除了类人形体机器人外，科学家们还将机器人微型化。美国杜克大学的科学家称，他们在2008年成功地设计出一款微型机器人，其尺寸只有数微米大小，可以在比针尖还小的舞台上随着音乐翩翩起舞。

2009年年初，澳大利亚墨尔本市莫纳什大学的研究人员发明了一种可在人体血管中自由穿行的"微型潜水艇"，名为"希腊海神号"。这一微型潜水艇装有世界上最小的发动机，其直径仅有四分之一毫米，不到两根头发丝粗。该发动机足以推动这艘"潜水艇"在人体血管中穿行，抵达人体内一些以前根本无法触及的部位，甚至包括中风患者结构复杂的大脑血管。在"潜水艇"的头部安装了一部小型照相机，可以从体外进行遥控，并向大夫发出在人体内拍到的重要照片；可以提取活组织切片供医生们进行活组织检查；还可以将放射性药物运送到患者体内的肿瘤附近，直接将癌细胞杀死。到目前为止，这艘"微型潜水艇"已经通过了一些重要试验。"潜水艇"使用的推进器不是螺旋桨，而是一根不到一毫米长的"尾巴"，这根"尾巴"每秒钟可以摆动数千次。据2013年5月11日《科技日报》报道，美国科学家打造的"机器水母"可充当水下间谍，它名为"Cyro"，长约1.5米，宽0.8米，重77千克，外观接近真正的水母，有8条手臂。美国高校还研制出新型机器蛇，可潜伏在树上执行侦察任务。

（二）我国机器人开发情况

我国的机器人研究起步较晚，但进步很快，在特种机器人和智能机器人方面取得了显著成绩，也有很大发展潜力，但机器人产业发展还不充分。我国也研制了一些高新机器人，如：

1990年,国防科学技术大学成功研制了我国第一台类人型机器人——“先行者”,实现了我国机器人技术的突破。我国独立研制的这台类人型机器人,不仅有身躯、颈部、头部与四肢,还具备简单的语言功能。其行走能力为每6秒可走1—2步,从平地的静态步行到转弯上坡都能自如的动态步行。

1995年春,中科院沈阳自动化研究所研制的“海人一号”(CR-1)6000米无缆水下机器人潜海成功。它具有观察拍照、自动回避障碍、自动围绕沉着物巡游和自动返航等功能,达到世界领先水平。1999年研制的“海人二号”比“海人一号”具有更多机动性和对洋底微地形、地貌进行探测和跟踪的能力。

北京航空航天大学、清华大学和海军总医院共同开发的遥控操作远程医疗机器人系统——“黎元”机器人,于2003年9月10日上午进行的远程异地手术过程在中央电视台、中广网进行了现场直播。这台手术由地处北京的海军总医院田增民教授手持鼠标,遥控指挥600千米之外(沈阳)的机器人,为肿瘤患者做颅脑手术,并获得成功,病人的恢复令人满意。异地遥控手术需要四大设备:计算机、摄像机、定位仪和互联网。其具体的手术过程是:在沈阳中心医院的手术室里安装三台摄像头,患者手术部位的画面随时通过互联网传输到北京的计算机里,生成三维图像,主刀医生根据图像和数字给“黎元”发号施令。手术前,医生会将患者头部的三维立体图像、实施手术的路径输进“黎元”的程序里。

2004年10月15日,《人民日报》报道了中科院与中国科技大学共同研制出一种医用微型机器人。它能够游动于人体血管之中,并能进行清洁工作,还能将药物输送到人体各个患病部位。这种三角形的微型机器人长约3毫米,依靠外部磁场的作用在血管内活动。医生可以通过改变磁场的振动频率控制微型机器人的移动速度。他们的最终目标是研制出可以游走于人体血管内、长度仅为0.1毫米的微型机器人。

2005年4月13日,新华社以《中国人也可像摆棋子一样摆弄原子了》为标题,报道了中科院沈阳自动化研究所研制成功能够在纳米尺度上操作的机器人系统,通过了国家“863”自动化领域智能机器人专家组的验收。这种纳米操作机器人可广泛应用于纳米科学实验研究、生物工程与医学实验研究、微纳米科研教学等领域。

由北京理工大学牵头、多个单位合作研制的仿人机器人“汇童”,于2005年9月18日在于北京开幕的国家“十五”重大科技成就展会上首次公开亮相。“汇童”身高1.6米,重63千克,集控制、传感器、电源于一体,具有视觉、语言对话、力觉、平衡觉等功能。“汇童”能完成打太极拳、刀术等人类复杂的动作，在国际上率先取得了模仿人类复杂动作的突破。此外，“汇童”还能够感知自身的平衡状态及地面高度变化，实现了前进、后退、侧行、转弯、上下台阶及未知地面情况时的稳定行走。

据国际机器人联合会（IFR）提供的数据显示，我国在 2009 年工业机器人的保有量已达 52290 台。2011 年全球新装工业机器人 139300 台，较 2010 年增加了 18%。目前，全球已部署了 100 多万台各种非工业机器人。该联合会还预计，我国对工业机器人的需求量将达 32000 台，将成为全球最大的机器人需求国，到 2015 年我国国内工业机器人的年生产量将超过 20000 台，保有量将超过 13 万台。

我国工业机器人的生产和需求量虽然发展迅猛，但是就保有量而言却仅为日本的 10%，德国的 25%，我们仍需努力。

第十九章
激光技术

激光技术是20世纪60年代初发展起来的一门新技术。激光的问世标志着人类对光的认识和掌握进入了一个新阶段。它不仅赋予光学学科以新的生命力,而且引起现代光学应用技术的革命性发展,目前已广泛应用于工业、医学、通信、国防、农业等领域,起到了不可替代的作用。

一　激光及其产生的机理

(一)什么是激光?

“激光”一词来源于“light amplification by stimulated emission of radiation”的缩写“Laser”,音译为“莱塞”,港、台、澳等地称为“镭射”。“Laser”的原意是“受激辐射的光放大”。1964年,我国科学家钱学森建议把当时流行的“莱塞”和光量子放大器等名称统一起来,定名为“激光”,这就是“激光”一词的由来。

激光是一种人造光,是单一波长、具有全波相位的(相干)光,波长仅为电磁波波长的千分之几,被称作一种新颖的光源。它除了具有反射、折射、干涉等一般光的特性外,还具有方向性强、亮度高、单色性好、相干性好等特点。

1. *方向性强*。光的方向性如何,用光束在空间传播的发散角来衡量。发散角越小,方向性越好。如果发散角等于零,就称为平行光。普通光源发出的光射向四面八方,谈不上什么方向性,即使加上聚光镜后,其光束的发散角仍有1度左右。探照灯可谓有方向性,但它的光束呈喇叭形,光束有明显的扩散。而激光的发散角很小,一般为几个毫弧度,比探照灯的发散角小

100 倍，若加上光学系统聚集后，还可再减小 100 倍，已接近于平行光。如果把它射向月球（距地球 384000 千米），在月面上的光斑直径不超过 2 千米，而用最好的探照灯照射月球，其光斑直径至少有几百千米（实际上探照灯的灯光是达不到月球的）。

2. 亮度高。所谓亮度，光学上给出的定义是：光源在单位面积上向某一方向的单位立体角内发射的光功率。亮度与发光面积、光源的发散角成反比，与发射功率成正比。激光束的面积比普通光源的发光面积小得多。激光的发散角是普通光源的几百万分之一。激光的亮度就是因激光的能量在空间的高度集中而实现的。一支输出功率为 1 毫瓦的氦氖激光器的亮度，就比太阳光的亮度高 100 倍，而大功率的激光器输出的激光，其亮度可比太阳光的亮度高 10 万亿倍。至今为止，只有氢弹爆炸的瞬间所产生的闪光，才可与之相比。

3. 单色性好。普通光源发出的光，一般都是极为复杂的，都包括极宽的波长范围，也就是说，它的谱线宽度很大，如太阳光包含了所有可见光的波长（包括所有的颜色）；而激光则能密集在单一波长上，谱线宽度极窄，与普通光的谱线相比相差几个数量级，即激光的波长范围只有千分之五埃，如单色性能较好的氦氖激光，其波长范围只有千万分之一埃，比氪灯的单色性好 5 万倍。所以，激光是一种亮度高的单色光。

4. 相干性好。普通光源发出的光，属于非相干光。这种光叠加在一起，其幅度是起伏不定的，不会产生稳定的干涉现象。而激光的频率、相位和传播方向是相同的，属于相干光。这种光叠加在一起，其幅度是稳定的。也就是说，由于激光的发光波长单一，因而在相当长的时间内，可以保持光波前后的相位关系不变，这是任何其他光源做不到的。

（二）激光产生的机理

激光的发光机理与普通光有很大不同。普通光是由自发辐射产生的，而激光是由发射光放大而产生的。在介绍原子结构时已经谈过：围绕原子核运动的电子处于不同的能级上：离核近的能量小、能级低；离核远的能量大、能级高。能量最低的状态称为基态，比基态能量高的状态称为激发态。通常情况下，原子或其他粒子总是处于能量最低的状态（基态），因而原子呈现出稳定性。当原子受到外界能量作用时，原子中的电子由于吸收了能量，就会从低能级跃迁到高能级，原子便从稳定状态变为激发状态，即不稳定状态。但是，被激发后处于高能级的原子，在高能级上只能停留极短的时间，约为亿分之一秒，然后又立即跃迁回低能级。这个过程完全是自发进行的，因而被称为自发跃迁。在自发跃迁中,原子会把原先吸收的能量释放出来,即自发辐射出光子,于是便产生了光。这就是普通光产生的机理。太阳光、灯光均属于这类光。自发辐射过程中产生的光子没有统一的步调,不仅辐射出的光子有先有后,波长有长有短,而且传播方向也不一致,射向四面八方。物理学上把自发辐射产生的光称为非相干光。

原子从高能级跃迁到低能级并非只有自发跃迁一种形式。1917 年,爱因斯坦在他的受激发射理论中就指出:原子从高能级向低能级跃迁,也可以在光子诱发下进行,并且向外辐射相同的光子,这种现象称为受激辐射(或称受激发射)。受激辐射产生的光子在频率、振动方向和传播方向上均与诱发光子完全相同。受激辐射会产生光放大效应:一个光子诱发一个原子产生受激辐射,得到两个完全相同的光子,这两个光子再去诱发两个原子产生受激辐射,又可得到四个完全相同的光子;依此类推,形成连锁反应,使完全相同的光子越来越多。因而,受激辐射过程就是光放大的过程,受激辐射过程产生并放大的光,就是激光。可见,受激辐射放大就是激光产生的机理,也是爱因斯坦受激发射理论的核心。

二 激光技术发展的历史

光是人类生存发展的必要前提之一。白天,人们借助太阳光生活。为了解决黑夜照明问题,人类又发明创造了许多人造光源,如古代的油灯、蜡烛,现代的各式各样的电灯。这些光都是普通光,作用有限。现代科学技术的发展迫切需要使用相干光。早在古代,人们就知道了凸透镜可以使光聚焦后生火,从而梦想发明一种破坏力极大的超高强度的光束(“死光”)武器。20 世纪 60 年代以来,激光器的发明圆了古人的梦。

前面已经提到,爱因斯坦的受激辐射理论为激光的发明奠定了理论基础。但是当时的科学技术水平还达不到制造激光的能力,因而在以后的三四十年内没什么进展。20 世纪 50 年代,随着光子技术和微波技术的发展,迫切需要一种能产生可控制光波的振荡器,即今天所说的激光器,当时的难点在于寻找合适的光源物质。为此,许多科技工作者进行了尝试。1951 年,美国哥伦比亚大学的戈登·蔡格尔·汤斯(C. H. Townes, 1915—2015)发现:假如在盛有氨气的容器中有足够多的氨分子处于高能状态,氨分子固有的两个能级间会产生粒数反转现象,此时受激辐射就可超过吸收辐射,从而出现产生光子的连锁反应，得到强大的输出光。1953 年，汤斯根据上述原理制成了第一台微波量子放大器，这台放大器成为激光器的雏形。由于它产生的波长为 1.25 厘米，属于微波范围，故称为微波量子放大器（或微波激射器）而不叫激光器。1958 年，汤斯又把微波放大器原理由微波波段推广到光波波段，为激光器的制造打下了基础。汤斯因发现了激光原理，获得了 1964 年的诺贝尔物理学奖。

从 20 世纪 60 年代起，各种各样的激光器相继诞生。1960 年 7 月，美国休斯公司实验室的一位从事红宝石材料研究的年轻科学家梅曼（T. H. Maiman, 1927—2007）制成了第一台以红宝石为光源的量子放大器，即第一台激光器。它用脉冲氙灯进行光激励，激光输出为脉冲输出，波长为 6943 埃（深红色），峰值功率为 10^4 瓦。它的问世立即引起了世界各国科学界的重视，各种类型的激光器也就如雨后春笋般地相继出现。1961 年 11 月，斯尼泽（E. Snitzer，生卒年不详）制出钕玻璃激光器，目前用于激光核聚变。1962 年 6 月又出现了红色波长的氦氖激光器，它发出的光色鲜红，单色性、方向性和稳定性都很好，被广泛应用于各大学的实验室。同年又出现了镓砷半导体激光器。1963 年出现了液体激光器。1964 年，佩特耳（C. K. N. Patel，生卒年不详）研制成第一台二氧化碳激光器。这台机器的特点是功率强、能量大，最高输出功率高达 6 万瓦。同年，卡斯波（J. V. V. Kasper，生卒年不详）等人又制造出化学激光器，其特点是：不仅功率大（经不断改进，功率已达万亿瓦），而且不用电能。1966 年，索洛金（P. Sorokin，生卒年不详）等人研制出液体染料激光器，其特点是可以连续调节激光波长。1977 年又出现了自由电子激光器，它可以大幅度改变激光波长，具有大功率、高效率的特点，有可能从它得到毫米波和 X 射线波。

我国第一台红宝石激光器诞生于 1961 年 9 月，仅比美国晚一年，氦氖激光器的制成也比美国晚一年。这说明我国在激光器的研制方面并不比世界落后，后来只是由于“文化大革命”的原因，进展才受到一定影响。但是 1978 年科学大会后，特别是 863 计划后，激光技术的研究不仅重新受到重视，而且成为一个重点开发领域。经过三十多年的努力，我国在激光工业应用、激光医学、高功率激光、激光晶体、激光物理、激光化学等分支领域都取得了可喜的成果，有的项目已走在世界前列。1991 年 1 月，中国科技大学研制成功了世界上第一台万兆瓦可调谐新型钕玻璃激光装置。1992 年 12 月，由吉林大学高锦岳（1940— ）教授主持的科研小组，在钠原子中第一次观察到了无粒子数反转条件下的光放大信号，这是激光物理和量子光学领域的一个重大突破，在国际上居领先地位。

总之，目前发现：能产生激光的物质有上千种，激光的波长范围不断扩展，长波方向可扩展到远红外，与无线电波的毫米波相接，短波方向可扩展到紫外线和 X 射线。激光具有广阔的发展前景。

三 激光器的基本结构和种类

激光器是产生激光的装置，它通常由激光工作物质、光学谐振腔和激励源三部分组成，如图 19-1：

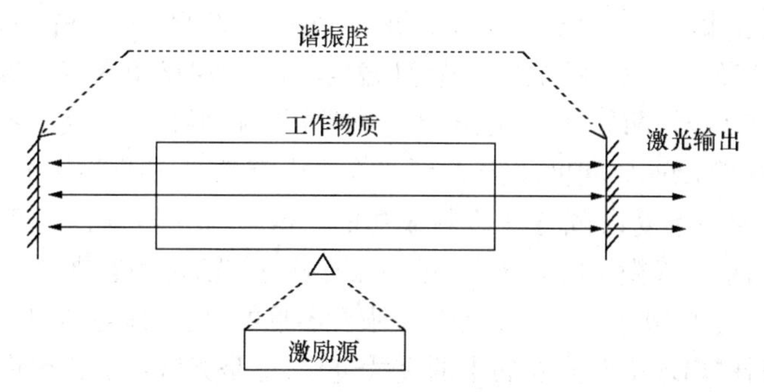

图 19-1 激光器的基本结构

激光器的种类很多，按照它的工作物质、激励源、工作方式和工作波长的不同，大体可分为五大类。

（一）固体激光器

固体激光器的工作物质主要是掺有钕离子（Nd^{3+}）等的晶体和玻璃，最常用的有钕玻璃（掺钕，输出波长为 1.054 微米，由斯尼泽制成）、钇铝石榴石［掺钕、输出波长为 1.064 微米，1964 年 4 月由范尤特（L. G. van Uitert，生卒年不详）制成］、红宝石（掺铬，输出波长为 0.6943 微米，第一台激光器就是红宝石激光器）。20 世纪 80 年代以来又研制出输出激光波长在一定范围内、连续调谐的激光晶体金绿宝石（输出波长为 0.701—0.815 微米）和蓝宝石（掺钛，输出波长为 0.66—1.18 微米）。固体激光器的激励源是光泵。为了提高激励效率，采用聚光器的办法，把光泵的光聚集到工作物质上。常用的光泵有脉冲氙灯、连续氪弧灯等。固体激光器的谐振腔由镀膜的全反射镜和部分反射镜构成。

固体激光器具有输出功率大、结构紧凑、牢固耐用等优点，常用于激光测距、激光加工、跟踪制导等方面。

（二）气体激光器

气体激光器具有和霓虹灯相似的结构，即由电源（包括电极、变压器等）、发光物质构成，不过气体激光器还要在灯管的两端装上反射镜，构成光学谐振腔，通电后整个放电管发出一种扩散的橘红色辉光。这种辉光经过在谐振腔中来回振荡便产生出一束极细的、耀眼的红色激光（输出波长为0.6328微米）沿轴线射出。这种激光的输出功率为几毫瓦到几十毫瓦，可连续工作达几万小时。气体激光器的工作物质是各种气体或金属蒸气。气体激光器主要有：氦氖激光器[美籍伊朗科学家阿里·贾万（Ali Javon，生卒年不详）等人于1962年6月制成，输出波长为1.15微米，为红外线]、氩离子激光器和二氧化碳激光器。氩离子激光器发出的激光有蓝色（输出波长为0.488微米）和绿色（输出波长为0.5154微米）两种，最大输出功率可达几百瓦，脉冲功率达兆兆瓦级。氩离子激光器于1964年问世，发出的绿光在水中有良好的穿透能力。二氧化碳激光器是1964年夏由佩特耳研制成功的。这种激光器发出的激光波长为10.6微米，而10.6微米的激光是最强大的一种激光，可用它来“打”出原子核中的中子。由于10.6微米的激光是人眼看不见的，故被称为“隐身人”。二氧化碳激光器的出现是激光发展中的重大进展，也是光武器和核聚变研究中的重大成果。它由于能量大、功率大而获得极迅速的发展。

气体激光器的单色性、相干性均比其他激光器好，常用于精密计量、医疗、通信等领域。

（三）半导体激光器

半导体激光器的工作物质是砷化镓、镓铝砷、铟镓砷磷等。它的结构实际上就是改进了的发光二极管，其主要部分是一块只有毫米大小的单晶，形成具有发光作用的PN结①。当接通电源后，在N层聚集大量的电子，通过结平面跃迁到P层中去，从而产生光子辐射，PN结的两个端面制成平行的镜面，镀有反光膜，形成一个谐振腔，由于激发产生的光子在两个镜面间往返反射，便形成振荡放大，于是从一个端面发出激光。第一台半导体激光器是1962年9月由美国的霍尔（R. N. Hall，生卒年不详）制成的砷化镓激光器（输出波长为0.9微米）。但是，由于它的方向性和单色性较差、寿命短、工作条件苛刻（连续工作必须低温冷却）等，未能投入实际应用，直至1976年贝尔实验室的林严雄（生卒年不详）等人研制成功异质结砷化镓激光器，才把半导体激光器推向一

① 在P型半导体（带正电子）与N型半导体交界面形成的空间电荷区被称为PN结，英文为P-N junction。

个新的发展阶段。由于半导体激光器具有体积小、重量轻、效率高、寿命长等特点,因而被用于通信、测距、射击模拟和信息存储等方面。它的输出功率小,仅为几十毫瓦到几十瓦。

(四) 化学激光器

化学激光器的工作物质为气体或液体,它的激励源是化学反应中产生的化学能,原则上不需外加的电源、光源等激光源,只是由化学反应产生的化学能的激励便可形成粒子数反转,并产生激光。化学激光器的工作物质本身就蕴藏着巨大能量。比如,每千克氟、氢燃料经化学反应生成氟化氢时,就能放出约 1.3×10^7 焦耳的能量,所以当化学能转换成受激辐射时,就能获得高能量的激光。氟化氢、氟化氘激光器的输出功率为兆瓦级,并可连续输出。化学激光器的波长范围较宽,氟化氘的波长在 3.6—5.0 微米,一氧化碳的波长为 5.0—7.0 微米。由于化学激光器在空中传播时损耗小、功率大、可调谐,因而是最有希望的激光器,它将被用于制造激光武器。

(五) 自由电子激光器

以固、液、气态为工作物质的激光器的工作原理都是基于原子或分子的受激辐射。这种激光器有如下一些缺点:第一,激光跃迁只能在分立的能级上进行,因而激光的输出频率也只能是分立的,只能在小范围内变化,不能大幅度调谐;第二,波长越短,获得受激辐射越困难;第三,基质工作物质的热效应和强光作用下的非线性效应限制了输出功率和重复率的提高。因而,1977 年美国斯坦福大学的迪肯(D. A. G. Deacon,生卒年不详)等人又研制了第一台以自由电子作为工作物质的自由电子激光器。该激光器的工作机理与其他激光器截然不同。它的工作机理是基本轫致辐射和康普顿散射。所谓用自由电子,是指不受原子核束缚、以运动自由的电子作为工作物质,也就是指用从电子加速器中获得的高能电子束当工作物质。电子束通过在真空周围变化的横向磁场,使高速运动的自由电子与电磁场辐射相互作用,形成不同能态的能级,从而实现粒子数反转并产生激光辐射。只要改变电子束能量大小和磁场强弱,就可使其发出的激光波长发生变化,其调谐范围可以从微波到红外、紫外乃至 X 射线波段,可调谐范围很大。正因为如此,它可用于同位素分离、激光核聚变、激光武器等方面。不过,这种激光器还不够成熟,尚需进一步完善。

除以上几种激光器外,还有液体激光器、准分子激光器、染料激光器、X 射线激光器等,仿佛有多少种能产生激光的工作物质就能造出多少种激光器。

四　激光技术的应用

由于激光具有独特的性质和种种优点，目前已被应用于工业、农业、医学、通信、测量和国防等各个领域。

（一）激光在工业上的应用

激光在工业上主要用于激光加工。利用激光可以完成钻孔、切割、焊接、表面热处理等材料加工，其优点是速度快、精度高、材料变形小、无污染。

用激光可以完成传统工艺对硬质合金材料以及金刚石、宝石、陶瓷等非金属材料难以完成的钻孔，孔径可以小到10微米以内，孔深与孔径之比值可以高达50以上。一般钻头钻出的孔，最小直径只能达到250微米。

激光既然能钻孔（实际上是烧孔），那么也就能用于切割（连续烧出一条缝）。激光切割具有切缝窄、速度高、热影响区小、节省材料、成本低等优点。激光不仅可以把钢板之类的大的金属材料切割成复杂的形状，还可以切割半导体元件之类的小东西。比如，电子工业需要在一平方厘米大小的硅片上，制作几十个集成电路的基片，过去采用金刚刀在硅片上划，用力不当会损坏基片，切缝较宽又会浪费贵重的单晶硅材料；同时，金刚刀划痕还会产生机械应力，影响质量。采用激光划片机，不仅大大提高了切割速度，而且划片质量也很好。

激光焊接与激光打孔、激光切割的道理相同，即用激光把接口两方的材料烧熔后再凝成一体就行了。激光焊接的精度极高、质量好，用它可以焊接用一般焊接方法难以达到的部位，特别适合电子工业及其他有特殊要求的焊接。它既能焊接熔点特别高的材料，又能将两种性质截然不同的材料焊接在一起。如对金属和陶瓷、铜和钽的焊接，用一般方法焊接合格率不到25%，而用激光焊接，其合格率为100%。此外，激光还可以透过玻璃对真空管内的电极进行焊接。

激光表面热处理是20世纪80年代中期前后才开始使用的一种新技术。用激光进行热处理与一般热处理方法相比，具有快速、不需淬火介质、硬化均匀、变形小、硬化深度可精确控制等优点，因此它最适用于不需深度硬化或几何形状复杂的部件。

（二）激光在农业上的应用

激光在农业上主要用于激光育种、激光杀虫等方面。使用激光技术可以促使种子提前发芽,缩短作物成熟期,提高产量和质量。比如,受激光照射过的蚕豆,种植后六七天便长出新芽,而未受激光照射的蚕豆则需要9天;经激光照射后的黄瓜、西红柿种子,发芽率可以提高10%—20%。

激光能使作物提高产量和质量的机理在于:植物色素是一种能被特定波长的激光"液化"的光接受体,它控制着植物的多种生长反应。实验证明,植物在一定能量与波长的激光照射下,种子发芽期会提前、枝叶会变大、花蕾会增多,果实也会早熟。

激光诱发突变育种已经取得了一些有意义的研究成果。比如,用激光辐射方法培育出来的新型西红柿品种,具有成熟期短、果实大、胡萝卜素及糖的含量高、保鲜期长等特点。激光诱发突变育种的机制尚在研究之中。

(三)激光在医学上的应用

激光问世后,很快被用于医疗领域,大大改善了医疗效果。用激光"刀"代替传统的手术刀进行外科手术,目前已比较普遍。它的优点在于:无疼痛、无菌、出血少。激光在眼科、耳鼻喉科、妇科、骨科、癌症治疗中广为应用。比如利用激光具有能量集中、光束细的特性,焊接视网膜时,可以从瞳孔射入眼内,使病变部分的蛋白质变成凝胶状态,从而把视网膜裂孔或剥离部分焊接起来,达到治疗目的。激光手术时间极短,可以在千分之一秒内完成,病人无任何痛苦,也不需要任何麻醉,其焊点面积只有针头大小。

激光还可用于对人体组织进行光谱分析,以测定血液中的微量元素含量,并且已测出人体红细胞中铁的平均含量为10^{-13}克。

激光用于牙齿钻孔或切开牙齿,可以减少患者的痛苦和治疗时间。用激光手术刀切除肿瘤时,可防止癌细胞扩散,并对体内肿瘤进行治疗。总之,激光在医疗领域用途广、疗效好。

(四)激光在通信上的应用

激光的出现,大大扩充了电磁波谱的范围,为通信技术的发展开辟了广阔的前景。激光通信具有比一般通信容量大的优点。激光是频率单一的电磁波,它的频率可高达10^{13}—10^{15}赫(几亿兆赫)。用它作载波传送语音信号时,假如每一个通话带宽为4000赫,则可容纳100亿条话路;若用它传送电视节目,假如每套电视节目所占用的频道宽为10兆赫,则可同时播送1000万套电视节目而互不干扰。激光通信的另一优点是结构紧凑、轻便。由于它的发散角小、方向性好,因此激光通信所需的发射天线和接收天线都可做得很小,结构紧凑而且轻便。激光通信的第三个优点是通信距离远、保密性能好。由于激光束发散角很小,能量高度集中,因而信息传送距离远,同时它是用不可见光进行信息传送，因而不易被截获，便于保密。

激光通信主要有大气激光通信、光纤通信、水下激光通信三种方式。

1. 大气激光通信。大气激光通信的原理、结构和通信过程均与普通微波通信相似：需要传送的信息经过电发送机变换成相应的电信号，通过调制器对光源发出的激光载波进行调制，调制后的光信号经发射望远镜变成截面较大而发散角很小的光束送入大气信道；光信号到达接收端，由接收望远镜接收，通过滤光器滤去太阳光等的干扰，由光检测器将信号变成电信号，经电接收机解调，还原成原信号，从而实现大气激光通信。大气激光通信具有保密性好、机动性强、抗电磁干扰性好、设备轻便等优点，适用于临时、紧迫和保密性要求高的定点通信场合，如江河湖海、高山峡谷、边防哨所等的通信。但是它不能全天候使用，在恶劣的气候条件下会造成通信中断，传输距离亦不远。

2. 光纤通信。光纤通信技术是20世纪70年代发明的，它的发明者是被誉为“光纤之父”的美籍华人高锟。高锟（1933—2018）生于上海金山，拥有英国、美国双重国籍，曾任香港大学校长，1996年当选中国科学院外籍院士。1966年，高锟发表的《光频率介质纤维表面波导》的论文，开创性地提出光导纤维应用于通信的原理，描述了远程及高信息量光通信所需绝缘性纤维的结构和材料特性。简单地说，只要解决好玻璃纯度和成分等问题，就能利用玻璃制作光学纤维，从而高效传输信息。之后，这一理论逐步变成现实，全世界掀起一场光纤通信革命。光纤通信系统的问世，为当今互联网的发展铺平了道路，此后高锟的“光纤之父”的美誉传遍世界，他因而获得了2009年诺贝尔物理学奖。光纤通信技术可以克服大气激光通信的缺点。光纤通信与电缆通信类似，区别只在于它传输的是载有信息的激光信号。光纤是由纤芯（芯径为5—50微米）、包层（包层外径为100微米左右）和涂敷层三部分构成的，结构呈圆柱形，粗细相当于一根头发丝。通俗地说，光纤就是一些很细的玻璃丝或塑料丝。光纤通信所用的材料是石英玻璃或塑料，通常采用石英光纤，因为石英玻璃的折射率最低，在传输过程中光损耗小。制造石英光导纤维时，必须首先制造高纯度的石英玻璃，然后才能制成光导纤维。实际使用的光缆是由许多根光纤组成的。它既可埋入地下，又可架在空中或海底。一根光缆可通几十万路电话、传播几千路电视节目。光缆的成本低，可节省大量有色金属材料。光缆的主要原料——石英，资源丰富，1千克石英可拉出1000千米长的光纤，而要生产同样的电缆则要耗费500吨铜和2000吨铝；光缆还有抗电磁干扰、保密性好的优点。激光在光纤中传输不受大气影响、传输损耗低、通信距离远、传输容量大，这些都是电缆通信所不及的。

光纤通信系统由光发送机、光缆、光中继器、光接收机、电发送机、电接收机等组成。激光通信系统的组成见图 19-2。

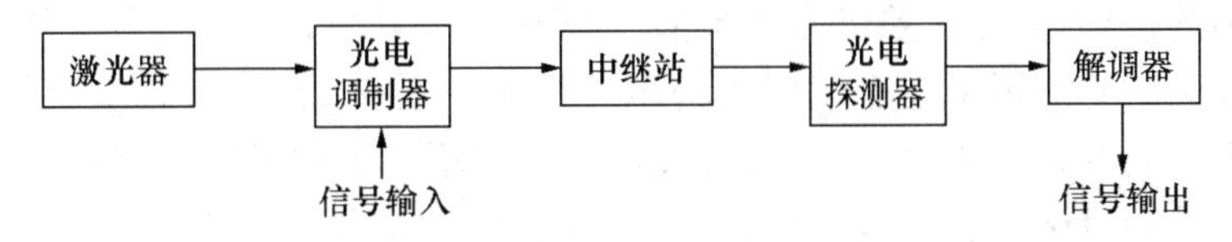

图 19-2 激光通信系统

光纤通信在民用和军用方面都有广阔的应用前景。美、日、西欧等国已实现了通信干线光缆化，并合作建成了横跨大西洋和太平洋的海底光缆通信系统。我国也建成了几条长距离的光缆通信干线。如 1990 年建成的南京—武汉光缆通信系统，全长 1000 多千米，用的是 12 芯光缆，安装了具有当代先进水平的 1920 路光纤数字通信设备。1992 年 5 月，又建成了第一条 1. 55 微米无中继光缆通信系统，即南京—芜湖 110 千米光缆通信工程，质量达到国际先进水平。经近 10 年的快速发展，我国公用通信骨干网和城市局间中继线路网基本实现了光缆化和数字化。光缆大有取代电缆的可能。光纤通信的发展非常迅速。1996 年 3 月，日本富士通研究所宣布，运用光纤通信相当于一份报纸 250 年所载信息仅用 1 秒钟即可传送完毕。

3. 水下激光通信。过去对水下潜艇通信一直采用超长波通信的办法。这种办法不仅需要建造一个十分庞大的超长波电台，而且通信速度慢，电波穿透海水的深度也只有几十米，潜艇在这个深度易被发现，很不安全。现在发现，用波长为 0. 46—0. 53 微米的蓝绿激光可以使穿透能力提高几十到几百倍，即可穿透几百至几千米的海水。这展示了深海通信的美好前景。美国在 20 世纪 80 年代初曾做过一次试验：1981 年 5 月，在圣地亚哥附近海域上空，在一架飞行高度为 13000 米的飞机上，用波长为 0. 53 微米的激光束向一艘位于水下 300 米深度的导弹核潜艇发出信息，潜艇收到了这一信息，试验获得成功。这种蓝绿激光对潜艇通信，今后也可使用星载、机载的激光通信装置，或者从地面、舰艇上发射激光，经卫星上的反射镜反射到水下。

（五）激光在测量上的应用

由于激光具有单色性和相干性好、方向性强等特点，因而被用于高精度的计量和检测。激光可以用于精确地测量长度、距离、速度、角度、时间等，可以作为长度、频率、光度的计量基准。激光测距按技术途径可分为脉冲式激光测距和相位式激光测距。脉冲式激光测距的原理与雷达测距原理相似，即测距仪向目标发射激光信号，信号碰到目标后就被反射回来。由于光的传播速度是确定的（30 万千米/秒），因而只要记录光信号的往返时间，用光速乘以往返时间的1/2，就是所要测定的距离。用这种办法测量月球与地球之间的距离，实际误差仅为几厘米。

相位激光测距是用连续调制的激光波束照射被测目标，通过测量光束往返中引起的相位变化，换算出与被测目标的距离。为了确保测量精度，一般要在被测目标上安装激光反射器，用这种办法测量的相对误差为百万分之一，在几千米的距离上误差也只有几毫米。激光测距仪已广泛用于地面炮、坦克炮的火控系统，大大提高了命中率。

此外，激光还可用于微量光谱分析、检测大气污染、测量流体速度、制造激光陀螺仪和激光地震仪以及测量纤维的直径，其测量范围可以从几微米到几十微米，对被测纤维没有破坏性。

（六）激光在军事上的应用

由于激光的能量高度集中，因而它刚一产生便被考虑用于军事领域。激光在军事领域主要用于激光制导和制造激光武器。

1. 激光制导。激光制导是继雷达、红外、惯性制导之后发展起来的一种精确制导技术。激光制导由于制导精度高、抗干扰能力强，很快在制导领域跃居主导地位。现在已研制成功的激光制导武器有激光制导导弹、空地导弹、地空导弹、反坦克导弹、炮弹等，还出现了有线制导方式——光纤制导。

激光制导分为寻的制导和波束制导两种方式。寻的制导的机理是：当发现目标后，由激光指示器发射激光去照射目标，紧接着发射激光制导武器，这时装在武器头上的激光寻的器接收目标反射回来的激光信号，经光电探测器转换为电信号，然后经放大、运算处理，得出引导信号，驱动执行机构，使武器导向目标。激光指示器可以装在飞机上，也可由地面人员指示目标。

激光波束制导的机理是：导弹发射后在对准目标的激光束中飞行，直接接触激光信号，一旦导弹偏离波束中心，装在尾部的光电控制器便能感知，通过对信号的处理得出弹轴与波束中心的角偏量，然后向执行机构发出修正指令，引导导弹飞向目标。波束制导通常用于地空导弹和反坦克导弹。激光制导的主要缺点是不能全天候使用。

2. 激光武器。激光武器是一种利用沿一定方向发射的激光束攻击目标的定向能武器。它利用激光方向性强、亮度高的特点，把能量高度集中到目标上,从而产生破坏效应,达到摧毁目标的目的。比如,将激光聚焦在任何物体上,不到半秒钟,焦点处的物体便被加热到 8000 度,足以作为破坏性武器使用。激光武器与常规武器相比,具有如下特点:第一,速度快。激光束以光速射向目标,比枪弹、炮弹的飞行速度快 30 万倍。在几十千米的距离内,光束飞行时间只需万分之一秒左右,射击运动目标时不必计算提前量。第二,灵活。发射激光时,由于光束不会产生后坐力,易于迅速调换方向,因而能在短时间内拦击多个目标。第三,精确。第四,不受电磁波干扰,将成为一种非常规威慑力量。

由于激光武器是靠发射高能激光束攻击目标的,它可使目标穿孔或层裂,从而失去其功能。激光武器按其功能可分为用于致盲、防空的战术激光武器和用于反卫星、反洲际弹道导弹的战略激光武器。

激光致盲武器的功能在于,可使人眼致盲和武器装备的“眼睛”致盲。比如,只要用 0.53 微米的激光致盲武器就可以使几千米至十几千米远的人眼暂时或永久失明。

防空激光武器是通过破坏光电装置、引爆弹头、毁伤壳体等方式,拦击导弹和飞机等来袭目标。如 1983 年 5—7 月,美国用装在飞机上的 500 千瓦二氧化碳激光武器进行试验,将 5 枚“响尾蛇”空对空导弹全部击毁。1989 年 2 月,美国海军又在靶场用中红外化学激光武器,成功地拦截并击毁了一枚快速、低飞的巡航导弹。

反卫星激光武器主要是通过干扰、破坏卫星上的光电侦察设备,使卫星失效。战略反导激光武器被用于多层次的战略防御系统中,能对洲际弹道导弹进行有效拦截,这是美国“星球大战”的重点研究项目之一。

激光武器的弱点在于:随着射程的增加,落到目标上的激光光斑增大,功率密度降低,破坏力减弱;另外,大气对激光有较强的衰减作用,难以全天候使用,受限于大雾、大雪、大雨;同时,由于激光系统属于精密光学系统,因而在战场上的生存能力有待考验。

(七)激光在摄影上的应用——激光全息摄影

普通摄影技术只能在照片上显示出物体的平面图像,采用激光全息摄影技术则可以显示出物体的三维立体图像。激光全息摄影有如下一些优点:它所显示的物体图像,其视觉效果如同我们身临其境观察到的物体一样;全息照片如果被切割成若干小块,不论其大小,每一块都可以完整地再现原来的全部物像。因此,全息照片即使有缺损,也不会使再现像失真;全息照片易于复制。正因为激光全息摄影有这些优点(或特点),因而在军事上和科学研究上都有重要用途。

拍摄全息图像需要相干性极好的强光,所以全息摄影只能在20世纪60年代激光器诞生后才能实现。全息原理的发现者是英国科学家(匈牙利人)盖伯(D. Gabor, 1900—1979),他为此获得了1971年诺贝尔物理学奖。第一张全息照片是1961年美国的刘思(E. N. Leith,生卒年不详)和乌帕特尼克斯(J. Upatnieks,生卒年不详)拍摄的。

(八)激光在印刷业的应用——汉字激光照排

激光照排技术,就是把文字通过计算机分解为点阵,然后控制激光在感光底片上扫描,用曝光点的点阵组成文字和图像。通俗点讲,激光照排就是电子排版系统的简称。

1976年英国蒙纳公司将激光扫描应用到照相排字机上,制成Lasercomp型激光照相排字机,这种设备是复杂、精密的高输出设备。通过激光照排,可以得到高质量的书报杂志等印刷品。

汉字激光照排的创始人是北京大学教授、中科院院士、中国工程院院士、第三世界科学院院士王选(1937—2006)。汉字激光照排就是激光照排在中国的应用,它实际上是一种利用照相原理来代替铅活字的排版技术。1978年8月"华光型计算机激光汉字编辑排版系统"问世,汉字激光照排宣告成功。这被誉为中国印刷技术的第二次革命,王选也因此荣获2001年国家授予的最高科学技术奖。

五　激光技术的前景

激光技术经过四十多年的发展,在基本理论、基本技术、制造工艺等方面均已成熟,它在各个领域的应用正推动着自身向更高层次发展。世界各国都瞄准了这一高科技领域,竞相投入大量人力、物力和财力,奋力抢占这一高科技前沿阵地,它的发展前景是十分广阔的。

激光技术与电子技术进一步紧密结合,将大大提高信息探测、传输和处理能力。现代电话、电报、电视等传统的电通信方式将被"光话""光报""光视"等崭新的通信方式所取代。21世纪将出现每秒运算速度万亿次以上的光子计算机[1]。

激光技术与核技术紧密结合,将开辟利用能源的新途径。激光核聚变是实现受控核聚变的重要途径,它将为人类提供取之不尽、用之不竭的新能源。

激光武器的研制也是激光技术发展的重要方面。美国把激光武器的研制作为重点项目,他们将在前面列举的激光武器、激光制导的基础上进一步拓宽研究领域。预计21世纪激光武器时代将会到来,各种激光武器将在地面、空中、海上、太空大显神威。

激光技术在航天领域中也被广泛应用。我国"神五""神六"飞船上使用的镍氢电池、继电器等都采用了激光焊接技术,"神七"飞船等航天器的壳体焊接、宇航服的精密焊接都采用了激光焊接技术。

---

① 光子计算机是由光子代替电子或电流,实现高速处理大容量信息的计算机。其基础部件是空间光调制器,并采用光内连技术。目前尚处研制阶段。

第二十章 3D打印技术

3D打印技术是制造业领域正在迅速发展的一项新兴技术,被誉为"具有工业革命意义的创造技术"。3D打印这个词一般人比较陌生,但在学术界和商界已经被炒得沸沸扬扬。2013年2月18日美国总统奥巴马在国情咨文中讲,美国要大力发展两大技术,一是机器人技术,另一个就是3D打印技术。2013年5月初在上海召开了增材制造(3D打印)全球高峰论坛,5月30日世界3D打印技术产业大会在北京召开,这说明3D打印技术已经成为世界各国十分关注的一项技术。有的专家认为,这项技术确实是一种变革性、短流程、低成本、数字化、高性能的技术,是一种制造一体化技术。3D打印技术究竟是个什么新鲜玩意,为什么会引起媒体的频繁报道?为了解开这个谜,我们专辟一章进行介绍。

一 3D打印技术的含义、技术支撑及工作原理

3D是英文"Three Dimensions"的简称,中文意思是三维、三个维度、三个坐标,即立体的意思。

(一)3D打印技术的含义

3D打印技术20世纪80年代诞生于美国,其学名是"增材制造",即把材料一层层叠加熔聚成型,与传统制造需通过机械切削加工的"减材制造"工艺恰恰相反,它不损失材料,也无须模具、车床等设备,所以也被称为无形制造技术。

3D打印技术又叫三维(立体)打印技术,是快速成型技术的一种,是一种以数字模型文件为基础、采用粉末状金属或粉末塑料等可黏合的材料、通

过逐层打印方式构造物体的技术。

3D 打印技术的研发和应用经历了几十年的摸索，其技术已基本成熟和完善，在易用性、经济性、人性化等方面都取得了巨大的突破。随着电脑网络应用的快速普及，3D 打印将成为一种新颖的、可驾驭的基本电脑工具，像打字一样，成为普通大众工作和生活的一部分，人人可以享用。由于 3D 打印机可以“打印”出诸如电影、大厦、汽车、手机、服装、机器人、玩具车乃至食品等物品，从而把人们带入一个看似虚拟，但却真实的立体世界。3D 打印这一形象叫法已被广大群众所接受。

那么，为什么把这种快速成型技术取名为 3D“打印”技术呢？这是因为，3D 打印（机）技术与普通打印（机）的工作原理基本相同，是参照普通打印机的原理制造出来的，其打印过程与普通喷墨打印十分相似。所不同的是，普通打印机所用的材料是墨水和纸张，是二维的、平面的，即只有 x 和 y（长和宽）两个方向，而 3D 打印机使用的材料是金属、陶瓷、塑料等（固体）粉末，是三维的、立体的，即有 x、y、z（长、宽、高）三个方向。当 3D 打印机与电脑接通后，通过电脑控制，可以把预先设计的立体蓝图层层切割成片，再经过喷胶把各片黏合、叠加起来，最终把计算机上的蓝图变成实物。可见，3D 打印机实际上是一种可以制造出真实物体的设备。

（二）3D 打印的技术支撑

3D 打印技术是一项综合性技术。它所需依托的关键技术，主要包括计算机技术、信息技术、精密机械和材料科学技术等。这是因为，3D 打印不仅需要先进的设计软件及数字化工具，而且需要信息化、自动化装置。设计人员设计出产品的三维数字模型后，自动控制系统要根据模型，自动分析出打印工序，并且自动控制打印材料的走向。3D 打印以层层叠加的方式进行生产，若要生产出高精度的产品，必须对打印设备的精准程度和稳定性有较高的要求，这就要有精密机械参与打印过程。3D 打印的原材料比较特殊，即必须能液化、粉末化、丝化，在打印完成后又能重新结合起来，并呈现出合格的物理、化学性，这就要求材料科学技术做这方面的保障。总之，3D 打印不是一项单一的技术创造，没有计算机技术、信息技术、激光技术、机械加工技术、材料技术等的支持，就没有今天的 3D 打印技术。

（三）3D 打印技术的工作原理

3D 打印技术的基本原理是以计算机三维设计模型为蓝本，通过软件分层、离散及数控成型系统，利用激光束、热熔喷嘴方式，把金属粉末、陶瓷粉末、塑料粉末、细胞组织等特殊材料进行逐层堆积、黏结，最终叠加成型，制造出实物产品。它不需要复杂的工艺、众多的人力、庞大的机械设备，只要把三维实体模型“切”成若干个二维平面，再层层叠加，便可生产出所需要的物体来。这就大大降低了生产过程的复杂度，简化了生产流程。

二 3D 打印（机）技术的分类

3D 打印实际上是一系列快速成型技术的统称。目前市场上的 3D 打印机种类繁多，五花八门，竞争激烈。它们虽然打印对象不同，打印材料、打印过程有所差别，但是工作原理却基本相同，都是叠层制造，都是在 X-Y 平面通过扫描形式形成工件的截面形状，在 Z 坐标间断地作层面厚度位移，最终叠加成三维（立体）物件。它们的主要不同点在材料上。比如，SLS 机所用的材料是热塑性塑料、金属粉末和陶瓷粉末，而 SLA 机所用的材料是光硬化树脂。下面介绍几种主流 3D 打印机。

（一）熔融沉积快速成型（FDM）机

熔融沉积又叫熔丝沉积，它把热熔性材料加热熔化，通过一个微细喷嘴挤喷出来，沉积在制作面板或者前一层已固化的材料上，当温度降到固化温度后，材料开始固化，通过材料的层层堆积，最终形成产品。

在 3D 打印（机）技术中，FDM 的结构最简单，设计最容易，制造成本、维修成本、材料成本最低，也是桌面级 3D 打印机中家用最多的一种。FDM 机主要以 ABS（树脂）和 PLA（聚乳酸）为材料。ABS 强度虽大，但有毒性，制作时臭味熏天，热收缩性较大，影响成果质量；而 PLA 是一种生物可分解塑料，无毒性，无味，环保，成品形变较小，因而国外主流桌面级 3D 打印机均以 PLA 作材料。

但是这种打印机由于出料结构简单，难以控制出料形态和成型效果，同时，温度对成型效果的影响也非常大，因而成品成型后不够稳定，精度也不够（精度通常在 0.3 mm—0.2 mm）。所以，这种打印机在那些对精度要求较高的快速成型领域不太适用。

（二）光固化成型 SLA 机

光固化技术是最早发展起来的快速成型技术，也是研究最深入、技术最成熟、应用最广泛的快速成型技术之一。这种机型主要使用光敏树脂为材料，通过紫外光线或其他光源照射，使材料凝固成型，通过逐层固化，最终得到完整的产品。

光固化技术的优势在于成型速度快、原型精度高,非常适合制作精度要求高、结构复杂的原型。光固化技术的工业级3D打印机最著名的当属Objet,该机的制造商还为其提供123种以上的感光材料,是目前获得支持材料最多的3D打印设备。

光固化快速成型机Objet是3D打印机中成型精度最高、表面最光滑的机型,它的材料层厚度最低可达16微米(0.016毫米)。

但这种机型也有不足:第一,所使用的光敏树脂材料有一定毒性;第二,成型后的产品强度稍差。因此,该技术主要用于原型设计和实验方面。

(三)三维粉末粘接(3DP)机

3DP技术是美国麻省理工学院开发成功的。它使用的材料是陶瓷粉末、金属粉末和塑料粉末,故称三维粉末粘接。3DP技术的工作原理是:先铺一层粉末,然后用喷嘴把黏合剂喷在需要成型的工作面上,令材料粉末粘接,形成零部件截面,然后不断重复铺粉、喷涂、粘接,层层叠加,最终"打印"出物件。

3DP技术的优势在于:成型快、无须支撑结构,并能输出彩色打印产品,这是其他机型难以做到的。

3DP技术的典型设备是3DS(全称为3D Systems,是全球顶级品牌)旗下的Zcorp的Zprjnter系列,这个系列也是3D(立体)照相馆使用的设备,该设备的Z650型最大可输出39万种颜色,色彩非常丰富。在色彩外观上,其打印的产品最接近于成品。

但是3DP技术也有它的局限或不足之处,主要是打出的成品的强度不高,表面不如SLA产品光洁,精细度也有劣势;此外,制造相关的粉末材料的技术比较复杂、成本高,一般用户用不起,因而3DP技术主要用于专业领域。

(四)选择性激光烧结(SLS)机

SLS(Selective Laser Simtering)是利用粉末材料在激光照射下烧结的原理,由计算机控制,层层堆结成型。它的操作过程是:首先铺一层粉末,把材料预热到接近熔化点;再使用激光在该层截面上扫描,使粉末温度升至熔化点;然后烧结,形成粘接;接着不断重复铺粉—烧结的过程,直至完成整个模型成型。

SLS技术的优点是:使用的粉末材料种类较多,生产的成品精度好、强度高,远远优于其他3D打印技术,特别适合于金属成品的制作。激光烧结对金属零件既能直接烧结,也能间接烧结(有的成品成型后表面不够光滑,需再次烧结处理,这个过程被称为间接烧结)。尽管SLS优势明显,但是也同样有它的不足之处，主要表现为：第一，粉末烧结成品表面粗糙，需要后期处理；第二，需要使用大功率的激光器及很多辅助性保护工艺，整体技术难度较大；第三，制造和维护成本非常高，普通用户无法承受。所以，该技术主要用在高端制造领域。

进入21世纪，3D打印技术迅猛发展，各种机型争相斗艳，百花齐放，如同战国时代，相互竞争，机型也五花八门，从巨型房屋打印机到微型纳米细胞打印机，层出不穷，但是它们大都适用于专业领域，民用市场还是以简单架构的FDM机为主。

三　3D打印技术的创新与突破

近几年来，3D打印技术又有了新的创新与突破，主要表现如下：

（一）3D打印的应用领域有了扩展和延伸

2011年，3D打印技术在生物医药领域被充分应用。首先，利用3D打印技术直接打印生物组织的观念日益受到推崇；接踵而来的是Open 3DP创新小组于2011年宣布利用3D打印技术打印人类骨骼组织获得成功，目前这一技术已经成熟；哈佛大学医学院的一个研究小组成功研制出一款可以实现生物细胞打印的设备；另外，利用3D打印技术打印人体器官的尝试也在研究之中。

随着3D打印材料日益多样化，以及打印技术的革新，3D打印不仅在传统制造业方面体现出非凡的发展潜力，而且其魅力正延伸到食品制造、服装制作、奢侈品制作、影视传媒以及教育等多个与人们的生活息息相关的领域。

（二）3D打印在速度、尺寸及技术上日新月异

在打印速度上，2011年，个人使用的3D打印机，其速度已突破送丝速度300 mm/每秒的极限，达到350 mm/每秒。在打印机体积上，为适应不同行业的需求，也呈现出多样化特点，用户可根据需求进行选择。目前已有多款适合于办公打印的小巧3D打印机问世，并不断挑战“轻盈”极限，为未来进入家庭奠定基础。大尺寸的打印机也已面世，如，德国2011年研制成功4000mm×2000mm×1000 mm（4米×2米×1米）的大尺寸的3D打印机，使打印大尺寸的部件一次成型成为可能。目前用大尺寸的打印机已经打印出房屋等大型物体。

2012 年,Lexus 公司对外公布了其研发的新的 3D 打印技术,该技术运用高科技循环编织技术,使用激光进行 3D 打印,能以编织的方式制作出复杂的 3D 模型。

(三) 3D 打印改善了人们的生活

3D 打印突破了传统服装设计和烹调的旧模式。2011 年荷兰时尚设计师艾里斯·范·荷本(Lris van Herpen)展示了他用 3D 打印机一次制作成型的服装设计新作品。用 3D 打印技术制作的服装,突破了传统服装必须剪裁的限制,帮助设计师获得新的灵感。

3D 打印不仅可以制作服装,还可以进行烹调设计、打印食物。2012 年,美国康乃尔大学的研究人员研制成功一台能打印食物的 3D 打印机,展示了烹调的独特方式。它能精确地控制食物的内部材料分布和结构,把原本需要经验和技术的精细烹调转换为电子屏幕前的简单设计,再按照打印程序造出所需要的食物来。

(四) 3D 打印设计平台的革新

基于 3D 打印向民用化普及的趋势,3D 打印的设计平台正从专业设计软件向简单设计应用发展,大大降低了设计门槛。这种平台比较成熟的有 3D Tin,它是第一款可在电脑浏览器中完成三维建模的工具,是印度软件工程师贾耶士·萨尔维(Jayesh Salvi)开发的。3D Tin 可以让人们更加随意地创造各种模型,非常易于使用。

此外,谷歌、微软等软件巨头也相继推出各种简单的 3D 打印机,可以让普通用户用类似玩积木的方式设计 3D 模型,甚至可以设计制造出简单的机器人来为自己服务。

(五) 3D 打印物体向色彩绚烂、形象逼真的方向发展

要使打印出的物体色彩绚烂、形象逼真,必须大幅度提高它们的分辨率。这之前,3D 打印的物体最高分辨率为 100 微米,而现在有的 3D 打印物体其分辨率可达 25 微米,物体的表面非常光滑,没有任何毛刺。

四 3D 打印技术的发展历史

早期的三维打印机诞生于 20 世纪 80 年代初,机型巨大且笨重,所能制造的产品非常有限。80 年代中期,美国得州大学奥斯汀分校的卡尔·戴卡德(Carl Deckard)博士开发出 SLS 技术,即选择性激光烧结技术,并获得了专利。1986 年，查尔斯·胡（Charles Hull）开发出第一台商业 3D 印刷机。80 年代末期，斯科特·克伦普（Scott Crump）成功开发出热熔解积压成型技术，并于 90 年代商业化。

1995 年，麻省理工学院创造了"三维打印"这一术语。当时的毕业生吉姆·布莱特（Jim Bredt）和蒂姆·安德森（Tim Anderson）修改了喷墨打印机方案，把溶剂挤压到粉末板上，而不是把墨水挤压在纸张上，并获得了专利，接着 Exone 等公司用这项专利材料一层层地累积材料把物品打印出来，这项技术被称为累积制造。

1997 年，美国 Zcorporation 公司成立，从麻省理工学院获得唯一授权，并开发出 3D 打印机，此后该公司一直占据着 3D 打印机技术市场的半壁江山。

2005 年，首台高清晰的彩色 3D 打印机 Spectrum Z 510 由 Zcorporation 公司研制成功，并投放市场。

2010 年 11 月，世界上第一辆由 3D 打印机打印而成的汽车 Urbee 问世，在加拿大展会上公开亮相，汽车的玻璃嵌板、车的所有外部组件都是通过 3D 打印设备生产出来的。它用电和汽油作为混合动力，时速为 112 千米/时。

2011 年 6 月 6 日，全球第一款 3D 服装打印机问世，并打出服装比基尼。

2011 年 7 月，英国研究人员开发出世界上第一台 3D 巧克力打印机。

2011 年 8 月，南安普顿大学开发出世界上第一架用 3D 打印机打印出的飞机，该飞机机翼展开约 2 米，时速为 160 千米/时，飞行时几乎没有声音，无须任何螺丝，除发动机之外，全是打印的。

2011 年 9 月，德国弗劳恩霍夫研究所使用 3D 打印技术和"多光子聚合技术"成功打印出人造血管，该血管可以与人体组织相互"沟通"，不会遭到器官排斥。打印时使用的"墨水"是生物分子和人造聚合体。

2011 年 12 月，泰奥·扬森（Theo Jansen，荷兰科学家、艺术家，1948—　）展示出一套利用 3D 打印机制作的风动机械装置，该装置使用的唯一材料就是 PVC（聚氯乙烯）。该装置是通过驱动上面的大扇叶，带动内部机械齿轮，实现行走，宛如一个机器人在爬行。

2012 年 3 月，维也纳科技大学推出了纳米级 3D 打印机，它可以打印复杂物体，比如微型 F1 赛车、维也纳圣史蒂芬大教堂和伦敦塔桥的微型模型，这些模型甚至比一粒沙子还要小。这种打印机使用的材料是液态树脂，采用一种名为"双光子光剂"的高新技术，通过激光使树脂硬化成型。

2012 年 11 月，苏格兰科学家利用人体细胞为材料，首次用 3D 打印机打出人造肝组织。美国用3D打印机打出的肝脏器官成活了五天。

五 我国3D打印技术的现状

欧美国家的3D打印技术处于领先地位，美国是这一技术的领导者，我国对3D打印技术的研发较晚，从20世纪90年代才开始。现在，我国无论是官方还是民间都对这一技术给予极大关注，2013年5月就在上海和北京召开了两次3D打印技术的国际性研讨会。

我国对3D打印技术的研发虽然起步较晚，但成果比较显著。根据2012年在武汉召开的增材制造技术国际论坛提供的资料，我国在这一技术领域已经取得了很大成绩。西安交通大学、华中科技大学、清华大学、北京隆源公司等高校和研究机构在光固化、金属熔敷、陶瓷成形、激光烧结、金属烧结、生物制造等类型的3D打印装备和材料的制造上都取得可喜成果。

2013年6月8日《光明日报》以“世界最大激光3D打印机在大连诞生”为题报道称，由大连理工大学与大连优利特科技发展有限公司共同研发的最大尺寸达1.8米的激光3D打印机在大连进入调试阶段。这台打印机是当时世界上最大的激光3D打印机，可以用于制作大型工业样件和结构复杂的铸造模具。这台机器由于采用了“轮廓线扫描”的独特技术路线，和其他激光3D打印机相比，其加工时间缩短了35%，制造成本降低了40%，这种基于“轮廓失效”的激光三维打印方法已获得了两项国家发明专利。

这台机器的工作原理与一般3D打印机按照事先规划好的图形数据，通过“点—线—面—体”逐步堆积耗材，最终获得零件的工作原理不同，它只需打印零件每一层的轮廓线，使轮廓线上的沙子的覆膜树脂碳化失效，再按照常规方法在180℃加热炉内把打印过的沙子加热固化和后期剥离，就可以得到原型件或铸模。这项成果是大连理工大学姚山教授及其团队历经十多年的研究取得的重大突破。

此外，北京航空航天大学的王华明院士利用3D激光烧结技术，为飞机制作了大型复杂整体钛合金构件，这标志着大型金属构件领域取得了重大突破，产品性能远远超过锻件，甚至提高了一个数量级。这项技术目前已用于生产C919型飞机带有复杂曲面的机头。2013年1月18日，王华明的“飞机钛合金大型复杂整体构件激光成型技术”项目荣获国家技术发明一等奖，王华明被推选为中国3D打印技术产业联盟第一任理事长。

上述成果表明，我国在3D打印技术的研发方面正在赶超世界水平，有的已居世界领先地位，但是，从整体上看，我们仍处于研发的初级阶段，还存在一些缺陷或不足。主要表现为：第一，3D打印装备和材料，目前还主要应用于产品的研发方面，离实际应用尚有一段距离；第二，制造成本高，制造效率低；第三，制造精度尚不能令人满意；第四，工艺与装备研发不充分，尚不能进入大规模工业应用领域。

我国3D打印技术未来的努力目标（方向）应当如同专家建议的那样：在功率源、新材料、工艺创新、大量应用方面降低成本，以实现从产品研发走向批量生产。权威人士指出，3D打印的关键是设备，而关键的关键是材料，我国材料品种少，精度差，与国外差距很大。如同样打印一张名片，用国外树脂材料打印出来的可能十几天后才会变形，而用我们的材料打印出来的，仅两分钟就不行了。所以，解决材料问题是3D打印发展的关键。同时，还应加强行业管理，打破当前各自为政的局面，集中资源，共同突破。

第二十一章
材料技术

一 材料及材料技术综述

（一）材料的含义及其历史地位

所谓材料，就是指能够直接用来制造各种产品的物质，如钢铁、水泥、木材、陶瓷、塑料等。

材料在人类历史上占有重要地位，它是经济发展和社会进步的决定性因素，是人类赖以生存和发展的基础。一切生产都必须以材料为前提。新材料的出现往往引起生产工具和生产方式的变革，甚至成为时代划分的标志。所谓石器时代、青铜器时代、钢铁时代、高分子时代等说法都是以与它对应的主要材料而言的。当今时代，材料的数量和质量是衡量一个国家科学技术发展水平和经济发展程度的一个重要尺度，是建设现代化强国的物质保障。

（二）材料的种类

当今世界上的材料五花八门，种类繁多，多达40多万种，年产量以每年5%以上的速度迅速增长。这么多材料令人眼花缭乱。为了便于认识和掌握，人们按照化学、物理属性把它们基本上划分为金属材料、无机非金属材料、有机高分子材料和新型复合材料四大类；按照用途分为电子材料、宇航材料、建筑材料、能源材料和生物材料等；对发展中的新材料，又按照功能不同，分为信息材料、新能源材料和特殊条件使用的材料三大类。这里有一点要说明的是：并不是所有的物质都可称为材料，如燃料、化工原料、工业化学品、食品和药品等均不在材料之列。

（三）材料技术

20 世纪 70 年代，人们把材料、信息和能源作为社会文明的支柱，而材料技术、信息技术和能源技术则被称为现代高科技领域的三大支柱。关于信息技术和能源技术我们分别在本书第十七章和第二十三章中有专门的论述。那么，什么是材料技术呢？

关于材料技术的含义，目前尚无统一的认识，也就没有规范的定义。一般情况下，材料技术的含义都具体化在材料工程技术之中。不过，笔者认为，如果从广义上讲，材料技术就是获取各种材料所采取的手段。

下面就按照材料的分类分别对它们作介绍。

二 金属材料

金属材料是应用历史最悠久、发展比较成熟，也是最常见的材料，在各种材料中它一直居主导地位。金属材料包括黑色金属材料和有色金属材料两大类。

（一）黑色金属材料

黑色金属材料包括铁、锰、铬及它们的合金。钢铁是黑色金属材料的主体。目前，钢材的应用比例约为所有结构材料的 66% 左右。一百多年来，钢铁一直同各国的工业化进程紧密联系在一起，是工业化建设的基本结构材料，也是反映一个国家工业化水平的主要指标之一。长期以来，钢铁的生产能力被视为衡量一个国家经济实力的尺度。据国际钢铁协会估计，2003 年世界钢产量达 9.683 亿吨，2004 年首次突破 10 亿吨。据《中国金属通报》2012 年 8 月 15 日报道，2011 年，我国粗钢产量近 7 亿吨，占世界钢产量的 45.5%，名列世界第一，名列第二至六位的分别是日本（9865.8 万吨）、美国（8144.2 万吨）、印度（7202.3 万吨）、俄罗斯（6476.7 万吨）、韩国（6349.7 万吨）。由于钢材具有良好的物理、机械性能，资源丰富，价格低廉，工艺性能好，便于加工制造，因而备受青睐，至今仍占主导地位。

钢和铁都是铁和碳的合金。依据它们含碳量的不同可分为生铁（也称铸铁）、熟铁和钢三种。生铁的含碳量为 2.0%—3.5%，具有较高的强度，可用于铸造机器零件，但硬而脆，几乎没有塑性；熟铁的含碳量低于 0.04%，具有较好的韧性和塑性；钢的含碳量介于生铁和熟铁之间，为 0.8%—1.7%，兼有生铁和熟铁的优点，即强度高、韧性和塑性好，被广泛用于制造蒸汽机、发电机、内燃机、机床、铁路、火车、轮船、军舰等。

钢的冶炼在19世纪中叶主要采用酸性转炉、平炉和碱性转炉。20世纪上半叶以高炉炼铁、平炉炼钢为主，转炉、电炉只是辅助性的，主要用于炼特种钢；30年代至50年代初，又开发出氧气炼钢新技术。发达国家已形成焦化—炼铁—炼钢—轧钢—辅助—维修一条龙的联合企业。采用这种生产形式所生产的钢，在20世纪六七十年代的日本占86%，苏联占80%，美国占73%。近几年来，氧气炼钢约占世界的2/3，其他为平炉炼钢。

现代化建设和高科技的发展对钢材提出了更高的要求。比如，海洋开发所用的钢材要求耐高压、耐腐蚀；大跨度桥梁建设所用的钢材要求强度和刚性都要好；空间技术所用的钢材要求重量轻、强度高……一般钢材难以满足这些要求。科学研究证明，一般钢材的强度还不到理论值的十分之一。通常情况下，大幅度提高钢材性能的途径就是除去钢中的杂质和控制其内部结构，但这只是在一般钢基础上的改进，仍难满足对钢的特殊要求。为此，人们便在钢中掺入铬、镍、钨、钛、钒等元素，制成合金钢，以提高钢的特殊性能。到目前为止，各种合金钢已数以千计，诸如合金结构钢、弹簧钢、不锈钢、高速工具钢、轴承钢等。以质代量，减少钢材消耗，是当前世界钢铁生产的趋势。

（二）有色金属材料

有色金属材料是指黑色金属材料之外的所有金属材料，有80余种，常用的主要有铝、铜、钛、镁、镍、钴、钨、钼、锡、铅、锌、金、银、铂等，它们也是现代工业发展不可缺少的。由于有色金属具有导电、导热、化学稳定性好、耐热、耐腐蚀、工艺性能好以及比重小等优点，被广泛应用于电气、机械、化工、电子、轻工、仪表、飞机、导弹、火箭、卫星、核潜艇、原子能、电子计算机等工业以及军事和高科技领域。其中应用最多的是铝。铝在地壳中的含量是铁的两倍，约占地壳总重量的7.5%，在金属中居首位。世界上铝的产量仅次于钢铁，数十年来铝的产量成倍增长。据世界铝业协会称，2002年全球氧化铝产量为5660万吨，2004年达6100万吨；原铝2008年1—11月产量为2352.3万吨，全年达2600万吨。铝是物美价廉的重要材料。

钛也是值得特别提及的有色金属。钛及其合金的地位愈来愈重要，自1791年英国化学家格雷戈尔（W. Gregor，1761—1817）发现钛元素之后，1910年美国化学家、冶金家亨特（M. A. Hunter，生卒年不详）首次用钠还原法制得了少量纯钛，其纯度高达99.9%。钛在地壳中的含量比铜、镍、铅、锌的总和还多10倍，含钛的矿物多达70余种。纯钛具有耐腐蚀（在强酸、强碱乃至王水中也不会被腐蚀）、熔点高（1668℃，比黄金的熔点还高600℃）、强度比钢高（重量仅为钢的1/2，只比铝略重些）、硬度高（是铝的两倍）等性能，引起了人们的注意。有人把一块钛沉入海底，五年后取出，仍闪闪发光，毫无锈迹。现在在建造军舰、潜艇、轮船等海上工程时都采用钛合金。此外，钛还被用于飞机、火箭、导弹、人造卫星、武器、石油化工等领域。据统计，现在世界上每年用于宇航业的钛已达1000吨以上，钛粉还是火箭的好燃料。总之，钛被誉为空间金属、宇宙金属，是"未来的钢铁"。但是，钛的提炼难度很大，它必须在隔绝空气和水分的环境下、在真空或惰性气体中提炼，所以直到1947年才解决了工业生产钛的技术问题，当年世界生产钛仅2吨，1972年达20万吨，以后每10年翻一番。我国是钛资源大国，储量位于世界前列，约占世界钛储量的48%。我国钛矿石工业类型比较齐全，既有原生矿，也有次生矿，而原生钒钛磁铁矿为主要工业类型。在我国钛资源总储量中，钛铁矿石占98%，金红石仅占2%。钒钛之都攀枝花的钒钛远景储量约22亿吨，占世界的45%，居全球之首，占我国的93%。

（三）稀有金属材料

稀有金属与普通金属之间没有严格的界限，不能把"稀有"与在自然界中含量很少混为一谈。比如，钛虽然被视为"稀有金属"，但实际上它在自然界的含量比铅、锌、锡、金、银等都多。一般认为，所谓稀有金属是指除了铁、铜、铝、铅、锌、锡、镁、金、银等普通金属之外的其他金属，如钨、钼、钛、锆等。

稀有金属有五十多种，它们各有各的用途。比如钨，由于它的熔点在所有金属中最高（3410℃），因而被用于制作灯丝、高速工具钢、钻头钢等。钨的合金具有耐磨、抗腐蚀、耐高温、良导电性等优点，有广泛用途。我国钨的储量居世界第一位，总储量比国外储量多三倍多。对钨的开采、冶炼和充分利用，我国有得天独厚的条件，这将有力地支持我国稀有金属工业的发展。

另一类稀有金属是稀土金属。稀土金属（Rare Earth Metals）也称稀土元素，是指化学周期表中的镧系元素镧（La）、铈（Ce）、镨（Pr）、钕（Nd）、钷（Pm）、钐（Sm）、铕（Eu）、钆（Gd）、铽（Tb）、镝（Dy）、钬（Ho）、铒（Er）、铥（Tm）、镱（Yb）、镥（Lu）这15个元素以及与其密切相关的元素钪（Sc）和钇（Y），共17种。

稀土金属一般以氧化物状态存在，虽然在地球上的储量很大，但冶炼提纯的难度也很大，显得较为稀少，故得名稀土。稀土金属加到合金里去可以改善合金的性能，所以稀土金属有"工业维生素"的美称。由于稀土金属具有良好的光、电、磁等物理特性，能大幅度提高产品质量和性能，因而被广泛应用于冶金、石油、化工、玻璃、陶瓷、永磁材料等领域。

在冶金领域，若在炼钢过程中加入稀土金属能起到精炼、脱硫、中和低熔点有害杂质的作用。比如，在生铁中加入铈，可使生铁变韧，成为钢的代用品，并可降低成本，许多机器的曲轴、齿轮、连杆、滑筒等都是由掺铈生铁制造的；在石油化工领域，由于稀土金属具有耐腐蚀、熔点高、耐高温等特性，因而用它做成的分子筛催化剂被用于石油管道等装置或设备上，可起到保护石油化工装置或设备的作用；在玻璃制造业中，稀土精砂可作为抛光粉广泛用于光学玻璃、眼镜片、显像管、示波管、平板玻璃、塑料及金属餐具的抛光，还可用于制作防 X 射线的玻璃；在陶瓷制造业中，往瓷釉中加入稀土金属可减轻碎裂程度，提高光泽度；由于稀土金属钴及钕铁硼等永磁材料具有高剩磁、高矫顽力和高磁能积，被广泛用于电子、航天领域；在农业方面，由于稀土金属可以增加植物的叶绿素含量，增强光合作用，促进根系发育，提高种子发芽率，因而也被推广使用。

随着科学技术的进步，稀土金属的价值被不断认识，需求量大幅度提升，因而对稀土金属的占有欲和竞争也在加剧。据统计，稀土金属全球的自然储量约 1.5 亿吨以上，可开采量超过 0.88 亿吨，中国、俄罗斯、美国、澳大利亚原本是世界上四大稀土金属拥有国，然而随着竞争的加剧和其他因素的作用，当今稀土金属拥有国的排序已经发生了变化。截至 2011 年，美国的储量世界排名第一，占全球储量的 40%（他们有储量，但基本不开采）。俄罗斯第二，占 30%；中国第三，占 23%；印度第四，占 7%。1990 年中国的稀土金属储量还居世界第一，储量占世界的 80%，但是由于缺乏战略眼光、管理不善和矿企无序竞争，储量迅速减少。1996—2009 年间，储量大跌，2/3 流往国外，只剩下 2700 万吨。按现有生产速度，有人估算，至多能维持 15—20 年。这么重要的战略物资，流失这么多，实在令人痛心！而日本本土虽然没有稀土金属储量，但是囤积的中国稀土金属却足够其国内使用 100—300 年。2011 年 5 月，国务院提出建立稀土战略储备体系，并于 2012 年 7 月正式启动。

三　无机非金属材料

非金属材料品类繁多，性能千差万别，大约有一百多种，其中应用广、作用大的约有三十多种，大体可分为无机非金属材料、有机非金属材料（最重要的是高分子材料）和半导体材料。这里先介绍无机非金属材料。所谓无机非金属材料是指除金属以外的无机材料，主要有陶瓷、玻璃、水泥、耐火材料等，因为它们的成分中都有二氧化硅，所以又称为硅酸盐材料。这类材料大都具有耐高温、防辐射、抗腐蚀的特点及特殊的光学、电学性能。我们着重介绍一下陶瓷、玻璃、水泥和耐火材料。

（一）陶瓷

制陶技术是人类最早开发的材料技术，人类大约在6000—9000年前就可以制造陶器了。陶瓷材料有很好的力学性质，它耐高温、抗化学腐蚀，被广泛应用于日常生活和工业生产。20世纪80年代左右又出现了硬度和金刚石不相上下的氧化铝陶瓷、既耐腐蚀又具金属韧性的金属陶瓷以及透明、耐高温、机械强度很高的光学陶瓷。国外还研制出一种新型工程陶瓷材料，用它可以取代金属材料制造内燃机外壳。由于它不需要任何冷却系统，从而大大提高了发动机的热效率，减少了燃料消耗。陶瓷最引人注目的用途是用作宇宙飞船和航天飞机的热防护层，以确保其安全返回地面，也可以用于原子反应堆。

（二）玻璃

玻璃是一种特殊的陶瓷材料，它不仅具有耐腐蚀、耐酸、硬度仅次于金刚石等特性，还具有很好的透光性，因为它的分子结构像液体一样杂乱无章，所以是一种具有液体性质的固体材料。普通玻璃的主体成分是石英（二氧化硅），它是在加入助熔剂纯碱和起稳定作用的石灰石后，在1500℃左右的温度下烧制而成的。原料熔化成液体后，在短时间内迅速冷却，其内部的分子在尚未结晶时就在液体状态下凝固，从而成为透明的固体玻璃。

除了常用的普通玻璃外，人们又根据特种需要研制出众多的新型玻璃，如微晶玻璃（用于生产机械零件、化工用品、结构材料和炊具）、半导体玻璃、导电玻璃、磁性玻璃等，并可拉出直径为几微米到几十微米的玻璃纤维，用于光缆通信或做成医疗上的体内直视诊断器。

（三）水泥

水泥是一种粉状水硬性无机胶凝材料。它不像有些材料遇水后便松懈，而是遇水后逐渐硬结。水泥和砂石掺在一起搅拌，称为混凝土，为提高抗拉性再加入钢筋就是钢筋混凝土。水泥的出现开辟了人类建筑史的新纪元。

普通水泥是以黏土和石灰石为原料制成的，如果再掺入20%—85%的高炉矿渣就可制成耐高温的矿渣硅酸盐水泥。这不仅可提高水泥的耐磨、耐高温性能,还可以实现综合利用,使矿渣变废为宝。

(四) 耐火材料

耐火材料是指能耐1500℃以上高温的材料,它在工业建筑中居重要地位。黑色和有色金属冶炼炉、蒸汽机、发电厂、铁路机车的锅炉、炼焦炉以及制造水泥、玻璃、陶瓷、砖瓦的窑炉都要使用耐火材料。通常所用的耐火砖就是其中的一种。它的化学成分是氧化铝和氧化硅,可耐1700℃高温,被用作锅炉、高炉、窑炉的内衬。其他耐火材料还有高铝氧砖(可耐1800℃—2000℃的高温)、耐碱性强的镁砖等,可满足人们的不同需要。

四 高分子材料

高分子材料是由分子量高达几千、几十万甚至几百万的含碳化合物组成的材料。自然界中存在的高分子材料有棉花、羊毛、蚕丝、天然橡胶、蛋白质、淀粉等。用化学方法合成高分子材料是20世纪以来的事,高分子材料的工业生产仅有四五十年的时间。人工合成的高分子材料不仅品种多,而且产量迅速提高。截止到20世纪80年代末,世界总产量已达一亿多吨,每年约以10%的速度增长。到2011年已超过3亿吨,中国占3000万吨。

高分子材料主要有塑料、合成纤维、合成橡胶、涂料、胶黏剂、离子交换树脂等。由于高分子材料性能好、制造方便、原料丰富、加工简易,因而广泛地用于工业、农业、国防、科技领域以及人们的日常生活。应用最多、最广的是塑料、合成纤维和合成橡胶。

高分子材料所以能迅速发展,其原因在于:第一,原料丰富、价格低,煤、天然气、农副产品、石油等均可作为它的原料。第二,制造简便、效率高,只需经过单体合成、精制、聚合两三道工序就可以了。第三,高分子材料加工成成品,比金属方便、省工、省料。如加工塑料,不需要像金属材料那样经过翻砂、切削、磨光等工序,只要把塑料粉装在模子里加热、一压即成。第四,生产高分子材料耗能低。

高分子材料均有一些特殊用途,如塑料,不仅广泛地进入人们的日常生活(塑料水壶、茶杯、食品袋、盆碗、奶瓶等等都是聚乙烯塑料制成的),还可以取代一部分金属、陶瓷、木材、玻璃、皮革、棉花等。近十多年来,塑料新品种不断涌现,出现了光学塑料、磁性塑料、半导体塑料、感光塑料、耐高温塑料等。比如光学塑料,由于它耐冲击、重量轻、成本低、透光性好,可制成镜片直接嵌镶在人的眼球上，以改进视力。

在现实生活中，有些塑料制品（如塑料袋、泡沫塑料盒等）被广泛使用。它们既方便了人们的日常生活，又令人头痛。现在垃圾堆中的废弃塑料制品愈来愈多。这些塑料制品是由合成高分子主链构成的，它们结合得既十分牢固，又非常稳定，其耐酸碱性又高，而且不蛀不霉，即使把它们埋入地下，上百年也不会腐烂。因此，它们已成为严重的公害，被称为“白色污染”。

为了消除“白色污染”，科技工作者经过努力，目前已研制出可替代塑料的可降解的高分子材料。用生物降解、化学降解和光照降解三种方法，在一定条件下可使这种高分子材料制品自行分解为粉末。

可降解的高分子材料在医学和药学方面具有独特的功效，用它可制成生物医学制品。如人工合成的可降解手术缝合丝，用后会被身体逐渐吸收，既免除了拆线的痛苦，又不留疤痕；把用它制成的药物胶囊置入患处，可定时、定量释放，确有“头痛医头、脚痛医脚”的妙用。

由于可降解高分子材料具有独特的“仿生性”及“与自然界的融合性”，专家们预言，它将在21世纪材料生产领域独领风骚。如果可降解高分子材料制品能广泛应用于生产和生活，必将在解决环境污染方面起到重要作用。

合成橡胶在性能上与天然橡胶相近，具有耐寒、耐热、耐腐蚀等性能，在国防等领域有重要用途。用它制造人造海豚皮包在潜艇外壳上，可以提高航速四分之一；在飞机上用人造橡胶制成的双壁油箱重量轻、寿命长，即使被子弹打穿也不会漏油，可以保证安全飞行；在宇宙航行中，可以用人造橡胶制成固体燃料火箭推进剂的黏合剂、火箭喷口的高温涂层，还可制成航天服，以防宇宙射线对宇航员造成伤害。

合成纤维是用石油、天然气中的苯、甲苯、乙烯、乙炔等化学物质，经过有机合成制成单体，然后聚合成高分子物质，再经过抽丝而制造出来的。人们制成的第一种合成纤维是尼龙66。它是美国科学家、杜邦公司研究室主任卡罗斯（W. H. Carothers, 1896—1937）领导的小组，经过近十年时间、耗资2000万美元研制成功，于1938年投入生产的。合成纤维具有强度高、耐磨、比重小、弹性大、防蛀、不霉等优点，除用于人们穿着外，在生产和国防上也大有用途。比如，锦纶可做降落伞的绳、轮胎链子线和缆绳、渔网等；腈纶可用于织成炮衣、篷布；涤纶可用于织成运输带；维纶可用作手术缝合材料，比如修补疝气病人的腹壁等。近十多年来，又出现了具有特殊性能的合成纤维，如耐辐射纤维、光导纤维、防火纤维等。又如，“芳纶-14”是一种超高强度纤维，它的强度是一般钢丝的5倍，一根手指粗的芳纶绳可吊起两辆卡车，被誉为“合成钢丝”。

尽管高分子材料用作基本结构材料,目前还不占首要地位,但从发展趋势看,一个“合成材料时代”必将来临。

五 新型复合材料

金属材料、非金属材料、高分子材料基本上都是单一的材料,具有这样或那样的缺点,不能满足现代技术的各种不同需要。比如,空间技术需要耐高温、防辐射、重量轻、强度大的材料;造船业需要耐腐蚀、强度大的材料;等等。而金属材料大多不耐腐蚀,非金属材料又太脆,有机高分子材料又不耐高温。为了满足现代技术的各种特殊需要,既发挥单一材料的优点,又克服其缺点,人们通过一定的工艺手段把两种或多种材料复合起来,这就是复合材料。复合材料人们早就使用过,如抹墙用的麻刀泥、钢筋混凝土都是复合材料。钢筋混凝土的基体是水泥和砂石,钢筋是增强剂。复合材料是结构材料发展的重点。

现代材料技术的发展,加强了金属、非金属、无机材料和高分子材料之间的联系,从而出现了一个新的材料领域——新型复合材料。现代新型复合材料也是由基体和增强剂构成的,基体通常是合成树脂、塑料、金属、陶瓷等,增强剂是玻璃纤维、硼纤维和碳纤维。十多年来,发展比较快的新型复合材料有玻璃钢、碳纤维复合材料、陶瓷复合材料等。复合材料作为高性能的结构材料和功能材料,不仅用于航空航天领域,而且在现代民用工业、能源技术和信息技术方面的应用也不断增多。这里主要介绍一下玻璃钢和碳纤维复合材料。

(一)玻璃钢

玻璃钢是由酚醛树脂作基体材料、以玻璃纤维作增强剂复合而成的,本质上是一种玻璃纤维增强塑料。玻璃钢的制造方法是:先让熔化的玻璃液通过高速牵引,抽成比头发丝还细的玻璃纤维,然后把玻璃纤维纺成纱、织成布,再把一层层的玻璃布放在热熔的树脂里加热后制成型,就成了玻璃钢。玻璃钢既有玻璃的透明度,又有钢材的强度,被用于国防、航空、航天、机械、化工、造船、建筑、交通运输及人们生活的各个方面。比如,由于玻璃钢具有瞬间耐高温性能,被用于制造人造卫星、导弹和火箭的外壳;由于玻璃钢不反射无线电波、微波透过性好,因而又是制造雷达罩的理想材料;由于它耐腐蚀，因而被用于制造各种管道、泵、阀门、容器、贮罐、农机配件、船艇等。

（二）碳纤维复合材料

碳纤维不是用碳作原料，不能望文生义，而是用聚丙烯腈，即人造羊毛等纤维，在与氧气隔绝的条件下，经高温处理制得的。由于它的基本组成元素是碳，故称为碳纤维。

碳纤维的强度大（比玻璃纤维大六倍，一根手指粗的碳纤维绳索可吊起几十吨重的火车头）、重量轻（只有钢的四分之一，比铝轻）、刚性好（抗变形能力比钢大两倍多），所以碳纤维复合材料比玻璃钢优点更多，用碳纤维作增强材料是复合材料发展的方向。

用碳纤维作增强剂制成的碳纤维增强塑料已在化工、机电、造船、航空等领域广泛应用。用碳纤维—陶瓷复合材料制作的新型高速喷气飞机涡轮叶片，可耐1400℃的高温和每分钟3万转的高转速，其重量比钛合金叶片轻一半，很受飞行器设计师的欢迎。

六 具有特殊功能的新材料

除了上述金属材料、无机非金属材料、高分子材料以及它们的复合材料外，人们根据现代科学技术发展的特殊要求，按功能、用途又把新材料分为三类，即信息材料、新能源材料和适用于特殊条件的特种结构及功能材料。

（一）信息材料

信息的摄取、传递、再现、存储以及转换、判别，都需要一系列信息材料作物质基础。计算机、微电子技术、通信技术都离不开信息材料的发展。信息材料主要包括半导体材料、信息记录材料、信息敏感材料（或叫传感器用的敏感材料）、信息传输材料（光导纤维材料）。

1. 半导体材料。半导体材料是信息材料中最主要的材料。半导体材料又可分为元素半导体和化合物半导体。元素半导体以高纯度的单晶硅、锗为主；化合物半导体常用的是砷化镓。半导体是相对于导体而言的。导体是任何条件下都导电，而半导体只是在一定条件下导电，有些条件下则不导电，所以被用于制造微小晶体管、电阻和电容等电子元件。半导体材料的特点可以概括为如下几个方面：第一，电阻率的变化受杂质含量的影响极大。假如在一块纯硅中掺入百万分之一的杂质，它的电阻率就会降低100万倍，所以要用它制造出符合各种需要的元件,就必须通过控制它的杂质含量来精确地控制它的导电能力。单晶硅的直径越大,纯度越高,性能就越好,就可以在一块硅片上制作更多的晶体管,以提高材料的利用率、电路的成品率和劳动生产率。第二,电阻率变化受热、光等外界条件影响很大。利用半导体对温度敏感的特性,人们可以造出能感受万分之一摄氏度变化的热敏电阻,用于自动化控制装置。第三,用半导体材料制成的元器件体积小、重量轻。随着科学技术的进步,目前已能在一个手指头大小的硅片上制作由十万、百万甚至几千万个晶体管组成的电路,这就是人们所说的大规模集成电路和超大规模集成电路。第四,利用半导体材料制成的电子元件可靠性高、寿命长。当今,晶体管的寿命比电子管长100—1000倍,可靠性高100倍,被称为“半永久性”器件。集成电路又比分立元件电路的可靠性高100倍。大规模集成电路的可靠性又比中、小规模的集成电路高100多倍。第五,利用半导体材料制成的元器件比电子管省电、成本低、效率高。如,世界上第一台电子管计算机问世后,要用差不多一个火车头的功率来驱动,而当今同样功能的半导体计算机只要两节电池就够了。可见,半导体材料已成为制造电子元件须臾不可离的材料。

2. 信息记录材料。信息记录材料是用于记录语言、文字和图像的材料。我们接触到的磁带、录像带就是用信息记录材料制成的。但是,这类信息记录材料的记录容量都不大。现在的信息记录材料正向大容量、高密度和高速度方向发展,性能更高的信息记录材料已经被制造出来,这就是磁性记录材料,如金属氧化物 Fe_2O_3、Fe_3O_4、CrO_2 等。这类记录材料可以在几平方厘米的面积上把几千本甚至上万本书的内容记录储存起来。此外,现在又出现了一种光存储材料,它具有容量更大、保真度高、无噪声、无机械接触、寿命长、可以进行录放和抹除等优点。光存储的主要记录材料是钆钴合金。

3. 信息敏感材料。信息敏感材料也就是传感器用的敏感材料。这种材料对外界各种作用信息的反应非常灵敏,它是检测技术、自动控制、遥感技术及日常生活中必不可少的材料。例如,日常生活中用的体温计就是利用水银对热敏感这一特性而制成的。信息敏感材料的品种繁多,难以计数。根据它们不同的物理性质,主要可分为气敏、光敏、热敏、电敏、声敏、磁敏、湿敏、力敏等种类。它们是获取各种信息、感知并传递信息的关键材料,是实现自动控制的重要的物质基础。一切自动控制仪表若没有敏感材料,就仿佛人没有嗅觉、视觉、听觉、味觉、触觉一样成为失去自身功能的无用之物。现在应用最多的新型敏感材料是半导体、陶瓷、有机膜及金属间化合物等。这里着重介绍一下气敏、光敏和力敏材料。

气敏材料有氧化铟、氧化锌、氧化锡、氧化镍、氧化亚铜等。它们又被称为气敏半导体材料。当它们受到某些气体作用时，其电阻就会发生变化，使电流增加，因此用气敏材料制成的传感器，有“电鼻”的美称。用它可以“闻”出浓度为万分之一的氢气、十分之一的氟利昂或一氧化碳，可对四十余种气体进行检测。用这种材料制成的“电子警犬”比狗鼻子的灵敏度高一千倍，已用于案件的侦破工作；用它制成的“电鼻”可安装在煤气管道等人无法接近的地方，用于火灾、煤气泄漏等的报警。

光敏材料主要有硫化镉、硒化镉、硫化铅等。它们可以感知不同的光线。随着入射光的强弱变化，这些材料的电阻值便发生变化，通过测量这些材料的电阻变化就能得知某种光线的强弱。利用这个特点，光敏材料被用于制造军事上用的红外线、紫外线探测器。铯、铷等光敏金属可用于制造被称为“光电眼”的光电管，这种光电管广泛应用于电影、电视、电子计算机、无线电传真和夜视技术等方面。1989 年 8 月，被美国用“哥伦比亚”号航天飞机送入轨道的 HK-11“锁眼”号照相侦察卫星，就装有先进的光学遥感设备，用它所拍的照片其地面分辨率高达0.1 米，能清晰地观测到地面部队部署及武器装备的情况。

力敏感材料主要是压电陶瓷。当它受力的作用时便会产生高压电流。1914 年，人们就合成了第一种压电陶瓷——钛酸钡。1955 年，又合成了锆钛酸铅压电陶瓷。这种陶瓷只要受到很小的力的作用，就可产生上万伏高压电，被用于制造打火机、煤气点火装置、电视机上的延迟线换能器、无损探伤器和盲人助视器等。压电陶瓷还具有声呐功能，把它置入水下可以以波的形式发出信息，可传至几海里至几十海里远，遇到障碍物后反射回来，又被压电陶瓷接收转换成电信号，人们据此可以判断水下障碍物的方位。

4. 信息传输材料。常用的信息传输材料是铜或铝。但是用铜或铝作导线，由于容量小，易受外界磁场干扰，因而常常出现电话占线问题。现在人们找到了一种新的光通信材料，即用由石英纤维制成的光导纤维来传输信息。它的优点是容量大、重量轻、耐腐蚀、易施工、不受电磁干扰、保密性能好、信号损耗少。光导纤维是最有发展前途的信息传输材料。

（二）新能源材料

随着工农业生产的迅速发展，对能源的需求与日俱增，而能源短缺的潜在危机不能不引起人们的高度重视。世界上已探明的石油、天然气、煤等常规能源的储量是十分有限的。这些能源至多只能开采几十年到几百年。因此，寻找新能源、节省能源消耗已成为人类面临的迫切问题。但是，开发新能源或节省能源的技术又都与材料密切相关，那些在开发新能源或节约能源技术中应用的特殊的新材料，被称为新能源材料。新能源材料主要有太阳能转换材料、高温结构陶瓷、高密度储能材料、非晶态金属和超导材料。

1. 太阳能转换材料。太阳能转换材料就是把太阳的光能转换成热能和电能的一种新型材料。太阳能是取之不尽、用之不竭且无污染的巨大能源。把太阳能充分利用起来是人类的共识。人们利用太阳能的最初形式是把它转换成热能，其方法是用聚热材料、聚光镜等获取热能。农村广为使用的太阳能灶就是这种最低级的光热转换形式，但以这种形式获取的热能难以储存和传输，局限性很大。最有前途的转换形式是光电转换，即把太阳能转换成电能，再用蓄电池储存起来。实现这一转换的关键是要有高效率的光电转换材料。

人们最先使用的光电转换材料是单晶硅，这种太阳能电池材料的转换率约为11%—14%，但是这种电池的造价太高。据报道，每千瓦要投入7万美元，比核电高40倍，比火电高300倍。于是，人们又开发出一种非晶硅光电转换材料（非晶硅薄膜），它的光吸收系数比单晶硅高10倍，其光电转换效率可达10%—15%。这种材料成本低（仅为单晶硅电池的1.4%—2%），用作电池材料只需1微米厚，其原材料消耗仅为单晶硅的0.5%，并且可以大面积涂敷。到20世纪末其成本降到了水力发电的成本水平，电池寿命也延长到20年。太阳能电池最早用于人造卫星，后来又广泛用于无人灯塔、铁路信号灯、太阳能飞机、太阳能汽车和太阳能冶炼炉等。

2. 高温结构陶瓷。这里所讲的高温结构陶瓷是指发动机、燃气轮机等所用的陶瓷，是以节能为目的而研制的。

所谓高温结构陶瓷主要是氮化硅、碳化硅、氧化锆等。比如，氮化硅高温结构陶瓷可以克服一般陶瓷的脆性，具有很高的韧性、可塑性、耐磨性和抗冲击力，在1200℃高温下具有800兆帕—1000兆帕的抗弯能力，经过几百次骤冷、骤热实验也不破裂，可用它来制造燃气轮机、绝热柴油机等热机部件。与普通热机相比，如果把使用温度提高到1200℃，可节约燃料20%。正因为高温结构陶瓷具有这些优点，日本、美国、德国已用这种陶瓷制成内燃机，进行了上千小时的试验；汽车装上这种发动机进行了十几万千米的试车试验。试验证明：这种陶瓷发动机由于重量轻、耐高温、无须水冷却系统，可减少燃料消耗20%—30%，热效率提高30%—40%。日本于1983年制成的陶瓷柴油发动机，不仅达到上述指标，而且节省燃料50%。美国从1972年起推行汽车改用陶瓷内燃机计划，每年可增纯收益 70 亿美元。

3. 高密储能材料。我国经济发展迅速，电力不足，许多地方白天用电高峰时不得不采用分配用电的办法，给生产和生活带来许多不便，而夜里用电低谷时电力又大有富余。假如把用电低谷时的电能储存起来，就可以节省很多电力。现在常用的储电装置是铅酸蓄电池，但它的储电能力很低，反复充电一百次左右就要报废。为克服这一缺点，国外现在已开发出钠硫电池和锂电池，它们的储能密度比铅酸电池高 5 倍以上。用这种高密储能材料做成的蓄电池，可以作汽车动力。例如，装有 10 千瓦的锂动力电池的小轿车，每充电一次可以行驶 300—350 千米。我国锂资源极为丰富，大力发展锂电池是解决电负荷在高峰、低谷期间不平衡的有效途径。

高密储能材料是 20 世纪初发现的，人们用纯净的氧化铝粉加上一定比例的氧化钠，高温烧结成一种 β-氧化铝陶瓷，这种陶瓷内部带正电荷的钠离子可以快速地在 β-氧化铝晶格间运动，故称为快离子导体。这是一种高密度储能材料。20 世纪 60 年代，美国福特公司首先用 β-氧化铝陶瓷制成钠硫电池，其储电能力比铅酸蓄电池高 10 倍以上，并可反复充电 1000 次以上。此后，这种材料就在汽车动力领域展示了广阔前景。

另一个蓄电的重点是储氢。在用电低谷时可把富余的电力通过电解水制成氢，再把氢储存起来作为无污染的能源。这就需要新的储氢材料。储氢材料主要有稀土系、钛系、镁系以及钒、铌、锆等储氢金属和合金。这些金属能吸收大量的氢而生成金属氢化物，在加热时，这些氢化物又可释放出吸收的氢。利用金属和合金的这一特性，可有效地储存氢气，也便于运输。现在，美国、德国、日本都在利用储氢合金作汽车燃料，因为氢燃烧的产物是水，不会造成环境污染。储氢合金的储氢密度很高，如 1 千克氢化锂就能释放出 2800 升氢气。日本用储氢合金制造的储氢容器，体积只有 0.4 立方米，而储存的氢可达 175 标准立方米，相当于 25 只高压氢气储气罐的储存能力。

4. 非晶态金属。非晶态金属也是一种节能效果显著的新材料，它是 20 世纪 50 年代由美国人首先研制成功的。一般的金属都是原子排列很有规律的晶体，这种金属及合金称为晶体金属。所谓非晶态金属是指把合金从熔化状态以每秒近百万度的速度急速冷却，使液态下原子的不规则排列状态固定下来所形成的金属。这种金属也叫玻璃金属（因为玻璃是一种非晶体）。非晶态金属有许多优异的性能：由于它没有晶粒边界，不存在晶间腐蚀问题，其抗腐蚀能力比不锈钢高 100 倍；其强度高达 3500 兆帕，比钢还高；其硬度超过高硬度工具钢，玻璃金属被称为“敲不碎、砸不烂”的“玻璃之王”;玻璃金属更具有良好的电磁性,因此用它制造的交流变压器,铁磁的损失比用普通硅钢片少一半。目前世界上开发的非晶态合金主要是金属型和类金属型,如铁—钴—镍—锆、铁—钴—铍—锆、铁—硼—硅等。非晶态金属的获得主要难在加工工艺上,我国对非晶态合金的研究起步不久,要进入广泛的实用阶段仍需努力。

5. 超导材料。超导现象是1911年由荷兰物理学家翁纳斯(H. Kamer Lingh Onaes, 1853—1926)等人发现的。他们发现金属汞的温度下降到-269℃时,电阻突然消失。当今,许多科学家都在致力于超导研究,目的是获取新的能源材料。超导材料是指电阻几乎等于零的材料。现在工业上使用的电线一般都用铜、铝制成,这两种金属虽然是良导体,但仍有电阻,用它们输送电力,会因导线本身的电阻变成焦耳热而白白地损耗电力。同时,由于导线发热,还可能烧毁。比如,直径1毫米的铜导线只能输送6安培左右的电流,超过这个界限就会因过热而烧毁。假如要输送更大的电流,必须采用冷却装置,这样就会使设备变得复杂而庞大,成本增加。采用电阻几乎等于零的超导材料做电线,就不存在这个问题。由于它的电阻近于零,即使输送大电流也不发热,在几乎没有传输损失的情况下,就可以把电送至千里之外。用超导材料制成的电机,可增加输电量20多倍,并可使电机重量减少90%,成本降低50%。用超导材料制造的磁悬浮列车,其速度可达550千米/时,与普通民航飞机速度差不多;如果让磁悬浮列车在真空隧道运行,速度可达到1600千米/时,比超音速飞机还快。法国已率先试制出磁悬浮列车。日本、中国等国家也均已研制成功。

当前,超导材料还不能广泛地应用,原因是超导材料只能在极低的温度下才能获得超导性能,即使目前已生产的超导材料铌钛合金和铌锡合金,也只能在-260℃以下的温度使用,这一低温只能在液氦中才能得到,因此,世界各国都在寻找工作温度比较高的超导材料。20世纪80年代末,超导材料的世界年产量约为一二百吨,90%左右是铌钛合金。我国在超导材料的研究方面取得了可喜的成绩,已能成批生产铌钛和铌锡合金,获取的超导性能的温度也在提高。

科学家们以往研究的主要是低温超导材料,而且大多是金属合金,如铌锆合金、铌钛合金、铌锡合金、铌镓合金、铌锗合金等。这些材料主要用于强磁体,如核磁共振、磁悬浮列车和加速器等。1986年,瑞士科学家又获取了-243℃的超导转变温度,从而掀起了高温超导的研究热潮。

进入21世纪,高温超导研究不断报出新成果,例如中国科学院在21世纪刚开始不久首次在世界上公布了钡—钇—铜超导体系，处于世界领先水平，并在提高材料的载流能力、制造高质量的超导薄膜和高温超导粉料等方面做出了较大贡献。

目前，高温超导材料正朝着强电应用、弱电应用（电子学应用）和抗磁性应用三个方向发展。如用超导材料制成的输电电缆，其电阻值几乎为0欧姆，输电损耗极小，大大降低了输电成本，可节省大量能源。我国制造的磁悬浮列车已在上海浦东机场—陆家嘴线运行。日本研制的磁悬浮列车已载人试运行，速度达581千米/时，号称"地面飞机"。这种列车虽然清洁、环保、时速快，但目前尚不能广泛应用，主要是造价太高，安全性仍需再考验。总之，超导材料的应用前景十分乐观。

（三）特殊条件下使用的材料

所谓特殊条件下使用的材料就是指满足航空航天、国防、医疗等特殊需要的材料。这些材料主要有：新型合金、高性能复合材料、高效率高分子分离膜和生物医用材料。

1. *特种金属及合金*。前面介绍过的储氢金属、超导材料和非晶金属，实际上就是特种金属或合金。这里再介绍一下微晶金属、超微粒子金属和形状记忆合金。

微晶金属是利用快冷技术制造而成的，它是由晶粒直径在百分之一到万分之一毫米的微晶金属或合金组成的材料。其组成元素与粗晶材料相同，但性能却发生了很大变化：强度增加了，韧性却不降低；在电磁特性、光学特性方面都比普通粗晶金属材料优异。许多国家都把发展微晶材料列为重点科研项目。我国也很重视发展这种材料，并有发展计划。

另一特种金属是超微粒子金属。它是由日本人于1987年用蒸镀法研制而成的。其方法是：在真空容器中注入惰性气体，让其中的金属加热蒸发，回收飘起的烟雾中的金属粒子，这些金属粒子就是超微粒子金属，它们的直径仅为0.001—0.1微米。这种超微粒子金属有许多特异性能：它们的表面积非常大，1克重的超微粒子，其表面积竟有70平方米；表面张力大；内部压力可达10万个标准大气压，可与地球内部压力相比；磁性更强，如用铁合金超微粒子制造的磁带，记录信息密度可提高10倍。这种材料还有较好的吸光性，如利用铬合金超微粒子容易吸收光的特点，可制造红外线吸收装置和利用太阳能的设备。它们的活性也强，因而又可作为一种新型催化剂。如果把镍的超微粒子加入火箭推进剂中，可以使其燃烧效率提高100倍。超微粒子的熔点特别低，比如银的熔点为960℃，而它的超微粒子的熔点则在100℃以下，用开水就可冲化。这种粒子在低温下极易导热,用在冷冻机的热交换器上,效果很好。

形状记忆合金是一种具有特殊功能(某种记忆力)的材料,它能“记住”自己原来在某一温度下的原始形状,并能恢复这种形状。因此,它可以完成其他材料无法完成的使命,受到科学家、工程技术人员的高度重视。人们根据需要事先把某种合金加工成特定的形状,然后放在300℃—1000℃的高温下,进行数分钟到30分钟的热处理后,即可令其“记住”自己原来的形状,然后把它改成别的形状,在适当温度下又会恢复原样。形状记忆合金是由美国学者于1963年研制出来的,主要有:镍钛合金、铜锌合金、金镉合金、镍铝合金等。利用形状记忆合金具有“记忆”功能这一特性,可以制造汽车车身,一旦车身受冲撞凹陷后,浇上热水就能恢复原形。利用镍钛合金还可以制造卫星或月球天线。这种天线重量不大,却占有很大空间,飞船容纳不下,无法携带,一度成为航天学家的一大难题。有了形状记忆金属,这个问题便迎刃而解了。形状记忆合金在自动控制、医学、生命科学、军事国防上的应用也日益广泛。现在又研制出具有多种记忆功能的合金。

2. 高性能复合材料。高性能复合材料一般是指用于火箭、导弹、飞机、坦克等军用和民用领域的复合材料。这种材料的增强成分是玻璃纤维、硼纤维、碳纤维、芳香聚酰胺纤维等高强度纤维,基体是环氧树脂、不饱和聚酯树脂、铝合金、钛合金等。根据它们的基体材料的不同,复合材料又可分为金属基复合材料和非金属基复合材料。这些复合材料都有特殊用途。20世纪60年代美国的军用飞机F-14、F-111就采用硼纤维增强环氧树脂复合材料做方向舵、水平安定面和机翼后缘;70年代又把芳香聚酰胺纤维增强复合材料普遍用于远程导弹上。

用碳纤维、碳化硅纤维、氮化硅纤维、碳硼纤维或氮化硼纤维等增强、烧结而成的陶瓷,克服了普通陶瓷的脆性,并且可以在高温分解变成气体时吸收很多热量,被用作航天器上的烧蚀材料。美国的航天飞机和太空站都装有由可耐1000℃高温的陶瓷复合材料制成的机体外壳防热瓦。法国把这种材料用于战略导弹系统。

3. 高效率高分子分离膜。它是新型的高分子材料。不同的分离膜各有特殊用途。如正在发展中的氧富集膜和海水淡化用的逆渗透膜,在制氧、海水淡化中起了重要作用。用氧气富集膜可将空气中的氧含量从20%提高到30%,并可节约燃料25%。美国已生产出富氧气体发生器,可制得含氧40%的新鲜空气,供患者使用。

目前，高分子分离膜主要有离子交换膜、透析膜、微孔过滤膜、超过滤膜、逆渗透膜、气体分离膜、渗透蒸发膜、液体膜等，它们是在制碱、海水淡化、食品生产、医疗、超纯水中不可缺少的材料。高分子分离膜材料技术的诞生将引起化学工业流程的巨大变革。

4. 生物医用材料。在介绍一般材料时已有所涉及，这里仅介绍几种特殊用途的材料。生物医用材料必须和生物细胞具有相容性，否则会引起排斥反应，使周围组织发炎或病变。此外还要求有抗凝血性和抗血栓形成等特性。这种材料主要用于制造人造器官，植入体内取代原有器官。这些材料主要有：硅聚四氟乙烯海绵、聚甘油基丙烯酸酯、尼龙、硅酸胶等，它们都属于高分子植入材料。此外还有不锈钢、钛合金、钴合金等金属植入材料以及氧化铝、氧化铬等陶瓷植入材料。据统计，目前全世界至少有七八万人接受了用合成高分子膜制成的人工肾，存活三年以上的达80%；美国在每100万人中有270人使用了以硅橡胶为覆盖膜材料的心脏起搏器；用聚乙二醇和聚甲基丙烯酸羧乙酯为主体制成的人工皮肤，可用于暂时保护人体被烧伤面，即使烧伤面积达55%，也可在60天内痊愈；用聚二甲基硅氧烷可以修补耳朵、填充平塌鼻梁、进行面部整容和隆乳；20世纪60年代已发明了白色的氟碳人造血，其载氧能力为人血的2倍，等等。这些材料在挽救人的生命方面起了重要作用。

七　材料及其技术的发展趋势

随着高科技的发展，材料及其技术发展的方向主要有以下几方面：(1) 复合材料。它是结构材料发展的重点，主要包括树脂基高强度、高模量纤维复合材料、金属基复合材料、陶瓷基复合材料和碳碳基复合材料等；表面涂层或改性是另一类复合材料，这种材料需要量大，应用面广，经济实用，具有广阔的发展前景。(2) 功能材料与器件相结合并趋于小型化与功能化。特别是由于外延技术与超晶格理论[①]的发展，使材料与器件的制备可以控制在原子尺度上，这将成为发展的重点。(3) 开发低维材料。低维材料具有体材料不具备的性质。例如零维的纳米金属颗粒，它是电的绝缘体及吸光的

① 超晶格这一概念，是由美国IBM实验室的江崎和朱兆祥于1970年首先提出的，之后形成超晶格理论。超晶格材料是指两种不同组元以几纳米到几十纳米的薄层交替生长并保持具有严格周期性的多层膜，事实上就是特定形式的层状精细复合材料。

黑体,以纳米微粒制成的陶瓷具有较强的韧性和超塑性;纳米级金属铝的硬度为块体铝的8倍;作为一维材料的高强度有机纤维、光导纤维,作为二维材料的金刚石薄膜、超导薄膜等都已显出广阔的应用前景。(4)信息功能材料将增加品种、提高性能。这里主要指半导体、激光、红外、光电子、液晶、敏感及磁性材料等,它们是发展信息产业的基础;高温超导材料会继续得到重视,预计不久将实现产业化。(5)生物材料将得到更多的应用和发展。这主要有两种:一种是生物医学材料,它可以代替或修复人的血液、组织和各种器官;另一种是生物模拟材料,即模拟生物的机能,如反渗透膜等。生物材料在价格比、工艺及现有装备上都具有明显优势;而且新品种不断涌现,今后仍将具有很强的生命力。(6)C_{60}①的出现为发展新材料开辟了一条崭新的途径,未来在这方面应用原子簇技术可能开发出更多的新材料。

总之,材料的发展趋势总是与社会进步及科技发展相适应,从而不断增加新品种和新功能。

---

① C_{60}分子是一种由60个碳原子构成的分子,碳原子排列在封闭的球形壳体上,形似足球。它是来自美、英的三位科学家于1985年共同发现的碳元素的第三种存在形式,这三位科学家因此共获1996年诺贝尔化学奖。C_{60}具有超轻、抗射线、抗腐蚀等特性,有广泛的应用。

第二十二章
纳米技术

纳米技术是当今科学家们关注和研究开发的重要领域,它是20世纪90年代以来新兴的一门高新技术,是交叉性很强的综合尖端技术。然而这类技术并非当今才有,它早已存在于我们身边。例如,莲花出淤泥而不染、自我清洁的物理现象是自然天成,而它之所以具有这种功能就在于其表面的细致结构都在纳米范围内。纳米技术的研究领域是人类过去很少涉及的非宏观、非微观的中间领域。纳米技术的兴起让人类对世界的认识达到了新层次,给许多领域带来了更深刻的变革。

一　纳米和纳米技术的含义

纳米(nanometer)原称毫微米,是一种长度计量单位。1纳米等于百万分之一毫米(10^{-9}m),也就是十亿分之一米,相当于10个氢原子串在一起的长度。

纳米技术是指在0.1—100纳米的尺度内,研究电子、原子和分子内在运动规律、特性及其应用的一项崭新技术。科学家们在研究物质构成的过程中发现,在纳米尺度下隔离出来的几个、几十个可数的电子、原子或分子,显著地表现出许多特性,而利用这些新特性来制造具有特定功能设备的技术,就是纳米技术。它的基本思想是在纳米尺度范围(10^{-9}—10^{-7}m)内去认识自然,通过直接操纵和安排原子、分子来创造新物质。简单地说,纳米技术就是一种用单个原子、分子制造物质的技术。

纳米技术的诞生是以扫描隧道显微镜(STM)和原子力显微镜[①]的发明为先导的。利用扫描隧道电子显微镜不仅可以直接观察原子、分子,而且可以直接操纵和安排原子和分子,这在人类科技史上是一个巨大的进步。

纳米技术不同于微电子技术。微电子技术主要研究通过控制成群电子来实现其功能,是利用电子的粒子性来工作的;而纳米技术则是研究控制单个原子、电子来实现其特定功能的,是利用电子的波动性来工作的。人们研究和开发纳米技术的目的就是要达到对单个原子和分子的自由操作,从而达到对非宏观、非微观的中间领域的有效控制。

纳米技术既是一门交叉性很强的综合学科,也是一项与应用开发密切联系的高新技术;也就是说,它是现代量子物理、混沌物理与电子计算机、微电子技术、超微技术等工程技术相结合的产物。它主要包括纳米电子学、纳米物理学、纳米化学、纳米生物学、纳米材料学、纳米加工学、纳米动力学(微机械和微电机)、纳米材料学和纳米测量学。

二　纳米技术的应用

纳米技术诞生以来,已经被迅速地应用到材料、电子信息、加工、军事、化工、医药、建筑以及人们的日常生活领域,纳米时代已经到来。

(一)纳米效应与纳米材料

实验研究表明,当常态物质被加工到极其微小的纳米尺度时,会出现特异的小尺度效应、表面与界面效应、量子尺寸效应、宏观量子隧道效应等。概括地说,纳米效应就是指纳米材料具有传统材料所不具备的奇异或反常的物理、化学特性。比如,原本导电的铜到某一纳米级界限时就不导电;原本绝缘的二氧化硅、晶体等在某一纳米级界限时却开始导电。把利用纳米技术制造出来的,在磁、热、光、催化、生物等方面具有奇异特性的新材料运用到产品中去,会出现意想不到的新性能。

纳米材料主要有:纳米金属材料、纳米半导体材料、纳米固体材料(丝、棒、管、薄膜、块等)、纳米氧化物及纳米玻璃。

1. 纳米金属材料。这里所说的纳米金属材料主要指纳米金属颗粒和纳米金属块。纳米金属颗粒具有易燃易爆的特性,一遇到空气就产生激烈的

---

① 原子力显微镜(AFM)是一种可用来研究包括绝缘体在内的固体材料表面结构的分析仪器。

燃烧，发生爆炸。因此，可以用纳米金属颗粒的粉末体做成烈性炸药。若用它做成火箭固体燃料，可产生更大的推力。用纳米金属颗粒粉末做催化剂，可加快化学反应速率，大大提高化工合成的产出率。此外，用纳米级的羰基铁粉、镍粉、铁氧化体粉末配置的涂料涂到飞机、导弹、军舰等武器装备上，可使它们具有隐身性能。超微粒子所以具有隐身性能，是因为它具有很大的比表面积[①]，能吸收电磁波。同时，纳米粒子的尺寸远小于红外及雷达波波长，对波的透过率很大。因此，由纳米超级粉末制成的材料在很宽的频带范围内可以逃避雷达的侦察，再加之红外隐身的作用，使其隐身效果倍增。

而纳米金属块具有耐压、耐拉的特性，其耐压性比一般金属高出十几倍，耐拉性比一般金属高出几十倍，用它来制造飞机、汽车、轮船等，重量可减小到原来的1/10。

2. 纳米半导体材料。纳米半导体材料是各国科学家们正在研究的一种特殊材料，如纳米硅颗粒（直径小于5纳米的晶体）、纳米硅粉（新一代光电半导体材料）。由于纳米半导体材料可发出各种颜色的光，可以用它做成小型激光光源。纳米半导体材料还可以把吸收的太阳光能变成电能，用它制成的太阳能汽车、太阳能住宅，有巨大的环保价值。用纳米半导体做成的各种传感器，可以灵敏地检测温度、湿度和大气成分的变化，它在监控汽车尾气和保护大气环境方面将得到广泛的应用。

3. 纳米固体材料。纳米固体材料被誉为21世纪最有前途的材料。纳米固体材料是将粒度为纳米级的颗粒，在保持新鲜表面的情况下加压制成的固体材料或用沉积方法制成的薄膜。由于纳米固体材料的颗粒具有量子尺度，所以它的原子排列与晶体和非晶体不同，是固体物质的一种新形态。纳米固体材料具有非常高的强度、硬度、韧性和导电性。例如，5个碳纳米管排列起来，虽然仅有人的头发丝粗，但其强度却是钢的100倍，而比重只有钢的1/6。因此，近几年来纳米固体材料中的碳纳米管和碳纳米纤维，一直是纳米技术发展的前沿。

在纳米固体材料中，最轻的当属固体气囊胶。气囊胶是一种新型的纳米材料。它是一种固体泡沫，是用96%的空气和4%的二氧化硅、二氧化铝和碳混合物制成的。它的密度是空气密度的3倍，故又称“固体空气”，是目

---

① 固体有一定的几何外形，用通常的仪器和计算方法可求得其表面积。但粉末或多孔物质表面积的测定比较困难。它们不仅具有不规则的外表面，还有复杂的内表面。通常称1g（1克）固体所占有的总面积，为该物质的比表面积（m^2/g）。现已有真正完全自动化、智能化的比表面积测定仪。

前世界上密度最小的和最轻的固体材料。气囊胶是利用“超临界流体干燥技术”生产出来的。其方法是将凝胶(一种被液体包围的由固体粒子链组成的物质)放入一个高压容器内加热,使液体和气体的差异消失,然后逐渐降低压强,使液体蒸发,干燥后就成为固态的气囊胶。在显微镜下观察,气囊胶的结构就像一束束“珍珠”项链,每颗“珍珠”的直径仅有几十纳米,而“珍珠”之间则有大量的平均直径为7—100纳米的细孔。因此,几克气囊胶的内部表面积就可达一个足球场大小。正因为这些大量的微孔,使气囊胶具有无与伦比的四个优良特性:重量最轻、强度极高、隔热性和绝缘性极佳。目前它的价位也不算高,仅为玻璃的30倍,已成为环保、军工和太空技术领域的重要材料,已在卫星太阳能电池板和航天飞机上有了成功的应用。

4. 纳米氧化物。纳米氧化物在光的照射下或在电磁场作用下可迅速改变颜色,变得五颜六色,利用这一特性可制成士兵防护激光枪的眼镜;用它做广告板,更加绚丽多彩。有的纳米氧化物,如氧化锌(ZnO)、二氧化钛(TiO_2)等,可制成气体传感器,这种传感器具有选择性强、灵敏度高等特点。

5. 纳米玻璃。据《科技日报》2010年2月2日报道,德国萨尔布吕肯新材料研究所研制出一种纳米新材料——“液体玻璃”。它的主要成分几乎是纯二氧化硅,是从石英砂中提取出来的。这种纳米新材料,可以在物体表面形成一层薄不可见的保护膜,其厚度仅为百万分之几毫米,相当于15—30个分子厚,只有人的一根头发丝粗细的1/500。这种“液体玻璃”具有防尘、防水、防菌、防紫外线、耐热、无毒无害、易于使用、不污染环境的性能。

这项发明是对传统防污技术的革命性突破,它适用于任何物体表面,诸如木材、车身、厨具、厕具、医药器材、领带、办公室、校园、病房、工厂乃至文物、墓碑等。这项专利已被德国纳米池公司买断,并进行批量生产。“液体玻璃”诞生的意义巨大,它将带来一场清洁革命,从而改变人们的生活。

(二)纳米技术在医药领域的应用

纳米技术在20世纪90年代获得了突破性进展,与医学的结合形成了新兴的交叉学科——纳米医疗学,即在分子水平上利用分子工具和已掌握的关于人体的知识,从事疾病诊断、治疗、预防、保健和改善健康状况等。在认识生命的分子的基础上,人们可以设计制造大量具有奇特功效的纳米装置。这些装置能够发挥类似于组织和器官的功能;可以到达人体的各个部位,甚至出入细胞,在人体的微观世界里修复畸变的基因,扼杀初发的癌细胞,捕捉侵入人体的细菌和病毒,探测机体内化学或生物化学成分的变化,适时地释放药物和人体所需的微量物质,及时改善人的健康状况等。纳米技术在医学领域中的普遍应用将使21世纪的医学产生一个质的飞跃。

1. 纳米生物医学材料的应用。在医学领域中,纳米材料最成功的应用是作为药物载体和制作人体材料,如人工肾脏、人工关节等。生物兼容物质的开发是纳米材料在医学领域的重要应用,树型聚合物就是提供此类功能的良好材料。目前,对纳米生物医学材料进行探索的有:(1) 制造人工纳米红细胞,以强化送氧功能,改善缺氧,尤其是脑细胞的缺氧问题。人工红细胞还可用于贫血症的局部治疗、进行人工呼吸、救治肺功能丧失和体育运动额外耗氧等。(2) 制造纳米人工线粒体装置。当细胞中的线粒体部分失去功能时,用此装置能有效地恢复线粒体的功能。(3) 制造纳米人工眼球。这项技术已由四川大学研制成功。纳米人工眼球可以像真眼一样同步移动,通过电脉冲刺激大脑神经,以"看"到外部精彩的世界。(4) 制造纳米人工鼻。纳米人工鼻实际上是一种气体探测器,它与燃气监测器道理相同,可同时监测多种气体。英国伯明翰大学已基本研制成功。

另外,还可利用纳米材料来制造模拟骨骼、人工肌肉、人工耳蜗、头发等。

2. 纳米技术在临床诊断与检测中的应用。这主要是指光学相干层析技术。它具有纳米尺度,能以每秒2000次完成生物体内活细胞的动态成像,实现动态观察体内单个活细胞的病理变化,而不会像X线、CT和MRI那样破坏活细胞。该技术的出现将使疾病在初发时即被扼杀。具体包括以下几种:(1) 纳米激光单原子分子探测技术。该技术具有高超的灵敏性,可在含有10^{19}个原子或分子的一立方厘米的气态物质中,在单个原子/分子层次上准确获取其中的1个。据此,医生可以通过检测人的唾液、血液、粪便和呼出气体,及时发现人体中只有万亿分之一的各种疾病或带病游离分子,并用于肿瘤细胞的诊断与治疗。(2) 微小探针技术(纳米探针)。可根据不同的诊断和检测目的,把这种探针植入并定位于体内不同的部位,或让其随血液在体内运行,随时将体内的各种生物信息反馈给体外记录装置。此技术有望成为21世纪医学界最常用的治疗手段。(3) 纳米细胞检疫器(纳米秤)。它能称量10^{-9}克的物体,即相当于1个病毒的质量。利用此技术可发现新病毒,也可定点用于口腔、咽喉、食管、气管等开放部位的检疫。(4) 纳米传感器。它是将纳米传感器小的一端插入活细胞内而又不干扰细胞的正常生理过程,以获取活细胞内多种反应的动态化学信息、电化学信息及反映整体的功能状态,以期深化对机体生理过程的理解。(5) 识别血液异常的生物芯片。它可在血流中巡航探测,及时发现诸如病毒和细菌的入侵并予以歼灭。

目前,在电场作用下,自动寻址的细胞芯片已研制成功。

3. 纳米技术在临床治疗中的应用。主要有:(1) 药物治疗。无论是纳米粒子还是纳米胶囊药品,都具有吸收度高和释放系统可控制的特点,这就可以提高药物作用的靶向性,促进药物通过生物屏障,从而大大增强了药物的作用。(2) 基因治疗。纳米技术应用于基因治疗是纳米生物技术最有前景的领域,这种治疗主要包括基因改性和 DNA 分子的有序组装与生物有序结构模拟两大方面。

(三) 纳米技术在电子信息领域的应用

这主要体现在纳米电子器件的应用上。利用纳米技术制造的电子器件,性能大大优于传统的电子器件。它具有以下特点:工作速度快,是硅器件的 1000 倍;功耗低,仅为硅器件的千分之一;信息量大,在一张不足巴掌大的 5 英寸光盘上,至少可以储存 30 个国家图书馆的全部藏书;体积小、重量轻,可使各类电子产品的体积减小、重量大为减轻。由于它具有这些特点,把它用在电子计算机上,可以提高计算机的运行速度,并缩小计算机的体积。例如,利用纳米电子器件可以使超大规模芯片的集成度和速度提高 100 倍,体积则缩小 1000 倍,从而把“银河”等巨型计算机做成“掌上电脑”或“口袋电脑”,让随身算(移动计算)变为现实;还可以把“亚洲一号”通信卫星制成鸽子大小。利用纳米技术也可以将单个原子制成开关,或制成单电子晶体管和单电子逻辑器件,这些器件是量子计算机的重要组成部分。

利用纳米技术可以使“全球通,通全球”的通信变为现实。例如,如果在太阳同步轨道上等间隔地布置 648 颗纳米卫星,就可以保证任何人在任何地点、任何时间与任何人进行通信。

利用纳米技术制成的纳米机器人,可以潜入通信设备内部,发现通信设施的障碍,清洗通信设施中的“垃圾”,使通信设施处于良好的工作状态。

(四) 纳米技术在材料加工中的应用

利用纳米加工技术,可以对材料表面进行纳米修饰,诸如原子操纵、纳米光刻布线以及纳米尺度的常规加工等,而原子操纵是纳米加工的主要内容。所谓原子操纵,就是通过扫描隧道显微镜,对纳米空间表面的原子进行提取、植入和转移。原子操纵可以将某一物质的原子取出,再将新的原子植入,从而制造出某种新物质,实现物质再构。可以设想,人类将来需要什么物质,就可以随心所欲地制造出来。

(五) 纳米技术在军事领域的应用

纳米技术在军事领域的应用十分广泛,它几乎可以用于所有的武器装备和指挥控制系统，从而提高战斗力。

1. 纳米技术用于武器制造中，可以提高武器装备的攻防能力。如，用纳米技术制造的超微型化的纳米导弹，可以做成蚊子大小。由于它直接受电波控制，可以神不知鬼不觉地潜入目标内部，炸毁敌方的火炮、坦克、飞机、指挥部和弹药库。又如，用纳米技术制造的纳米飞机由于能悬行或飞行，因而可以秘密部署到敌方信息系统和武器系统的内部或附近，去监视敌方情况；同时，它还可以全天候作战，可以从数百千米外将其获取的信息传回己方的导弹发射基地，直接引导导弹攻击目标。

2. 应用纳米技术可以大大提高自动化指挥控制系统的作战效能。例如，由于纳米技术能使光电器件的信息传输、存储、处理、运算和显示等性能大大提高，因而把这种技术应用于现有雷达的信息处理上，可使其信息处理能力提高十倍、几百倍，乃至上千倍。又如，应用纳米技术把现代作战飞机上的全部电子信息系统集成在一块芯片上，可以使目前的车载、机载通信电子对抗设备缩小到可由单兵携带，从而大大提高战场通信及电子对抗能力。

3. 应用纳米技术制造微机电武器。利用纳米技术可以把传感器、电动机和数字智能装置集成在一块芯片上，制造出微机电系统，用以取代计算机硬件、汽车引擎及其他产品上的部件，从而制造出微型飞机、发动机等。例如，美国研制的一架名为“黑寡妇”的微型飞机，其外形像个飞碟，重量只有7克，飞行时速72千米，飞行时长为16分钟，飞行距离可达10千米；林肯实验室利用纳米技术研制的燃气轮机，其体积只有衬衫纽扣大小，产生的推力为0.64千克；麻省理工学院应用纳米技术研制的涡轮喷气发动机，其直径为1厘米，推力为13克，可以带动50克的微型飞机按300千米/时的速度飞行；美国俄亥俄州的凯斯西方预备大学的科学家用纳米技术研制的微型发动机小到在5立方厘米的空间内可容纳1000台。德国采用纳米技术研制的微型直升机，其重量只有400毫克，发动机直径只有1—2毫米，转数达4万转/分，可以平稳地降落在一颗花生米上。如果把这些微型机电系统用于军事领域，可制成微机电武器，并可构成战场传感器网络。这一目标一旦实现，那么在21世纪的战场上，还需配备“放大镜”。美国战略与国际问题研究中心的一位科学家认为，武器越大，越容易被攻击，假如美国的十几艘航母中有4—5艘被毁，会重创美国的军力，但若发展微型机电武器，便可以数量取胜。

4. 应用纳米技术可制成纳米卫星和微型火箭系统。纳米卫星是以微机电一体化系统技术为基础的一种全新概念的卫星，是一种分布式的卫星结构体系。它采用微机电系统中的多重集成技术,利用大规模集成电路制造工艺,一方面把机械部件像电子电路一样集成起来,另一方面把传感器、执行器、微处理器以及其他电子学和光学系统都集成在一个极小的几何空间内,形成机电一体化的具有特定功能的卫星部件和分系统,制造分布式配置的卫星星座,从而使卫星具有不同的功能。

在战时,纳米卫星即使遭受攻击也不会丧失全部功能,其生存能力很强。相对一般卫星的制造而言,研制纳米卫星既不需要大型实验设备和厂房,发射时也不需要大型运载工具。因此,纳米卫星的军事潜力和经济价值都是可圈可点的。

微型火箭系统正在美国人莱惠斯(生卒年不详)负责的实验室中进行研制。它是在6毫米×4毫米的硅片上实验的,内含15枚火箭。火箭有三层:一层是点火器,二层是燃烧室,三层是火箭喷嘴。硅片的两面有500纳米厚的氧化硅保护膜。这种火箭的最佳喷发时间为1毫秒,他们争取把它做到1微秒。如此快速喷发的火箭主要用于对微型卫星和纳米卫星进行准确定位。

5. 纳米技术可使武器装备表面变得更“灵敏”。利用动态特性可调的纳米材料制作的“蒙皮”,可以察觉到极其细微的外界“刺激”。例如,用纳米材料制作的潜艇“蒙皮”,可以灵敏地“感觉”水流、水温和水压的细微变化,并及时反馈给中央计算机,以适时调整潜艇的运行状态,最大限度地降低噪声,达到侦察和躲避敌方鱼雷的目的,并可节约能源。利用纳米技术,还可制成一种由传感系统、自理和自主导航系统、杀伤机制系统、通信系统和电源系统五部分组成的微型攻击机器人。当它接近目标时,能迅速“感觉”到敌方电子系统的准确位置,并自动渗入实施攻击。

综上可见,纳米技术的发展,必将加速武器装备小型化、智能化、信息化和一体化的进程,促使武器装备性能发生质的变化,这无疑会导致战争形态及作战样式发生变革。

三　纳米技术的发展及前景

由于纳米技术具有奇特的功能,对国家未来的经济、社会发展及国防安全具有重要意义,所以自20世纪90年代以来,备受世界各国政府的关注,它们都投入了大量人力、物力和财力进行研究,这里着重介绍一下美国、英国、日本、德国和我国的情况。

（一）美国

美国把纳米技术视为下一次工业革命的核心。美国政府1997年就投入1亿美元进行纳米科学技术的基础研究,2001年又投入5亿美元对纳米技术进行研发。目前,美国科学家正试图用精确控制形状和成分的纳米“砖块”合成自然界没有的材料。加利福尼亚州一个新的喷气式飞机推进器实验室,正在研制一种名为“纳米麦克风”的微型扩音器,试图用它来探测其他星球上是否存在生命。

美国还试验了一种以微型机电系统为基础的加速度表,它能承受火炮发射产生的强大后坐力过载,可为目前非制导导弹提供经济的微型制导系统。美国还在研制一种声波控制的微型机器人,研究者称它为纳米微型军队,它可通过各种途径钻进敌方武器装备中,完成预定任务。此外,美国还研制了纳米导弹、纳米直升机、纳米卫星及形形色色的微型战场传感器等纳米武器。

美国英特尔公司已经研制成功30纳米晶体管,它可使电脑芯片的速度在今后5—10年内提高到目前的10倍以上,用这种芯片制作的报警系统可以识别人的面孔。

（二）英国

英国政府自1988年就发起一项纳米网络计划,并投入相当数量的英镑。目前,英国科学研究会采用纳米技术已研制成能同时测出6种有害气体的电子鼻、手表型哮喘预警器;还成功地将纳米金粒子通过由有机分子形成的细微导线与金极相连,组装成能承载电流的纳米电路,等等。

（三）日本

日本在1991年就开始了为期10年、投资2.25亿美元的纳米技术研究开发计划,1995年又把它列为今后10年应开发的四大基础科学技术项目之一。1997年,此项计划又投资1.28亿美元。进入21世纪,又设立了纳米材料研究中心,把纳米技术列为5年科技基本计划的研究开发重点。2013年4月,国际《科技》杂志报道,日本科学家为果蝇幼虫研制了一套“纳米衣”。该“纳米衣”是昆虫幼虫的皮肤薄膜在电子轰击下、由分子聚合在一起形成的允许幼虫在内部活动的柔软层,它能保护生物免受极端环境影响。用这种方法生产的“纳米衣”可用来制造航天服,让航天员摆脱传统的、沉重的航天服,较为轻松地从事航天活动。

（四）德国

德国把纳米技术列为21世纪科研创新战略技术。德国的19家研究机构已签署了一项合作协议，即建立一个遍布全国的纳米技术研究网。马克斯-玻恩研究所前几年制造出直径为1纳米的薄壁纳米管。卡塞尔大学制成了世界上最小的、只有一根头发丝直径千分之一的温度计，该温度计能分辨出周围1纳米空间范围内千分之一摄氏度的温度变化。

（五）我国

我国自1988年开始了纳米技术研究，几乎与世界上最先进的纳米技术研究同步。在20世纪80年代，我国就将纳米技术列入国家“863计划”，目前至少有50多所大学、20多个研究机构和300多家企业从事纳米研究，已经建立了10多条纳米材料和技术的生产线，还建立了数个纳米技术研究基地。截至2007年年底，以纳米材料和纳米技术注册的专利就有8166项。已经兴起开发的项目有：纳米复合塑料、橡胶和纤维改进、纳米功能涂层材料的设计与应用、纳米材料在能源和环境保护等方面的应用。国家科技主管部门已启动了有关纳米材料的国家重点基础研究项目。我国科学家正在把纳米技术应用于靶向药物、纳米机器人、纳米生物芯片等领域。2000年6月，清华大学继微型卫星发射成功之后，也开始研制纳米卫星。

我国在纳米技术研究方面已取得的丰硕成果有：

1. *在医药研究方面*。中国医科大学第二临床放射科的专家完成了超顺磁性氧化铁超顺颗粒体的研究课题。我国医药专家已研制出一种抗菌颗粒药物，其直径只有25纳米。该药物对大肠杆菌、金黄色葡萄球菌等致病微生物均有强烈的抑制和杀灭作用，并且不会使细菌产生耐药性；他们还成功地开发出创可贴、溃疡贴等纳米医药产品，并已批量生产。四川大学生物医学工程系已研制成功纳米人工骨；该学科的专家还在世界上首次研制出一种人工眼球，这种眼球的外壳主要用纳米晶体的活性复合材料制成，里面放置微型摄像机和集成电脑芯片，可以将影像信号转变成电脉冲，进而刺激大脑的振叶神经，实现其可视功能。

2. *纳米技术在化学和物理学领域的应用研究中成果也十分显著*。吉林大学化学系的研究人员，成功地获得了长度为20纳米以内的电活性有机分子、直径平均为16—50纳米的纤维以及孔径为1—2纳米的刚性环状分子。他们在有机纳米功能材料的研究方面，已居世界领先地位。中国科学院化学研究所工程塑料国家重点实验室已成功地制造出一种名为“纳米塑料”的新型塑料材料，这种纳米材料呈现出优异的物理力学性能，具有强度高、耐热性好、比重轻等特点，其耐磨性是黄铜的27倍，钢铁的7倍，可取代铜、铁等金属制造齿轮、油泵，或取代玻璃做啤酒瓶。

北京中商世纪纳米技术有限公司开发出的超双疏技术，可以让经纳米材料处理过的物体表面形成一层稳定的气体薄膜，使油或水无法与材料的表面直接接触，起到保护作用。深圳尊业纳米材料公司与华中科技大学联手，应用激光制造金属纳米粉末，已经批量生产，这种金属纳米粉末的饱和磁化强度达到1477电磁单位，比国际同类产品的饱和磁化强度高出两倍以上。中国科学院金属研究所，在世界上首次直接观察到纳米金属材料具备室温下的超塑延展性，它向人们展示了无空隙纳米是如何变形的。此外，国家重点基础研究规划纳米领域研究小组，已成功地合成了粗细只有头发丝五万分之一的纳米级同轴电缆。

中国科学院力学研究所研制出中国第一台椭光显微成像仪，可以进行纳米级测量和对分子动态变化及相互作用进行实时观测，这一研究成果已达到世界领先水平。

中国科学院金属研究所所长、材料科学专家、中国科学院院士卢柯，发明了一种制备无微孔隙和无界面污染的金属纳米材料的新方法——非晶完全晶化法，使我国在纳米晶体研究领域一跃进入国际前列。这种新方法解决了多年来一直困扰科学界的纳米材料孔隙大、密度小、易断裂等问题。因此，1998年他被国际亚稳及纳米材料年会授予ISMANAM金质奖章，以表彰他为这一领域做出的杰出贡献。

3. 纳米材料绿色制版引领印刷业。历史上我国印刷业经历了三次大的变革：毕昇的胶泥制字、王选（1935—2006）的激光照排和宋延林（1969— ）的纳米制版。在当今社会，印刷业人士的梦想和追求是“鼠标一点，轻松制版，成本低廉，告别污染”。目前这一梦想和追求已经变成现实，它就是由中科院化学所材料实验室主任、博士生导师、北京中科纳米新印刷技术有限公司的创始人宋延林创造的纳米制版。宋延林把纳米材料的最新研究成果和传统的印刷技术相结合，经过多年的开发研究，研制成一种新的绿色印刷技术——纳米材料绿色制版，并形成了完整的产品链，申请了多项专利。

所谓纳米材料绿色制版技术就是在亲水的板材上打印出来油的图文区，通过亲油和亲水的差异形成图文区和空白区的差别。制版的板材本身具有亲水性质，不沾染油性的油墨，而印刷品上的图文区，则打印上亲油（可附着油墨）的纳米材料。这样，印版上机印刷时打印有亲油的纳米材料的区域，就得到了图片和文字，而没有打印的区域就是空白，从而完成了印刷。

整个过程不用排版,不用照版,简单省事,成本低,无污染,只要操纵鼠标就可以了。纳米材料绿色制版技术的研发及产业化,已经把印刷技术悄然带入了一场绿色变革,实现了印刷制版技术从感光到非感光的跨越,未来的印刷业将在它的引领下大展宏图。

综上可见,纳米技术在当今世界的研究、开发,前景是十分乐观的,至今已硕果累累。我们期待科学家和工程技术人员多出成果、快出成果,为科学技术的发展和人类社会做出更大贡献。

第二十三章
能源技术

能源是人类赖以生存和发展的物质基础。能源在工农业生产、交通运输、国防建设及人们的日常生活中都占有十分重要的地位。能源既是世界经济发展的驱动力,也是衡量一个国家经济和科学技术发展水平的一个重要尺度。

16 世纪英国工业革命以来,世界经济在煤炭等较稳定能源的支持下,取得了大幅度增长,各种工业雨后春笋般地发展起来;但是从那时起,人类在享受能源带来的巨大物质利益和科技进步的同时,能源短缺现象也日益突出,由此引发的能源资源危机乃至战争接踵而来;能源过度开发和使用造成的环境污染反过来又威胁到人类的生存和社会的发展。因此,能源问题已成为当今人们议论的热门话题和各国关注的焦点。

能源技术就是关于能源开发、生产、使用、转换、传输、分配及综合利用的手段。不同的能源其开发利用手段不同。

一　能源的含义和分类

(一) 能源的含义

关于能源的含义,目前说法不一,大约有二十来种。《大英百科全书》称,“能源是一个包括所有燃料、流水、阳光和风的术语,人类用适当的转换手段便可让它为自己提供所需的能量”;《日本大百科全书》称,“在各种生产活动中,我们利用热能、机械能、光能、电能等做功,可利用来作为这些能量源泉的自然界中的各种载体,称为能源”;我国《能源百科全书》称,“能源是可以直接或经转换提供人类所需的光、热、动力等任一形式能量的载能体资源”,《科学技术百科全书》称,“能源是可以从其获得热、光和动力之类能量的资源”等。尽管说法不一,但这些定义都认为能源是物质存在的形式,是可以相互转换的能量源泉。我们可以明确而简单地把能源定义为,“能源是自然界中能为人类提供某种形式能量的物质资源”;广义地说,凡是能被人类加以利用以获取有用能量的各种来源都可以称为能源。

由此可见,能源亦可称作能量资源或能源资源。从物理学角度说,能源是指可以产生各种能量(如热能、电能、光能和机械能等)或可以做功的物质的统称。这些物质包括煤炭、石油、天然气、可燃冰、水能、核能、风能、太阳能、地热能、生物能等一次性能源和电力、热力、成品油等二次性能源,以及其他新能源和可再生能源。

(二)能源的分类

能源的种类繁多,可以从不同角度进行分类。

1. 按来源来分,能源可分为三种。(1)来自地球外部的能源。这种能源主要是太阳能。太阳能直接向地球提供辐射能量,人类所需能源的大部分直接或间接来自太阳能,各种植物的生长也依赖于太阳能,它们通过光合作用把太阳能转变成化学能,在植物体内储存下来;人类所使用的煤炭、石油、天然气等化石燃料也是古代埋在地下的动植物经过漫长的地质年代形成的,它们实质上是古代生物固定下来的太阳能。水能、风能、波浪能等也都是由太阳能转换而来的。(2)地球本身蕴藏的能源。主要是原子核能和地热能。(3)地球和其他天体相互作用而产生的能源。主要是潮汐能。

2. 按照基本形态(或生成方式)来分,能源可分为一次性能源和二次性能源。(1)一次性能源,又叫自然能源。它是在自然界中以天然形态存在、直接取自于自然界、未经人类加工转换的能源,如煤炭、石油、天然气、水能、风能、太阳能、地热能、生物能、海洋能等。通常所说的世界各国能源产量和消费量,一般都指一次性能源。一次性能源从来源角度可再分成来自地球外部和来自地球内部两种。一次性能源按其能否再生,又可分成可再生能源和非再生能源。可再生能源是具有自然恢复能力的能源,它不因本身的转化或人类的利用而减少,如太阳能、风能、水能、地热能、海洋能等;非再生能源是指矿物燃料和核燃料类的能源,它随人类的开发利用而减少,并且在短期内不能再生,如煤炭、石油、天然气、油页岩等。(2)二次性能源是指人们由一次性能源转换成符合人们使用要求的能量形式。二次性能源也叫人工能源,如电能、氢能、焦炭、柴油、汽油、蒸汽、煤气等。一次性能源多数情况下可以转换成二次性能源,并服务于人类。从整个消费趋势上看,二次性能源所占比重日益增大(见表23-1)。

表23-1　能源分类表

类别		来自地球内部的能源	来自地球外部的能源	来自地球与其他天体相互作用产生的能源
一次性能源	可再生能源	地热能	太阳能 风能 水能 生物能 海洋温度差能 海洋浓度差能 海洋波浪能 宇宙射线能	潮汐能
	非再生能源[1]	核能 煤炭 石油 天然气 油页岩 可燃冰		
二次性能源		焦炭 煤气 电力 氢 蒸汽 汽油 酒精 柴油 煤油 重油 液体气 电石		

3. 按性质来分,能源可分为燃料型能源和非燃料型能源。燃料型能源,又分为固体燃料、液体燃料和气体燃料三种类型,主要是煤炭、石油、天然气、泥炭、柴草等;非燃料型能源主要是水能、风能、地热能、海洋能。随着燃料型能源的减少,非燃料型能源将成为未来人类使用的主要能源。

4. 按照历史地位来分,能源可分为常规能源和新能源两大类。常规能源是指技术上比较成熟、已被广泛利用、在生产和生活中起着重要作用的能源,如煤炭、石油、天然气、水能、核裂变能。在今后相当长的时期内,这些常规能源仍将起主要作用。新能源是指目前尚未被人类广泛使用、正在进一步研发的能源,如太阳能、风能、地热能、生物能、海洋能、核聚变能等。

二　人类利用能源的历史回顾

人类利用能源的历史大致经历了三个时期,即柴草时期、煤炭时期及石油和天然气时期。

---

① 非再生能源除核能外,表面看来都来自地球内部,但归根到底都来自于太阳能。

（一）柴草时期

火的发现和使用是人类自觉利用能源的开端。有了火，人类便开始利用枯枝杂草等燃料进行熟食、取暖、照明，以后又逐渐把火用于熔炼金属、烧制陶瓷、加工物件等。火的发现和柴草的利用为人类从游牧生活走向定居创造了条件。这一时期，人类虽然初步利用水力、风力等自然力来取代部分人力，但主要能源还是柴草。几千年来，人们日复一日、年复一年地重复着这种生活，在能源问题上没有什么突破。直至1860年，柴草在世界能源消耗中仍占有73.8%的比例，煤炭仅占25.3%。柴草是人类最早利用和利用时间最长的能源。

（二）煤炭时期

煤炭时期始于18世纪70年代。1769年瓦特改进的蒸汽机，成为当时主要的动力装置后，为煤的开采和应用开辟了广阔的道路。由于煤炭资源丰富、发热量高、使用方便，因而被大量使用。蒸汽机的发明和煤炭的广泛使用，大大推动了资本主义的发展。

有数据表明，自1860—1910年的半个世纪中，煤炭的消费总量增加了37.3倍，由占世界能源消耗量的25.3%增加到63.5%，而柴草的消耗量则由73.8%下降到31.7%。造成这种变化的原因有二：一是煤炭自身的优点，二是森林资源的减少。煤炭在能源消耗中的主导地位，在半个世纪后逐渐被石油和天然气所取代。

（三）石油和天然气时期

20世纪60年代到70年代末，石油和天然气在世界能源消费中占主要地位。石油和天然气与煤炭相比，具有热值高、灰分少、使用方便、便于运输等优点。自19世纪中叶发现大油田以来，到20世纪50年代初，首先在美国，而后在中东、北非等地相继发现了巨大的油田和气田。大量石油进入国际市场，工业发达国家首先在能源消费上实现了由煤炭向石油和天然气的转换。50年代中期，石油和天然气的消费量已超过煤炭，这是继从柴草向煤炭转变之后，能源结构演变的第二个里程碑。

在能源消费问题上，在完成了这两个转变之后，又开始了从常规能源（煤炭、石油、天然气、水力）向新能源的过渡，这一时期的重点是寻找一个持久的、可再生的、干净的能源体系来取代石油和天然气。此后，风能、太阳能等能源形式迅速发展。

三　世界常规能源资源储量和开发利用情况

（一）常规能源储量

所谓常规能源，是指人们利用最多的煤炭、石油、天然气和水力。它们约占世界能源消耗的90%。

能源储量涉及国家安全，是各个国家的机密，特别在当前能源危机情况下许多国家采取保护主义，因而不同出处给出的数据各不相同，甚至是矛盾的。

（二）常规能源的开发利用情况

1. 煤炭。煤炭是一种常用的固体燃料，它的主要成分是碳和硫。煤炭早在两千多年前就被人类发现了。我国是用煤作燃料最早的国家。《汉书·地理志》中写道："豫章郡出石，可燃为薪。"这里所说的石头就是煤。英国和德国分别于9世纪和10世纪发现煤，13世纪才进行开采。16世纪50年代，煤开始在一些生产领域用作燃料，取代了木柴。随着蒸汽机的发明，煤炭逐渐成为主要能源。

煤炭在常规能源中藏量最丰富，按生成阶段和炭化过程，可分为泥煤、褐煤、烟煤和无烟煤四种。前两种质量较差（含水分多，使用价值低）；后两种含碳量高，用途广，使用价值较高。

煤炭最初只用于照明、取暖、烧饭和烘烤食物。我国在1500多年前就把煤用于冶铁。到了近代，除上述用途外，煤炭又被用作蒸汽机的能源，并用于炼焦、制造可燃气体和化工原料。20世纪初是煤炭开采和利用的黄金时代，直至20世纪50年代，煤炭一直是世界上的主要能源。但是煤炭具有污染、运输麻烦等缺点，因而，随着石油的开发和利用，其主导地位让位于石油。

然而，石油的估计储量只有五万多亿吨，已探明的只有两万多亿吨，而年开采量则多达三十多亿吨。照此速度开采下去，几十年后石油资源将会枯竭。与之相比，煤炭的储量却十分丰富。因此，在今后相当长的时间内煤炭仍是重要的能源。

合理利用煤炭的着眼点是提高其热能的利用率，减少运输量，改善环境卫生，防止污染。当今提高煤炭利用率的办法是将煤液化或汽化，以液态或气态煤取代固态煤。煤的液化方法是德国科学家柏吉乌斯（F. Bergius,

1884—1949)提出来的。1913 年,他把煤加热到 400 ℃—500 ℃,加压到 300 个大气压左右,然后添加氢气,使煤液化成人造石油。随着石油供应紧张,各国日益重视对煤的液化或汽化。液化或汽化后的煤具有与石油、天然气同样的优点,如便于运输和储存、易调节控制、效率高、投资少等。这种人造石油还可生产出高质量的汽油、柴油、润滑油、石蜡,提取苯、酚等化工原料。

我国的煤炭资源虽然丰富,煤炭在我国能源结构中也居首要地位,但是煤炭质量指标低于国际水平,由此造成的浪费每年达上千亿吨,还浪费了巨大的运输力。可见,改变我国落后的煤炭利用方式、提高煤炭质量、推行质量标准化、节能减排是我国煤炭利用必须坚持的原则。

2. *石油*。石油发现和利用的历史也很久远。我国在公元 221 年已开始使用石油(当时叫“石漆”)。石油和天然气的开采始于近代。1859 年 8 月,在美国宾夕法尼亚州率先用顿钻法打出世界上第一口油井,日产原油为 5000 升。接着,苏联在阿塞拜疆的巴库开发了巴库油田,印尼等地也发现了油田。19 世纪中叶虽然出现了石油工业,但是直到 20 世纪后石油才成为重要的能源。这时人们发现,石油不仅是一种优质燃料,而且是轻工和化工的重要原料。

石油的大规模开采和利用始于 20 世纪 50 年代之后。1950—1960 年间,由于中东和东非发现了大油田,因而 1960 年世界石油产量猛增到 10.48 亿吨,1970 年达到 22.54 亿吨。许多发达国家纷纷采用石油作能源来促进经济发展,如五六十年代的日本在能源消费中石油已占 50%,1965 年、1970 年分别达到 58% 和 77.6%,石油的利用使日本的钢铁、石油化工、汽车、化纤等工业迅猛发展。

为了摆脱石油资源不足给经济发展带来的困境,人们采取了两种方法:一是增加产量,把目标扩大到海洋,向海洋要石油,当今近海采油量占世界石油总产量的 1/4。二是提高石油的采收率。目前,石油采收率平均为 30%,最高也只能达到 40%。假如采收率能提高一倍,那么石油的可采储量将增加一倍,石油的使用年限相应延长一倍。

我国石油资源相对较少,其储量仅占世界石油储量的 1/50。中华人民共和国成立后,在李四光地质力学的指导下,相继找到了大庆(黑龙江省)、胜利(山东省)、辽河(辽宁省)、克拉玛依(新疆维吾尔自治区)、四川盆地、大港(天津市)、吉林(吉林省)、南阳(河南省)、长庆(陕西省)、华北(河北省)、中原(河南省)、江苏、江汉(湖北省)、青海、塔里木(新疆维吾尔自治区）、土哈（新疆维吾尔自治区）、玉门（甘肃省）、冀东（河北省）、南堡（河北省）等大油田。此外，滇黔桂石油勘探局和中国海洋石油勘探局正在自己管辖范围内继续寻找新的油田。

同时，我国又在东海和南海相继发现了可观的石油资源，有待我们去开发。1966年，联合国亚洲及远东经济委员会经过对包括钓鱼岛列岛在内的我国东部海底资源的勘查表明：东海大陆架可能是世界上石油蕴藏最丰富的油田之一。1982年我国科学家估计，该海域的石油储量约为30亿—70亿吨，钓鱼岛附近水域可能成为“第二个中东”。南海海域更是石油宝库，据有关报道：在南海已勘探的仅16万平方千米（只是南海很小的海域）中就发现了石油储量55.2亿吨、天然气12亿立方米；仅在曾母盆地、沙巴盆地、万安盆地的石油总储量就有200亿吨，其中有一半以上的储量分布在应划归中国管辖的海域。经初步估计，整个南海石油地质储量大致在230亿吨至300亿吨，有“第二个波斯湾”之称。

此前，我国已在南中国海靠近海南岛区域发现了海上大气田（东方1-1天然气田，即DF1-1天然气田），其储量超过200亿立方米，现已投产，每年有超过数亿立方米的供气量。与它相邻的位于三亚以南100千米海域的大气田“崖城13-1”，是1983年8月在水深约100米处发现的，当时已探明的天然气储量为113亿立方米，并有12万平方千米的油气资源勘探远景区。这个大气田是中、美、科威特三国的三家公司合作开发的，中国有51%的权益。该大气田现年产天然气34亿立方米。

1996年，我国天然气开采量为200亿立方米，到2000年增加到250亿立方米。据中新网能源频道报道，2012年以来，我国南海油气田已进入大规模开发阶段，中海油公司2012年已有4个油田正式投产，产量预计2013—2014年达到峰值。与赫斯基能源公司合作的深水荔湾3-1天然气田的开发计划也已获得国家发改委的批准。荔湾3-1深水气田是我国首个深海气田，储量为1000亿—1500亿立方米，年产量可达50亿—80亿立方米。又据中国石油新闻中心2013年4月9日发布的消息称，我国自主研发的亚洲最大的深海油气平台——荔湾3-1天然气综合处理平台在青岛顺利完工，它的建成对带动海洋工程装备产业的发展具有重要而深远的意义。此外，中石油公司2013年还与雪佛龙中国能源公司就南海东部的两块油气田签订了产品分成合同。2012年6月底和8月底，中海油公司又开放了35个中国南海海域区块，与国外公司合作开发，进展顺利；2012年10月，中海油公司北部湾海域两个新油田成功投产,2013 年高峰日产量累计达 1 万桶;2012 年年底,南海珠江口盆地又有两个油田正式投产。实现海油气产量持续增长,确保国家能源安全,是海洋石油工业"二次路线"的重要内容。我们的目标是以海洋石油工业助推海洋强国建设,我国海油气生产的总目标是:到 2020 年达到 1.2 亿吨,2030 年达到 1.8 亿吨。

我国石油集中分布在渤海湾、松辽、塔里木、鄂尔多斯、准噶尔、珠江口、柴达木和东海陆架八大盆地,可采资源量为 172 亿吨,占全国石油资源的 81.13%。天然气资源集中分布在鄂尔多斯、东海陆架、柴达木、松辽、莺歌海、琼东南和渤海湾等九大盆地,可采资源量为 18.4 万亿立方米,占全国天然气的 83.64%。

3. 水力。水力是人类利用最早的能源之一。远在古代,劳动人民就懂得用水车、水轮把水能转换成机械能来带动灌溉机械、鼓风机、磨、碾等,为人类造福。

水能与其他能源相比有许多优点:它可以川流不息、源源不断地提供能量;是一种廉价的能源,建一座水电站,一般情况下每运行三四年所获取的收入就可以再建造一座同样规模的水电站,同时电站的水库还可以用于防洪、灌溉、航运、养鱼、游览等事业;水能是最干净、无污染的能源。正因为如此,它被许多国家当作最理想的能源,有条件的国家都很注重开发水能电站。

利用水力发电始于 19 世纪下半叶。1878 年,法国建成了世界上第一座水力发电站。水力被大规模用于发电是 20 世纪 40 年代之后的事。20 世纪 40—60 年代是世界各国集中建设水电站的时期。美国从这一时期起便着手在西北部哥伦比亚河中下游建立水电站,到 20 世纪末已建成大型水电站 10 多座,其中大古力水电站始建于 1941 年,总装机容量为 1083 万千瓦,年发电量 324 亿千瓦·时。苏联从 20 世纪 50 年代开始在叶尼塞河干流和支流上建造 4 座水电站:其中克拉斯诺亚尔斯克水电站的装机容量为 600 万千瓦,年发电量为 204 亿千瓦·时;另一座较大的水电站是萨扬舒申斯克水电站,总装机容量为 640 万千瓦,年发电量为 237 亿千瓦·时。20 世纪 70 年代,巴西的水电事业发展得也很快,到 20 世纪末 21 世纪初已有 20 余座水电站,总装机容量达 4000 万千瓦。南美的委内瑞拉、巴拉圭等国也积极兴建水电站,委内瑞拉在卡罗尼河上建造的古里水电站,装机容量为 1030 万千瓦,年发电量为 510 亿千瓦·时。

到20世纪80年代末，世界上一些工业发达国家，如瑞士和法国的水能资源已几近全部开发。2002年年底，全世界已经修建了49700多座大坝（水坝均高于15米或库容均大于100万立方米）。

我国水力资源丰富。2005年11月26日国家发改委正式发布了全国水力资源复查成果。复查资料表明：中国水力资源无论理论蕴藏量、技术可开发量，还是经济可开发量及已建和在建开发量，均居世界首位。全国水力资源理论蕴藏量为6.94亿千瓦，年理论发电量为6.08万亿千瓦·时，技术可开发年发电量为2.47万亿千瓦·时。截至2001年年底，已开发和正在开发的装机容量为1.3亿千瓦，年发电量5259亿千瓦·时。全国水力资源可开发量最丰富的三省（区）排序为：四川第一、西藏第二、云南第三，其可开发量装机容量分别为12004万千瓦、11000.4万千瓦和10193.9万千瓦。全国江河水力资源可开发量以长江流域最大，为25627.3万千瓦；雅鲁藏布江流域次之，为6785万千瓦；黄河流域列第三，为3734.3万千瓦。

我国最早建成的水电站是云南昆明市郊的石龙坝水电站，它于1910年7月开工，1912年建成发电，最初装机容量为480千瓦，以后经过扩容和中华人民共和国成立后进行彻底改造，于1958年7月1日发电，总装机容量达到6000千瓦，至今仍在运行。2006年5月25日，石龙坝水电站被国务院批准列入第六批全国重点文物保护单位。

我国历届国家领导人都十分注重长江上游宜昌到重庆段丰富的水力资源的开发利用。1992年4月3日，全国人大第七届五次会议审议通过：在长江三峡末端、西陵峡中部的湖北宜昌的三斗坪镇，下距宜昌葛洲坝38千米处的长江干流上再建一座新的水电站，即三峡水电站（全称：长江三峡水利枢纽工程），与葛洲坝水利枢纽工程构成梯级电站。该电站于1994年12月14日正式开工兴建。这座电站以大坝切断长江，利用瞿塘峡、巫峡、西陵峡绵延600千米的大峡谷，形成世界上最大的水库进行发电，是世界上断大河干流建造的最大水电站。

三峡水电站工程宏伟：坝高185米，坝长1983米，水库正常蓄水位为175米，总库容为393亿立方米，最大泄洪能力为10万立方米/秒，共装机32台，单机容量为70万千瓦，此外电源电站还安装了两台单机容量为5万千瓦的机组，总共装机容量为2250万千瓦，成为世界上最大的水力发电站。它的最大输电范围为1000千米，所发出的电主要送往经济发达，但能源短缺的华东、华中和川东地区。

三峡水电站预计投资 1000 亿—1500 亿元人民币，所用混凝土量相当于葛洲坝水电站的 2.5 倍，年消耗水泥 72 万吨、钢材 13 万吨、木材 11 万立方米。年均发电量为 847 亿千瓦·时，等于 5 个葛洲坝电厂的最高年发电量，相当于 10 座大亚湾核电站的发电量，每年可节省用于火力发电的原煤四五千万吨（相当于 5 个年产 1000 万吨煤的平顶山煤矿及相应的运输线）。

长江三峡工程除发电效益外，还具有防洪、航运、养殖、灌溉、旅游等效益。长江三峡工程的建成，实现了毛泽东 1956 年抒发的"更立西江石壁，截断巫山云雨，高峡出平湖。神女应无恙，当惊世界殊"的宏伟愿望。

又据媒体报道，我国现已开工建设的溪洛渡水电站，位于青藏高原、云贵高原向四川盆地的过渡带。溪洛渡水电站是金沙江下游四个巨型水电站中最大的一个，装机容量与现在世界排名第二大的水电站——南美的伊泰普水电站相当，总装机容量为 1386 万千瓦，年发电量位居世界第三，为 571.2 亿千瓦·时，相当于三个半葛洲坝水电站的发电量，是中国第二大水电站。

澜沧江干流是我国又一水电基地。澜沧江发源于青海省，省内河段 448 千米，流经西藏后进入云南，在西双版纳州南腊河口处流出国境，境外河段称为湄公河。澜沧江在我国境内长 2130 千米，落差 5000 米，水能资源蕴藏量约 3656 万千瓦，其中干流（从布云至南腊河口）全长 1240 千米，落差 1780 米，水能资源丰富，约为 2545 万千瓦。澜沧江干流段主要在云南境内，由于水能资源丰富、地质条件优越、水量充沛且稳定、淹没损失小、综合利用效益好等优点（特别是干流的中下游河段条件最为优越），被列为重点开发项目——建造澜沧江干流梯级水电站。

我国大型水电站发展迅速。据 2011 年 9 月 6 日中国电力网报道，我国百万千瓦以上的大型水电站有 100 余座，绝大部分集中在 15 个水电基地，总装机容量超过 3.4 亿千瓦，其中已建成的有 20 座，在建和待建的 90 余座，单站装机容量在 300 万千瓦以上的有 30 座，其中超过 500 万千瓦的有 11 座，超过 1000 万千瓦的有 7 座，超过 2000 万千瓦的特大电站有 2—3 座，其中雅鲁藏布江大拐弯处的墨脱电站单站装机容量可达 4000 万千瓦。

世界及我国水电站的情况，详见表 23-2、表 23-3。

表 23-2　世界已建成的巨型水电站

（截至 2010 年年底）

排名	水电站名称	国家	河流	建成时间①	装机总容量（万千瓦）	年发电量（亿千瓦·时）	坝高（米）	总库容（亿立方米）
1	三峡	中国	长江	2003—2008	2250	843.7	181	393
2	伊泰普	巴西、巴拉圭	巴拉那河	1984—1991	1400	946.84	196	290
3	古里	委内瑞拉	卡罗尼河	1968—1984	1023.6	534.1	162	1350
4	图库鲁伊	巴西	托坎廷斯河	1984—2002	837	414.3	78	450
5	大古力	美国	哥伦比亚河	1941—1980	680.9	248	168	120
6	萨扬—舒申斯克	俄罗斯	叶尼塞河	1978—1985	640	268	245.5	313
7	克拉斯诺雅尔斯克	俄罗斯	叶尼塞河	1967—1972	600	204	124	733
8	罗伯特—布拉萨	加拿大	拉格朗德河	1979—1982	561.6	358	162	617
9	丘吉尔瀑布	加拿大	丘吉尔河	1971—1974	542.8	350	36	330
10	龙滩	中国	红水河	2007—2008	490	187	216.2	272.7
11	布拉茨克	俄罗斯	安加拉河	1961—1966	450	226	124.5	1692.7
12	保罗阿方索	巴西	圣弗朗西斯科河	1954—1983	427.96	—	33	13.5
13	小湾	中国	澜沧江	2009—2010	420	190	294.5	150.4
14	拉西瓦	中国	黄河	2008—2010	420	102.23	250	10.8
15	乌斯季—伊里姆	俄罗斯	安加拉河	1974—1979	384	217	105	594
16	瀑布沟	中国	大渡河	2008—2010	360	147.9	186	53.9
17	塔贝拉	巴基斯坦	印度河	1976—1992	347.8	130	143	136.9
18	单岛	巴西	巴拉那河	1973—1978	344.4	179	76	212
19	二滩	中国	雅砻江	1998—1999	330	170	240	58
20	辛戈	巴西	圣弗朗西斯科河	1994—1997	316.2	—	151	38

① “建成时间”栏中的数字，是指第一台机组投产发电时间到最后一台机组投产发电时间。

表 23-3 在建的世界(部分巨型)水电站(2010 年统计)

电站名称	国家	河流	装机容量(万千瓦)	预计投产时间	备注
溪洛渡	中国	金沙江	1386	2013	2013 年 7 月首台机组发电;2015 年全部建成发电
白鹤滩	中国	金沙江	1305	2018	
贝罗蒙特	巴西	欣古河	1100		因环评问题于 2013 年暂停修建
乌东德	中国	金沙江	870	2019	
向家坝	中国	金沙江	640	2013.12	已于 2013 年 5 月全部投产
埃塞俄比亚复兴大坝	埃塞俄比亚	青尼罗河	600	2017	
密松	缅甸	伊洛瓦底江	600	2018	
糯扎渡	中国	澜沧江	585	2012	2012 年首台机组已投产
锦屏二级	中国	雅砻江	480	2012	2012 年 12 月首台机组发电
迪阿莫—巴沙	巴基斯坦	印度河	450	2022	
吉拉乌	巴西	玛代拉河	375	2015	
锦屏一级	中国	雅砻江	360	2013	2012 年 12 月首台机组发电
圣安东尼奥	巴西	玛代拉河	315	2012	
两河口	中国	雅砻江	300	2015	
长河坝	中国	大渡河	260	2016	
大岗山	中国	大渡河	260	2014	
观音岩	中国	金沙江	240	2014	
梨园	中国	金沙江	240	暂未定	在梨园河建阶梯式水电站(多个)
鲁地拉	中国	金沙江	216	2013	
曼努埃尔·皮阿	委内瑞拉	卡罗尼河	216	2012	
阿海	中国	金沙江	200	2013	至 2013 年 6 月已有 4 台机组投入商业运营
双江口	中国	大渡河	200	2015	
上哥特凡	伊朗	卡伦河	200	2012	
下苏班西里	印度	苏班西里河	200	2014	

以上对煤炭、石油、天然气和水力这些常规能源分别作了介绍。值得特别提及的是，我国陕西榆林是能源矿产资源富集地。对它的了解、开发和利用对我国经济社会发展具有重要意义。

榆林地处西部五大城市的中心：北面是包头和呼和浩特；南面是西安；东面是太原；西面是银川。榆林不仅是我国绝无仅有，也是世界上不多的能源矿产资源富集地。现已探明可供工业开采的矿产共有8类48种。已建成的神府煤矿是世界八大煤矿之一，其中1600多亿吨为煤质好、易开采的侏罗纪煤；天然气储量约10000亿立方米以上，是世界级大气田；石油预测量为1亿吨，已探明储量为2500万吨，每年以25万吨的数量进行小规模开采；地下水资源也相当丰富，可开采量为7.8亿立方米；此外，岩盐探明储量8800多亿吨，约占全国岩盐总量的26%；还有其他未被列入的矿藏。总之，榆林地区是一块宝地，如果将其作为我国一个新能源基地尽快开发利用，它所产生的辐射效应将带动山西、内蒙古、宁夏和陕西经济的滚动发展，前景令人兴奋。

四　方兴未艾的新能源——太阳能、风能、地热能、生物能、海洋能、核能、可燃冰、页岩气

常规能源中的煤炭、石油、天然气的储量是有限的，有的还会带来严重的环境污染，因此，从20世纪80年代起，新能源便引起了人们的广泛关注。新与旧是相对的，比如太阳能、风能、生物能、核裂变能等，人们早有利用，只是没有像现在这样重视，因而我们仍把它们列入新能源之列。这些新能源的开发利用前景广阔，具有无限生机。下面对它们逐一介绍。

（一）太阳能

太阳能是指太阳光所具有的能量。太阳能是没有任何污染，取之不尽、用之不竭的能源。太阳每时每刻都在进行热核反应，其中心温度高达400万℃，表面温度为6000℃。太阳每秒钟向宇宙空间释放3.75×10^{26}焦耳的光能，但是由于它离地球太远（距地球1.5亿千米），所以到达地球的太阳能只占其发射总能量的3%，其中到达地球表面的仅占到达地球的总辐射的10%，即每年到达地球表面的太阳辐射为3×10^{24}焦耳。

我国是太阳能资源十分丰富的国家，据普查，我国太阳能年辐射量超过每平方厘米140千卡的地区约占国土面积的2/3，理论储量每年可达相当于

17000 亿吨标准煤的能量。从全国太阳能年辐射总量的分布看，西北地区较为丰富，尤其是青藏高原，由于海拔高（平均在 4000 米以上），大气清洁、透明度好、气层薄，日照时间长，所以太阳辐射强度的最高值可达每平方厘米 220 千卡，仅次于北非的撒哈拉大沙漠，可充分开发利用。

太阳能的直接利用可分为两大类：一是光—热转换，二是光—电转换。

1. 光—热转换。光—热转换是把通过反射、吸收等方式收集的太阳辐射能转换成热能并加以利用。这种转换方法是把太阳的辐射能通过集热器进行收集而实现的。

我国早已开始推广太阳能热利用技术，主要有太阳能灶、太阳能热水器、太阳能温室、太阳能干燥、太阳能取暖等设备。今天的中国已是世界上生产太阳能热水器的第一大国，太阳能热水器的用户已遍布城市和农村。

太阳能热发电装置的发展也很快。如，20 世纪 80 年代中期，美国就在加利福尼亚州建造了塔式太阳能热发电站“阳光 1 号”，它是当时世界上最大的太阳能电站。该电站的中央是一座高 100 米的塔，塔顶安装太阳能蒸汽锅炉，塔的周围环绕 1188 个 23 平方米的阳光反射镜，由电子计算机控制去跟踪太阳，把太阳的热量传给锅炉。为延长日落后的发电时间，这个电站还设有一台 290 立方米的贮热器，里面填装油和岩石，其额定功率为 1 万千瓦。日本也建有一个容量为 1 万千瓦的太阳能电站。

2. 光—电转换。光—电转换主要是根据“光电效应”原理，把太阳光直接转换成电能。这种转换的主要手段是用太阳能电池。太阳能电池又称光电池，其主要类型有硅电池、硫化镉电池、砷化镓电池和砷化镓—砷化铝镓电池等。最常用的是单晶硅电池，它的转换率可达 13%—17%。太阳能电池是开展太阳能利用最有前途的一个领域。从 20 世纪 60 年代开始，太阳能电池已经在人造卫星和宇航器上实际应用。如，1973 年美国发射的空间实验室，就装有 147840 个小型太阳能电池，可发电 11.5 千瓦。我国自 1958 年开始进行太阳能电池研究。1971 年，在我国发射的第二颗人造地球卫星上已成功地应用了我国自行生产的单晶硅太阳能电池。

太阳能电池在地面上主要用于灯塔、航标、微波中继站、电围栏、铁路信号、电视差转、电视接收、无人气象站、金属阴极保护、抽水灌溉等方面。

从 20 世纪 80 年代中期起，太阳能电池已向大功率的应用方向发展，截至 20 世纪 80 年代末，全世界已有 100 千瓦以上的太阳能电池发电站 19 座。80 年代末，美国已研制成 1000 万千瓦的卫星太阳能电站，仅太阳能电池板的面积就比足球场还大。卫星太阳能电站借助航天飞机将各种设备分批送入地球轨道进行装配。装配好的卫星太阳能电站将太阳能转换成电能，以微波形式送给地面接收站，然后再转换成电能传输给地面用户。这是人类利用太阳能的一个重点发展方向。

我国是世界上最大的太阳能光伏产品生产国，2007 年太阳能发电量已达到 1.1 吉瓦[①]，占全球太阳能发电总量的 27.5%，位居世界第一。太阳能电池的年产量已达 1188 兆瓦[②]，超过日本和欧洲。据国家能源局发布的信息，截至 2018 年年底，我国光伏发电装机总量达到 1.74 亿千瓦。

目前世界上太阳能发电技术日趋成熟。截至 2008 年年底，全球共安装了 1700 多个太阳能发电站，平均每座发电量为 2000 千瓦，累积太阳能发电量已超过 3200 兆瓦。到 2008 年年底，大约有 800 个太阳能发电站的运行规模都大于 1 兆瓦。近 10 年来，太阳能发电站的增长速度超过 30%。2008 年 7 月，日本和西班牙合作，在西班牙中部建造了世界最大的太阳能发电站，其发电量达 30 兆瓦。该电站的一期工程（20 兆瓦）已于 2008 年 9 月完工，二期工程（10 兆瓦）于 2009 年 6 月完工。

利用太阳能发电是人类为解决能源短缺问题而采取的一项有效且有前途的措施。

（二）风能

风能也是人类最早利用的能源之一。早在数千年前，人类就懂得借助风力扬帆行舟，大约在一千年前又发明了风车，利用风力进行抽水灌溉。19 世纪出现了多叶片的低速风车，用它把风能转换成机械能。19 世纪末开始研究风力发电，1919 年丹麦建成了世界上第一个风力发电站。20 世纪又出现了用快速风轮驱动的发电机。后来，风力因受天气变化影响较大、不甚稳定等原因一度被废弃。到 20 世纪 70 年代中期，由于石油等能源价格上涨，环境污染严重，风能利用又被重新提到日程上来。

风能是空气流动所产生的动能。据测试，风速 9—10 米/秒的五级风吹到物体表面，每平方米可产生 10 千克左右的力；风速 20 米/秒的九级风吹到物体表面，每平方米可产生 50 千克的力。而 7—15 米/秒的风速就能发电 300—3000 瓦，可供蓄电池充电、照明、开动小型电器设备。自然界蕴藏着巨大的风能资源，全世界风能总量约为 1300 亿千瓦，其中陆地上可开发利用的风能约 100 亿千瓦，为可开发利用的水能总量的 10 倍。

---

① 1 吉瓦 = 100 万千瓦。

② 1 兆瓦 = 100 万瓦 = 1000 千瓦。

风能因其与煤炭、石油等常规能源相比，具有蕴藏量大、可再生、分布广、无污染等优点而成为世界各国寻找新能源并利用其发电的一个重要着眼点。

风能发电的原理是利用风轮将风能转变成机械能，由风轮带动发电机，再将机械能变为电能。其中大型发电机发出的电能直接并到电网上，向电网馈电；小型风力发电机一般是把风力发电机组发出的电能用蓄电池等储能设备储存起来，需要时再提供给用户。其供电方式可采取直流供电，亦可用逆变器变换成交流电再供给用户。

截至20世纪80年代中期，世界上大约有50万部风力发电机在运转。其中用于发电的总功率约为100万千瓦。风力机的研制向大小两个方向发展。大型风力机其风轮直径长达100米，功率达数兆瓦，若风轮叶片直径增大1倍，其动力则增大4倍。可见，为了多获取风能，就要研制大型风力机。美国研制的一座大型风轮发电机组，其风轮直径达120米，发电机容量为5000千瓦。但是随着风轮直径的增大，必须配备抗强风的结构，从而加大了成本，没有一定的经济实力难以实现。小型风力机的直径只有0.8米。一般都采用中小型风力机，目前中小型风力机已经系列化和商品化。

美国、荷兰、丹麦、瑞典等国都很重视风能的开发利用，丹麦、荷兰都有“风车王国”的美称。这些国家设计的风力机其效率已达45%—50%；并设计出多座风车联合运行的风车阵。1983年年底，美国加利福尼亚州已建成风力发电厂，共安装了4613台风力发电机，总装机容量为30万千瓦，1984年又增加至60万千瓦。据世界风电协会2013年5月20日发布的《世界能源报告》显示，过去10年内全球风电装机容量30吉瓦，到2012年年底发展到5800兆瓦，约占该年全球发电总量的3%。亚洲是发展最快的地区，新装机容量占全球发电总量的36.6%。

风能除了可用于发电外，澳大利亚、新西兰等国还用风力提水机解决边远地区和牧区的人畜用水和灌溉问题。此外，美国、日本等国又研制出以风力为能源的风帆货船，航行中利用风力所发的电，可向轮船提供75%的动力，其余25%用柴油。日本在数万吨级的轮船上安装风帆后所发出的电供轮船使用，可减少燃料消耗30%左右。印度还开展了以风能为动力淡化海水的研究与试验，其结果表明：在5米/秒的风速下，淡化海水的成本为2美元/立方米，仅为同一地区用太阳能淡化海水成本的一半。

我国是风能资源比较丰富的国家，全国风能资源总储量约16亿千瓦/年，东南沿海及其附近岛屿、内蒙古、甘肃河西走廊、青藏高原等地区，每年风速在3米/秒以上的时间近4000小时,有的地区平均风速可达6—7米/秒,具有很高的开发利用价值。截至1985年6月,全国已安装风力发电机10300多台,总装机容量为1484千瓦,它们大部分分布在内蒙古、新疆等地。新疆于1985年开始了风力发电研究试验和推广工作,1986年从丹麦引进了第一台风力发电机组,1988年完成了第一期工程,1989年10月并入乌鲁木齐电网发电,其单机容量和总装机容量均居全国第一。乌鲁木齐达坂城区的达坂城风力发电站就是一个代表。达坂城风力发电站地处中天山和东天山之间的谷地,西北起于乌鲁木齐南部、东南至达坂城山口(南北疆的气流通道),可安装风力发电机的面积在1000平方千米以上;同时,这里的风速较为平均,破坏性风速和不可利用风速极少出现,一年12个月均可开机发电。达坂城风力发电厂的年风能蕴藏量为250亿千瓦,可利用的总风能为2500兆瓦。目前,它的总装机容量为12.5万千瓦,单机容量为1200千瓦。

另一值得一提的风力电站是甘肃酒泉风力电站,它始建于1996年,经过二十多年的建造,目前已建成5座大型风电场,风电装机容量达41万千瓦。它的远景目标是:总装机容量达到3565万千瓦。它的建成可实现“再造西部陆上三峡”的目标。

风力电站发出的电可用于照明、看电视,供电热毯取暖等,深受广大牧民的欢迎。

与陆地风电相比,海上风电具有资源丰富、品质好、清洁环保等优势,已成为风电发展的新方向。英国计划在西部地区的布里斯托海峡建造世界上最大的风力发电站,它拥有370台涡轮机,覆盖面积为906平方千米,能产生1500兆瓦的电能,可为当地110万户家庭提供超过他们用电量50%的电量。

我国拥有十分丰富的近海风力资源,近海10米水深的风能资源约1亿千瓦,近海20米水深的风能资源约3亿千瓦,近海30米水深的风能资源约4.9亿千瓦。

我国政府高度重视风能的开发利用,狠抓风力电场建设。截至2005年年底,全国共建有43个风力电场,分布在14个省市,总装机容量为76.4万千瓦,到2006年年底已达260万千瓦,2010年达到1500万千瓦。我国乃至亚洲首座大型海上风力发电场——上海东海大桥风电场的34台风机已于2010年2月全部安装完毕。它的总装机容量为10.2兆瓦,年上网电量为2.67亿千瓦·时,每年可节约8.6万吨标准煤,减排二氧化碳23.74万吨。按远景规划,到2020年全国风电装机容量可达2000万千瓦,前景十分可观。

（三）地热能

地球是一座天然的大热库，蕴藏着取之不尽、用之不竭的热能。地热能主要来自于两个方面：一是地壳下的岩浆，二是地壳岩石中放射性元素释放出的热量。据测算，从地球表面向下每深入 100 米，温度就平均上升 3 ℃。在意大利、新西兰、冰岛、智利、俄罗斯远东地区、我国西南等地，在地下 100 米深处的温度可达几十摄氏度，甚至上百摄氏度。仅地表以下 3 千米范围内，可供开发的地热资源就有相当于 29000 亿吨煤的热量，而在地壳以下 35 千米处，温度可高达 1100 ℃—1300 ℃，地核的温度则高达 2500 ℃。地热因廉价（费用仅为火力发电的 1/2、水力发电的 1/3）、清洁等优点而备受青睐。

地热的利用分为直接利用和用于发电两个方面。地热直接利用主要用于取暖。根据地热水、汽的不同温度可开发多种用途。截至 2000 年，全世界中、低温热水的直接利用总功率达 8000 万千瓦。冰岛是中低温地热直接利用最多的国家之一，75% 以上的居民用地热水取暖。冰岛首都雷克雅未克市区 98.4% 的住户（约 11 万人）用地热取暖，面积达 2238.8 万平方米，其费用仅为燃油的 25%。匈牙利用地热建造温室，总面积达 200 多万平方米，居世界之首。日本用地热水建造温泉疗养院 1500 多个，每年受益的洗浴者达 1 亿多人。有的旅游团可安排游客去亲身体验。

利用地热能发电已有近百年历史。早在 1904 年，意大利在佛罗伦萨西南 60 千米的拉德瑞罗，建立了利用地热驱动的小型发电站，其发电量虽然只有 550 瓦，仅可供 5 个 100 瓦的电灯使用，然而它却是世界上第一个地热电站。1935 年，美国开始建造地热发电站——盖色尔斯地热电站。它装有 10 台机组，容量达 39.6 万千瓦，除 5、6 号机组外，其余各机组均采用自动控制，无人值班。该地热电站的容量，随时间推移不断增大。1974 年，第 11 号机组投产，容量为 10 万千瓦；第 13 号机组于 1976 年投产，容量为 13.5 万千瓦。该电站的总装机容量超过 100 万千瓦。

在 20 世纪 50 年代之前，只有意大利、美国和新西兰有地热电站，而到 20 世纪 80 年代中期有地热电站的国家增至 30 多个，地热发电容量已超过 200 万千瓦。美国居第一位，它的装机容量为 128.4 万千瓦，占世界地热发电总量的 38%。截至 2000 年，美国地热电站的总装机容量已达到 395 万千瓦。

我国地热资源丰富。据 2007 年 1 月 30 日《解放日报》报道，在全国主要沉积盆地距地表 2000 米以内储藏的地热能相当于 2500 亿吨标准煤的热量。

经国土资源部反复计算和论证的数据显示，截至2002年年底，我国探明可直接利用的地热储量为1886亿吨标准煤，全国每年可开发地热水总量约68.45亿立方米，折合每年3284.8万吨标准煤的发热量。

我国地热能的种类可分为高温地热（>150℃）、中温地热（90℃—150℃）和低温地热（<90℃）。高温地热主要分布在西藏和云南腾冲地区，中温和低温地热主要分布在广东、福建、海南等沿海一带及华北和中原地带。

我国地热资源的开发和利用主要集中在以下几个方面：(1) 地热发电。我国拥有150℃以上的高温温泉区近百处，集中分布在藏南、滇西和川西地区，这是我国开发利用高温地热能资源最有前景的地区，著名的拉萨羊八井地热电站是我国在羊八井地热田上兴建的第一座地热电站；朗久电站和那曲电站分别是我国兴建的第二和第三座电站。(2) 地热采暖。近年来，我国地热采暖有很大发展，尤其在北方，如北京、天津、大港、任丘、开封等地较为普遍。(3) 地热农业利用。目前，在我国中西部的农业区已有效地利用地热温室从事种植（蔬菜、花卉等）、水产养殖、禽类、孵化、育雏、农田灌溉、育种等，效益显著。现已建造的地热温室面积已达5万平方米以上。(4) 地热工业利用。我国中西部地区的地热水中含有许多贵重的稀有元素、放射性元素、稀有气体和化合物，如溴、碘、硼和钾盐等，这些资源是原子能工业及农业生产不可缺少的原料。

总之，地热资源是一种十分宝贵的综合性能源资源，其功能多、用途广、无污染，对它的开发利用将给我国解决能源短缺问题开辟一条新的途径。

（四）生物能

地球上生物能的资源极其丰富。据估计，全球陆生和海生植物的生物约有1725亿吨，其中陆生植物约有1175亿吨，水生植物约550亿吨。生物能源除包括森林、草类、农作物等初级生物之外，还有人畜禽类粪便，工农业有机废物、废水，城市垃圾等次级生物能源。这些生物质所具有的能量相当于全世界能源总消耗量的10倍。然而，目前的利用率仅在1%—3%，开发利用前景广阔。

生物能的利用，一是通过直接燃烧获取能量，二是用生化方法或热化方法将其转换成气体，向人们提供燃料或用于发电。我们所说的生物能的利用，一般是指通过转换所得的气体燃料，主要是沼气。

1. 通过转换生产沼气燃料。沼气的主要成分是甲烷（CH_4），它的发热量为每立方米产生5000—6000千卡的热，接近于1千克煤的发热量。由于生产沼气的原料来源十分丰富，生产技术及设备简单，见效快，是大有可为的能源。

生产沼气是通过厌氧微生物的作用，把农业废料、人畜禽粪便、城市垃圾、下水污泥及有机废水中的有机物质转化为沼气。厌氧消化法是意大利人于1881年首先提出来的，以后在欧洲许多国家开展了相关研究。1895年，英国率先在埃斯特镇建造了一座沼气池，1911年又在伯明翰建成了初级厌氧消化工厂。第二次世界大战后，沼气的利用由试验阶段过渡到实用阶段。用厌氧消化法生产沼气是实现生物能转换普遍采用的方法，它不仅可以向人们提供所需燃料，而且环保。

从20世纪50年代起，一些发达国家把用厌氧消化法生产沼气的原料扩大到城市，利用城市污水、工业废水和废渣来回收沼气。1972年，英国伦敦有15个用处理污水生产沼气的工厂，每天平均可处理污水225万立方米，生产沼气24万立方米。20世纪70年代的英国有1/3的机器用生产出的沼气作为能源进行启动。20世纪80年代中期，美国在2.2万余座工业和生活污水处理厂内安装了厌氧消化装置，每年可从中获取300亿立方米的沼气，相当于2400万吨标准煤，使污水净化和获取能量一箭双雕。

德国在慕尼黑附近利用一家沼气厂生产的沼气为能源，建立了世界上第一座并网发电的沼气电厂。这家沼气厂每天可处理1000立方米的畜粪和农业废料，日产沼气4.3万立方米，主要用于发电。美国巴托畜牧场建有两座容积为1200立方米的沼气池，每立方米的废料一天可产生出4.2立方米的沼气。1万头牛的粪便所产生的沼气就可满足480千瓦发电站及附近屠宰场锅炉的用气。

我国的沼气建设已走上稳步发展的轨道。早在1967年，河南南阳酒精厂就建造了两座2000立方米的大型沼气池，到20世纪80年代中期日产沼气已达8000—10000立方米，至今仍在运行。截至80年代中期，全国共有正规化沼气池450万个，年产沼气量可折合10亿立方米的优质天然气。2004年年底，年产沼气约58亿立方米，相当于400万吨标准煤。当年全国沼气用户已达1500万户。据农业部2012年12月1日发布的消息称，到2012年年底我国农村的沼气生产量将达到130多亿立方米，减少二氧化碳排放5000多万吨，我国沼气用户已达4000万户，占全国农户的33%，受益人数达1.55亿人。

2. 垃圾发电。我们这里所说的垃圾主要指城市生活垃圾。垃圾本是废物，但在现代技术条件下，可以变废为宝，成为一种新能源，即可用它发电。

在这个意义上，可以俏皮地说，垃圾是被放错了地方的能源。

垃圾发电就是把垃圾收集起来，经过分类处理，用不同手段获取电能。其手段主要有两种：一种是对不能燃烧的有机物进行集中填埋和厌氧处理，使其自然发酵降解；然后干燥脱硫，产生甲烷；甲烷再燃烧，产生热能；热能转化为蒸汽，带动涡轮机转动；涡轮机再带动发电机产生电能。这个过程是由填埋回收系统、气体处理系统和气体发电系统三大环节完成的。用这种办法每处理 20 吨垃圾便可获取相当于 1 吨煤的热量，如果措施得当，每吨生活垃圾可提供 300—500 度电。

另一种是对燃烧值较高的垃圾进行高温焚烧；把高温焚烧中产生的热能转化为高温蒸汽；用高温蒸汽推动涡轮机转动；再由转动的涡轮机带动发电机产生电能。用这种办法发电，看起来简单，却带来一个难题，即如何清除垃圾燃烧过程中所产生的剧毒气体。在解决这一难题上，日本走在前列。他们从 2000 年起利用新型“汽化熔融炉”来解决这一难题。这种炉子不仅可以使炉内蒸汽温度上升到 500 ℃，使发电机的发电率由 10% 提高到 25%，还可将有毒气体的排放率降至 0.5% 以下，低于国际环保机构规定的标准。垃圾发电的另一个问题是：它的发电成本仍高于传统发电。我们深信，随着科学技术的进步和管理手段的加强，这个问题是会得到解决的。垃圾发电终究会成为较经济的获取能源的方式。

我国垃圾资源“丰富”，2006 年年初的固体垃圾（固体废物）堆存量累计已达 80 亿吨，而且每年还大量增加，对土壤和水体造成严重污染。如果将这些垃圾用于发电，可产生相当于几个葛洲坝电站的发电量；但是我国的垃圾发电事业还刚刚起步，仍处于研发阶段，有些技术设备还需从国外进口。然而我们正在急起直追，截至 2007 年年底，我国有垃圾发电厂 75 座，其中已建成 50 座，正在建的为 25 座。2008 年，又新上一批项目，比如上海 1 亿千瓦·时的垃圾发电项目、成都九江环保发电厂、温岭 35 千伏垃圾焚烧发电厂、邯郸市垃圾填埋气回收利用发电项目等都已陆续开工。目前，我国垃圾发电技术逐渐成熟，设备国产化进程加快，垃圾发电产业正面临历史性发展机遇。总之，生物能也是颇有前途的能源。

（五）海洋能（重点介绍潮汐能和潮流能）

地球表面积为 5.1 亿平方千米，其中海洋占 71%，海水蓄量为 13.7 亿立方千米，其中蕴藏着巨大的能源资源。海洋能包括潮汐能、波浪能、海水温差能、潮流能、海水盐度差能、海洋风能等不同形式的能量，海洋能是这些能量的总称。潮汐能来自于天体运动的万有引力作用,波浪能和海流能属于机械能,海水温差能属于热能,海水盐度差能属于化学能。海洋能具有蕴藏量大、可再生、不需燃烧、不污染环境等优点,因而也是人们青睐的可再生能源。

1. 潮汐能。在海洋能的开发利用中,技术已经成熟、可以建造较大规模的工程以获取一定能量的是潮汐能。据估计,全球利用潮汐能每年可发电12000多亿度。

潮汐能的发电原理与一般水力发电相近,主要利用海水的涨潮和落潮之间形成的潮差进行发电。其发电的具体方法是:在河口或海湾筑一条大坝,以形成天然水库,水轮发电机安装在拦海大坝内。潮汐电站可以是单水库型或双水库型。

法国是率先研究潮汐发电的国家。1961年,他们在英吉利海岸的朗斯河口靠近圣马诺城建造了一座潮汐发电站。这是世界上最早建成的潮汐电站之一,也是当时世界上最大的潮汐发电站。这里的最大潮差为13.5米,水库坝长350米,涨潮时水库的水面可延伸到20千米长。到1986年年初,该电站在坝内共安装直径为5.35米的可逆水轮机24台,每台功率为1万千瓦,总装机容量为24万千瓦,每年可发电530亿瓦,占法国总发电量的1%。苏联在基斯湾和龙伯湾也分别建了一座潮汐电站,后者总装机容量为32万千瓦。美国和加拿大联手在芬兰湾建造了一座装机容量为217.6万千瓦的大型潮汐电站。

我国有漫长而曲折的海岸线,地跨温带、亚热带和热带三大气候带,有丰富的海洋能资源,有不少河口和海湾可供兴建潮汐电站。

我国从20世纪80年代开始,在沿海各地陆续兴建了一批中小型潮汐发电站,并已投入运行发电。它们分布在浙江、江苏、广东、广西、山东等省,总装机容量为72954瓦,年发电量约1700万度。其中最大的一座是1980年5月建成的浙江省温岭县江厦潮汐发电站,这也是世界上建成的较大的双向潮汐电站之一。我国另一座较大的潮汐发电站是坐落在福建省平潭的幸福洋潮汐发电站。这里的平均潮差为4.54米,最大潮差为7.16米,该电站年发电量为31.5亿瓦。

2. 潮流能。据报道,2013年9月,由中国海洋大学研制的国内首台100千瓦潮流发电装置已安装发电。该电站坐落在青岛市斋堂岛海域。这台装置突破了潮流能开发的关键技术,使发电装置不再受海水流速限制,能适应不同海域。该装置年发电10万千瓦·时。潮流发电的原理是:一般利用潮流冲击水轮机,使其转动,带动电机发电。潮流能发电是利用潮流动能的一种发电方式,但不需筑坝蓄水。

目前,世界各国在开发利用潮汐能的同时,也在开发利用波浪能和海水温差能发电,美国、英国、日本等国已处于领先地位,我国也正在加紧这方面的试验、研究工作。

(六) 核能

从20世纪下半叶开始,由于石油资源短缺、价格昂贵,以及火力发电的排放物对大气造成严重污染,很多国家把目光投向了核电的开发利用。核电作为一种清洁能源,在世界能源结构中已经占有重要地位,它同水电、火电一起构成世界电能的三大支柱。

核能又称原子能,是20世纪发现的一种新能源。核能有两种来源:一种是由重原子核裂变释放出来的,另一种是由轻原子核聚变释放出来的。目前我们所说的原子能一般指重核裂变释放出的能量。

1. 重原子核裂变能。根据爱因斯坦的质能关系式 $E = mc^2$ 的计算,1千克铀-235完全裂变可释放出175亿千卡的热量,而1千克标准煤释放出的热量仅为7000千卡,1千克石油释放出的热量为10000千卡。就是说,1千克铀-235释放出的热量相当于25000吨标准煤的热量。据估计,世界上已探明的核裂变燃料(铀和钍)所能释放出的能量大约相当于已探明的煤炭、石油和天然气所拥有能量的20倍以上。可见,广泛发展核电,可以节约大量常规能源——煤炭、石油和天然气。显然,用核能发电的成本要低于用煤炭等火力发电的成本。核能在能源构成中占有重要地位。

核能从被发现到应用于工业只有半个世纪左右的历史。最早被利用的核能是重核裂变产生的能量。核能在民用领域一般都用于发电。

1942年12月,美国建成了世界上第一座原子反应堆,虽然其输出功率只有0.5瓦,却开辟了能源发展的新途径,为原子能电站的建造提供了理论与实践的依据。

1954年,苏联在莫斯科附近的奥布宁斯克码头建成了世界上第一座试验性核电站,主要燃料是浓缩铀,采用的是石墨水冷堆,其输出功率为5000千瓦,仅为大约2000户居民提供电能,但是它标志着人类首次实现了核能的和平利用。[①] 1956年,英国在西北部也建成了一个名为塞拉菲尔德的核电站,其输出功率为9.2万千瓦,它采用的是天然铀、石墨气冷反应堆技术,

---

① 奥布宁斯克核电站运行近半个世纪,于2002年4月2日光荣退役。

1960 年开始发电。[①]

据 2007 年 10 月国际原子能机构发布的报道称,全世界正在运行的核电站共有 438 座,分布在 31 个国家和地区。核电发电量超过 20% 的国家和地区有 16 个,其中有美、法、日等发达国家,总装机容量已达到 3.82 亿千瓦,核电年发电量占世界发电总量的 17%。美国是拥有核电站最多的国家,已建成 104 座,每年的发电量约占全国总发电量的 20%。法国则是核电站发电量比重最高的国家,占全国总发电量的 78%。日本于 1997 年建成的福岛核电站,总装机容量为 909.6 万千瓦,到目前为止,仍为世界上最大的核电站,其堆型是沸水堆。我国最早建设的核电站是于 1985 年兴建的浙江省秦山核电站和 1987 年开工建设的广东省大亚湾核电站。目前,我国正在运行的核电站共有 11 座,发电量仅占全国总发电量的 1.92%,距发达国家还有很大差距。

目前,世界上的核电站不仅在陆地上建成固定型的,还开发出浮动核电站(亦称水中核电站)。据新华网 2006 年 8 月 4 日报道,中、俄正在俄罗斯阿尔汉格尔斯克州的北德文斯克市附近码头,合建一座浮动式(亦称漂移式)核电站,总装机容量为 70 兆瓦,足够一个 20 万人口的城市使用。该核电机组安装在长 140 米、宽 30 米的船体上,建成后将是一座长 140 米、宽 30 米、排水量为 2.1 万吨的 10 层楼高的浮动建筑物。

核裂变电站的发电效率虽高,但是核裂变燃料资源有限。经探测表明,地球上有可开发价值的铀矿资源估计不超过 400 万吨,折合成能量与地球上石油资源的能量差不多,若按目前的使用方式,只能用几十年。而能产生核裂变的铀-235 更少,仅占天然铀矿的 0.7%。

为了解决铀燃料不足的问题,人们又采用了快中子反应堆的办法获取新的核燃料。这个办法是在 1944 年由美国物理学家费米提出来的,目的是让核燃料增殖。美国于 1951 年建成了世界上第一座新型核反应堆——快中子增殖反应堆,其发电功率为 200 千瓦。20 世纪五六十年代,苏、英、法等国也相继建立了小型试验性快堆。20 世纪 70 年代,快中子反应堆加速发展;70 年代末,其发电输出功率已达 30 万千瓦,进入实用阶段。到 1983 年,全世界共有快堆 19 座。截至 2012 年 5 月 12 日,全球共有 30 个国家正在运行着 433 台机组,总装机容量为 371.422GWe;其中正在运行的超过 10 台核电机组的国家有:美国 104 台,法国 58 台,日本 54 台,俄罗斯 32 台,韩国 22

---

① 由于英国北部地区用电逐年减少,塞拉菲尔德核电站于 2003 年停止使用,2007 年拆除。

台，英国19台，印度19台，加拿大18台，德国17台，乌克兰15台，中国13台。此外，还有13个国家在建的核电机组63台，总装机容量为62.174GWe；27个国家计划建设的核电机组160台，总装机容量为179.7GWe；37个国家拟建设核电机组329台，总装机容量为376.3GWe。

2. 轻原子核聚变能。解决能源问题最理想的出路是实现受控核聚变。核聚变的主要原料是氢、氘和氚，氘为重氢，氚为超重氢，都是氢的同位素。氘存在于水中，可以从海水中提取，1千克海水含氘约0.034克，这个数量的氘通过热核聚变反应所产生的热量相当于300升汽油燃烧时释放的能量。而地球上海洋中拥有46万亿吨氘，足够人类使用100亿年。氚可以用增殖反应堆制取，而氢在地球上大量存在，1千克氘氚混合物聚变时释放出的热量为810亿千卡，是核裂变的4倍多。可见，受控核聚变一旦实现，人类将获得一种用之不竭的新能源。

受控核聚变当前的技术难题是如何实现高温聚变"点火"，因为要使氢发生聚变反应需要10亿℃以上的高温（1944年，费米计算出氘—氚混合燃料的"聚变点火"温度为5000万℃）。

受控核聚变的装置叫"托克马克"（我国建造的"中国环流1号"，就属于这类装置）。受控核聚变20世纪90年代初已取得重大突破。《光明日报》1991年11月15日以《人类首次实现受控热核聚变》为题报道说，这次成功的试验是在英国牛津附近的卡勒姆受控热核聚变实验室内完成的，这里聚集了200多位科学家。过去，他们用氢和氘作燃料进行试验，但产生的热能不过14千瓦。这次，他们用0.2克氚和6倍的氘作混合燃料，用了1.5万千瓦电进行"点火"，使反应堆内的温度达到3亿摄氏度。尽管聚变仅持续了一两秒钟，产生的电能不到20000千瓦，但终究是首次在地球上完成了一次模仿太阳产生光热的过程，它无疑是一次真正的热核聚变！这次试验是1995—1996年用氘氚各半混合燃料进行最后阶段试验的一次"彩排"，对把热核聚变发展为新能源具有重大意义。科学家们有能力设计出发电量为1000兆瓦的试验性核聚变电站。美、俄、日三国拟合建一座大型国际性热核聚变试验性反应堆。

核能除了用于发电外，还可作为潜艇的动力源。核动力也可用在海面上的舰船上。1957年，美国建造了第一艘以核能为动力的水面巡洋舰"长滩号"。1959年，苏联建造了以核能为动力的原子破冰船——"列宁号"，吨位为1.6万吨，功率为4.4万马力。截至1990年9月，全世界海上核动力堆共约575座（到2002年在建核潜艇已减少一半）。核动力在飞机、汽车、机车、火箭、航天器等方面的应用也正处于研究之中。

综观核电技术的发展,可分为四个阶段:第一阶段(1954—1965 年),是实验示范阶段,核电站的技术方案为原型堆,目的在于验证核电设计技术和商业开发前景。第二阶段(1966—1980 年),是高速发展阶段,核电站技术方案为成熟的商业堆,目前正在运行的核电站绝大部分属于第二代核电站。第三阶段(1981—2000 年),是滞缓发展阶段,技术方案是建设符合美国或欧洲要求的核电站。这一阶段的核电站,在安全性和经济性方面均比第二阶段有所增强,是未来发展的主要方向之一。第四阶段(2001 年 7 月至今)为复苏阶段。这一阶段的核电站强化了防止核扩散方面的要求。

目前我国已经运行的核电站基本属于第二阶段改进型,我国正在自主研发第三阶段的核电站,是世界上首批建设第三代核电站的国家。

核能利用的安全问题不容忽视。铀-235 等核燃料放出的电离辐射是无色、无味、无声的,看不见、听不到、摸不着,只有用专门仪器才能测出。过量的辐射会危害人体健康,甚至置人于死地。

一般来说,核反应不具备爆炸条件,放射性剂量也不大,即使在核电站附近的居民,所接受的放射剂量也只相当于经常看电视或每年吸 1/4 支香烟的毒害,是微不足道的。据专家估计,对于同等发电量,烧煤电站引起的致癌数目比核电站高 50—1000 倍,遗传效应高出 100 倍。就这一点而言,核电的危害大大低于煤电。

其实,在现实生活中,辐射到处存在。在宇宙中,岩石、泥土、水和空气中都存在不同程度的辐射,甚至人体也会发出辐射。日常生活中,人们做 X 光透视、看电视、使用夜光表等都会受到放射性辐射。不过,一个人一次受到 0.25 希沃特(辐射当量计量单位,用 SV 表示,1 希沃特 = 100 雷姆)的集中照射不会受到伤害,一次 X 光透视受到的照射只有 0.0004—0.0005 希沃特。但是,若在瞬间让全身受 6 希沃特以上的照射则可以导致死亡。

就核电站使用的放射性燃料而言,由于它被层层屏障保护着,压水堆核电站内的燃料棒又安装在安全壳(安全壳为高六七十米、厚一米的钢筋混凝土结构)内,所以,放射性物质是很难泄漏出来的。当然,也不能忽视核电站排出的废气、废水、废渣对环境的污染,尤其要防止核泄漏事故的发生。比如,1986 年 4 月 26 日,苏联切尔诺贝利核事故,造成的灾难贻害无穷。日本福岛核电站,原本是世界上最大的核电站,由福岛一站和福岛二站组成,共 10 台机组(一站为 6 台,二站为 4 台),均为沸水堆。然而,2011 年 3 月 11 日,日本 9 级特大地震引发的大海啸使福岛第一核电站受到极为严重的损坏，大量放射性物质泄漏，给大气和海洋环境造成了灾难性后果。日本内阁官房长官已宣布第一核电站的1—6号机组将永久废弃。根据国际核事件分级表，福岛核事故被定为最高级——7级，达到了与切尔诺贝利核事故同等的级别。福岛核电站事故给近几年来正在兴建核电站的国家造成很大打击，马来西亚、泰国等已放弃了核计划，有的则宣布对核计划进行重新评估。核事故给我们的启示是：只有安全利用核能，和平利用核能，我们的生活才能更加美好。

中国政府对核电站的管理有严格的标准，规定对周围居民的照射不超过0.00025希沃特（只相当于一次普通X光透视的千分之一）；还建立了周密完善的核事故应急体系，于1995年成立了国家核事故应急委员会，随后又组建了国家核事故应急协调委员会和专家咨询组。我国的核电安全是有保障的。

（七）可燃冰

可燃冰又称天然气水合物，是天然气与水在高压、低温条件下形成的类冰状结晶物质，因其外观像冰，而且遇火即可燃烧，故被称作“可燃冰”，或“固体瓦斯”和“气冰”。

可燃冰是一种新型的高效能源，它的主要成分是甲烷，约占80%—90%，1立方米的可燃冰分解后，最多可产生164立方米的甲烷气体和0.8立方米的水，因而被誉为21世纪具有商业开发前景的战略资源。可燃冰的成分与天然气成分相近，但更为纯净，燃烧后几乎不产生任何残渣，污染极少，开采时只需将固体的“天然气水合物”升温、减压，就可释放出大量甲烷气体。可燃冰使用方便、燃烧值高、清洁、无污染。

可燃冰在世界范围内广泛存在，地球上27%的陆地具备形成可燃冰的条件；大洋中约90%的面积属于可成可燃冰区域。现已发现的可燃冰主要分布在北极地区的永久冻土带和世界范围内的海底、陆坡、陆基及海沟。据潜在气体联合会（PGC）于1981年估计，其储量约为1.4×10^{13}—3.4×10^{16}立方米，约为地球当前已探明的所有化石燃料（包括煤、石油和天然气）中含碳总量的2倍，是常规天然气的50倍。仅海底区域可燃冰的分布面积就达4000万平方千米，占地球海洋总面积的1/4。2011年世界上已发现的可燃冰分布区多达116处，其矿层之厚、规模之大，是常规天然气无法比拟的。专家估计，海底可燃冰的储量至少够人类使用1000年。

可燃冰从被发现起，至今已有二百多年的发展历程。

1810年，人类首次在实验室内发现天然气水合物。1934年，苏联在被堵的天然气输气管道里发现了天然气水合物。1965 年苏联在西伯利亚北部发现了天然气水合物矿床,并于 1970 年进行商业开采,这是迄今唯一进行商业开采的天然气水合物矿床。

1971 年,美国学者在深海钻探岩心时首次发现海洋天然气水合物,并正式提出“天然气水合物”的概念。1974 年,苏联在黑海 1950 米深处发现了天然气水合物冰状晶体样本。1978 年,美国在墨西哥湾实施深海钻探时,从海底获得了 91.24 米的天然气水合物的岩心,首次验证了海底天然气水合物矿藏的存在。此后,1985—1995 年,又数次从海底取得了天然气水合物岩心。1995 年,美国大洋钻探计划第 146 航次在美国东部海域布莱克海台实施了一系列深海钻探,取得了大量天然气水合物岩心,首次证明该矿藏具有商业开发价值。

1977 年,以美国为首、由多国参加的大洋钻探计划,先后在 210 个深海地区发现了大规模的天然气水合物聚集地,它们是秘鲁海沟陆坡、中美洲海沟陆坡、美国西部太平洋海域、美国东南大西洋海域、日本的两个海域、阿拉斯加近海和墨西哥湾等海域。

1996—1999 年,德国和美国科学家通过深潜观察和抓斗取样,在美国俄勒冈州岸外卡斯凯迪亚海台的海底沉积物中取到嘶嘶冒着气泡的白色水合物块状样品,该水合物块可以点燃,并形成熊熊的火焰。

1998 年,日本与加拿大合作,在加拿大西北马更些三角洲进行了天然气水合物钻探,在 890—952 米深处获得了 37 米水合物岩心,该钻井深达 1150 米。

1998 年,美国把可燃冰作为国家发展的战略能源列入国家发展长远计划。

自 2000 年起,对可燃冰的研究和勘探进入高峰期。至少有三十多个国家和地区参与其中,然而目前只有美国、日本、印度和中国具有对“可燃冰”的开采能力。其原因在于:一是可燃冰主要储于海底或高寒地带的冻土地带,比较难以寻找和勘探,加之可燃冰在常温、常压下不稳定,这就给开采带来很大难题,在技术层面有一定困难,开采不当会造成泄漏;二是开发成本高,不甚划算;三是会对环境造成破坏。究竟采取什么办法进行开采,使其既方便、经济,又环保,尚待科学家去探索。

我国能源短缺问题十分突出,急需开发新能源,而寻找和开发可燃冰是确保可持续发展的重要战略举措。我国可燃冰储量丰富,主要分布在南海西沙海槽、南海北部陆坡、东沙群岛以东海域,以碳酸盐岩形式存在,面积约

430 平方千米，资源量约 700 亿吨油当量，规模可观，是世界上最大的可“冷采”碳酸盐岩分布区。2005 年 4 月 14 日在北京举行的中国地质博物馆收藏我国首次发现的碳酸盐岩仪式上宣布了这一结果。

我国可燃冰的另一富集地区是青藏高原，其具体位置在青海省祁连山南缘海西木里地区，2009 年 9 月 25 日新华社和《人民日报》等均有报道。该地区的可燃冰储量至少有 350 亿吨油当量。据国土资源部总工程师张洪涛还介绍，我国有大面积冻土层，并对其开发作了规划：2006—2020 年为调查阶段，2020—2030 年为开发试生产阶段，2030—2050 年进入商业生产阶段，前景是乐观的。

（八）页岩气

页岩气是从页岩层中开采出来的、自生自储型的非常规的天然气。页岩是致密岩石，页岩气主要存在于暗色泥页岩或高碳泥页岩中，是以吸附或游离状态存在的天然气聚集。页岩气藏是一种连续型的天然气藏。富含有机质的页岩在一系列地质条件的作用下，生成大量烃类（如石油、天然气等）物质，其中部分被排出，运移到渗透性岩层中，从而聚集形成了岩性油气藏。页岩气与常规储气藏不同，页岩既是它的生成者，也是它聚集和保存的储层和盖层。

页岩气往往分布在盆地中那些厚度较大、分布较广的页岩烃源岩地层中，与常规天然气相比，它具有开采寿命长（30—50 年，乃至 100 年）、生产周期长的优点。

据世界有关组织估计，全球页岩气资源约为 456 万亿立方米，可采资源量为 187 万亿立方米。页岩气资源主要分布在北美、中亚、拉美、北非、俄罗斯和中国，以北美最多。我国页岩气主要分布在海相地质条件的长江中下游，陆相地质条件的四川盆地中东部（含重庆南部）、东北的松辽平原、内蒙古的鄂尔多斯、新疆的吐哈及准噶尔两盆地。现初步估计，我国仅陆相页岩气资源储量就约有 134 万亿立方米，可采量约为 36 万亿立方米，是我国常规天然气储量的 1.6 倍，占世界的 20%，居世界首位，居第二位的是美国（24 万亿立方米），之后依次为阿根廷、墨西哥和南非。

美国是最早开发页岩气的国家，已有 70 多年的历史，2005 年其产量已达 198 亿立方米。我国到 2012 年页岩气的开发已处于气藏勘探和初步开采试点阶段。截至 2012 年 4 月，我国共确定了 33 个页岩气有利区，页岩气完井 58 口，其中水平井 15 口。根据“十二五”页岩气发展规划的要求，我国将完成探明页岩气地质储量 6000 亿立方米，可采储量 2000 亿立方米，到 2015

年实现页岩气年产量 65 亿立方米,2020 年力争达到 600 亿—1000 亿立方米。要实现这一目标是相当不易的,一是必须有自主掌握的核心开采技术,二是要有巨额的财政支持。这一目标一旦实现,我国天然气的自给率有望提升到 60%—70%,并使一次性天然气能源消耗所占比例提升到 8% 左右(目前只占 5% 略多)。这将有助于扭转我国过度依赖煤炭的能源结构,并减轻对国外能源的依存度,未来 10 年页岩气的开发利用将迎来快速发展的"黄金十年"。

五　世界能源消费预测及其对策

(一) 世界能源消费预测

当今世界人口已突破 70 亿,比 20 世纪增加了两倍多,能源消费增加了 16 倍多。据 IEA(国际能源署)发布的《世界能源展望 2007》预测,全球 2005—2030 年的一次性能源需求将增加 55%,年均增长率为 1.8%,能源需求将达到 177 亿吨油当量。而 2005 年仅为 114 亿吨油当量。化石燃料仍将是一次性能源的主要来源,它在 2005—2030 年的需求增长总量中还将占 84%。其中石油是最主要的燃料。2030 年全球石油需求量将达到 1.16 亿桶/日(一般 1 吨原油约为 6.29 桶,1 桶原油约为 0.137 吨),比 2006 年多出 3200 万桶/日,增长了 37%。2005—2030 年煤炭需求量将上升 73%,煤用量大增多源于中国和印度;天然气所占比例将由 21% 上升到 22%;电力用量将翻一番,它在终端消费中的比例将从 17% 上升到 22%。到 2015 年发展中国家的能源需求在全球能源市场中将占 47%,到 2030 年将占一半以上(目前仅占 41%)。

(二) 当今世界在能源上遇到的问题及其对策

当今世界在能源上的问题,用一句话概括,可谓能源资源枯竭,环境污染严重。目前世界上常规能源资源的储量,石油只能维持半个世纪;煤炭最多能维持一二百年;可再生能源在一次性能源中所占的比例总体上偏低。为此,世界各国都十分注重"开源""节流",加大可再生能源和核能的开发力度(这些分别在常规能源、新能源中有叙述,不再重复)。

当前,处于不同经济发展阶段的国家,能源发展战略的立足点各有不同。各国政府都在依据本国经济发展和能源状况,阶段性地调整发展战略目标以及自身的能源政策。从综合分析上看,发达国家的能源发展战略代表了世界能源发展的新潮流；发展中国家的能源发展战略存在着重视各自国情、积极跟踪世界潮流的共性。

当今世界各国能源战略的主要特点是：（1）把能源安全看作是最重要的战略目标。其具体措施是：注重国外资源开发、利用；加大石油战略储备力度；既重视近期的能源安全，又重视长远的能源可持续发展。发展中国家多偏重于建立当前自身能源安全供应体系。（2）以突出节能、减少石油消费、减少进口能源的依存度为主要目标。（3）强调人类可持续发展的重要性。（4）注重能源多元化发展，不过度依赖单一的能源形式，减少对石油、煤炭、天然气的依赖，其战略核心是安全、环保和效益。（5）加强能源国际合作。资源与市场的国际化，使各国政府意识到必须加强与能源生产国的外交往来，保证能源供应来源；同时也必须加强能源消费国之间的能源合作，形成联盟，抵御能源价格上涨。为保障能源安全，能源外交成为能源消费国21世纪以来的外交重点。

（三）我国能源的现状及其对策

1. 我国能源的现状。我国能源的现状，可概括为以下三个方面：

（1）发电总装机容量逐年增加，能源结构亟待调整，可再生能源迅速发展。原国家发改委主任马凯在2008年8月的一次形势报告中，对我国能源现状有个总体评估。他指出，截至2005年年底，我国发电总装机容量已突破5亿千瓦，年发电量为24747亿千瓦·时。

我国的可再生能源迅速发展，目前水电装机容量已达3800万千瓦；太阳能热水器总集热面积8000万平方米，占世界的一半；核电发电装机容量近700万千瓦；年产沼气约80万立方米，已拥有沼气用户1700多万户(2012年年底已达4000多万户)；石油可采资源量为212亿吨，探明剩余可采储量为25亿吨。

我国可再生能源已进入快速发展时期。中国可再生能源学会理事长石定环称，我国2007年可再生能源利用量为2.2亿吨标准煤，占一次消费总量的8.5%，到2010年可达10%。水电方面，2006年新增小水电装机容量已超过大水电的新增装机容量，截至2007年，水电装机容量已达到1.45亿千瓦。风电方面，2006年一年，全国风电装机容量达到133万千瓦，超过此前20年的总和，而2007年新增风电装机容量约为340万千瓦，风电总装机容量达到了800万千瓦。生物能方面，2007年我国生物能发电200万千瓦，农村沼气池为8000万农民提供了清洁的生活燃料，已拥有大型沼气池1500多处，年产沼气量达10多亿立方米。太阳能光伏发电也进度加快。在2006

年，其生产能力已达到两千多兆瓦。据“新华网”报道，我国首座利用太阳能自身发电的大厦（名为“电谷锦江国际酒店”）于 2008 年 10 月 18 日在河北省保定市正式投入运营。这座五星级酒店，高 25 层，其南、东、西三面外墙全部盖着由深蓝色太阳能电池板组成的玻璃幕墙，并且裙楼的南立面、雨棚、顶部等均铺设了这种特殊幕墙。这不仅成为一种独特的装饰，而且避光、环保、隔音，具有良好的透光率。此外，还可以用它发电。这座大厦的总装机容量可达 0.3 兆瓦，每年发电 26 万度，相当于一个小型发电站，发出的电不仅可供大厦自身使用，还可直接并入电网。时隔七年，上述数字均已大幅增长，因篇幅有限，不再增补。

（2）煤炭、石油、天然气可采储量增长仍有较大潜力。我国天然气资源量为 38 万亿立方米，已探明 2.56 万亿立方米；煤炭资源储量为 50592 亿吨，已探明保有储量为 10077 亿吨；我国原油储量仅占世界储量的 2.4%，全国石油地质资源量为 1041 亿吨，最终可探明的地质资源量为 619 亿吨，最终可采资源量约为 150 亿吨，目前已探明可采量为 65 亿吨，这个数字尚属中等勘探程度，随着地质理论的创新和探测认识的深化以及工程技术的进步，估计未来的可采储量增长仍有较大的潜力。一个惊人的消息验证了这一点。2008 年 11 月 29 日《京华时报》报道说，我国南海可燃冰储量等于 185 亿吨油。新华社广州讯，根据我国海洋地质工作者初步探明，我国南海北部陆坡的可燃冰资源量达 185 亿吨油当量，相当于南海深水勘探已探明的油气地质储备的 6 倍。可燃冰是公认的 21 世纪替代能源之一，开发利用潜力巨大。

又据 2008 年 12 月新华社消息：新疆准噶尔盆地克拉美丽气田有超过 1033 亿立方米天然气探明储量，已通过国家储量委员会评审，这标志着准噶尔盆地第一个千亿立方米天然气田的发现被正式确认。新疆油田公司主管勘探的负责人说，克拉美丽气田前期安排年产天然气 10 亿立方米，预计至少可稳定供气 50 年；就气田储量规模和品质而言，还具有较大的扩产能力。油气专家估计，新疆准噶尔盆地的天然气资源量为 2.5 万亿立方米，目前探明的不到 10%，前景十分可观。

（3）能源安全问题日益突出。我国是世界上最大的发展中国家，既是一个能源生产大国，也是一个能源消费大国。能源的生产量仅次于美国和俄罗斯，居世界第三位；基本能源消费占世界总消费量的十分之一，仅次于美国，居世界第二位。中国是以煤炭为主要能源的国家，发展经济与环境污染的矛盾较为突出。近几年来，能源安全问题已成为国家和社会关注的焦点，并已上升为国家战略安全的隐患和制约经济社会发展的瓶颈。

自1993年起，我国已由能源净出口国变成能源进口国，能源总消费已大于总供给。煤炭、电力、石油和天然气等能源都存在缺口，其中石油需求量大增以及由此引起的结构性矛盾日益成为能源安全所面临的最大难题。

我国能源资源不仅短缺，而且利用率不高。据2005年12月29日国家发改委称，目前我国能源利用效率仅为33%，比发达国家低10个百分点，单位产值能耗是世界平均水平的两倍多，比美国、欧盟、日本、印度分别高2.5倍、4.9倍、8.7倍和43%。

2. 我国解决能源短缺问题的对策。我国解决能源短缺问题的对策是：节约优先，立足国内，多元发展，依靠科技，保护环境，加强国际互利合作，努力构筑稳定、经济、清洁、安全的能源供求体系，以能源的可持续发展支持经济社会的可持续发展。总体思路是：进口多元化、储备法定化、发展能源多样化、能源市场国际化、开拓国外资源、争夺石油资源、突出节能。具体做法主要有以下几个方面：

(1) 加大勘探力度，探明能源新的储藏点，为进一步扩大开发利用提供先决条件。目前各省、市、自治区已全面开花，这项工作成效显著，捷报频传。勘探结果表明，我国内蒙古、新疆等地仍有较丰富的煤炭等资源可开发利用。

据国土资源部公布的消息，内蒙古已查和预查煤炭资源储量达到6583.4亿吨，超过山西，居全国第一。山西沁水煤田、河东煤田新发现储量超百亿吨的煤炭。新疆共发现520亿吨煤炭储量。河南禹州、宜阳、伊川等地发现煤炭储量超过15亿吨；商丘发现储量为12.43亿吨的优质煤田。此外，宁夏、云南和安徽等省也分别发现了新煤田。

石油储量的勘探在一些省市有可喜的发现，尤以冀东南堡油田最为引人注目，现已探明储量高达10亿吨，进一步勘探可望超过20亿吨。

天然气储量也有一定发现，如新疆准噶尔盆地发现超千亿立方米的大气田，被国家发改委正式确认。到目前为止，新疆已累计探明天然气地质储量为1.4万亿立方米。在香港东南250千米的海域也发现了大型天然气田，初步探明储量为450亿立方米；在珠江口附近探明有储量超1000亿立方米的天然气田。

除此之外，又在我国南海和东海发现了大量可燃冰，据测算仅我国南海的可燃冰资源量就达700亿吨油当量，约相当于目前我国陆上油气资源量总数的一半。

综上可见，我国地下能源资源还是有潜可挖的。

(2) 开发新能源。在新能源的开发利用上，一是重点发展可再生能源，二是着眼开发利用核能。在可再生能源的开发利用方面,我国政府高度重视,颁布了《中华人民共和国可再生能源法》,重点发展太阳能、风能、生物能和地热能。

核能的开发利用为解决我国能源短缺问题开辟了一条前景乐观的途径。我国核能开发利用的情况如下:早在2003年,我国就明确了积极发展核电的方针,推进了核电体制改革。2007年5月22日,中国国家核电技术有限公司在北京成立。2007年11月3日国家发改委表示,国务院已正式批准了发改委上报的《国家核电发展专题规划(2005—2020年)》。规划显示,到2020年,我国争取将核电运行装机容量从目前的906.8万千瓦提高到4000万千瓦,新投产核电装机容量约2300万千瓦,同时考虑核电的后续发展,2020年年末在建核电容量应保持在1800万千瓦左右。届时,我国核电占全部电力装机容量的比重将从现在的不到2%提高到4%,到2030年将达到16%,相当于世界平均水平。据2013年7月23日消息,在近日召开的中国核能行业协会2013年年会上,中国核能行业协会理事长张华祝在报告中透露,目前我国在建核电机组共29台,装机容量达3166万千瓦,在建规模继续保持世界第一。目前我国大陆有16台核电机组投入商业运行,总装机容量1362万千瓦。2012年核电发电量为983.17亿千瓦·时,较2011年增长12.75%,占全国总发电量的1.97%,占全国清洁能源发电量的9.22%。对照世界核电运营者协会(WANO)规定的性能指标,在全球400余台运行机组中,我国在役核电机组的运行水平总体处于中等偏上位置。

我国核电建设起步于20世纪80年代中期。自1991年第一座核电站秦山一期并网发电以来,已有6座核电站、共11台机组、906.8万千瓦先后投入商业运行;8台机组790万千瓦在建,它们是广东岭澳二期、浙江秦山二期扩建、辽宁红沿河[①]一期。《规划》称,经过多年努力,我国已储备了一定规模的核电厂址资源,除已建和在建工程外,在沿海地区开展前期工作较充分的厂址共有13个,选址工作已遍及浙江、江苏、广东、广西、辽宁、山东、江西、湖南、湖北、海南等18个省区市,装机容量近6000万千瓦,已形成浙江秦山、广东大亚湾和江苏田湾三个核电基地。

我国发展核电的方针已由“适度发展”调整为“积极发展”。2007年3

① 红沿河核电站1号机组已于2013年2月27日首次并网发电,2013年6月7日宣布正式开始商业运营,每天发电量为2400千瓦·时,可满足大连市1/4的电力需求,每年节煤1000万吨。该电站采用CPR核电技术路线。

月2日,国家核电技术公司与美国西屋联合体签署了核电自主化依托项目——核导采购及技术转让框架合同,这表明我国核电自主化依托项目正式确定选用美国西屋联合体的AP1000方案。此前,我国核电站大都采用国际上第二代压水堆技术,比如广东大亚湾核电站采用的就是法国的M310堆型(也是引进美国西屋堆技术后加以改进的),引进后我们又经过改进,形成CRP-1000压水堆核电站。

AP1000是美国西屋公司开发的、经美国核管会批准的第三代核电技术中的一种。这一技术被公认为目前最安全、最先进的核技术。它通过独特的"非能动安全系统"设计,使反应堆设计更简单,堆蕊损坏概率可以忽略不计,提高了核电站的建设、设备制造和管理的自主化目标。

"非能动安全系统"是AP1000最大的特点和先进性所在。该系统的基本原理是利用物质的重力、惯性,流体的自然对流、扩散、蒸发、冷凝等物理原理,不需要泵、交流电源、应急柴油机等这些需要外界动力驱动的系统,只要加上相应的通信、冷却水等支持系统,在紧急的情况下,便能冷却反应堆厂房,并且带走反应堆产生的余热。如果出现问题,72小时不需人为干预。

我国引进AP1000方案会在国内统一组织消化吸收的基础上,加以创新,形成自己的品牌。关于我国核电站的分布、堆型、功率、建设时间及运营情况,详见表23-4。

表23-4　中国核电项目一览表

核电项目	堆型	功率	开工建设时间	投入运营时间
秦山一期	PWR	1×300 MW	1985.3.20	1991年12月25日并网发电
二期	PWR	2×600 MW	1996.6.2	2002年4月15日并网发电 2004年5月3日并网发电
三期	CANDU	2×700 MW	1998.6.8	一号机组2002年12月31日并网发电 二号机组2003年7月24日并网发电
二期扩建	PWR	2×600 MW	2006.5	2006年5月第一砼混凝土
一期扩建	PWR	2×1000 MW		

（续表）

核电项目	堆型	功率	开工时间	运营时间
（连云港）田湾一期	俄罗斯 AES-91（VVER1000）型压水堆	2×1000 MW	1999.10.20	2007 年 5 月和 7 月投产发电
二期		2×1000 MW		
（浙江）三门一期	AP1000	2×1250 MW	2009.4.19	2013 年建成发电
二期	AP1000	2×1250 MW		
三期	AP1000	2×1250 MW		
（广东）大亚湾	PWR	2×900 MW	1987.8.7	1994 年 2 月 1 日投入商运 1994 年 5 月 6 日投入商运
岭澳一期	PWR	2×900 MW	1997.5	2002 年 5 月 28 日投入商运 2003 年 1 月 5 日投入商运
岭澳二期	PWR	2×900 MW		一号机组 2002 年 7 月投入商运 二号机组
阳江一期	PWR	2×1000 MW		
二期	PWR	2×1000 MW		2014 年
三期	PWR	2×1000 MW		
汕尾的甲东和揭阳的岛屿一期	PWR	2×1000 MW		
宁德一期	PWR	2×1000 MW		2013 年 2 月
（山东）海阳一期	PWR	2×1000 MW	“十一五”	2014 年 2 月
二期	PWR	2×1000 MW		
三期	PWR	2×1000 MW		
（大连）红沿河	PWR	2×1000 MW	“十一五”	2013 年 6 月并网发电

（续表）

核电项目	堆型	功率	开工时间	运营时间
岳阳、常德、惠安	PWR	6×1000 MW 12×1000 MW	“十一五”或“十二五” “十一五”	

注：① 功率栏中的1×……、2×……等中的1、2等是指该核电站的装机台数。

② MW中的M代表10^6，W代表瓦；如1×300 MW=30万千瓦。

③ PWR是第二代核技术（压水堆组）的代号，CANDU也是第二代核技术（压水堆组）的代号，但它属于加拿大核电开发公司的堆型。

④ AP1000是第三代核技术，为非能动压水反应堆核电技术。

我国利用**风能**发电速度惊人。2012年8月15日国家电网宣布，截至2012年6月，我国并网风电达到5258万千瓦，首次超过美国，居全球第一，而在5年前，我国并网风电还仅为200万千瓦。从200万千瓦到5258万千瓦，我们只用了5年时间便走完了欧美国家15年走完的历程。2013年，我国风电新装机容量为1800万千瓦。我国已建成哈密风电、甘肃酒泉风电、河北风电、吉林风电、蒙西风电、蒙东风电、江苏风电、山东风电八大风电基地。我国从“风电大国”发展到“风电强国”的前景可观。我国的风电之所以有如此迅猛的发展速度，得益于集约式、大规模发展的理念。然而风电在快速发展的同时，也带来如何消纳的难题。我国风电资源多集中在西部，而电力负荷又集中在东南部，因此如何实现“孔雀东南飞”，已成为风电基地面临的一大困难，出路在于让其融入国家电网，实施“西电东送”“北电南送”。

（3）开拓国际关系，开展与他国能源进出口合作。具体措施是：A. 以贷款换石油。我国分别向俄罗斯、巴西和委内瑞拉以贷款方式换取石油。对俄罗斯，中俄双方协议：中方以固定利率约6%向俄方提供250亿美元的长期贷款，俄方以供油还贷款，自2011—2030年，每年以1500万吨石油还贷，共供给石油32亿吨。对巴西和委内瑞拉以贷款换石油的情况是：中国向巴西提供100亿美元贷款，巴方按市场价每天向中方提供10万—16万桶原油，直至还清为止。中国向委内瑞拉出资80亿美元，委方每天按市场价向中方出售8万—20万桶石油，以支付债务，直至还清为止。B. 与能源进口国合作。世界能源短缺的国家远不止一个，大家都需要进口。假如协调不好，或者我们得不到进口物资，或者进口国之间容易出现种种摩擦，为此我们要努力参与能源国的多边合作，避免与主要进口国因争夺供应而发生冲突。同时，在与这些进口国的合作中要使用民营的名义，淡化国家色彩。C. 与能源出口国合作。与能源出口国合作,我们着眼于广泛缔结双边合作,投资开展开采石油、天然气项目。截至 2005 年年底,中石油公司已在海外 22 个国家投资开采石油、天然气,累计投资 57.3 亿美元。其中在非洲开采 3000 万吨,哈萨克斯坦开采 2000 万吨,南美、中东、亚太各国开采 1000 万吨。目前,我国在非洲的主要开采地区是北非和西非。此外,我们与安卡拉、刚果、赤道几内亚、伊拉克、中亚等也都建立了合作开采关系。

总之,我们在解决能源短缺这一问题的过程中,应广开"源"路,力争多开、多采、多贮石油等能源,这是国家具有战略意义的大计。其中包括与他国进行多元化合作,而不是以战争等手段获取石油等资源。

第二十四章 空间(航天)技术

空间技术又称航天技术或航宇技术,它是解决人类如何冲出大气层,把无人或载人的航天器送入太空,以实现对太空的探索、开发和利用的一门综合性尖端技术。其目的是利用空间飞行器作为手段,来研究发生在空间的物理、化学和生物等自然现象。四十多年来,空间技术取得了飞速发展,未来的人类将进入另一个美妙的世界。

一 空间(航天)技术的含义、特点和作用

(一) 对空间(航天)技术含义的理解

本章前言已给出了空间技术的含义,然而对这个一致公认的看法人们却有过不同的理解。什么是"天"? 目前专家们对"天"有两种理解:一是把地球大气层以外的无限遥远的空间称为"天";另一种是把地球大气层外、太阳系以内的有限空间叫作"天"。若按前一种理解,那么空间技术和航天技术完全是一回事;若按后一种理解,超出太阳系的空间活动则应称为航宇。这样,空间技术应涵盖航天技术和航宇技术。但是,由于在相当长的时间内,人类主要还是在太阳系内从事活动,因此,当今把航天技术与空间技术视为同义词已得到公认。

(二) 空间(航天)技术的特点

我国航天技术专家把空间技术的主要特点概括为两个方面:其一,空间技术是一门高度综合性的科学技术,是很多现代科学和成就的综合集成。它主要依赖电子技术、自动化技术、遥感技术和计算机技术等众多先进技术的发展。因此,一个国家的空间技术成就最能体现这个国家的科学技术水

平，是衡量这个国家科技实力的重要标志。其二，空间技术是一门快速的、大范围的、在宏观尺度上最能发挥作用的科学技术。比如，通信卫星可以大面积覆盖地面以至全球；气象卫星可以进行全球天气预报；侦察卫星可以及时监视广大地区的军事活动；等等。

（三）空间（航天）技术的作用

空间技术不同于常规技术。它对一个国家的实力和进步起到意想不到的战略作用。在经济上，它能产生很高的经济效益，普遍认为，开发利用外层空间资源，其投资效益能达到1∶10以上；在军事上，它最能显示一个国家的军事实力，一个国家只要占有空间优势，就掌握了军事战略上的主动权；在政治上，它对提高一个国家在国际活动中的地位，影响深远，一项重大空间成就，往往成为国际谈判的重大筹码；在科学技术上，它能带动电子、自动化、遥感、生物等学科的发展，并形成卫星气象学、卫星海洋学、空间生物学和空间材料工艺学等一群新的交叉学科。

空间技术的开创和发展是人类开拓宇宙空间的壮丽事业。

空间技术自20世纪50年代崛起以来，对国际政治、军事产生的影响和对人类经济、文明做出的贡献举世瞩目。

二　空间（航天）技术的发展历程

（一）航空技术的发展

人类在长期的生产和生活实践中，对绚丽壮观的天空进行过仔细的地对空观察，梦想能像鸟儿一样离开地球在空中翱翔。为了把航空理想变为现实，人类曾做过多种尝试。我国是航空器的摇篮，东汉年间，张衡曾制造出木鸟，并进行了试飞。古代欧洲人也研究过飞行问题。文艺复兴时代的时代骄子、意大利画家和工程师达·芬奇曾仿照鸟类的飞行动作，制造过扑翼机。18世纪法国的蒙特哥菲尔兄弟［约瑟夫-米歇尔·蒙特哥菲尔（Joseph-Michel Montgolfier，1740—1810）；杰克斯-艾提尼·蒙特哥菲尔（Jacques-Eitenne Montgolfier，1745—1799）］从烟的上升中得到启发，制成了欧洲历史上最早的热气球，并于1783年6月5日试飞，10分钟后下落；同年9月，他们又在气球中搭载动物飞行，其上升高度为1830米，浮游约3.22千米后，安全降落；后来，法国历史学家路泽尔乘蒙特哥菲尔的热气球在巴黎上空上升1000米，25分钟内飞行12千米，并安全降落。

19世纪,热气球又发展成飞艇。1852年9月24日,法国的吉法尔乘自制的,长44米、直径12米、体积为2499立方米,由功率为3匹马力的蒸汽机带动的三叶螺旋桨飞艇,以8千米/时的速度飞行28千米,但尚不能完全操纵。1884年8月9日,第一艘可完全操纵的载人飞艇"法兰西号"试飞成功。该艇长51.8米,用功率为9匹马力的电动机驱动,时速为19.3千米。

1903年,美国的莱特兄弟[维尔伯·莱特(Wilbur Wright, 1867—1912)、奥维尔·莱特(Orville Wright, 1871—1948)]制成了第一架动力飞机"飞行者1号",并试飞成功。以后,各种飞机相继出现,性能不断改进,其动力源从最初的活塞式发展到喷气式,速度达到超音速。2004年,美国研制的时速为8000千米的无人驾驶超音速飞机试飞成功。至今,航空技术已经达到相当完善的程度。我国在飞机制造上也由仿制发展到可以自行设计制造,如"运七""运八""运十"、新舟60、ARJ21-700支线客机以及中国飞豹FBC-1型超音速歼击轰炸机等机型飞行性能良好。哈尔滨产的小型机已出口外销,歼-10、歼-11、歼-20、FC-1枭龙等战斗机也已投入使用。我国首款自主研发的商用大飞机C919已接受国外订单。

从飞行原理上看,气球和飞艇都是依靠空气浮力(空气静力)而离开地面的,是轻于空气的飞行器;飞机是依靠飞行器与空气的相对运动产生向上的升力来支持它在空气中飞行的,它本身的重量大于它所排开的同体积空气的重量,是重于空气的飞行器。但两者都离不开空气。气球和飞艇受大气密度的限制,有一个确定的升限,大气密度过低就浮不起来;飞机要依赖大气的支持,而大气层高度只有30多千米;这就是说,飞机只能在30千米以下的高度飞行。可见,利用飞机升空,人类是飞不出大气层的。总之,航天只是在稠密的大气层中的航行,若超出这个高度只有依靠更加先进的技术。

(二)火箭技术的发展

早在19世纪末,科学家们已经认识到,人类要飞出大气层,进入太空,就要摆脱地球引力的束缚。而摆脱地球引力的首要条件是必须达到足够高的速度。也就是说,要进入绕地球飞行的轨道,成为人造地球卫星,其速度必须达到7.9千米/秒(第一宇宙速度);要成为太阳系的人造卫星,则要达到11.2千米/秒的速度(第二宇宙速度);要飞出太阳系到达银河系,漫游至少要达到16.7千米/秒(第三宇宙速度)。不借助于推进工具,任何物体都不可能达到这三种速度,即都不可能冲出大气层进入太空。这种推进工具终于被人们找到了,就是火箭。它具有不依赖于空气的推进功能,可以按照人类设计的第一、第二、第三宇宙速度在外层空间工作。

火箭的飞行原理完全不同于气球、飞艇和飞机。它的特点是：本身带有燃烧剂和助燃的氧化剂，可以摆脱对大气的依赖，进入外层空间。

我国是火箭的发源地。早在12世纪，我国南宋与金交战中就开始用火箭做武器。这种武器是利用火药燃烧向后急速喷出气体产生的反作用力，使火箭向前射出。从原理上说，我国的火箭是现代火箭的鼻祖。欧洲13世纪才有早期的火箭。近代火箭是从19世纪开始出现的。对近代火箭的研究做出重要贡献的是俄国科学家齐奥尔科夫斯基（Konstantin E. Tsiolkovsky, 1857—1935）和美国科学家戈达德（R. H. Goddard, 1882—1945）。1897年，齐奥尔科夫斯基提出了著名的火箭运动的方程式［$V = V_r \ln \frac{M_0}{M} - gt$（式中，$V_r$为燃气相对火箭的喷气速度，$M_0$为发射火箭的总重量，$M$表示燃料烧尽时的火箭自重，$g$为重力加速度，$t$为时间）］和液体火箭推进及喷射理论；1903年，他又提出用液氧和液氢作为推进剂的重要设想；1933年，由他设计的第一枚液体燃料火箭发射成功；他还提出了用液体燃料火箭在未来太空飞行的设想以及多级火箭和惯性导航概念。总之，齐奥尔科夫斯基证明了到宇宙飞行的可能性。所谓多级火箭就是用几个火箭连接而成的火箭组合，一般用三级（或四级）。火箭起飞时，第一级火箭的发动机“点火”，推动各级火箭一起前进，当这一级的燃料烧尽后，第二级火箭开始工作，并自动脱掉第一级火箭的外壳；第二级火箭在第一级火箭的基础上进一步加速，依此类推，最终达到所需要的速度。齐奥尔科夫斯基之后，美国的戈达德和在德国工作的赫尔曼·奥伯特（Hermann Oberth, 1894—1989）等人对液体燃料火箭的发展也做出过较大贡献。他们把理论与实践结合起来，用液氧和汽油混合燃料作推进剂，于1926年在美国的马萨诸塞州成功地发射了世界上第一枚无控液体推进剂火箭。1931年，德国的第一枚液体燃料火箭也发射成功。

第二次世界大战期间，火箭技术有了新的发展。当时，德国政府对火箭的研制十分重视和支持。纳粹德国出于推行法西斯军国主义政策的需要，在火箭专家冯·布劳恩（Wernher von Braun, 1912—1977）等人的主持下，于1942年成功地发射了一枚液体燃料火箭“V-2”。这枚火箭长14米，重130吨，最大飞行高度80千米，最大飞行速度7.5千米/秒。它可以把大约1吨重的弹头送到300千米远处，1944年投入使用。整个第二次世界大战期间，纳粹德国共发射了4300枚“V-2”火箭，在用它对英国发动的袭击中，给英国造成了很大威胁和破坏。然而，武器的先进并不能挽救德国法西斯覆灭的命运。

第二次世界大战后，苏联和美国都在“V-2”火箭的基础上研制成功了弹道导弹。第二次世界大战结束后，苏、美两国作为战利品从德国缴获了“V-2”火箭技术。美国缴获了 100 枚“V-2”火箭及其主要研制者——以冯·布劳恩（布劳恩后来成为美国第一颗人造地球卫星运载火箭和“阿波罗”登月飞船运载火箭研制项目的主持者，任马歇尔航天飞行中心主任）为首的 130 名火箭专家，为美国航天技术的发展提供了丰富的资料和难能可贵的人才。1957 年 8 月，苏联发射成功世界上第一枚洲际导弹。同年 12 月，美国也发射了自己的洲际导弹。有了洲际导弹就可以把弹头换成人造卫星，成为航天运载工具。现代火箭技术为航天事业的发展奠定了物质技术基础，实现了人类千百年来遨游太空的夙愿。

（三）空间（航天）技术的发展

航天与航空是两个不同的概念。航空是在大气层中的航行，航天则是冲出大气层、进入太阳系范围内的航行。航天技术首先表现在发射人造地球卫星上。1957 年 10 月 4 日，苏联在位于哈萨克斯坦境内的拜克努尔发射场用一枚三级火箭成功地将第一颗人造地球卫星“伴侣”号送入轨道。3 个月后，即 1958 年 1 月 31 日，美国也发射了自己的第一颗人造卫星。从此，人类便进入了航天时代。接着，法国、日本、中国、印度等国也相继用自制的运载火箭发射了自己的人造地球卫星。

在不载人的人造地球卫星基础上，苏联和美国很快发展了载人航天技术。1961 年 4 月 12 日早晨，苏联发射了由航天员加加林（Yury Alekseyevich Gagarin, 1934—1968）驾驶的、重 4545 千克的第一艘载人飞船，在绕地球一周（108 分钟）之后安全返回地面，写下了载人航天的第一页。加加林后来在飞行训练中不幸遇难，死于 1968 年 3 月 27 日。1969 年 7 月 20 日，美国阿波罗飞船把航天员阿姆斯特朗（Neil Alden Armstrong, 1930—2012）和奥尔德林（Edwin Eugene Aldrin, 1930—　）送上了月球，使“嫦娥奔月”的梦想变为现实。这一壮举震动了世界。到 1993 年止，共有 18 名航天员驾驶飞船飞临月球，其中有 12 人踏上了月面，带回了 380 千克月岩和土壤。

从 20 世纪 70 年代起，航天技术又进入建立轨道站和太空实验室的新阶段。1971 年 4 月 19 日和 1973 年 5 月 14 日，苏联和美国分别发射了他们各自的第一个实验性航天站——“礼炮 1 号”和“天空实验室”。“礼炮 1 号”是个像火车车厢那么大的铁罐，重 18.9 吨，被装在质子火箭上，在拜克努尔发射场发射，10 月 11 日坠毁在太平洋。“天空实验室”是人类在太空生活的实验站，是三批在太空分别停留28天、59天和84天的宇航员的家，它于1979年7月坠落在澳大利亚珀斯东南部。1981年4月，美国设计制造的航天飞机首次试飞成功，它是兼有运载工具能力和飞机特点的新型航天器，可以返回地面，重复使用。它的建造和成功使用，标志着航天器技术的新突破。1992年6月底，美国"哥伦比亚号"航天飞机载着7名宇航员创下了在太空飞行14天的航天飞机飞行纪录，于7月9日在佛罗里达州的肯尼迪航天中心安全着陆，这是美国航天飞机18年来飞行时间最长的一次。1995年6月，美国阿特兰蒂斯号航天飞机与俄罗斯的"和平号"轨道站对接成功。这次联合行动为建造计划中的"阿尔法号"国际空间站铺平了道路。

我国是继苏联、美国、法国、日本之后第五个用自制运载火箭发射国产卫星的国家。1970年4月24日，我国第一颗人造卫星（重273千克）发射成功。这颗卫星比前四个国家发射的第一颗人造卫星重量的总和还重，这意味着我们的火箭推力达到了一定的水平。1975年11月26日，我国首次发射并回收了试验卫星，这又表明我国是继苏、美之后第三个掌握卫星返回技术的国家。1981年，我国用一枚大型火箭把三颗不同用途的人造卫星送入轨道，成为世界上第四个掌握"一箭多星"技术的国家。1984年4月8日，我国成功地发射了静止（同步）试验通信卫星，4月16日定点在东经125°赤道上空。1985年10月，我国向世界宣布：长征系列运载火箭可以投入国际市场，承担对外发射任务，并负责培训技术人员。1992年8月14日和12月21日两次发射澳星成功。这一切标志着我国卫星运载工具已进入国际先进行列。酒泉、西昌两个卫星发射中心已对外开放，前者主要承担近地轨道卫星的发射任务，后者主要承担地球静止（同步）轨道卫星的发射任务。同时，我国目前已拥有世界上最大的运载火箭家族，可以把重量从200千克到4.5吨不等的有效载荷送入轨道，这些运载火箭常常把西方和我国的通信或气象卫星发射上天。我国卫星地面测控网也比较完善、系统。

据不完全统计，自1957年苏联发射第一颗人造地球卫星起，到2012年年底，全世界已发射了6000多个航天器，其中载人飞船150余艘，星际航天器200多个，各种类型的航天站8个，航天飞机飞行超过70架次。各国在航天领域的总投资已远远超过4000亿美元。目前，已有56个国家开展了航天事业，150多个国家应用了航天技术的成果。

综上可见，航天技术的发展大体经历了三个阶段：20世纪50年代末至60年代中期，是试验阶段；60年代中期至80年代初，为应用试验阶段；80年代初（航天飞机首航成功）至20世纪末，为航天技术扩大应用阶段。目前，航天技术主要是实现了太阳系内的航行，突破太阳系的大宇宙航行是正在研究的课题。

三　空间（航天）技术的基本构成和基本原理

航天技术是由运载器技术、航天器技术和地面测控技术构成的高度综合性技术。

（一）运载器技术

实现航天飞行要解决的首要问题是如何使航天器在空间持续飞行，而不被地球吸引到地面上来。前面已经提到，这里的关键是必须达到第一、第二和第三宇宙速度。根据万有引力定律和牛顿第二定律可以算出：要使物体贴近地球表面环绕地球运行，其速度必须达到 7.9 千米/秒；要使物体脱离地球，飞向行星或行星际空间，其速度必须达到 11.2 千米/秒。前两个速度已比声速快 20—30 倍。据计算，1 千克重的物体达到第一宇宙速度所付出的能量相当于把 1000 袋 50 千克重的水泥从平地搬到 20 层楼所做的功。可见，要使航天器获得第一、第二宇宙速度，需要向它提供很大的能量；也就是说，需要能量很大的运载器。一般说来，平均发射 1 千克的人造卫星，大约需要 50—100 千克的运载器，那么一颗 1 吨重的卫星就要由一支 50—100 吨的多级火箭来运载。航天器越重，需要的运载器也越重。

航天器的运行轨道一般不低于 150 千米，在此高度之下会因受空气强烈摩擦很快坠入稠密的大气层并烧毁。航天器必须靠运载器送入轨道。运载器通常由多级火箭（一般为 2 级或 3 级）组成，其推进剂大都是液体（液氢或液氧），现在有的用固体。运载火箭的每一级都由有效载荷、箭体结构、发动机和控制系统四部分组成。火箭的有效载荷是指：上一级火箭就是下一级火箭的有效载荷；航天器是末级火箭（最上面一级）的有效载荷，位于火箭的最前端，外面有整流罩保护。火箭的箭体结构分为仪器舱、推进剂贮箱段和发动机舱三段。其中推进剂贮箱占去了火箭全长的绝大部分；发动机是火箭的心脏，它通过燃烧推进剂产生喷气反作用力推动整个火箭飞行；仪器舱中的控制系统是火箭的大脑，用以控制火箭的飞行姿态、调整飞行路线。运载火箭一般重几十吨到几百吨，个别的大型火箭可达几千吨，长度一般为几十米，直径为几米。到目前为止，最大的运载火箭是美国的“土星 5 号”（SA-501），重达 3038 吨，长 120 米，直径 10 米，总推力为 3400 吨，可将 127 吨的有效载荷送上近地轨道。

（二）航天器技术

航天器又称空间飞行器，是航天任务的主要执行者。

1. *航天器的种类*。航天器按运行轨道可分为环绕地球运行的航天器（包括人造地球卫星、载人飞船、航天站、航天飞机）和空间探测器，即脱离地球引力、飞往月球或其他行星及星际空间运行的航天器。绝大多数航天器属于前一类。这里着重介绍一下人造地球卫星。

人造地球卫星的轨道有圆形和椭圆形两种。圆形轨道具有同地球表面保持同等距离的特点，一般用于对地球的观察、通信广播、导航定位、大地测量等。人造卫星在椭圆形轨道上运行时，离地球表面距离最远点称为远地点，最近点称为近地点。空间探测卫星的轨道通常采用椭圆形轨道，以便探测距地球不同处的空间环境。

人造卫星的轨道平面与地球赤道平面的夹角叫倾角。当卫星轨道平面与地球赤道平面重合时，倾角为0°，这种轨道叫作赤道轨道；当卫星轨道平面与地球赤道平面垂直时，倾角为90°，叫作极地轨道。倾角越大，卫星所能看到的地区就越广。

人造卫星在轨道上运行一圈所需的时间叫周期。卫星的周期与卫星轨道半长轴（半长轴 = 地球半径 + 轨道的平均高度，即近点高度的平均值）的二分之三次方成正比。1000 千米以下的低轨道卫星的周期一般为 1.5—2 小时。

实际使用最多的是地球同步轨道和太阳同步轨道。地球同步轨道又叫静止轨道。这种轨道为圆形，倾角为0°，高度为35800 千米。卫星在这种轨道上自西向东运行，与地球自转方向相同并保持同步，从地面上看，好像卫星挂在天上的固定位置，静止不动。太阳同步轨道的倾角在90°—100°，高度在500—1000 千米的近极地轨道。这种轨道的特点在于：轨道升高点东移的速度与太阳在天球上的赤经变化保持相等，在这种轨道上运行的卫星总是在同一个时间（约相当于同一太阳高度）经过同一地区。

航天器按照是否载人又分为无人航天器和载人航天器两种。无人航天器有环绕地球飞行的人造地球卫星和脱离地球、飞往月球或其他行星及星际空间的空间探测器。载人航天器有卫星载人飞船、月球载人飞船、航天站和航天飞机，将来还会有行星载人飞船。载人飞船可在空间作短期飞行，然后自行返回地面；航天站可在空间长期运行，它的空间较大，可容纳多名航天员在其中生活和工作；航天飞机是集运载、运行和返回三种功能于一身的航天器。

2. 航天器的组成结构。航天器一般都由通用系统和专用系统两大部分组成。通用系统是指各类航天器都需要的系统，包括结构系统（航天器的骨架）、温度控制系统（控制航天器各部分的温度，保证仪器设备按照预定温度工作）、姿态控制系统（使航天器保持一定的姿态，以完成特定任务）、无线电控制系统（用以同地面测控配合，协助地面对航天器的跟踪，接受地面指令）、电源系统（相当于航天器的心脏，向各系统供电）、计算机系统（相当于航天器的大脑，使各系统按预定程序或遥控命令工作）、返回系统（保证航天器脱离运行轨道，安全返回地面）。

专用系统是根据航天器担负的任务需要而设置的系统，是区分航天器用途的主要标志。如通信卫星设有转发器和无线电系统；侦察卫星设有雷达、影像录制和照相系统；导弹预警卫星设有红外探测器、电视系统及其他探测装置。

（三）地面测控网

地面测控网是保证航天器正常工作、完成航天任务不可缺少的组成部分；没有它，航天器就会失去与地面的联系，变成一堆废物。

地面测控网通常由分布在全球各地的测控台站和测控船组成，其上备有精密跟踪雷达，光学跟踪望远镜，多普勒测速仪，遥测解调器，遥控发动机，电子计算机，数据存储、显示和记录设备，数传机和通信设备等。

地面测控网的主要任务是跟踪、遥测、遥控和通信。跟踪——跟踪和测量航天器的飞行路线，预报其轨道；遥测——接收航天器发来的各种无线电信息，监视航天器上各系统的工作等；遥控——指挥和控制航天器的运行和返回；通信——同航天员进行通信联系，传输电话和电视。

四　空间（航天）技术的应用

航天技术在军事领域、国民经济和科学研究中，都有广泛的应用，往往起到不可替代的作用。

（一）空间（航天）技术在军事领域的应用

航天技术的发展，一开始就同军事技术的发展紧密相关。核武器和洲际导弹的出现，使现代战争以突然袭击的方式爆发的可能性愈来愈大。为了避免敌方的突然袭击，必须随时掌握敌方的行动，而安全可靠的手段就是利用卫星进行侦察。因此，航天技术的最早应用就是从发展军事侦察卫星开始的。

1. *军事侦察卫星*。侦察卫星是军用卫星中数量最多、发展较早的一种。在1971年印巴危机、1973年阿以战争、1974年塞浦路斯危机中，美国和苏联都发射了侦察卫星，用以侦察和监视战场。利用卫星侦察，其作用范围大、速度快，不受国界和地区限制，可以定期或连续工作，获得用其他手段难以获得的情报信息。

侦察卫星分为照相侦察卫星和电子侦察卫星两大类。其中，照相侦察卫星占全部军用卫星的40%左右。照相侦察卫星上装有可见光照相机、电视摄像机、红外照相机和多光谱照相机等。后两种照相机可以保证昼夜拍摄地面目标，如机场、海湾、导弹基地、交通枢纽、城市设防、工业布局、兵力集结和军事设施等。为了清晰地拍摄地面目标，照相侦察卫星一般离地面高度为200千米左右，寿命一般为1—3年。

电子侦察卫星被称作“太空顺风耳”，其上装有无线电接收机和天线等电子设备，用于窃听或截获敌方进行军事活动的各种无线电信号。电子侦察卫星的运行轨道比照相侦察卫星高，一般离地面500千米左右，工作寿命可达5年左右。

2. *导弹预警和海洋监视卫星*。通常地面预警雷达由于受地球曲率的限制，不能及时发现刚刚起飞的洲际弹道导弹，只有当其飞到一定高度后才能发现，而且提供的预警时间短，一般在15分钟左右。现在的洲际弹道导弹在发射后30分钟内便可打击8000—13000千米远的目标，所以延长预警时间具有重大的战略意义。利用导弹预警卫星从太空中进行监视，可以在洲际弹道导弹刚一起飞就能发现它喷出的火焰信号，预警时间增加到30分钟，为做好反洲际弹道导弹的准备工作赢得了时间。

导弹预警卫星上装有红外探测器和电视摄像机等遥感设备，通过感受导弹发射时喷出的火焰的红外辐射，便可探测到导弹的发射。到20世纪90年代初，美国已在印度洋、大西洋等地上空与地球同步轨道上布置了三颗实用预警卫星，这些卫星可在敌方导弹发射的90秒内便能探测到目标，并能在三四分钟内将预警信息发送到北美防空司令部，对洲际弹道导弹可取得25分钟以上的预警时间。美国还在研制从卫星上探测敌方轰炸机发射巡航导弹的红外探测器。假如在导弹预警卫星上再增加X射线探测器、伽马射线探测器和中子计数器，还能发现地面大气层内的核试验，从而兼有核爆炸探测卫星的功能。

海洋监测卫星主要用于监视敌方舰艇在海上的活动。海洋监测卫星有两种类型：一种是雷达遥感型，可直接监视海面的舰艇活动；另一种是电子窃听型，用电子窃听手段截获敌方舰艇通信的电磁信号，从而确定它们的规模和行踪。

3. *军事通信卫星*。军事通信卫星通常可分为战略通信卫星和战术通信卫星两大类。战略通信卫星通常在地球同步轨道上运行，为远程直至全球范围的战略通信服务。这种卫星经过核加固处理，具有抗干扰和防电磁辐射的能力，在核战争场合仍能使用，美国于1982年发射的第三代"国际通信卫星"就属这一类。战术通信卫星一般在12小时周期的大椭圆轨道上运行，主要用于近程战术通信，为军用飞机和海面舰艇等机动通信服务。

4. *军事导航卫星*。最早的军事导航卫星系统叫"子午仪"，这个系统由5颗卫星组网，卫星在1100千米高的圆形轨道上运行，运行周期为107—108分钟。由于地球自转的缘故，定位精度较低(80米)，而且只能提供二维平面定位。过去美国一直使用这种导航卫星。目前美国采用新的军用"全球定位系统"，整个系统由均匀分布在6个轨道平面上的24颗卫星组成，6个轨道平面与赤道平面的夹角相同，轨道高2.02万千米，运行周期为12小时。在全球任何地点、任何时间的用户都能同时看到4颗以上的卫星。其定位精度可达16米，测速精度小于0.1米/秒；并可提供三维空间定位，可为地面军队、装甲车和火炮提供精确定位，为海上巡逻队、特遣部队、港口领航员及空中战略轰炸机和战术飞机导航；还可为在太空中飞行的航天器和导弹提供精确定位。

5. *军事气象卫星和测地卫星*。在现代军事活动中，用卫星观测全球气象和预报气象趋势，已成为须臾不可离的手段。比如，用可见光照相侦察卫星拍摄敌方军事目标或用飞机轰炸敌方要害，均需要了解当地的云层情况；舰艇在海上航行需要了解未来的台风、海浪、水速、云雾等情况；运行洲际弹道导弹则要有大气温度、压力和风速等信息。这些均需要军事气象卫星提供。军用气象卫星和民用气象卫星并没有本质区别，只是军用卫星要求拍摄的气象云图的分辨率更高，并能对特定地区的云图进行高分辨率的拍摄，为此有时要对军用卫星进行应急发射。

测地卫星是大地测量的一种重要而有效的手段。现代战争需要各种地球物理知识，尤其需要大地测量学知识。若不知道地球的精确尺寸、形状和重力场，不知道军事目标的精确位置，洲际弹道导弹和巡航导弹就难以击中目标。我们知道，地球的形状不是圆球形，地球重力场的分布也不是均匀的,这些因素对弹道计算,对飞机、导弹的惯性制导系统影响很大,不注意这些因素的影响,就会产生相当大的误差,从而降低命中率。从这个意义上说,测地卫星肩负着重要使命。为了使战略武器准确地命中目标,减少误差,20世纪70年代以来,人们又研制成一种激光测地卫星,上面装有激光反射器。地面站用激光测距法测量卫星轨道,通过分析其轨道变化,就能把地面上只有几厘米的变形和位移推算出来。这种微小变化也可能与地震活动有关,因而这种卫星还可以用来预测、预报地震。

6. *天基反卫星武器*。反卫星武器分为以地面为基地的武器(称为陆基武器)和以太空为基地的武器(称为天基武器)两种。陆基反卫星武器一种是导弹,另一种是高能激光武器。导弹可以从地面起飞直接飞向目标卫星,将卫星摧毁,也可以从高速喷气式飞机上发射。导弹头部装有红外导引装置和普通炸药,当接近敌方卫星时便立即起爆、炸毁卫星。高能激光武器就是安装在地面上的大功率激光发射器,靠强大的激光束能量烧穿敌方卫星。

天基反卫星武器包括反卫星的卫星和安装在大型卫星上或其他航天器上的定向武器等。反卫星的卫星可以不用炸药,靠红外引导或无线电引导,在接近目标时,直接与敌方卫星相撞而致毁;也可以带有普通炸药,在接近目标时起爆,与敌方卫星同归于尽。20世纪70年代以来,苏联曾多次用"宇宙号"卫星进行反卫星试验,目前已进入实用阶段。

(二)空间(航天)技术在国民经济领域的应用

四十多年来,航天技术在促进国民经济发展方面起着重要作用,它对建立全球通信网,勘测地球资源,调查土地利用,预测水文、气象、火山、地震、空中和海上导航等,都具有重要意义。

1. *在通信广播中的应用*。当今,通信广播所使用的通信技术主要是通信卫星。通信卫星的种类很多,有国际通信卫星、国内通信卫星、直接广播卫星和海事通信卫星。(1)国际通信卫星。通信卫星的出现,开创了全球卫星通信的新时代。在通信卫星出现之前,远距离通信的主要手段是短波无线电、铺设海底电缆和利用地面微波中继线路。通信卫星的出现从根本上变革了人类的通信手段。一颗静止卫星的通信区域可达地球表面的40%以上,能把远隔18000千米的两地联系起来,只要在静止轨道上合理布置三颗通信卫星就可以沟通地球上全部有人地区。通信卫星的容量比任何其他手段的容量都大。世界上第一颗商用同步通信卫星是美国于1965年4月6日发射的,即"国际通信卫星1号",名曰"晨鸟",重量仅为38.5千克,通信容量为240条话路,相当于1974年铺设的大西洋海底电缆容量的6倍多。

1990 年发射的“国际通信卫星 6 号”的通信容量已达 24000 条话路和 3 路彩色电视，其重量约 1.8 吨。正在轨道上工作的、由 16 颗卫星组成的国际通信卫星网，每天可为 120 多个国家和地区的大约 330 多个地面站提供全球通信服务。通信卫星已承担了世界上 2/3 的国际电报、电话和几乎全部的洲际电视转播业务。(2) 国内通信卫星。这种卫星是专门用于某一国家或地区范围的通信卫星。加拿大于 1972 年建立了世界上第一个国内通信卫星系统，它对开发加拿大北部人烟稀少的地区起了重要作用。苏联也用国内通信卫星取代中继线路，实现了对西伯利亚地区的高质量卫星通信和电视转播。印度、巴西等国土面积较大的发展中国家也在积极发展国内通信卫星。(3) 直接广播卫星。用国际或国内通信卫星转播电视，存在地面接收设备复杂、转发层次多的缺点，因为通信卫星发出的电波所载的电视信号，经过飞越 3.6 万千米到达地面时，已经非常微弱，只有用高灵敏度的低噪声接收机及直径二三十米的大天线的地面站才能收到。而直接广播卫星的发射功率则很大，可达 400—500 瓦以上。由于它发射的电波到达地面时有足够的强度，因而凡在该卫星覆盖区内的家用电视机只要用脸盆大小的天线就可以收到，再经过一个转换器，就可以在电视机上显示出来。使用直接广播卫星不仅取消了许多中间转发环节，而且能大幅度地提高图像的清晰度。美国、加拿大、日本、印度、西欧等国家和地区都发射了这种卫星。(4) 海事通信卫星。这种卫星作为中继站，可以使海上航船与海岸站之间进行无线电微波通信。由于这种卫星不受气候条件干扰、稳定可靠，因而大大改善了船舶的调度管理，提高了航海运输效率，减少了海船失事遇险所造成的损失。目前，在轨道上工作的海事卫星可以保证在南北纬 75°之间的海域航行的船只与海岸站进行 24 小时连续通信，并可通过国内或国际通信网接通岸上的任何地点；海事卫星还设有专用的应急通信线路，供失事时发出呼救信号用；还可向航船传送气象预报、海流情况和导航数据等资料。

通信卫星也可用于电视教育、电视电话、电子邮政、印刷传真、环境监测等业务，成为空中的信息交换中心。

2. *在地球资源勘探中的应用*。用于勘测地球资源的卫星叫地球资源卫星。地球资源卫星是卫星技术与遥感技术的巧妙结合。遥感技术被誉为航天技术的眼睛。航天技术与遥感技术的发展，使整个地球表面进入了人类的眼帘，让人们看到了许多过去用肉眼观测不到的奇异景象。

遥感技术是 20 世纪 60 年代发展起来的一门新兴的综合性探测技术，它以卫星、飞船、空间站、航天飞机等飞行器作遥感平台，在几百米、几百千米，乃至几千千米之上，把用各种波段的电磁波探测到的地面信息，通过光学、电子光学、红外线、微波、激光、计算机等技术进行处理，并将所得到的资料和数据发送给相关部门，达到探测研究对象各种性质的目的。遥感技术主要包括运载工具、遥感仪器、信息和图像处理及分析应用四个组成部分。

航天技术提供了高远的观察位置，遥感技术则提供了“明察秋毫”的眼睛。地球资源卫星配有遥感技术后，在探测地球资源时便具有勘测范围广（能涉及人迹罕至的地区）、获得资料速度快、能周而复始地观测，并能监视动态变化，把大面积普查与重点普查结合起来等优点，从而实现多快好省地勘测。

地球资源卫星在轨道上用各种波段的电磁波段拍摄的地面照片已成为了解地球资源的宝贵资料。这些资料在农、林、牧、副、渔、矿、水等资源调查以及勘查国土、绘制地图中起了非常重要的作用。在农业方面，根据照片提供的资料可以观察庄稼的长势，预报农作物的产量时其误差不超过3%，并可早期发现农作物疾病和虫害，以便及时防治。在林业方面，利用地球资源卫星普查森林，不仅效率高，而且费用少。同时，它还可以及时侦察森林火情。在牧业方面，可以调查牧草的分布、种类、长势和密度，寻找水草丰盛的牧场，促进畜牧业发展。在渔业方面，可以探测海洋中浮游生物的分布和密度，根据提供的资料提高渔业产量。在找矿方面，卫星也大大提高了勘测的功效。比如，苏联利用卫星拍照发现了第聂伯—顿涅茨沼泽地区的大油田；美国从卫星照片上发现了阿拉斯加的新含油地质构造；我国也靠遥感技术等手段发现了新疆塔里木大油田和天然气田。在调查水利资源方面，地球资源卫星可以测量江、河、湖的位置，估计水量，鉴别水质及寻找地下水资源。在国土勘查、绘制地图方面，利用地球资源卫星更是快速、高效的手段。比如，利用航空摄影对我国国土进行测绘，大约需拍摄100万张照片，历时10年，而用地球资源卫星进行测绘则只需拍摄500张照片，几天就可以完成。总之，地球资源卫星对资源勘测起到了以往的手段所起不到的作用，并达到了高效率。

3. *在气象观测中的应用*。在气象卫星出现之前，气象观测站大都设在有人居住的地区，而在海洋、沙漠和极地等约占地球表面五分之四的区域内，气象观测却是一片空白。过去曾利用探空气球和探空火箭进行气象观测，但是它们在空中停留的时间有限，探测范围只占地球表面的五分之一，很难揭示气象运动的规律，也不能保证进行准确的天气预报。

气象卫星突破了上述气象观测手段的局限，它居高临下，可以24小时连续观测，为人们全面掌握大气运动的规律，进行全球天气预报和中、长期预报提供了有力的手段。截止到2000年年底，全世界共发射了200颗气象卫星，在轨运行的有100颗左右，其中19颗为地球静止气象卫星。这些气象卫星共同构成了全球气象卫星观测网。现在，气象卫星所提供的资料已成为各国气象预报的主要依据，特别是对那些交通不发达、通信设备简陋的地区，气象卫星提供的数据往往是气象预报数据的唯一来源。

1988年9月7日，我国成功发射了"风云一号"A极轨气象卫星，到2007年2月已成功发射了4颗"风云一号"极轨气象卫星和4颗"风云二号"静止气象卫星。目前，"风云一号"D星和"风云二号"D星在轨道上稳定运行。我国已成为继美国、俄罗斯之后，第三个同时拥有两种气象卫星的国家。据报道，我国将于2020年再发射6颗极轨气象卫星，将实现上午星、下午星和降水测量雷达星三星织网观测。

4. *航天技术开辟了太空生产的新领域*。大气层以外的宇宙空间具有高真空、强辐射、超低温、无噪声和持续失重等特点，这些环境是地球环境难以模拟的，利用这种环境办工厂、搞生产是十分理想的。航天技术为发展材料加工、金属冶炼等太空工业创造了条件。比如，在太空中，由于失重，在材料加工中不会发生接触污染、沉淀和对流等现象。又如，在失重条件下，物体可以自由悬浮在空中，所以冶炼可以不用容器，只用微弱的静电力或电磁力就可以左右它们的位置，并可以把冶炼材料加热到极高的温度，因而能冶炼锆、钛、钨等高熔点金属。由于它不用容器，没有接触污染，炼出的金属纯度极高。在航天飞机上生产的抢救药物，其纯度比在地球上生产的高4倍，产量相当于在地球上生产的240倍。在航天飞机上进行药物的批量生产并投入市场已是指日可待的事。

（三）空间（航天）技术在科学研究领域中的作用

航天技术与基础科学和现代技术科学是相互依赖、相互促进、相辅相成的。航天技术是在许多基础科学和现代技术科学基础上发展起来的一门综合性技术，它的发展反过来又极大地促进了基础科学和现代技术科学的发展，尤其促使天文学、空间物理、地球物理、航天医学等取得了惊人的发现和突破性进展。这里着重介绍一下航天技术对天文学和航天医学的贡献。

1. *航天器对天文学的贡献*。天文学是一门古老的科学。在航天技术出现之前，人们只能在地面对天体进行观测，由于受大气层的影响，观测结果的准确度较低，而且受阴雨等条件限制，不能进行全天候观测。航天技术出现后，利用人造卫星把各种观测仪器送入大气层以外的太空，或者由天文工作者乘宇宙飞船或航天飞机亲自到太空实施观测，就避开了大气的影响。20 世纪 60 年代末以来，利用航天器对天体和宇宙星际空间进行观测，取得了一系列成果。

20 世纪 60 年代末，航天员乘载人飞船登上月球，实地考察了月球的本来面目，勘测了月球资源，取回了一些月岩，发现月球的岩石中含有丰富的铁、铝、硅、钛、镁、钾、钙等多种元素。70 年代初，美国航天员曾用“天空实验室”中的太阳望远镜观测太阳，拍摄了太阳的日冕、日珥、黑子和耀斑爆发等许多照片，为研究太阳的起源、形成和活动规律提供了宝贵资料。

在对月球和太阳进行考察和观测的同时，还发射了一系列行星探测器，开展了对金星、火星、水星等各大行星以及深空的探测。1960 年 3 月—1973 年 11 月，美国先后向金星发射了“探险家 5 号”“水手 2 号”“水手 5 号”“水手 10 号”4 个探测器。苏联从 1961 年 2 月—1983 年 6 月，先后向金星发射了 16 个探测器（“金星”1 号—16 号）。苏美两国的探测结果表明：金星被很稠密的、厚度为 300 千米的大气层包围，其中 CO_2 含量占 97%，N_2 为 2%；金星表面温度白天和黑夜均约 500℃，不存在生命；金星自转很慢，周期是 118 个地球日，方向是自东向西，没有季节变化；金星上有许多巨大的火山，岩层年龄很轻。

1964 年 11 月—1969 年 3 月，美国先后向火星发射了 4 个逼近火星的探测器（“水手”4 号、6 号、7 号、9 号）。1975 年 8 月和 9 月，又发射了“海盗 1 号”和“海盗 2 号”火星探测飞船。经过近一年的飞行，两艘飞船上的两个着陆器分别在火星上软着陆，发回了许多火星表面的高分辨率的照片。苏联也做了软着陆飞行。探测结果表明：火星表面覆盖着环形山；火星上有火山口、峡谷和河床；火星上根本不具备生物生存的条件。然而，美国于 2003 年 6 月 10 日发射的火星探测器——“孪生兄弟”（“勇气号”和“挑战号”），半年后发回的信息证明，火星曾经是一个有水的星球，曾经是否有生命存在，尚待进一步验证。

1974 年 3 月 29 日，美国的“水手 10 号”在飞过金星时，借助金星的引力，改道飞向水星区域，第一次访问了水星。最近时距水星只有 320 千米，拍摄了 6000 余张照片。探测表明：水星表面大气稀薄，终年气温为 400℃，表面布满了环形山。

用航天探测器还探知：木星像土星和天王星一样，周围也有一个光环，它是由黑色碎石组成的，宽几千千米，厚约 30 千米，离木星表面约 5.8 万千米；木星的一个卫星上有活火山正在喷发。

在探测太阳系的各大行星的同时，还对哈雷彗星及深空进行了探测。在探测深空的飞船上携带了寻找“宇宙人”的标志和唱片。

人类对探测自己的生存环境（地球）尤为关注。人们利用卫星探测了地球的周围环境，测量了地球的重力场、磁场、大小和形状，研究了地球的起源和构造，等等。结果发现：地球既不是圆球体，也不是椭球体，却有点像“鸭梨”，其赤道部分有些胀大，北极区略有凸起，南极区稍凹陷；在地球赤道上空约1300—40000千米处有两条辐射带，是由地球磁场捕获太空中的质子和电子组成的，通常叫作范·艾伦内辐射带和外辐射带；在离地球1000千米左右的高度上有一个由氩和氦组成的地冕；等等。这些情况在航天器飞向太空之前是根本无法知道的。

20世纪90年代以来，人们借助于哈勃望远镜把对宇宙的认识又向前推进了一步。1990年4月24日，美国“发现号”航天飞机携带迄今为止造价最昂贵的卫星——哈勃太空望远镜，进入距地球612千米的轨道。次日下午，用长15米的机械臂把这座重11吨的太阳能望远镜送入轨道。哈勃望远镜将完成下列使命：收集数据，计算宇宙年龄，把现今估算的宇宙年龄在100亿或200亿年的相差数字缩小到10%左右；更加精确地算出宇宙的距离标度，从而使人们更精确地了解宇宙的扩张和最终的命运；帮助人们弄清银河系的演变；准确监测各恒星的位置；侦察黑洞；弄清类星体的物质组成；对太阳系的行星进行拍照，使人们深入了解地球的生成环境等。

航天器正在帮助人类揭开太阳系边界区域的秘密。新华社2011年12月1日报道，美国国家航空航天局下属的喷气推进实验室，1977年9月5日发射的“旅行者1号”飞船经过漫长的旅行，已飞出了太阳系的激波边界，即将成为第一个进入太阳系外空间的人造航天器。“旅行者1号”是一艘无人外太阳系太空探测器，重815千克，升空后一直正常运行。在近32年的飞行后，“旅行者”1号目前距太阳169亿千米。在它所在的区域里，太阳的影响已急剧减弱，带电荷的太阳风急剧减速后已变成了稀薄的恒星间气体，这里被称为太阳风鞘。飞船正在探测太阳系最外层的边界。

为弄清太阳系边界的奥秘，2008年10月20日，美国国家航空航天局以“空中发射”的方式从太平洋上空发射了一个太阳系边界探测器（IBEX）。它自带一个固态电机，使其脱离近地飞行轨道，踏上远赴太阳系边界的征程。

IBEX是人类发射的第一个专门探测太阳系与星际空间交界地带的探测器。IBEX设计为八边形，高约58厘米，宽约90厘米，升空后依靠太阳能电池板供电。它最终会飞抵距地球大约32万千米的飞行轨道，在那里收集来自太阳系边界地带的太阳风等信息。为期两年的IBEX探测任务将拍摄图像进行测绘，帮助科学家们了解太阳系和它所处的银河系之间的相互作用。

2. *航天技术的发展促成了航天医学的诞生*。随着载人航天器的发展，研究人如何适应航天环境的新学科——航天医学应运而生。航天医学是研究航天环境中超重、失重、气体成分、压力、温度、湿度、噪声、振动、宇宙辐射对人体的影响以及人体的承受限度和防护措施、航天员健康安全、提高工作效率的一门综合性学科。

如何承受超重对身体带来的影响是航天医学首先要解决的问题。航天员在升空过程中会遇到8倍重力的超重，在返回过程中重力又在10倍以上，一般人无法忍受，轻者受伤，重者死亡。航天医学家通过改变航天员在飞船中的姿势、身着抗超重服装、加强地面训练等一系列措施，保证了航天员的安全升空和返回地面。

失重是航天员遇到的又一重要环境因素。航天器到达一定高度便出现失重。失重后航天员会出现漂浮的神奇感觉。失重也是人体难以适应的，它会使航天员患航天运动病。航天医学家们提出，可以采用服药、安排合理作息制度、增加航天员的运动量、使用下身负压装置等办法让航天员在失重环境中生活和工作。航天员在失重环境中生活的最长时间已达237天。

宇宙辐射是航天员面临的又一考验。来自银河系和太阳耀斑爆发时发出的带电粒子及地球周围的辐射带，能使航天员的细胞、组织器官产生电离效应，轻者患上辐射病，重者死亡。这个问题也由航天医学家和设计师们共同解决了。至于航天员的饮食、洗澡、排泄物的处理等也都得到了令人满意的解决。这一切都为航天事业的继续发展打下了坚实的基础。

航天事业的发展方兴未艾。航天技术的成果层出不穷，人类还将建立起太空电话、永久性航天站、航天平台，建立月球基地、载人火星飞行对火星进行深入探测，等等。总之，航天事业的前景是广阔而美好的。

五　我国空间（航天）事业的发展历程及前景

20世纪60年代初，苏联率先发射了载人航天飞船；60年代末，美国人成功登上月球；70年代，苏联和美国分别在太空建立了轨道站和太空实验室；90年代，美国成功实现了载人航天飞机的飞行。21世纪初，我国成为继苏联(俄罗斯)和美国之后的第三个能自主发射载人飞船的国家。

自古以来,我们的祖先一直在探索太空的奥秘,尤其企盼能到九天揽月。我国明朝的能工巧匠万户(生卒年不详),把自己捆绑在椅子上,试图借助风筝的升力和火药的推力摆脱地球的引力,飞向太空。然而,在条件不具备的情况下,他的举动只能是椅毁人亡。万户的"飞天梦"虽然破灭了,但是他那敢为天下先的勇敢举动和探索精神却永远激励着后人去孜孜不倦地努力。鉴于他是利用火箭升空的第一人,因而在1959年科学家用他的名字命名了月球背面的一座环形山来纪念这位人类飞行的先驱者。今天,中国人已经圆了企盼千年的"飞天梦"。2003年10月15日上午9时,宇航员杨利伟[①]驾驶的"神舟五号"宇宙飞船绕地球14圈,历时21小时,航程60余万千米,于次日清晨6时40分成功返回地面。此次航行不仅使浩瀚的太空迎来了第一位中国访客,而且使被誉为"火箭之乡"的中国成为世界上继俄罗斯和美国之后的第三个能独立开展载人航天活动的国家。杨利伟成为中国历史上首位圆中国人"飞天梦"的英雄。

"神舟五号"载人航天飞行的成功,是中国科技史上的一个奇迹,也是中国航天史上的一座丰碑,它还象征着中华民族的伟大复兴跃上了一个新的起点。这一壮举来自于千千万万中国航天人的努力,来自于国家的政治稳定和经济振兴,也来自于全国各族人民的支持。在这里,让我们满怀激情地再去回顾一下我国航天事业的发展历程,并展望它的光辉前景。

(一) 我国空间(航天)事业的发展历程

在"神舟五号"实现中国人千年飞天梦想的背后,我国航天事业从1956年的一纸草案到今天载人发射,经历了47年的艰辛磨砺和奋力成长。在回顾我国航天事业的发展历程时,我们不能不怀着深深的敬意提到"两弹一星"元勋钱学森。钱老长期担任中国火箭和航天计划的技术领导人。他对航天技术、系统科学和系统工程都做出了巨大的、开拓性的贡献。1991年10月,他被国务院、中央军委授予"国家杰出贡献科学家"荣誉称号和"一级英雄模范奖章"。1999年,他又被中共中央、国务院、中央军委授予"两弹一星功勋奖章"。2006年,他获得"中国航天事业50年最高荣誉奖"。五十多年来,在他和全体航天人的努力下,我国的航天事业大体经历了九个进程。

---

① 杨利伟,少将军衔,特级航天员,历任中国航天员科研训练中心副主任、载人航天工程航天员系统副总指挥,在中共十七大上当选为中央候补委员。2003年被授予"航天英雄"称号。2004年,小行星21064是以杨利伟的名字命名的。

1. 火箭立项。1960年2月19日，我国自行设计制造的试验型液体燃料探空火箭首次发射成功。这是我国研制航天运载火箭征程上的一次重大突破。

2. 人造卫星上天。1966年12月26日，我国研制的中程火箭首次飞行试验成功。1968年2月20日成立"中国空间技术研究院"，专门负责研制各类人造卫星。1970年1月30日，我国研制的中远程火箭飞行试验首次成功，它使中国具备了发射中低轨道人造卫星的能力。1970年4月24日，"东方红一号"卫星在甘肃酒泉航天发射基地由"长征一号"运载火箭发射成功。这是我国发射的第一颗人造卫星。它的成功发射，使我国成为继苏联、美国、法国和日本之后，第五个能自主发射人造卫星的国家。

3. 掌握卫星返回技术。1971年3月3日，我国发射了第一颗科学试验卫星——"实践一号"。1975年11月26日，我国发射了第一颗返回式遥感卫星，卫星按预定计划于当月29日返回地面。这使我国成为世界上继苏联和美国之后第三个掌握人造卫星返回技术的国家。

4. 形成先进的陆海基航天测控网。1979年，"远望一号"航天测控船建成并投入使用，它使我国成为世界上第四个拥有远洋航天测控船的国家。目前，我国已形成先进的陆海基航天测控网，技术已达到世界先进水平。航天测控同样是航天事业不可或缺的组成部分。

5. 掌握高轨道人造卫星发射技术；发射一箭多星。1980年5月18日（距中远程火箭飞行试验首次成功不到十年），我国向太平洋预定海域成功发射了远程运载火箭，这标志着我国具备了发射高轨道人造卫星的能力。1981年9月20日，我国用一枚运载火箭同时发射了三颗科学试验卫星，这是我国第一次进行一箭多星发射。

6. 掌握实用卫星研制与发射技术。1984年4月8日，我国第一颗地球静止轨道试验通信卫星发射成功，它标志我国已掌握了地球静止轨道卫星的发射、测控和准确定点等技术。1986年2月1日，我国发射了第一颗实用地球静止轨道通信广播卫星。1988年9月7日，我国发射了第一颗试验性气象卫星"风云一号"。它是我国自行研制和发射的第一颗极地轨道气象卫星。

7. 火箭技术不断提升。我国在实现载人航天飞行之前，经历了长期的运载技术的磨砺。我国独立研制的"长征"系列运载火箭已经形成4个系列、12个型号的群体，它们是我国航天领域的主要运载工具。这个大家族的成员主要有：长征-1D、长征-2C、长征-2C/SD、长征-2D、长征-2E、长征-2F、长征-3、长征-3A、长征-3B、长征-2B 等。

1990 年 4 月 7 日，我国自行研制的“长征三号”运载火箭在西昌卫星发射基地，把美国制造的“亚洲一号”通信卫星送入预定轨道，它标志着我国航天发射服务开始走向国际市场。1990 年 7 月 16 日，“长征二号”捆绑式火箭首次在西昌发射成功，它为发射我国的载人航天器打下了牢固的基础。

目前，我国“长征”系列运载火箭已形成“长征一号”“长征二号”“长征三号”“长征四号”四大系列运载火箭产品，曾先后把多个国家制造的 20 多颗卫星成功送入太空。

由于酒泉、西昌两大卫星发射中心地处内陆，运载火箭的尺寸受到铁路运输的限制，从而制约了进一步发展，因此而启用的海南文昌发射场，对我国航天事业具有战略意义，我国新一代国产大推力的火箭也将因此而诞生。不过，我国新型火箭在能力上与美国和俄罗斯的火箭技术相比还有不小的距离。美国 20 世纪 60 年代研制的“土星五号”运载火箭，自重 3038 吨，具备将 118 吨载荷送入近地轨道的能力。相比之下，我国发射神舟飞船的“长征二号”F 型火箭起飞重量只有 479. 7 吨，近地轨道运载能力仅为 7. 6 吨。不过以“长征五号”系列火箭 25 吨的近地轨道能力、14 吨的地球同步轨道能力，未来我国可以向月球发射大约 5 吨重的有效载荷，可以满足未来无人探测器登月和携带岩石样品返回地球的需要。但要实现载人登月的目标，还需研制更强大的火箭。

“长征五号”运载火箭系列以 120 吨液氧煤油发动机和 50 吨氢氧发动机两种发动机为基础，构成 5 米直径、3. 35 米直径和 2. 25 米直径三种模块，形成“通用化、系列化、组合化”的新一代运载火箭系列。我们期待“长征五号”运载火箭系列把宇航员送上月球。

8. 多次无人飞船发射试验。在实现首次载人航天之前，我国已经进行了多次无人飞船发射试验，即于 1992 年被正式列入国家计划，后被命名为“神舟”号飞船载人航天工程的系列试验。“神舟”号飞船在载人飞行之前已进行了四次飞行：

第一次是“神舟一号”处女之行。1999 年 11 月 20 日清晨，在酒泉卫星发射中心发射的、被誉为“中国航天处女之行”的“神舟一号”飞船，是我国第一艘试验飞船。它的成功发射既标志着中华民族完成了向茫茫宇宙太空进军的历史性跨越，也为我国载人航天飞船上天打下了坚实的基础。

“神舟一号”飞船实现了中国人飞天梦的第一步。它创下了多项第一：这次发射采用了在技术厂房对飞船、火箭联合体垂直总装与测试，整体垂直运输至发射场，进行远距离测试发射控制的新模式；这次发射还首次使用了我国新建的、符合国际标准体制的陆海基航天测控网；同时，北京航天指挥控制中心在这次发射中也首次投入使用，它通过高速计算机网络组织了飞船发射试验的跟踪、测量和控制，取得了圆满成功。

第二次是“神舟二号”飞行。2001 年 1 月 10 日清晨，“神舟二号”在酒泉卫星发射中心成功发射。它揭开了我国载人航天飞行试验史上的第一页。

“神舟二号”飞船与“神舟一号”试验飞船相比，其体系结构有了新的扩展，技术性能有了新的提高，飞船的技术状态与载人飞船基本一致。也就是说，“神舟二号”飞船是第一艘正样无人飞船，它由轨道舱、返回舱和推进舱三个舱段组成。它的发射完全是按照载人环境和条件进行的，船上 13 个分系统均参加飞行试验，凡是与宇航员生命环境有关的设备基本上都采用了真实件。

第三次是装载有模拟航天员的“神舟三号”飞行。2002 年 3 月 25 日，“神舟三号”飞船发射成功。“神舟三号”飞船也是一艘正样飞船，它除了没有搭载真人航天员外，其技术状态与载人状态完全一样。“神舟三号”飞船的成功发射与返回，为中国人实现遨游太空的梦想提供了可能。

“神舟三号”飞船与“神舟二号”相比，最大的不同是装载有模拟“航天员”。模拟“航天员”包括头部、躯干、四肢等 14 个部分，每一部分的重量、形状与真人基本一致，整个假人的质心也与真人基本一致。形体假人还能进行航天服的穿脱；当把它安装在座椅上时，其姿态以及质心能够与载人姿态保持一致。

第四次是“神舟四号”飞行，也是我国最后的无人飞船飞行。2002 年 12 月 30 日 0 时 40 分，“神舟四号”无人飞船在酒泉卫星发射中心成功发射升空。“神舟四号”是我国载人航天发射的第三艘正样无人飞船，除没有载人外，其技术状态与载人完全一致。

在“神舟四号”飞船上，有许多世界领先的技术。例如，“神舟四号”的轨道舱在完成载人飞行任务后，还能独立地作为一颗卫星，留在太空继续工作，执行对地面的观测及其他预定任务。又如，返回舱里面的空间和轨道舱里面的生活空间，比国外同类飞船都大一些，这能使宇航员生活得更加舒适。

“神舟四号”与“神舟三号”相比，其生命保障系统及相关的试验条件更加完备。如，为避免太空辐射的威胁，“神舟四号”为宇航员的太空卧室装配了绝对防辐射的设施；还安装了自动和手动两套应急救生装置，该装置无论在火箭待发阶段和上升阶段还是返回地面时，如果发生意外，都会协助宇航员逃生。

9. “载人航天梦之船”——“神舟五号”的飞行。2003年10月15日，“神舟五号”载人飞船顺利升空。“神舟五号”与“神舟四号”基本相似，由推进舱、轨道舱、返回舱和附加段组成。所不同的是：“神舟五号”的头部是圆柱体，而“神舟四号”的头部是半球体；“神舟五号”舱内只有宇航员，几乎是空荡荡的，给宇航员留有更多的空间，而“神舟四号”舱内则装满了实验仪器和其他物品。

“神舟五号”载人飞船的发射标志着我国航天技术的发展进入了一个新阶段。它体现为实现了“闭合的回路”，因为运载火箭和卫星都不是返回式的，而载人飞船却要实现“闭合的回路”，这要求掌握很高水平的“返回技术”。

“神舟五号”为了便于航天员对外观测，还设有舷窗，通过舷窗可以看到深蓝色的地球和橘红色的火星，还能看到长城和长江，如果借助仪器还可看到三峡大坝。此外，“神舟五号”还留有将来与空间实验室对接的接口。

（二）“神舟五号”飞船何以能一次飞行成功

“神舟五号”之所以能一次飞行成功，其因素是多方面的，这其中的55项新技术和一系列安全措施起了决定作用，而航天员优秀的个人素质也是成功的重要因素。

1. 55项新技术确保发射成功。承担我国载人航天发射任务的是“长征二号”F型火箭。这种火箭首次采用了55项新技术。据载人航天工程火箭系统总指挥黄春平介绍，该火箭首次采用垂直组装，垂直测试和船、箭、塔组合体垂直运输的“三垂”测试发射模式，一改过去水平总装、水平运输的模式；它还首次采用了远距离测试发射控制技术，其中先进的光电技术、自动控制技术和弱信号的远距离传输技术均达到国际先进水平。

为了进一步增大飞行中的安全性，又专门为火箭研制了故障检测处理系统和逃逸系统。当火箭在待发阶段和上升阶段发生故障时，它能够自检测、自诊断，并向逃逸系统发出故障信息，逃逸系统则随即带飞船离开箭体，从而保障了航天员的安全。“长征二号”F型火箭还首次研制了全冗余的控制系统，采用双套制导与稳定控制技术，其中CPU计算机、三余度伺服机构和双回路稳定平台技术，均达到国际先进水平。

“长征二号”F型火箭是在“长征二号”E型火箭基础上研制的、以发射飞船为主要任务的运载火箭。它于1992年开始研制，1999年首试成功。

“长征二号”F型火箭，是我国火箭大家族中最重、最长的成员。该火箭所采用的55项新技术，使它成为中国航天史上技术最复杂、可靠性和安全性指标最高的火箭（可靠性指标为0.97，安全性指标为0.9997）。

2. 13个地面测控站为确保火箭和飞船的正常、安全飞行提供测控通信支持。当杨利伟驾驶“神舟五号”飞船只身遨游太空时，地面上13个测控站早已架起了庞大的航天测控通信网。它能确保火箭和飞船在上升段、变轨段、返回制动段、分离段等关键飞行段落的测控通信支持。

3. 三种逃生模式确保航天员安全。以人为本、充分保障航天员的安全，早已成为千千万万建造火箭和飞船的我国航天人的自觉行动。我国航天第一港——酒泉卫星发射中心最流行的一句话是：“不惜一切代价，一切为了航天员的安全。”为此，科技人员为火箭设置了低空逃逸、高空逃逸和船箭应急分离三种逃生模式。

低空逃逸是指起飞前30分钟到起飞后2分钟，即火箭抛掉逃逸塔前，其中包括在发射台上的逃逸。逃逸塔安装在火箭最顶端，长约8米，形状酷似一根巨大的避雷针，火箭的低空逃逸就是通过它来实现的。上升段是飞船发生故障概率最高的时段之一。该段最危险的区间有三：起飞至火箭离开发射塔架；起飞后约52秒的“跨音速区”，即气流脉动压力最大的区间；起飞后约68秒的“最大速度头区”，即空气动力最大的时刻。在这些危险区间，火箭一旦发生故障，以逃逸塔为动力的逃逸飞行器即拽着飞船返回舱和轨道舱与火箭分离。这种逃逸被称为“有塔逃逸”。

高空逃逸和船箭应急分离的工作原理同低空逃逸类似。从火箭逃逸塔到整流罩分离前，即起飞后约200秒，可实施高空逃逸，也叫“无塔逃逸”。由4个高空逃逸发动机和两个高空分离发动机为整流罩提供动力，从而带飞船离开箭体；从整流罩分离后到船箭分离前，即起飞后约584秒，如果发生故障，可实施船箭应急分离。按设计，飞船成功逃逸后，将降落在自内蒙古丹吉林沙漠到陕西榆林约800千米的范围内，届时酒泉卫星发射中心应急救生大队将迅速出动直升机进行搜救。

逃逸系统尽管设计得十分周密，设计者对其可靠性把握十足，然而却最不希望被派上用途。

4. 选择白天发射。与以往的“神舟”系列发射时间不同，我国载人航天首次飞行选择了白天发射。专家指出，航天发射需要确定某一个时间段作为飞船的发射时机，这被称作发射“窗口”。“神舟”一—四号飞船的发射“窗口”选择在夜晚，主要是便于在飞船发射升空时，地面上的光学跟踪测量仪易于捕捉到目标。"神舟五号"的发射是首次载人发射，发射"窗口"的选择要充分保障航天员的安全。选择白天发射有两个考虑：一是白天的温度有利于发射人员的工作，而且万一发生意外，可充分保障航天员的安全；二是可以保证飞船返回地面的时间也是白天，因为发射时为上午9时，飞行航程历时21小时返回，此时恰是次日清晨6时多，这有利于地面搜寻人员寻找目标。

5. *经济实力铺就了"神舟五号"的升天路。*我国载人工程办公室主任谢名苞在"神舟五号"飞行成功后介绍说，载人航天飞行计划的预算是经过国家批准的。到现在为止，我国载人航天工程已经开展10年（指到2003年），使用资金为180亿元人民币。这些资金的使用分为两部分：一部分形成了现在的产品，如飞船、火箭、电子设备、应用设备等，大部分产品在每次飞行试验时被消耗掉；另一部分则形成了研制航天器的各种技术基础设施，如已经建成的航天城、载人航天发射场以及加工设备、测试设备等固定资产，这些技术基础设施的投资费用大约为80亿元人民币。

"神舟"一—四号飞行，每次直接耗资大约为8亿元人民币，"神舟五号"因为是载人飞行，故费用稍多，但也不超过10亿元人民币。"神舟五号"的造价为4亿—5亿元人民币。

我国的航天成本虽然低于俄美，但是没有改革开放造就的经济实力，"神舟五号"升天谈何容易？我们花费不多，却完成了中国人实现飞天梦的壮举，因此得到了国际媒体的称赞。2003年10月15日，法国《欧洲时报》发表的题为《当五星红旗在太空升起——热烈祝贺中国"神舟五号"载人飞船发射成功》的社论表示，中国改革开放二十多年来，奉行了一条"走自己的路，让别人去说"的路线，取得了举世公认的经济成就。经济实力的加强又增强了中国人走自己的路的信心，使"神五"计划成为可能。

6. *航天员优秀的综合素质是"神舟五号"得以成功飞行的重要因素。*俗话讲，"万事俱备，只欠东风"。火箭、飞船的良好性能是"神舟五号"成功飞行的物质基础，然而，再好的机器设备都要人来操纵。从这个意义上讲，航天员的个人素质就成为飞行成功的至关重要的因素。

选择航天员的条件十分苛刻：要具有大学本科以上学历，能牢固掌握航天基础理论；有近千小时的飞行经历和高超的飞行技术；强健的身体；勇敢而沉着的作风；良好的心理素质和反应能力；1.70米左右的标准身高和65千克上下的体重。只有具备这种综合素质，才能驾驶航天器并顺利完成飞行任务。

这样的航天员必须从空军战斗机飞行员中挑选，而能达到上述要求的飞行员并不多。我国航天员的选拔是从 1996 年开始的，最初入选的有 600 多人，最后达到要求的只剩下 60 人，可谓是名副其实的百里挑一。航天员杨利伟就是这 60 人中的一个。

杨利伟 1965 年 6 月出生于辽宁省葫芦岛市绥中县。1983 年入伍，1987 年毕业于空军第八飞行学院，1988 年入党，历任航空兵某师飞行员和中队长。他曾飞过歼击机和强击机等机型，飞行时间为 1350 小时，两次荣立三等功，被评为一级飞行员。他之所以能出色地完成“神舟五号”的飞行任务，正是由于他具备了上述优秀的综合素质，舍此是不可能的。

“神舟五号”飞船飞行成功之后，我国航天事业的下一步任务是：实现太空出舱活动；完成绕月工程[①]；实现空间飞行器的交会对接。出舱活动已于 2008 年 9 月 25 日由翟志刚、刘伯明和景海鹏驾驶的“神舟七号”飞船完成；空间飞行器的交会对接已由“神舟八号”和“神舟九号”两次顺利完成。2012 年 6 月 29 日，“神舟九号”与“天宫一号”[②]的成功对接由景海鹏、刘旺和刘洋共同完成。2013 年 6 月 11 日，由聂海胜、张晓光和王亚平驾驶的“神舟十号”再一次完成了与“天宫一号”的对接，并完成了多项科学实验和首次天空授课任务，为实现未来在空间实验室开展工作奠定了基础。

我国航天事业的下一步任务是实现落月和在月球上建立永久载人基地，最后建立空间实验站。我国于 2013 年 12 月 2 日成功发射“嫦娥三号”探月卫星，卫星于 12 月 14 日在月面的虹湾区成功实现软着陆并释放出“玉兔号”月球车。“嫦娥三号”已成功落月，“玉兔号”月球车也已踏上月球，圆了中国人千百年来“敢上九天揽月”的梦。这个梦实实在在，令国人激动不已。我国已成为继俄罗斯、美国之后，第三个实现落月的国家。

我国航天事业取得的辉煌成就，令中华儿女骄傲、自豪！我们祝愿伟大的祖国蒸蒸日上。

---

① “嫦娥一号”月球探测卫星已于 2007 年 10 月 24 日在西昌发射升空，2009 年 3 月 1 日成功撞击月球，在绕月飞行期间传回有关月球表面的数据和图像。这次绕月飞行成功无论在政治、经济、军事、科技，还是文化方面都意义重大。

② “天宫一号”和“空间实验室”一样，都属于载人航天器。

第二十五章
海洋开发技术

海洋是尚未被人类完全了解和开发的领域，当今世界各国都开始高度重视海洋的开发利用。其主要原因在于世界人口猛增和资源短缺。全世界现有的资源大约可供人类使用500年，如果按每年2.5%的消耗量增加，只能使用200年，故人类期望从海洋中获取更多的资源。与此同时，人们已经发现海洋是一个资源宝库，有些资源取之不尽，用之不竭。这给人类的未来带来了希望，海洋潜在的经济价值不可估量。21世纪人类的经济活动将大规模向海洋转移，世界将进入"海洋经济时代"。到2010年海洋经济的总产值已超过1万亿美元。可以预想，21世纪的海洋将是竞争十分激烈的领域，海岛之争实际上是海洋资源之争，海洋权益像领土主权一样神圣不可侵犯。

一　什么是海洋

人类要开发利用海洋，首先要了解海洋，正确认识海洋。

什么是海洋？这个问题的提出似乎无任何意义。然而专家们认为，海和洋并不是同一概念，海洋是海和洋的总称。

（一）什么是洋

洋是指海洋的中心部分，是海洋的主体。世界大洋的总面积约占海洋面积的89%。大洋的水深一般在3000米以上，最深处可达1万多米。大洋离陆地遥远，不受陆地影响，有自身的活动规律：大洋的水温和盐度变化不大；每个大洋都有自己独特的洋流和潮汐系统；大洋的水色蔚蓝，透明度很高，水中的杂质很少。世界共有四大洋，即太平洋、大西洋、印度洋和北冰洋。

（二）什么是海

海在洋的边缘，是大洋的附属部分。海的面积约占海洋的11%。海的水深比较浅，平均深度在几米到两三千米；海临近大陆，受大陆、河流、气候和季节的影响；海水的温度、盐度、颜色和透明度都受陆地影响，有明显变化：夏季海水变暖，冬季水温降低，有的海域还要结冰，在大河入海处或多雨季节海水变淡；由于受陆地影响，近岸海水混浊不清，透明度差。海没有自己独立的潮汐与海流。

海可分为边缘海、内陆海和地中海。我国的东海和南海就是太平洋的边缘海。欧洲的波罗的海是内陆海。地中海是几个大陆之间的海，如由欧、亚、非三大陆围成的当今的"地中海"。此外，还有没有海岸的海，它们大体以湾流和洋流围拢的椭圆形海域为限，范围模糊，如马尾藻海。

四大洋中的主要海有近50个，以太平洋为最多。

（三）海洋的组成和功能

海洋有三个重要组成部分，即岩石圈、水圈和生物圈。岩石圈在海底，水圈是海水本体，生物圈就是生活在海洋里的各种生物。

海洋是生命的摇篮，是环境和气候的调节器，还是资源的宝库。

《中国海洋21世纪议程》中提到：海洋可吸收4/5的太阳能，海洋植物通过接收太阳能每年可生产360亿吨氧，大气中70%的氧是海洋生产的；海洋是二氧化碳的储存器，大气中剩余的二氧化碳部分被海洋吸收，海洋中的二氧化碳比大气中的含量高40倍；海洋每年蒸发出44亿立方千米的淡水，以降雨的形式返回陆地和海洋，大气中的水成分每隔10—15天完成一次更新；海水还有很强的净化能力，能分解和消除某些有害物质。

二　海洋资源概述

据科学家预测和计算，地球表面积约为5.1亿平方千米，其中陆地面积（包括江、河、湖面）约为1.49亿平方千米，占地球表面积的29%；其余的3.61亿平方千米为海洋，占地球表面积的71%。海水的总体积为13.7亿立方千米，平均深度为3800米，最深处是太平洋西部的马里亚纳海沟，深达11034米，比高达8844.43米的珠穆朗玛峰还多2189.57米。假如地球是平坦的球面，那么它就会被一层深达2600多米的海水所覆盖。广阔、壮观、浩瀚的海洋神秘而又令人兴叹，随着科学技术手段的增加，人们对海洋展开了多方面的调查研究，发现它可向人类提供各种丰富的资源，这些资源主要有：生物资源、矿物资源、药物资源、化学资源、能源资源、空间资源、水资源和旅游资源等。

（一）海洋生物资源

海洋生物资源丰富。据2005年世界海洋组织的专家推算，全球生物资源（包括陆地和海洋两部分）的年生产能力相当于1540亿吨有机碳，其中海洋生物资源就占了87%，即年生产能力为1350亿吨有机碳。但目前开发的仅占其初级生产力的0.03%，潜力是巨大的。海洋生物是指海洋里的各种生物，包括海洋动物、海洋植物、微生物及病毒等。其中，海洋动物包括无脊椎动物和脊椎动物。无脊椎动物包括螺类和贝类。脊椎动物包括各种鱼类和大型海洋动物，如鲸鱼、鲨鱼等。

海洋生物资源又称为海洋渔业或海洋水产资源，是一种有生命的、能自行增殖和不断更新的资源。它具有与其他海洋资源不同的特点：它是通过生物个体和种群的繁殖、发育、生长和新老替代，使资源不断更新，种群不断获得补充，并通过一定的自我调节能力达到数量上的相对稳定。海洋中的生物资源，在有利条件下，其种群数量会迅速扩大；在不合理捕捞等不利条件下，其种群数量会急剧下降，乃至资源趋于衰减。

据生物学家统计，地球上生物资源的80%生活在海洋中，其中动物约有18万种，植物约有2.5万种，总蕴藏量约1350亿吨。主要是鱼类、虾蟹类、贝类、藻类以及鲸类、海豹、海牛、海象、海龟等兽类，还有海鸥、海燕、信天翁、企鹅等鸟类。海洋生物富含易于消化的蛋白质和氨基酸，其中仅鱼、虾、贝、蟹就含9种氨基酸。在生态环境不被破坏的情况下，它们每年可向人类提供30亿吨高蛋白水产品。

世界人口消费的动物蛋白15%左右来自海洋。20世纪70年代，世界年捕获量保持在6300万—7000万吨，到1991年则达到8600万吨。1993年有所减少，为8400万吨（捕捞过度所致）。海洋鱼类资源占海洋渔获量的88%，其中以中上层水域的鱼类居多，约占海洋渔获量的70%。主要鱼种有鳀科、鲱科、鲭科、鲹科、竹刀鱼科、胡瓜鱼科和金枪鱼科，仅金枪鱼每年就可捕250万吨。底层鱼类主要是鳕鱼，其次为鲆、鲽类，这些鱼类的年捕获量在1600万吨左右。在经济鱼类中，年捕获量超过100万吨的有：狭鳕（明太鱼）、大西洋鳕、毛鳞鱼、远东沙瑙鱼、鲐、智利竹夹鱼、秘鲁鳀、沙丁鱼和大西洋鲱等10种。

海洋动物蛋白除鱼类提供的之外，软体动物和虾类也是重要来源。海洋软体动物资源占世界海洋渔获量的7%;据估计,南极磷虾储量约10亿—15亿吨,科学家预测,21世纪磷虾将是流行食品。

过去人们认为,在深海,由于环境恶劣、食物缺乏,鱼类难以生存,但是随着科学技术手段的不断增加,人们对海洋生物资源的了解也在不断深入,科学家首次拍到水下8千米深处的海洋鱼类。

可见,海洋是提供人类食物的最大"粮仓"。

(二)海洋矿物资源

海洋中不仅有陆地上所有的矿物资源,还有一些陆地上没有的矿物资源,海洋矿物资源的储量十分可观。目前已发现的种类有:石油、天然气、可燃冰、煤、铁、硫、锡石、岩盐、钾盐、砂、砾石、磷钙石、海绿石、锰结核、金属泥及稀有元素铷、锶、铀等。

1. *石油、天然气和可燃冰*。在海洋大陆架和近海中蕴藏着丰富的石油、天然气和可燃冰。据估计,海洋石油和天然气的储量约占地球油气总储量的1/3。各国对其储量估计不同:法国估计全球可采石油储量约为3000亿吨,其中海洋石油1350亿吨,占45%;日本估计全球可采石油储量为2721亿吨,其中海洋石油为748.3亿吨,占27.5%。海底石油按其储量多少依次主要分布在波斯湾、委内瑞拉的马拉开波湖和大西洋的北海。

据国际天然气研究所估计,海底天然气储量约有140亿立方米,约占世界天然气储量的50%,按其储量由大到小依次主要分布在波斯湾、大西洋的北海和墨西哥湾。到20世纪90年代,全球海洋已发现油、气田1600多个,300多个已正式投产。

可燃冰是天然气水合物的新型矿物,为冰态固体物质,是清洁、高能燃料。据估计,全球可燃冰的储量是全球现有石油、天然气储量的两倍,20世纪日本、苏联、美国均发现大面积可燃冰分布区。我国也在东海和南海发现了可燃冰。据推算,仅我国南海的可燃冰资源量就可达700亿吨油当量(详见第二十三章相关内容)。

2. *锰结核*。锰结核是一种含有锰、铜、镍、钴、钛、铁等40多种金属元素的深海矿物,它分布在各大洋3000—6000米水深的洋底表层,形状似卵石,直径为1—25厘米,估计储量3万亿吨,其中锰约7260亿吨,镍约297亿吨,铜约159亿吨,钴约105亿吨。太平洋底的锰结核储量占世界总储量的50%以上。仅太平洋锰结核中所含的金属钴就可供使用30万年;镍和锰可供使用2万年;铜可供使用900多年。锰结核可以不断增生,仅太平洋每年即可增生1000万吨。海洋中的锰、铜、镍、钴等重金属含量分别是陆地储量的几十至几百倍。锰结核是于1873年由英国海洋调查船“挑战者号”首先在大西洋发现的。1948年，美国海洋调查船在太平洋也发现了锰结核。有计划的调查始于1958年。据报道，位于太平洋北纬6°—北纬20°、西经110°—西经180°的区域为锰结核的富集区，其中开采价值较大的矿区面积为225万平方千米，其经济价值可达上千亿甚至上万亿美元。

3. *热液矿床及金属软泥*。20世纪60年代中期，美国调查船在红海海底迅速扩张的裂缝间发现了高温热液矿床。这种矿床是热熔岩浆从海底地壳裂缝中上升，经海水冲洗后，金属成分被析出而堆积形成的，并以每周几厘米的速度增长，一般分布在水深2000—3000米海底的隆起脊上。20世纪80年代末，美国在太平洋的加拉帕戈斯群岛海域发现了一个长1100米、宽210米的热液矿床，其中含有大量的铜、铁、锌、铬、钡、银、金。到90年代，相继发现的热液矿床的总体积约3932万立方米。热液矿床含有丰富的金、银、铜、铁、锡、铅、锌等金属，具有极高的开采价值。

深海软泥是另一种有价值的深海矿物，其覆盖面积1亿多平方千米，其中含有丰富的铝、铁、钙及少量的锰、镍、铜、钴、钛等。例如，在红海中央裂谷处水深1900—2000米的海底，已发现含重金属软泥的盆地。因此，海底热液矿床（又称“多金属软泥”或“热液性金属泥”）被称为“海底金银库”，引起各国高度重视，被专家们普遍认为极有开发价值。美国把海底热液矿床看作是未来战略性金属的潜在来源。

（三）海洋化学资源

海水中也有丰富的宝藏。海洋平均水深3800米。海水总体积为13.7亿立方千米，含水量为135亿亿吨，占地表含水总量的97%以上。人们在陆地上已发现100多种化学元素，其中80多种可以在海水中找到。海水中含量较多的化学元素有：氯、钠、钙、钾、镁、硫、溴、碳、锶、硼等。每立方千米中含有3859.5万吨化学物质，其中：海盐（主要成分为氯化钠）为3052万吨，氯化镁320万吨，硫酸镁220万吨，碳酸镁120万吨，溴65万吨，钾82.5万吨，还有碘、铀、金、银等。海洋中盐含量极大，整个海洋含海盐高达4.8亿亿吨。有些物质含量则极微，如金的含量只有万亿分之四，总量却达500万吨，海水中含铀极微，但储量比陆地上探明的储量大3000倍以上。海水中其他元素的储量大都以万亿吨为单位计算。据估计，若把海水中的全部物质提取出来，铺在陆地表面，其厚度足有150米；若把海水全部蒸发，剩在海底的海盐厚度将达50—60米。这么丰富的物质，只要开发水平提高，足够人类享用。因此，海水又被称作“液体矿”。

（四）海洋能源资源

随着陆地上能源资源短缺、环境污染日趋严重，人们把目光转向了海洋，海洋能源的开发逐渐引起人们的重视。海洋能源主要指海洋中的波浪、海流、潮汐、海水温度差和海水盐度差等所蕴藏的动能、势能、热能、物理化学能等能源。这些能源，简单而直接地说就是人们常说的波浪能、海流能、潮汐能、海水温差能和海水盐度差能等。这些都是不会造成任何污染的可再生性能源。

潮汐能就是潮汐运动时产生的能量，是人类最早利用的海洋动力资源。据估计，全世界的海洋潮汐能约有 20 多亿千瓦，每年可发电 12400 万亿度。现在世界各国对潮汐能的开发利用较为普遍。

波浪能主要是由风的作用引起的海水沿水平方向周期性运动而产生的能量。波浪能是巨大的，一个巨浪就可以把 13 吨重的岩石抛向 20 米高；一个浪高 5 米、波长 100 米的海浪，在 1 米长的波峰片上就具有 3120 千瓦的能量。据计算，全球海洋的波浪能达 700 亿千瓦，可供开发利用的为 20 亿—30 亿千瓦，每年发电量可达 9 万亿度。

海流能也可以做出贡献。由于海流遍布大洋，纵横交错，川流不息，所以它们蕴藏的能量也是可观的。例如世界上最大的暖流——墨西哥洋流，在流经北欧时在 1 厘米长的海岸线上所提供的热量相当于燃烧 600 吨煤所产生的热量。据估算，世界上可利用的海流能约 0.5 亿千瓦，开发利用海流发电并不复杂。

海水温差能，又叫海洋热能。由于海水是一种热容量很大的物质，海洋的体积又如此之大，所以海水容纳的热量是巨大的。海水温差能 99.99% 来自太阳辐射。海水温差能可用于发电，可转换成的电能约为 20 亿千瓦。

在江河入海口处，淡水与海水之间还存在鲜为人知的盐度差能。全世界可利用的盐度差能约 26 亿千瓦，其能量甚至比海水温差能还要大。

可见，只要海洋不干枯，就不必担心能源枯竭。

（五）海洋空间资源

海洋不仅拥有骄人的辽阔海面，更拥有深厚无比的海底和潜力巨大的海中。由海上层、海中层和海底层组成的海洋空间，蕴藏着无比丰富的资源，它将给人类带来生存发展的新希望。

人类可利用海洋水域上层空间做很多事情，其中利用最多的是海洋运输，它承担着全世界 70% 的货运量。关于海中（层）、底（层）的利用，按其利用目的不同，可以开发生产场所、贮藏场所、交通运输设施、居住及娱乐场所、军事基地等。

生产场所，主要是建造海上水力发电厂、海水淡化厂、海上石油冶炼厂等；贮藏场所，主要是建造海上或海底贮油库、海底仓库等；交通运输设施，主要是建造港口和系泊设施、海上机场、海底隧道、跨海桥梁等；通信设施，如海底光缆等；居住及娱乐场所，主要是建造海上宾馆、海中公园、海底观光站及海上城市等；军事基地，主要是建造海底导弹基地、海底潜艇基地、海底兵工厂、水下武器试验场、水下指挥控制中心等。

这些海洋工程按其结构不同，基本上可以分为两大类：一是建在海底、露出海面或潜于水中的固定式建筑物；二是用索链锚泊在海上的漂浮式构筑物。

此外，为了解决国土资源不足问题，有条件的国家还可以填海造地，荷兰、日本是向海洋索取土地最著名的国家。

预计在未来，人们的生产、生活环境将不再仅仅限于陆地，而会将海、陆、空统一规划使用，陆地将变成绿色乐园，而海洋将成为人类生产的空间。

（六）海洋淡水资源

海洋是取之不尽、用之不竭的淡水资源库，全球海洋每年约有 50.5 万立方千米的海水在太阳辐射作用下被蒸发，向大气供应 87.5% 的水汽（陆地上被蒸发的淡水仅占 12.5%）。从海洋或陆地蒸发的水汽上升凝结后又作为雨、雪降落在海洋和陆地上。每年约有 4.7 万立方千米的水在重力作用下或沿地面注入河流、湖泊或渗入土壤，形成地下水，最终注入大海，从而构成了地球上周而复始的水文循环。人们可以通过各种方法开发利用。当今，通过海水淡化提供生活、生产用水是较为普遍的尝试，目前全世界每年提供海水淡化水 20 多亿吨。此外，海洋中也存在淡水。调研发现，在海洋底床中蕴藏着大量的淡水资源，这为人类解决淡水危机展示了光明的前景。更为神奇的是，在美国佛罗里达州和古巴之间的海面上，发现有一直径为 30 米的淡水区，被称为“淡水井”。

（七）海洋药物资源

海洋既是生命的摇篮，也是药物资源的宝库。长期以来，人类防病治病多依赖于陆地上的生物提供的药物，但世界上近 80% 的生物生存在海洋中。随着科学技术的进步和对某些海洋生物药用价值发现的增多，科学家们日益关注起具有特别功能和结构的海洋生物来，开始把研制新药的焦点转向浩瀚的海洋。

海洋药物的发现和使用在我国已有悠久的历史，早在公元前1世纪的古书《神农本草经》上就有海洋生物入药的记载。其后的《海药本草》《唐本草》中也记载了海洋药物。16—18世纪出版的《本草纲目》和《〈本草纲目〉拾遗》中记载的海洋药物达70余种，其中有海参、海马、海带、海龟板等。近代从海洋生物中提取的鱼肝油、琼胶、精蛋白、胰岛素等也是疗效很好的海洋药物。在传统海洋药物中，有些种类今天仍广泛应用，各版药典均有收载。《中华人民共和国药典》收载了海藻、瓦楞子、石决明（鲍）、牡蛎、昆布、海马、海龙、海螵蛸等10余个品种，此外还有玳瑁、海狗肾、海浮石、鱼脑石、紫贝齿及蛤壳等。

人类大规模地开发研制海洋生物药物是从20世纪70年代开始的。进入20世纪90年代，海洋生物具有高效的生理活性不断被证实，并取得不少成果，它们分别是：(1) 从鲨鱼、海绵、海鞘、海洋苔藓体内提取抗癌药物。科学家们从鲨鱼体内提取出一种能抑制癌细胞生长的物质；从海绵中提取出两种极为珍贵的、有明显抗癌作用的物质；从海鞘和海洋苔藓体内发现了一种能控制白血病、黑色素瘤、卵巢癌、乳腺癌和胃癌恶化的特殊化合物或抗癌化合物。到目前为止，已发现246种海洋生物中含有抗癌成分。(2) 从海藻中提取多种防病、治病药物。从生长在北太平洋的萨尔科海中的黄色马尾藻体内可提取具有强烈杀菌作用的抗生素物质，对治疗关节炎、胃溃疡、十二指肠溃疡、烧伤以及消除手术后的瘢痕有很好的疗效；从海藻中提炼出来的海藻胶可以排除人体内锶等金属物，可治疗多种金属中毒症；从红藻和褐藻中可分离出丰富的不饱和脂肪酸，具有降血压、促进平滑肌收缩、扩张血管、防止动脉粥样硬化的作用；此外，科学家还从生活在北极附近洋面上的海藻中成功提取了一种生化活性物质——植物激素，用它能使瓜果等的产量成倍增长。(3) 从海兔、海底珊瑚中有望提取计划生育药物。海兔能分泌一种含毒素的液体。如果孕妇接触到这种混合物会导致早产。海底珊瑚含有高等哺乳动物所具有的前列腺激素，这种激素能使子宫收缩，被用于抗早孕，而且从珊瑚中提取前列腺素的成本仅是化学成本的二十分之一。这两种海生动物的特殊功能已引起有关专家的注意，有望从中提取计划生育药物。(4) 海蟹、海贝亦有药物价值。马蹄蟹的蓝色血液常常被利用检测脑膜炎、败血症以及各种涉及细菌感染的病症；从蓝蟹的外骨骼中可提取一种晶体多聚物明角质，常被用于手术后缝合的吸收和防止过敏，以保持人体泌尿系统碱性环境的稳定性；蓝色贻贝能产生一种黏合剂，可增强细胞的亲和力，已被用于修复眼角膜和视网膜，不久还将被用于固定假牙和黏接补牙。(5) 从海蛇中提取抗毒血清，用于治疗毒蛇、毒虫咬伤和风湿麻痹等各种顽症。海蛇是地球上毒性最强的毒蛇，它的毒汁中含有天然抗蛇毒血清，从它的毒汁中提炼出的药物不仅可以治疗各种毒蛇和毒虫咬伤，还是治疗风湿麻痹、半身不遂、坐骨神经痛、疥癣及癌症等顽症的特效药。

20 世纪 90 年代以来，药学工作者用现代科学方法从海洋生物（包括海洋中的细菌、真菌、植物、动物等门类）中筛选出具有高效药物活性的化学物质已达两千多种，其中大多数具有药用价值。当今，尽管开发海洋新药物的工作还处于摸索阶段，也遇到种种困难，但是海洋药物全面造福于人类的日子已经为期不远。

（八）海洋旅游资源

海洋旅游资源其实就是海岸带、海岛及海洋的各种自然景观和人文景观。其特点是具备阳光、沙滩、海水、空气、绿色五个基本要素。

海洋旅游资源的利用最早始于 18 世纪初。世界最早的海水浴场于 1730 年出现在英国的斯盖堡拉，而最早发展为海滨疗养胜地的是英国的布赖顿。20 世纪 40 年代到 60 年代初期，随着第二次世界大战的结束和经济的复苏，海洋旅游资源的利用和开发达到了历史上第一个高峰，开辟了世界上几大海滨旅游区，如地中海沿岸、波罗的海及大西洋沿岸、加勒比海地区等，海洋旅游业成为海洋经济的支柱。海洋旅游业的新项目主要有：在海上乘风破浪（如冲浪等），在海底探险、欣赏海底景观。全球海洋旅游资源分布极广，资源量也极其丰富，主要有“滩、海、景、特”等特点。“滩”即海滩，全球漫长的海岸线有许多条件优良的沙滩，阳光充足，气候宜人，坡缓、沙细、浪平，是天然的海水浴场，是开辟度假、疗养等旅游区的理想场所。“海”是指水体空间，包括海面和水下，是发展垂钓、冲浪、风帆、游艇、赛艇、滑水、潜水、海底公园、海底探险、海洋考察等旅游项目的优良场所，成为海洋旅游资源的一个重要组成部分。“景”由沿海及海岛独特的地质地貌、生态等自然景观和名胜古迹构成，其中包括海岸景观、奇特景观、生态景观、海底景观、山岳景观、人文景观等。“特”是指沿海地区丰富的海特产品和土特产品，这也是吸引游客的旅游资源之一。

三 海洋开发技术

海洋开发是指人类为了认识、利用海洋所进行的科学研究和开发活动的总称。海洋开发技术则是对海洋资源和海洋环境进行开发和利用所采取的手段,包括海洋调查、海洋采矿、海洋捕捞、海水养殖、海洋运输、海洋化工、海洋水下工程、海洋发电、海洋空间利用等一系列新兴技术。海洋开发技术在现代高科技时代占有重要地位,日本把海洋开发技术与原子能技术、空间技术并列为当代"三大尖端技术"。

海洋开发技术的着眼点是海洋资源开发和海洋空间开发,这方面的技术相对比较成熟,已取得实践效果。

海洋资源开发已经或正在进行的有:海洋生物资源开发、海底矿产资源开发、海水资源开发、海洋能源开发等,它们各有独特的技术。

(一) 海洋生物资源开发技术

海洋生物资源开发的主要技术是捕捞技术和养殖技术。

1. 捕捞技术。捕捞业主要是指捕鱼。目前世界有四大渔场:北太平洋渔场(包括日本近海、阿留申群岛和阿拉斯加附近海域)、东北大西洋渔场(包括北海、爱尔兰海,直到巴伦支海)、西北大西洋渔场(从纽芬兰岛附近到格陵兰岛海域)和秘鲁渔场。南极海域将成为未来的渔场。这些渔场的公海部分均可供各国捕捞。

捕捞技术经过长期的发展,现已相当成熟,特别是科技的进步和新技术装备的出现,极大地改善了渔船、渔具和捕鱼方法,使捕捞业由手工操作发展为机械化、电子化的新型技术产业。主要渔业国家已拥有5000吨级以上的大型渔船。截至20世纪80年代初,按船吨位计算,苏联第一、日本第二、美国第三、西班牙第四。渔船队实现了捕捞、生产、运输、加工等一条龙作业(有作业母船、生产船、运输船,备有大型冷冻加工设备,提高了保鲜率和利用率)。

捕捞技术使用的主要渔具有围网、拖网、刺网等。为了提高捕捞产量,利用鱼儿对光和声有敏感反应的特点,又采用了灯光捕鱼和声音捕鱼技术。灯光捕鱼是在捕捞前先用灯光将鱼儿诱集起来,然后集中捕捞;声音捕捞技术是在捕捞之前先播送鱼儿喜欢听的音乐,把分散的鱼诱集成群,然后捕捞。目前,空间技术和电子计算机技术等已被应用到捕捞业上。例如,利用人造卫星运载或飞机运载的遥感装置进行大面积的海洋生物资源调查和渔况预报；利用电视、水声技术进行鱼群种类探测和识别；等等。美国和苏联都专门发射了用以调查和预报鱼群情况的渔业卫星，取得了良好效果。

世界各国为保护本国渔业资源，都积极向外海远洋扩展，开辟新渔场，发展远洋渔业。所谓远洋渔业是指200海里经济区以外的公海渔业，这一部分海洋占海洋总面积的68%，生物资源十分丰富，目前仅利用了其生产潜力的1%，开发前景广阔。

2. *海水增养殖技术*。开发海洋生物资源的另一手段是应用海水增养殖技术。海水增养殖是当前海洋水产业发展的一个重要方面，通过人工海水养殖、移地养殖和改进海洋生态环境等办法可以大幅度提高海洋水产品的产量。所谓海水养殖技术，就是利用人工方法养殖鱼、虾、贝、藻类。其方法多样：可在海边挖池放养，或把海湾围起来养，或用网箱在海里吊养，还可人工育苗，待鱼儿长到一定大小后再放回大海，令其自然生长，等长大后再进行捕捞。

为了吸引鱼儿在指定海域安家，利用鱼儿有洄游的习性，可以在海上建造人工渔礁，以诱集鱼群，便于捕捞。

现已实现人工养殖的有海带、裙带菜等藻类；牡蛎、石决明等贝类；对虾、龙虾等甲壳类；鲑鱼、鲱鱼、鳍鱼等鱼类；刺参、褐参等棘皮动物。目前世界各国的养殖业发展很快。例如，日本1981年海水养殖年产已达百万吨，居世界前列。我国的海水养殖发展迅猛，1987年海水养殖年产量已达110万吨，2007年则达到1307.3万吨（其中养殖对虾年产量超过100万吨），多年一直稳居世界首位。

（二）海底矿产资源开发技术

1. *石油、天然气勘探与开采技术*。在海底矿产资源开发中，石油和天然气的开采最引人注目。海底石油和天然气开采与陆地上不同。它除了要求高超的勘探技术外，还要有定位技术、潜水技术和平台技术。在浩瀚的海洋中，没有先进的定位技术，钻探船就找不到井位；没有潜水技术，机器的安装、维修就无法进行；没有平台技术，就不能为石油工人提供生产和生活的场所。据统计，仅到1980年，世界上就共有移动式钻井平台700余座。

海洋油气的勘探开发是陆地石油勘探开发的延续，它经历了一个由浅海到深海、由简易到复杂的发展过程。1887年，在美国加利福尼亚海岸数米深的海域钻探了世界上第一口海上探井，拉开了海洋石油勘探的序幕。

海上勘探划分为两个阶段：初步勘探阶段与进一步勘探阶段。初步勘探阶段包括盆地评价、区块评价与圈闭评价。发现油气藏量,是以海上拖缆地震勘探为主要手段,尤以地震反射法为优。进一步勘探阶段则以钻探井和评价井为主,用这一方法以扩大含油气面积,增加和探明油气地质储量。

海上钻井需要使用平台和钻井船。钻井平台有自升式和半潜式两种。自升式钻井平台,钻探水深一般小于 180 米,它的优点是移动性能好,造价低,缺点是拖航困难,平台定位复杂;半潜式钻井平台,钻探水深在 60—2000 米,最深可达 3100 米,其优点是稳定性好,能适应恶劣海况,缺点是自航速度低,造价高。深水钻井船,钻探水深在 300—6000 米,其优点是移动性好,动力定位,缺点是受风浪影响大,甲板使用面积小,造价更高。现在大都使用固定平台(完工后可被船拖到新施工点)。深水钻井船,在 20 世纪 80 年代就出现了,其钻井水深在 1983 年时为 300 米,到 1998 年已达 2300 米,目前的钻井深度已达 10421 米。深水钻井船的出现,加大了开发深水油气资源的力度。

据美国巴克·胡格斯公司公布的数字,到 2007 年年底,国际钻井平台和钻井船共有 1178 座(艘)。其中美国最多,拥有 843 座;加拿大 205 座。我国多家造船厂都为外国制造过钻井平台,但不完全是自己设计的。我国于 2005 年在山东蓬莱建成了国内最大的海上钻井平台生产基地。由中国船舶集团 708 所和上海外高桥造船公司联合设计、制造的具有完全知识产权的世界级深水半潜式钻井平台“海洋石油 981”号被列为国家科技重大专项,为世界第六代深水半潜式钻井平台,具有勘探、钻井、完井与修井作业多种功能,最大作业水深 3000 米,钻井深度可达 10000 米,可变载荷 9000 吨,具有智能化钻井能力。这座我国自行设计建造的、代表当今世界石油钻井平台最高技术水平的深水半潜式钻井平台已于 2010 年 2 月 26 日在上海外高桥造船有限公司顺利出坞。

有资料表明,目前从事海上石油勘探的国家已达 100 多个,勘探区域除南极之外,几乎遍布各大洋的大陆架海域,有的还深入到大陆坡。钻井水深与井数也与日俱增。例如 1965 年钻井水深为 193 米,1970 年为 456 米,1979 年为 1480 米,到 20 世纪 80 年代中期已经能够在 2000 米水深处钻探,目前最深钻井深度可达 10000 米以上。钻井数量也成倍增加,1961 年为 726 口,1970 年为 1370 口,1982 年为 3095 口,1970—1982 年世界钻井口数共 28615 口,其中美国占 13958 口。钻井口数是动态的、是个变数。到 2012 年 9 月,全球可移动平台为 829 台,VLCC 船队 586 艘,固定平台数目不详。

2. *滨海砂矿的开发技术*。滨海砂矿（也称海滨砂矿）中有石英砂、金、金刚石、铂、铁、铬、锡、金红石、独居石及海砂等。海砂是重要的建筑材料；石英是制造玻璃的原料；金刚石是做钻头的原料；金红石可提炼钛，而钛又是火箭和卫星技术不可缺少的材料。我国滨海砂矿有 65 种，探明储量为 4.36 亿吨，多为非金属砂矿，金属砂矿仅占 1.6%。

滨海砂矿的开采方法简单，主要是淘洗法，开采时就像淘米一样，运用淘洗分离法把矿物提取出来。

3. *锰结核的开发技术*。锰结核存在于 3000—6000 米以下的海底，勘探与开采方法都比较复杂。比较经济适用的方法主要有三种：第一种是戽斗链系统。它是在高强度材料编制的绳索（如钢缆）上安装一系列戽斗，一般每隔 20—25 米安装一个，绳索由卷扬机绞动，戽斗随绳索由海面到海底，不断地在海底拖过，挖取锰结核，再随绳索提升到采矿船上。戽斗链系统可连续作业。第二种是空气提升式采矿系统，它实际上是一个抽吸系统。主要运用船上的高压气泵通过输气管向采矿管道的深、中、浅三个部位注入高压空气，在采矿管中产生高速向上的固、液、气三种混合物，从而把矿物提升到采矿船内。第三种是水力提升式采矿系统，它是用集矿装置在海底筛选的办法采集锰结核，再通过高压水泵使采矿管道内的矿石随海水一起被吸引到采矿船内。这种方法本质上也是一个抽吸系统。据估计，到 2025 年，将出现巨型采矿船，可把内径 1 米多的矿管置入 5000 米深的海底开采锰结核。那时，海底锰结核将成为世界锰、镍、铜、钴等金属的稳定供应源。

4. *热液矿床的开发技术*。通过含矿热液作用而形成的后生矿床称热液矿床。热液矿床是各类矿床中最复杂、种类最多的类型，它是在不同的地质背景条件下，通过不同组成、不同来源的热液活动形成的。热液矿床含有贵重金属金、银等，一般分布在水深 2000—3000 米的海底。

热液矿床和锰结核相比，是极具开发价值的海底矿床，引起各国高度重视。沙特阿拉伯和苏丹早在 1975 年就成立了沙特阿拉伯—苏丹红海委员会，旨在对红海的热液矿床等进行勘探，1983—1984 年进行试开采，1988 年进行商业性开采。美国、法国、加拿大、日本等国也都制订了研究、开发计划，并研制了专用的潜艇和潜水器。1983 年，美国用“阿尔文森号”潜艇对东太平洋海隆上北纬 10°—北纬 13°的海域进行了调查，1984 年夏天又调查了胡安德富卡海脊。1988 年，美国斯克里普海洋研究所又对东太平洋一块新海域进行调查，发现了 24 个热液涌出口，并在一海山的南坡深 2440—2620 米处发现一个南北长 500 米、东西宽 200 米的硫化矿物沉积层。日本投巨资建造的能下潜2000米的“深海2000号”深潜器，从1983年开始对马里亚纳海槽、四国盆地等处进行调查。之后，日本又用7年时间建造了能下潜6000米的深潜器“6500号”，用于海底热液矿床调查。1985年初，加拿大多伦多大学一个调查队乘“潘德拉2号”潜艇，对温哥华岛以西约200千米的海脊进行了调查。他们共发现了17个海底热液矿床沉积层，其中有3个沉积带的宽度超过150米，厚度超过了7米。据估计，其总量超过150万吨。2007年，我国在水深2800米的西南印度洋中脊发现了新的海底热液活动区，它标志着我国已跃入世界上发现洋中脊海底热液活动区的少数先进国家行列。2008年，我国在太平洋上执行第20航次科考任务的“大洋一号”(5600吨级远洋科学考察船)科学考察船，携带了我国有大洋科考史以来的最精良的装备——3500米的深海观测和取样型无人遥控潜水器(ROV)、近底声学和光学深拖探测系统、生物取样器、可视箱式取样器、浅底层岩芯钻、电视抓斗及深海观测锚系统等。2008年8月23—24日，我国第二次自主发现新的海底热液区，也是世界上首次在东太平洋海隆赤道附近发现海底热液活动区。

海底热液矿床目前都处于调查阶段，也正加紧进行对热液矿床的试开采、勘探与商业性开发研究，前景是很乐观的。

（三）海水资源开发技术

海水资源开发主要是指通过海水淡化提取淡水和通过海水综合利用提取化学元素。

1. 海水淡化技术。随着工农业的迅速发展和人们生活水平的不断提高，世界淡水需求量以每年4%的速度递增。由于地面的淡水资源有限，加之淡水污染日益严重，世界上淡水资源严重不足，影响了人类的生存和社会的发展。淡水资源已成为人们十分关注的问题。有人曾预言：19世纪争煤，20世纪争油，21世纪可能争水。淡水资源不足已成为共识。怎么办？向海洋要淡水！但海水含盐量高，必须淡化。

海水淡化就是利用海水脱盐来生产淡水，这是一种实现水资源利用的开源增量技术，它不仅可以增加淡水总量，而且不受时间和气候影响。多年来，一些国家的科学家们在海水淡化方面进行了很多研究，找出了一些行之有效的好方法，如蒸馏法、电渗析法、反渗透法、太阳能蒸馏法、核能海水淡化法等，不下20种。在这些海水淡化技术中，蒸馏法、电渗析法、反渗透法已达到工业规模的生产应用阶段，海水淡化基本上已形成新兴的产业部门。

目前，随着科技手段日益成熟，淡化海水所需费用在近几十年一降再降，现在每吨成本已接近普通淡水价格。下面分别介绍一下海水淡化的三种主要方法：(1) 蒸馏法。蒸馏法是使海水受热，部分汽化为蒸汽，蒸汽遇冷后凝结成水，这种水便是淡水。用这种方法生产淡水是一个水—汽—水的过程。蒸馏法是在20世纪40年代开始的，到20世纪70年代前后已初步形成了工业化生产体系。截至20世纪80年代，全球已建蒸馏淡化水厂近千家。我国香港地区于80年代就建成了当时世界上最大的、日产18万吨淡水的蒸馏淡化厂。目前世界上最大的蒸馏法海水淡化厂于1985年建在沙特阿拉伯，日产淡水46万吨，是多级闪蒸造水和电厂热发电双重目的结合的工厂；另一套同类型的装置建在阿联酋，日产淡水33.4万吨。蒸馏法的优点是设备结构简单、操作方便、技术成熟，能生产大量淡水，是当前生产淡水的主要方法。其缺点是：设备庞大、浓缩效率低、能耗大。(2) 电渗析法。此法是在1952年开发出来的。电渗析法是在外加直流电场作用下，让盐水中的正、负离子发生定向迁移，通过正、负离子交换膜使海水隔室中的钠阳离子(Na^+)和氯阴离子(Cl^-)逐步渗透到浓水隔室中去，从而达到淡化盐水的目的。此法的优点是耗能低于多级闪蒸法，既适用于大规模的工业生产，也适用于小容量饮用水的生产。缺点是要用大功率直流电。(3) 反渗透法。它的原理是：当纯水和盐溶液分别处于一层半透膜两边时，纯水将通过此膜扩散，这叫作渗透现象。如果在盐溶液上面人为地外加一个足够大的压力时，上述渗透过程可以向相反方向进行，即盐水中的部分水分子通过半透膜进入淡水一边，而盐分则不能通过，这个过程叫作反渗透。反渗透法是1962年开发的。反渗透法技术具有造价低、耗能小、脱盐率高、使用管理方便等优点。如果把闪蒸法与反渗透法结合使用，则具有成本低、弹性大等优点。世界最大的反渗透法海水淡化厂建在以色列首都利雅德，该厂分两期于2001年9月和2005年12月投产，日产淡水32万吨，一年可产淡水10.8亿吨。截至2009年，全球有海水淡化工厂1.3万多座，日产淡水约3775万立方米，80%用于饮用，解决了1亿多人的用水问题。

海水淡化工程，我国起步于1958年，在50年间发展较快，已初具规模。但一些主要技术和设备还依靠国外进口，如高压泵和能量回收装置多由西欧国家提供。与此同时，也出口一些材料和整体淡化装置，包括中小型电渗析、反渗透和蒸馏等设备。这些装置主要出口到非洲、中东、澳大利亚、越南、新加坡、印度、巴基斯坦和印尼等国。

解决世界淡水短缺问题的另一途径是开发南极的巨大冰源。一些国家正在研究用拖船把冰山拖到缺水地区的港口进行化冰取水。

2. *从海水中直接提取化学元素*。海洋中含有80多种化学元素,是丰富的化学资源宝库。其中,氯化钠总藏量达4万万亿吨、镁1800万亿吨、钾500万亿吨、溴89万亿吨、钾60亿吨。从海水中直接提取化学元素已构成工业规模的主要有氯化钠(食盐)、镁砂、溴,其次是钾、硫酸盐等。其他元素的提取还正处于探索研究阶段。

海水制盐技术最为成熟和普遍。20世纪80年代中期,世界海盐年产量为5000多万吨,其中我国产量约1500万吨,居世界第一。目前,世界每年从海水中提取的食盐在6000万吨以上。我国海盐年产量2004年为2319万吨,2006年为3096万吨,多年来一直位居世界首位。

3. *海水综合利用是海水资源开发的方向*。从海水中提取有用物质的技术是很复杂的。海水中混有各种化学物质,要把它们分离出来困难很大、成本很高。比如,提取铀的成本比陆地上直接采矿要高出6倍以上。同时,海水中所含各种物质虽然总量大,但浓度低,要提取海水中的化学物质必须处理大量海水。比如,要提取1吨食盐需40吨海水;提取1吨镁要处理770吨海水;提取1吨溴要处理2万吨海水;而提取1吨碘和1吨铀则要分别处理2000万吨和4亿吨海水。这就严重影响了海水资源开发技术的经济效益。

为了提高从海水中提取有用化学物质的经济效益、降低成本,人们把目光盯在海水综合利用上。有人提出把发电厂、海水淡化厂、海水制盐厂及从海水中提取化学元素的工厂建在一起,形成一个大型联合企业的新思路,即利用发电厂排出的大量废热来蒸馏淡化海水,或将用不完的电力用于电渗析海水使其淡化,生产淡水后剩下的浓缩海水中由于所含各种元素比普通海水高上百至千倍,因而可以用它先制取食盐,然后再从制盐剩下的苦卤中提取溴、钾、镁、碘、铀等化学元素物质。这种综合利用技术预计到21世纪初期将进入成熟期,并成为海洋开发的重要组成部分。

(四)海洋能源开发技术

关于海洋能的储量、种类及初步利用情况在本书第二十三章中已有专述,这里着重从海洋能开发的技术原理方面作些介绍。海洋能开发技术就是将潮汐能、波浪能、温度差能、盐度差能等转换成电能的技术。

1. *潮汐能发电技术*。详见本书第二十三章关于海洋能的介绍。

2. *波浪能发电技术*。波浪能发电是利用海水波浪的水平和垂直运动的能量来发电。它的原理是:首先将波浪产生的能量转换为机械能(液压能),然后再转换成电能。主要形式有两种:一种是将波浪能转换成旋转机械能,再带动发电机组发电,这被称为英国式;另一种是把装有空气的容器放在海面上，利用波浪起伏的冲击力压缩容器中的空气，再由压缩空气带动涡轮发电机组发电，这被称为日本式。英国和日本都把开发波浪能放在重要位置，英国更把其放在新能源开发的首位，把它看作是英国的第三能源。目前，世界小型波浪发电装置已进入实用阶段，大型波浪发电装置正处于研究之中，英国、日本、美国、法国等国也都在进行波浪发电试验。英国国家工程实验室于1983年开始，就在苏格兰的刘易斯岛进行了4000千瓦防波堤式的波浪发电研究。日本与国际能源组织共同研制的"海明号"船型波浪发电装置（长80米、宽12米）共安装9台空气涡轮发电机组，最大输出功率1000千瓦，实现了由海上浮体向陆地供电。

3. *海水温差发电技术*。海水温差发电，就是利用海水表层（热源）和深层（冷源）之间的温度差所具有的热能发电。海水温差发电技术，是以海洋受太阳能加热的表层海水（25℃—28℃）作为高温热源，而以500—1000米深处的海水（4℃—7℃）作低温热源，用由热机组成的热力循环系统进行发电的技术。

海洋是全世界最大的太阳能收集器。海水吸收太阳的辐射能，使其温度升高。海水的温度随着海水深度的增加而降低。因为太阳辐射无法透射到400米以下的海水，所以海洋表层的海水与500米处的海水温度差可达20℃以上。一般来说，在100—200米（称上层，亦称表层）的深度范围内，随着深度的加大，海水温度变低，变化较大；在200—1000米（称中层）之间，海水温度差变化稍小一些；深度在1000米以上（称下层，亦称深层）时，则变化很微小。海洋中上、中、下层水温的差异，蕴藏着一定的能量，叫作海水温差能，或称为海洋热能。

早在1881年9月，法国物理学家阿松瓦尔（Jacques-Arsène d'Arsonval，1851—1940）就提出利用海洋温差发电的设想，因限于当时技术条件没能实际开发。1930年，他的学生克洛德在古巴附近的海中建造了一座海水温差发电站。直到1964年，美国的安德森父子（J. Hilbert Anderson，James H. Anderson，Jr.，生卒年不详）提出了闭式循环温差转换方案后，才进一步推动了温差能开发。

温差能发电依据所用工作介质及流程的不同，可分为三种形式：开式循环、闭式循环和混合式循环。这里主要介绍前两种。开式循环是将海洋表面的温海水引入低压或真空的蒸发器后，使其迅速变为蒸汽，从而推动涡轮机转动，再带动发电机发电。当蒸汽进入冷凝器后，经过冷海水冷却，降低冷凝器压力，使循环继续下去。闭式循环是利用低沸点液体（如氨、丙烷、氟立昂等)作为工作介质,当热海水流经交换器时使液态汽化,并带动涡轮发电机组发电,然后液化气流入冷凝器,被冷海水冷却后又变成液体,再将液体汽化,如此循环往复,从而实现不断循环发电。闭式循环技术已经成熟,并已被证明是可行的。1961 年,法国用闭式循环技术在西非海岸建成两座 3500 千瓦的海水温差发电站,开创了现代温差发电研究的先河。混合式循环是:第一阶段使用闭式循环,第二阶段使用开式循环。效果比前二者好,但成本太高,目前尚未发现实例报道。

据计算,从南纬 20°—北纬 20°的海洋洋面,只要把其中一半用来发电,就可能获得 600 亿千瓦·时的电能,相当于目前全世界所生产的全部电能。据海洋专家估计,全世界海洋中的温度差所能产生的能量达 20 亿千瓦,开发前景十分可观。

4. *盐度差发电技术*。科学研究证明,两种含盐量不同(浓度不同)的海水在同一容器中,会由于盐类离子的扩散而产生化学电位差能,即盐度差能(亦称盐差能)。利用一定的转换方式,可以使这种化学电位差能转换成电能。盐度差发电就是利用海水和淡水之间的渗透压力,使水轮机旋转而发电。有人通过理论计算,江河入海处的海水渗透压相当于 240 米高的水位落差。位于亚洲西部的死海,盐度是一般海水的 7—8 倍,渗透压可以达到 500 个大气压,相当于 5000 米高的大坝水头。为了探索海水盐差发电效果,以色列科学家洛布(Loeb,生卒年不详)1973 年在死海与约旦河交汇的地方进行实验,利用由渗透压原理设计而成的压力延滞渗透能转换装置,取得了令人满意的成果。

目前,人们正在研究开发一种新型蒸汽压式盐差能发电系统。在同样的温度下,淡水比海水蒸发得快,因此,海水一边的蒸汽压力要比淡水一边低得多,于是在空室内,水蒸气会很快从淡水上方流向海水上方。只要装上涡轮,就可以利用盐差能进行工作。利用蒸汽压式盐差发电不需要处理海水,也不用担心生物附着和污染。经过实验,它们也都有诱人的发展前景。

从 1939 年美国人首先提出盐差能发电原理,至今已有七十余年了,虽然一些国家如美国、英国、日本、以色列等都进行了研究,不过盐度差发电,总的来说仍处于探索阶段。

另外,海流能发电也是很有前景的,不过尚在方案论证、试验阶段。

(五)海洋空间开发技术

鉴于世界人口迅速增加、陆地空间日益拥挤的情况,海洋空间的开发利用便具有重要意义。目前,海洋空间的开发利用已从传统的建立海港、围垦滩涂、从事海上运输，发展到建造海上人工岛、海上机场、水下仓库、海底隧道、海上桥梁、海底军事基地等。一些发达国家或工业发达但国土面积小的国家（如日本、英国、荷兰、挪威、新加坡等）都比较重视海洋空间的开发利用。海洋空间开发技术主要体现在以下几个方面：

1. 建造海上建筑物。海上建筑物主要指在海上建造海上桥梁、海上机场和人工岛等。海上建筑物的建造，日本走在前列。（1）海上桥梁。于1988年4月10日建成通车的、当时世界最长的跨海大桥是日本濑户内海铁路、公路两用大桥，其海上跨度为9.4千米。（2）海上机场。世界上第一座海上飞机场于1975年在日本长崎海滨箕岛附近建成，为填海式；另一座是1994年开始填海建造的日本关西民航机场，跑道长4000米，历时十余载，于2007年8月2日建成并正式启用，为半潜式，亦称浮动式（所谓浮动式是指靠半潜式巨大钢制浮体支撑）。（3）海上人工岛。20世纪60年代以来，日本建造的现代人工岛最多，规模也最大。他们从1966年开始，历时15年时间，建造了世界上最大的人工岛——神户人工岛，该岛位于大阪湾西部神户市港口外的海域中。在神户人工岛附近又填海建造了新大村海上机场，即长崎机场。已建成的还有填海580万平方米的六甲人工岛等数座人工岛。

除日本之外，其他一些国家也都在海上构筑建造物。如我国的杭州湾跨海大桥，于2003年11月14日开工，历时4年半，于2008年5月1日正式通车。大桥长36千米，为世界跨海大桥长度之最，仅桥孔就有643个。这是我国自行设计、自行施工和自我管理的特大桥梁。英国、美国也都在海上建造了机场，如英国伦敦的第三机场就是填平浅海而建的。美国纽约的拉瓜迪亚机场则是世界上第一个栈桥式海上机场。所谓栈桥式，是指把钢桩打入海底，在钢桩上建筑桥墩，然后再在桥墩上建造机场。归纳起来，海上机场共有填筑式、栈桥式和浮动式三种。在海上建造机场既可减轻陆地空运的压力，又可减少噪声和排废对城市的污染。

到21世纪，海上建筑将达到实用阶段，可容纳10万人的海上城市将展现在人们面前。

2. 建造海上油库和海底管道。海洋油田的开发促进了海上储油库和输油（或输气）管道系统的发展。海上油库的类型包括漂浮式储油库、海底固定式储油库和半潜式储油库。（1）漂浮式储油库。截至20世纪80年代末，全世界共有十余座，主要分布在美国和阿拉伯。其中，美国在迪拜建造的漂浮式圆柱储油库，可储油8万立方米，阿拉伯的克格鲁斯油田的漂浮式储油罐可储油90万桶。我国2007年投入使用的30万吨漂浮式储油船——“海洋石油117号”,总长287.4米,宽51米,储油量为200万桶。漂浮式储油设备也可利用大型运油船和运气船在海上储存,现全球约有37艘VLCC船(指载运量为20万—30万吨的超大型油轮)和30艘LNG船(亦称“海上超低温冷冻车”,是指在-162℃低温下运输液化气的专用船舶,这种船目前只有美国、日本、韩国、中国和欧洲的几个国家能制造)在海上储油、储气。我国制造的世界第四艘圆桶型海上漂浮生产储油船(既能储油,又兼顾原油生产)在江苏南通建成,该船与传统的常规型海上浮式生产储油船不同,它的主船体采用圆桶式,直径为60米,高为27米,重1.2万吨。这种独特的圆桶式设计,使船无须依赖旋转密封装置,就能长期独立地系泊于海上,具有较强的稳定性和抗风浪性,能最大效率地生产出轻质原油。此船结构复杂,专门为挪威建造,值得我们骄傲。(2)海底固定式(着底式)储油库。这种储油库是将储油装置直接用锚桩或其他方式固定于海底,它可以是全潜式或半潜式。这种储油库的稳定性虽好,但施工困难,造价高,不适于在深水建造。它多用于海上油气集输工程,即建成集采油、储存、装船为一体的综合性设施。这种综合性设施可以着底式储油设施为基础,建造海上采油平台或码头等水面设施。日本于1984年在白岛和上五岛分别建造了世界上第一批储油基地,这样的储油基地日本已有10处。在20世纪80年代末,最大的着底式储油库当属挪威建造的储量为16万立方米的油库,该油库的顶部设有起重机和直升机进行作业。美国和一些阿拉伯国家也在近海海底建造了储油设施。

随着海洋油气资源开发的进展,管道铺设技术也相应发展起来。这种技术的核心设备是铺管驳船。自20世纪40年代至今,这种技术已发展到第三代。第二代铺管可在90米水深的海域作业,现在希望能在2000米深海域铺设管道。

世界上管道技术最发达的国家依次是美国、俄罗斯以及中东和欧洲几个国家。海底铺设管道开始于20世纪40年代,截至20世纪80年代末,世界上最长的海底输油管道是英国的从布伦油田到苏格兰的输气管道,全长451.8千米,管内径为0.91米,它于1978年完工,1980年向英国输气。

3. 建造海上工厂、海底隧道、海底仓库、海底电缆和海底军事基地。(1)建造海上工厂。一些国家为充分利用海洋空间,开始在海上建造工厂。例如,美国在新泽西州大西洋一侧东北11英里处建成了海上原子能发电站;巴西在亚马孙河口建有海上纸浆厂;日本在东京湾修建了人工岛钢铁基地。

(2) 建造海底隧道。为了方便海峡两岸的交通,不少国家都在修建海底隧道。目前,世界已建成海底隧道20多条,主要分布在日本、美国、西欧和中国香港等地,俄罗斯也正在兴建。较早建成的有:美国的旧金山湾海底隧道,全长6千米、日本的青函隧道,全长53.85千米,历时20年,1985年完工,是当时世界上最长的海底隧道(由日本的青森穿过津轻海峡到达北海道)。当今最著名的海底隧道当属英吉利海峡隧道。这条隧道从英国的福克斯通到法国的桑加特,横贯多佛尔海峡,把英伦三岛与欧洲大陆连接起来,全长53千米,海底部分长37千米。该隧道于1995年建成通车。长度靠前的还有直布罗陀海底隧道,全长47千米。(3) 建造海底仓库。海底仓库的优越性在于:它可放置易燃、易爆及放射性物质,也适合于储备大米、小麦等易霉易腐的食品,还可放置军事保密物质。类似海底仓库的还有海底居室,人们可以在其中住一段时间再安全返回地面。美国和法国的海底居室试验已获成功,它鼓起了人类征服海洋的勇气和信心。(4) 建造海底电缆。1988年美国建成了与英、法间的海底光缆系统,长度达6700千米;随后从加拿大到澳大利亚的太平洋电缆建成,全长8233千米;1989年,全长13200千米的跨越太平洋的光缆建成;1998年,横跨大西洋海底通信电缆也提前开通;亚欧海底光缆,全长38000千米,联结亚洲、欧洲、大洋洲33个国家和地区,2000年全线开通。(5) 建造海底军事基地。在海底建军事设施具有很好的隐蔽性和机动性。建造海底军事基地的目的是防止受到攻击和避免敌方人造卫星的侦察。随着海洋战略地位的提升,海军使命更加重大,于是一些国家把建造海底军事基地看作国防建设的重点,因而海底便成为建设军事基地的理想场所。如今,正在着手建造的海底军事设施项目有:海底发射场(包括发射鱼雷、导弹和卫星)、海底潜艇(特别是核潜艇)基地、水下武器试验场、海底兵工厂、水下指挥中心、布防水雷、海底补给站、通信中继站和海底汽车、轮船、火车、飞机等特色交通工具。如德国设计的海底汽车在海中可行驶两小时,时速7千米;法国设计的海底汽车可在海中30米深处行驶;日本正在研制的海底火车,是水陆两栖火车,陆上时速200千米,水下时速35千米;英国研制的世界上第一架海底飞机“深海飞行器1号”,最高时速达24.2千米,它不像潜艇那样需要沉浮水箱,而像陆上直升机一样,可以直接升降。此外,海底摩托车、海底轮船也已研制成功,它们既可在平时使用,也可在作战时发挥重要作用。

四 海洋开发高科技

现代海洋开发利用的突出特点是融合了现代高科技成果,使其成为知识技术密集、资金密集的综合性活动。海洋开发利用的深度和广度取决于海洋科学与技术的突破和进展程度。

海洋的开发利用首先要获取大范围的、精确的海洋环境数据,要进行海底勘探、取样、水下施工等,而要完成这些任务就需要一系列高新技术的支撑。这些高新技术主要包括深海探测、深潜、海洋遥感和海洋导航等。

(一) 深海探测与深潜技术

深海是指深度超过6000米的海域。世界上深度超过6000米的海域共有30多处,20多处位于太平洋洋底,其中马里亚纳海沟深达11034米,是迄今为止发现的最深的海域。深海探测对海洋生态的研究和开发利用、对深海矿物的开采以及深海地质结构的研究,甚至对地球史的研究均具有非常重要的意义。

深海探测的主要手段是使用深潜器(机器人)。美国是世界上最早进行深海研究和开发的国家,他们的"阿尔文号"深潜器曾在水下4000米处发现了海洋生物群落,"杰逊号"机器人曾潜入水下6000米深处。1960年,美国的"迪里雅斯特号"潜水器首次潜入世界最深的海沟——太平洋的马里亚纳海沟,最大潜水深度为10916米。

1997年,我国利用自制的无缆水下深潜机器人进行深潜6000米的科学试验,并取得成功,这标志着我国的深海开发已步入正轨。

(二) 大洋钻探技术

在地质勘探和建筑基础勘探中,使用钻机按照一定的设计角度和方向实施钻孔,通过钻孔采取岩心(或矿心)、岩屑或在钻孔内放入测试仪器以探查地下岩石、矿体、油气和地热等情况的技术活动,简称钻探。我们没有查到大洋钻探的定义,应该说大洋钻探的原理与地面钻探是一样的或相近的,只是比地面钻探更复杂而已。

在漫长的地球历史中,沧海桑田、大陆漂移、板块运动、火山爆发、地震等都是地壳运动的表现形式。那么地壳与地幔的关系怎样?要想弄清这个问题,首先必须对海底有一定了解。人们已经知道,洋底是地壳最薄的部位，具有硅铝缺失现象①，没有花岗岩那样坚硬的岩层。因此，洋底地壳就成为人类把认识的触角伸向地幔的最佳通道，而“大洋钻探”就成为研究地球系统演化的最佳手段。

为了得到整个洋壳的剖面结构，以获取地壳、地幔之间物质交换的第一手资料，美国自然科学基金会从1966年开始筹备“深海钻探”计划，这个计划是“大洋钻探”的前奏。1968年8月，“格罗马挑战者号”深海钻探船，第一次驶进墨西哥湾，开始了长达15年的深海钻探。该船所收集的资料达百万卷，已成为地球科学的宝库。其研究成果证实了海底扩张，建立了“板块学说”，为地球科学带来一场革命。

1985年1月，美、英、法、德等国拉开了“大洋钻探”的序幕。“大洋钻探”主要从两个方面开展工作：一是研究地壳与地幔的成分、结构和动态；二是研究地球环境，即水圈、冰圈、气圈和生物圈的演化。

（三）海洋遥感技术

1. *什么是遥感技术？* 遥感技术是20世纪60年代兴起的一种探测技术，是根据电磁波的理论，应用各种传感器对远距离目标所辐射和反射的电磁波信息进行收集、处理，并最后成像，以实现对地面各种景物进行探测和识别的综合性技术。

遥感技术通常使用绿光、红光和红外光三种光谱波段进行探测。绿光波段一般用于探测地下水、岩石和土壤的特性；红光波段用于探测植物生长、变化及水污染等情况；红外波段用于探测土地、矿产等资源情况。此外，还有微波段，主要用于探测气象云层及海底鱼群的游弋。

现代遥感技术主要包括信息的获取、传输、存储和处理等环节，完成上述功能的全套系统称为遥感系统，其核心组成部分是用于获取信息的遥感器。遥感器的种类很多，主要有可见光摄像机、红外和紫外摄像机、多光谱扫描仪、成像光谱仪、微波辐射计、合成孔径雷达等。

2. *什么是海洋遥感技术？* 海洋遥感技术是进行海洋环境监测的重要手段，是通过利用传感器对海洋进行远距离、非接触观测来获取海洋景观和海洋要素的图像或数据资料的技术。

海洋遥感技术主要包括以光、电等为信息载体和以声波为信息载体的两大遥感技术。(1) 以光、电为信息载体的遥感技术主要通过传感器来完

---

① 经地质界探测确认：大陆地壳厚，为双层结构，由上面的硅铝层和下面的硅镁层（花岗岩层和玄武岩层）构成；大洋地壳比大陆地壳薄，大都只有硅镁层，基本缺失硅铝层，是何原因有待探讨。

成。传感器所以能获得相关图像或数据,是因为海洋本身不断向环境辐射电磁波能量,海面还会反射或散射人造辐射源(如雷达)射来的电磁波能量,从而使人们可以有针对性地设计出一些专门的传感器,把它们装在人造卫星、宇宙飞船、飞机、火箭或气球等可携带的工作平台上,来接收并记录这些电磁波的辐射能,再经过传输、加工和处理,得到海洋图像或数据,以达到研究和利用海洋的目的。按照海洋遥感的方式,海洋遥感器可分为主动和被动两种形式。遥感按工作平台可分为航天遥感、航空遥感和地面遥感三种。(2) 以声波为信息载体的海洋遥感技术也是探测海洋的一种十分有效的手段。它是利用声学遥感技术来探测海底地形,进行海洋动力现象观测、海底地层剖面探测以及为潜水器提供导航、避碰、海底轮廓跟踪信息的技术。

此外,卫星遥感技术的突飞猛进,还为人类提供了从空间观测大范围海洋的可能性。目前,美国、日本、俄罗斯等国已发射了10多颗专用海洋卫星,为海洋遥感技术提供了坚实的支撑平台。

我国的海洋遥感技术始于20世纪70年代,开始时它是借助于国外气象卫星和陆地卫星的资料开展空间海洋的应用研究,以解决海洋开发和研究等实际问题。与此同时,我国也积极研发本国的卫星遥感技术。1990年,我国发射了自己的卫星"风云-1乙",该卫星上有两个波段为专用海洋窗口,用于海洋遥感预测。

(四)海洋导航技术

海洋导航技术是引导海上船舶或其他设施从一点运动到另一点的技术和方法,是海上交通的重要保障。常用的导航方法有:惯性导航、无线电定位导航、卫星导航、天文导航、船用雷达导航、多普勒导航仪、声呐导航、组合导航等。

导航的原理是利用运动物体的加速度和位置坐标之间的数学关系来确定船只相对于地面的位置,连续定位的实质就是导航。

下面着重介绍一下无线电导航、卫星导航和组合导航。它们都是自成系统的。

1. *无线电导航定位系统*。无线电导航主要利用电磁波传播进行导航,它有三个基本特性,即电磁波在自由空间的直线传播、电磁波在自由空间的传播速度是恒定的、电磁波在传播路线上遇到障碍物时会发生反射。通过测量无线电导航台发射信号(无线电电磁波)的时间、相位、幅度、频率参量,便可以确定运动载体相对于导航台的方位、距离和距离差等几何参量,从而确定运动载体与导航台之间的相对位置,据此实现对运动载体的定位和导航。

无线电导航系统包括近程高精度定位系统和中远程导航定位系统。最早的无线电导航定位系统是20世纪初发明的无线电测向系统。从20世纪40年代开始，人们又研制出一系列双曲线无线电导航系统，如美国的“罗兰”和“欧米伽”、英国的“台卡”等。

2. 卫星导航系统。卫星导航系统是把卫星作为信息发射台，向海上发射信号，海上航船接收到卫星发射的信号后，利用卫星接收自动测量信号的多普勒频移[①]，便可计算出船只的位置。卫星导航系统是发展潜力最大的导航系统。1964年，美国推出了世界上第一个卫星导航系统——海军卫星导航系统，又称子午仪卫星导航系统。目前，该系统已成为使用最为广泛的船舶导航系统。

3. 组合导航系统。组合导航系统是在小型计算机和微型处理机问世后出现的。常用的组合导航系统有两种：一是多普勒导航仪—陀螺罗经—无线电导航（如“罗兰”“欧米伽”等）组合；二是天文导航—惯性导航—多普勒导航仪组合。组合导航系统克服了分类系统的缺点，通过特殊数字模型处理，其定位精度和可靠性大为提高，是海上导航系统的发展方向。

我国导航定位技术起步较晚。1984年，我国从美国引进一套标准“罗兰-C”台链，在南海设立了一套远程无线电导航系统——“长江二号”台链，填补了我国中远程无线电导航领域的空白。在卫星导航方面，我国注重发展陆地、海洋卫星导航定位，现已成为世界上卫星定位点最多的国家之一。

此外，海洋生物资源的开发和利用已成为世界各国竞争的焦点之一。随着经济发展和人类活动的干预，海洋环境正在不断恶化，海洋生物多样性正遭到破坏，因而海洋生物基因资源的保护和利用，显得更加紧迫，对海洋生物基因的深入研究变得更为迫切。为了有利于保护海洋生物资源、维护海洋生物多样性和生态系统多样性，保证海洋生物资源的可持续发展，目前正在对海洋生物从种群、物种和基因三个层面进行研究。在这项研究中，海洋探测技术和遥感技术无疑将提供很大支持。

---

① 为纪念多普勒而命名。多普勒认为，声波频率在声源移向观察者时变高，而在声源远离观察者时变低。常见的例子是火车，当火车接近观察者时，其汽鸣声会比平常更加刺耳，可在火车经过时听出刺耳声的变化。

五　我国海洋资源及其开发利用情况

从传统意义上说,海洋资源包括航行、捕鱼和制盐。现在人们认为,海洋资源应包括旅游、可再生能源、油气、渔业、港口和海水六大类。这些资源我国都具备。

众所周知,我国是一个海陆兼备的国家,既是一个陆地大国,也是一个海洋大国。海区面积共470多万平方千米,其中大陆架浅海面积为150多万平方千米,约合22亿亩。大陆海岸线长达18000余千米,南北纵跨热带、亚热带、温带三大气候带,大陆架宽广,岛屿众多,自然条件良好,海洋资源极为丰富,但是各种资源的开发利用情况却不尽相同。

(一) 海洋生物资源及其开发利用情况

我国海域是太平洋生物资源生产力的高产区,仅在我国管辖海域范围内记录在案的海洋生物就有20278种。我国有十大渔场:黄海中部的石岛渔场、黄海南部的大沙渔场、黄海西南部的吕四渔场、舟山渔场、闽东渔场、台湾浅滩渔场、珠江口渔场、北部湾北部渔场、西沙群岛渔场、南沙群岛渔场。其中,鱼类达3000多种。在鱼类中,有经济价值的有300多种,高产鱼类80多种,主要品种有:鲷鱼、大黄鱼、小黄鱼、带鱼、鲭鱼、白姑鱼、鲈鱼、鲱鱼、海鳗、海鲶、沙丁鱼等;虾蟹类产量最高的是对虾、毛虾、鹰爪虾、白虾、褐虾、龙虾及梭子蟹和青蟹等,其中最有名气的是渤海对虾;此外还有东海的乌贼、南海的龟,以及遍布沿岸海域的扇贝、牡蛎、贻贝等贝类;海藻类中的海带、紫菜、石花菜、裙带菜等也很丰富;还有很多海参和海胆。

据统计,我国渔业资源总量多达1000多万吨,可捕捞量约600万吨,这远远不能满足人们日益增长的需要,必须用海水人工养殖来弥补。

我国从20世纪70年代就开始重视海水养殖,从无到有、从弱到强,实现了从捕捞到养殖的巨大历史转变,一跃成为世界海水养殖大国,水产品总量从1000万吨跃升到5000多万吨,连续12年稳居世界第一。2007年全国水产品总量为5740万吨,该年我国海产品超过3000万吨,比淡水产品还多。我国水产业实现了“养殖高于捕捞”“海水超过淡水”的两大历史性突破。2007年对虾养殖量超过126万吨,刺参7.7万吨,鲍鱼2万多吨。

在海洋捕捞上,2008年世界总捕捞量约8051.3万吨,同比减少0.5%,我国与美国、日本等国一样处于困境:捕捞量不仅不能增长反而大有日趋减少的势头,正如人们感觉到的:好鱼少了,大鱼少了,鲜鱼少了。专家们认为,要解决这个问题应采取如下措施:一是实施休渔期,即在一定时间内停止捕鱼,给鱼儿以生长时机。二是实行外海、远洋和近海相结合的捕捞方针,建立以近海为主、外海和远洋为两翼的生产结构。这样既可使近海资源得以恢复,又能使外海、远洋资源得以利用,一箭双雕。三是发展海水养殖业。发展海水养殖,我国有优越的自然条件,即有面积可观的浅海和滩涂,可进行海水养殖的面积达267万公顷,目前仅利用了其中的1/4左右,尚有很大潜力,前景十分乐观。

（二）海底矿产资源及其开发利用情况

我国近海矿物资源主要是两类,一是石油和天然气,二是滨海砂矿。

1. *石油和天然气资源及其开发利用情况*。海底石油和天然气,是有机物在缺氧的地层深处和一定温度、压力环境下,通过石油菌、硫黄菌等分解作用而逐渐形成的,并在圈闭中聚集和保存。规模巨大的海底油气田,常常与大陆沿岸区的年轻沉积盆地内的大型油田有联系,在地质史上它们同属于一个沉积盆地或其延伸部分。我国近海广阔的大陆架是大陆延伸在浅海的部分,它们既有长期的陆地湖泊环境,又有长期的浅海环境,接受了大量的有机物和泥沙沉积,形成了数千米至1万米厚的沉积层。其油气资源之丰富,在世界上也是不多见的。

40多年来,我国地质工作者采用地震、重力和磁力等勘探方法,在我国近海完成了100多万平方千米的石油地质调查,至少已发现了16个沉积盆地。其中已知规模大、油气远景好的有7个,它们是:渤海油气盆地、南黄海油气盆地、东海油气盆地、珠江口油气盆地、北部湾油气盆地、台西南油气盆地、莺歌海和琼东南油气盆地。此外,在我国海域所管辖的冲绳、台西、管事滩北、中建岛西、巴拉望西北、礼乐太平、曾母暗沙等地也发现了含油气的沉积盆地。1996年,我国又在渤海的秦皇岛海域发现了地质储量为200亿吨的大油田。专家估计:我国近海石油的地质储量约246亿吨,可采储量约40亿—100多亿吨;天然气的地质储量约为54.54万亿立方米,可采储量约14万亿立方米。

为了开发这些油气资源,我国添置了大量的钻井设备,约在30年前就已拥有20台移动式钻井装置。1966年年底,我国在渤海开钻出第一口探井,并获得了工业油,其后,钻井遍布各个海上储油汽产地。我国的最大钻井能力已达4000米,至今已有海上钻井158口,累计产油量达117万吨以上。

截至20世纪90年代,我国不仅开发出一批海上油田,而且形成了一支海洋勘探与开发的技术队伍;拥有30余艘调查船和先进的测试设备,如机器人、电视抓斗、深海潜站等先进的调查技术装备,并设有潜水和环境预报系统。我国"蛟龙号"深潜船已成功深潜达水下7000米,可以触及地球上99%的海底,可查明所及海底的矿藏情况。我国"大洋一号"科技考察船完成了首次全球航行,首次在西南印度洋中脊成功发现了海底多金属硫化物活动区,并成功抓取了样本。中国人"敢下五洋捉鳖"的梦想已变为现实。为适应原油进出口需要,在青岛建有3条长5000米的海底输油管线及供油设备;在大连建成10万吨级的油轮码头;在黄河口外,建立了5万—10万吨级的油轮浮动码头。我国海洋石油产业前景广阔。

2. *滨海砂矿资源及其开发利用情况*。滨海砂矿亦称海滨砂矿。滨海砂矿是海滩上陆源碎屑经过机械沉积分选作用而富集形成的。滨海砂矿一般位于海平面以上的海滩或水下岸坡上。较老的砂矿受地壳运动或海平面升降的影响,构成了阶地砂矿[①]或海底砂矿。滨海砂矿的矿体常呈条带状沿着海滩延伸数十千米,甚至数百千米。

我国海岸线漫长,入海河流携带的含矿物质多,东部地区因经受多次地壳运动,岩浆活动频繁,形成了丰富的金属和非金属矿藏。这些含矿的岩石风化后的碎屑就近入海,在海流、潮流作用下,在海岸带沉积,形成了矿种多、资源丰富的砂矿带。滨海砂矿的经济价值明显,一些在工业、国防和高科技上有着重要意义的矿藏都来源于滨海砂矿。

我国滨海砂矿主要有锆石、金红石、钛铁矿、石榴石、独居石、石英砂、海绿石、金、金刚石和钼、铝、锌等共10多种。滨海砂矿可分为8个成矿带,它们是:海南岛东部海滨带、粤西南海滨带、雷州半岛东部海滨带、粤闽海滨带、山东半岛海滨带、辽东半岛海滨带、广西海滨带和台湾北部及西部海滨带等。特别是广东滨海砂矿资源非常丰富,其储量居全国首位。我国滨海砂矿资源已探明的储量约有31亿吨,其中已探明的钛铁矿和独居石的储量达2100万吨以上。这些滨海砂矿资源,只要技术条件具备均可大量开采。

我国滨海不仅有丰富的砂矿资源,还有可供建筑用的"海底沙漠",它位于台湾海峡的海底。据2009年3月29日《京华时报》报道,以厦门理工学院、中科院青岛海洋研究所、厦门大学专家为主的科研组,通过实地考察及

---

① 阶地砂矿,矿床地质学术语。由构造运动引起的地壳上升或河流的下蚀作用,使早期形成的冲积砂矿层高出现代的河床之上,而成为河床两岸的阶地砂矿。也有滨海砂矿因海蚀作用形成的阶地砂矿。

相关研究发现,位于台湾海峡中南部的台湾浅滩蕴藏有丰富的沙资源。以水深30米以内计算,总面积约1.5万平方千米,蕴含数百万亿立方米的巨大沙漠。这些沙漠均由中细沙组成,浅滩上几乎没有或极少有底栖生物,因此被称为“海底沙漠”。这个“海底沙漠”的沙量可供建筑用沙上百年。

（三）海水资源及其开发利用情况

我国海水资源的开发利用项目较多,如制盐、提取化学元素、海水淡化等,都取得了一定成果。其中制盐业的历史悠久,在20世纪80年代中期,其产量就达1000万吨以上,并实现了把海水制盐后的苦卤用于生产氯化钾、溴、碘、硼砂、无水芒硝等化工产品的一条龙作业。目前,我国的制盐产量居世界首位;我国在海水淡化和工业冷却水的利用上都有很大发展,其中海水淡化已有40余年历史,目前已在船上或海岛上广为投产、使用;在从海水中提取溴、钾、镁、碘、铀等元素方面也做了大量研究和开发工作,并取得了可喜成果。

（四）可再生能源资源及其开发利用情况

我国的可再生海洋能源资源较为丰富,但至今没有得到充分开发利用,主要难点是技术要求高和投资大。我国海洋可再生能源资源主要有潮汐能、波浪能、海流能、海水温差能、盐度差能和风能等,其理论装机容量共约6.3亿千瓦。我国在20世纪50年代末就着手海洋能的开发利用工作,已在浙江乐清湾建成江夏潮汐试验电站,装有5台机组,总装机容量为3200千瓦,年发电量为1000多万千瓦·时,在20世纪80年代中期居世界潮汐发电站第三位(80年代之后的开发利用情况,请见第二十三章对潮汐能和风能的介绍)。

（五）海洋旅游的开发利用情况

我国有长达3.2万千米的海岸线,其中陆海线长1.8万千米,海屿线长1.4万千米,地跨渤海、黄海、东海、南海四大海域,纵跨温带、亚热带、热带三个气候带,沿线有丹东、大连、秦皇岛、天津、烟台、威海、青岛、上海、宁波、厦门、广州、珠海、深圳、香港、海口、三亚十六个著名城市,可充分开展旅游业。据悉,环黄渤海线(从青岛—威海—烟台等)已开通,南海线可开通广州—珠海—深圳—香港线,东海可开通上海—杭州—宁波—厦门线。海屿线开展较好的有海南岛线。2010年1月4日,我国政府推出开发海南岛旅游业计划:到2020年将把海南岛建成世界一流的海岛休闲度假旅游胜地,与印尼的巴厘岛、泰国的普吉岛和菲律宾的长滩岛展开竞争。总之,海洋旅游业的财富潜力巨大,可充分利用。

2008年5月12日国家海洋局发布的《中国海洋21世纪议程》中介绍,

我国政府一直重视海洋经济，进入 20 世纪 80 年代以来，我国的海洋开发一直高速发展。1980—1993 年，海洋经济年均增长 28%；1996—2000 年，增速超过 15%。2012 年，全国海洋生产总产值已超过 5 万亿元，约为国内生产总值的 10%，而美国等海洋强国均在 20%—50%。我们仍需奋起直追。

进入 21 世纪，我国将把海洋可持续发展作为海洋工作的指导思想，坚持以发展海洋经济为中心，适度快速地开展海陆一体化开发；坚持科教兴海和协调发展的原则，重点发展海洋交通运输业、海洋渔业、海洋油气业、滨海旅游业，以带动和促进沿海地区经济全面发展。同时要加大海水直接利用、海洋药物、海洋保健品、海盐、海洋服务业发展的力度，促使海洋产业群不断扩大。另外，还要加大研究开发海洋高新技术，逐步开展海洋能发电、海水淡化、海洋空间利用等事业，不断形成海洋经济发展的新的生长点。在有争议的岛屿上我们坚持“主权属我、搁置争议、共同开发”的方针。

我们深信，在未来数十年内，我国的海洋开发利用将有一系列重大突破，一个海洋强国一定会屹立在世界的东方。

参考书目

〔美〕A. 吉特尔曼:《数学史》,欧阳绛译,科学普及出版社 1987 年版。

〔美〕A. 鲁滨逊:《非标准分析》,申又枨等译,科学出版社 1986 年版。

〔奥〕埃尔温·薛定谔:《生命是什么?》,上海外国自然科学哲学著作编译组译,上海人民出版社 1973 年版。

〔英〕安东尼·黑、帕特里克·沃尔特斯:《新量子世界》,雷奕安译,湖南科学技术出版社 2005 年版。

〔苏〕B. И. 瑞德尼克:《量子力学史话》,黄宏荃等译,科学出版社 1979 年版。

〔美〕D. J. 凯福尔斯等:《美国科学家论近代科技》,范岱年等译,科学出版社 1987 年版。

〔日〕大沼正则:《科学的历史》,宋孚信等译,求实出版社 1983 年版。

〔德〕恩格斯:《反杜林论》,人民出版社 1970 年版。

〔德〕恩格斯:《自然辩证法》,人民出版社 1971 年版。

〔德〕费里德里希·赫尔内克:《原子时代的先驱者:世界著名物理学家传记》,徐新民等译,科学技术文献出版社 1981 年版。

〔美〕H. S. 塞耶编:《牛顿自然哲学著作选》,上海外国自然科学哲学著作编译组译,上海人民出版社 1974 年版。

〔德〕黑格尔:《美学》(第一卷),朱光潜译,商务印书馆 1979 年版。

〔美〕胡迪·利普森等:《3D 打印:从想象到现实》,赛迪研究院专家组译,中信出版社 2013 年版。

〔美〕I. 阿西摩夫:《宇宙黑洞的秘密》,李立昂译,知识出版社 1983 年版。

〔美〕I. 伯纳德·科恩:《科学革命史》,杨爱华等译,军事科学出版社 1992 年版。

〔美〕卡尔·B. 波耶:《微积分概念史》,上海师大数学系翻译组译,上海人民出版社 1977 年版。

〔德〕康德:《宇宙发展史概论》,上海外国自然科学哲学著作编译组译,上海人民出版社 1972 年版。

〔英〕兰·格雷厄姆:《21 世纪科学前沿:地震》,李绣海译,华夏出版社 2013 年版。

〔奥〕路·冯·贝塔朗菲:《普通系统论的历史和现状》,王兴成等译,《国外社会科学》

1978 年第 2 期。
〔德〕马克思:《资本论》(第一卷),人民出版社 1975 年版。
〔英〕莫里斯·戈德史密斯:《约里奥—居里传》,施莘译,原子能出版社 1982 年版。
〔日〕牧野昇:《迎接二十一世纪的五大技术革命》,梁洪森等译,宇航出版社 1987 年版。
〔美〕N. 维纳:《人有人的用处》,陈步译,商务印书馆 1978 年版。
〔荷〕R. J. 弗伯斯、E. J. 狄克斯特霍伊斯:《科学技术史》,柯礼文等译,求实出版社 1985 年版。
〔英〕斯蒂芬·F. 梅森:《自然科学史》,上海外国自然科学哲学著作编译组译,上海人民出版社 1977 年版。
〔美〕斯迪文·迪克:《外星生命探索:20 世纪对地球以外生命的争论》,李经等译,清华大学出版社 2001 年版。
〔英〕W. C. 丹皮尔:《科学史及其与哲学和宗教的关系》(上册),李珩译,商务印书馆 1975 年版。
〔德〕W. 海森伯:《物理学家的自然观》,吴忠译,商务印书馆 1990 年版。
〔美〕W. J. 卡夫曼:《黑洞与弯曲时空》,何妙福等译,科学出版社 1987 年版。
〔德〕W. 普勒塞、D. 鲁克斯:《世界著名生物学家传记》,燕宏远等译,科学出版社 1985 年版。
〔英〕W. R. 艾什比:《控制论导论》,张理京译,科学出版社 1965 年版。
〔德〕瓦尔特·康拉德:《近代科技史话》,吴衡康等译,科学普及出版社 1981 年版。
〔英〕亚·沃尔夫:《十六、十七世纪科学、技术和哲学史》(下册),周昌忠等译,商务印书馆 1997 年版。
〔德〕于尔根·奈佛:《爱因斯坦传》,马怀琪等译,中央编译出版社 2008 年版。
《爱因斯坦文集》(第一卷),许良英等编译,商务印书馆 1976 年版。
《坂田昌一科学哲学论文集》,安度译,知识出版社 1987 年版。
《列宁选集》第 1—4 卷,人民出版社 1972 年版。
《马克思恩格斯选集》第 1—4 卷,人民出版社 1972 年版。
《马克思恩格斯全集》第 24、29、30 卷,人民出版社 1972—1974 年版。
北京大学生命科学学院编写组:《生命科学导论》,高等教育出版社 2000 年版。
北京大学哲学系外国哲学史教研室编译:《西方哲学原著选读》(上卷),商务印书馆 1981 年版。
本书编写组:《共和国 50 年宣教问答》,中共中央党校出版社 1999 年版。
蔡自兴编著:《机器人学》,清华大学出版社 2000 年版。
陈必祥编著:《世界五千年》(一),少年儿童出版社 1982 年版。
陈昌曙:《自然科学的发展与认识论》,人民出版社 1983 年版。
陈昌曙、远德玉主编:《自然科学发展简史》,辽宁科学技术出版社 1984 年版。
陈敬中等编著:《纳米材料科学导论》,高等教育出版社 2010 年版。

陈恳等编著:《机器人技术与应用》,清华大学出版社 2006 年版。
陈幼松:《高科技之窗:陈幼松科普作品精选》,北京理工大学出版社 2001 年版。
冯国瑞:《信息科学与认识论》,北京大学出版社 1994 年版。
冯士筰等主编:《海洋科学导论》,高等教育出版社 1999 年版。
傅世侠、张昀主编:《生命科学与人类文明》,北京大学出版社 1994 年版。
关锦镗编著:《技术史》(上册),中南工业大学出版社 1987 年版。
胡亚东:《世界著名科学家传记(化学家Ⅰ)》,科学出版社 1990 年版。
黄良民主编:《中国海洋资源与可持续发展》,科学出版社 2007 年版。
纪德尚等主编:《人类智慧的轨迹——科学·技术·哲学》,河南人民出版社 1988 年版。
靳德明主编:《现代生物学基础(第二版)》,高等教育出版社 2009 年版。
李德胜等编著:《微纳米技术及其应用》,科学出版社 2005 年版。
李心灿:《微积分的创立者及其先驱》,航空工业出版社 1991 年版。
梁宗巨:《世界数学史简编》,辽宁人民出版社 1980 年版。
列宁:《唯物主义和经验批判主义》,人民出版社 1960 年版。
林德宏:《科学思想史》,江苏科学技术出版社 1985 年版。
刘焕彬等编著:《纳米科学与技术导论》,化学工业出版社 2006 年版。
刘颂豪主编:《21 世纪科技前沿知识 100 题》,广东高等教育出版社 2002 年版。
刘莹主编:《未解之谜全记录(全十册)》,时代文艺出版社 2003 年版。
刘真、郭春霞编著:《印刷概论》,印刷工业出版社 1995 年版。
刘志一:《科学技术史新论》,辽宁教育出版社 1988 年版。
卢生芹、魏纪林主编:《科学技术史》,机械工业出版社 1991 年版。
罗均等编著:《特种机器人》,化学工业出版社 2006 年版。
米道生等编著:《数学分支巡礼》,中国青年出版社 1983 年版。
潘学峰编著:《现代分子生物学教程》,科学出版社 2009 年版。
潘永祥等编:《自然科学概述》,北京大学出版社 1986 年版。
潘永祥主编:《自然科学发展简史》,北京大学出版社 1984 年版。
钱如竹、皮光纯编著:《自然科学技术简明教程》,人民邮电出版社 2002 年版。
容镍:《中国上古时期科学技术史话》,中国环境科学出版社 1990 年版。
申漳:《简明科学技术史话》,中国青年出版社 1981 年版。
唐定骧等主编:《稀土金属材料》,冶金工业出版社 2011 年版。
童鹰:《马克思恩格斯与自然科学》,人民出版社 1982 年版。
王鼎昌:《"量—质"信息与控制论系统》,《信息与控制》1981 年第 1 期。
王鸿贵、关锦镗主编:《技术史》(下册),中南工业大学出版社 1988 年版。
王树人等主编:《西方著名哲学家传略》(上),山东人民出版社 1987 年版。
王太庆主编:《西方自然哲学原著选辑》(一),北京大学出版社 1988 年版。
汪新文主编:《地球科学概论(第二版)》,地质出版社 2013 年版。

王雨田主编:《控制论、信息论、系统科学与哲学》(第二版),中国人民大学出版社 1988 年版。
汪子嵩等编著:《欧洲哲学史简编》,人民出版社 1972 年版。
魏双燕等编著:《能源概论》,东北大学出版社 2007 年版。
吴季松:《21 世纪社会的新趋势——知识经济》,北京科学技术出版社 1999 年版。
吴义生等:《自然科学概要》,山东科学技术出版社 1981 年版。
肖钢、唐颖编著:《页岩气及其勘探开发》,高等教育出版社 2012 年版。
解恩泽主编:《简明自然科学史手册》,山东教育出版社 1987 年版。
解恩泽、邵福林:《马克思恩格斯与科学技术》,吉林人民出版社 1983 年版。
谢礼立等编著:《颤抖的地球——地震科学》,地震出版社、暨南大学出版社 2005 年版。
徐利治:《数学方法论选讲》,华中工学院出版社 1983 年版。
徐耀忠编著:《脑科学》,中国科学技术大学出版社 2008 年版。
杨春时等编著:《系统论、信息论、控制论浅说》,中国广播电视出版社 1987 年版。
杨东平:《中国环境发展报告(2012)》,社会科学文献出版社 2012 年版。
杨建邺等编著:《杰出物理学家的失误》,华中师范大学出版社 1986 年版。
杨沛霆:《科学技术史》,浙江教育出版社 1986 年版。
杨文衡等编著:《中国科技史话》(下册),中国科学技术出版社 1990 年版。
余谋昌:《当代社会与环境科学》,辽宁人民出版社 1986 年版。
翟中和等主编:《细胞生物学(第四版)》,高等教育出版社 2011 年版。
张继民:《南极洲》,中国地图出版社 2007 年版。
张润生等编著:《中国古代科技名人传》,中国青年出版社 1981 年版。
张惟杰主编:《生命科学导论(第二版)》,高等教育出版社 2008 年版。
中国科学院:《科学发展报告(2008)》,科学出版社 2008 年版。
中国科学院自然科学史研究所近现代科学史研究所编著:《20 世纪科学技术简史》,科学出版社 1985 年版。
中华人民共和国科学技术部:《国际科学技术发展报告(2006)》,科学出版社 2006 年版。
周海华、宋延林:《纳米打印直接制版技术》,《影像技术》2010 年第 6 期。
朱荣华编:《物理学基本概念的历史发展》,冶金工业出版社 1987 年版。
朱玉贤等编著:《现代分子生物学(第二版)》,高等教育出版社 2002 年版。
自然之友编、杨东平主编:《中国环境发展报告(2011)》,社会科学文献出版社 2011 年版。

第四版编后记

第四版书稿的修改和撰写是从2013年年初开始的，在一年多的时间里，我们对原书的内容和文字都做了反复斟酌和推敲，力求更加完美，向读者献上一部好书，同时也以此作为我们向北大出版社，特别是周丽锦主任对我们的信任和支持的回敬。

我们都是年近八旬的老人，为社会服务的机会不多了，也作不出多大贡献，只求在有生之年，竭尽全力完成好第四版的改版工作，就算是我们（也许是最后）对社会所做的微薄奉献吧。若能再次得到广大读者的认可和肯定，我们将死而无憾。这里再次向广大读者和北大出版社的同人致以深切谢意！

作　者

2014年1月初

第三版编后记

书稿完成之后，颇有感慨地发现：我们收集的资料尽管已经截至2010年4月，但是新成果仍不断涌现，我们搜索的步伐永远跟不上科学技术发展的速度，书的内容永远涵盖不了与日俱增的新成果。在这一点上，对科学技术发展而言令人欣慰；对我们来说，不能不说是无法弥补的遗憾，这里只能恳请读者谅解了。

这次再版，我们用了一年多时间，不仅查阅了相关书籍，而且从一些报刊和网站上捕捉了许多更新、更准确的信息，这些都充实在新加的章节或重新改写的章节之中，有的还加有注解。由于参考的书目和查阅的网站太多，因此本版的“参考书目”只列出了其中的一部分。

这次再版，我们又对书稿逐字逐句地进行了两三遍校对，使本书更加完美，也对广大读者更加负责。但是，由于本书涉及的知识面太广，内容太多，加之我们年事已高，完成这项任务的难度之大可想而知。假如能再次得到广大读者的认可和肯定，我们将感到十分欣慰和荣幸，并致以衷心的谢意！

作　者

2010年5月

第一版编后记

在编写过程中,我们遵循下列几条原则:第一,厚今薄古,突出现代。从文字上看,现代部分超过19万字,占全书的三分之二。第二,贯彻爱国主义精神。书中凡涉及我国科技发展情况的,我们尽量做较为详细的介绍,领先于世界的成果,令我们自豪,不足之处将激励我们奋勇直追。第三,尽可能地吸收来自不同媒体的最新信息。第四,在文字上力求通俗易懂,深入浅出。

在编写过程中,我们查阅了上百种有关出版物,这些著作使我们受益匪浅。尽管如此,对某些理论的阐述仍有不尽如人意之处,加之时间紧迫,有些内容没来得及进行深入研究,这不能不说是一大缺憾。书中肯定有许多疏漏、不足,甚至错误,我们真诚地欢迎广大读者和同行予以批评、指正。

本书写作的初衷是向读者介绍科技发展"简史",只能向读者提供科技发展的概貌和总体思路,不可能像某些专著那样详尽。读者如果对书中某些内容感兴趣,请通过本书提供的思路和线索去查阅有关著作。

作　者

1996年5月26日